Bernhard Hoppe

Mikroelektronik 2

Kamprath-Reihe

Prof. Dr. Bernhard Hoppe

Mikroelektronik 2

Herstellungsprozesse für integrierte Schaltungen

Vogel Buchverlag

Prof. Dr. Bernhard Hoppe
Jahrgang 1955, absolvierte sein Physikstudium in Frankfurt/Main und erreichte das Diplom mit Auszeichnung. Es folgte ein Promotionsstudium einschließlich wissenschaftlicher Mitarbeit am Institut für Theoretische Physik der Universität. Tätigkeiten in der Industrie: 1986 bis 1989 Zentrale Forschung und Entwicklung bei der Siemens AG, München, Bereich Mikroelektronik, und 1989 bis 1993 VDO Adolf Schindling AG, Abteilungsleiter IC-Entwicklung.
Seitdem Professor an der Fachhochschule Darmstadt, Fachbereich Elektrotechnik/ Automatisierungstechnik. Forschungsgebiete: Integrierte Schaltungen für die Meß- und Regelungstechnik, anwendungsspezifische Hochgeschwindigkeitsschaltungen, CAE-Methoden, Projekte mit regionalen mittelständischen Firmen.

Prof. Dr. Bernhard Hoppe ist Autor folgender Vogel-Fachbücher:
Mikroelektronik 1
Mikroelektronik 2

Die Deutsche Bibliothek – CIP-Einheitsaufnahme

Hoppe, Bernhard:
Mikroelektronik / Bernhard Hoppe. – Würzburg : Vogel
(Kamprath-Reihe)
2. Herstellungsprozesse für integrierte Schaltungen. – 1. Aufl. – 1998
ISBN 3-8023-1588-X

ISBN 3-8023-1588-X
1. Auflage. 1998

Satz: Hümmer GmbH, Waldbüttelbrunn

Vorwort

Fast unbemerkt, aber nachhaltig, haben integrierte Schaltkreise unser Alltags- und Berufsleben entschieden mitgeprägt. Die Miniaturisierung elektronischer Teile und, damit einhergehend, ihr stetig abnehmender Energieverbrauch, löste eine enorme Zunahme an neuen technischen Geräten aus, die auf Mikroelektronik basieren. Das beginnt bei den heute fast allgegenwärtigen PCs und setzt sich fort mit Mobiltelefonen, über elektronisch gesteuerte Waschmaschinen bis hin zu Industrierobotern. Wir haben uns daran gewöhnt, daß die Leistungsfähigkeit elektronischer Geräte mit jeder neuen Generation ansteigt, und das oft bei fallenden Preisen. Die Ursache für die annähernd kostenneutrale Leistungssteigerung liegt in der bisherigen Entwicklungsdynamik der Mikroelektronik: Die Integrationsdichten vervierfachen sich praktisch alle 3 Jahre, ohne daß die Kosten auch nur annähernd im gleichen Maße steigen.

Diese beeindruckenden qualitativen und quantitativen Fortschritte in der Halbleitertechnik werden von ständig verfeinerten Herstellverfahren und optimierten Herstellprozessen bewirkt. Die Beschreibung dieser Prozesse und ihr erstaunliches Verbesserungspotential sind das Thema dieses Buches. Sie werden primär für Siliziumbauelemente in CMOS- und Bipolar-ICs dargestellt. Zur Bewältigung des teilweise komplexen Stoffes wird besonderer Wert auf die Beschreibung der bestimmenden physikalischen und chemischen Prinzipien gelegt. So lassen sich Wechselwirkungen zwischen den einzelnen Prozeßschritten aufzeigen, und prinzipielle Grenzen der Technologie werden verständlich.

Band 1 der Mikroelektronik erläutert Werkstoffeigenschaften des Siliziums, die Physik der Bipolar- und Feldeffekt-Transistoren und konzentriert sich auf die physikalischen Grundlagen der Halbleiterwerkstoffe und Halbleiterbauelemente. Dieser Band 2 veranschaulicht die einzelnen Herstellprozesse, erläutert Qualitäts- und Zuverlässigkeitsaspekte sowie technologische Trends bei integrierten Schaltungen und die aktuelle industrielle Praxis. Ausgehend von der Dotierung der einkristallinen Siliziumwafer, bis zur Verkapselung der fertigen Chips in Plastikgehäusen, werden hier alle Schlüsselprozesse in einer Halbleiterfabrik sowohl theoretisch als auch praktisch behandelt, wobei Zuverlässigkeitsaspekte ihrer Bedeutung entsprechend berücksichtigt werden.

Das Buch wendet sich an Studenten der Fachgebiete Elektrotechnik und Technische Informatik und Mikroelektronikanwender in der Industrie.

Ingenieure, die im Berufsleben mit mikroelektronischen Komponenten arbeiten, finden hier viele Hinweise, um Grenzen, Kosten und Möglichkeiten von integrierten Halbleiterbauelementen besser verstehen und einschätzen zu können. Auch Materialwissenschaftler, Halbleitertechnologen sowie Fachkräfte, die in Fertigungseinrichtungen für integrierte Schaltkreise beschäftigt sind, erhalten wichtige Informationen. Mikroelektronikanwender bekommen einen aktuellen Technologieüberblick mit zahlreichen Verweisen auf weiterführende Literatur und die bewährten Standardwerke.

Das Buch basiert auf den Manuskripten zu den Vorlesungen «Werkstoffe und Bauelemente» und «Integrationstechnologie», die im Fachbereich Elektrotechnik/Automatisierungstechnik der Fachhochschule Darmstadt angeboten werden. Durch entsprechende Ergänzungen und Vertiefungen entstand die vorliegende Fassung. Aufgrund des systematischen Aufbaus ist das Buch auch zum Selbststudium geeignet.

Mein Dank gilt Herrn Dr. Dorn von der Siemens AG, Herrn Dr. Jasper von der Firma EM-Microelectronic Marin SA, Herrn Diebold von ITT-Intermetall sowie Herrn Dr. Blaser vom Fonds der Chemischen Industrie in Frankfurt, die instruktive Fotos aus der Halbleiterfertigung zur Verfügung gestellt haben. Ebenso danke ich Herrn Professor Dr. Hadamowsky, der mir viele wertvolle Hinweise gegeben hat, und dem Vogel Buchverlag für die angenehme Zusammenarbeit.

Frankfurt

Prof. Dr. Bernhard Hoppe

Inhaltsverzeichnis

1 Einleitung

Mikroelektronik ist eine Schlüsseltechnologie. Die ständig verbesserten Leistungsmerkmale von integrierten Schaltungen (ICs: *integrated circuits*) ermöglichen Innovationen in vielen wichtigen Industriezweigen: Automobilbau, Konsumgüterindustrie, Nachrichten- und Datentechnik sind nur einige Beispiele. Obwohl erst Ende der 50er Jahre die ersten integrierten Schaltkreise mit wenigen Transistoren hergestellt wurden, sind durch die Fortschritte der Integrationstechnik in kürzester Zeit ständig neue Anwendungen entstanden. Aus kleinen elektronischen Schaltungen wurden komplexe integrierte Systeme. Verfeinerte Herstelltechnologien ermöglichten die Integration von immer mehr Transistoren auf einem gemeinsamen Siliziumsubstrat (Chip). Dieser Band 2 der Mikroelektronik behandelt Produktionsprozesse für mikroelektronische Schaltkreise, die mit faszinierender Präzision auf fast atomarer Längenskala ablaufen. Aufbau und Funktion der verschiedenen Strukturen in integrierten Schaltkreisen werden veranschaulicht, Wechselwirkungen und Fehlermöglichkeiten diskutiert und technologische Entwicklungstrends vorgestellt.

Die ständige Verfeinerung der Herstellprozesse bewirkte eine für die Mikroelektronik charakteristische fortwährende Kostensenkung. Mikroelektronisch realisierbare elektrische Funktionen unterliegen daher einem enormen Preisverfall. Das folgende Beispiel verdeutlicht dies: Waren vor 20 Jahren zur Speicherung von 1 MBit digitaler Information noch 1024 Speicherbausteine der ersten Generation mit 1 KBit Speicherkapazität nötig (Stückpreis damals: etwa 10 DM), genügte für den gleichen Zweck Ende der 80er Jahre ein einziger MBit-Speicherbaustein, der pro Stück heute noch etwa 5 DM kostet. Dazu kommt, daß gleichzeitig mit dem Preisverfall Funktionalität und die Zuverlässigkeit der Bauelemente zunehmen. Bei den MBit-Halbleiterspeichern reduzierten sich die Zugriffszeiten auf gespeicherte Informationen auf mittlerweile 50 ns. Zusätzlich sinkt der Platzbedarf auf der Platine und die Leistungsaufnahme der Gesamtschaltung nimmt deutlich ab.

Verringerte Kosten bei gesteigerter Funktionalität sind bei integrierten Schaltkreisen eine direkte Konsequenz aus ständig verbesserten Herstellprozessen. In direkter Folge sind mikroelektronisch realisierbare elektrische Funktionen einem ständigen Preisverfall unterworfen.

Mit jeder neuen Technologiegeneration können kleinere Transistoren und damit mehr Bauelemente pro Flächeneinheit reproduzierbar hergestellt werden, ohne daß Herstellkosten wesentlich steigen. Diese permanente Miniaturisierung, die in den letzten Jahren allerdings an Dynamik verloren hat, ist kein *Naturgesetz*, sondern eine methodische Entwicklung der extrem anpassungsfähigen *Siliziumplanartechnologie*, die dieses Buch beschreibt. Mit einem enormen Aufwand werden Grenzen des technisch Machbaren immer wieder neu definiert. Obwohl physikalische und technologische Spielräume immer enger werden, sind prinzipielle Limitierungen der Strukturverkleinerung aber noch lange nicht erreicht.

Günstiger Preis, hohe Zuverlässigkeit und elektrische Eigenschaften, die sich mit diskret aufgebauten Komponenten nie erzielen lassen würden, haben dazu geführt, daß wir täglich viele Geräte benutzen, in denen an zentraler Stelle integrierte Schaltungen sitzen. In Industrieelektronik, Computertechnik und Telekommunikation sind integrierte Schaltungen ebenfalls Schlüsselbausteine. Deshalb ist die Integration von elektronischen Funktionen eine entscheidende Methode, um Konkurrenzfähigkeit und Marktchancen von technischen Produkten und Systemen zu steigern. Zusätzlich können durch ein günstiges Preis-Leistungs-Verhältnis von integrierten Schaltungen andere Kostennachteile ausgeglichen werden. In integrierter

Form ist zudem jede elektronische Schaltung nachbausicher.

Die Zahl der Arbeitsplätze bei der IC-Herstellung ist relativ gering. Aufgrund der wachsenden Bedeutung der Mikroelektronik können Studenten in technischen Fächern aber damit rechnen, daß sie sich an einem zukünftigen Arbeitsplatz mit integrierten Schaltkreisen befassen müssen. Kenntnisse über Herstellverfahren, Technologie, Aufbau und Funktion von ICs sind daher eminent wichtig: Diese technologischen Faktoren bestimmen die Einsatzmöglichkeiten von integrierten Bauelementen und definieren damit Chancen und Herausforderungen, die ICs in elektronischen Systemen mit sich bringen.

Besonders wichtig sind Kenntnisse der IC-Herstellungsprozesse für Elektronikfirmen, die ASICs (anwendungsspezifische ICs) entwickeln und in ihren Geräten einsetzen. Bei ASICs können in der Anlaufphase nicht (wie bei Standardkomponenten) die Erfahrungen von vielen Anwendern genutzt werden. Beim Abschätzen der Entwicklungsrisiken und bei der Lösung der Anlaufprobleme bei Produkten mit ASICs ist jede Firma auf sich selbst gestellt. Nur mit guten Kenntnissen der Halbleitertechnologie können Mikroelektronikanwender erfolgreich mit Halbleiterfirmen bei ASIC-Entwicklungen zusammenarbeiten.

Dieser Band vermittelt die grundlegenden Prozeßtechnologien in der vom IC-Herstellungsprozeß vorgegebenen Reihenfolge. Beginnend mit dem Kristallaufbau, folgen anschließend Oberflächenschichten, Lithografie- und Ätzverfahren sowie die Gehäusemontage der Chips. Der erste und grundlegende Prozeßschritt ist die reproduzierbare, räumlich definierte Dotierung eines Halbleitersubstrats. In Kapitel 2 und 3 werden die dazu notwendigen Verfahren, Diffusionstechnik und Ionenimplantation vorgestellt.

Die folgenden Kapitel beschäftigen sich mit verschiedenen Oberflächenschichten, die Hilfsfunktionen innerhalb der Herstellprozesse übernehmen, oder konkrete elektrische Funktionen erfüllen. Oberflächenschichten isolieren z. B. metallische Leiterbahnen oder kontaktieren die an der Kristalloberfläche definierten Bauelemente. Kapitel 4 behandelt als wichtigste Oberflächenschicht das Eigenoxid des Siliziums, das mit direkter Beteiligung des Substrats unter oxidierender Atmosphäre entsteht. Die günstigen Eigenschaften dieses glasartigen Stoffes als Dotierstoffbarriere und als Dielektrikum haben entscheidend zum Erfolg der Siliziumtechnologie beigetragen.

In den Kapiteln 5 bis 7 werden dünne Oberflächenschichten beschrieben, die mit speziellen Abscheideverfahren aufgebracht werden, mit denen dünne Schichten mit extrem gleichmäßigen elektrischen, chemischen und mechanischen Eigenschaften realisierbar sind. Zuerst werden monokristalline *epitaktische* Siliziumschichten behandelt (Kapitel 5), mit denen abrupte vertikale Dotierprofile erzeugbar sind, die in Bipolar- und modernen MOS-Technologien Anwendung finden. Kapitel 6 beschreibt Abscheideverfahren für halbleitende oder isolierende Schichten, die mit der Methode der chemischen Dampfphasenabscheidung aufgebracht werden. Wichtige Anwendungen sind Gate-Elektroden und Emitterstrukturen für MOS- bzw. Bipolartransistoren, hergestellt aus polykristallinem Silizium. In Kapitel 7 sind die Methoden zur Erzeugung von metallischen Oberflächenschichten zu finden. Aus diesen Metallfilmen ätzt man Leiterbahnen heraus, um die einzelnen Komponenten einer integrierten Schaltung elektrisch miteinander zu verbinden.

Der zentrale und letztlich kostenbestimmende Prozeßschritt bei der Produktion von Halbleiterbauelementen, ist die optische Übertragung der geometrischen Strukturen aus dem Schaltungsentwurf (Layout) auf die Oberfläche der Siliziumscheiben. Dies erfolgt lithografisch über Masken und fotoempfindliche Lackschichten (Kapitel 8). Die maßgenau aus den Maskenvorgaben erzeugten Lackstrukturen werden anschließend mit naß- und trockenchemischen Ätzverfahren (Kapitel 9) in entsprechende Strukturen in den relevanten Oberflächenschichten der Siliziumscheiben umgesetzt. Beim Transfer kommt es auf die Übertragungsgenauigkeit und besonders auf die Selektivität an. Die Ätzprozesse dürfen nur bestimmte Schichten und nicht etwa den Fotolack oder das Substrat angreifen.

Um das Zusammenspiel der einzelnen Prozeßschritte im Überblick darzustellen, wird in Kapitel 10 der gesamte Scheibenprozeßablauf für einen bipolaren und einen CMOS-Prozeß behandelt. Da die fertigen strukturierten Siliziumscheiben nicht auf Leiterplatten gesetzt werden können, bringt man die integrierten Schaltkreise in geeigneten Gehäusen unter (Kapitel 11), die mehrere wichtige Aufgaben erfüllen. Sie passen die mikroelektronischen Strukturen der integrierten Schaltkreise an die gröbere Leiterplattentechnologie an, deren typische Abmessungen im Millimeter und nicht mehr im Mikrometerbereich liegen. Außerdem schützen Gehäuse die Bauelemente beim Einlöten auf die elektronische Leiterplatte und später im elektronischen Gerät. Die Diskussion der unterschiedlichen IC-Gehäuse, der Verfahrensschritte bei der Gehäusemontage und der modernen Aufbautechniken in Miniaturgehäusen runden das Thema ab.

2 Dotierung durch Diffusion

Grundprinzip der Halbleiterprozeßtechnik ist die reproduzierbare und kontrollierte Dotierung eines Halbleitersubstrats. Jeder Transistor in einer integrierten Schaltung besteht beispielsweise aus mehreren pn-Übergängen, also aus verschieden dotierten Kristallbereichen, die aneinanderstoßen. Um die entsprechenden n- bzw. p-leitenden Zonen im Siliziumsubstrat zu erzeugen, müssen Dotieratome mit genau vorgegebener Konzentration in ganz bestimmte Kristallbereiche gebracht werden. Die Abmessungen der dotierten Zonen können dabei im µm-Bereich liegen. Die wichtigsten technischen Verfahren zur Dotierung, mit denen sich kleine Abmessungen und geringe Konzentrationsschwankungen realisieren lassen, sind *Diffusion* und *Ionenimplantation.*

Beim Diffusionsverfahren, das in diesem Kapitel behandelt wird, gelangen die Dotieratome aus chemischen Quellen auf die Siliziumoberfläche und wandern dann durch Festkörperdiffusion in das Siliziumgitter. Die Ionenimplantation ist ein physikalisches Verfahren. Hier werden Dotieratome ionisiert und in einem Ionenbeschleuniger auf die Oberfläche von Siliziumscheiben geschossen. Aufgrund der hohen kinetischen Energie dringen die Ionen dann einige 100 nm in das Kristallgitter, bevor sie abgebremst werden. Implantationsverfahren sind Thema von Kapitel 3.

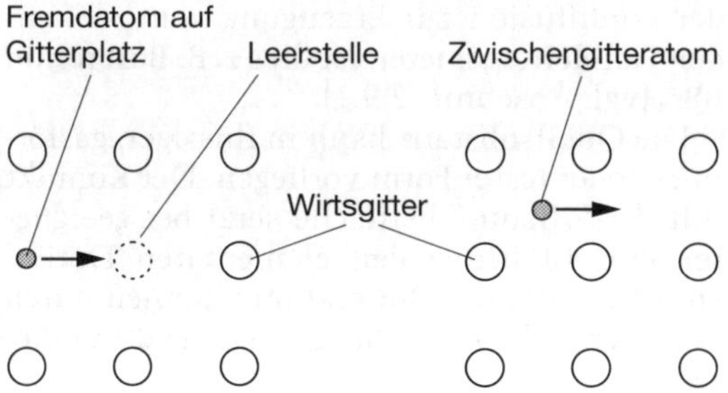

Bild 2.1 Diffusionsmechanismen im Festkörper:
a) Leerstellendiffusion;
b) Diffusion über Zwischengitterplätze

Diffusion aus chemischen Quellen ist das klassische Dotierverfahren. Der Begriff *Diffusion* hat sich sogar zu einem umgangssprachlich benutzten Synonym für die Fertigung von Siliziumchips entwickelt. Im folgenden wird das Diffusionsverfahren anhand einfacher Modelle vorgestellt. Wechselwirkungen mit anderen Prozeßschritten werden behandelt und technische Grenzen aufgezeigt. Anschließend folgen Anwendungsbeispiele und die einzelnen Prozeßschritte. Zusätzlich werden die in der Halbleiterfertigung eingesetzte Gerätschaften beschrieben.

2.1 Diffusion im Festkörper

Diffusionsprozesse spielen sowohl in der Natur als auch in der Technik eine wichtige Rolle. Im allgemeinen bezeichnet die Diffusion eine gerichtete Wanderbewegung von Fremdatomen in einem Wirtsmedium (Gas, Flüssigkeit, Festkörper). Die treibende Kraft ist hierbei ein Konzentrationsgefälle des Fremdstoffes in der Wirtssubstanz. Diese Konzentrationsunterschiede werden durch den Diffusionsprozeß ausgeglichen. Danach kommt die gerichtete Bewegung der Fremdatome zum Erliegen.

Bei kristallin aufgebauten Festkörpern, wie den Siliziumsubstratscheiben, kann die Diffusionsbewegung auf zwei Arten erfolgen (Bild 2.1): über Zwischengitterplätze oder über Gitterleerstellen. Obwohl die Zwischengitterdiffusion viel schneller erfolgt, weil keine Valenzbindungen aufgebrochen werden müssen, ist für die Halbleiterdotierung nur die Diffusion über Leerstellen relevant. Dotieratome sind nämlich (s. Band 1 Abschnitt 2.3.1) nur auf Gitterplätzen elektronisch wirksam.

2.2 Diffusion im Siliziumgitter: Leerstellen, Eigendiffusion und Fremdatome

Bevor Dotieratome über Gitterleerstellen durch den Siliziumkristall wandern können, müssen solche Leerstellen zunächst im (reinen) Siliziumsubstrat vorhanden sein. Leerstellen (s. Band 1 Abschnitt 2.3.2.1) entstehen durch Wärmebewegung der Gitteratome. Dadurch gelangt ein geringer Prozentsatz der Siliziumatome auf Zwischengitterplätze. Ihre angestammten Gitterplätze bleiben zunächst unbesetzt. Die Anregungsenergie zur Erzeugung einer Leerstelle wird dabei um so leichter aufgebracht, je höher die Kristalltemperatur ist.

Einmal entstandene Leerstellen haben im Kristallgitter nur eine endliche Lebensdauer. Leerstellen können entweder durch Rückwanderung von Zwischengitteratomen wieder besetzt werden oder durch *Eigendiffusion*. Hier verlassen Gitteratome ihren ursprünglichen Gitterplatz und wechseln auf eine freie Leerstelle.

Durch dieses Wechselspiel aus Generation und Vernichtung von Gitterleerstellen stellt sich (bei gegebener Temperatur) eine mittlere Leerstellenkonzentration ein, die für den gesamten Kristall gleich ist. Die homogene Verteilung der Leerstellen wird sofort gestört, wenn Fremdatome in Kontakt mit dem Siliziumgitter gebracht werden. In der Halbleitertechnik findet dieser Kontakt über die Siliziumoberfläche statt. Dotieratome besetzen hier zunächst Leerstellen an der Kristalloberfläche. Dies reduziert die Leerstellenkonzentration in oberflächennahen Bereichen. Freie Gitterplätze gibt es damit im wesentlichen nur noch in tieferen Kristallschichten, weil dort die Konzentration des Dotierstoffes noch gering ist und näherungsweise noch die Leerstellenkonzentration des reinen Siliziumgitters vorliegt. Die eingedrungenen Dotieratome bewegen sich folglich bevorzugt ins Kristallinnere, denn dort steigt die Leerstellenkonzentration und damit die Zahl der Diffusionsmöglichkeiten stark an. Die Dotieratome wandern in Richtung des Konzentrationsgefälles. Diesen Vorgang bezeichnet man als Diffusion.

Freiwerdende Gitterplätze an der Oberfläche werden, solange noch Kontakt mit der Dotierstoffquelle besteht, sofort von nachrükkenden Dotieratomen besetzt. Erst wenn die Quelle abgekoppelt ist, reduziert sich die Konzentration an der Oberfläche durch abwandernde Dotieratome, bis das Konzentrationsgefälle ausgeglichen und der Dotierstoff homogen im Gitter verteilt ist. Bleibt der Kontakt zur Quelle hingegen erhalten, endet der Diffusionsvorgang erst, wenn im Gesamtkristall die Oberflächenkonzentration des Dotierstoffes erreicht ist.

Die Wanderbewegung der Fremdatome über Leerstellen hört bei gleichverteiltem Dotierstoff natürlich nicht auf, nur hier gilt dann das gleiche, wie für die Eigendiffusion: Übergänge auf Leerstellen sind in alle Richtungen gleich wahrscheinlich. Die Konzentrationen ändern sich damit im Mittel nicht mehr.

2.3 Dotierung von Halbleitersilizium durch Diffusion

Das beschriebene Diffusionsverhalten von Fremdatomen im Siliziumgitter wird ausgenutzt, um gezielt und lokal den Leitungstyp des Halbleitermaterials zu verändern. Da die gebräuchlichen Dotierelemente in reiner Form unbeständig oder schlecht zu handhaben sind, wird als Dotierstoffquelle meist eine Verbindung des Dotierelementes gewählt. Bei der Bordiffusion zur Erzeugung von p-leitenden Halbleitergebieten ist dies z. B. Borbromid BBr_3 (vgl. Abschnitt 2.9.1).

Die Quellsubstanz kann in flüssiger, gasförmiger oder fester Form vorliegen. Der Kontakt mit der Siliziumoberfläche setzt bei geeigneter Prozeßführung den elementaren Dotierstoff frei, und die Dotieratome können durch die Oberfläche in das Siliziumgitter diffundieren.

Um die Bereiche der Siliziumoberfläche festzulegen, die dotiert werden sollen, wird die Scheibenoberfläche mit einer Diffusionsmaske aus Siliziumdioxid überzogen. In diese Schicht, die gängige Dotierstoffe nicht durchläßt, werden sog. *Diffusionsfenster* eingeätzt, in denen die Siliziumoberfläche freiliegt. Lage und Abmessungen dieser Oxidöffnungen bestimmen, in welche Siliziumbereiche Dotieratome eindiffundieren können und wo nicht. Zur Übertragung der Geometrien der zu dotierenden Zonen in die Oxidschicht werden Lithografieverfahren und Ätztechniken verwendet, die in den Kapiteln 8 und 9 zu finden sind.

Außer den lateralen Abmessungen, die über die Größe der Diffusionsfenster definiert werden können, sind bei jeder dotierten Zone bestimmte Eindringtiefen und Dotierstoffkonzentrationen einzuhalten, die als wichtige Parameter die elektrischen Eigenschaften der erzeugten Bauelemente beeinflussen. Diese beiden Parameter werden über die Prozeßführung beim Dotiervorgang selbst gesteuert. Um Konzentration und vertikale Verteilung des Dotierstoffes einzustellen, wird der Diffusionsvorgang in 2 Schritte unterteilt. Die 1. Phase ist die *Vorbelegung,* die 2. Phase heißt *Eindiffusion.*

In der Vorbelegungsphase wird die Dotierstoffmenge festgelegt, die eingebracht werden soll. Nur in dieser Phase steht die Dotierstoffquelle in Kontakt mit der Halbleiteroberfläche. Dotieratome diffundieren in die oberflächennahen Bereiche des Siliziums. Die Quelle liefert ständig Dotierstoff nach. Das Gitter kann aber nur eine begrenzte Anzahl von Dotierstoffatomen aufnehmen. Die *Löslichkeitsgrenze* ist stoffspezifisch und temperaturabhängig.

Bild 2.2 zeigt die Löslichkeitsgrenze in Silizium für verschiedenen Dotierstoffe. Bei Bor und Phosphor beispielsweise (zwei wichtige Dotierelemente) liegt die Löslichkeitsgrenze im Prozentbereich. Das charakteristische Maximum in den Löslichkeitskurven bei Temperaturen oberhalb 1200 °C entsteht durch zwei gegenläufige Effekte. Mit zunehmender Temperatur nehmen die Gitterschwingungen zu. Dies behindert den Einbau von Fremdatomen auf Gitterplätzen. Zum anderen werden bei hohen Temperaturen Valenzbindungen leichter aufgebrochen. So entstehen zusätzliche Gitterleerstellen, die von Dotieratomen besetzt werden können, und die Löslichkeit steigt. Da beide Prozesse gegenläufigen Temperaturgesetzen genügen, gibt es eine Temperatur, bei der die Festkörperlöslichkeit ein Maximum erreicht.

Die Existenz einer Löslichkeitsgrenze ist eminent wichtig. Nur durch Ausnutzen dieser stoffspezifischen Limitierung können reproduzierbar Dotierstoffkonzentrationen mit definierter Tiefenabhängigkeit, also feste *Dotierprofile*, erzeugt werden.

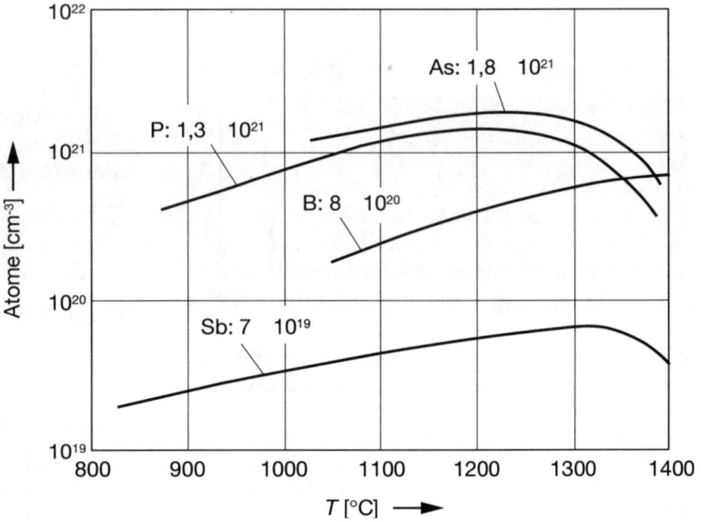

Bild 2.2
Löslichkeitsgrenzen der wichtigsten Dotierstoffe, aufgetragen gegen die Prozeßtemperatur. Eingetragen ist außerdem das Löslichkeitsmaximum, das je nach Dotierstoff bei unterschiedlichen Temperaturen oberhalb von 1200 °C erreicht wird (nach [2.4]).

Die Dosierung der Dotieratome über die Löslichkeitsgrenze kann mit dem Fördern einer bestimmten Menge Flüssigkeit durch ein Rohr mit gegebener Rohrweite verglichen werden. Die Rohrweite entspricht der Löslichkeitsgrenze. Wird der gesamte Rohrquerschnitt ausgenutzt, dann ist die Flüssigkeitsmenge nur durch Pumpdauer (Zeit) und den Druck, also die Fließgeschwindigkeit der Flüssigkeit, bestimmt. In Analogie kann beim Dotieren die Gesamtmenge der eingebauten Dotieratome ausschließlich durch die Vorbelegungsdauer t_v und die Diffusionstemperatur T gesteuert werden.

Die Temperatur entspricht dabei dem Druck im mechanischen Beispiel, denn diese Größe bestimmt die Diffusionsgeschwindigkeit. Je höher die Temperatur, desto größer ist die Anzahl der Gitterleerstellen und desto schneller finden Dotieratome Leerstellen in tieferen Kristallschichten. Dies schafft wieder freie Gitterplätze an der gegebenen Oberfläche. Bei fester Temperatur stellt sich eine feste Eindiffusionsgeschwindigkeit ein. Deshalb bestimmt bei konstanter Temperatur ausschließlich die Diffusionsdauer t_v (wie die Pumpdauer im mechanischen Beispiel) die genaue Anzahl der eindiffundierten Atome. Um den Diffusionsvorgang zu beschleunigen, werden hohe Diffusionstemperaturen (ca. 1000 °C) eingestellt.

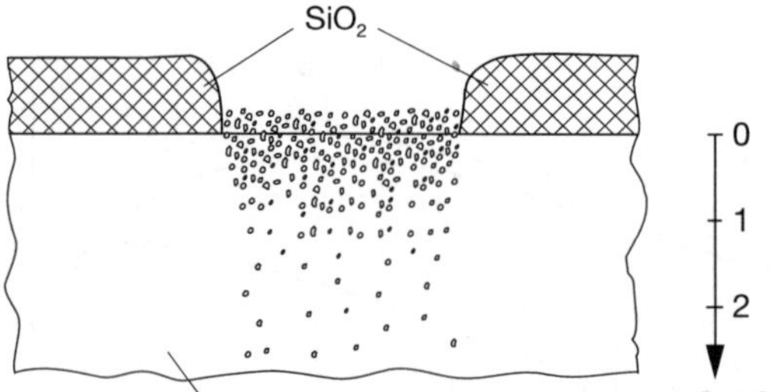

Bild 2.3 Dotierung von Silizium durch Diffusion durch ein Oxidfenster. Gezeigt ist ein Schnittbild einer Siliziumsubstratscheibe. Der Dotierstoff dringt senkrecht zur Oberfläche in x-Richtung in den Siliziumkristall ein. Die Dotieratome diffundieren in Richtung des stärksten Konzentrationsgefälles.

Nach der Vorbelegung folgt die *Eindiffusionsphase*, in der die endgültige Verteilung der Dotieratome festgelegt wird. Solange Kontakt mit der Dotierstoffquelle besteht, ist die Konzentration in Oberflächennähe nur durch die Löslichkeitsgrenze bestimmt. Um Dotierstoffkonzentrationen unterhalb der maximalen Löslichkeit zu erzeugen, wird die behandelte Siliziumscheibe ohne Quelle nach der Vorbelegungsphase nachdiffundiert. Durch diese *Eindiffusion* dringt der Dotierstoff weiter in den Kristall ein. Da keine neuen Dotieratome nachgeliefert werden, nimmt die Oberflächenkonzentration ab. Eindringtiefe und Konzentrationsgefälle können, wie bei der Vorbelegung, über die Diffusionstemperatur und die Diffusionsdauer gesteuert werden.

2.4 Diffusionsmodelle

Um die bisher allgemein beschriebenen Zusammenhänge genauer zu erfassen, werden im folgenden einfache Modelle für die Halbleiterdotierung durch Diffusion beschrieben. Wenn Dotieratome durch die Oberfläche eindringen, entsteht ein Konzentrationsgefälle des Dotierstoffes im Kristall, das sich im wesentlichen nur senkrecht zur Oberfläche in Abhängigkeit von der Schichttiefe ändert. Solche Dotierstoffverteilungen werden als Dotierprofile bezeichnet und können mit eindimensionalen Modellen berechnet werden. Bild 2.3 veranschaulicht die geometrischen Verhältnisse.

Den Strom der Dotieratome senkrecht zur Oberfläche in x-Richtung beschreibt (wie bei jedem Diffusionsvorgang) das 1. Ficksche Gesetz:

$$j = -D \cdot \frac{N(x_1) - N(x_2)}{x_1 - x_2} \qquad \text{(Gl. 2.1)}$$

oder in differentieller Form:

$$j = -D \cdot \frac{\partial N}{\partial x} \qquad \text{(Gl. 2.2)}$$

j bezeichnet in den Gleichungen den Dotieratomstrom mit der Einheit $1/\text{cm}^2 \cdot \text{s}$. $N(x, t)$ ist die gesuchte Dotierstoffkonzentration, also die Anzahl der Dotieratome/cm^3 am Ort

x unter der Siliziumoberfläche zu einem gegebenen Zeitpunkt t. $\partial N/\partial x$ ist die partielle Ableitung der Konzentration nach der Diffusionsrichtung. D ist die sog. Diffusionskonstante, die ein Maß für die Diffusionsfähigkeit des betrachteten Stoffes darstellt und in cm^2/s angegeben wird.

Die Diffusionskonstante eines Dotierstoffes hängt stark von der Temperatur ab und genügt (wie viele andere wichtige Größen in der Halbleitertechnologie) einem *Arrheniusgesetz*:

$$D = D_0 \cdot e^{-\frac{E_A}{k_B \cdot T}} \qquad \text{(Gl. 2.3)}$$

D_0 und E_A sind Stoffkonstanten, in die beispielsweise der Atomradius und die Diffusionsart (Leerstellen- bzw. Zwischengitterdiffusion) eingehen. k_B ist die Boltzmannkonstante ($8{,}62 \cdot 10^{-5}$ eV/K) und T steht für die absolute Temperatur (in Kelvin). E_A ist die Aktivierungsenergie des untersuchten Diffusionsprozesses. Diese Energiemenge muß mindestens aufgewendet werden, damit ein Fremdatom von einem Platz im Wirtsgitter auf einen anderen Gitterplatz diffundiert.

D_0 und E_A sind für relevante Dotierstoffe in Tabelle 2.1 zusammengestellt. Bei der Leerstellendiffusion liegen die Aktivierungsenergien typischerweise zwischen 3 und 5 eV. Bei Substanzen, die über das Zwischengitter diffundieren, sind die Werte um Größenordnungen kleiner.

Bild 2.4 zeigt die Diffusionskonstanten für wichtige Dotierstoffe in einem sog. Arrheniusdiagramm. In dieser Darstellung wird die Diffusionskonstante D halblogarithmisch gegen $1/T$, die reziproke Temperatur, aufgetragen. Die Diffusionskonstanten sind aufgrund der exponentiellen Temperaturabhängigkeit Geraden, deren Steigung durch die Aktivierungsenergie gegeben ist.

Das 1. Ficksche Gesetz (Gleichung 2.2) beschreibt den Diffusionsvorgang allerdings nicht vollständig. Durch den Diffusionsstrom j verändert sich mit der Zeit sowohl die Dotierstoffkonzentration in den verschiedenen

Bild 2.4
Diffusionskoeffizienten der wichtigsten über Gitterleerstellen diffundierenden Dotierstoffe als Funktion der inversen Temperatur (nach [2.4]).

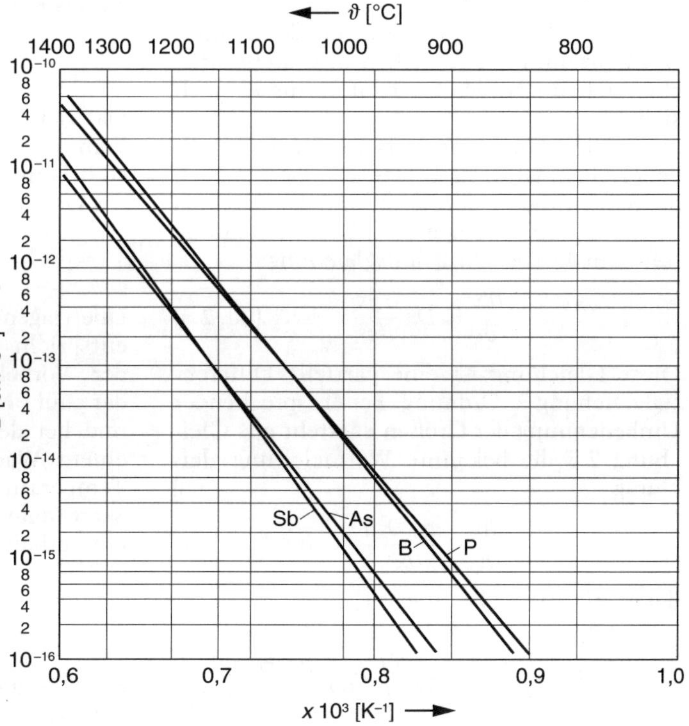

Tabelle 2.1 Aktivierungsenergie und Materialkonstante D_0 für die Leerstellendiffusion in Silizium für die wichtigsten Dotierstoffe. Zum Vergleich sind am Ende noch die Parameter für das im Zwischengitter wandernde Kupfer angegeben:

Element	$D_0\,[\mathrm{cm}^2/\mathrm{s}]$	$E_A\,[\mathrm{eV}]$
P	10,50	3,69
As	0,32	3,56
Sb	5,60	3,95
B	10,50	3,69
Al	8,00	3,47
Ga	3,60	3,51
Cu	0,0025	0,65

Kristallschichten als auch das Konzentrationsgefälle $\partial N/\partial x$. Dieses Gefälle bestimmt nach Gleichung 2.2 wiederum den Diffusionsstrom j. Diese Rückwirkung kann mit der *Kontinuitätsgleichung* erfaßt werden:

$$\frac{\partial N}{\partial t} = -\frac{\partial j}{\partial x} \qquad \text{(Gl. 2.4)}$$

Lokale zeitliche Schwankungen der Dotierstoffkonzentration N ziehen also stets örtliche Änderungen des Dotieratomflusses nach sich.

Um diese Kopplung zwischen N und j einzubeziehen, wird das 1. Ficksche Gesetz nach der Schichttiefe x abgeleitet und das Ergebnis in Gleichung 2.4 eingesetzt. Diese Rechnung führt auf die sog. *Diffusionsgleichung*:

$$\frac{\partial N}{\partial t} = D \cdot \frac{\partial^2 N}{\partial x^2} \qquad \text{(Gl. 2.5)}$$

Diese Gleichung ist eine partielle Differentialgleichung 2. Ordnung. Bei entsprechender Umbenennung der Größen entsteht aus Gleichung 2.5 die bekannte Wärmeleitungsgleichung

$$\frac{\partial u}{\partial t} = \frac{a^2 \cdot \partial^2 u}{\partial x^2}.$$

deren allgemeine Lösung [2.1]

$$u(x,t) = \frac{1}{2 \cdot a \cdot \sqrt{\pi \cdot t}} \cdot \int_{-\infty}^{\infty} f(a) \cdot \mathrm{e}^{\frac{-(x-a)^2}{4 \cdot a^2 \cdot t^2}} \cdot \mathrm{d}a \qquad \text{(Gl. 2.6)}$$

übernommen werden kann. $f(x)$ gibt die Anfangsverteilung der gesuchten Größe $u(x, t)$ zum Zeitpunkt $t = 0$ an.

Die Anpassung dieser allgemeinen Lösung an das betrachtete Festkörperdiffusionsproblem besorgen bestimmte, problemspezifische Nebenbedingungen, die den räumlichen Verlauf der Lösungsfunktion zu bestimmten Zeiten vorgeben (*Anfangswerte*), bzw. das zeitliche Verhalten an bestimmten Orten festlegen (*Randwerte*). Durch solche *Anfangs-* und *Randbedingungen* wird insbesondere auch zwischen Vorbelegungs- und Eindiffusionsphase unterschieden.

2.5 Vorbelegung

In der Vorbelegungsphase werden, wie erwähnt, aus der Dotierstoffquelle weitaus mehr Dotieratome freigesetzt, als direkt vom Siliziumsubstrat aufgenommen werden können. Die Oberflächenkonzentration N_0 liegt daher stets an der Löslichkeitsgrenze. Also gilt als Randbedingung die Gleichung

$$N(x = 0, t > 0) = N_0.$$

Da sich typischerweise vor der Diffusion keine Dotieratome der gewählten Art im Kristall befinden, hat die Anfangsbedingung für das Dotierprofil die Form

$$N \cdot (x \geq 0, t = 0) = 0.$$

Übertragen auf die Wärmeleitungsgleichung entspricht die Dotierstoffdiffusion während der Vorbelegung einem homogenen Stab, der auf Nulltemperatur abgekühlt wurde und bei dem zur Zeit $t = 0$ ein Ende mit einem Wärmereservoir mit der konstanten Temperatur u_0 in Kontakt gebracht wird. Setzt man die Anfangstemperaturverteilung ein, erhält man als Lösung die Gleichung [2.2]

$$u(x,t) = u_0 \cdot \operatorname{erfc}\left(\frac{x}{2 \cdot a \cdot \sqrt{t}}\right)$$

Hier bezeichnet erfc(z) die komplementäre Fehlerfunktion, die durch das Integral

Tabelle 2.2 Tabelle der komplementären Fehlerfunktion (erfc(z) = (1 – erf(z)):

z	**erfc(*z*)**
0,0	1,0000
0,1	0,8875
0,2	0,7773
0,3	0,6714
0,4	0,5716
0,5	0,4795
0,6	0,3961
0,7	0,3222
0,8	0,2579
0,9	0,2031
1,0	0,1573
1,1	0,1198
1,2	0,0897
1,3	0,06599
1,4	0,04771
1,5	0,03389
1,6	0,02365
1,7	0,01621
1,8	0,01091
1,9	0,00721
2,0	0,00468
2,5	0,000497
3,0	0,000022
3,5	0,000000

$$\mathrm{erfc}(z) = \left(1 - \frac{2}{\sqrt{\pi}}\right) \cdot \int_0^z \mathrm{e}^{-a^2} \cdot da \qquad \text{(Gl. 2.7)}$$

definiert ist. Dieses Integral kann nur für $z = 0$ und $z = \infty$ in geschlossener Form ausgewertet werden. Zwischenwerte liegen in tabellierter Form vor (s. Tabelle 2.2).

Für die Diffusionsgleichung kann dieses Ergebnis entsprechend umgeformt werden. Während der Vorbelegungsphase ist die Lösung der Diffusionsgleichung durch die äquivalente Gleichung

$$N(x,t) = N_0 \cdot \mathrm{erfc}\left(\frac{x}{x_l(t)}\right) \qquad \text{(Gl. 2.8)}$$

gegeben. Im Argument der komplementären Fehlerfunktion wird die Koordinate x, die die Schichttiefe im Halbleiterkristall angibt, in Einheiten der sog. Diffusionslänge

$$x_l = 2 \cdot \sqrt{D \cdot t} \qquad \text{(Gl. 2.9)}$$

gemessen. Diese Länge ist ein Maß dafür, wie weit Dotierstoffatome mit einer Diffusionskonstanten D während der Zeit t diffundieren. Der Parameter x_l enthält in komprimierter Form die gesamte Information über den betrachteten Diffusionsvorgang. Die Diffusionsdauer geht direkt in die Diffusionslänge ein. Temperatur und verwendetes Dotierelement legen die Diffusionskonstante D fest. Wird die Konzentration in Einheiten der Oberflächenkonzentration N_0 angegeben, ist der Diffusionsverlauf für ein bestimmtes Dotierelement bei gegebener Temperatur und Diffusionszeit ausschließlich durch x_l festgelegt. Für ein gegebenes Dotierprofil spielt es damit keine Rolle, ob die entsprechende Diffusionslänge durch eine lange Vorbelegungszeit oder durch eine hohe Prozeßtemperatur erreicht wurde.

In Bild 2.5 findet sich eine graphische Darstellung der Dotierstoffverteilungen nach der Vorbelegung für 3 verschieden große Diffusionslängen. Wie auch Tabelle 2.2 für die komplementäre Fehlerfunktion zeigt, ist der Dotierstoff nach der Vorbelegung an der Oberfläche konzentriert. Die Bilder zeigen, daß die Diffusionslänge die Dicke der Schicht charakterisiert, die nennenswerte Dotierstoffkonzentrationen enthält.

Am Ende der Vorbelegungsphase zum Zeitpunkt t_v liegt die Dotierstoffdosis Q fest, die die Zahl der pro cm^2 Siliziumoberfläche eingebrachten Dotieratome angibt, denn nach Abschluß der Vorbelegung wird der Kontakt zwischen Scheibenoberfläche und Quellsubstanz unterbrochen. Q kann durch Integrieren der Dotierstoffverteilung N zum Zeitpunkt $t = t_v$ über die gesamte Kristalltiefe berechnet werden. Dieses Integral entspricht der Fläche unterhalb der entsprechenden $N(x, t_v)$-Kurve. Diese Fläche läßt sich, wie Bild 2.5 zu entnehmen ist, durch das Dreieck mit den Eckpunkten $x = 0$ und $x = x_l$ auf der Abszisse sowie $N = N_0$ auf der Ordinate abschätzen:

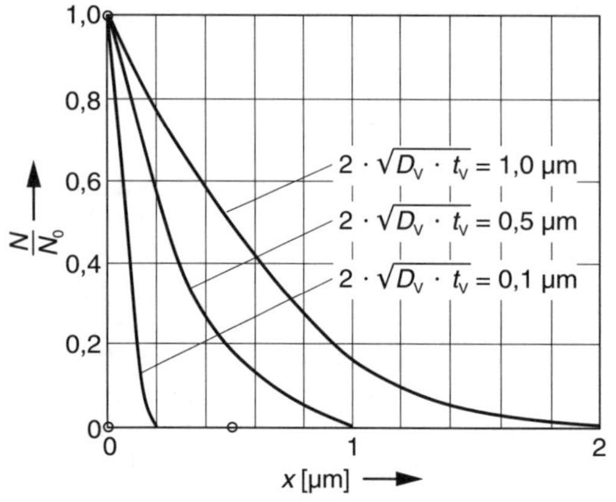

Bild 2.5 Dotierstoffverteilung im Silizium nach der Vorbelegungsphase senkrecht zur Oberfläche in Abhängigkeit von der Schichttiefe x (nach [2.4]). Die aufgetragenen Konzentrationswerte sind auf die Oberflächenkonzentration N_0 normiert. Gezeigt sind die Profile für 3 Diffusionslängen (0,1 mm, 0,5 mm und 1,0 mm). Die offenen Kreise kennzeichnen die Eckpunkte des Dreiecks über dessen Fläche näherungsweise die eingebrachte Dotierstoffdosis für die Diffusionslänge 0,5 µm berechnet werden kann (nach [2.4]).

$$Q = N_0 \cdot \sqrt{D \cdot t}$$

Einen genaueren Wert liefert die Integration. Da der Integrand exponentiell gegen 0 strebt und die Dicke der Siliziumscheibe (ca. 600 µm) sehr groß im Vergleich zur Eindringtiefe des Dotierstoffes (ca. 1 µm) ist, kann die obere Grenze des Integrals ins Unendliche gelegt werden, ohne daß dies zu Fehlern im Ergebnis führt. Für diesen Fall gibt es eine analytische Lösung:

$$Q = \frac{2}{\sqrt{\pi}} \cdot N_0 \cdot \sqrt{D \cdot t} \qquad \text{(Gl. 2.10)}$$

2.6 Eindiffusion

Nach der Vorbelegungsphase ist der Dotierstoff an der Oberfläche konzentriert. Die Konzentration direkt an der Siliziumoberfläche liegt dabei an der Löslichkeitsgrenze. Zur Erzeugung tiefer dotierter Zonen oder zur Reduktion der Oberflächendotierung ist ein weiterer Diffusionsprozeß notwendig, die sog. *Eindiffusion*. Bei diesem zweiten Diffusionsschritt bleibt die Dosis unverändert, denn im Gegensatz zur Vorbelegung, wird in einer Atmosphäre ohne Dotieratome diffundiert. Die Prozeßtemperaturen sind dabei in der Regel noch höher als bei der Vorbelegung (etwa 1200 °C), um den Eindiffusionsvorgang zu beschleunigen.

Wird ohne Dotierstoff im Prozeßgas diffundiert, besteht für den gewählten Dotierstoff ein zusätzliches Konzentrationsgefälle zwischen der Kristalloberfläche und der darüberliegenden Gasschicht. Deshalb diffundieren die bei der Vorbelegung eingebrachten Dotieratome teilweise wieder in den Gasraum zurück. Werden keine Gegenmaßnahmen getroffen, wird durch diese sog. *Ausdiffusion* die Dosis Q in schwer vorhersagbarer Weise reduziert.

Um solche unkontrollierten Effekte zu verhindern, findet die Eindiffusion nicht unter inerter Schutzgasatmosphäre statt, sondern in sauerstoffhaltiger Umgebung. Bei der Eindiffusion wächst deshalb gleichzeitig Siliziumoxid in den Diffusionsfenstern. Die Oxidschicht wirkt als Diffusionsbarriere, versiegelt die Oberfläche und verhindert die Ausdiffusion. Die bei der Vorbelegung eingebrachte Dotierstoffdosis bleibt folglich erhalten und wird lediglich umverteilt.

Das weitere Eindringen des Dotierstoffes bei der Eindiffusion beschreibt wiederum die Diffusionsgleichung (Gleichung 2.5), nur gelten hier andere und kompliziertere Nebenbedingungen als im Vorbelegungsfall. Die erste Randbedingung berücksichtigt, daß keine Dotieratome wegen der Oxidschicht ausdiffundieren können. Der Diffusionsstrom an der Oberfläche ($x = 0$) verschwindet, das heißt nach dem 1. Fickschen Gesetz

$$\left.\frac{\partial N}{\partial x}\right|_{x=0} = 0 \qquad \text{(Gl. 2.11)}$$

für die gesamte Dauer der Eindiffusion. Die zweite Randbedingung ergibt sich aus der Prozeßführung: Durch Diffusion sollen dotierte Zonen an der Oberfläche erzeugt werden.

Dies bedeutet, daß bei einer sinnvollen Lösung der Dotierstoff in Oberflächennähe bleibt und nicht etwa bis an die Scheibenrückseite diffundiert. Die entsprechende Randbedingung lautet, wenn die Scheibendicke wieder aus Gründen der mathematischen Bequemlichkeit als unendlich angenommen wird,

$$N(\infty, t) = 0 \qquad \text{(Gl. 2.12)}$$

Besonders erschwerend für eine Lösung der Diffusionsgleichung ist das Vorbelegungsprofil nach den Gleichungen 2.8 und 2.9, das als Anfangsverteilung $f(a)$ in der allgemeinen Lösung der Diffusionsgleichung (Gleichung 2.6) mit integriert werden muß und nur über Tabellen angegeben werden kann. In vielen praktischen Fällen ist es allerdings ausreichend, eine genäherte Anfangsverteilung zu verwenden: Da im Vergleich zur Vorbelegung bei höherer Temperatur (also größerer Diffusionskonstante) und über einen längeren Zeitraum eindiffundiert wird, gilt folgende Ungleichung zwischen den Diffusionslängen $x_l = x_v$ und $x_l = x_e$

$$x_e = 2 \cdot \sqrt{D_e \cdot t_e} \gg 2 \cdot \sqrt{D_v \cdot t_v} = x_v$$

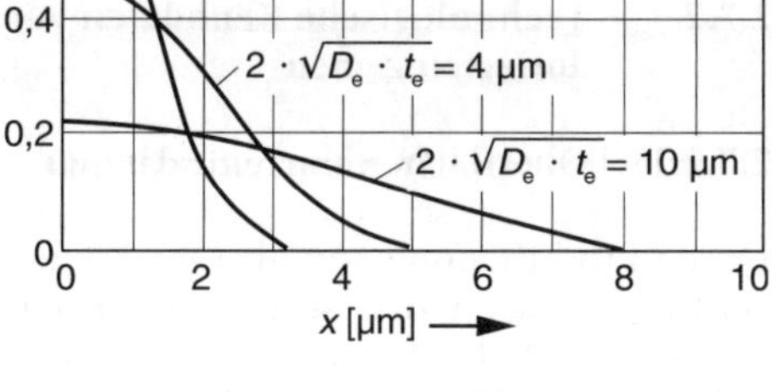

Bild 2.6 Gaußförmige Konzentrationsverteilungen nach der Eindiffusion, normiert auf die Oberflächenkonzentration. Gezeigt sind die Profile für 3 Diffusionslängen (nach [2.4]).

Der Index e (v) kennzeichnet die Diffusionsparameter, die sich auf die Eindiffusionsphase (Vorbelegungsphase) beziehen. Diese Ungleichung besagt, daß beide Diffusionsschritte also auf völlig unterschiedlichen Längenskalen ablaufen. Das Dotierprofil nach der Vorbelegung ist im Vergleich mit dem Profil nach dem Eindiffundieren in einer oberflächennahen Schicht mit vernachlässigbarer Schichtdicke konzentriert. Die Anfangsverteilung $f(a)$ kann daher in Gleichung 2.6 durch eine Deltafunktion $f(a) \approx \delta(a)$ ersetzt werden. Dann wird die Integration sehr einfach und die Lösung der Diffusionsgleichung hat die Form

$$N(x,t) = \sqrt{\frac{Q}{\pi \cdot D_e \cdot t}} \cdot e^{\frac{-x^2}{4 \cdot D_e \cdot t}} \qquad \text{(Gl. 2.13)}$$

Der Eindiffusionsschritt führt also zu einer Gaußverteilung der Dotieratome. In Bild 2.6 sind als Beispiele wieder die Dotierprofile für 3 Diffusionslängen dargestellt.

Um die Auswirkungen der Deltafunktionsnäherung in der Anfangsbedingung zu bewerten, kann die Gleichung 2.13 mit einer numerischen Lösung der Diffusionsgleichung für das exakte Vorbelegungsprofil verglichen wer-

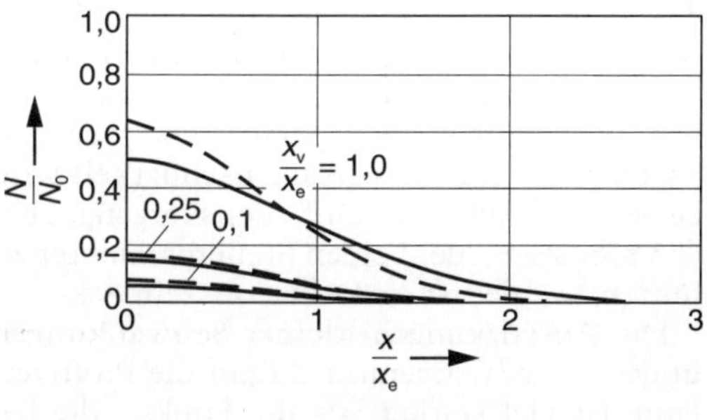

Bild 2.7 Konzentrationsverteilungen eines Dotierstoffes nach der Eindiffusion in Einheiten der maximalen Löslichkeit N_o. Durchgezogene Linien geben die Lösung der Diffusionsgleichung für die Eindiffusion unter den echten Anfangsbedingungen (Vorbelegungsprofil) an. Gestrichelt sind die entsprechenden Lösungen aufgetragen, die sich für eine deltaförmige Anfangsverteilung um $x = 0$ ergeben. Jede der 3 Kurvenpaare zeigt die Ergebnisse für ein anderes Verhältnis der Diffusionslängen bei Vorbelegung und Eindiffusion (nach [2.3]).

den. Bild 2.7 zeigt das Ergebnis [2.3]. Es wird deutlich, daß die Abweichungen der Näherungslösungen praktisch vernachlässigbar sind, wenn nur die Eindiffusionslänge x_e hinreichend groß gegen x_v ist. Ein Faktor von etwa 4 (mittlere Kurve in der Abbildung) ist für praktische Zwecke ausreichend.

2.7 Anwendungen der Diffusionstheorie

Nachdem die Modellgleichungen für den Diffusionsvorgang hergeleitet sind, können wichtige Eigenschaften von dotierten Schichten und Diffusionsprozessen genauer untersucht werden.

2.7.1 Steuerparameter für Diffusionsprozesse

Die abgeleiteten Gleichungen 2.8, 2.9 und 2.13 für Dotierstoffprofile zeigen, daß es für Vorbelegung und Eindiffusion 2 Steuergrößen gibt: die Diffusionstemperatur, die über die Diffusionskonstante exponentiell eingeht und die Diffusionszeit. Beide Größen sind im Prinzip beliebig gegeneinander austauschbar. Ein Profil, das bei niedriger Temperatur und langer Diffusionszeit entsteht, kann bei einem verkürzten Diffusionsvorgang genausogut erzeugt werden, wenn nur die Temperatur entsprechend angehoben wird. Diese Austauschbarkeit wird ausgenutzt, um den Diffusionsvorgang über den robusteren der beiden Steuerparameter zu führen, und das ist die Diffusionszeit.

Die Auswirkungen kleiner Schwankungen in der Prozeßtemperatur ΔT auf die Profilverläufe ist viel stärker, als die Effekte, die bei kleinen Änderungen der Diffusionszeit Δt auftreten. Dies läßt sich am Beispiel der Diffusionslänge x_l durch Entwickeln bis zur linearen Ordnung in den Parametervariationen zeigen:

$$x_l \cdot (T + \Delta T, t + \Delta t) = x_l \cdot (T, t) \cdot \left(1 + \frac{\Delta t}{2 \cdot t}\right) \cdot \left(1 + \frac{E_A}{2 \cdot k_B \cdot T} \cdot \frac{\Delta T}{T}\right) \quad \text{(Gl. 2.14)}$$

Aufgrund des großen Koeffizienten $E_A/2 \cdot k_B \cdot T$ dominiert der $\Delta T/T$-Term ($E_A = 3$ eV, $k_B \cdot T = 10^{-5}$ eV!). Für die Bordiffusion bedeuten beispielsweise Temperaturschwankungen um 5 K bei $T = 1273$ K (entsprechend 1000 °C) Änderungen in der Diffusionslänge um 6,6 %. Entsprechende Veränderungen in der Diffusionszeit (5 s bei $t = 1273$ s) bleiben praktisch ohne meßbaren Einfluß: x_l nimmt lediglich um 0,2 % zu oder ab. Die Temperatur ist also der empfindlichere Steuerparameter. In der IC-Fertigung werden Diffusionsvorgänge über die Diffusionszeiten gesteuert, wobei die Temperatur in den Diffusionsöfen über Regler konstantgehalten wird. Die typischen Temperaturschwankungen in gebräuchlichen Diffusionsanlagen liegen bei ±0,5 °C.

Die Gleichungen für die Dotierstoffprofile zeigen außerdem, daß merkliche Diffusion von Fremdatomen stets einsetzt, sobald genügend hohe Temperaturen erreicht sind. Eine dotierte Zone verändert sich folglich durch jeden weiteren Hochtemperaturschritt, der im Prozeß auf die eigentliche Diffusionsphase folgt. Solche Prozeßschritte können sein: Oxidationen, Epitaxie oder weitere Diffusionen. Folglich bestimmt der gesamte Prozeßverlauf das endgültige Dotierprofil eines diffundierten Gebietes bei Prozeßende. Für dieses Profil kann eine Gesamtdiffusionslänge angegeben werden:

$$D_g \cdot t_g = \sqrt{D_1 \cdot t_1 + D_2 \cdot t_2 + \ldots + D_n \cdot t_n} \quad \text{(Gl. 2.15)}$$

Die Weiterdiffusion ist bei der Entwicklung neuer Halbleiterfertigungsprozesse in die Berechnung der Dotierprofile einzubeziehen.

2.7.2 Technologische Kenndaten von dotierten Zonen

2.7.2.1 Oberflächenkonzentrationen

Durch Eindiffusion kann die Oberflächenkonzentration des Dotierstoffes bei Bedarf auf Werte unterhalb der maximalen Löslichkeit reduziert werden. Die Oberflächenkonzentration nach der Eindiffusion kann durch Einsetzen von $x = 0$ in Gleichung 2.12 berechnet werden:

$$N(0, t_e) = \frac{Q}{\sqrt{\pi \cdot D_e \cdot t_e}} \quad \text{(Gl. 2.16)}$$

Um den Bezug zu den Diffusionsparametern bei der Vorbelegung herzustellen, wird der explizite Ausdruck für die eingebrachte Dosis Q aus Gleichung 2.10 eingesetzt. Man erhält

$$N(0, t_e) = \frac{2 \cdot N_0}{\pi} \cdot \sqrt{\frac{D_v \cdot t_v}{D_e \cdot t_e}} = \frac{2 \cdot N_0}{\pi} \cdot \frac{x_v}{x_e} \quad \text{(Gl. 2.17)}$$

Die Oberflächenkonzentration nimmt bei der Eindiffusion gegenüber der maximalen Löslichkeit N_0 gemäß dem Verhältnis der Diffusionslängen von Vorbelegung und Eindiffusionsphase ab. Die Oberflächenkonzentration kann also über das Verhältnis der Diffusionslängen und damit über die Temperaturen und Diffusionszeiten bei den Einzelschritten eingestellt werden.

2.7.2.2 Eindringtiefen von pn-Übergängen

Besonders wichtig für die Halbleiterelektronik sind diffundierte Zonen, die einen anderen Leitungstyp besitzen als das zugrundeliegende Siliziumsubstrat. Hier entsteht ein pn-Übergang, der an der sog. Eindringtiefe x_j unterhalb der Scheibenoberfläche liegt. Die Eindringtiefe prägt das elektrische Verhalten der erzeugten Bauelemente mit: Die Stromverstärkung eines vertikalen Bipolartransistors wird beispielsweise durch die Basisweite bestimmt, die durch die x_j-Werte von zwei aufeinanderfolgenden Dotierschritten festgelegt wird (vgl. Band 1 Abschnitt 3.2.4 und Abschnitt 2.8.3).

Da direkt an einem pn-Übergang die Dotierstoffkonzentrationen der n-leitenden und p-leitenden Halbleiterzonen gleich ist, kann die Eindringtiefe aus der Bedingung

$$N(x_j) = N_G$$

berechnet werden. N_G ist die Dotierstoffkonzentration des Substrats (*Grunddotierung*). Mit den Gleichungen 2.8, 2.9 und 2.13 ergibt sich nach der Vorbelegung bzw. der Eindiffusion folgende implizite Gleichung für x_j:

$$N_g = N(x_j, t) = \begin{cases} \dfrac{Q}{\sqrt{\pi \cdot D_e \cdot t}} \cdot e^{\frac{-x_j^2}{4 \cdot D_e \cdot t}}, \\ N_0 \cdot \operatorname{erfc}\left(\dfrac{x_j}{2 \cdot \sqrt{D_v \cdot t}}\right), \end{cases} \quad \text{(Gl. 2.18 a)}$$

Für die Eindiffusion kann die Gleichung nach x_j aufgelöst werden:

$$x_j = 2 \cdot \sqrt{(D_e \cdot t) \cdot \ln\left(\frac{Q}{N_G \cdot \sqrt{\pi \cdot D_e \cdot t}}\right)} \quad \text{(Gl. 2.18 b)}$$

Nach einer Vorbelegung kann x_j nur aus Tabellenwerten über die Gleichung

$$\frac{N_G}{N_0} = \operatorname{erfc}\left(\frac{x_j}{2 \cdot \sqrt{D_v \cdot t}}\right) \quad \text{(Gl. 2.19)}$$

gewonnen werden. Liegt allerdings der pn-Übergang aufgrund hoher Substratdotierung ($N_G \approx N_0$) dicht unterhalb der Siliziumoberfläche, kann die Fehlerfunktion für kleine Argumente $x_j/2 \cdot \sqrt{D_v \cdot t_v} \ll 1$ entwickelt werden [2.3], und es folgt

$$x_j = 2 \cdot \sqrt{D_v \cdot t} \cdot \left(1 - \frac{N_G}{N_0}\right) \quad \text{(Gl. 2.20)}$$

Die Eindringtiefe x_j ist meßtechnisch gut zugänglich und kann experimentell mit der Kugelschliffmethode ermittelt werden. Bei dieser Methode wird die eindiffundierte Schicht mittels einer Stahlkugel (∅ ca. 4 cm) und Diamantschleifpaste soweit abgetragen, daß der pn-Übergang durchstoßen wird. Bei üblichen Eindringtiefen entsteht dabei eine Öffnung mit etwa 1 mm ∅ in der Siliziumoberfläche. Durch Anätzen mit einer Lösung aus Fluß- und Salpetersäure, die p- und n-dotierte Siliziumbereiche unterschiedlich angreift, entsteht eine Farbabweichung, die den pn-Übergang kennzeichnet (Bild 2.8), denn p-dotiertes Substrat erscheint dunkler. Durch Vermessung des Hell-Dunkel-Übergangs und der Weite der Oberflächenöffnung unter dem Mikroskop kann die Eindringtiefe mit einer Genauigkeit von ±0,1 µm bestimmt werden.

Da die Kugelschliffmethode die untersuch-

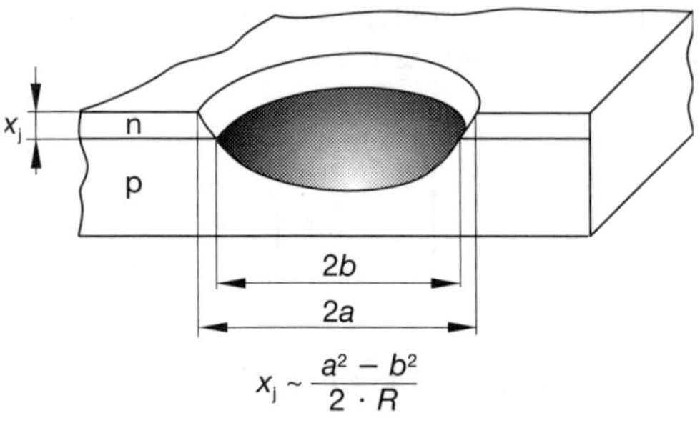

Bild 2.8 Kugelschliffmethode: Schematische Darstellung der eingeschliffenen Kugelkalotte (Schnittzeichnung). R ist der Kugelradius. Die Durchmesser $2a$ und $2b$ werden ausgemessen.

ten dotierten Zonen zerstört, ist dieses Meßverfahren nicht zur kontinuierlichen Überwachung einer Halbleiterfertigung geeignet. Zur Prozeßkontrolle werden Eindringtiefen an speziellen Testscheiben bestimmt. Diese Scheiben haben eine geeignete Grunddotierung und werden unmaskiert den zu untersuchenden Diffusionsschritten unterzogen. Die Testscheiben tragen dann ganzflächig die interessierende Dotierung.

2.7.2.3 Schichtwiderstände

Um dotierte Gebiete auf der Siliziumscheibe zu charakterisieren, wird außer der bereits behandelten Eindringtiefe noch der Schichtwiderstand R_S angegeben. Da die Majoritätsladungsträgerkonzentration in einer p- oder n-leitenden Zone mit der Dotierstoffkonzentration übereinstimmt (s. Band 1 Abschnitt 2.4.6.1), ist R_S bei bekannter Eindringtiefe ein integrales Maß für die Dotierstoffverteilung in diffundierten Gebieten. So ist z. B. die Dotierung der Basis eines vertikalen npn-Transistors in einem typischen Bipolarprozeß durch $x_j = 2{,}3\ \mu m$ und $R_S = 200 \ldots 230\ \Omega/\square$ festgelegt [2.4].

Die Einheit $\Omega/\square$ (Ohm pro Rechteck, engl.: *ohm per square*) wird für Widerstände von Schichten benutzt. Ein Schichtwiderstand (engl.: *sheet resistance*) ist nichts anderes als der Widerstand R eines gewöhnlichen elektrischen Leiters. Dieser Widerstand wird lediglich für eine spezielle an Schichtstrukturen angepaßte Leitergeometrie definiert. Der Widerstand eines Leiters mit der Länge L und Querschnittsfläche A ist über die Gleichung

$$R = \varrho \cdot \frac{L}{A} \qquad \text{(Gl. 2.21)}$$

definiert, wobei ϱ den spezifischen Widerstand des Leitermaterials bezeichnet, der für Silizium als Kehrwert der in Band 1 Abschnitt 2.4.5.3 definierten spezifischen Leitfähigkeit festgelegt ist. Für eine diffundierten Schicht mit der Dicke x_j läßt sich diese Gleichung ebenfalls anwenden. Wenn die dotierte Zone die Länge L und die Breite b hat, gilt

$$R = \varrho^{\mathrm{MW}} \cdot \frac{L}{x_j \cdot b} \qquad \text{(Gl. 2.22)}$$

ϱ^{MW} ist der gemittelte spezifische Widerstand in der Schicht. Durch die Mittelung werden Leitfähigkeitsänderungen mit zunehmender Schichttiefe berücksichtigt, denn mit abnehmender Dotierstoffkonzentration $N(x)$ nimmt ϱ zu tieferen Schichten hin zu.

Wird für die untersuchte Schicht eine quadratische Oberfläche gewählt, also $L = b$, können alle Abhängigkeiten von der Oberflächengeometrie eliminiert werden. Der Widerstand beliebig großer Quadrate wird als *Schichtwiderstand* R_S definiert:

$$R_S = \frac{\varrho^{\mathrm{MW}}}{x_j} \left[\frac{\mathrm{Ohm}}{\square}\right] \qquad \text{(Gl. 2.23)}$$

Die künstliche Einheit $\Omega/\square$ (Ohm pro Rechteck) bei Schichtwiderständen verdeutlicht nur, daß es sich um den Widerstand einer Schicht handelt. Die physikalische Einheit ist Ohm. Die Definition des Schichtwiderstandes nach Gleichung 2.23 hat gegenüber der üblichen Widerstandsdefinition (wie in Gleichung 2.21) den entscheidenden Vorteil, daß nur Größen eingehen, die mit dem verwendeten Diffusionsverfahren zusammenhängen (Dotierprofil und Dotierstoff) während Oberflächenabmessungen, die willkürlich im Rahmen der Entwurfsregeln eingestellt werden können, keine Rolle spielen.

Gemessen werden Schichtwiderstände durch die *4-Punkt-Methode*. Wie in Bild 2.9

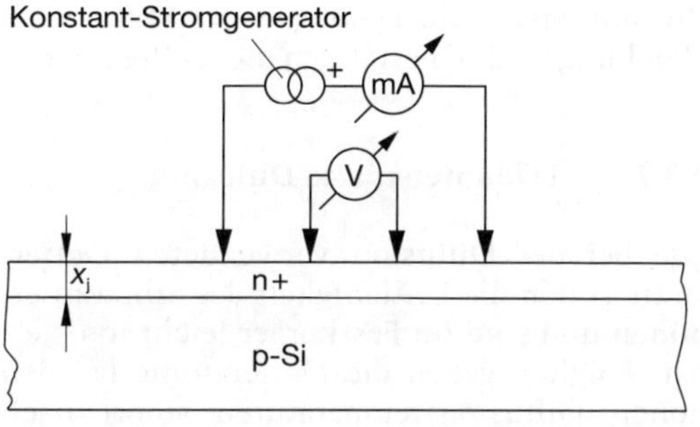

Bild 2.9 4-Spitzen-Meßmethode zur Bestimmung von Schichtwiderständen (nach [2.4]).

skizziert, wird ein Meßstrom i durch die äußeren Kontaktspitzen geschickt und an den inneren Meßspitzen der resultierende Spannungsabfall u festgestellt. Bei dieser Meßanordnung kompensieren sich gerade die schwer kontrollierbaren Übergangswiderstände zwischen Halbleiteroberfläche und Meßspitzen. Ist der Abstand zwischen zwei Meßspitzen im Vergleich zur Dicke der untersuchten Schicht groß, gilt die einfache Gleichung [2.5]

$$R_S = \frac{\pi}{\ln 2} \cdot \frac{u}{i} = 4,352 \frac{u}{i} \quad \text{(Gl. 2.24)}$$

die aufgrund der geringen Schichtdicken für diffundierte Zonen auf Siliziumscheiben immer anwendbar ist.

Um über R_S-Messungen Dotierprofile zu charakterisieren, ist der gemessene Schichtwiderstand mit der aus Kugelschliffen bekannten Eindringtiefe x_j zu multiplizieren. Der resultierende spezifische Schichtwiderstand ϱ^{MW} hängt beispielsweise in einer n-leitenden Schicht mit der Elektronenkonzentration über das Integral

$$\frac{1}{\varrho^{MW}} = \frac{e}{x_j} \cdot \int_0^{x_j} \mu_e \cdot n(x) \cdot dx \quad \text{(Gl. 2.25)}$$

zusammen. Da bei den üblichen Betriebstemperaturen von ICs alle Störstellen ionisiert sind, entspricht $n(x)$ der rechnerisch bekannten Netto-Donatoren-Konzentration $N(x)$. Allerdings ist bei der Auswertung des Integrals zu berücksichtigen, daß die Ladungsträgerbeweglichkeit μ_e nach Band 1 Abschnitt 2.4.6.2 selbst wiederum von der Dotierstoffkonzentration abhängig ist. Über Kontrollen des Schichtwiderstandes können die verschiedenen Dotierschritte bei der Halbleiterproduktion auf einfache Weise überwacht werden. Ändert sich das Dotierstoffprofil, verändern sich die gemessenen R_S-Werte. Diese elektrischen Messungen sind nicht zerstörend und können prozeßbegleitend an jeder Siliziumscheibe durchgeführt werden.

2.8 Korrekturen zur einfachen Diffusionstheorie

In die bisherigen Betrachtungen zur Dotierstoffdiffusion in Silizium gehen drei vereinfachende Annahmen ein:

- Die Diffusion erfolgt ausschließlich senkrecht zur Oberfläche.
- Die Ionisierung der Dotieratome bei Eintritt in das Siliziumgitter hat keinen Einfluß auf den Diffusionsprozeß.
- Die Diffusionskonstante hängt nicht von der Konzentration der diffundierenden Atome ab.

Keine dieser drei Annahmen ist für reale Diffusionsprozesse vollständig gerechtfertigt. Folglich sind Abweichungen zwischen gemessenen und berechneten Profilen zu erwarten. Die wichtigsten Effekte, die zu Korrekturen in den bisher diskutierten Konzentrationsverläufen führen, werden in folgenden Abschnitten diskutiert.

2.8.1 Zweidimensionale Diffusion

Bisher wurde angenommen, daß bei der selektiven Dotierung durch Diffusionsfenster Dotieratome nur senkrecht zur Siliziumoberfläche (*vertikal*) eindiffundieren. In Wirklichkeit wandern Dotieratome im Silizium auch *lateral* also *parallel* zur Oberfläche. Damit gelangen Dotieratome unter die maskierende Oxidschicht (*Unterdiffusion*). Dieser Effekt führt dazu, daß die Abmessungen der über die Lithografie definierten Diffusionsfenster nicht 1 : 1 auf die jeweilige dotierte Zone übertragen werden. Das dotierte Gebiet wird größer als das Maskenmaß. Die Unterdiffusion bei einem bestimmten Dotierverfahren hat damit Einfluß auf die erzielbaren Minimalabstände zwischen dotierten Zonen und geht damit in die wirtschaftlich wichtige Packungsdichte der Bauelemente ein, die mit einer bestimmten Fertigungstechnik erreichbar ist.

Unterdiffusion wird genau wie die vertikale Diffusion durch ein (laterales) Konzentrationsgefälle verursacht. Dieses laterale Gefälle entsteht an den Rändern der Diffusionsfenster. Dort verhindert das Oxid in Außenbereichen das Eindringen von Dotierstoff ins Silizium, während im Inneren der Fenster Dotieratome ungehindert eindiffundieren können. So entsteht an den Kanten der Diffusionsfenster zusätzlich zum vertikalen Konzentrationsgefälle noch ein laterales Gefälle und der Dotierstoff diffundiert in die entsprechenden Richtungen.

Da sich der Dotierstoff in den Randbereichen der Oxidfenster auf vertikale und laterale Flüsse aufteilt, ist die Unterdiffusion weniger stark ausgeprägt als die Eindiffusion im Inneren der Fenster. Hier diffundiert das gesamte Dotierstoffangebot ausschließlich in vertikale Richtungen und wandert deshalb weiter als in die Randzonen. Dies zeigt sich bei einem Vergleich der Eindringtiefen x_j mit der Lage des lateralen pn-Überganges y_j relativ zur Diffusionsfenstergrenze (Bild 2.10). Empirische Werte liegen etwa bei $y_j \approx 0{,}75\ x_j$.

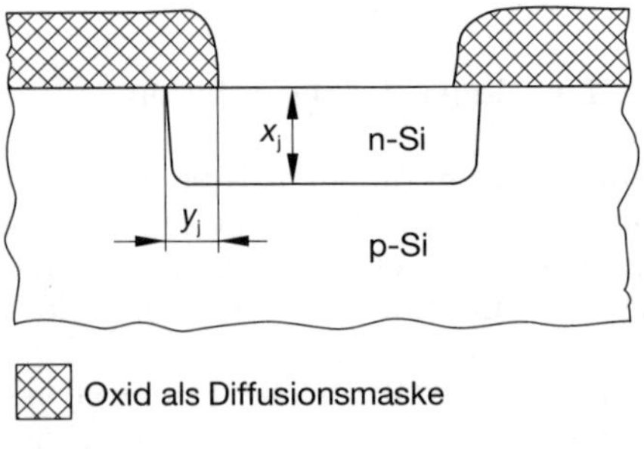

Bild 2.10 Unterdiffusion schematisch dargestellt für eine n-dotierte Zone in p-leitendem Silizium. y_j und x_j geben die laterale und vertikale Position des entstehenden pn-Übergangs an.

Zweidimensionale Lösungen der Diffusionsgleichungen [2.3] bestätigen dieses Resultat.

2.8.2 Feldunterstützte Diffusion

Die bei der Diffusion verwendeten Dotierstoffe sollen die Leitfähigkeit des Silizium erhöhen und sind im Festkörper leicht ionisierbar. Folglich geben die Dotieratome bei den hohen Diffusionstemperaturen sofort nach dem Eindiffundieren bewegliche Ladungsträger ab. Zwischen den Dotierstoffionen und den freigesetzten Elektronen oder Löchern treten elektrische Feldkräfte auf die für Abweichungen von den bisher diskutierten Diffusionsgleichungen sorgen, die nur für ungeladene Atome gelten.

Diffundieren Dotierstoffionen und freie Ladungsträger mit entgegengesetzter Polarität gemeinsam innerhalb des Siliziumkristalls, kommt es zu einer Ladungstrennung. Die im Halbleiter beweglichen Elektronen oder Löcher wandern wegen geringerer Masse und Ausdehnung schneller in das Kristallinnere, als die schwereren und größeren Ionen. Durch das Vorwegeilen der Elektronen bzw. Elektronenfehlstellen baut sich ein inneres Feld auf, das die entgegengesetzt geladenen Dotierionen elektrostatisch anzieht. Das *innere Feld* verstärkt die Diffusionsbewegung der Ionen und kann durch eine Vergrößerung der Diffusionskonstante D_{eff} berücksichtigt werden [2.3]:

$$D_{\text{eff}} = D \cdot \left(1 + \frac{1}{\sqrt{1 + 4 \cdot \frac{n_i^2}{N^2}}}\right) \equiv \eta \cdot D \qquad \text{(Gl. 2.26)}$$

n_i ist die intrinsische Ladungsträgerdichte im Silizium. Wird die effektive Diffusionskonstante in die Diffusionsgleichungen eingesetzt, sind die oben angegebenen Gleichungen nicht mehr gültig, denn η hängt quadratisch von der gesuchten Dotierstoffkonzentration ab. Die resultierende Differentialgleichung kann deshalb nur noch numerisch gelöst werden. Der Einfluß des inneren Feldes läßt sich aber ohne Rechnungen für 2 Grenzfälle abschätzen. Die intrinsische Dichte n_i liegt bei typischen Diffusionstemperaturen von

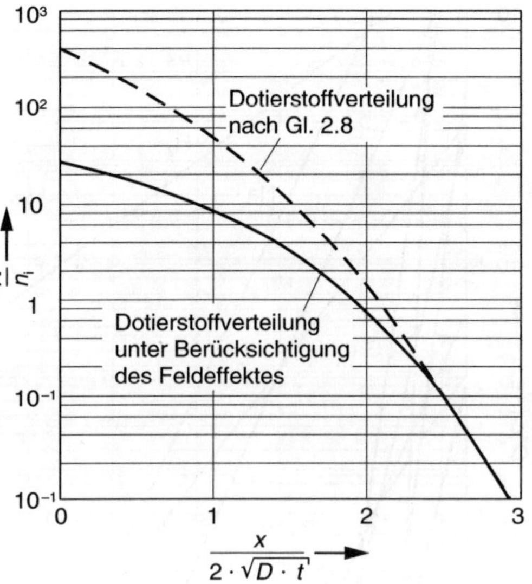

Bild 2.11 Einfluß des inneren Feldes auf die Dotierionendiffusion. Gezeigt ist die vertikale Dotierstoffkonzentration mit und ohne Feldeinfluß. Die Schichttiefe *x* wird in Einheiten der Diffusionslänge gemessen. Die Dotierstoffkonzentrationen sind auf die intrinsische Ladungsträgerkonzentration n_i bezogen.

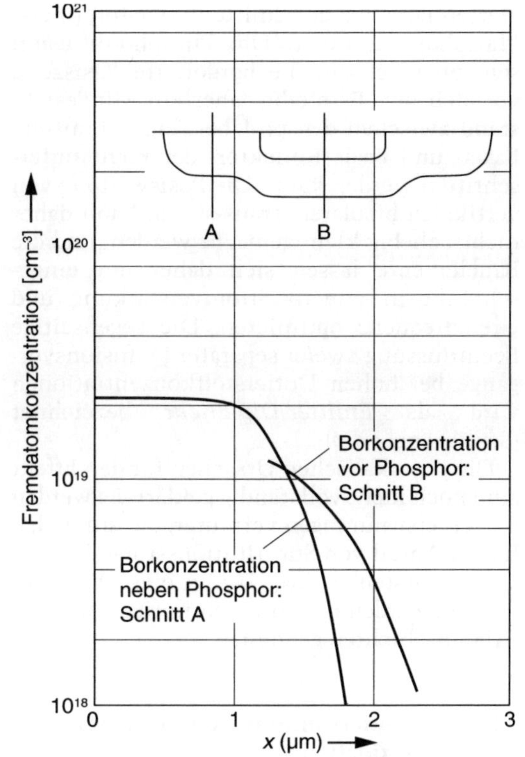

Bild 2.12 Emitter-Dip-Effekt: Eine zweite Diffusion mit hoher Dosis (Phosphor) treibt die bereits eindiffundierten Dotieratome (Bor) beschleunigt in den Kristall. Die Schnittzeichnung zeigt schematisch den Verlauf der pn-Übergänge zwischen den aufeinanderfolgenden Dotierungen bzw. zwischen Basisdiffusion und dem Substrat. Darunter ist der Verlauf der Dotierstoffkonzentrationen für Bor entlang der Schnittebene A und der Schnittebene B aufgetragen (nach [2.3]).

1100 °C bei $10^{19}/\text{cm}^3$. Ist $N(x, t) \gg n_i$, wie bei der Vorbelegung in Oberflächennähe, verdoppelt sich in etwa durch den Feldeffekt die Diffusionskonstante ($\eta = 2$). Liegt die Dotierstoffkonzentration weit unterhalb der intrinsischen Ladungsträgerdichte, verschwindet der Wurzelterm in Gleichung 2.26 und der Feldeffekt kann vernachlässigt werden ($\eta = 1$). Der Feldeinfluß wirkt sich demnach im wesentlichen nur bei der Vorbelegung aus, und zwar hauptsächlich auf die Konzentration des Dotierstoffes in Oberflächennähe (Bild 2.11).

2.8.3 Konzentrationsabhängige Diffusion: Emitter-Dip-Effekt

In vertikalen bipolaren Transistorstrukturen wird der Emitter in die Basiszone dotiert, die selbst bereits hohe Konzentrationen von Dotierstoff entgegengesetzten Typs enthält. Damit sich ein pn-Übergang zwischen Emitter und Basis ausbildet, muß die Oberflächenkonzentration bei der Emitterdiffusion noch höher gewählt werden. Die Emitter sind folglich die höchstdotierten Zonen in bipolaren Halbleiterbauelementen. Die hohe Dotierstoffdosis bei der Emitterdiffusion hat Rückwirkungen auf das Dotierstoffprofil in der Basiszone.

Wie Bild 2.12 am Beispiel einer mit Bor dotierten Basis eines npn-Transistors zeigt, erhöht sich überall lokal die Wandergeschwindigkeit des bei der Basisdotierung eindiffundierten Bors, wo der Emitterdotierstoff (meist Phosphor) eindringt. Die Phosphordiffusion schiebt gleichsam die bordotierte Basiszone vor sich her. Es bleibt daher ein Mindestabstand zwischen den pn-Übergängen Emitter/Basis- und Basis/Kollektor, der nicht unterschritten werden kann. Die Basisweite *w* von vertikalen bipolaren Transistoren kann daher nicht beliebig klein gemacht werden, und die Bauelemente lassen sich daher nur eingeschränkt in puncto Stromverstärkung und Grenzfrequenz optimieren. Die gegenseitige Beeinflussung zweier separater Diffusionsvorgänge bei hohen Dotierstoffkonzentrationen wird als *Emitter-Dip-Effekt* bezeichnet (Senke, engl.: *dip*).

Die physikalischen Ursachen für den Effekt sind noch nicht vollständig geklärt. Es werden Gitterverspannungen vermutet, die durch den hohen Anteil von Substitutionsstörstellen im Gitter entstehen [2.3]. Durch diese Verspannungen werden die Borionen in tieferliegende Kristallschichten gepreßt.

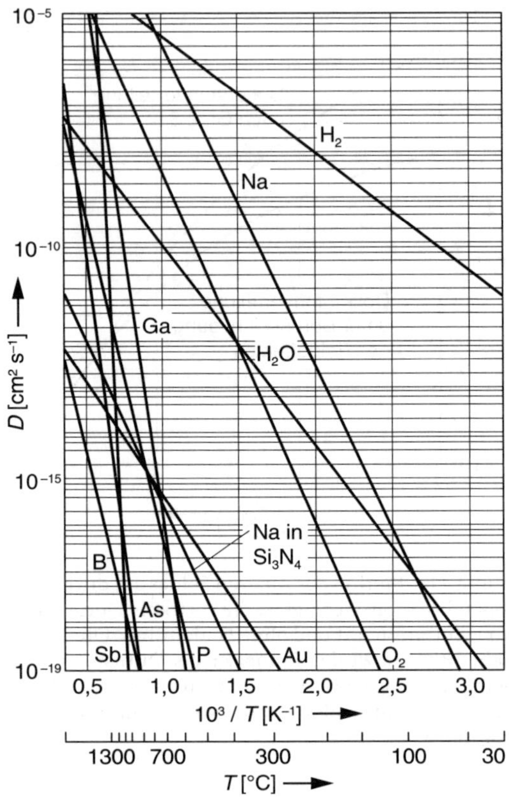

Bild 2.13 Temperaturabhängigkeit der Diffusionskonstanten von verschiedenen Fremdatomsorten in amorphem Siliziumdioxid (nach [2.7]). Die Diffusionskonstanten von B, P, As, Sb liegen mehrere Größenordnungen unterhalb der entsprechenden Werte für Silizium (vgl. Bild 2.4)

2.8.4 Dotierstoffumverteilung durch Oxidation

Wie in Abschnitt 2.6 erklärt, findet die Eindiffusionsphase unter oxidierender Atmosphäre statt, damit die sich bildende Oxidschicht die Diffusionsfenster verschließt und so die unkontrollierte Ausdiffusion von Dotierstoff unterbindet. Der Fluß der Dotieratome durch die Silizium/Siliziumdioxidgrenzschicht wurde bisher vernachlässigt (s. Gleichung 2.11), weil die Diffusionsfähigkeit der gebräuchlichen Dotierstoffe in Oxidschichten (s. Bild 2.13) gegenüber Silizium sehr klein ist.

Ist die Diffusionsfähigkeit im Oxid gering, bleiben Dotieratome, die die Grenzfläche zwischen Silizium und Oxid durchdrungen haben, quasi ortsfest in der Nähe der Grenzfläche konzentriert. Deshalb können keine weiteren Dotieratome mehr aus dem Silizium nachdiffundieren und die Konzentrationsänderung an der Siliziumoberfläche durch die Oxidation ist vernachlässigbar. Diese Argumentation, in die nur Diffusionskonstanten eingehen, gilt aber nur, wenn die Festkörperlöslichkeit des gewählten Dotierstoffes in Silizium und Siliziumdioxid gleich ist. In beiden Medien sind die Festkörperlöslichkeiten von gebräuchlichen Dotierstoffen tatsächlich aber deutlich verschieden. Wie bereits in Band 1 Abschnitt 5.2.2 in Zusammenhang mit dem Floating-Zone-Verfahren beschrieben, haben Löslichkeitsunterschiede erhebliche Einflüsse auf Fremdatomkonzentrationen. Der Fremdstoff wird durch die Grenzfläche so lange umverteilt, bis die Fremdstoffanteile an der Grenzfläche dem Löslichkeitsverhältnis des Fremdstoffes in Oxid und Silizium entsprechen.

Tabelle 2.3 Segregationskoeffizient m für die Dotierstoffumverteilung der wichtigsten Dotierstoffe des Siliziums bei der Oxidation

Dotierstoff	m
Bor	0,1 ... 0,3
Phosphor, Antimon, Arsen	10
Gallium	20

Wird wieder ein Segregationskoeffizient m über die Relation

$$m = \frac{\text{Löslichkeit im Silizium}}{\text{Löslichkeit im Siliziumdioxid}} \quad \text{(Gl. 2.27)}$$

definiert, gibt es nach Tabelle 2.3 Dotierstoffe, die leichter in SiO_2 zu lösen sind, als in Silizium ($m < 1$) und Dotierstoffe, die das umgekehrte Verhalten zeigen ($m > 1$). Die resultierenden Dotierstoffprofile sind in Bild 2.14 zu sehen.

Gilt $m < 1$, wie bei Bor, reichern sich die Dotieratome auf der SiO_2-Seite an, während die Siliziumoberfläche unterhalb der Grenzschicht an Dotierstoff verarmt. Für entgegengesetzte Löslichkeitsverhältnisse ($m > 1$, z.B. Phosphor) durchdringen nur wenige Dotieratome die Grenzfläche. Damit das durch m festgelegte Konzentrationsverhältnis im Grenzschichtbereich erreicht wird, diffundieren Dotieratome aus tieferen Si-Schichten wieder in oberflächennahe Siliziumbereiche zurück. Die Siliziumoberfläche reichert sich mit Dotierstoff an.

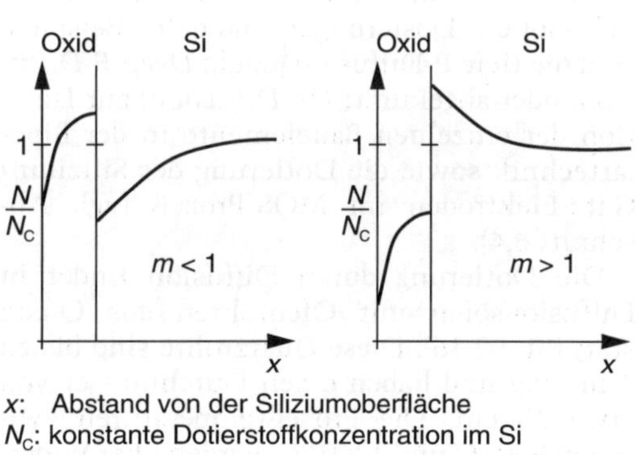

Bild 2.14 Schematische Darstellung der Umverteilung von Dotierstoff für Bor ($m < 1$) und Phosphor ($m > 1$). N_c gibt die Dotierstoffkonzentration vor Oxidationsbeginn an, die in der Nähe der Oberfläche als konstant angenommen werden kann.

Die Dotierstoffumverteilung ist aber nicht die einzige Folge eines Oxidationsschrittes bei der Eindiffusion. Durch Oxidwachstum wird die Siliziumoberfläche abgetragen (s. Abschnitt 4.2) und die Si/SiO_2-Grenzfläche verschiebt sich während der Oxidation zu tieferen Halbleiterschichten. Der Siliziumabtrag beträgt beispielsweise bei der Aufoxidation einer 1 µm dicken Oxidschicht 0,4 µm. Der Siliziumabtrag hat zwei Konsequenzen für die Dotierstoffverteilungen im Oxid und im Halbleiter:

1. Das Oxid muß zunächst den Dotierstoff aufnehmen, der in der abgetragenen Si-Schicht enthalten war. Diese *Vordotierung* des Oxids beeinflußt die durch Segregation entstehenden Konzentrationen an der Si-SiO_2-Grenzfläche: Bei $m > 1$ sind höhere Grenzflächenkonzentrationen im Silizium nötig, damit das korrekte Dotierstoffverhältnis entsteht, bei $m < 1$ fällt die Dotierstoffverarmung an der Halbleiteroberfläche entsprechend geringer aus.

2. Der Si-Abtrag bei der Oxidation führt zu einer generellen Reduktion des Dotierstoffgehalts an der Oberfläche der dotierten Zonen im Silizium. Durch die kontinuierlichen Verschiebung der Si-SiO_2-Grenzfläche werden während der Oxidation tiefere Halbleiterschichten erreicht, die bei der Vorbelegung Dotierstoffkonzentrationen weit unterhalb der maximalen Löslichkeit erhalten haben.

Werden diese Effekte berücksichtigt und die Diffusionsgleichung während der Eindiffusion für eine sich bewegende Grenzfläche gelöst, erhält man die in Bild 2.15 aufgetragenen Ergebnisse [2.5]. Offensichtlich wird die Oberflächenkonzentration des Dotierstoffes im Silizium durch Umverteilung und Oxidation um den Faktor 3 ... 4 reduziert. In tieferen Siliziumschichten wirken sich hingegen die Umverteilungseffekte offensichtlich kaum

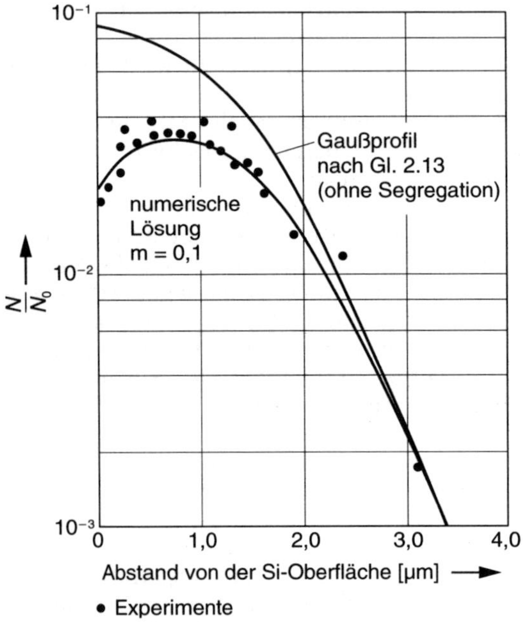

Bild 2.15 Borkonzentration in einer dotierten Schicht nach der Eindiffusionsphase unter oxidierender Atmosphäre. Gezeigt sind experimentelle Werte, numerische Rechnungen für $m = 0{,}1$ und die Gaußverteilung, die sich unter Vernachlässigung von Segregationseffekten ergibt (nach [2.5]).

aus. Hier nähert sich das Profil wieder der ohne Oxidationseffekte zu erwartenden Gaußverteilung an.

2.8.5 Bewertung der Korrekturen zur einfachen Diffusionstheorie

In den obigen Abschnitten zeigte sich, daß Abweichungen von der idealen Dotierstoffverteilung, die sich aus den Gleichungen 2.8, 2.9 und 2.13 berechnen lassen, hauptsächlich an der Oberfläche der dotierten Schicht auftreten. Die Eindringtiefen x_j hingegen können, abgesehen vom Emitter-Dip-Effekt, zuverlässig mit der einfachen Theorie berechnet werden. Die einfachen Lösungen der Diffusionsgleichung beschreiben also die Dotierung durch Diffusion hinreichend genau, um die prinzipiellen Abläufe verstehen zu können.

Sind detaillierte quantitative Berechnungen von Dotierprofilen notwendig, etwa um die Auswirkungen eines bestimmten Prozeßschrittes zu bewerten, müssen aufwendigere Modelle herangezogen werden, die nur noch per Computer ausgewertet werden können. Solche sog. *Prozeßsimulationsprogramme* werden bei der Neuentwicklung von Halbleiterfertigungsprozessen eingesetzt.

2.9 Technische Verfahren zur Dotierung durch Diffusion

Die Dotierung aus chemischen Quellen war in den Anfangsjahren der Halbleitertechnologie das Standarddotierverfahren. Die wichtigsten chemischen Elemente, die zum Einsatz kommen, sind Bor zur p-Dotierung sowie Phosphor und Arsen zur n-Dotierung. Die wesentliche Unzulänglichkeit der Diffusionsmethode besteht (wie im folgenden noch deutlich wird) in Dosierungsungenauigkeiten. Deshalb ist das Verfahren zumindest bei der Vorbelegung durch die Ionenimplantation verdrängt worden, bei der die eingebrachte Dotierstoffdosis sehr genau kontrolliert werden kann. Da hier aber sehr teure Fertigungsgeräte notwendig sind, hat Dotierung aus chemischen Quellen einen deutlichen Kostenvorteil und kommt immer dann zum Einsatz, wenn es sich um unkritische Dotierprozesse mit hohen Dosierungen handelt. Beispiele sind die tiefe P-Diffusion (engl.: *Deep-P-Diffusion*, oder abgekürzt: *DP-Diffusion*) zur Isolation der einzelnen Bauelemente in der Bipolartechnik sowie die Dotierung der Silizium-Gate-Elektroden im MOS-Prozeß (vgl. Abschnitt 6.4).

Die Dotierung durch Diffusion findet in Diffusionsöfen mit Ofenrohren aus Quarz statt (Bild 2.16). Diese Quarzrohre sind bis zu 2 m lang und haben einen Durchmesser von etwa 20 cm. Die Prozeßtemperaturen zwischen 900 °C und 1200 °C werden über Widerstandsheizungen eingestellt. Jedes Rohr im Diffusionsofen hat bis zu 5 separat geregelte Heizzonen. Damit lassen sich 80…100 cm eines Rohres auf konstanter Temperatur mit ±0,5 °C Toleranz halten. Wie in Abschnitt

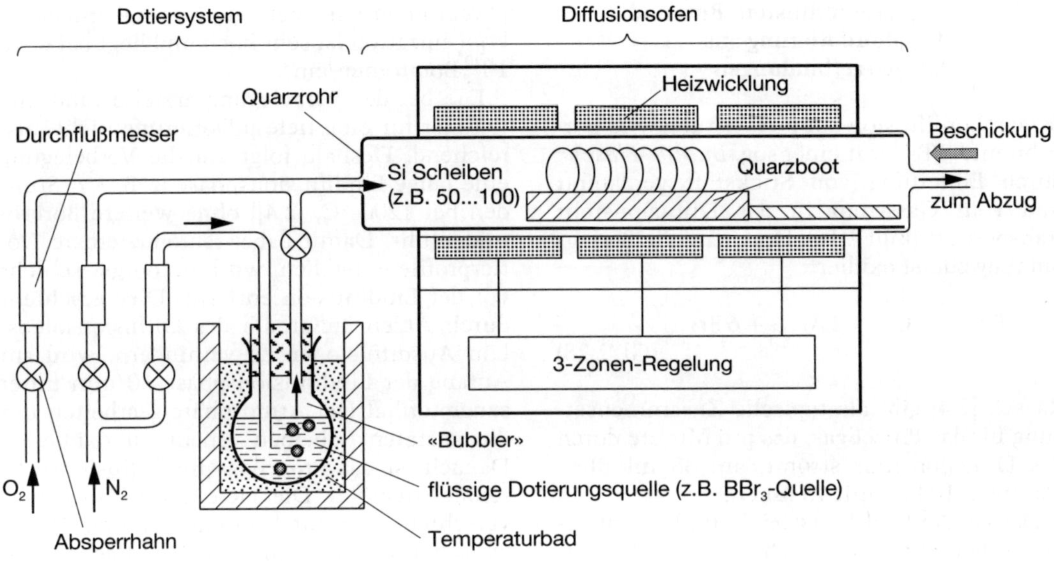

Bild 2.16 Schematische Darstellung einer Diffusionsanlage bestehend aus Bubble-System, Prozeßgaszuführung und Rohrofen mit 3-Zonen-Heizung (nach [2.6]).

2.7.1 hergeleitet, erlauben diese geringen Temperaturschwankungen, daß Dosis und Profile im Prozeß sehr genau über die Diffusionszeit gesteuert werden können.

Bei der Diffusion werden Lose aus bis zu 200 Siliziumscheiben gleichzeitig bearbeitet. Die Scheiben sitzen dabei in speziellen Trägern, sog. Booten. Der Abstand zwischen den Scheiben beträgt einige mm. Dieser hohe Grad an Parallelisierung bewirkt die günstigen Prozeßkosten von chemischen Diffusionsverfahren.

Die elementaren Dotierstoffe sind für Ofenprozesse ungeeignet. Diese Substanzen sind meist chemisch instabil, nicht rein genug verfügbar oder können nicht kontrolliert über die Scheiben verteilt werden. Deshalb werden die Dotierstoffe in Form von möglichst reinen, synthetisch erzeugten Verbindungen (*Quellsubstanzen*) in Diffusionsöfen eingebracht. Dies kann in gasförmiger oder in fester Phase erfolgen.

Die Freisetzung des eigentlichen Dotierelementes erfolgt dann im Diffusionsofen über eine Reihe von Zwischenschritten. Zuerst wird die Dotierstoffverbindung (z. B. eine Halogenverbindung) durch dosierte Sauerstoffzugabe oxidiert. Dieses Oxid schlägt sich auf den Siliziumscheiben nieder, wird dort unter SiO_2-Bildung reduziert und diffundiert schließlich aus der sich bildenden hochdotierten Silikatglasschicht in das Siliziumgitter.

Um die Ausgangsverbindung und damit die Reaktionsprodukte möglichst homogen über die Scheiben zu verteilen, wird ein inertes Prozeßgas im Diffusionsofen verwendet (meist Stickstoff), das mit geringer Geschwindigkeit (und damit wirbelfrei) über die Siliziumscheiben strömt.

In den folgenden Abschnitten werden einige typische Dotierprozesse als Beispiele vorgestellt. Die Maskierung aller nicht zu dotierender Bereiche auf den Siliziumscheiben erfolgt dabei mit Siliziumdioxid.

2.9.1 Gasphasendiffusion: Bor- und Phosphordotierung aus Halogenverbindungen

Bei der Bordiffusion zur p-Dotierung wird Bortribromid (BBr_3) mit einer sog. *Bubble-Flasche* durch Einleitung von Stickstoff verdampft und vom Gasstrom in das Diffusionsrohr transportiert (Bild 2.16). Dort wird die Borverbindung zuerst oxidiert:

$$4\,BBr_3 + 3\,O_2 \rightarrow 2\,B_2O_3 + 6\,Br_2\uparrow \qquad \text{(Gl. 2.28)}$$

Raasch [2.4] gibt als typische Zusammensetzung für das Prozeßgas, das pro Minute durch das Diffusionsrohr strömt, an: 35 ml BBr_3-Dampf in 10 l N_2 mit 15 ml O_2.

Das bei der Reaktionsgleichung 2.28 entstehende Boroxid schlägt sich auf den Siliziumscheiben nieder, während das frei werdende Brom durch den Gasstrom abtransportiert wird. Die abgeschiedene Schicht wird in den Oxidfenstern durch den Kontakt mit dem freiliegenden Silizium reduziert. Bor wird frei und bildet zusammen mit dem wachsenden SiO_2 eine glasartige Borsilikatschicht:

$$2\,B_2O_3 + 3\,Si \rightarrow 4\,B + 3\,SiO_2 \qquad \text{(Gl. 2.29)}$$

Damit entsteht zunächst eine hochdotierte Oxidschicht auf dem Silizium, das noch keine Boratome enthält. Aus der hochdotierten Borsilikatschicht wandert Bor in das Siliziumgitter. Die resultierende Borkonzentration an der Siliziumoberfläche ist, wie in Abschnitt 2.8.4 diskutiert, durch den Segregationskoeffizienten m festgelegt. Da die Löslichkeit im Oxid bei Bor größer ist als in Silizium, sind sehr hohe Borglasdotierungen nötig, um bei der Vorbelegung die Löslichkeitsgrenze an der Siliziumoberfläche zu überschreiten.

Um die notwendigen Borkonzentrationen im SiO_2 zu erreichen, wird zur Vorbelegung die Borbromidquelle im Prozeßbeispiel über 40 min geöffnet [2.4]. Die Ofentemperatur beträgt dabei 1100 °C. Bei diesen Prozeßparametern liegt der pn-Übergang 2 µm unterhalb der Borglas-Siliziumgrenzfläche, wenn die Grunddotierung der Siliziumscheiben $6 \cdot 10^{16}$ Phosphoratomen/cm^3 beträgt. Die Oberflächenkonzentration ist sehr hoch und liegt bei etwa 10^{20} Boratomen/cm^3.

Die bei der Vorbelegung erzielte Eindringtiefe ist für eine tiefe p-Dotierung nicht ausreichend. Deshalb folgt auf die Vorbelegung eine lange Eindiffusionsphase (z. B. $3^1/_2$ Stunden bei 1200 °C, [2.4]) ohne weitere Borbromidzufuhr. Damit dabei reproduzierbare Dotierprofile entstehen, wird die Borglasschicht vor der Eindiffusion entfernt. Dies geschieht durch Ätzen außerhalb des Diffusionsofens. Um Ausdiffusionen zu verhindern, wird am Anfang der Eindiffusionsphase 30 min unter sauerstoffhaltiger Atmosphäre gearbeitet, um die geätzten Scheiben erneut zu oxidieren. Danach ist das Prozeßgas im Diffusionsofen reiner Stickstoff. Die Tiefe des pn-Übergangs verschiebt sich durch Eindiffusion auf Werte zwischen 11 und 12 µm. Die Oberflächenkonzentration $N(x = 0)$ reduziert sich auf Werte um 10^{19} Boratome/cm^3.

Ein weiteres Beispiel für die Gasphasendiffusion ist die Emitterdotierung des vertikalen npn-Transistors. Hier wird eine hohe Dosis Phosphor in die bereits erzeugten und entsprechend mit SiO_2 maskierten, p-dotierten Basiszonen eindiffundiert. Die Quellsubstanz für die Phosphordotierung ist flüssiges Phosphoroxidtrichlorid ($POCl_3$). Diese Verbindung wird wieder mittels eines Bubble-Verfahrens verdampft und vom Trägergas Stickstoff in den Diffusionsofen transportiert. Der gesamte Prozeßablauf ist ähnlich, wie bei der tiefen P-Diffusion. Bei Temperaturen von 1000 °C wird die Halogenverbindung oxidiert. Es bildet sich ein Niederschlag von Phosphorpentoxid auf den Siliziumscheiben. In den Oxidfenstern wird die Verbindung durch Kontakt mit der Siliziumoberfläche reduziert. Dabei bildet sich Phosphorsilikatglas, aus dem der Dotierstoff in das Siliziumgitter eindiffundieren kann.

Da die Emitterschichten so hoch wie möglich dotiert werden müssen, wird die Konzentration von Phosphoroxidtrichlorid im Gasstrom durch Anwärmen der Quellflüssigkeit erhöht. Die Eindiffusionsphase muß hier im Gegensatz zur tiefen P-Diffusion relativ kurz sein, damit sich bei der Emitterdiffusion nicht der Leitungstyp der gesamten Basisschicht umkehrt. Durch Eindiffusion wird der pn-Übergang zwischen Basis und Emitter auf ca. 1,5 µm eingetrieben [2.4]. Bei einer so kleinen Eindringtiefe reduziert sich die Oberflächenkonzentration nur geringfügig und liegt nach Abschluß dieses Dotierschrittes bei $6 \cdot 10^{20}$ Atomen/cm^3.

Die größte Unzulänglichkeit beim Dotieren aus gasförmigen Quellen ist die ungenaue Dosierung. Mit Bubbler-Systemen lassen sich nur schwer reproduzierbare Dotierstoffmengen freisetzen. Zu den Schwankungen im Dotierstoffgehalt des Prozeßgases kommen räumliche Inhomogenitäten beim Dotierstoffniederschlag auf die Scheibenoberflächen, denn der Dotierstoff muß sich aus dem strömenden Prozeßgas zwischen die dichtgepackten Siliziumscheiben verteilen. Mit wachsendem Scheibendurchmesser wird es deshalb immer schwieriger, den Gasstrom im Prozeß so zu optimieren, daß auf jeder Scheibe ganzflächig dieselbe Dotierstoffdosis abgeschieden wird.

Weitere Dosierungenauigkeiten werden bei Gasphasendiffusionsverfahren durch Dotierstoffniederschläge im Diffusionsrohr und auf den Scheibenträgern hervorgerufen. Dadurch entstehen Hintergrunddotierquellen, die die Dotierstoffkonzentration im Prozeßgas verfälschen und sich entsprechend in den abgeschiedenen Dotierstoffmengen bemerkbar machen.

2.9.2 Feststoffdotierquellen: Bornitridscheiben und Arsensilikatfilme

Alternativ zu gasförmigen Verbindungen können auch Keramikscheiben als Dotierstoffquelle eingesetzt werden, die das benötigte Dotierelement z. B. als Bornitrid (BN) enthalten. Diese flachen Dotierscheiben (engl.: *planar diffusion sources,* abgekürzt *PDS*) haben die gleichen Abmessungen, wie die zu dotierenden Siliziumscheiben und werden in speziellen Trägern jeweils zwischen 2 Rücken an Rücken positionierte Si-Scheiben gesetzt. Bei der hohen Diffusionstemperatur gasen die Dotierstoffe aus der Keramik aus. Durch den engen Kontakt zwischen Keramik- und Siliziumscheiben wird die abgeschiedene Dotierstoffmenge gleichmäßig über die Scheibenoberfläche verteilt. Deshalb sind deutlich verbesserte Ergebnisse in bezug auf Homogenität und Reproduzierbarkeit der Dotierung zu erwarten.

Die Freisetzung des Dotierstoffes erfolgt bei PDS-Scheiben in 3 Stufen. In der 1. Phase werden die PDS-Scheiben *aktiviert,* d. h. durch das Prozeßgasgemisch (O_2 und N_2) oxidiert:

$$4\,BN + 3\,O_2 \rightarrow 2\,B_2O_3 + 2\,N_2 \qquad \text{(Gl. 2.30)}$$

Durch Wasserstoffzugabe zum Prozeßgas in der 2. Phase entsteht Wasserdampf, der an der PDS-Scheibenoberfläche Borsäure freisetzt:

$$B_2O_3 + H_2O \rightarrow 2\,HBO_2 + O_2 \qquad \text{(Gl. 2.31)}$$

Die Borsäure überträgt sich in der 3. Phase dampfförmig auf die Siliziumscheiben. Dort reagiert die Substanz an den unmaskierten Zonen zu SiO_2 und elementarem Bor. Analog zur tiefen P-Dotierung entsteht hier Borsilikatglas, aus dem Bor in das Siliziumgitter eindiffundiert.

Das PDS-Verfahren ist weniger ergiebig als die Dotierung aus der Gasphase. Deshalb wird diese Methode insbesondere zur Bereitstellung geringerer Dotierstoffdosen herangezogen. Ein Beispiel ist die flache P-Diffusion (engl.: *Shallow P-* oder *SP-Diffusion*), die im Bipolarprozeß u. a. zur Basisdotierung benutzt wird. Hier ist man besonders an einer möglichst flachen Struktur interessiert, damit bei der anschließenden Emitterdiffusion eine möglichst geringe Basisweite erzielt werden kann.

Bei der Dotierung mit Bornitridscheiben kann die Borkonzentration im abgeschiedenen Borglas auf der Siliziumoberfläche über die Dauer der Aktivierungsphase und der Wasserstoffzugabe gesteuert werden. Raasch [2.4] gibt als typische Werte für Oxidation und Wasserstoffzugabe 5 bzw. 1 min an. Die eigentliche Vorbelegungsphase dauert etwa 40 min. Um das Vorbelegungsprofil flach zu halten, liegt die Vorbelegungstemperatur bei nur 920 °C. Bei dieser Prozeßführung stellt sich eine relativ kleine Oberflächenkonzentration von $5 \cdot 10^{18}/cm^3$ ein. Die Eindringtiefe für den pn-Übergang zum n-dotierten Silizium beträgt nur einige zehntel µm.

Um die wirksame Bordosis weiter zu reduzieren, wird die Oxidation der vorbelegten und vom Borsilikatglas befreiten Oberflächensegmente bei der Eindiffusion gewollt verstärkt. Dieser als *Soak out* (aussaugen, engl.: *soak out*) bezeichnete Kunstgriff nutzt den Segregationseffekt gezielt zum Umverteilen des Dotierstoffes aus dem Silizium in das Oxid (vgl. Abschnitt 4.2.3). Durch eine Reduzierung der Dosis an der Siliziumoberfläche verkleinert sich die Eindringtiefe. Die Feinsteuerung der resultierenden Oberflächenkonzentration und der entsprechenden Eindringtiefe x_j kann hierbei flexibel über das Mischungsverhältnis zwischen Stickstoff und Sauerstoff während der Oxidationsphase beim Eindiffusionsschritt geschehen. Allerdings ist die vom Oxid aufgenommene Bormenge schwer vorherzubestimmen, denn die Diffusionskonstanten und Löslichkeiten für Bor in SiO_2 variieren aufgrund der amorphen Struktur des Oxids erheblich.

Zusammenfassend läßt sich feststellen, daß PDS-Verfahren 2 grundsätzliche Vorteile gegenüber gasförmigen Quellen aufweisen:

- Der 1. bereits angesprochene Vorteil liegt in der homogenen Belegung der Siliziumscheiben mit Dotierstoff. Die Dotierprofile werden daher zumindest innerhalb eines Fertigungsloses nur geringfügige Schwankungen zeigen. Merkliche Schwankungen können aber durchaus zwischen verschiedenen Fertigungslosen auftreten, denn die PDS-Scheiben verarmen mit der Zeit oberflächlich an Dotierstoff. Verbrauchte Oberflächen müssen daher von Fall zu Fall abgeätzt werden. Der genaue Zeitpunkt für eine solche Ätzung ist allerdings nur schwer vorherzusagen. Man ist auf Erfahrungswerte angewiesen.
- Der 2. Vorteil der PDS-Methode gegenüber den Gasphasenverfahren besteht darin, daß Ofenwände und Scheibenträger nur geringfügig kontaminiert werden. Es werden fast ausschließlich nur die Siliziumscheiben mit Dotierstoff versorgt. Die Ofenwände und die Scheibenträger reichern sich folglich nur in geringem Maße mit Dotierstoffverbindungen an. Hintergrunddotierquellen und die damit verbundenen nicht vorhersagbaren Dosisschwankungen fallen folglich bei PDS-Verfahren im Gegensatz zu gasförmigen Quellen kaum ins Gewicht.

Neue Probleme verursachen aber die vielen Handhabungsschritte, denen die PDS-Scheiben unterworfen sind. Diese Scheiben müssen bei jedem Diffusionszyklus in die Siliziumscheibenträger gesetzt und anschließend wieder entnommen werden. Dabei können die PDS-Scheiben verunreinigt und die Kontaminationen bei der Dotierung in die Siliziumscheiben übertragen werden.

Bei den bisher behandelten Dotierverfahren erfolgte die eigentliche Diffusion stets aus Silikatglasschichten, die mit chemischen Prozessen auf den Siliziumscheiben erzeugt wurden. Eine interessante Neuentwicklung sind dotierstoffhaltige Silikatglasschichten, die vor der Diffusion auf die Oberflächen der Siliziumscheiben *aufgeschleudert* werden (*Spin-on-Technik*, vgl. Kapitel 8). Bei diesem Verfahren wird Silikatglas in geeigneter Präparation auf die schnell rotierenden Siliziumscheiben getropft. Durch die Zentrifugalkräfte entsteht ein dünner Film mit gleichförmiger Dicke. Nach dem Trocknen des Films kann sofort im Ofen diffundiert werden. Der elementare Dotierstoff entsteht wieder durch Reduktionsprozesse an der Siliziumoberfläche.

Ein typisches Beispiel für diese Technik ist die Subkollektordotierung bei einem Bipolarprozeß. Dies ist der erste Diffusionsschritt während der IC-Fertigung. Wie in Abschnitt 2.7.1 bereits beschrieben, ist dieser Dotierschritt besonders kritisch, weil das endgültige Dotierprofil noch durch zahlreiche spätere Hochtemperaturschritte beeinflußt wird. Damit der Dotierstoff sich dabei nicht zu stark im Halbleitermaterial verteilt, werden zur Subkollektordotierung Dotierstoffe eingesetzt, die möglichst kleine Diffusionskonstanten aufweisen. Arsen ist nach Tabelle 2.1 gut geeignet. Als Quellsubstanz wird eine Lösung von Arsenpentoxid verwendet, die in einer dünnen Schicht aufgeschleudert wird.

Die Vorteile der Spin-on-Verfahren sind die einfache Prozeßführung und die fast vollständige Vermeidung von Ofenkontaminationen. Allerdings enthalten die dünnen Filme nicht allzuviel Dotierstoff. Deshalb ist die maximal mögliche Dosis bei diesem Verfahren begrenzt.

2.10 Zusammenfassung und Ausblick

In diesem Kapitel wurden die physikalischen und chemischen Prinzipien vorgestellt, die bei der selektiven Dotierung von Siliziumscheiben durch Diffusion angewendet werden.

Das Diffusionsverfahren wird zur Dotierung seit den Anfängen der Siliziumplanartechnologie eingesetzt. Die wesentlichen Vorteile des Verfahrens sind einfache Prozeßführung, preiswerte Fertigungsgeräte und große Fertigungslose. Deshalb ist die Diffusion aus chemischen Quellen die kostengünstigste Möglichkeit, dotierte Zonen im Silizium herzustellen.

Die praktischen Nachteile der Methode liegen in den Ungenauigkeiten der Dotierstoffdosierung. Durch Feststoffdotierquellen können diese Schwankungen zwar innerhalb eines Fertigungsloses reduziert werden. Die Reproduzierbarkeit der Dotierergebnisse reicht dennoch nicht aus, um flache, niedrig dotierte Zonen zu erzeugen, mit denen die heute üblichen Bauelementabmessungen im µm-Bereich realisiert werden können.

Dies hat dazu geführt, daß die Diffusion aus chemischen Quellen heute zumindest bei der Vorbelegung weitgehend durch die Ionenimplantation verdrängt worden ist, die eine genaue Dosierung des Dotierstoffes ermöglicht. Die endgültigen Positionen erreichen die Dotieratome aber auch nach einer Implantation erst nach dem Eindiffusionsprozeß im Diffusionsofen.

3 Ionenimplantation

Eine Alternative zur Diffusionstechnik ist die Dotierung von Halbleitersubstraten durch den beschleunigten Beschuß mit Ionen. Dieses Verfahren wird als Ionenimplantation oder Ionenstrahldotierung bezeichnet.

Die Ionenimplantation hat mehrere praktische Vorteile gegenüber der Dotierung durch Diffusion aus chemischen Quellen. Die besonderen Vorzüge liegen in der wesentlich höheren Genauigkeit und der stark verbesserten Reproduzierbarkeit der Dotierung. Außerdem lassen sich die Verläufe von implantierten Dotierstoffprofilen über die Implantationsenergie flexibel einstellen. Werden mehrere Implantationen mit verschiedener Dosis und Energie überlagert, ergeben sich weitere Variationsmöglichkeiten. Mit der Implantationstechnik lassen sich deshalb Bauelemente mit feineren Strukturen bei geringeren Bauelementabständen realisieren. Der Integrationsgrad wird durch Einsatz dieser modernen Dotiertechnik beträchtlich gesteigert (Mikrometer- und Submikrometerprozesse). Dies rechtfertigt die höheren Prozeßkosten für eine Ionenstrahldotierung, die durch die enormen Investitionskosten für Ionenimplantationsanlagen (pro Gerät mehrere Mio. DM) und den im Vergleich zur Diffusion herabgesetzten Scheibendurchsatz zustande kommen.

In diesem Kapitel werden zunächst die physikalischen Wechselwirkungen zwischen Ionen und Gitter diskutiert. Dann werden Strahlenschäden durch energiereiche Ionen im Siliziumsubstrat und Maskierungsmöglichkeiten zur selektiven Dotierung von Siliziumscheiben behandelt. Danach werden die Komponenten einer Implantationsanlage und deren Funktionsprinzipien beschrieben. In den letzten Abschnitten werden Anwendungsbeispiele für die Ionenimplantation aus MOS- und Bipolartechnik gegeben und die Vor- und Nachteile des Verfahren zusammengefaßt.

3.1 Physikalische Grundlagen

Eine Ionenimplantationsanlage (*Implanter*) erzeugt in einer sog. Ionenquelle aus einer gasförmigen Verbindung oder aus verdampftem elementaren Dotierstoff Dotierionen. Diese werden beschleunigt und treten als Strahl, d. h. als kontinuierlicher, gerichteter und räumlich begrenzter Strom von Ionen mit einheitlicher Energie aus dem Beschleuniger und werden rasterförmig über die zu dotierende Siliziumscheibe gelenkt. Bei ausreichender Energie durchdringen die Ionen die Halbleiteroberfläche und verlieren durch Stöße mit den Gitterbestandteilen sukzessive Bewegungsenergie, bis sie zur Ruhe kommen. Da die Ruhepositionen nicht immer Gitterplätze sind und durch die eingeschossenen Ionen der Kristallaufbau geschädigt wird, folgt auf die eigentliche Implantationsphase eine Ausheil- und Aktivierungsphase. Der Implantationsprozeß läuft also ähnlich wie das Diffusionsverfahren in 2 Stufen ab.

3.1.1 Abbremsung von schnellen Ionen durch Siliziumgitter

In der Implantationsanlage werden die Dotierstoffionen auf kinetische Energien E zwischen 10 und 300 keV gebracht. Bei einem einfach geladenen Borion mit $E = 30$ keV ist die Ionengeschwindigkeit $\approx 8 \cdot 10^5$ m/s. Nach Auftreffen auf die Oberfläche einer Siliziumscheibe als Target, werden die schnellen Teilchen im Kristallgitter auf einer sehr kurzen Distanz, die typischerweise kleiner 1 µm ist, vollständig abgebremst.

Die starke Bremswirkung des Gitters entsteht durch Stöße der eingestrahlten Ionen mit Atomen im Gitter. Bei diesen Stößen wird, wie bei Billardkugeln, Energie zwischen den Stoßpartnern ausgetauscht und die stoßenden Teilchen ändern beim Stoß ihre Bewegungsrichtung, werden *gestreut*. Durch die

Streuung bei den Kollisionen erreichen die Ionen die jeweilige Endposition im Gitter nicht geradlinig, sondern auf einer Zickzackbahn.

Einfallende Ionen und Gitteratome bestehen aus positiv geladenen Kernen und aus negativ geladenen gebundenen Elektronen. Die beim Stoß wirkenden Kräfte setzen sich aus abstoßenden und anziehenden Anteilen zusammen, deren räumliches Integral ein Wechselwirkungspotential zwischen den Stoßpartnern definiert. In der klassischen Näherung, d. h. unter Vernachlässigung aller bei mikroskopischen Teilchen auftretenden quantenmechanischen Effekte, läßt sich der Stoß zwischen einem einlaufenden Ion und einem ruhenden Gitteratom als Stoß zweier Punktmassen (m und m') als 2-Körperzentralkräfte-Problem beschreiben [3.1].

Die möglichen Stoßprozesse zwischen den Partnern sind zum einen elastische Stöße, bei denen Bewegungsenergie vom einlaufenden Ion als Bewegungsenergie an das getroffene Gitteratom übertragen wird (*Kernstöße*) und zum anderen inelastische Stöße (*Elektronenstöße*). Im inelastischen Fall wird die Elektronenhülle des ruhenden Gitteratoms beim Stoß durch Transfer von Bewegungsenergie angeregt, d. h., die potentielle Energie der Elektronenhülle wird erhöht, indem Elektronen in energetisch höher liegende Zustände gebracht werden. Dadurch kann es sogar zur Ionisierung des Gitteratoms kommen. Bei elastischen wie inelastischen Stoßprozessen geben die einfallenden Ionen Bewegungsenergie ab, verlieren damit Geschwindigkeit und werden abgebremst.

Die elastischen Stöße, auch als Kernstöße bezeichnet, dominieren bei geringeren Ionenenergien ($E < E_2$, s. Tabelle 3.1). Es ist charakteristisch für elastische Stöße, daß keine Energie absorbiert wird. Nach dem Stoß ist alle Energie, die das einfallende Ion verloren hat, vom Stoßpartner als kinetische Energie aufgenommen worden.

Die inelastischen Elektronenstöße sind hingegen dadurch gekennzeichnet, daß beim Stoß durch Anregungsprozesse in der Atomhülle des Gitteratoms Energie absorbiert wird. Die absorbierte Energie wird entweder zur Ionisierung des Gitteratoms benötigt, oder nach dem Stoßprozeß, wenn das angeregte Atom in den Grundzustand zurückkehrt, durch Photonenemission oder Elektronenemission abgebaut. Inelastische Stöße sind der dominierende Abbremsmechanismus bei hoher Ionenenergie ($E > E_2$).

Nach elastischen oder inelastischen Stößen verhalten sich die Gitteratome unterschiedlich. Nach einem elastischen Stoß schwingt das gestoßene Gitteratom aufgrund der übertragenen Energie um seine Ruhelage oder wird von seinem Gitterplatz gestoßen und zum Sekundärstreuteilchen, das wiederum bis zur völligen Abbremsung Stöße mit weiteren Gitteratomen ausführt (s. Abschnitt 3.2). Bei inelastischen Stößen hingegen tauscht ein einfallendes Ion nur Energie mit der Elektronenhülle von Gitteratomen aus, und die Gitteratome bleiben in Ruhelage.

Inelastische und elastische Stoßprozesse unterscheiden sich auch in den Streuwinkeln, um die eingestrahlte Ionen abgelenkt werden. Die Streuwinkel bei Stoßprozessen sind vom Massenverhältnis (m/m') der Stoßpartner abhängig. Bei ungeladenen elastischen Kugeln kann der maximale Streuwinkel φ durch die Beziehung $\sin \varphi = m/(m + m')$ abgeschätzt werden [3.2]. Deshalb treten bei Kernstößen ($m \approx m'$) große Richtungsänderungen der Ionen auf. Bei Stoßprozessen mit den Elektronen aus der Atomhülle von Gitteratomen hingegen sind die zu erwartenden Streuwinkel durch die extremen Unterschiede zwischen Ionen- und Elektronenmasse ($m':m > 10\,000:1$) viel kleiner (*Kleinwinkelstreuung*). Die Richtungsänderungen bei den eingestrahlten Ionen entstehen während des Abbremsvorganges im Gitter also im wesent-

Tabelle 3.1 Charakteristische Energien (E_1) und (E_2) für die Bremsquerschnitte von verschiedenen Dotierelementen bei Ionenimplantation von Siliziumscheiben wie in Bild 3.1 definiert [3.4]:

Ion	E_1 in [keV]	E_2 in [keV]
Bor	3	17
Phosphor	17	140
Arsen	73	800
Antimon	180	2000

lichen nur durch Kernstöße. Die Abbremsung der Ionen erfolgt hingegen sowohl durch Stöße mit den Kernen als auch mit den Elektronenhüllen der Gitteratome.

3.1.1.1 Reichweiten und Reichweitenverteilung

Bisher wurden nur einzelne Stöße zwischen einzelnen Ionen und Gitteratomen besprochen. Bei der Ionenimplantation führt ein in das Gitter eintretendes Dotierstoffion eine Folge von Stößen mit Gitteratomen aus. Bei jedem Stoß wird es abgebremst. Der Energieverlust hängt von Flugrichtung, Geschwindigkeit und verwendetem Dotierstoff ab.

Die Stoßprozesse der Ionen mit dem Kristallgitter sind mit verschiedenen statistischen Unsicherheiten behaftet. So bestimmt z. B. die Oberflächenbeschaffenheit der Siliziumscheibe die Streuwinkel am Anfang des Abbremsvorganges. Dazu kommt die Richtungsunschärfe der Ionen im erzeugten Ionenstrahl (vgl. Abschnitt 3.5) und die nur statistisch faßbare thermische Bewegung der Gitteratome. Aus prinzipiellen Gründen können zudem mikroskopischen Prozesse, wie die Ionenstreuung im Kristallgitter, nur durch quantenmechanische Wahrscheinlichkeitsverteilungen für die verschiedenen Stoßprozesse beschrieben werden. Aus diesen Gründen läßt sich der Abbremsvorgang von Dotierionen in Siliziumscheiben nur im Rahmen von Wahrscheinlichkeiten und Mittelwerten erfassen.

Man führt deshalb zur Beschreibung des Abbremsvorganges eine mittlere Ionenreichweite R ein, und definiert einen mittleren Energieverlust pro Weglänge im Gitter. Bei gegebener Ionenreichweite können aber einzelne Ionen durchaus trotz gleicher Auftreffgeschwindigkeit und Einfallrichtung unterschiedliche Wege im Gitter zurücklegen und folglich auch unterschiedlich weit in das Gitter eindringen. Deshalb entsteht eine *Reichweitenverteilung* um die mittlere Ionenreichweite. Kennt man die mittlere Reichweite R und die Verteilung der Ionenpositionen für einen gegebenen Dotierstoff, kann man das Dotierstoffprofil, das bei der Ionenimplantation entsteht, angeben.

Um diese Verteilung für identische Ionen mit gleicher Energie zu berechnen, wird angenommen, daß die Wechselwirkung zwischen Ionen und abbremsendem Medium (hier kristallines Silizium) sich über das mittlere *lineare Bremsvermögen S* charakterisieren läßt. Dieses Bremsvermögen ist als Grenzwert der im Mittel pro Wegstrecke Δx abgegebenen Bewegungsenergie ΔE definiert:

$$\lim_{x \to 0} \frac{\Delta E}{\Delta x} = \frac{dE}{dx} \qquad \text{(Gl. 3.1)}$$

Diese Größe wird auch als *Bremsquerschnitt* der untersuchten Ionen-Substrat-Kombination bezeichnet.

Da elastische und inelastische Stroßprozesse bei der Ionenimplantation auftreten, setzt sich der Bremsquerschnitt aus der Summe der Querschnitte für Kern- bzw. Elektronenstöße (S_n und S_e) zusammen:

$$S(E) = S_n(E) + S_e(E) \qquad \text{(Gl. 3.2)}$$

Wie bereits erwähnt, dominiert oberhalb einer Schwellenergie der Ionen ($E > E_2$) die elektronische Abbremsung, und es gilt $S_e \gg S_n$. Bei kleineren Energien ist es umgekehrt. Kennt man den Bremsquerschnitt, kann die Reichweite von implantierten Ionen im Gitter berechnet werden. Für die Herleitung von Bremsquerschnitten gibt es verschiedene Theorien. Die meistbenutzte Theorie zur Berechnung von Bremsquerschnitten und Reichweiten von energiereichen Ionen in Festkörpern ist die sog. LSS-Theorie, die von Lindhard, Scharff und Schiott [3.3] stammt.

3.1.1.2 Reichweitengleichungen aus der LSS-Theorie

Bild 3.1 zeigt den qualitativen Verlauf der Bremsquerschnitte S_n und S_e, wie sie von Lindhard und Mitarbeitern berechnet wurden. In der Auftragung werden geeignete normierte Energien und Längen (ε und P) verwendet, die eine einheitliche Darstellung des Kernbremsquerschnittes $S_n = (d\varepsilon/dP)_n$ für verschiedene

Target- und Ionenkombinationen ermöglichen: S_n ist nur noch von ε abhängig, nicht mehr von der implantierten Ionensorte und dem Targetmaterial. ε und P sind folgendermaßen definiert

$$\varepsilon = \frac{E \cdot 4 \cdot \pi \cdot \varepsilon_0 \cdot a_0 \cdot Z^{-\frac{1}{3}}}{Z_i \cdot Z_{si} \cdot e^2 \cdot \left(1 + \frac{m_i}{m_{si}}\right)},$$

$$P = \frac{x \cdot 4 \cdot \pi \cdot N_{si} \cdot a_0^2 \cdot Z^{-\frac{2}{3}} \cdot (m_i \cdot m_{si})}{(m_i + m_{si})^2}$$

E bezeichnet die Ionenenergie in eV, a_0 ist der Bohrsche Radius (= 0,53 Å), e die Elementarladung und N_{si} steht für die Anzahl der Siliziumatome pro Einheitsvolumen. m und Z sind Atomgewichte und Kernladungszahlen, die sich wie die Indizes «i» und «si» andeuten, auf die implantierte Ionensorte bzw. auf das Targetmaterial Silizium beziehen. $Z^{1/3} = (Z_i^{2/3} + Z_{si}^{2/3})^{1/2}$ ist eine effektive Kernladungszahl.

Für die elektronische Bremswirkung gibt es keine universelle Kurve, die unabhängig von Ionensorte und Targetmaterial den funktionalen Zusammenhang zwischen S_e und ε beschreibt. Der elektronische Bremsquerschnitt steigt [3.1] linear mit der Wurzel aus der normierten Energie $\varepsilon : S_e = (\mathrm{d}\varepsilon/\mathrm{d}P)_e = k \cdot \varepsilon^{1/2}$. Da die Wurzel aus der kinetischen Energie der einfallenden Ionen proportional zur Ionengeschwindigkeit v_{ion} ist, wächst dieser Bremsquerschnitt linear mit. Die Proportionalitätskonstante k definiert die Steigung:

$$k = \frac{0{,}0793 \cdot \sqrt{Z_i \cdot Z_{si} \cdot (m_i + m_{Si})^3} \cdot Z_i^{\frac{1}{6}}}{\sqrt{m_i^3 \cdot m_{Si}} \cdot (Z_i^{\frac{2}{3}} + Z_{si}^{\frac{2}{3}})^{\frac{3}{4}}}$$

k ist von Masse und Kernladungszahl der Stoßpartner abhängig [3.1]. In Bild 3.1 sind die k-Werte für Bor bzw. Arsen eingezeichnet.

Der Auftragung 3.1 zeigt deutlich, daß bei hohen Energien die Bremswirkung der inelastischen Elektronenstöße dominiert und erst unterhalb einer substanzspezifischen Schwellenenergie E_2 bzw. ε_2 elastische Kernstöße wesentliche Beiträge mit Maximum bei E_1 bzw. ε_1 leisten (vgl. Abschnitt 3.1.1). Bei hohen Energien bzw. Ionengeschwindigkeiten, die direkt nach Eintreten des Ions in das Abbremsmedium vorliegen, wirkt also zunächst nur das geschwindigkeitsproportionale Bremsvermögen der Elektronen. Aufgrund der geringen Streuwirkung von Elektronenstößen, dringen die schnellen Ionen zunächst nahezu geradlinig in den Kristall ein. Zu nennenswerten Streuprozessen kommt es erst in einer gewissen Eindringtiefe, wenn die Ionen hinreichend viel Energie bei Elektronenstößen verloren haben und der Kernbremsquerschnitt wichtig wird. Die erwähnte Zickzackbahn der eindringenden Ionen beginnt also in der Regel nicht an der Oberfläche, sondern erst in tieferen Kristallschichten. Dies ist für die Struktur der Strahlenschäden wichtig, die bei der Ionenimplantation entstehen (s. Abschnitt 3.2).

Zur Ableitung der diskutierten Bremsquerschnitte im Rahmen der LSS-Theorie sind gewisse Näherungen notwendig. So wird z. B. die Wechselwirkung zwischen Ionen und Gitteratomen mit einem vereinfachten Atommodell beschrieben. Trotzdem bleibt die mathematische Berechnung von Streuwinkeln und Abbremsung für dieses Potential schwierig.

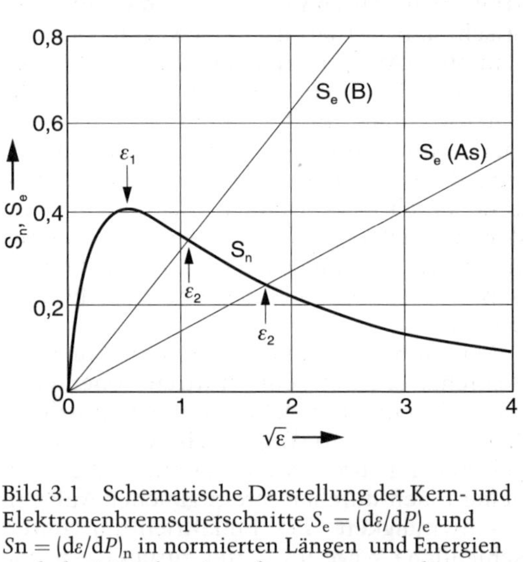

Bild 3.1 Schematische Darstellung der Kern- und Elektronenbremsquerschnitte $S_e = (\mathrm{d}\varepsilon/\mathrm{d}P)_e$ und $Sn = (\mathrm{d}\varepsilon/\mathrm{d}P)_n$ in normierten Längen und Energien nach der LSS-Theorie, aufgetragen gegen die zur Ionengeschwindigkeit proportionale Größe $\varepsilon^{1/2}$. Die charakteristischen Energiewerte, bei denen die maximale Kernbremswirkung auftritt (ε_1) und bei denen die elektronische Abbremsung größer wird als die elastischen Beiträge (ε_2) können Tabelle 3.1 entnommen werden.

Die angegebenen Gleichungen und Kurven für Bremsquerschnitte gelten nur für amorphe Abbremsmedien. Bei der Anwendung der Ergebnisse auf die Ionenstrahldotierung von Siliziumscheiben wird also die Gitterstruktur des Siliziums ignoriert und die räumliche Anisotropie der Anordnung der Siliziumatome im Target vernachlässigt. Deshalb kann es zu systematischen Abweichungen zwischen den theoretischen LSS-Resultaten und experimentell an Siliziumscheiben ermittelten Dotierprofilen kommen. Diese Abweichungen treten aber glücklicherweise nur bei speziellen Implantationsbedingungen auf, die in der Praxis ohne Probleme vermieden werden können (vgl. Abschnitt 3.1.3.3).

Um die mittlere Reichweite R der implantierten Ionen im Silizium aus bekannten Bremsquerschnitten zu berechnen, wird der Kehrwert von S also die mittlere Wegstrecke pro Energieverlust ($\mathrm{d}x/\mathrm{d}E$) integriert. Werden dabei alle im Gitter bei der Abbremsung auftretenden Ionenenergien zwischen $E = 0$ (Ruheposition nach vollständiger Abbremsung) und $E = E_0$ (Einfallenergie) berücksichtigt, erhält man die Länge der Abbremsstrecke:

$$R = \int_0^{E_0} \frac{1}{S} \cdot \mathrm{d}E \qquad \text{(Gl. 3.3)}$$

Diese Integration ist in der Regel wegen der komplizierten mathematischen Form der Bremsquerschnitte aus der LSS-Theorie nicht in geschlossener Form durchführbar. Die Reichweiten werden deshalb numerisch berechnet und liegen in Tabellenform vor. Unter bestimmten Bedingungen können Näherungsgleichungen angegeben werden: Für kleine Ionenenergieen $E_0 \ll E_2$, also bei rein elastischer Kernabbremsung kann der Bremsquerschnitt durch Elektronenstöße S_e vernachlässigt werden. Wird außerdem der Kernbremsquerschnitt für kleine Energiewerte linearisiert (s. Bild 3.1), erhält man $S_n = (\mathrm{d}\varepsilon/\mathrm{d}P)_n \approx 3{,}2$. Das Integral von Gleichung 3.3 kann analytisch ausgewertet werden und es gilt [3.5]:

$$R = 0{,}7 \cdot E_0 \cdot \frac{\left(1 + \frac{m_i}{m_{Si}}\right) \cdot Z_i^{\frac{1}{3}}}{Z_i \cdot Z_{si}} \qquad \text{(Gl. 3.4 a)}$$

Die Reichweite ergibt sich dabei in Ångström (Å), wenn die Ionenenergie E_0 in eV eingesetzt wird. Diese Näherung liefert gute Ergebnisse für schwere Dotierelemente, bei denen die elektronische Abbremsung keine Rolle spielt. Bei leichteren Ionen hingegen, wird die Bremswirkung bereits bei mittleren Energien überschätzt (vgl. Bild 3.1). Bei Bor werden Reichweiten berechnet, die fast um den Faktor 2 zu groß sind. Bei diesen leichten Ionen macht sich das Weglassen der Beiträge der inelastischen Elektronenstöße bei der Ionenabbremsung besonders stark bemerkbar.

Berechnet man die Ionenreichweite für sehr energiereiche Ionen, also im entgegengesetzten Grenzfall ($E_0 \gg E_2$), so gilt, weil der elektronische Bremsquerschnitt dominiert, nach [3.5] die Gleichung (R in Å, E_0 in eV)

$$R = 20 \cdot E_0^{\frac{1}{2}} \qquad \text{(Gl. 3.4.b)}$$

Man erkennt, daß in beiden Grenzfällen die Ionenreichweite über die Ionenenergie steuerbar ist. Diese charakteristische Eigenschaft ist bei Anwendungen der Ionenimplantation in Halbleitertechnologie sehr wichtig. Die mit den Gleichungen bestimmte Ionenreichweite R gibt allerdings die geometrische Länge der gesamten Abbremsstrecke an. Deshalb eignet sich diese Größe nicht direkt für die Berechnung von Dotierprofilen. Hier kommt es nur auf die Eindringtiefe x also den Abstand der Ruheposition eines Ions von der Oberfläche der Siliziumscheibe an. Die Größe R erfaßt hingegen die zickzack verlaufende gesamte Abbremsstrecke. Die Eindringtiefe eines Ions beschreibt die sogenannte projizierte Reichweite R_P (s. Bild 3.2). Eine Näherungsgleichung für das Verhältnis der beiden Reichweiten ist nach [3.1]

$$\frac{R}{R_p} = 1 + \frac{m_{Si}}{3 \cdot m_i} \qquad \text{(Gl. 3.4 c)}$$

Diese Beziehung stimmt bei schweren Dotierionen sehr gut mit Experimenten überein. Bei leichten Ionen, wie Bor, gibt es größere Abweichungen. Für die projizierte Reichweite kann durch Einsetzen von Gleichung 3.4 a in Gleichung 3.4 c folgende Näherungsgleichung abgeleitet werden:

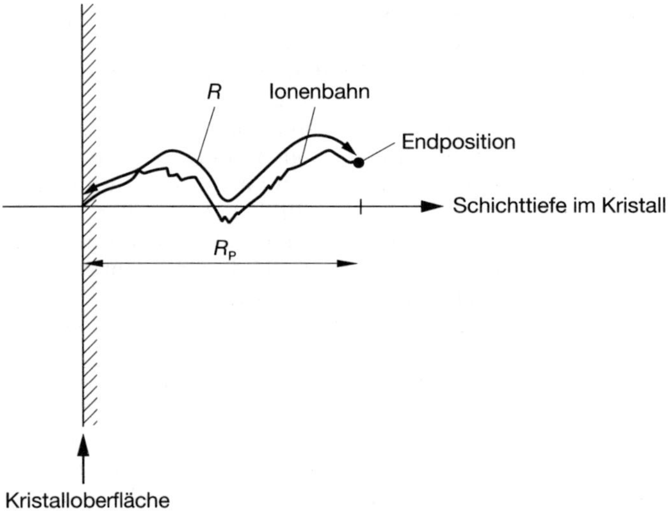

Bild 3.2 Reichweite R und projizierte Reichweite Rp (nach [3.8])

$$R_P = \frac{0{,}7 \cdot E_0 \cdot \left(1 + \frac{m_i}{m_{Si}}\right) \cdot Z^{\frac{1}{3}}}{Z_i \cdot Z_{si} \cdot \left(1 + \frac{m_{Si}}{3m_i}\right)} \qquad \text{(Gl. 3.5 a)}$$

In Tabelle 3.2 sind Reichweiten für wichtige Dotierstoffe und typische Ionenenergien angegeben. Diese Werte sind nicht mit den Näherungsgleichungen 3.4 und 3.5 berechnet worden, sondern durch numerische Integration der Gleichung 3.3 mit den Bremsquerschnitten der LSS-Theorie.

Tabelle 3.2 Mittlere projezierte Reichweiten R_p und Standardabweichungen ΔRp in µm für verschiedene Ionenenergien (in keV) und Dotierstoffe in Silizium nach der LSS-Theorie aus [3.5, 3.10].:

Dotierion	E	R_p	ΔR_p
Bor	50	0,16	0,05
	100	0,30	0,07
	200	0,52	0,10
Phosphor	50	0,06	0,03
	100	0,12	0,05
	200	0,25	0,08
Arsen	50	0,04	0,01
	100	0,06	0,02
	200	0,11	0,04
Antimon	40	0,022	0,004
	100	0,045	0,007
	200	0,079	0,012

Aufgrund der bei der LSS-Theorie vorausgesetzten amorphen Struktur des Targetmaterials (hier) Silizium sind Eindringtiefen der einzelnen Ionen gemäß einer Gaußfunktion um R_P mit einer Standardabweichung ΔR_p verteilt. Ein Schätzwert [3.5] für die Standardabweichung, der die exakten Ergebnisse gut wiedergibt (vgl. Tabelle 3.2), ist

$$\Delta R_P \approx \frac{2}{3} \cdot R_P \cdot \frac{\sqrt{m_{Si} \cdot m_i}}{(m_{Si} + m_i)} \approx \frac{R_P}{2{,}5} \qquad \text{(Gl. 3.5 b)}$$

Wird also eine bestimmte Dosis Q (in Ionen/cm^2) implantiert, erhält man als Dotierprofil die Gaußkurve

$$N(x) = \frac{Q}{\sqrt{2 \cdot \pi} \cdot \Delta R_P} \cdot e^{-\frac{(x-R_P)^2}{2 \cdot \Delta R_P^2}} \qquad \text{(Gl. 3.5 c)}$$

Aus dieser Beziehung läßt sich der wichtigste qualitative Unterschied zwischen diffundierten und implantierten Dotierprofilen ablesen: Die maximale Dotierstoffkonzentration N_{max} liegt bei der Ionenstrahldotierung nicht wie bei der Diffusionstechnik an der Oberfläche, sondern im Kristallinneren bei $x = R_P$.

$$N_{max} = \frac{Q}{\sqrt{2 \cdot \pi \cdot \Delta R_P}} \qquad \text{(Gl. 3.6)}$$

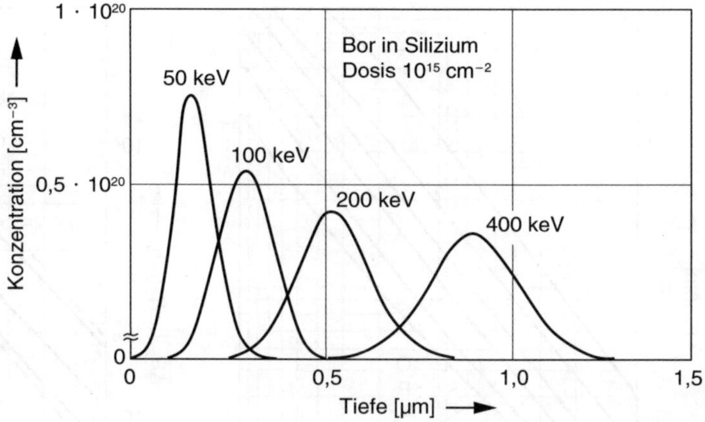

Bild 3.3 Dotierstoffkonzentration N in Abhängigkeit von der Schichttiefe x (in µm) nach der Implantation einer Bordosis von 10^{15} Ionen/cm^2 mit verschiedenen Implantationsenergien (in keV). Die Kurven sind nach Gleichung 3.5 c berechnet. Die Parameter R_p und ΔR_p sind Tabelle 3.2 entnommen.

Die Eindringtiefe R_P wird von der Implantationsenergie E_0 bestimmt. Da die Standardabweichung ΔR_P wie die Reichweite (vgl. Gleichung 3.4 b) mit zunehmender Ionenenergie größer wird, gilt zusätzlich: Je tiefer implantiert wird, desto breiter sind die entstehenden Dotierstoffverteilungen und desto kleiner wird N_{max}.

Bild 3.3 zeigt Dotierstoffprofile am Beispiel von Bor für verschiedene Ionenenergien.

3.1.2 Laterale Streuung

Durch Kernstreuung werden die einfallenden Ionen auch senkrecht zur Auftreffrichtung abgelenkt, wobei im Rahmen der LSS-Theorie, wegen der amorphen Struktur des bremsenden Mediums, keine Richtung bevorzugt wird. Die laterale Verteilung um die x-Achse ist rotationssymmetrisch um die Strahlachse. Die laterale Standardabweichung wird mit ΔR_L bezeichnet.

Eine grafische Auftragung der Parameter R_P, ΔR_P und ΔR_L zeigt Bild 3.4 für verschiedene Dotierstoffe und typische Ionenenergien. Auffällig ist, daß die laterale Unschärfe im Vergleich zu den Reichweitenschwankungen mit zunehmender Ionenmasse deutlich kleiner wird, obwohl die Bremswirkung bei schweren Ionen wie As und Sb bei typischen Ionenenergien fast ausschließlich durch elastische Kernstöße mit großen Streuwinkeln zustande kommt. Allerdings ist die Streuwirkung des Gitters für diese schweren Ionen aufgrund der Massenverhältnisse $m_{Si}/m_{Ion} \approx 0{,}25 \ldots 0{,}33$ relativ gering (vgl. Abschnitt 3.1.1). Beim leichtesten Dotierelement (Bor) sind die Massenverhältnisse umgekehrt, und entsprechend ist die Dotierstoffverteilung nach der Implantation am unschärfsten. Obwohl hier nach Tabelle 3.1 und Bild 3.1 zunächst die elektronischen Bremskräfte ohne Richtungsablenkung wirken, sorgen die elastischen Kernstöße am Bahnende für eine deutliche Auffächerung der Ionenverteilung.

3.1.3 Channeling

In der LSS-Theorie wird die Ionenreichweite für ein Bremsmedium mit amorpher Struktur betrachtet, während bei der Herstellung von Halbleiterbauelementen einkristallines Silizium Verwendung findet. Eine amorphe Substanz unterscheidet sich von einem Kristall dadurch, daß hier die mittleren Abstände zwischen den Atomen in jeder Richtung gleich sind (*Isotropie*). Kristalle sind hingegen anisotrope Medien, in denen die Atome in Gitterebenen konzentriert sind. Ionen können sich deshalb zwischen Gitterebenen besonders gut bewegen, weil hier die Wahrscheinlichkeit für Kernstöße herabgesetzt ist. Insbesondere entlang der Kristallhauptachsen (<100>-, <110>- und <111>-Richtung, vgl. Band 1 Ab-

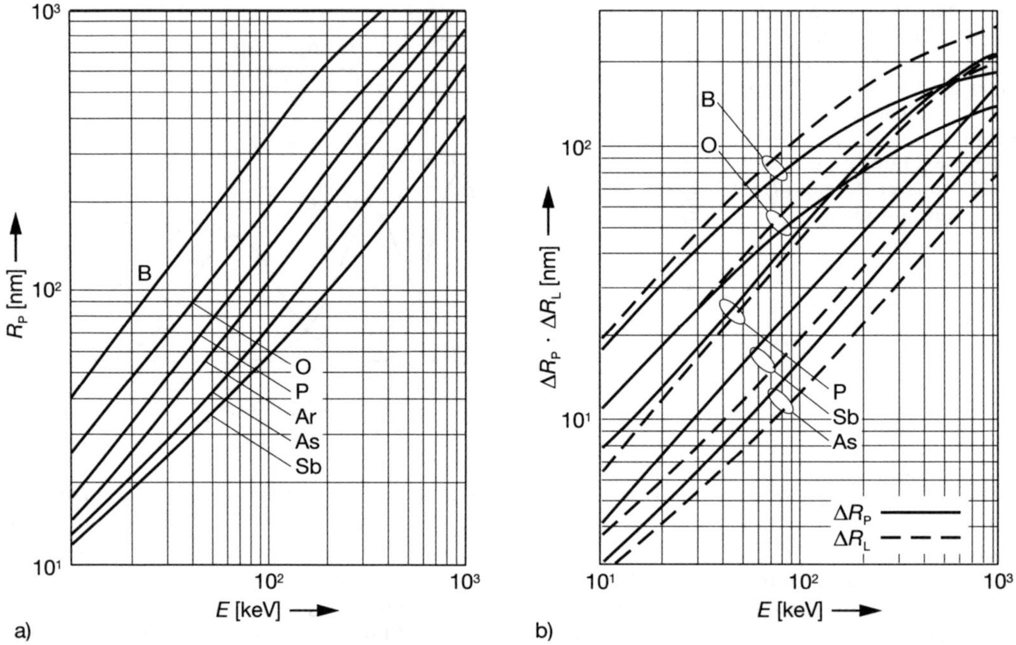

Bild 3.4 Reichweitenparameter R_p, ΔR_p und ΔR_L in Silizium in Abhängigkeit von der Implantationsenergie E in keV für wichtige Dotierstoffe (nach [3.7]).

schnitt 2.2.3) gibt es *Kanäle*, die frei von Gitteratomen sind (Bild 3.5 a).

Da innerhalb der Kanäle kaum Kernstöße mit merklichen Richtungsänderungen auftreten, bleiben die Ionen in Kanälen in diesen bevorzugten Bereichen und werden nur durch inelastische Elektronenstöße abgebremst. Diese scheinbare Führung der Ionen in den Kanälen wird als *Channeling* (*in eine gewisse Richtung lenken*, engl.: *channeling*) bezeichnet. Wegen der fehlenden Kernwechselwirkung dringen die Ionen über Kanäle tiefer in den Kristall ein, als dies nach der LSS-Theorie zu erwarten wäre. Bild 3.6 zeigt, wie sich ein Ionenstrahl beim Auftreffen auf ein Kristallgitter in geführte und scheinbar zufällig (wie im amorphen Medium) gestreute Teilchen aufteilt.

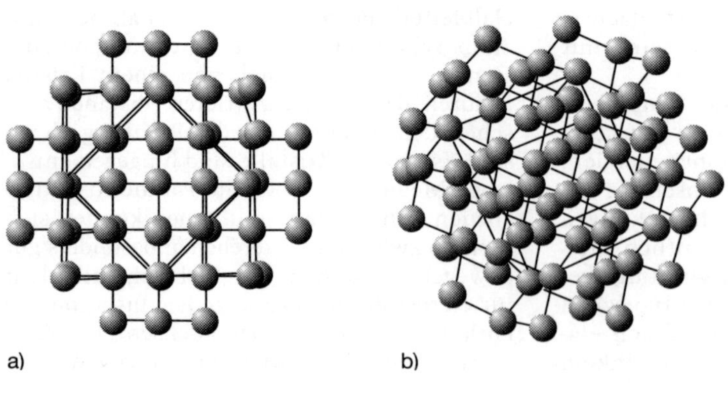

Bild 3.5
Gitterdurchlässigkeit a) entlang einer der Hauptachse in <100>-Richtung und b) entlang einer Richtung, die 7° von der <100>-Richtung abweicht. Durch diese kleine Richtungsänderung erscheint das Gitter quasi amorph (nach [3.8]).

Bild 3.6
Der Channeling-Effekt beim 2dimensionalen Quadratgitter (schematische Darstellung): Strahlrichtung a) längs der <10>-Richtung, b) längs der <11>-Richtung.
Da in beiden Fällen die Ausdehnung des einfallenden Ionenstrahls größer ist als die Kanalbreite b, werden die Ionen aufgeteilt. Ein Teil der Ionen gelangt in Kanäle, ein Teil der Ionen wird pseudo-zufällig gestreut, weil diese Ionen den Gitteratomen hinreichend nahe kommen (Abstand $<r_{krit}$).

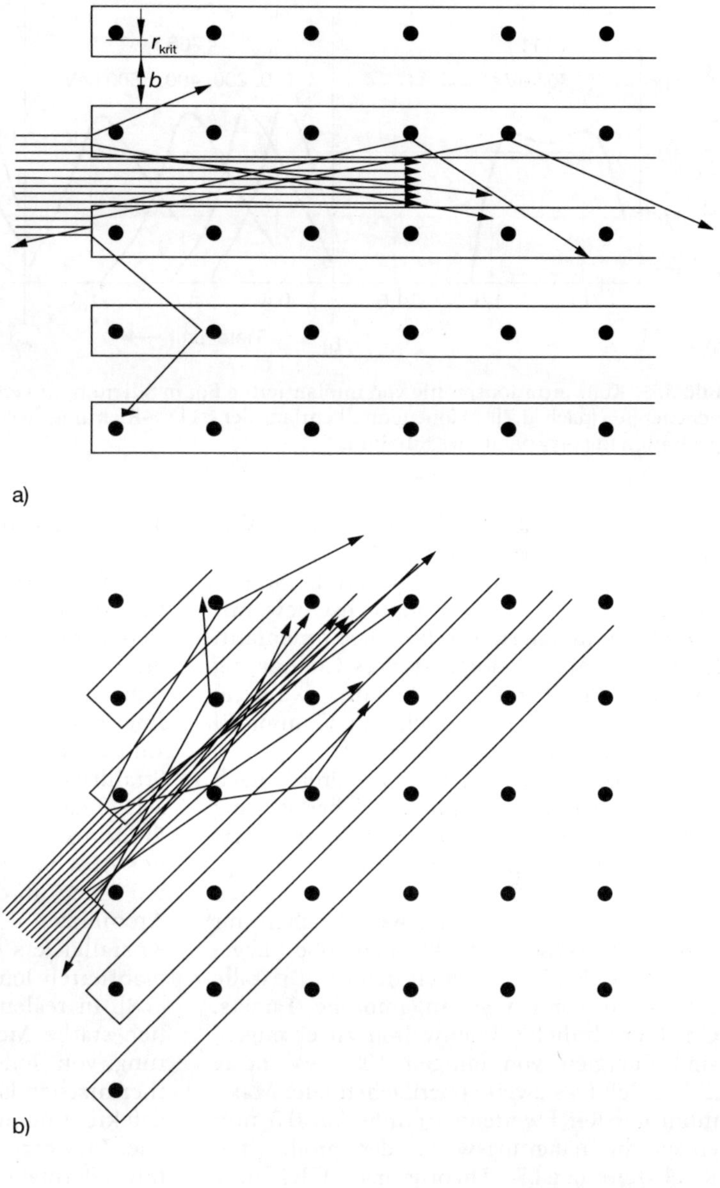

3.1.3.1 Channeling und Ionenstrahlrichtung

Die Anteile von kanalgeführten und pseudozufällig gestreuten Teilchen ist vom Verhältnis der Kanalbreite b zur Reichweite der Streuwechselwirkung zwischen Gitteratomen und Ionen r_{krit} bestimmt. Dieses Verhältnis ändert sich stark mit der Kanalrichtung. Bei der in Bild 3.6 a gezeigten Strahlrichtung gilt: $b \gg r_{krit}$. Folglich werden nur wenige Ionen von der Kanalrichtung weg gestreut. Bei der in Bild 3.6 b gezeigten Strahlrichtung entlang einer höherindizierten Achse, sind hingegen die offenen Kanäle schmaler und der Anteil der in Kanälen geführten Ionen kleiner.

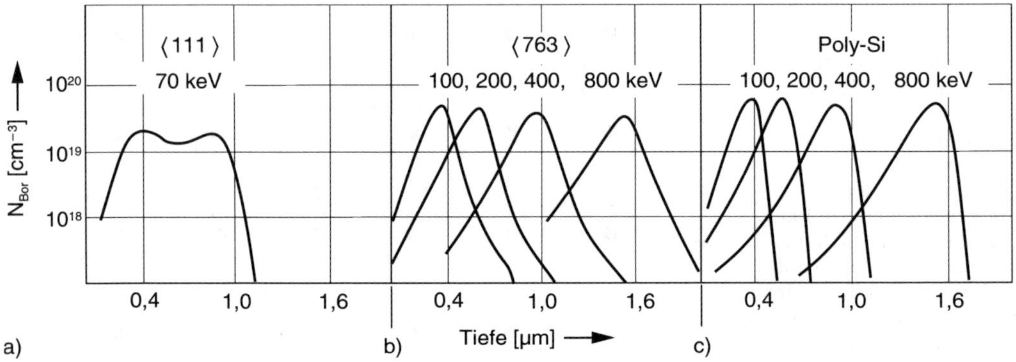

Bild 3.7 Konzentrationsprofile von implantierten Bor in Silizium für verschiedene Strahlrichtungen und Ionenenergien (nach [3.7]): a) Ioneneinfall entlang der <111>-Richtung, b) entlang der <763>-Richtung, c) Implantation in polykristallines Silizium.

Bild 3.7a und Bild 3.7b zeigen zum Vergleich die entsprechenden realen Dotierprofile für Bor in Silizium [3.7], wenn die Strahlrichtung mit der <111>-Hauptachse bzw. mit einer höherindizierten Achse zusammenfällt. Im 1. Fall entsteht durch starkes Channeling ein tiefes Profil mit zwei Maxima, während sich im 2. Fall näherungsweise ein Gaußprofil wie für ein amorphes Target bildet.

Die Höckerstruktur für das Profil nach <111>-Implantation kann als Überlagerung von 2 Reichweitenverteilungen interpretiert werden: Das tieferliegende Maximum bei $R_{max} \approx 1$ µm ist die mittlere Reichweite für in Kanälen geführten Ionen, die im wesentlichen nur durch inelastische Elektronenstöße abgebremst werden, und folglich tiefer in Kristalle eindringen können als in amorphe Targets. Um hier ähnliche Reichweiten zu erzeugen, sind Energien von einigen 100 keV nötig (Bild 3.7c)! Das zweite oberflächennahe Maximum der Reichweitenverteilung bei 0,3 mm entspricht näherungsweise der projizierten Reichweite der LSS-Theorie (nach Gleichung 3.5: $R_P = 0{,}25$ µm bei 70 keV Borionen). Diese Ionen sind also durch ähnliche Stoßfolgen aus Kern- und Elektronenstößen gestoppt worden, wie sie in amorphen Targetmaterialien auftreten.

3.1.3.2 Dechanneling im Realkristall

Wie man an der gezeigten Konzentrationsverteilung für <111>-Inzidenz (Bild 3.7a) sieht, erfolgt die Aufteilung zwischen Ionen, die in Kanälen geführt bzw. aus der Einfallrichtung weg gestreut werden (*Dechanneling*) nahezu gleichberechtigt. Beide Maxima sind etwa gleich hoch und dies, obwohl die Strahlrichtung (längs einer Kristallhauptachse) das Channeling und damit das tiefere Eindringen stark bevorzugen sollte. Nach einer Abschätzung des Anteils der gechannelten Ionen, in den die Oberflächendichte und Atomradien der Siliziumatome eines idealen Kristallgitters eingehen, sollten 95% der implantierten Ionen in Kanälen geführt werden [3.8]. In realen Kristallen wirken offensichtlich starke Mechanismen, die die Kanalführung von Ionen behindern: Dies sind die thermischen Gitterschwingungen, die Gitterdefekte und die nichtideale Kristalloberfläche. Im einzelnen wirken sich diese Effekte folgendermaßen auf den Channelingeffekt aus:

An Grenzflächen wie der Kristalloberfläche entstehen im Festkörper stets Gitterverzerrungen, die die Kanäle entlang der verschiedenen Kristallachsen verengen oder verbiegen. Dies verstärkt die Ionenstreuung in oberflächigen Kristallbereichen und reduziert die Anzahl der in Kanäle eindringenden Ionen.

Die Wärmebewegung der Gitteratome verursacht im gesamten Gitter ebenfalls kurzzeitige Abweichungen von der idealen Gitterstruktur, wodurch Ionen aus den Kanälen gestreut werden können. Dazu kommen noch chemische Verunreinigungen und Gitterdefekte, die ebenfalls die Streuwahrscheinlichkeit für in Kanälen geführte Ionen erhöhen.

Dechannelingeffekte werden auch verstärkt, wenn die Ionen nicht entlang einer Hauptachse, sondern entlang einer höherindizierten Kristallrichtung eintreten. Dann müssen sie sich in Kanälen bewegen, die bereits im Idealkristall deutlich gegenüber Kanälen längs von Hauptachsen verengt (vgl. Bild 3.6 a und 3.6 b) sind. Im Experiment werden entsprechend nur noch rein gaußförmige Reichweitenverteilungen beobachtet (Bild 3.7 b). Bei Implantation entlang höher indizierter Kristallachsen findet offensichtlich keine nennenswerte Führung von Ionen in Kanälen im Gitter statt. Die Anisotropie des Gitters wirkt sich nur geringfügig auf den Abbremsvorgang aus. Das resultierende Dotierprofil kann in guter Näherung (wie in Bild 3.7 gezeigt), durch ein Gaußprofil beschrieben werden. Die mittleren Reichweiten für die verschiedenen Ionenenergien stimmen sehr gut mit den in Tabelle 3.2 aufgelisteten Zahlenwerten überein.

Interessant ist der Vergleich mit Profilen, die in polykristallines Silizium implantiert wurden (Bild 3.7 c). Da hier das Targetmaterial aus Kristalliten (*Körner*) mit statistisch verteilter Orientierung der jeweiligen Kristallebenen besteht, wären ähnliche Profile wie bei amorphen Medien zu erwarten. Das Experiment zeigt aber deutliche Abweichungen von der zugehörigen Gaußverteilung, die sich auf Grenzflächeneffekte an den Korngrenzen zurückführen lassen. In den Grenzbereichen zwischen den Körnern gibt es, bedingt durch die schlechte Passung der aneinanderstoßenden Gitterebenen, nur dünn mit Atomen besetzte Bereiche, die wie Kanäle das Eindringen von Ionen erleichtern.

Zusammenfassend betrachtet, führt Channeling bei geeigneter Einstrahlrichtung zu großen Eindringtiefen bei kleinen Ionenenergien. Dies könnte man bei der Bauelementeherstellung nutzen, wenn die Durchlässigkeit des Gitters entlang der Kanalrichtungen im Prozeß gut zu kontrollieren wäre. Tatsächlich hängt diese Größe von vielen Parametern ab. Es wurde bereits die Oberflächenbeschaffenheit, die Gittertemperatur, die Reinheit des Targetmaterials und die Kristallperfektion genannt. Die Dotierstoffkonzentration um R_{max} wird daher im Fertigungsprozeß stark schwanken, und dies überträgt sich auf die Dotierstoffverteilungen. Da es in der Halbleiterherstellung hauptsächlich auf Reproduzierbarkeit ankommt, wird der Channelingeffekt bei der Ionenstrahldotierung nicht genutzt, sondern verhindert.

3.1.3.3 Unterdrückung des Channelingeffektes

Die erste, technisch einfach zu realisierende Möglichkeit Channeling zu vermeiden, ist die bereits diskutierte Einstrahlung entlang von Achsen mit geringerer Symmetrie. Allerdings ist es in der Praxis einfacher, die Siliziumscheibe einige Winkelgrade aus der Lage für senkrechte Ionenstrahlinzidenz zu kippen, anstatt den Strahl mit erheblichem Aufwand genau parallel zu einer speziellen Kristallrichtung zu orientieren. Bild 3.8 zeigt, wie sich

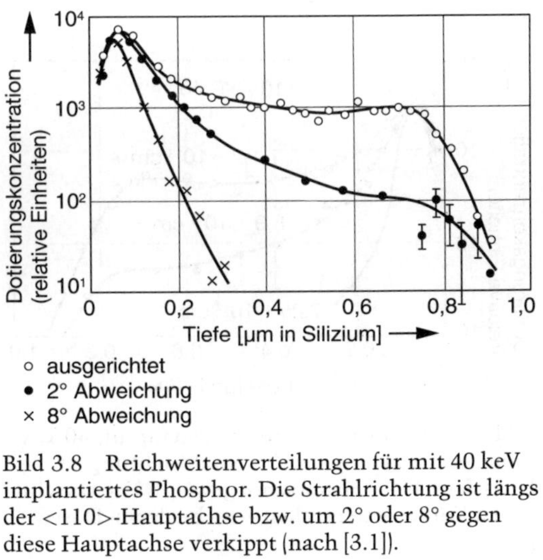

Bild 3.8 Reichweitenverteilungen für mit 40 keV implantiertes Phosphor. Die Strahlrichtung ist längs der <110>-Hauptachse bzw. um 2° oder 8° gegen diese Hauptachse verkippt (nach [3.1]).

die Zahl der in Kanälen geführten Ionen in Abhängigkeit von zunehmender Fehlorientierung der Siliziumscheiben drastisch verringert. Durch eine Dejustage, die je nach Dotierstoff zwischen 5° und 12° liegt, verschwindet das Channeling nahezu vollständig (siehe auch Bild 3.5 b).

Die zweite Möglichkeit, den Channelingeffekt zu unterdrücken, besteht darin, amorphe Oberflächen auf den Siliziumscheiben zu erzeugen, die durch Streuprozesse eine isotrope Vorverteilung der Ionenflugrichtungen bewirken, bevor diese Ionen in das Siliziumgitter eindringen. Durch eine isotrope Verteilung der Einfallrichtungen der Ionen treten im Gitter die gleichen Konstellationen zwischen Ionenflugrichtungen und Atompositionen auf, wie beim Auftreffen eines gebündelten (anisotropen) Ionenstrahls auf ein amorphes Target, und die Ionenreichweiten können mit der LSS-Theorie berechnet werden.

Amorphe Oberflächen bilden sich automatisch, wenn genügend hohe Dosen in Siliziumscheiben implantiert werden, denn die Implantation von energiereiche Ionen ist stets mit Schädigungen des Gitters verbunden (vgl. Abschnitt 3.2). Bild 3.9 zeigt die Dosisabhängigkeit der resultierenden Dotierprofile am Beispiel von Phosphorimplantaten. Sind geringere Dosen zu implantieren, die nicht zur Amorphisierung führen, kann die Kristallstruktur an der Siliziumoberfläche vor dem eigentlichen Implantationsschritt, durch Beschuß mit elektrisch nicht aktiven Ionen (z. B. Sauerstoff oder Stickstoff) zerstört werden. Eine schonendere Methode zur Erzeugung amorpher Oberflächen ist die thermische Oxidation der Siliziumscheiben (Streuoxid).

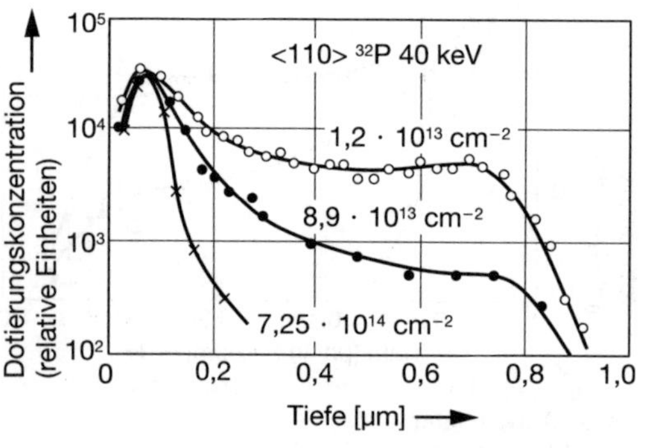

Bild 3.9 Reichweitenverteilungen für mit 40 keV implantiertes Phosphor. Die Strahlrichtung ist längs der <110>-Hauptachse gewählt. Die verschiedenen Kurven entsprechen verschiedenen Dosen [3.6].

Das Oxidationsverfahren ist auch für geringe Dosen und kleinere Energien geeignet, allerdings nicht für schwere Dotierionen, wie Antimon, die bereits von dünnsten Oxiden weitgehend abgefangen werden (vgl. Abschnitt 3.4). Streuoxid schützt die Siliziumscheiben vor Verunreinigungen durch Handlingsysteme in der Implantationsanlage und metallischen Sekundärionen, die vom Ionenstrahl in der Targetkammer ausgelöst werden (*Dirt Barrier*). Bild 3.10 veranschaulicht die Streuwirkung von Siliziumoxidschichten verschiedener Dicke, wiederum anhand der Phosphorimplantation bei senkrechter Strahlinzidenz.

Aufgrund der Streuwirkung von thermischen Gitterbewegungen kann Channeling auch durch Aufheizen der Siliziumtargets unterdrückt werden. Dies geschieht während der Implantation teilweise von selbst, da die absorbierte kinetische Energie der einfallenden Ionen durch Wärmestrahlung abtransportiert wird. Die Erwärmung der Siliziumscheiben beim Implantieren hat aber auch mehrere negative Auswirkungen und wird deswegen nicht zum Dechanneling benutzt. Während des Implantierens sorgen Kühlsysteme für eine konstante niedrige Targettemperatur, sonst kommt es z. B. durch Aufheizung zur Ausdiffusion bereits erzeugter Dotierprofile. Außerdem entstehen bei höheren Targettemperaturen während der Implantation schwierig auszuheilende Strahlenschäden.

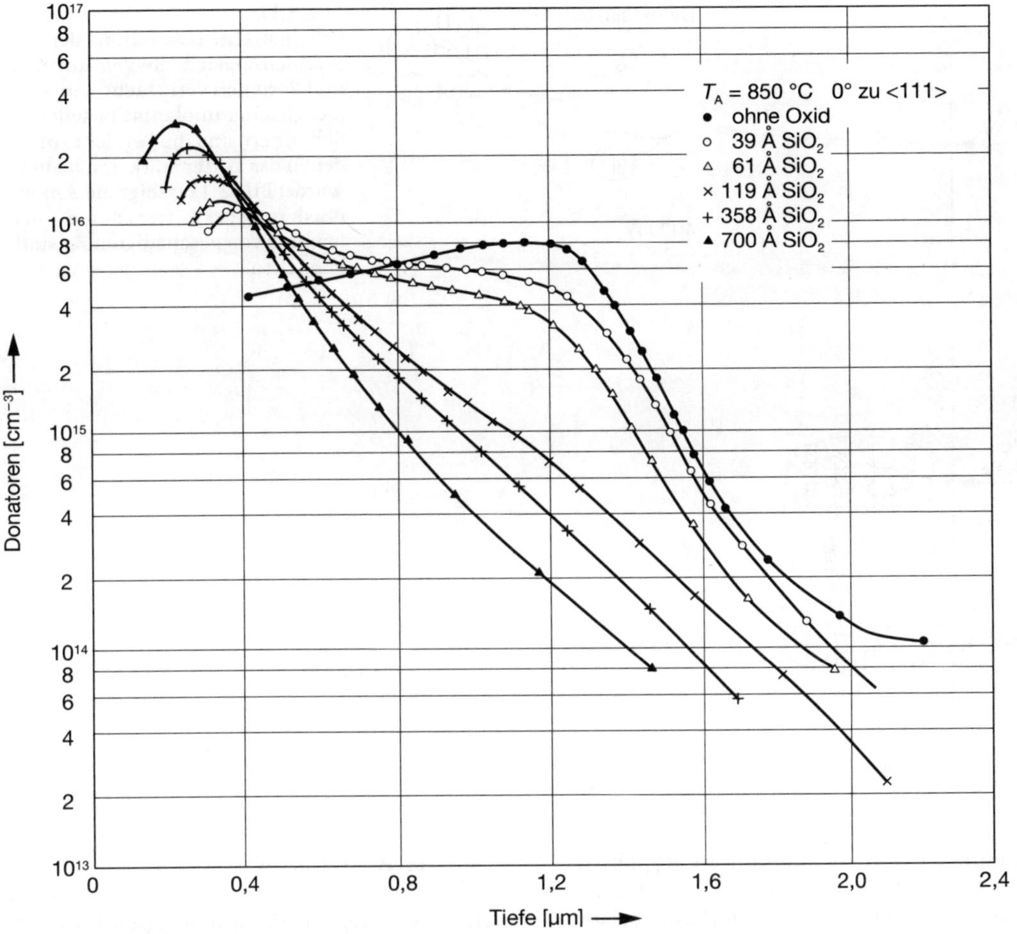

Bild 3.10 Reduktion des Channeling-Effektes bei der Phosporimplantation einer Dosis von $1 \cdot 10^{12}$ Ionen/cm^2 mit 300 keV durch unterschiedlich dicke Schichten von Siliziumoxid auf den zu dotierenden Siliziumscheiben. Gezeigt ist die Dotierstoffkonzentration im Silizium in Abhängigkeit von der Schichttiefe für verschiedene Oxiddicken [3.6].

3.2 Strahlenschäden

Bisher wurden Rückwirkungen des Ionenbeschusses auf das Kristallgitter vernachlässigt. Wie aber bereits erwähnt, verursacht jede Ionenstrahldotierung Gitterschädigungen, die sog. *Strahlenschäden*. Darunter versteht man allgemein die Bildung von Defekten im atomaren Gefüge des Kristalls durch auftreffende, hochenergetische Strahlung.

Bei der Ionenimplantation werden diese Schäden von elastischen Kernstößen zwischen Ionen und Gitteratomen verursacht, bei denen der Energieübertrag ausreicht, um Gitteratome von ihrem Gitterplatz zu stoßen. So entstehen Zwischengitterteilchen, oder, bei noch größerem Energieübertrag, auch sekundäre Siliziumstreuteilchen. Diese Teilchen führen selbst wiederum Kollisionen mit dem Gitter aus, bevor sie auf Gitterpositionen oder im Zwischengitter zur Ruhe kommen. Solche Kaskaden von Streu- und Sekundärprozessen können sich bei parallel einfallenden Ionen überschneiden. Das Git-

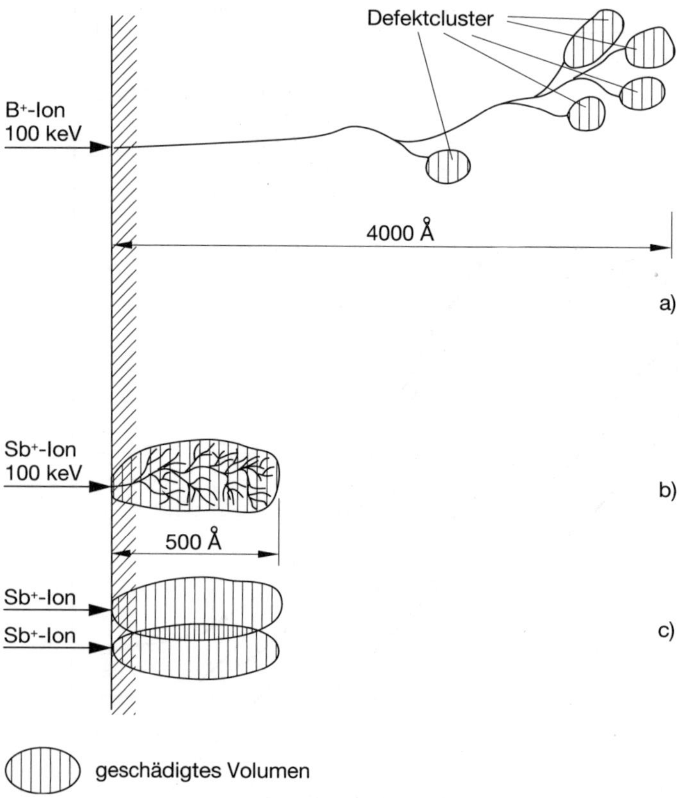

Bild 3.11
Schematische Darstellung der Strahlenschäden, die von Antimon- und Borionen verursacht wurden (bei gleicher Implantationsenergie). Schraffiert sind die Bereiche, in denen das Gitter stark geschädigt wurde. Bild 3.11 c zeigt die Amorphisierung des Gitters durch Überlappung von geschädigten Kristallbereichen.

ter kann daher in der gesamten implantierten Zone geschädigt werden. Dosis, Energie, die Art der Ionen und der Verlauf der ionischen Bremsquerschnitte bestimmen Art und Ausmaß des zu erwartenden Strahlenschadens.

3.2.1 Strahlenschäden bei leichten und schweren Dotierionen

Die Bremsquerschnitte in Bild 3.1 und Tabelle 3.1 zeigen, daß leichte Ionen wie Bor weitgehend durch inelastische Elektronenstöße abgebremst werden. Kernstreuung ist zunächst selten und wird erst bei Erreichen des Bahnendes häufiger. Der Kristallschaden besteht dementsprechend aus weit auseinanderliegenden vereinzelten Punktdefekten, deren Dichte sich mit abnehmender Energie erhöht (Bild 3.11 a).

Bei der Abbremsung von schweren Dotanten (Sb, As) sind die Verhältnisse genau umgekehrt. Bei allen für die Ionenimplantation relevanten Energien ($\leq$ 300 keV) werden die Ionen im wesentlichen durch Kernstöße gestoppt. Bei solchen Stößen verlieren schwere Ionen relativ viel Energie. Die R_p-Werte für schwere Ionen sind daher klein. Folglich liegen die Punktdefekte dichter (Bild 3.11 b). Dieser Komprimierungseffekt wird durch die geringere laterale Streuung bei schweren Ionen noch verstärkt (vgl. Abschnitt 3.1.2). Ist die Dosis des implantierten Stoffes hoch genug, überlappen die geschädigten Bereiche (Bild 3.11 c). Dadurch bilden sich während der Implantation amorphe Schichten an Halbleiteroberflächen, die bereits im vorherigen Abschnitt im Zusammenhang mit Dechannelingmechanismen erwähnt wurden.

3.2.1.1 Struktur von typischen Strahlenschäden

Um die zu erwartenden Strahlenschäden für leichte und schwere Ionen quantitativ abzuschätzen, genügt folgende einfache Betrachtung, die von Brodie und Muray [3.5] am Beispiel von auf 100 keV beschleunigten Antimon- bzw. Borionen durchgeführt wurde. Die Bindungsenergie eines Siliziumatomes im Gitter wurde dabei mit $E_b \cong 15$ eV angesetzt. Folglich muß der Energieübertrag E_{trans} von einem Ion auf ein Gitteratom mindestens E_b betragen, um als Strahlenschaden eine Gitterleerstelle und ein Zwischengitteratom zu generieren.

Schwere Antimonionen mit 100 keV kinetischer Energie werden nach Tabelle 3.2 im Mittel bei $R_p = 450$ Å abgebremst. Wegen der geringen Streuung der schweren Sb-Ionen (Massenverhältnis von $m_{Si}/m_{Sb} \approx {}^1/_4$) stimmt die projizierte Reichweite gut mit der Gesamtreichweite überein (vgl. Gleichung 3.4 c). Die Energieabgabe pro Länge (in Å), also der Gesamtbremsquerschnitt S, beträgt daher 100 keV/450 Å = 220 eV/Å. Da 2 Gitterebenen im Siliziumkristall ≈ 2,5 Å auseinanderliegen, durchdringt ein Sb-Ion folglich ≈ 200 Gitterebenen und gibt dort jeweils 500 eV an einzelne Gitteratome ab, die damit ein vielfaches von E_b als kinetische Energie übertragen bekommen.

Die aus den Gitterebenen gelösten Si-Atome erzeugen aufgrund ihrer hohen Energie durch Sekundärstöße weitere Leerstellen und Zwischengitteratome. Bei 500 eV erzeugt jedes Si-Atom ≈ 500 eV/2 $\cdot E_b \approx 15$ weitere Leerstellen. Die Reichweite der sekundären Streuteilchen beträgt dabei ca. 25 Å.

Durch die Streuvorgänge wird ein zylindrischer Kristallbereich geschädigt, dessen Volumen V_D mit $\pi \cdot (25\ \text{Å})^2 \cdot 500$ Å abgeschätzt werden und enthält $15 \cdot 200 = 3000$ Gitterdefekte. Das sind ≈ 10^{22} Defekte/cm^3 oder bei $5 \cdot 10^{22}$ Siliziumatomen/cm^3 20 % der Gitterplätze. Das Gitter ist damit stark geschädigt. Das Innere der geschädigten Zone zeigt eine Verarmung an Siliziumatomen. Der Randbereich ist durch die hier gestoppten Sekundärstreuteilchen verdichtet.

Bei 100 keV Borionen ist R_P fast 10mal größer als bei Antimon und beträgt ≈ 4000 Å. Bei Bor liegt die charakteristische Energie E_2 bei 17 keV. Bei Eintritt eines Borions ist der Kernbeitrag zum Bremsquerschnitt deshalb fast 0, der elektronische Anteil, S_e, hingegen liegt bei ≈ 20 eV/Å. Dies führt zu nahezu defektfreien Oberflächenschichten. Erst auf der zweiten Hälfte der Gesamtbremsstrecke kommt es zu Kernstößen. Die durch Streuung ausgelösten Gitteratome erhalten aber einen deutlich geringeren Energieübertrag als bei der Antimonimplantation. Die Zahl der so erzeugten Fehlstellen beträgt ca. 500. Diese relativ wenigen Defekte verteilen sich auf eine Strecke, die der halben Gesamtreichweite R entspricht. Im geschädigten Kristallbereich entsteht deshalb ein dünnmaschiges Netz von Fehlstellen entlang der durch Streuung unregelmäßigen Borbahn. Die zunächst vereinzelt erzeugten Zwischengitterteilchen sind bei Raumtemperatur gut beweglich und bilden Defektcluster, die bei hohen Dosen zu komplexen metastabilen Strukturen werden (vgl. Abschnitt 3.3.3). Das geschädigte Volumen/Ion wird durch die Clusterbildung reduziert, und die Defektdichte liegt im geschädigten Kristallbereich unter 1 %.

3.2.1.2 Amorphisierung

Bei hinreichender Verdichtung der Ionenstrahlen wird eine kritische Dosis D_k erreicht, und die gesamte implantierte Schicht wird amorph. Weil das geschädigte Volumen pro Ion stark von der atomaren Masse des Dotierstoffs abhängt, variiert D_k zwischen leichten und schweren Dotierelementen bei gleicher Energie um ein bis zwei Größenordnungen. Die Energie, um die Gitterstruktur in der gesamten implantierten Schicht bis zur mittleren Eindringtiefe R_P zu zerstören, muß ausreichen, um jedes Siliziumatom in dieser Schicht aus der Gitterbindung zu lösen. Da sich $5 \cdot 10^{22}$ Siliziumatome in 1 cm^3 des Kristallgitters befinden, sind dazu $E_b \cdot 5 \cdot 10^{22} \cong 10^{21}$ keV nötig. Aus diesem Energieaufwand kann die kritische Dosis berechnet werden. Es gilt:

$$D_k \cdot R_P(\text{in cm}) \cdot E_0(\text{in keV}) = 10^{21}\ \text{keV},$$

oder

$$D_k = \frac{10^{21}\ \text{keV/cm}^3}{E_0} \cdot R_P \qquad \text{(Gl. 3.7)}$$

Nach dieser Abschätzung liegt die Dosis für Antimon- und Borionen bei $5 \cdot 10^{13}$ bzw. $3 \cdot 10^{14}/\text{cm}^2$. Die tatsächlichen Dosen liegen aber bei leichten Elementen etwas höher, da hier die Störstellenverteilung nicht gleichförmig entlang des Ionenweges im Gitter liegt, sondern, wie bereits erwähnt, am Bahnende konzentriert ist. In Referenz [3.4] wird für schwere Dotierionen (P, As, Sb) Amorphisierungsdosen von ca. $10^{14}/\text{cm}^2$ und für das leichte Bor den D_k-Wert $10^{16}/\text{cm}^2$ angegeben.

3.3 Rekristallisierung und Aktivierung

Die beschriebenen Schäden im Siliziumgitter nach einer Ionenimplantation verschlechtern das elektrische Verhalten der Siliziumscheiben. Gitterdefekte führen z. B., wie Band 1 Kapitel 2 belegt, zu verstärkten Streuprozessen beim Ladungstransport und wirken als Rekombinationszentren. Beide Effekte können die Funktion von Halbleiterbauelementen stören. Strahlenschäden müssen also nach der Implantation beseitigt werden. Außerdem gelangen die meisten der implantierten Ionen in der Regel nicht auf Gitterplätze, sondern kommen im Zwischengitter zur Ruhe. Hier sind die Dotieratome aber lediglich Fehlstellen, die erst *aktiviert*, also auf Gitterplätze gebracht werden müssen, um elektrisch als Donator oder Akzeptor wirksam zu werden. Dies erfordert ebenfalls eine Nachbehandlung der Siliziumscheiben.

Die Restaurierung der Kristallstruktur und der Einbau der Fremdatome lassen sich zu einem einzigen Prozeßschritt zusammenfassen, bei dem die implantierten Siliziumscheiben bei erhöhter Temperatur im Diffusionsofen ausgeheizt werden. Beim Ausheizen werden im Gitter vorhandene Zwischengitteratome mobilisiert (Siliziumatome, Dotierstoffatome) und können auf vorhandene Gitterleerstellen wandern. Strahlenschäden heilen auf diese Weise aus, und die Dotierstoffatome aus Zwischengitterbereichen werden *aktiviert.*

3.3.1 Ofenausheizen und Rapid Thermal Annealing

Beim sog. isochronalen Ofenausheizen werden die Siliziumscheiben eine feste Zeit (10...30 min) auf einer bestimmten Temperatur (400...900 °C) gehalten. Die optimalen Ausheizbedingungen werden im Rahmen der Prozeßentwicklung ermittelt. Hierzu sind Messungen der Leitfähigkeit (vgl. Kapitel 2) besonders geeignet, da in diesem elektrischen Parameter sowohl die Konzentration der Substitutionsstörstellen als Kenngröße für den erzielten Aktivierungsgrad als auch die Ladungsträgerbeweglichkeit als Kenngröße für die Gitterperfektion eingehen. Um gezielt die Ausheilung des Gitters zu überwachen, werden außerdem zur Strukturanalyse kernphysikalische Verfahren, Röntgenstreuung und Elektronenmikroskopie eingesetzt.

Durch das Ausheizen kommt es aber zwangsläufig, wie bei jedem Temperaturschritt, zu einer Eindiffusion des Dotierstoffs (vgl. Kapitel 2) und folglich zu einer evtl. unerwünschten Profilaufweitung. Ein wichtiges Ziel der Prozeßtechnik bei der Halbleiterfertigung ist es, solche *thermischen Belastungen* der Siliziumscheiben so gering wie möglich zu halten. Deshalb wird zur Zeit an der Entwicklung von sog. Rapid-Thermal-Annealing-Verfahren (RTA) gearbeitet, mit denen in Sekunden Zwischengitterteilchen beseitigt werden können.

Die thermische Energie wird bei den RTA-Methoden von leistungsstarken Lampen (mehrere kW) erzeugt, mit denen man jeweils eine Siliziumscheibe erhitzt. In einer solchen Anlage [3.9] dauert das Ausheilen und Aktivieren auch bei beträchtlichen Dosen (10^{16} Arsenionen mit 40 keV/cm^2) nur 3 s bei 600 °C. Der Schichtwiderstand R_s (76 Ω/□) nach der RTA-Behandlung entspricht ungefähr dem Ausheileffekt einer Hochtemperaturlagerung bei 1000 °C über ca. 1 Stunde [3.7]. Während der kurzen Prozeßzeiten kommt es bei RTAerfahren kaum zur Eindiffusion der Dotieratome, denn wie in Abschnitt 2.4 gezeigt wurde, hängt die Diffusionslänge vom Produkt aus Diffusionskonstante *und* der Dauer der Temperaturerhöhung ab.

Die attraktive RTA-Methode hat sich bisher noch nicht vollständig durchsetzen können, da die Temperaturkontrolle bei kurzzeitiger Erhitzung wesentlich genauer erfolgen muß, als bei langen Temperaturzyklen, bei denen sich Schwankungen mitteln. Dies erfordert optimierte Lampenanordnungen und komplizierte Regelverfahren für den thermischen Energieübertrag an die Siliziumscheiben. Die Ofentemperung nach der Ionenimplantation ist deshalb auch heute noch das Standardverfahren und wird daher im folgenden genauer diskutiert.

3.3.2 Dosisabhängigkeit der Ausheizparameter

Der Aufwand für Ausheilungs- und Aktivierungsprozesse hängt von der implantierten Dosis, vom verwendeten Dotierstoff und von der Ionenenergie ab. Bei geringen Dosen genügen meist geringfügige, kurzzeitige Temperaturerhöhungen, weil nur wenige Atome aus dem Zwischengitter auf Gitterleerstellen gebracht werden müssen.

Nach einer Amorphisierung der Halbleiteroberfläche sind trotz extremer Schädigung des Gitters erstaunlicherweise keine extrem langen Ausheil- und Aktivierungsschritte nötig. Die ungeordneten Atome in der amorphen Schicht finden bei Temperaturen von ca. 600 °C leicht in die Gitterpositionen zurück. Der unzerstörte Kristall in tieferen Schichten wirkt dabei als Kristallisationskeim. Die natürliche Bevorzugung der vorgegebenen Gitterstruktur vereinfacht die Restaurierung des zerstörten Gitters wesentlich. Die Dotieratome werden in das bei der Rekristallisation entstehende Gefüge mit eingebaut.

Die Ausheilvorgänge nach einer Amorphisierung zeigen allerdings eine deutliche Abhängigkeit von der Kristallorientierung: {100}- und {110}-Siliziumscheiben heilen schnell und nahezu vollständig aus. Bei {111}-Kristallen dauert die Umwandlung der amorphen Oberflächenschicht in einkristallines Silizium bei gleicher Ausheiltemperatur 5- bis 25mal länger [3.10]. Die Grenzfläche zwischen der neukristallierten Schicht und den ungeschädigten Bereichen der Siliziumscheiben bleibt bei {111}-Kristallen unregelmäßig. Dies verursacht Stapelfehler, also Restdefekte in der dotierten Schicht.

Besonders problematisch ist die Ausheilung und Temperung bei mittleren implantierten Dosen, die noch unterhalb der Amorphisierungsdosis liegen. Hier sind wesentlich größere Mengen an thermischer Energie nötig (Tempern bei über 1000 °C für mehrere Stunden!). Diese Stabilität der Strahlenschäden wird von komplexen Störstellenclustern verursacht, die sich durch Zusammenlagerung von Fehlstellen, Zwischengitteratomen und Dotieratomen bilden. Fehlstellencluster, amorphe und kristalline Bereiche bilden in der implantierten Zone eine Struktur, die thermodynamisch ähnlich stabil ist, wie der Kristallzustand. Ein solcher *metastabiler* Zustand läßt sich nur

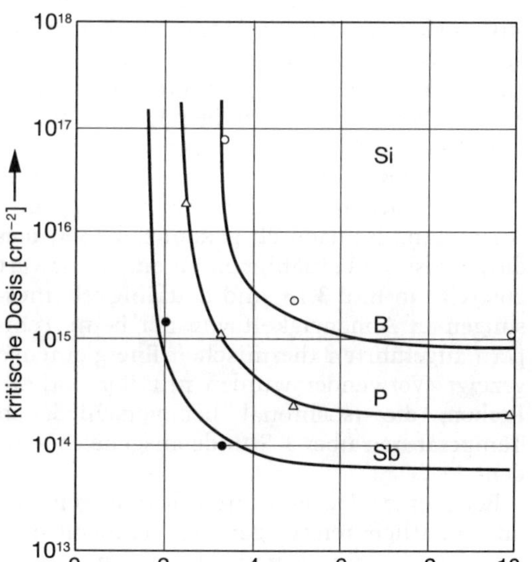

Bild 3.12 Amorphisierungsdosis von Silizium als Funktion der reziproken Kristalltemperatur T (in Kelvin) für verschiedene Dotierstoffe nach [3.1].

schwer beseitigen, denn beim Ausheilen sind komplizierte Umordnungsprozesse notwendig. Die komplexen atomaren Vorgänge bei der Clusterauflösung behindern außerdem den Einbau von Dotieratomen auf Gitterplätze.

Metastabile Defektcluster bilden sich im übrigen auch, wenn hohe Dosen in Siliziumscheiben implantiert werden, die nicht auf Raumtemperatur gekühlt werden. Bei erhöhter Kristalltemperatur steigt die Amorphisierungsdosis, weil Strahlenschäden während der Implantation immer wieder ausheilen können (Bild 3.12). Dabei entstehen aber gleichzeitig auch viele problematische Defektcluster. Dieser Effekt ist auch der Grund dafür, daß die Scheibenaufheizung bei der Implantation nicht zur Unterdrückung des Channelingeffektes genutzt werden kann (vgl. Abschnitt 3.1.3.3).

3.3.3 Meßergebnisse an implantierten Schichten

Die beschriebenen dosisabhängigen Ausheil- und Aktivierungsprozesse können experimentell mit Messungen der Oberflächenleitfähigkeit in den implantierten Zonen der Siliziumscheiben überwacht werden. Im Laufe der Temperung nimmt die Leitfähigkeit entsprechend der ansteigenden Ladungsträgerbeweglichkeit und der wachsenden Zahl von Donatoren und Akzeptoren zu. Der Zustand mit maximaler Aktivierung und Ausheilung ist dadurch gekennzeichnet, daß die gemessene Leitfähigkeit einem Grenzwert zustrebt. In Bild 3.13 sind Leitfähigkeitsmessungen in Abhängigkeit von der beim Tempern zugeführten thermischen Energiemenge gezeigt. Verwendet wurden mit Bor dotierte Proben, die isochronal bei verschiedenen Temperaturen über 1 Stunde ausgeheizt wurden.

Bei kleinen Dosen (untere Kurve) genügen offensichtlich relativ geringe Temperaturen, um die Ausheilung und Aktivierung zu bewirken. Bei den mittleren, problematischen Dosen, zeigt die Leitfähigkeitskurve hingegen einen komplizierteren Verlauf. Die Abnahme der Leitfähigkeit bei mittleren Temperaturen ist dabei besonders auffällig. Dieses Verhalten ist für Bor typisch und tritt in einem weiten Bereich von Ionenenergien und Dosen auf.

Messungen des prozentualen Anteils der Boratome auf Gitterplätzen (Bild 3.14) mit

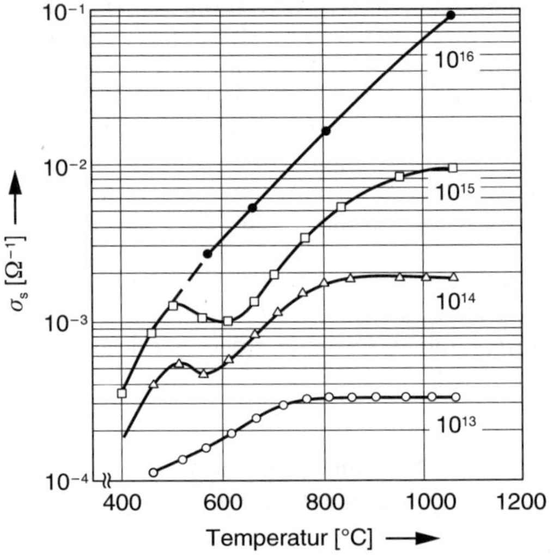

Bild 3.13 Oberflächenleitfähigkeit σ_s in $1/\Omega$ für verschiedene Bordosen, aufgetragen gegen die Temperatur, beim isochronalen Ausheizen über 1 h unter Stickstoffatmosphäre (nach [3.7]).

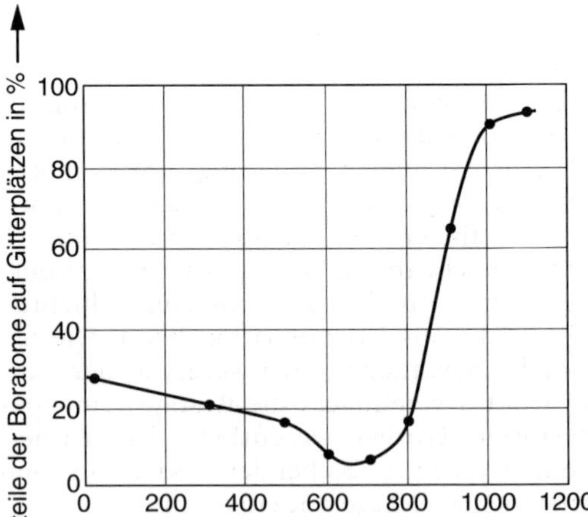

Bild 3.14 Anteil der Borionen auf Gitterpositionen in Abhängigkeit von der Ausheiztemperatur in °C nach [3.1].

kernphysikalischen Methoden [3.1] zeigen, daß gerade im mittleren Temperaturbereich die Anzahl der Boratome auf Gitterplätzen abnimmt. Gibbons [3.8] erklärt dies über einen sog. *Watkins-Mechanismus*. Bei diesem Mechanismus stoßen die gut beweglichen Siliziumatome aus dem Zwischengitter die relativ schwach gebundenen, aktivierten Boratome wieder von den Gitterplätzen. Dieser Mechanismus überlagert den thermischen Aktivierungsprozeß und ist bei mittleren Temperaturen bestimmend.

Die Siliziumatome im Zwischengitter für den Watkins-Mechanismus werden beim thermischen Abbau der Defektcluster erzeugt. Erst bei hohen Temperaturen (800 °C) sind die metastabilen Cluster vollständig aufgelöst, und die Bildung von Zwischengittersilizium kommt zum Erliegen. Danach steigt der Prozentsatz von substitutionellem Bor im Gitter wieder stark an. Dies spiegelt sich in der Oberflächenleitfähigkeit wider, die ebenfalls wieder zunimmt und bei etwa 1000 °C zu sättigen beginnt.

Interessant ist auch der Leitfähigkeitsverlauf bei sehr hohen Dosen. Hier führt jede Temperaturerhöhung beim Ausheizen zu einer starken Zunahme der Leitfähigkeit. Die Sättigung setzt erst bei sehr hohen Temperaturen ein. Die Ursache für dieses Verhalten sind Überschreitungen der Festkörperlöslichkeit für den verwendeten Dotierstoff im implantierten Bereich. Nach der Rekristallisation müssen zunächst Dotieratome in tiefere Kristallschichten diffundieren, damit Leerstellen entstehen, auf die weitere Dotieratome von Zwischengitterplätzen aus wechseln können. Durch die Diffusion wächst die Dicke der dotierten Schicht. Da die Leitfähigkeit einer dotierten Zone durch die Beiträge aller Kristallschichten über die gesamte Tiefe der Schicht bestimmt ist (Gleichung 2.25), erhöht sich die Leitfähigkeit. Da die Diffusionsgeschwindigkeit der Boratome das Dickenwachstum der dotierten Schicht bestimmt und diese Größe mit der Temperatur zunimmt, wächst die Leitfähigkeit mit der Ausheiztemperatur stark an.

Das Ausheizen kann unter inerter oder auch oxidierender Atmosphäre vorgenommen werden. In den diskutierten Messungen wurde z. B. unter Stickstoffatmosphäre gearbeitet. Durch Sauerstoffzugabe kann die Temperung mit einem u. U. sowieso notwendigen Oxidationsschritt verknüpft werden. Dies verkürzt die Scheibendurchlaufzeit. Allerdings kommt es durch die Oxidation zu den in Kapitel 2 beschriebenen Segregationseffekten. Außerdem können sich sekundäre Kristalldefekte (insbesondere Stapelfehler) ausbilden, wenn imperfekte, noch nicht völlig ausgeheilte Kristalloberflächen oxidiert werden.

3.4 Maskierung zur selektiven Ionenstrahldotierung

Bei der Bauelementdefinition auf einer Siliziumscheibe müssen die dotierten Zonen in bestimmten Oberflächenbereichen selektiv erzeugt werden. Zum Abdecken der Bereiche, die nicht dotiert werden sollen, eignen sich die üblichen dielektrischen Materialien, die auch bei der Diffusionstechnik eingesetzt werden können: Siliziumoxid und -nitrid. Die Ionenabbremsung in Festkörpern ist aber im Gegensatz zur Diffusion kein thermodynamischer, sondern im wesentlichen ein mechanischer Prozeß. Deshalb kann die Maskierung von jeder Art Schicht bewirkt werden, die eine entsprechende Barriere darstellt. Man ist nicht auf Oxide und Nitride beschränkt. Da keine hohen Temperaturen auftreten, kann insbesondere auch der belichtete und entwickelte Fotolack direkt als Schutzschicht gegen implantierte Ionen verwendet werden.

Bei einer solchen Lackmaske sind keine separaten Temperaturschritte zur Erzeugung der Schutzschicht nötig, wie etwa bei der Abscheidung von Oxiden und Nitriden oder bei der selektiven thermischen Oxidation der Siliziumoberfläche (vgl. Kapitel 4 und 6). Dies verkürzt die Scheibendurchlaufzeit und minimiert die thermische Belastung der Siliziumscheiben.

Die Maskierungswirkung einer Schicht hängt stark von der Masse des Dotierelementes und der Ionenenergie ab. Insbesondere bei schweren Ionen, wie Antimon oder Arsen, genügen z. B. dünnste Oxide, um die Implantation zu verhindern. Deshalb sind in solchen Fällen gründliche Reinigungen der nichtmaskierten Bereiche auf der Siliziumscheibe vor der Implantation notwendig. Leichtere Ionen haben hingegen deutlich größeres Durchdringungsvermögen. Zur Maskierung sind entsprechend dickere Schichten notwendig. Dünne Oxide hingegen, wie etwa Streuoxid, werden von leichten Ionen problemlos durchdrungen.

Beim Berechnen der benötigten Maskendikken zur Abschirmung einer gegebenen Ionenstrahlung ist zu beachten, daß die Reichweite von Ionen in festen Substanzen eine statistische Größe ist. Es wird daher immer einen bestimmten Anteil von Ionen geben, die durch die Abschirmschicht in abgedecktes Silizium gelangen und hier unerwünschte Verunreinigungen darstellen. Die erforderliche Schichtdicke zur Maskierung hängt also wesentlich davon ab, wie viele Ionen in der zu schützenden Schicht toleriert werden können. Andererseits ermöglicht die Durchdringung von Oberflächenschichten durch Ionen auch interessante Prozeßvarianten, bei denen durch bereits auf den Siliziumscheiben vorhandene Schichtfolgen hindurch implantiert wird. Ein Beispiel ist die Kanalimplantation bei der MOS-Technik, bei der zur Einstellung der Transistoreinsatzspannung eine Dotierung durch die bereits abgeschiedenen Polysiliziumgates und das Gate-Oxid hindurch erfolgt.

Um die Maskierungswirkung unterschiedlicher Schichtdicken zu untersuchen, wird im folgenden die Maskendicke für eine Oxidmaskierung in Abhängigkeit von der Ionenenergie E_0 berechnet. Die Schicht soll den Ionenstrahl um den Faktor 10^{-5} abschwächen, also nur 1 Ion von 100 000 durchlassen. Oxid hat näherungsweise die gleiche Dichte wie Silizium und folglich genügen die Reichweiten der implantierten Ionen der gleichen Gaußkurve wie im Halbleiter. Bei einem Gaußprofil beträgt die Konzentration bei $x = (R_P + 3 \cdot \Delta R_P)$ nur noch 1 % des Maximalwertes (*3-σ-Wert*): $N(x_{3\sigma}) = N_{max}/100$. Um den Faktor 10^{-5} zu erreichen, muß x um zwei Standardabweichungen weiter erhöht werden: $R_P + 4{,}8 \cdot \Delta R_P$. Bild 3.15 zeigt die so bestimmten Oxiddicken

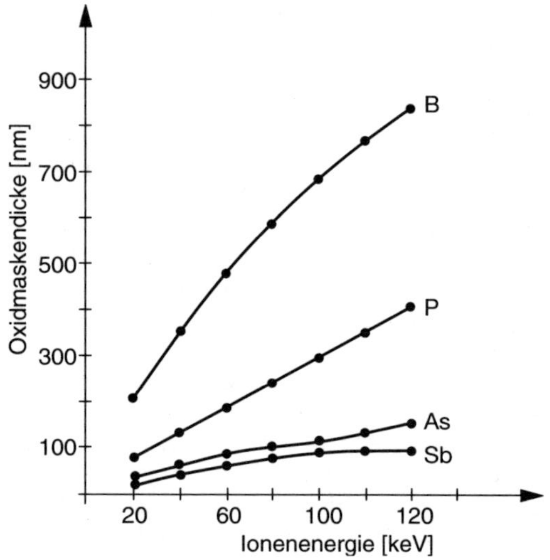

Bild 3.15 Maskierungswirkung von Oxidschichten: Gezeigt sind Oxiddicken mit Durchlässigkeit von 10^{-5} für Arsen, Phosphor, Bor und Antimon als Funktion der Implantationsenergie (nach [3.7]).

für verschiedene Dotierstoffe in Abhängigkeit von der Ionenenergie.

Genauere Rechnungen [3.7] liefern nur geringfügige Korrekturen zu den gezeigten Resultaten. Die einfache Methode zur Maskendickenberechnung ist völlig ausreichend, denn die weitaus größten Fehler der Methode, verglichen mit Experimenten, entstehen aufgrund der Gleichsetzung der Reichweiten in Oxid und reinem Silizium: Bei Phosphor und Arsen werden z. B. in SiO_2 ca. 20 % geringere Reichweiten als in Silizium beobachtet [3.1].

3.5 Implantationsanlagen

Die Ionenstrahldotierung von Siliziumscheiben erfolgt in Implantationsanlagen. Die folgenden Abschnitte behandeln Baugruppen und Funktionsprinzipien einer solchen Anlage. Bild 3.16 zeigt den schematischen Aufbau. Da der geradlinige, ungestörte Flug der Ionen in den verschiedenen Baugruppen durch Luftmoleküle behindert würde, sind Implantationsanlagen große Vakuumsysteme.

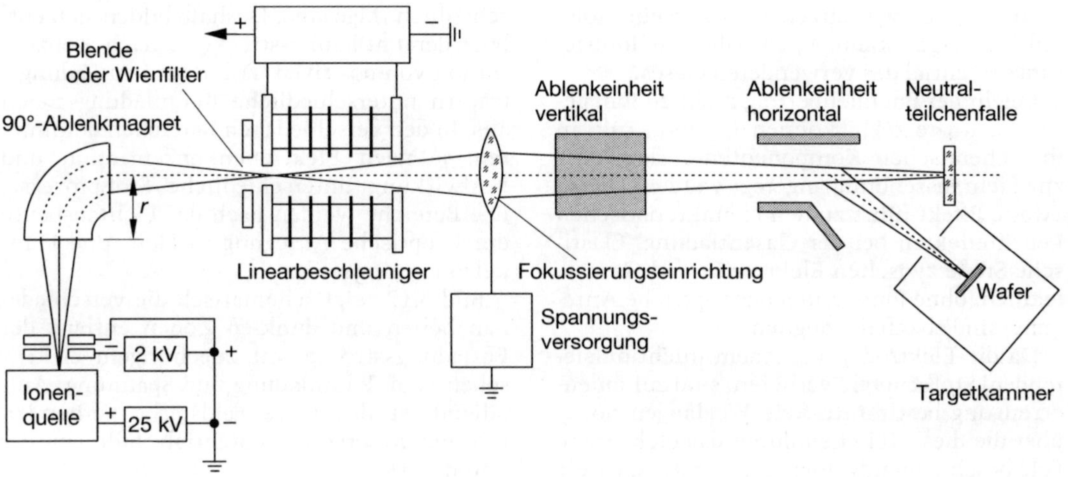

Bild 3.16 Aufbau einer Implantationsanlage (nach [3.5]).

Ein Implanter soll Halbleiterzonen genau nach Vorgabe und perfekt reproduzierbar dotieren können. Dazu müssen die Ionenquelle und der Ionenbeschleuniger einen möglichst monoergetischen Ionenstrahl ohne Fremdatome mit konstanter Teilchenenergie und Stromdichte liefern. Die Strahlführung übernimmt nach der Beschleunigungsstrecke eine Ablenkeinrichtung, die den Strahl in der Targetkammer idealerweise unter konstantem Einstrahlwinkel gleichförmig über die zu dotierende Siliziumscheiben lenkt. Dabei wird die Scheibentemperatur möglichst konstant gehalten und der Ionenstrahl genau dann unterbrochen, wenn die gewünschte Dosis erreicht ist. Solche perfekt kontrollierten Implantationsbedingungen lassen sich aber nur mit Einschränkungen realisieren.

Aus wirtschaftlichen Gründen muß ein Implanter leistungsfähig und flexibel einsetzbar sein. Dies bedeutet, daß die Anlage möglichst hohe Ionenströme für kurze Implantationszeiten bei variabler Ionenenergie liefern muß, um verschiedenartige Dotierprofile erzeugen zu können. Nur bei hohem Scheibendurchsatz und flexibler Gestaltung der implantierten Profile ist der Einsatz von Implantern wirtschaftlich.

3.5.1 Ionenquellen

Die Ionenquelle einer Beschleunigungsanlage liefert die geladenen Dotieratome. Die Ionenerzeugung erfolgt in der Regel durch eine Gasentladung. Der Ionisationsmechanismus besteht aus inelastischen Stößen zwischen Gasmolekülen und energiereichen Elektronen (*Stoßionisation*). Ausgangsmaterialien sind geeignete gasförmige Verbindungen des Dotierstoffes (Arsin, Bortrifluorid, Phosphin) oder feste Stoffe (Antimon oder Antimonoxid), die verdampft werden.

3.5.1.1 Gasentladungen

Bei einer Gasentladung wird das zunächst neutrale Gas durch Stoßionisation leitfähig. Um die benötigten schnellen Elektronen zu erzeugen, werden 2 Elektroden in den Gasraum gebracht, an die eine hohe Spannung (mehrere kV) angelegt wird. Die im Gas stets in geringer Konzentration vorhandenen freien Elektronen nehmen durch das Feld zwischen Anode und Katode (*Entladungsstrecke*) Energie auf.

Damit bei Kollisionen zwischen schnellen Elektronen und Gasmolekülen auch Ionen entstehen, muß ein Stoßelektron eine Mindestenergie $e \cdot V_i$ besitzen, die es an ein Molekül übertragen kann. V_i ist dabei das Ionisierungspotential des verwendeten Gases.

Reicht der Energieübertrag nicht zu Ionisierung aus ($<e \cdot V_i$), können Gasmoleküle in ihre chemischen Komponenten zerlegt oder zur Lichtaussendung angeregt werden. Dieser zweite Effekt führt zu den charakteristischen Leuchteffekten bei der Gasentladung. Elastische Stöße zwischen Elektronen und Gasmolekülen (ohne Ionisierung oder optische Anregung) sind ebenfalls möglich.

Da die Elektronen bei jedem (nichtionisierenden) Stoß Energie verlieren, sind zur Ionenerzeugung bestimmte freie Weglängen nötig, über die diese Teilchen durch das elektrische Feld beschleunigt werden können. Da die freie Weglänge mit abnehmendem Gasdruck steigt, wird das Prozeßgas unter niedrigem Druck ($<10^{-1}$ Torr) gehalten.

Da die ionisierenden Elektronen im Entladungsgefäß zur Anode abwandern, müssen permanent neue freie Elektronen erzeugt werden, um die Ionenproduktion aufrechtzuerhalten. Bei Kaltkatodenionenquellen werden die benötigten Elektronen durch auftreffende positive Ionen aus der metallischen Katode ausgelöst.

Alternativ können die benötigten Elektronen aber auch durch eine Glühkatode zugeführt werden (*nichtselbständige Gasentladung*). Beim diesem Heißelektrodenverfahren werden neben den an der Katode ausgelösten Elektronen zusätzliche Elektronen durch Glühemission freigesetzt. Eine Heißelektrodenionenquelle ist aufwendiger, aber sie hat den Vorteil, daß sich die Entladung bei wesentlich höheren Drücken aufrechterhalten läßt.

3.5.1.2 Ionenproduktion in Hell- und Dunkelzonen

Die Ionenerzeugung entlang der Entladungsstrecke erfolgt nur in ganz bestimmten Zonen. Dies hängt damit zusammen, daß die Elektronen zwischen Katode und Anode sehr unterschiedlichen Feldstärken ausgesetzt sind. Die unterschiedlichen Feldstärken entstehen, weil Ionen und Elektronen unterschiedlich träge sind. Deshalb bilden sich entlang der Entladungsstrecke je nach Konzentration von positiven und negativen Ladungsträgern unterschiedliche Raumladungszonen aus. In den verschiedenen Bereichen dominieren, je nach Elektronenkonzentration und Feldwirkung unterschiedliche Stoßprozesse. Die Bereiche werden nach der Lichtausbeute durch optische Anregung in Hell- und Dunkelzonen eingeteilt.

Bild 3.17 zeigt schematisch die verschiedenen hellen und dunklen Zonen entlang der Entladungsstrecke mit zugehörigem elektrischen Feld, Raumladung und Spannung. Auffallend ist die große Feldstärke verbunden mit einem starken Potentialgefälle an der Katode (*Katodenfall*). Die entsprechende

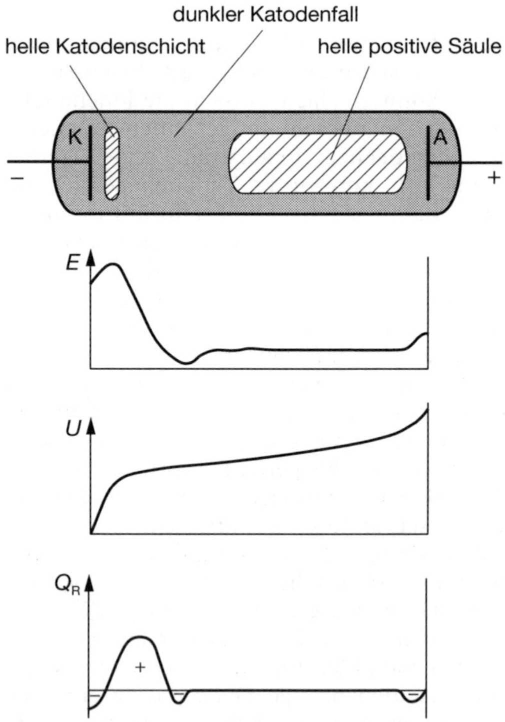

Bild 3.17 Schematische Darstellung von Hell- und Dunkelzonen entlang einer Gasentladungsstrecke mit Auftragungen von elektrischer Feldstärke E, Spannung gegen die Katode U und der Gesamtraumladung QR (nach [3.2]).

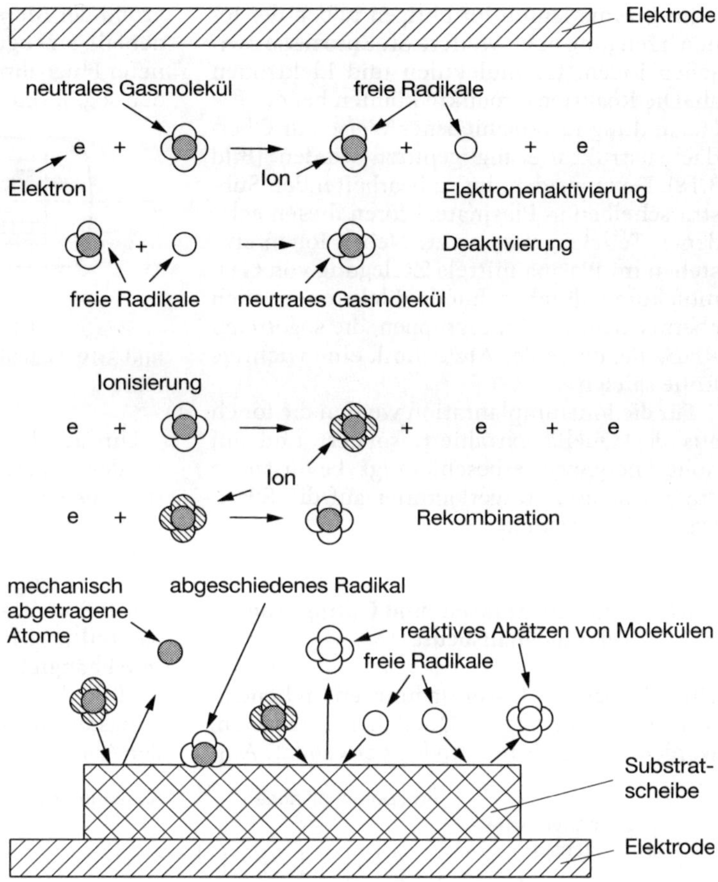

Bild 3.18 Prozesse in einem Plasmareaktor: Radikalbildung, Ionisierung, Rekombination und Deaktivierung. Anwendungsmöglichkeiten von Plasmen: Strukturieren von Halbleiteroberflächen durch Ätzen, mechanischen Abtrag und Schichtabscheidung (nach 3.16]).

Fallzone an der Anode ist deutlich kleiner. Im Katodenfallraum gewinnen die ausgelösten Elektronen rasch Energie, die sie aber teilweise durch Lichtanregung wieder abgeben (*Leuchten der Katodenschicht*). Bei weiterer Energieaufnahme nimmt die Fähigkeit der Elektronen zur Lichtanregung wieder ab, das Ionisierungsvermögen aber stark zu, so daß am Ende des Katodenfalls die meisten Ionen erzeugt werden. Die trägen Ionen verharren zunächst am Ort, während die Elektronen rasch weiter dem Feld folgen. Deshalb bildet sich am Ende des Katodenfalls eine stark positive Raumladungszone aus, an die sich eine negative Zone mit geringer Ionen- und hoher Elektronenkonzentration anschließt. Hier ist das Feld klein und kann sogar negativ werden. Die Ionen diffundieren durch die an Ionen arme Schicht in den stark leuchtenden Bereich der sog. positiven Säule.

Der Bereich der positiven Säule ist raumladungsfrei. Hier bildet sich ein Plasma, also ein elektrisch nach außen hin neutrales Gemisch aus Ladungsträgern und neutralen Teilchen. Das Plasma ist neben dem Katodenfallraum der zweite Bereich der Entladungsstrecke mit nennenswerter Ionenproduktion, denn um den elektrisch neutralen Plasmazustand aufrechtzuerhalten, müssen Ionen, die durch Rekombination an den Gefäßwänden verlorengehen, ersetzt werden. Die notwendige Energie zur Ionisierung wird der inneren Energie des Plasmas entnommen.

Im Plasma laufen im übrigen neben der Ionenerzeugung noch weitere Stoßprozesse zwischen Ionen, Gasmolekülen und Elektronen ab. Die Reaktionsprodukte können bei der IC-Herstellung in verschiedener Weise zur Oberflächenstrukturierung genutzt werden (Bild 3.18). Dazu werden die zu bearbeitenden Substratscheiben in Plasmareaktoren diesen geladenen Teilchen ausgesetzt. Neben Ionen entstehen im Plasma mittels Zerlegung von Gasmolekülen durch schnelle Elektronen auch chemisch aktive Atomgruppen, die sog. *freien Radikale*, die in der Ätztechnik eine wichtige Rolle spielen.

Für die Ionenimplantation werden die Ionen aus der Quelle extrahiert, sortiert und auf hohe Energiewerte beschleunigt, bevor sie in einer separaten Targetkammer auf die Siliziumscheiben treffen.

3.5.1.3 Ionenextraktion und Optimierung der Ionenausbeute

Um die bei der Gasentladung entstehenden positiven Ionen aus der Quelle zu extrahieren, werden durchbohrte Katoden verwendet. Aufgrund der Massenträgheit treten die im Katodenfall erzeugten schnellen Ionen mit geeigneter Flugbahn durch die Bohrung aus und bilden sog. *Kanalstrahlen* (Bild 3.19).

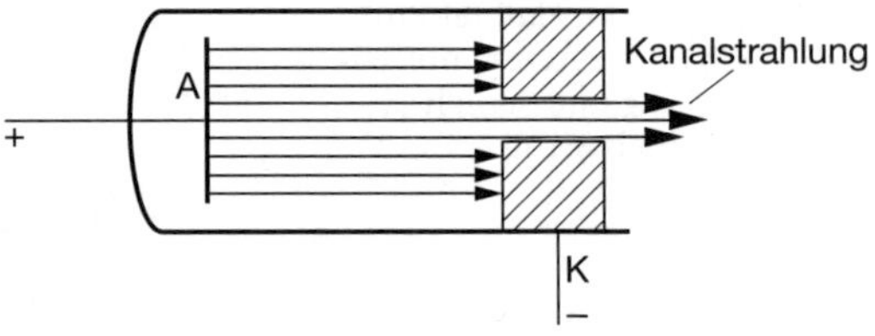

Bild 3.19 Kanalstrahlen in einer Gasentladungsröhre

Um den Ionenstrom zu steigern, wird hinter dem Austrittskanal der Quelle eine negativ vorgespannte ringförmige *Absaugelektrode* installiert (Bild 3.20). Dadurch werden dem Plasma in der positiven Säule zusätzliche Ionen entzogen. Die Plasmagrenzfläche, die das 0-Potential für die Absaugspannung U_A darstellt, verformt sich auf der Katodenseite in Abhängigkeit von der angelegten Spannung (in Bild 3.16: $U_A = 2$ kV) und der Ionenerzeugungsrate im Plasma. Wird U_A zu groß, kann der Abfluß an Ionen nicht mehr ausgeglichen

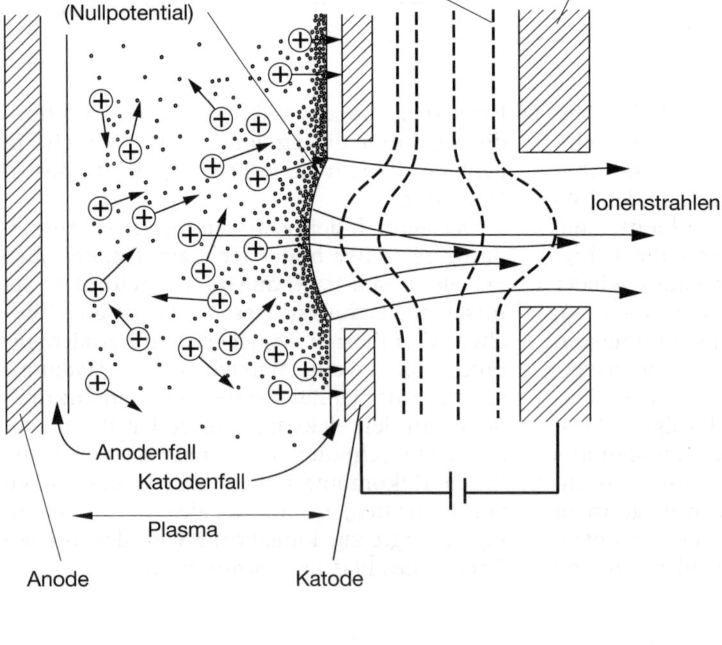

Bild 3.20 Ionenextraktion (*Absaugen*) durch eine negativ vorgespannte Elektrode. Gestrichelt eingetragen sind die Äquipotentialflächen des Absaugfeldes (nach [3.5]).

werden, und das Plasma bricht zusammen. Die abgesaugte Ionenstromdichte im Normalbetrieb j wird von der *Child-Langmuir-Gleichung* beschrieben:

$$j = \frac{4 \cdot \varepsilon_0}{9} \cdot \sqrt{\frac{2 \cdot e}{m_i}} \cdot \frac{U_A^{\frac{3}{2}}}{d^2}$$

Hier ist ε_0 die Dielektrizitätskonstante, e die Elementarladung und d der Abstand zwischen Ringelektrode und Plasmagrenzfläche. Bei einfach geladenen Ionen entspricht $j = 1$ mA/cm^2 ca. 10^{16} Ionen, die pro Sekunde extrahiert werden.

Um mit hohen Extraktionsspannungen hohe Ionenstromdichten erreichen zu können, ohne daß das Plasma zusammenbricht, sind hohe Ionisierungsraten pro Stoßelektron auf der Entladungsstrecke nötig. Deshalb läßt man die Elektronen mittels geeigneter Felder mehrmals im Entladungsraum hin und her laufen, bevor sie die Anode erreichen. Die einfachste Anordnung, mit der das gelingt, ist die *Pendelionenquelle* (Bild 3.21). Hier besteht die Entladungsstrecke aus 1 zylinderförmigen Hohlanode und 2 tellerförmigen Katoden an den Zylinderenden. Parallel zur Zylinderachse wirkt ein magnetisches Führungsfeld, das die Elektronen in der Zylindermitte konzentriert. Elektronen, die an der Katode entstehen (durch Glühemission), werden durch die Hohlanode beschleunigt und laufen entlang der Zylinderachse zur Gegenkatode, wo sie infolge des statischen Gegenfeldes reflektieren. Auf diese Weise pendeln Elektronen mehrfach im Entladungsraum hin und her. Positive Ionen treten wieder durch einen Kanal in der Gegenkatode aus und werden abgesaugt. Wird statt einer Glühkatode eine Kaltkatode verwendet, heißt diese Anordnung *Penning-Ionenquelle*. Je nach Betriebsspannung und Höhe des Gasdruckes lassen sich mit den beschriebenen Anordnungen Ionenströme von bis zu einigen mA realisieren [3.5].

Besonders hohe Ionendichten entstehen mit niedrigen Gasdrücken bei Hochfrequenz-Gasentladungen. Hier sorgt ein sich periodisch umkehrendes elektromagnetisches Feld statt der Penning-Anordnung für die

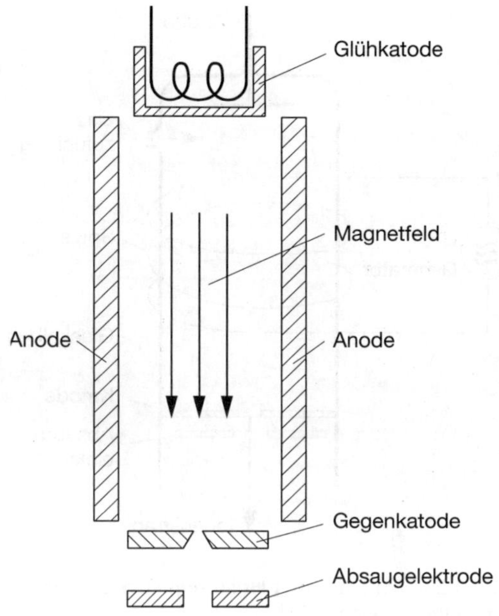

Bild 3.21 Schema einer Pendelionenquelle mit Glühkatode

Wegumkehr der Stoßelektronen. Das Wechselfeld kann entweder durch direktes Anlegen einer hochfrequenten Spannung an die beiden Elektroden einer gewöhnlichen Entladungsröhre erzeugt werden, oder es wird eingekoppelt. Dazu nutzt man die Induktionswirkung einer von Hochfrequenzstrom durchflossenen Spule, die die Entladungsröhre umschließt (Bild 3.22). Die leichten Elektronen folgen dem Wechselfeld und ionisieren bei ihrer Oszillationsbewegung die Gasteilchen. Die trägeren Ionen bleiben im Wechselfeld nahezu ortsfest. Eine Hilfselektrode saugt die erzeugten Ionen ab.

Die Ionenströme betragen bei Hochfrequenzionenquellen einige mA. Dazu sind erhebliche Feldstärken (d. h. Senderleistungen) nötig ($\cong$ 100 W). Die verwendeten Frequenzen liegen oberhalb 10 MHz. Typische Gasdrücke sind etwa 10^{-2} Torr.

Die angegebenen Ströme beziehen sich auf alle in der Quelle erzeugten Ionen. Dies sind aber nicht nur geladene Atome des Dotierstoffs, sondern alle Sorten von positiv gelade-

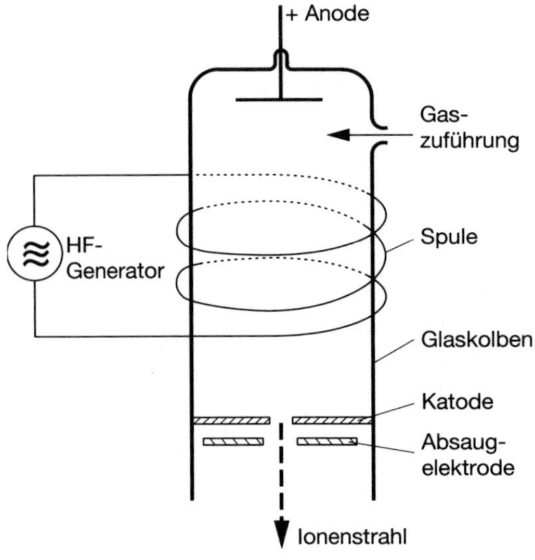

Bild 3.22 Schema einer Hochfrequenzentladungs-ionenquelle (nach [3.18])

nen Teilchen, die auf der Entladungsstrecke erzeugt werden. Insbesondere wenn gasförmige Verbindungen, wie Arsin, Phosphin usw., zur Freisetzung des Dotierstoffes im Plasma zerlegt und ionisiert werden müssen, entstehen sehr unterschiedliche Ionensorten. Zusätzlich zerstäuben die auftreffenden Ionen das Katodenmaterial im Bereich des Austrittskanals. Die ausgelösten Metallionen finden sich ebenfalls im Ionenstrom. Der von der Quelle abgegebene Ionenstrom ist also nur zum Teil zur Dotierung nutzbar. Der Gesamtionenstrom einer Ionenquelle ist zwar eine interessante Größe, aber der wichtige Parameter für den Implantationsprozeß ist die Stromstärke der Dotierionen am Target. Diese Ionenstromdichten betragen nur einige Prozent der Gesamtionenstromdichte j und liegen im μA- bis mA-Bereich/cm^2.

Die von der Quelle abgegebenen Ionen sind nicht nur chemisch verschieden. Es gibt Unterschiede in der Ionenenergie und der Ionenladung. Die Energieunterschiede werden von den unterschiedlichen Entstehungsorten der Ionen auf der Entladungsstrecke verursacht und betragen einige eV. In die Energieunschärfe gehen auch Schwankungen der Absaugspannung U_A ein. Ungleiche Ionenladungen entstehen durch unterschiedliche Stoßprozesse mit den Elektronen. Außerdem kann sich bei Stößen zwischen Ionen und Gasmolekülen die Ladung durch Ladungsaustausch zwischen den Stoßpartnern ändern.

3.5.2 Ionensortierung

Um aus der Vielfalt an Teilchen in der Kanalstrahlung die Dotierstoffionen mit der benötigten Energie herauszufiltern, werden massenspektroskopische Verfahren eingesetzt. Wie weißes Licht durch Prismen in Teilstrahlen unterschiedlicher Wellenlänge spektroskopisch zerlegt werden kann, so lassen sich durch elektrische bzw. magnetische Felder Ionenstrahlen nach der spezifische Ladung $z \cdot e/m_i$ sortieren: e ist die Elementarladung und $z = 1, 2, \ldots$ gibt an, wie stark das Ion mit Masse m_i geladen ist. Elektrische und magnetische Felder wirken dabei unterschiedlich auf bewegte Ionen:

Im homogenen elektrischen Feld ist der Winkel α um den ein Ion abgelenkt wird, wenn es mit der Geschwindigkeit v parallel zu den Platten eines Plattenkondensators der Länge l fliegt, durch die Beziehung

$$\tan \alpha = \frac{z \cdot e \cdot E \cdot l}{m_i \cdot v^2} \qquad \text{(Gl. 3.8 a)}$$

gegeben. Wirkt statt eines elektrischen Feldes E ein homogenes Magnetfeld B senkrecht zur Flugbahn des Ions auf der Strecke l, so beträgt der Tangens des Ablenkwinkels

$$\tan \beta = \frac{z \cdot e \cdot B \cdot l}{m_i \cdot v} \qquad \text{(Gl. 3.8 b)}$$

Die Ablenkung in diesen Feldern hängt also nicht nur von der spezifischen Ladung ab, sondern auch von der Ionengeschwindigkeit v bzw. von v^2. Da die Ionengeschwindigkeit im Rahmen der vorher diskutierten Geschwindigkeitsverteilung schwanken kann, sind im Prinzip Kombinationen von elektrischen und magnetischen Feldern erforderlich, um die Ionen einer Teilchensorte, mit der gewünschten Ladung und Ionenenergie auszufiltern. Meist

ist aber die Unschärfe in Energie und Geschwindigkeit (im eV- bzw. $\sqrt{eV}$-Bereich) sehr klein verglichen mit den Mittelwerten dieser Größen, denn typische Ionenenergien liegen bei mehreren keV. Deshalb genügt in der Regel zur Ionensortierung in Implantern ein einziges Feld. Dies ist meist ein homogenes Magnetfeld, daß den Ionenstrahl um 90° ablenkt.

Solche Magnetfelder haben den Vorteil, daß sie nicht nur die Ionen nach der spezifischen Ladung sortieren, sondern auch den Ionenstrahl fokussieren, der sich durch elektrostatische Abstoßung auffächert, wie im Strahlengang in Bild 3.16 angedeutet. In diesem Bild wirkt das Magnetfeld senkrecht zur Papierebene nach oben. Positive Ionen bewegen sich auf einem Viertelkreis, dessen Radius r über die Feldstärke B so eingestellt werden kann, daß alle Ionen die eingezeichnete Blende passieren, die die Beziehung

$$r \cdot B = \frac{m_i \cdot v}{z \cdot e} \qquad \text{(Gl. 3.9)}$$

erfüllen. Bei fester Geometrie von Magnet und Blende können so durch Variation von B verschiedene Ionensorten ausgewählt werden.

Das Auflösungsvermögen der Sortieranlage ist durch Konstanz und Homogenität von B und durch die Geschwindigkeitsunschärfe der Ionen bestimmt. Um eng beieinanderliegende Massen klar zu separieren, wie z. B. einfach geladene Kohlenstoff- und Borionen, müssen Magnetfeld und Absaugspannung U_A auf einige Prozent konstant gehalten werden. Dies ist technisch kein Problem. Fehlerhafte Dotierungen können aufgrund der fehlenden Geschwindigkeitsselektion aber immer dann auftreten, wenn Ionen mit unterschiedlicher Ladung aber gleichem Impuls-Ladungs-Verhältnis $m_i \cdot v/z \cdot e$ in den Separiermagneten eintreten. Nach der Beschleunigungsstrecke unterscheiden sich diese Teilchen dann stark in der kinetischen Energie und damit in der Ionenreichweite im Targetmaterial.

Referenz [3.7] diskutiert solche Probleme für den Fall, daß mit 2fach geladenen Ionen besonders tiefe Implantate erzeugt werden sollen. Hier kann die Kanalstrahlung neben 2fach und 1fach geladenen Dotierionen mit Masse m_i auch einfach ionisierte Moleküle aus zwei Dotieratomen mit Masse $2 \cdot m_i$ enthalten. Solche Moleküle können auf der Strahlstrecke vor Eintritt in den Magneten in ein Neutralteilchen und in ein einfach geladenes Ion zerfallen. Das Ion behält die Geschwindigkeit des Moleküls bei und ist damit nur halb so schnell, wie ein 2fach geladenes Ion. Es trägt aber auch nur die halbe Ladung, und damit kann das Magnetfeld nach Gleichung 3.9 diese einfach geladenen Ionen nicht von den doppelt geladenen Ionen unterscheiden. Für beide Teilchen gilt:

$$r \cdot B = \frac{m_i}{e} \cdot \sqrt{\frac{e \cdot U_A}{m_i}} \qquad \text{(Gl. 3.10)}$$

Ein direkt in der Quelle entstandenes einfach geladenes Ion nimmt hingegen im gleichen Feld eine andere Bahn mit $\sqrt{2} \cdot r$ als Radius und wird von der Blende des Separiermagneten abgefangen.

Die Dotierstoffionen, die mit zu kleiner Ladung in den Beschleuniger gelangen, stellen zwar keine unerwünschte Verunreinigungen dar, verursachen aber unscharfe Dotierprofile, denn diese Teilchen werden nur auf die halbe kinetische Energie gebracht, wie die doppelt geladenen Dotieratome. Um eine Selektion der Ionen nach Geschwindigkeit und Ladung durchführen zu können, werden die Ionen nach dem Ablenkmagneten mit einem Wien-Filter anhand der Ionengeschwindigkeit sortiert.

Ein Wien-Filter (Bild 3.23) besteht aus 2 Blenden, zwischen denen zwei senkrecht zueinander und senkrecht zur Verbindungsachse zwischen den Blendenöffnungen orientierte elektrische und magnetische Felder anliegen. Da ihre Ablenkwirkung nach den Gleichungen 3.8 v^{-1} bzw. v^{-2} ist, gibt es für jede Feldstärkenkombination nur *eine* Ionengeschwindigkeit v, bei der die Teilchen auf der Verbindungsachse zwischen beiden Blenden geführt werden und ungehindert beide Blenden passieren. Wird die Achse zwischen den Blenden als z-Richtung eines kartesischen Koordinatensystems aufgefaßt, dann müssen nach den Gleichungen 3.8 Felder E_x und B_y in x- bzw. y-Richtung anliegen, deren Feldstärkeverhältnis gleich der gewünschten Ionengeschwindigkeit ist ($E_x/B_y = v$).

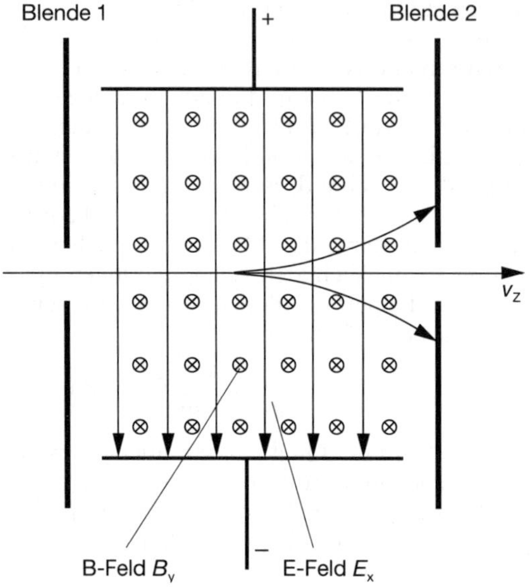

Bild 3.23 Wiensches Geschwindigkeitsfilter für geladene Teilchen. Das Magnetfeld By ist senkrecht in die Papierebene orientiert. Eingetragen sind die Durchstoßungspunkte . Gezeigt sind außerdem die elektrischen Feldlinien und Bahnen von Ionen, die sich mit der korrekten Geschwindigkeit v_z bewegen oder zu kleine (unten) bzw. zu große Geschwindigkeiten (oben) aufweisen, um das Filter zu passieren.

Da sich im vorher diskutierten Beispiel die 1- und 2fach geladenen Ionen mit gleichem Impuls-Ladungs-Verhältnis in der Geschwindigkeit unterscheiden, passieren die zu langsamen, einfach ionisierten Dotierstoffatome das Wien-Filter nicht und werden vor Eintritt in die Beschleunigungseinheit abgefangen.

3.5.3 Ionenbeschleunigung

Nachdem der Ionenstrahl den Massenseparator und das eventuell vorhandene Wien-Filter passiert hat, besteht der Strahl nur noch aus Ionen einer Sorte, die alle die gleiche kinetische Energie $z \cdot e \cdot U_A$ besitzen, die durch die Absaugspannung U_A (z. B. 2 kV) festgelegt wird. Um Dotierstoffprofile mit variabler mittlerer Eindringtiefe R_P zu erzeugen, muß nach Gleichung 3.5 a die Ionenenergie E_0 variiert werden. Sind höhere Energien als $z \cdot e \cdot U_A$ nötig, müssen die Ionen nachbeschleunigt oder andernfalls abgebremst werden. Beide Effekte lassen sich mit einem Linearbeschleuniger realisieren, dessen Beschleunigungsspannung U_B umgepolt werden kann.

Ein Linearbeschleuniger besteht aus äquidistant aufeinanderfolgenden Ringelektroden, die gegeneinander isoliert sind. Die Hochspannung wird durch eine Widerstandskette von der ersten auf Katodenpotential befindlichen Elektrode auf die folgenden Elektroden aufgeteilt. So entsteht auf etwa 1 m Länge ein homogenes Hochspannungsfeld.

Die Hochspannung, die für die Linearbeschleunigung benötigt wird, liegt variabel zwischen 30 und 300 kV. Um solche Spannungen zu erzeugen, verwendet man Kaskadenschaltungen, bestehend aus einer Hochfreqenzquelle und nachgeschalteten Gleichrichtern, Widerständen und Kondensatoren nach Cockroft und Walton (1937). Durch in Serie geschaltete Kondensatoren wird die gleichgerichtete eingespeiste Wechselspannung ver-

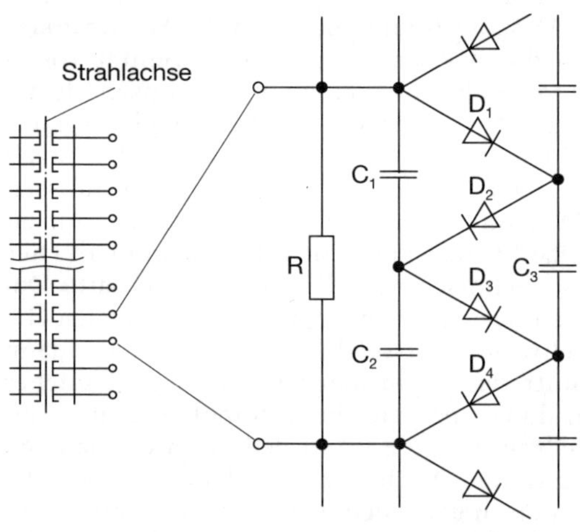

Bild 3.24 Kaskadenschaltung zu Spannungsvervielfachung und deren Zusammenschaltung im Linearbeschleuniger. Mit den Kondensatoren C_1 bis C_3 und den Dioden D_1 bis D_4 kann eine eingespeiste Wechselspannung u_S gleichgerichtet und verdoppelt werden (nach [3.1]).

vielfacht. Der besondere Vorteil dieser Anordnung liegt im einfachen und praktisch wartungsfreien Aufbau ohne bewegliche Teile. Bild 3.24 zeigt schematisch ein Segment der Kaskadenschaltung mit den zugehörigen Ringelektroden im Linearbeschleuniger.

3.5.4 Fokussierungseinheit

Durch elektrostatische Abstoßung der Ionen weitet sich der Ionenstrahl im Beschleuniger auf. Deshalb ist nach der Beschleunigungsstrecke eine erneute Fokussierung durch magnetische bzw. elektrische Felder erforderlich. Damit der Fokus des Ionenstrahls für die sehr unterschiedlichen Ionenenergien stets in der Ebene der zu implantierenden Siliziumscheiben liegt, sind hochwirksame *Ionenlinsen* mit variabler und möglichst kurzer Brennweite erforderlich.

Die Ionenfokussierung läßt sich mit homogenen Feldern nicht realisieren, denn homogene Felder lenken Ionen mit großen und kleinen Anständen von der Strahlachse gleichstark ab und haben deshalb eine relativ schwach fokussierende Wirkung. Bei gleicher Feldstärke kann die Wirkung gesteigert werden, wenn die Elektroden bzw. Polschuhe einen elektrischen bzw. magnetischen Quadrupol bilden. Hier nimmt die Feldstärke proportional zum Achsenabstand zu. Ionen, die sich weit von der Idealbahn entfernt haben, werden stärker fokussiert, als Teilchen, die sich nahe an der Strahlachse bewegen.

Bild 3.25 zeigt als Beispiel einen elektrischen Quadrupol. Die Anordnung besteht aus 4 Elektroden, die parallel zur Strahlachse (z-Richtung) im gleichen Abstand angebracht sind und einen hyperbolischen Querschnitt aufweisen. 2 Elektroden schließen einen Winkel von 90° ein. Benachbarte Elektroden haben unterschiedliche Spannung ($-\Phi_1$ bzw. Φ_1), gegenüberliegende Elektroden hingegen das gleiche Potential. Das Potential zwischen den Elektroden am Punkt (x, y) im eingetragenen Koordinatensystem beträgt

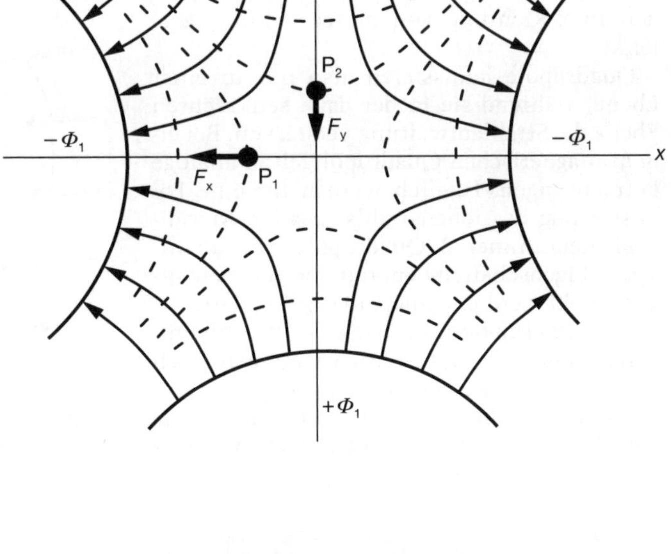

Bild 3.25
Elektrostatische Quadrupollinse. Die Elektroden sind hyperbelförmig und liegen auf $-\Phi_1$ und $+\Phi_1$. Eingetragen sind auch die Feldlinien zwischen den Elektroden und 2 spezielle Punkte P_1 und P_2, bei denen geladene Teilchen in der x-z- bzw. y-z-Ebene in den Quadrupol eintreten (nach [3.5]).

$$\Phi(x,y) = -\frac{\Phi_1}{a^2} \cdot (x^2 - y^2)$$

und die elektrische Feldstärken in *x*- bzw. *y*-Richtung sind durch

$$E_x = -\frac{\partial \Phi}{\partial x} = -\frac{2 \cdot \Phi_1}{a^2} \cdot x$$

bzw. durch

$$E_y = -\frac{\partial \Phi}{\partial y} = \frac{2 \cdot \Phi_1}{a^2} \cdot y$$

gegeben: a ist der Abstand zwischen der Strahlachse (bei $x = y = 0$) und den Elektrodenoberflächen. Tritt nun ein positiv geladenes Ion am Punkt P_2 parallel zu *z*-Achse ein, verbleibt das Ion in der *y*-*z*-Ebene, weil sich die Feldwirkung in +*x*- bzw. –*x*-Richtung gerade aufhebt. Die Abstoßung durch die positiv geladenen Elektroden sorgt dafür, daß das Ion zur Strahlachse hin, der *z*-Achse, konvergiert. Die Kraft $z \cdot e \cdot E_y$ ist dabei um so größer, je weiter das Ion von der Idealbahn entfernt ist. Ein in der *x*-*z*-Ebene einlaufendes Ion, wie das Ion im Bild an Punkt P_1, bleibt ebenfalls in der Einfallebene, die wie die *y*-*z*-Ebene eine Symmetrieebene darstellt. Das Ion wird aber von den negativ vorgespannten Elektroden angezogen und mit der Kraft $z \cdot e \cdot E_x$ von der Strahlachse weggelenkt, während sich die beiden abstoßenden Elektroden in ihrer Wirkung kompensieren. Ionen, die außerhalb der beiden Symmetrieebenen in die Quadrupollinse eintreten, folgen schiefen Bahnen, konvergieren in *y*-Richtung zur Idealbahn hin und werden in *x*-Richtung von dieser Bahn weggelenkt.

Quadrupole fokussieren also nur in einer Ebene, während sie in der dazu senkrechten Ebene die Strahlaufweitung verstärken. Bei einem magnetischen Quadrupol gelten analoge Betrachtungen. Folglich werden für eine Fokussierung des Ionenstrahls in allen Meridianebenen immer 2 Quadrupole mit identischen Eigenschaften benötigt, die gegeneinander um 90° verdreht sind, ein sog. Dublett.

Mit Quadrupollinsen nach der Beschleunigungseinheit ist es für einen weiten Bereich von Ionenenergien möglich, den Fokus des Ionenstrahls in die Targetebene zu legen, ohne daß dazu etwa der Abstand zwischen Target und Beschleuniger geändert werden müßte. Durch den einheitlichen Stahlquerschnitt auf der Siliziumoberfläche bei allen Ionenenergien wird die Ionenstromdichte auf der Scheibe zu einer Konstanten. Damit entsprechen gleiche Bestrahlungszeiten bei allen Energien den gleichen Dotierstoffdosen. Die Dosiseinstellung kann also ausschließlich über einen Parameter, die Implantationsdauer, gesteuert werden.

3.5.5 Ablenkeinheit

Die Querschnittsfläche des Ionenstrahls im Brennpunkt liegt typischerweise unterhalb von 1 cm^2. Damit die Dotierionen gleichmäßig auf Siliziumscheiben mit typischen Durchmessern von 15 cm aufgebracht werden können, wird der Strahl durch ein Ablenksystem zickzackförmig über die Siliziumscheibe geführt (Bild 3.26). Als Ablenksysteme kommen Anordnungen mit gekreuzten elektrischen Feldern (wie im Oszillographen) in Frage, die mit Dreieckspannungen angesteuert werden. In der Darstellung in Bild 3.16 sind die vertikalen und horizontalen elektrischen Ablenkfelder räumlich getrennt eingezeichnet. Alternativ kann bei ortsfestem Ionenstrahl die Strahlführung durch mechani-

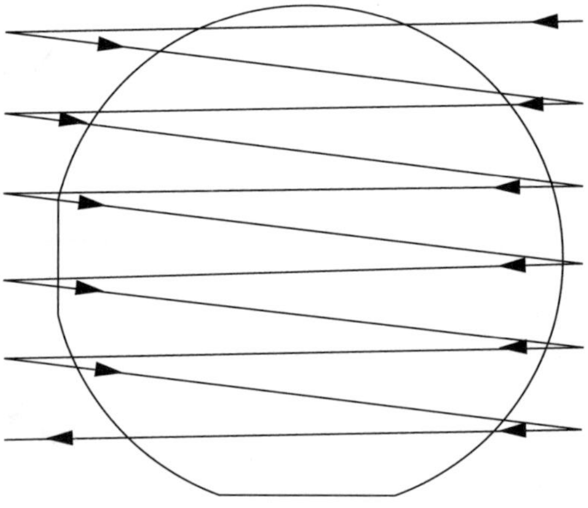

Bild 3.26 Führung des Ionenstrahls über eine Siliziumscheibe (*Scanning*)

sches Verschieben der Scheibe erfolgen. Kombinationen von elektrischer und mechanischer Ablenkung sind ebenfalls möglich.

3.5.5.1 Deflektor

Die Ionen stoßen über die gesamte Beschleunigungsstrecke mit Restgasatomen zusammen und verlieren dabei zu einem geringen Prozentsatz ihre Ladung. Diese neutralen Dotieratome werden durch ein elektrisches Ablenksystem nicht erfaßt, und dieser Neutralstrahl trifft deshalb während der gesamten Implantationszeit am selben Ort des Siliziumtargets auf. Dies erzeugt dort starke Strahlenschäden, erhöht die Dotierung und führt zu einer lokalen Aufheizung der Siliziumscheibe (*Hot Spot*), weil das Target punktuell überproportional viel Ionenenergie absorbieren muß. Deshalb werden die Neutralteilchen vor der Targetkammer abgefangen, indem die Strahlstrecke um einige Winkelgrade abgebogen wird. Geeignete Feldplatten mit einer Gleichspannung führen die Ionen an dieser Neutralteilchenfalle vorbei. Diese Anordnung nennt man *Deflektor*. In Bild 3.16 ist der Deflektor in der Vertikalablenkeinheit integriert. Hier ist die untere Platte teilweise nach unten gekrümmt. Durch Aus- und Einschalten der Spannung an dieser Platte kann der Ionenstrahl am Target außerdem unterbrochen werden.

3.5.6 Targetkammer

In der Targetkammer befinden sich die Aufnahmevorrichtungen für die zu dotierenden Siliziumscheiben und eine Meßeinrichtung zur Dosiskontrolle. Die Scheiben sind in ihrer Halterung wegen des Channelingeffekts um einige Grad gegen die senkrechte Inzidenz des Ionenstrahls verkippt. Bei geringer Ionenstromstärke werden Einzelscheiben implantiert, die mit einem Kassettensystem ein- und ausgeschleust werden. Wenn es der Ionenstrom zuläßt, ist es effektiver, mehrere Scheiben gleichzeitig zu implantieren. Die Scheiben werden dazu auf schnell rotierenden Drehtellern aus Stahl angeordnet, die durch motorische Verschiebung der Drehachse durch den feststehenden Ionenstrahl bewegt werden. Bild 3.27 a zeigt die Scheibenaufnahmevorrichtung des NV10SD-Implanters der Firma Sumitomo Eaton Nova Corporation [3.12].

3.5.6.1 Scheibenkühlung

Beim Absorbieren der Ionenenergie erwärmen sich die Siliziumscheiben. Bei Einzelscheibenführung treten z. B. Erwärmungen um mehrere 100 °C auf. Um unkontrollierte Ausheileffekte, Ausdiffusion und Schädigungen des eventuell als Implantationsmaske verwendeten Fotolacks zu verhindern, werden kühlbare Scheibenhalterungen eingesetzt. Bei der in Bild 3.27 gezeigten Drehtelleranordnung wird der Drehteller mit deionisiertem Wasser gekühlt. Dadurch beträgt die Scheibenerwärmung bei maximaler Ionenenergie (160 keV) und größtmöglichem Ionenstrom (15 mA, entsprechend 2400 W!) weniger als 100 °C [3.12].

3.5.6.2 Dosiskontrolle

Die genaue Dosiskontrolle ist einer der wesentlichen Vorteile der Ionenimplantation als Dotiermethode. Zur Dosiskontrolle wird in der Targetkammer die vom Ionenstrahl transportierte Ladung gemessen. Da die Ladung eines einzelnen Dotierions ($z \cdot e$) festliegt, ist der gemessene Strom I zusammen mit der Implantierzeit t_i (in s) ein direktes Maß für die Dosis Q, die über die Anzahl der pro Flächeneinheit auftreffenden Ionen definiert ist:

$$Q = \frac{t_\mathrm{i} \cdot I}{z \cdot e \cdot A} \qquad \text{(Gl. 3.11)}$$

A bezeichnet die Fläche der zu implantierenden Siliziumscheiben, die ebenfalls bekannt ist. Die Dotierstoffdosis hängt damit ausschließlich vom Produkt aus Strom und Zeit ab, das direkt mit einem Stromintegrator gemessen werden kann. Da die Stromintegration eine zeitliche Mittelung darstellt, kön-

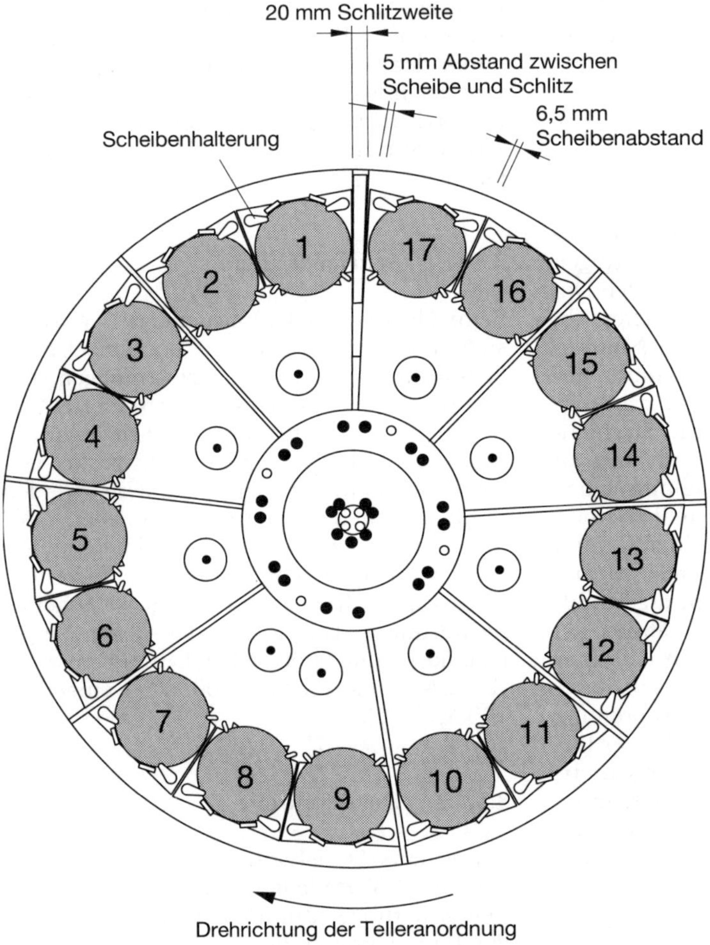

Bild 3.27
Scheibenaufnahmevorrichtungen von Hochstromimplantern: Schematische Darstellung des Drehtellers eines NOVA 10 SD-Implanters (nach [3.11]). Auf diesem Drehteller können bis zu 17 6-Zoll-Scheiben befestigt werden. Der Ionenstrahl ist ortsfest und trifft senkrecht auf die Anordnung. Durch schnelle Rotation (mehrere 1000 Umdrehungen) bei gleichzeitiger Verschiebung der Tellerachse werden alle Scheiben vollständig vom Strahl überstrichen. Zwischen Scheibe «1» und «17» befindet sich ein 2 cm breiter Schlitz als Pseudotarget (vgl. Bild 3.28).

nen Schwankungen im Ionenstrom durch Anpassung der Implantationszeit t_i kompensiert werden. Hat das Produkt $t_i \cdot I$ den für eine gegebene Dosis erforderlichen Wert erreicht, wird auf ein vom Stromintegrator erzeugtes Signal hin die Deflektorspannung abgeschaltet und der Ionenstrahl unterbrochen.

Eine Strommessung direkt an den Siliziumscheiben ist nicht praktikabel (Kontaktierungsprobleme usw.). Die vom Ionenstrahl abgegebenen Ladungsmenge wird unter Verwendung von *Pseudotargets* gemessen. Diese Targets sind Öffnungen in der Scheibenhalterung mit bekannter Größe, durch die der Ionenstrom durch die Targetebene hindurchtritt und auf einen Faraday-Becher trifft (Bild 3.28), mit dem die abgegebene Ladungsmenge bestimmt werden kann [3.13]. Bei der bereits vorgestellten Drehtellerhalterung sind die Pseudotargets Schlitze (Bild 3.27). Aus dem gemessenen Strom, der Schlitzgeometrie, der bekannten Rotationsfrequenz des Drehtellers und der vertikalen Geschwindigkeit v_r, mit der die Drehachse relativ zum ortsfesten Ionenstrahl verschoben wird, kann die Dotierstoffdosis berechnet werden.

Zur Eichung der Meßanordnung sind Korrelationsmessungen zwischen Stromintegral und den tatsächlich in die Siliziumscheiben implantierten Dotierstoffdosen nötig. Auch

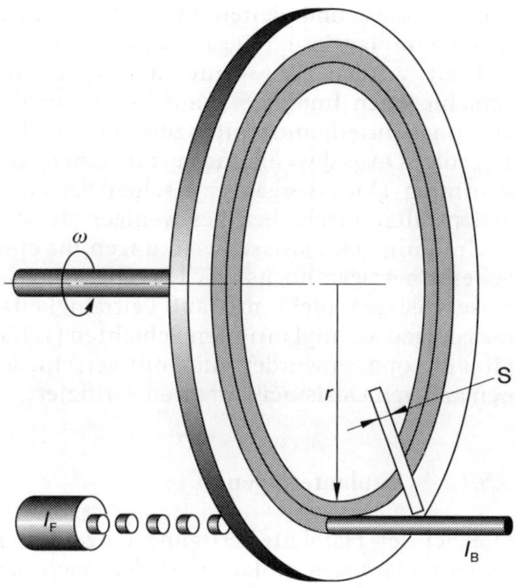

Bild 3.28 Dosismessung mit Pseudotargets an Drehtellerscheibenaufnahmen (nach [3.13]). Der am Faradaybecher gemessene Strom I_F ist ein Maß für die auf die Scheiben übertragene Dosis, die vom Ionenstrom I_B sowie der Radial- und Winkelgeschwindigkeit (v_r bzw. ω) der Drehtelleranordnung bestimmt ist. Bei konstantem Strahldurchmesser nimmt die pro Flächeneinheit aufgebrachte Dotierstoffmenge zur Mitte der Scheibe hin zu. I_F ändert sich entsprechend. Um die Scheiben homogen zu dotieren, wird v_r über I_F gesteuert. Diese Regelung gleicht nicht nur diesen radialen Effekt aus, sondern auch Schwankungen im Ionenstrom I_B.

bei genauester Korrelation treten aber im Fertigungsprozeß immer wieder Abweichungen zwischen erwarteter und tatsächlich implantierter Dotierstoffdosis auf.

Ein häufiger Grund für Dosisabweichungen sind Verunreinigungen der Scheibenoberfläche, die einen Teil der Oberflächendosis absorbieren. Das können z.B. Rückstände des verwendeten Maskenmaterials in den Maskierungsfenstern sein. Die abgefangenen Dotieratome fehlen im Halbleitermaterial als Dotierstoff. Diese Fehlerquelle kann durch gründliche Reinigungsprozeduren vor der Implantation weitgehend beseitigt werden.

Eine zweite wichtige Ursache für Dotierfehler sind Stromverfälschungen. Hier handelt es sich um Beiträge zum gemessenen Strom, die nicht von den Ladungen aus dem Ionenstrahl stammen. Dies können z.B. durch die auftreffenden Ionen ausgelöste Elektronen und Sekundärionen sein, die von den Siliziumscheiben und dem Kammermaterial stammen. Um Sekundärteilchen am Austreten zu hindern, werden geeignete Suppressionselektroden angebracht.

Die dritte Ursache für Ungenauigkeiten bei der Dosiskontrolle sind Fehler bei der elektronischen Stromintegration. Dabei kann es sich um temperaturbedingte Verschiebungen der elektrischen Eigenschaften der Operationsverstärker und anderer Bauelemente in der Auswerteelektronik handeln, oder um eingekoppelte hochfrequente Störungen auf Signalleitungen und Leckströme, die von der Faraday-Anordnung abfließen.

Bisher wurde nur die gesamte an die Siliziumscheiben abgegebene Dosis betrachtet. Um die Dosis für jede der vielen pro Schritt zu dotierenden Zonen auf einer Siliziumscheibe genau einzuhalten, müssen die Dotierionen auch räumlich homogen über die Siliziumscheiben verteilt werden. Inhomogenitäten entstehen, wenn sich dielektrische Schichten auf den Siliziumscheiben (z.B. Oxid- oder Nitridschichten) bei der Implantation stark aufladen (vgl. [3.11]). Dies erzeugt örtlich begrenzte, starke elektrostatische Felder, die durch Coulombabstoßung in ihrer Umgebung den auftreffenden Ionenstrahl aufweiten. Damit verteilt sich der Ionenstrom in der Umgebung von dielektrischen Schichten auf den Siliziumscheiben über eine größere Fläche als nach dem Strahlquerschnitt erwartet. Dies entspricht einer lokalen Dosisverdünnung. Strahlaufweitungen und Dosisschwankungen können wie sekundäre Ladungsträger durch geeignete Gegenfelder beseitigt werden, die die lokale Scheibenaufladung kompensieren.

Durch diese und weitere Maßnahmen können die implantierten Dosen sehr genau kontrolliert werden. Wie Untersuchungen von verschiedenen Implantern auf Dosisgenauigkeit und Dotierhomogenität zeigen [3.14], liegen die Dosisabweichungen für einen bestimmten Dotiervorgang zwischen verschiedenen Siliziumscheiben bei weniger als 1%. Die räumlichen Dosisschwankungen für eine Scheibe betragen höchstens 1%. Diese Ergebnisse basieren nicht nur auf Leitfähigkeitsmessungen an implantierten Schichten (s. Kapitel 2), sondern wurden auch mit verschiedenen anderen Dosismeßverfahren verifiziert.

3.5.7 Implantertypen

Die bei der Halbleiterfertigung eingesetzten Ionenimplantationsanlagen werden nach den abgegebenen Ionenströmen in Mittel- und Hochstromimplanter eingeteilt. Dabei lassen sich hohe Ionenströme und hohe Teilchenenergien in der Regel nicht gleichzeitig realisieren.

Der Ionenbeschleuniger DF5 der Firma Varian gehört zu den Mittelstromanlagen (Medium Current Implanter: MCI) und gibt Ionenströme von bis zu 500 μA ab, bei maximal 200 keV Teilchenenergie. Mit solchen Anlagen lassen sich Dosen von bis zu 10^{15} Ionen/cm^2 in vertretbaren Implantationszeiten (einige Minuten pro Scheibe) aufbringen.

Der Einsatz von Hochstromanlagen (High Current Implanter: HCI), wie der bereits angesprochene NOVA-Implanter vom Typ NV-10SD, verbessert den Scheibendurchsatz erheblich, weil hier mehrere Siliziumscheiben parallel dotiert werden. Bei dem angesprochenen System sind dies bis zu 17 6-Zoll-Siliziumscheiben. Der Implanter gibt maximal 15 mA also den 30fachen Ionenstrom wie die Varian-Anlage ab. Die Ionenenergie ist allerdings auf 80 keV beschränkt.

Solche Anlagen haben auch bei hohen Dosen (bis zu 10^{16} Ionen/cm^2) einen beeindrukkenden Scheibendurchsatz. Bei 10^{15} Ionen/cm^2 liegt der Scheibendurchsatz, inklusive aller Vorbereitungs- und Entladezeiten, bei 220 6-Zoll-Siliziumscheiben pro Stunde. Bei einer Dosis von 10^{16} Ionen/cm^2 lassen sich immerhin noch 80 Siliziumscheiben/Stunde bearbeiten. Damit besteht bezüglich der Dotierzeit pro Siliziumscheibe, kein Nachteil mehr gegenüber der Dotierung aus chemischen Quellen.

3.5.8 Anwendungsbeispiele

Anwendungsgebiete von HCIs sind hochdotierte Zonen, z. B. Source-Drain-Gebiete von MOS-Transistoren, Polysiliziumleiterbahnen sowie vergrabene Schichten und Emitterstrukturen bei der Bipolartechnik. Mittelstromanlagen (MCIs) kommen zum Einsatz, wenn geringere Dosen zu implantieren oder größere Eindringtiefen, also höhere Ionenenergien, erforderlich sind wie bei der Wannenimplantation (CMOS-Technik) oder bei der Basisimplantation (Bipolartechnik).

3.5.8.1 Bipolartechnik

Die Erzeugung der p-leitenden Subkollektorschicht durch Diffusion aus chemischen Quellen kann nur mit Arsen durchgeführt werden und nicht mit dem besser geeigneten Antimon, weil es für dieses Element keine praxistaugliche chemische Quellen gibt. Arsen hat den Nachteil, daß es einen hohen Dampfdruck im nachfolgenden Epitaxieprozeß (vgl. Kapitel 5) besitzt, mit dem eine dünne monokristalline n-leitende Oberflächenschicht aufgebracht wird. Beim Epitaxieprozeß treten aufgrund des Dampfdrucks Arsenatome aus, mischen sich mit den Prozeßgasen im Epitaxiereaktor, werden erneut abgeschieden und verfälschen so die Dotierung der abgeschiedenen Oberflächenschicht. Bei antimondotierten (Antimon: Sb), vergrabenen n-Schichten spielen Ausgasungen des Dotierstoffes bei der epitaxialen Abscheidung aufgrund des geringeren Dampfdruckes keine Rolle. Die Implantation von Antimon als vergrabene Subkollektorschicht war deshalb eine der ersten Anwendungen der Ionenstrahldotierung.

Bei einem Standardbipolarprozeß [3.15] beträgt die vorgeschriebene Antimondosis z. B. $3 \cdot 10^{15}$ Ionen/cm^2. Vor der Implantation ist eine gründliche Reinigung der zu implantierenden Subkollektorgebiete erforderlich, denn auch dünnste Rückstände des Maskenmaterials (z. B. Siliziumoxid) können bei den schweren Antimonionen bereits die Dosis entscheidend schwächen (s. Abschnitt 3.5.6.2). Mit einem HCI wird die vorgeschriebene Dosis bei einem Strahlstrom von 6 mA in wenigen Minuten erreicht. Bei einer Teilchenenergie von 80 keV beträgt die mittlere Eindringtiefe R_P nach der LSS-Theorie (Gleichung 3.5 a) 0,17 µm. Diese oberflächennahe Dosis wird durch einen langen Diffusionsprozeß auf die gewünschte Eindringtiefe gebracht. Nach einigen Stunden im Diffusionsofen bei 1200 °C liegt der pn-Übergang bei entsprechender Grunddotierung der Wafer bei etwa 7 µm. Aufgrund der hohen Temperatur heilen die Strahlenschäden weitgehend aus und Zwischengitter-Dotieratome werden aktiviert. Die Eindiffusion erfolgt unter sauerstoffhaltiger Atmosphäre. Beim Oxidwachstum werden die Oberflächenschichten mit eventuell noch vorhandenen Restschäden abgetragen. Nach der Oxidentfernung liegt eine perfekte Siliziumoberfläche vor, auf der kristallographisch einwandfreie epitaktische Schichten wachsen können.

Vor der Eindiffusion ist allerdings zunächst eine Reinigung erforderlich, bei der metallische Verunreinigungen der Scheiben und andere Partikel entfernt werden, die durch direkten Kontakt mit den Scheibenhalterungen in der Targetkammer entstehen oder sich im Vakuumsystem bilden. Die Reinigung erfaßt außerdem auch die auf die Siliziumscheiben gelangten Sekundärionen, die bei der Implantation freigesetzt werden (vgl. Abschnitt 3.5.6.2).

3.5.8.2 Implantierte Widerstände

Widerstände auf integrierten Schaltungen lassen sich durch Ionenimplantation wegen der genauen Dosiskontrolle präziser herstellen als mit der Diffusionstechnik. Die möglichen Schichtwiderstandswerte liegen zwischen 50 Ω/□ und 100 kΩ/□. Durch unvollständiges Ausheilen der bei der Implantation entstandenen Strahlenschäden, kann der Temperaturkoeffizient von implantierten Widerständen stark verkleinert werden: Während bei vollständiger Ausheilung positive Temperaturkoeffizienten vorliegen, entstehen bei zu niedriger Ausheiztemperatur negative Temperaturkoeffizienten durch die verbleibenden Strahlenschäden, die die Beweglichkeit der Ladungsträger reduzieren. Damit gibt es zumindest theoretisch eine spezielle, dosisabhängige Ausheilbedingung, die zu temperaturkompensierten Widerständen führt. Solche Widerstände können vorteilhaft in Widerstandsnetzwerken (Digital-Analog-Wandler) oder bei Analogschaltungen in CMOS-und Bipolartechnik eingesetzt werden.

3.5.8.3 Implantation der Source-Drain-Gebiete von MOS-Transistoren

Eine wichtige Anwendung aus der MOS-Technologie ist die Source- und Drain-Implantation der n- und p-Kanal-Transistoren (Bild 3.29). Bei VLSI-Prozessen sind Kanallängen im µm-Bereich einzuhalten. Deshalb erfolgt die Implantation der Source-Drain-Gebiete

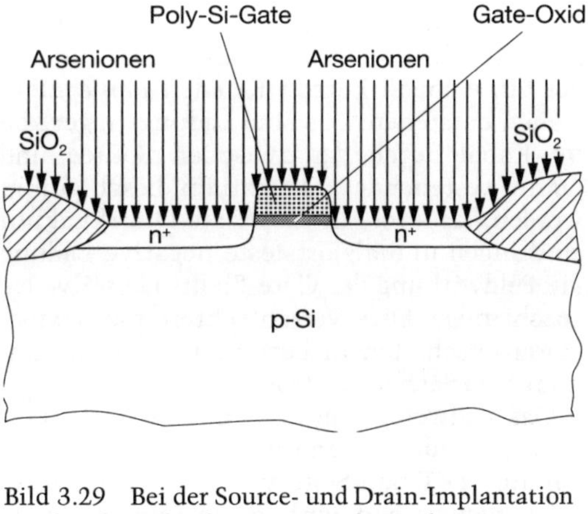

Bild 3.29 Bei der Source- und Drain-Implantation werden die Polysiliziumgates als Maskierungsschicht für den nicht zu dotierenden Kanalbereich benutzt. Hier ist die Implantation mit Arsen für NMOS-Transistoren gezeigt.

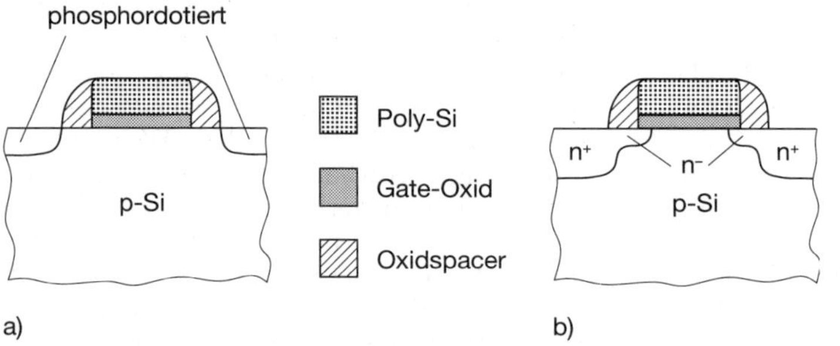

Bild 3.30 Herstellung einer LDD-Struktur. Zunächst wird eine normale Source-Drain-Implantation mit reduzierter Dosis mit Phosphorionen durchgeführt (a). Dann werden die Spacerstrukturen durch geeignete Oxidabscheidung und Ätzprozesse erzeugt. Zum Schluß erfolgt die Dotierung mit einer hohen Dosis Arsen (b).

mit einer selbstjustierenden Technik, da die Justiergenauigkeiten von Lithografieschritten (s. Kapitel 8) nicht ausreichen, um störende Fehldotierungen an den Rändern der Kanäle auszuschließen. Bei dieser Technik werden, wie in Bild 3.29 gezeigt, die Kanalbereiche der Transistoren bei der Implantation mit den Polysilizium-Gate-Elektroden der Transistoren abgedeckt.

Bei PMOS-Transistoren werden die Source- und Drain-Bereiche typischerweise mit Bordosen von ($3 \cdot 10^{15}/cm^2$, 30 keV) belegt. Außerhalb der Transistorgebiete (*inaktive Bereiche*) ist die Scheibenoberfläche mit einer dicken Oxidschicht gegen das Eindringen von Dotieratomen geschützt. Die Bereiche, in denen sich NMOS-Transistoren befinden, sind mit einer dicken Fotolackschicht maskiert.

Bei NMOS-Transistoren ist das Dotierprofil an den Kanalrändern zum Drain hin ein kritischer Bereich. Bei diesen Transistoren können bei hinreichend kurzen Kanälen *heiße* Elektronen entstehen. Das sind Ladungsträger, die im Kanal durch das zwischen Source und Drain bestehende Feld extrem beschleunigt werden, dadurch in das Gate-Dielektrikum eindringen und als ortsfeste negative Ladung die Feldwirkung der Gate-Elektrode teilweise abschirmen. Dies verschlechtert die Transistoreigenschaften in bezug auf Schwellspannung und Sättigungsstrom.

Das Auftreten von heißen Elektronen läßt sich verhindern, wenn die Feldstärke im Kanal auf der Drain-Seite verringert wird. Feldstärkereduzierend wirken tief eingetriebene Source-Drain-Bereiche, geringe Kanaldotierungen sowie möglichst langsame Abnahme der Dotierstoffkonzentration im Übergangsbereich von Drain und Kanal. Eine solche Transistorstruktur heißt LDD-Transistor (*Lightly-Doped-Drain*). Da die MOS-Transistoren bidirektionale Bauelemente sind, bei denen die physikalische Position von Source und Drain von der Verschaltung abhängt, werden beide Elektroden kanalseitig als LDD-Struktur ausgeführt.

Um einen graduellen Übergang zu schaffen, wird 2stufig implantiert. Zuerst wird eine geringe Dosis von Phosphor (etwa $5 \cdot 10^{13}/cm^2$, 100 keV) aufgebracht, dann erfolgt die eigentliche Source-Drain-Implantation mit Arsen ($5 \cdot 10^{15}/cm^2$, 100 keV), wobei eine zusätzliche Oxidschicht (Platzhalter, engl.: *spacer*) auf der Gate-Elektrode die Arsenionen zunächst vom Kanal fernhält. Bei den nachfolgenden Temperaturschritten diffundieren beide Dotierstoffe (Arsen langsam, Phosphor schneller), und es bildet sich die gewünschte graduell zunehmende n-Dotierung (Bild 3.30). Inaktive Gebiete und die Bereiche mit PMOS-Transistoren sind wieder mit dickem Oxid bzw. Fotolack gegen Dotierung maskiert.

Die Source- und Drain-Implantation zeigt deutlich die Vorteile der Ionenstrahldotierung, mit der sich optimale Dotierstoffverteilungen realisieren lassen. Hier tritt aber auch ein charakteristisches Problem auf. Beim Implantieren werden erhebliche Ladungsmengen auf die Scheibenoberfläche gebracht. Damit sind starke elektrische Felder verbunden, die nicht nur inhomogene Dotierungen verursachen (vgl. Abschnitt 3.5.6.2), sondern auch dielektrische Schichten schädigen können.

Besonders kritisch sind die als Maske benutzten Gate-Elektroden, die mit dem dünnen Gate-Oxid gegen das Substrat isoliert sind. Bei modernen CMOS-Prozessen ist das Gate-Oxid nur 100 ... 500 Å dick, und die Feldstärken, die zum dielektrischen Durchbruch führen liegen bei 15 MV/cm [3.17]. Solche Felder treten, ohne geeignete Gegenmaßnahmen, bereits bei Dosen von $Q < 10^{14}/\text{cm}^2$ auf, einfach geladene Ionen vorausgesetzt. Damit ist bei den genannten Dosen für die Source-Drain-Implantation das Gate-Oxid stark gefährdet. Durch elektrische Entladung bilden sich im Gate-Dielektrikum leitfähige Kanäle. Die betroffenen Transistoren zeigen keine Schaltfunktion mehr, und die entsprechenden Schaltkreise sind Ausschuß. Die Reduzierung der Scheibenaufladung ist damit Grundvoraussetzung für befriedigende Fertigungsausbeuten.

Die Aufladung der Scheiben kann mit niedrigenergetischen Elektronen abgebaut werden, die im Targetraum in Scheibennähe durch geeignete Elektronenquellen erzeugt werden (*Elektronenschauer*). Die ladungsneutralisierende Wirkung läßt sich allerdings nicht beliebig steigern. Sobald der Elektronenstrom einen bestimmten Schwellwert überschritten hat, der vom auftreffenden Ionenstrom abhängt, bleibt das Oberflächenpotential Φ^+ nahezu konstant [3.19]. Dieser Plateauwert stellt sich oberhalb 100 mA Primärelektronenstrom ein, wenn als Dotierionenstrom, der maximale Strom zugrundegelegt wird, den der beschriebene NOVA 10 SD-Implanter abgeben kann. Φ^+ ist aber stark vom Restgasdruck in der Targetkammer abhängig (Bild 3.31). Als Ergänzung werden deshalb während der Implantation Edelgasatome (z. B. Argon) in geringer Konzentration in die Targetkammer gebracht, um in Scheibennähe den Druck zu erhöhen. Durch Stöße zwischen den Gasatomen mit Ionen und Primärelektronen entstehen zusätzlich sekundäre Elektronen, die ebenfalls zum Abbau der positiven Oberflächenladung beitragen (*Argon-Bleed-Methode*). Mit diesen Maßnahmen kann Φ^+ unter 10 V gehalten werden [3.20]. Diese geringe Spannung an der Oberfläche führt bei Gate-Oxiddicken von 200 Å bei den hergestellten Bauelementen weder zu Ausbeuteverlusten noch zu Zuverlässigkeitsproblemen.

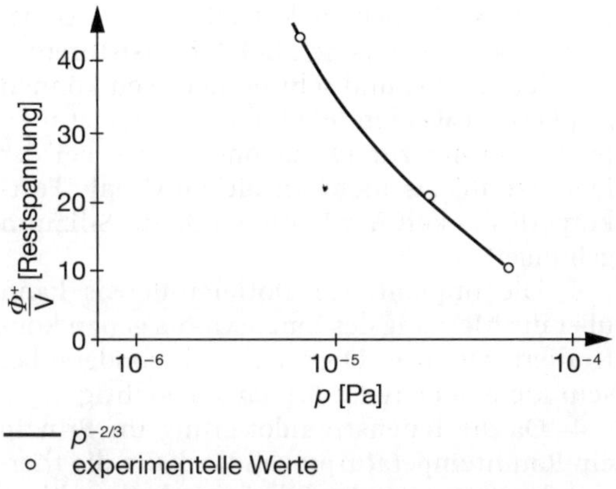

Bild 3.31 Druckabhängigkeit der verbleibenden Scheibenaufladung bei maximalem Primärelektronenstrom (Dotierionenstrom 15 mA). Offene Kreise sind Meßwerte für das Oberflächenpotential Φ^+ bei verschiedenen Kammerdrücken p (in Pa). Die Meßwerte genügen einem $p^{-2/3}$-Gesetz (nach [3.19]).

3.6 Zusammenfassung und Vergleich mit der Diffusionstechnik

Bei der Ionenstrahldotierung wird eine genau kontrollierte Menge Dotieratome zunächst einheitlich ionisiert und dann auf eine definierte Ionengeschwindigkeit gebracht. Diese Ionen treffen auf die zu dotierenden Siliziumscheiben und dringen in das Siliziumgitter ein. Dort werden die Ionen abgebremst. Die Eindringtiefe hängt von der kinetischen Energie der Ionen ab. Durch die Energieabgabe schädigen die Ionen den Kristall und kommen meist auf Zwischengitterplätzen zur Ruhe. Nach der Implantation sind deshalb Ausheil- und Aktivierungsschritte bei erhöhter Temperatur notwendig, um Schäden zu beseitigen und möglichst alle Dotieratome auf Gitterplätze zu bringen.

Die besonderen Vorteile der Implantationstechnik gegenüber dem im letzten Kapitel behandelten Diffusionsverfahren sind:

1. Das Tiefenprofil der Dotierstoffkonzentration kann über die Beschleunigungsspannung, also die Ionenenergie, variiert werden. Durch Überlagerung von mehreren Implantationschritten mit unterschiedlicher Energie

und Dosis ergeben sich weitere Variationsmöglichkeiten (Beispiel: LDD-Transistoren).

2. Sehr kleine und sehr hohe Dosen können implantiert werden. Bei hohen Dosen ist man im Gegensatz zur Diffusionstechnik bei der Dotierstoffdosis nicht an die maximale Festkörperlösichkeit des Dotierstoffs im Silizium gebunden.

3. Die implantierte Dotierstoffdosis kann über die Messung des Ionenstroms genau kontrolliert werden. Dies ist insbesondere bei sehr kleinen Dotierstoffmengen wichtig.

4. Da die Ionenstrahldotierung im Prinzip ein Raumtemperaturprozeß ist, kann die thermische Belastung der Siliziumscheiben klein gehalten werden.

5. Die Maskierung kann mit vielfältigen Maskenmaterialien erfolgen. Bei der Source-Drain-Implantation wurde z. B. mit Oxid, Fotolack und Polysilizium maskiert. Dies schafft Flexibilität bei der Prozeßführung.

6. Für günstige Dotierelemente gibt es keine geeigneten chemischen Quellen. Diese Stoffe können nur über Ionenstrahlen implantiert werden. Ein Beispiel ist das Element Antimon.

7. Die implantierten Tiefenprofile sind nicht mehr (wie bei der Diffusion) auf abfallende Gaußkurven fixiert. Steilere und flachere Profile können implantiert werden, sogar retrograd dotierte Strukturen sind möglich, bei denen die Dotierstoffkonzentration mit der Schichttiefe zunimmt.

Die Nachteile der Ionenstrahldotierung liegen im wesentlichen in der Erzeugung von Kristallschädigungen, die u. U. nicht vollständig ausgeheilt werden können und sich negativ auf die elektrischen Eigenschaften der hergestellten Halbleiterbauelemente auswirken. Implanter haben auch wirtschaftliche Nachteile: Die Geräte sind teuer, und der Scheibendurchsatz ist in der Regel geringer als in einem Diffusionsofen.

Trotz dieser Einschränkungen hat die Implantationstechnik sich aufgrund der besseren Dosiskontrolle und der hohen Flexibilität durchgesetzt. Bei einem CMOS-VLSI-Prozeß wird heute typischerweise mehr als 10mal implantiert. Die bei der Implantation nahezu frei gestaltbaren Dotierprofile schaffen Gestaltungsspielraum bei der Prozeßentwicklung. Dies wird zur Reduktion der Bauelementabstände auf der Siliziumscheibe genutzt. Bei der Bipolartechnik ist die Diffusionstechnik in der Regel für die meisten Prozeßschritte ausreichend, jedoch kann man durch Einsatz der Ionenstrahldotierung auch hier durch homogene und genaue Dotierung Bauelementtoleranzen reduzieren und so die Fertigungsausbeute erhöhen.

Die Diffusion aus chemischen Quellen als klassische Dotiermethode ist deshalb zumindest als Vorbelegungsverfahren weitgehend durch die Ionenimplantation abgelöst worden. Festkörperdiffusion ist aber auch bei implantierten Profilen wichtig, denn die endgültigen Dotierstoffverteilungen werden durch Eindiffusion bei den verschiedenen Temperaturschritten im Fertigungsprozeß (Ausheilen, Aktivieren, Eindiffundieren, Oxidieren usw.) erreicht.

4 Thermisch erzeugte Siliziumdioxidschichten

Ohne die leichte Oxidierbarkeit von Siliziumoberflächen hätte sich die Siliziumplanartechnologie nicht als das dominierende Fertigungsverfahren von Halbleiterbauelementen durchsetzen können. Die Anwendungsmöglichkeiten von Siliziumoxid sind vielseitig. Oxidschichten sind funktionale Bestandteile von Bauelementen in integrierten Schaltungen. Oxide bilden z. B. die dünnen Gate-Dielektrika von MOS-Transistoren oder isolieren metallische Leiterbahnen gegen das Siliziumsubstrat. Oxid wird auch als Hilfsschicht bei Fertigungsprozessen benutzt. Bei der selektiven Dotierung der Waferoberfläche dient es z. B. als Maskierung gegen Dotierelemente. Siliziumoxid wirkt auch als Streumedium, das bei der Ionenstrahldotierung den Channeling-Effekt unterdrückt.

Oxidschichten lassen sich durch Erhitzen der Scheiben in Sauerstoffatmosphäre erzeugen oder können mit chemischen Methoden aus der Gasphase auf die Scheibenoberfläche abgeschieden werden. In diesem Kapitel wird die thermische Oxidation behandelt. Thermische Oxide sind mit geringem apparativen Aufwand zu erzeugen und besitzen von allen Oxidsorten die geringste Defektdichte und damit die höchste dielektrische Festigkeit.

Der erste Abschnitt dieses Kapitels befaßt sich mit Aufbau, Herstellung und physikalischen Eigenschaften des Siliziumoxids. In Abschnitt 4.2 wird das *Deal-Grove-Modell* vorgestellt, das die Wachstumsdynamik von Oxidschichten mathematisch beschreibt. Die Rolle von Siliziumoxid im Gesamtprozeß behandelt Abschnitt 4.3, Abschnitt 4.4 befaßt sich gesondert mit dünnen Oxiden, deren Dicke in der Größenordnung 20 nm und darunter liegt. Diese dünnen Schichten sind als Gate-Dielektrika für VLSI-CMOS-Technologien von zentraler Bedeutung. Außerdem können diese dünnen Schichten als Tunneloxide in nichtflüchtigen Halbleiterspeicherzellen und in Speicherkondensatoren von dynamischen MBit-DRAMs eingesetzt werden.

4.1 Quarzglasschichten

Siliziumdioxid (SiO_2) ist eine sehr häufige Verbindung, die in der Natur in kristalliner und amorpher Form vorkommt. Das amorphe Oxid wird als Quarzglas bezeichnet. Eine solche Glasschicht bildet sich, wenn Oberflächen von erhitzten Siliziumscheiben einer sauerstoffhaltigen Atmosphäre ausgesetzt werden. Die Dicke der Schicht hängt von der Dauer des Oxidationsprozesses und der Scheibentemperatur ab. Je nachdem, ob Wasserdampf zugesetzt wird oder nicht, unterscheidet man zwischen *feuchter* und *trockener* Oxidation.

Die trockene thermische Oxidation läuft nach der Reaktionsgleichung

$$Si + O_2 \rightarrow SiO_2$$

bei 900 °C bis 1200 °C ab. Bei diesem Prozeß entsteht das qualitativ hochwertigste Oxid. Die Schicht wächst aber nur relativ langsam. Bei der feuchten Oxidation nimmt die Schichtdicke hingegen um eine Größenordnung schneller zu. Dabei entstehen in der Regel etwas höhere Defektdichten als beim trokkenen Verfahren. Die entsprechende Reaktionsgleichung lautet:

$$Si + 2\,H_2O \rightarrow SiO_2 + 2\,H_2$$

Der zugesetzte Wasserdampf wird an der Siliziumoberfläche zerlegt, der freiwerdende Sauerstoff oxidiert die Siliziumoberfläche. Die Prozeßtemperaturen liegen, wie beim Trokkenoxidieren, zwischen 900 °C und 1200 °C.

Die bei der Oxidation gebildete Quarzglasschicht ist ein harter, temperaturbeständiger, chemisch reaktionsträger Festkörper. Die hohe Stabilität beruht darauf, daß die SiO_2-Moleküle sich so zusammenlagern, daß jedes Si-Atom tetrahedral von 4 Sauerstoffatomen umgeben ist. Damit betätigen die Siliziumatome die Koordinationszahl «4» gegenüber dem Sauerstoff, und weniger stabile Doppelbindungen werden vermieden. Die gebildeten Si-O-Bindungen sind Kovalenzbindungen mit stark polarem Charakter, die nur mit hohem Energieaufwand gebrochen werden können.

SiO_2 besitzt zwar wie eingangs erwähnt auch verschiedene kristalline Phasen, auf Siliziumscheiben wachsen aber, wegen des fehlenden thermodynamischen Gleichgewichts und der schlechten Gitterpassung, nur amorphe Strukturen. Dabei entsteht kein kristalliner Festkörper, sondern, die tetraedrisch gebauten SiO_4-Gruppen lagern sich ohne Fernordnung zusammen (Bild 4.1).

Ein Maß für die Dichte des amorphen Quarzglases sind die Sauerstoffbrücken pro Volumeneinheit, die die einzelnen Tetraeder verbinden. In diesen Verbund können sich, wie Bild 4.1 vermittelt, auch Fremdatome einlagern. Dies können Ionen *zwischen* den Tetraedern oder auch Substituenten für die Siliziumatome *in* den Tetraedern sein. Insbesondere bei Kontakt mit den Dotierstoffen Bor und Phosphor bilden sich durch Substitution die bereits in den letzten beiden Kapiteln erwähnten Silikatgläser.

Da SiO_2-Schichten in integrierten Schaltungen als Dielektrika eingesetzt (Dielektrizitätskonstante $\varepsilon = 3{,}9\ \varepsilon_0$) werden, sind für möglichst hohe Durchbruchspannungen geringe Defektdichten erforderlich. Die relevanten Strukturfehler sind Dünnstellen, Einschlüsse, Mikrokanäle, Hohlräume, Risse und Fremdatome in der amorphen Schicht. Da trocken erzeugte Oxidschichten langsamer wachsen und sich deshalb weniger Defekte bilden, wird dieses Verfahren insbesondere für dünne Oxide mit hoher dielektrischer Festigkeit (Gate-Oxid, Kondensatordielektrikum) eingesetzt.

Beim Schmelzen von amorphen Schichten fehlt ein definierter Phasenübergang zwischen Flüssigkeit und fester Form. Festes Quarzglas verhält sich bei niedrigen Tempera-

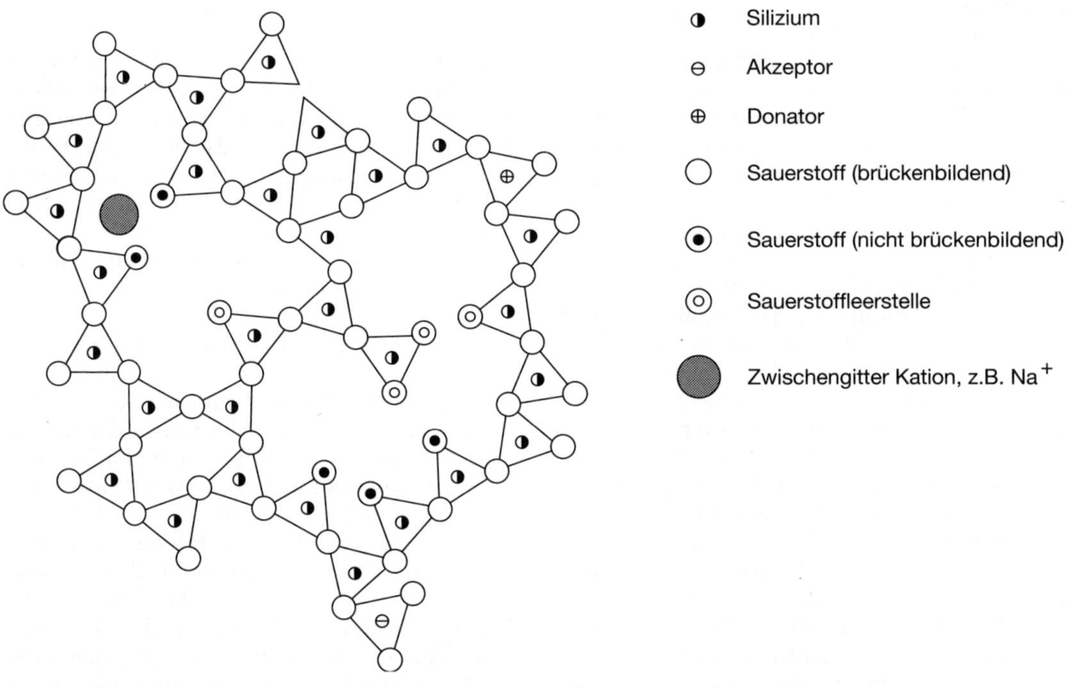

Bild 4.1 Schematische Darstellung der amorphen Struktur von SiO_2. Von den Siliziumdioxid-Tetraedern ist nur eine Tetraederoberfläche gezeigt. Die Tetraeder bilden ein lockeres Netzwerk mit verschiedenen Defekttypen (nach [4.1]).

turen wie eine extrem zähe Flüssigkeit. Bei Temperaturen um 1000 °C beginnt SiO_2 zu fließen, jedoch nur mit Fließgeschwindigkeiten von Å/s. Die Fließfähigkeit nimmt mit der Temperatur zu. Bei etwa 1500 °C ist die Dünnflüssigkeit erreicht.

4.2 Wachstum von thermischen Si-O-Schichten

Zur thermischen Oxidation von Siliziumscheiben werden, wie bei der Diffusion, horizontale Normaldrucköfen mit Quarzglasröhren als Reaktionsräume eingesetzt, in denen die Temperatur mit Mehrzonenheizungen genau eingestellt werden kann (vgl. Abschnitt 2.9). In den Ofen können über die Gasversorgung Leerlaufgase, wie Stickstoff oder Argon, zugeführt werden sowie Sauerstoff und Wasserdampf als Oxidationsmittel. Um sehr sauberen Wasserdampf für die feuchte Oxidation zu erzeugen, wird in einem Außenbrenner Wasserstoff zu H_2O verbrannt und dann in den Ofen geleitet.

Das oxidierende Gasgemisch strömt laminar über die senkrecht im Hauptgasstrom stehenden Siliziumscheiben. Zunächst können die oxidierenden Moleküle direkt mit den Oberflächenatomen des Siliziumgitters reagieren. Sobald sich aber eine (dünne) Siliziumoxidschicht an der Oberfläche gebildet hat, müssen die Oxidanten durch das vorhandene SiO zur Grenzfläche zwischen Oxid und Silizium diffundieren, bevor weitere Siliziumatome oxidiert werden können (Bild 4.2).

Diese Eindiffusion des Sauerstoffs in das vorhandene Oxid ist eine Besonderheit des Siliziums. Bei der Oxidation von Metallen wie z. B. Kupfer läuft der Prozeß genau in umgekehrter Richtung ab. Hier wandern die Metallatome von der Grenzfläche unter dem Oxid an die Oberfläche und reagieren dort mit dem Sauerstoff in der Atmosphäre.

Bei der SiO_2-Bildung an der Siliziumoberfläche werden laufend Siliziumatome verbraucht. Gitterebene für Gitterebene wird oxidiert und deshalb verschiebt sich die Grenzfläche während der Oxidation in immer tiefer liegende Kristallschichten. Wächst eine Oxidschicht mit Dicke z_0, dann wird eine ca. halb so dicke Siliziumschicht oberflächlich abgetragen. Dieser Effekt wird als *thermische Ätzung* bezeichnet und ist charakteristisch für die thermische Oxiderzeugung. Durch den Oberflächenabtrag entstehen sehr reine Oxide, denn abgesehen vom unmittelbaren Beginn der Oxidation, bildet sich das Oxid an einer Siliziumoberfläche, die keinerlei Kontakt zur Außenwelt hatte.

Die thermische Ätzung bei der Oxidation wird in der Halbleiterfertigung vielfach ausgenutzt. Mit dieser Methode lassen sich z. B. vor einem Epitaxieschritt strahlengeschädigte Siliziumoberflächen abtragen, die nach der Implantation nicht vollständig ausheilen. Dazu wird unter sauerstoffhaltiger Atmosphäre getempert. Der eingebrachte Dotierstoff diffundiert dabei in tiefere, intakte Kristallschichten, die gestörten Kristallbereiche werden wegoxidiert. Nach Entfernung des Oxids liegt eine perfekte Siliziumoberfläche vor, die mit

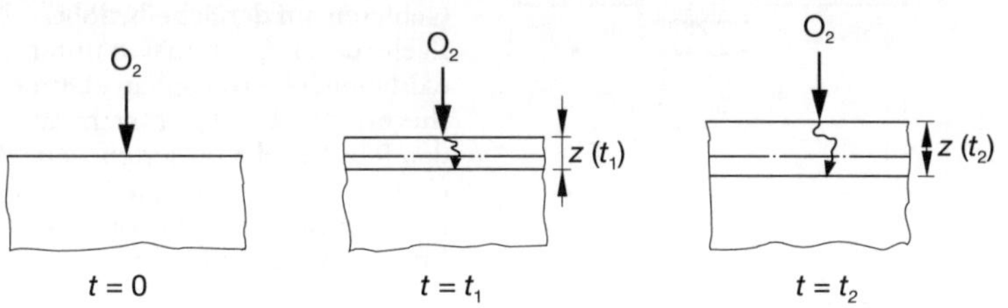

Bild 4.2 Schematischer Ablauf der thermischen Oxidation von Silizium. Gezeigt ist im Schnitt ein Segment einer Siliziumscheibe bei Beginn der Oxidation (t = 0) und zu zwei späteren Zeitpunkten ($t = t_1$ und t_2). Sobald die Siliziumoberfläche mit Oxid bedeckt ist, diffundieren die Oxidanten durch die bereits gewachsene SiO_2-Schicht mit der Dicke z zur Si-/SiO_2-Grenzfläche. Durch die Oxidation wird Silizium abgetragen und das Festkörpervolumen nimmt zu.

einer hochwertigen Epitaxieschicht überzogen werden kann (vgl. Kapitel 5).

Wird nur lokal oxidiert, entstehen durch den räumlich begrenzten Siliziumabtrag bei der Oxidation vertikale Stufen an der Si-Oberfläche, die auch später noch zu erkennen sind. Läßt man z. B. Dotieratome nach der Vorbelegung unter oxidierender Atmosphäre eindiffundieren (vgl. Abschnitt 2.6), markieren die vertikalen Stufen nach Abschluß des Dotierschrittes genau die Position der dotierten Zone (Bild 4.3). Beim nächsten Lithografieschritt kann die Maske vor der Belichtung anhand dieser Stufen justiert werden.

Die Oxidbildung verändert aber auch die mechanischen Eigenschaften der Siliziumoberflächen. Durch Oxidation nimmt das Volumen der in SiO_2 umgewandelten Oberflächenschichten stark zu, denn die kleinen Siliziumatome reagieren mit 2 Sauerstoffatomen, die einen 3mal so großen Atomradius besitzen. Dies führt zu starken mechanischen Verspannungen. Die Folge sind freie Siliziumvalenzen an den Grenzflächen zum Oxid, die durch einen gesonderten Temperaturschritt mit Wasserstoffatomen abgesättigt werden müssen, um schädliche Grenzflächenladungen zu vermeiden (s. auch Abschnitt 4.4.1).

4.2.1 Wachstumsdynamik: Modell von Deal und Grove

Bei der thermischen Oxidation wird das Wachsen einer Oxidschicht (bei gegebener Temperatur) im wesentlichen davon bestimmt, wie schnell die Oxidanten in das vorhandene Oxid eindringen, dann zur Grenzfläche wandern und wie schnell sie dort mit den Atomen des Siliziumgitters reagieren. Wenn z die Dicke der Oxidschicht bezeichnet, die sich während der Oxidationszeit t bildet, dann ist dz/dt die Wachstumsgeschwindigkeit. Die Wachstumsgeschwindigkeit hängt von der Stromdichte j_G der Oxidanten ab, also der Zahl der pro Zeit- und Flächeneinheit an der Grenzfläche mit Siliziumatomen reagierenden H_2O- bzw. O_2-Molekülen. Außerdem geht die Anzahl Z_i der oxidierenden Moleküle in die Wachstumsgeschwindigkeit ein, die zur Bildung einer Volumeneinheit Oxid gebraucht werden.

Nach Deal und Grove [4.2] können diese Zusammenhänge über die Gleichung

$$\frac{dz}{dt} = \frac{j_G}{Z_i} \qquad \text{(Gl. 4.1)}$$

erfaßt werden. Z_i ist proportional zur Dichte der SiO_2-Moleküle in einer Oxidschicht. Wenn in einem cm^3 dieser Schicht ca. $2{,}2 \cdot 10^{22}$ SiO_2-Moleküle enthalten sind, werden $Z_i = 2{,}2 \cdot 10^{22}$ bzw. $4{,}4 \cdot 10^{22}$ O_2- oder H_2O-Moleküle benötigt, um dieses Volumen Oxid zu bilden.

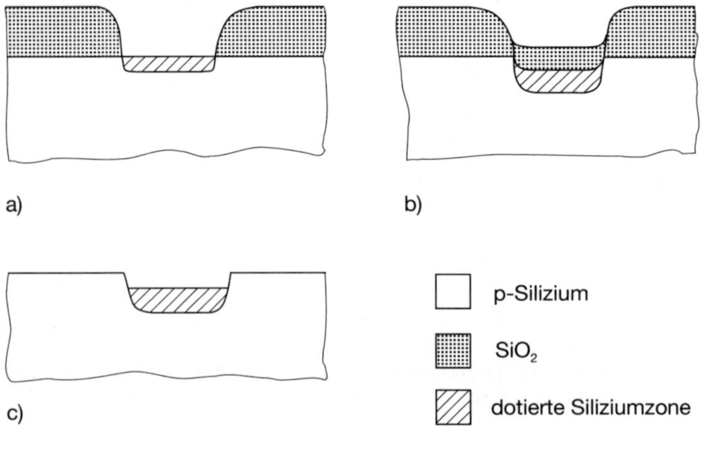

Bild 4.3
Markierung von dotierten Gebieten auf der Scheibenoberfläche durch Eindiffusion unter oxidierender Atmosphäre. Durch thermische Ätzung entsteht an den Rändern der dotierten Zone eine vertikale Kante, die auch nach Abtrag der Diffusionsmaskierung bestehen bleibt.

Die Kenntnis von Z_i alleine genügt noch nicht, um die Differentialgleichung 4.1 zu lösen, denn die Teilchenstromdichte j_G ist keine von außen direkt einstellbare Größe, sondern hängt selbst von der Stromdichte der durchs Oxid diffundierenden Teilchen j_1 ab. Diese Stromdichte ist wiederum von der Zahl der pro Zeit- und Flächeneinheit von der Oxidschicht aufgenommenen Sauerstoff- bzw. Wassermoleküle abhängig. Diese Stromdichte wird als j_0 bezeichnet. Die einzelnen Stromdichten und die zugehörigen Oxidantenkonzentrationen sind in Bild 4.4 gezeigt.

Die Berechnung der für die Oxidationsgeschwindigkeit relevanten Stromdichte j_G wird aber dadurch vereinfacht, daß sich bei konstanten Prozeßbedingungen im Oxidationsofen (Temperatur, Druck, Oxidationsmittel) ein dynamisches Gleichgewicht (*Fließgleichgewicht*) zwischen den 3 Teilchenströmen j_G, j_1 und j_0 einstellen muß: Pro Zeit und Oberflächensegment können nämlich nur genauso viele Moleküle in die Oxidschicht eindringen, wie zur Grenzfläche diffundieren und dort durch SiO_2-Bildung verbraucht werden. Also gilt die Beziehung:

$$j_0 = j_1 = j_G \qquad \text{(Gl. 4.2)}$$

Deal- und Grove haben Modelle für die drei Teilchenströmungen aufgestellt und gehen dabei von folgenden Annahmen aus: Die Oxidanten werden in molekularer Form von der Oxidschicht absorbiert und diffundieren ohne chemische Reaktionen oder Dissoziation interstitiell, also zwischen den SiO_2-Tetraedern hindurch, zur Grenzfläche. Dort reagieren diese Moleküle nach einem linearen Reaktionsgesetz. Deshalb ist der Fluß der an der Grenzfläche verbrauchten Oxidanten j_G proportional zur Konzentration der Oxidanten an der Grenzfläche N_G.

4.2.1.1 Teilchenstrom durch die Oxidoberfläche

Der erste Teilchenstrom j_o durch die Oxidoberfläche wird von den Konzentrationen der Sauerstoff- bzw. Wassermoleküle direkt unterhalb und oberhalb der Oberfläche bestimmt, die mit N_o bzw. N_s bezeichnet werden (s. Bild 4.4). Da die vom Oxid absorbierten Sauerstoff- bzw. Wassermoleküle ständig von der Oxidoberfläche zur Si-SiO_2-Grenzfläche wegdiffundieren, wird die Löslichkeitsgrenze N^* nicht erreicht. Es gilt die Beziehung $N_o < N^*$, und deshalb durchdringt ständig ein stationärer Strom j_o von Oxidanten die Oxidoberfläche. Die Löslichkeitsgrenze N^*, wie später noch

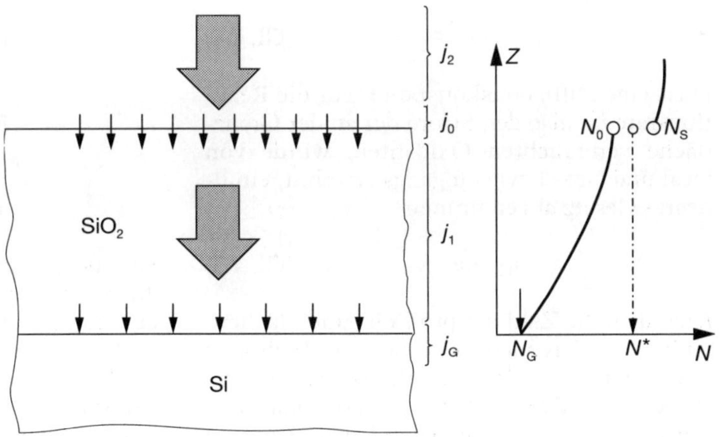

Bild 4.4
Ströme und Konzentrationen während der thermischen Oxidation von Silizium. Die Oxidschicht wächst in z-Richtung, die Siliziumoberfläche liegt bei $z = 0$. Oxidantenströme: j_2 : zur SiO_2-Oberfläche, j_o: durch die SiO_2-Oberfläche, j_1: durch die bereits vorhandene Oxidschicht und j_G: Strom der an der Siliziumoberfläche reagierenden Oxidantenmoleküle. Konzentrationen: N_S: an der SiO_2-Oberfläche, N_o: direkt unterhalb der Oberfläche und N_G: an der Siliziumoberfläche. N^* ist die Gleichgewichtskonzentration der von der SiO_2-Schicht absorbierten Moleküle.

besonders hervorgehoben wird, ist proportional zum Partialdruck P des Oxidanten im Prozeßgas ($N^* \propto P$, *Henrysches Gesetz*). Die Differenz ($N^* - N_o$) charakterisiert die dynamische Aufnahmefähigkeit des Oxides: Je größer das Aufnahmevermögen des Oxids für O_2 bzw. H_2O ist, desto größer wird der Teilchenstrom j_o. Dies kann mit der Gleichung

$$j_o = h \cdot (N^* - N_o) \qquad \text{(Gl. 4.3)}$$

beschrieben werden. Die Proportionalitätskonstante h (*Massentransferkonstante*) gibt an, wie schnell die oxidierenden Moleküle durch die Oxidoberfläche transportiert werden.

4.2.1.2 Teilchenstrom durch das Oxid und die Oxidationsreaktion

Der Strom j_1 beschreibt, wie die absorbierten Moleküle aus den oberflächennahen Schichten zur Si-SiO_2-Grenzfläche diffundieren. An der Grenzfläche ist die Konzentration N_G dieser Teilchen viel geringer als an der Oberfläche ($N_G < N_o$), denn die ankommenden Oxidanten werden zur Oxidbildung verbraucht. Wird ein lineares Konzentrationsgefälle durch die Oxidschicht angenommen, dann ergibt sich für den Strom der absorbierten Moleküle bei einer Schichtdicke z_0 die Gleichung

$$j_1 = D \cdot \frac{N_o - N_G}{z_o} \qquad \text{(Gl. 4.4)}$$

D ist eine Diffusionskonstante. Für die Reaktionsrate j_G, also den Strom der an der Grenzfläche verbrauchten Oxidanten, wurde von Deal und Grove, wie eingangs erwähnt, ein lineares Gesetz angenommen,

$$j_G = \varkappa \cdot N_G \qquad \text{(Gl. 4.5)}$$

nach dem die Zahl der pro Zeit- und Flächeneinheit reagierenden O_2- bzw. H_2O-Moleküle proportional zur Oxidantenkonzentration N_G an der Grenzfläche ist. Die Proportionalitätskonstante hat die Dimension Länge/Zeit und wird als *Reaktionsgeschwindigkeit* bezeichnet.

4.2.1.3 Stationäre Teilchenströme und die verschiedenen Phasen des Oxidwachstums

Im dynamischen Gleichgewicht der 3 Stromdichten (Gleichung 4.2) kann die unbekannte Grenzflächenkonzentration N_G durch die Modellparameter D, h, $\varkappa$ und N^* ausgedrückt werden, indem man die Gleichungen 4.3 bis 4.5 gleichsetzt. Setzt man das Ergebnis für j_G in die Gleichung 4.1 so erhält man folgende Gleichung für die Oxidwachstumsgeschwindigkeit:

$$Z_i \cdot \frac{dz_o}{dt} = N^* \cdot \varkappa \cdot \left\{1 + \frac{\varkappa}{h} + \frac{\varkappa \cdot z_o}{D}\right\} \qquad \text{(Gl. 4.6)}$$

Diese Gleichung läßt sich leicht integrieren. Die Lösung wird als Deal-Grove-Modell für die thermische Oxidation von Siliziumscheiben bezeichnet:

$$z_o^2 + A \cdot z_o = B \cdot (t + \tau) \qquad \text{(Gl. 4.7)}$$

Diese Gleichung verknüpft die Oxiddicke z_o mit der Zeit t, die die Dauer des Oxidationsprozesses angibt. Löst man die Gleichung nach z_o auf, so ergibt sich

$$z_o = \frac{A}{2} \cdot \left\{\sqrt{1 + \frac{4 \cdot B \cdot (t + \tau)}{A^2}} - 1\right\} \qquad \text{(Gl. 4.8)}$$

Die Konstanten A, B und τ sind folgende Abkürzungen:

$$A = 2 \cdot D \cdot \left(\frac{1}{\varkappa} + \frac{1}{h}\right), \qquad \text{(Gl. 4.9 a)}$$

$$B = \frac{2 \cdot D \cdot N^*}{Z_i} \quad \text{und} \qquad \text{(Gl. 4.9 b)}$$

$$\tau = \frac{1}{B} \cdot (z_i^2 + A \cdot z_i) \qquad \text{(Gl. 4.9 c)}$$

Hier bezeichnet z_i die Dicke der Oxidschicht, die bei Beginn der Oxidation ($t = 0$) eventuell bereits vorhanden ist.

Um den zeitlichen Verlauf des Oxidationswachstums qualitativ zu erfassen, ist es praktisch, die Grenzfälle für sehr lange und sehr kurze Oxidationszeiten zu analysieren ($t + \tau \gg A^2/4B$ bzw. $t + \tau \ll A^2/4B$). Hier vereinfacht sich die Gleichung 4.8 zu

$$z_0 \approx \sqrt{B \cdot t} \quad (t \text{ groß, also auch } t \gg \tau) \qquad \text{(Gl. 4.10 a)}$$

und

$$z_0 \approx \frac{B}{A} \cdot (t + \tau) \quad (t \text{ klein}) \quad \text{(Gl. 4.10 b)}$$

Nach diesen Abschätzungen beginnt eine Oxidation stets mit einem zeitlich linearen Wachstumsverhalten der Oxidschicht (vgl. Gleichung 4.10 b). Am Anfang ist die Dicke des gebildeten Oxids proportional zur Oxidationsdauer. Bei längeren Oxidationsprozessen stellt sich ein parabolisches Wachstumsverhalten ein, bei dem das Quadrat der gebildeten Oxiddicke proportional zur Oxidationsdauer t ist, oder anders ausgedrückt bei dem z_o mit der Wurzel von t wächst (vgl. 4.10 a). Die charakteristischen Konstanten B und B/A werden deswegen als parabolische bzw. lineare Wachstumskonstanten bezeichnet.

Die beiden unterschiedlichen Zeitgesetze entstehen, weil sowohl Reaktionsraten an der Si-Oberfläche als auch Transportraten durch die gewachsene Oxidschicht die Wachstumsgeschwindigkeit vorgeben können. Der lineare Verlauf am Anfang der Oxidation ist der *reaktionsbestimmte* Teil des Prozesses: Hier besteht direkter Kontakt zwischen Siliziumoberfläche und dem Prozeßgas. N_G entspricht der konstanten Konzentration des Oxidanten im Prozeßgas N_S. Die Differentialgleichung 4.1 reduziert sich zu $dz/dt = \varkappa \cdot N_S$, und deshalb gilt ein lineares Zeitgesetz für das Schichtwachstum:

$$z_0(t) \propto \varkappa \cdot t$$

Nach dieser Anfangsphase spielt die Reaktionsgeschwindigkeit an der Siliziumoberfläche nur noch eine untergeordnete Rolle. Der Prozeß wird transportbestimmt. Wenn bereits eine dicke Oxidschicht gebildet wurde, ist die Zahl der oxidierenden Moleküle, die bis zur $Si\text{-}SiO_2$-Grenzfläche diffundiert sind, viel zu niedrig, um die Reaktionsgeschwindigkeit aus der Anfangsphase aufrechtzuerhalten. Die Wachstumsgeschwindigkeit wird jetzt durch Transportprozesse bestimmt und richtet sich danach, wie schnell neue Sauerstoff- oder Wassermoleküle durch Diffusion zur Grenzfläche vordringen. Die Stoffmenge, die durch Diffusion pro Zeit durch eine Schicht gegebener Dicke transportiert wird, hängt von der Diffusionslänge ab, und diese Größe ist nach Gleichung 2.20 proportional zu $t^{1/2}$. Dieser Zusammenhang verursacht das parabolische Wachstumsverhalten:

$$z_0(t) \propto t^2$$

4.2.1.4 Parameterbestimmung und Modellgültigkeit

Um das Deal-Grove-Modell auf Oxidationsprozesse anzuwenden, sind im Prinzip die Wachstumskonstanten B und B/A aus den Transportparametern h, N^*, D und $\varkappa$ zu berechnen und in die Wachstumsgleichungen einzusetzen. In der Praxis werden aber in der Regel die beiden Wachstumskonstanten B und A direkt als unabhängige Modellparameter aufgefaßt und durch numerische Anpassung bestimmt.

Bei einer solchen Anpassung (engl.: *fit*) wird die Kurve aus Gleichung 4.8, die die Oxiddicke in Abhängigkeit von der Oxidationszeit beschreibt, mit gemessenen Oxiddicken verglichen, die nach bestimmten Oxidationszeiten festgestellt wurden. Die optimalen A- und B-Werte erhält man durch Minimierung der Summe der quadrierten Abstände zwischen den Meßpunkten $z_n(t_n)$ und den Funktionswerten $z_o(t_n)$ bei den entsprechenden Oxidationszeiten t_n:

$$\text{Fehler} = \sum_n (z_n \cdot (t_n) - z_o \cdot (t_n))^2.$$

Dies ist die Anpassung nach der Methode der kleinsten Fehlerquadrate (engl.: *least squares fit*).

Bild 4.5 zeigt als typische Beispiele Meßwerte und angepaßte Deal-Grove-Kurven für feuchte und trocken gewachsene Oxidschichten. Offensichtlich werden die gezeigten Oxidationsprozesse im zeitlichen Verlauf sehr gut vom Deal-Grove-Modell beschrieben. Zu beachten ist, daß unter feuchten Bedingungen die Oxidschichten ca. 10mal schneller wachsen, als bei der trockenen Oxidation.

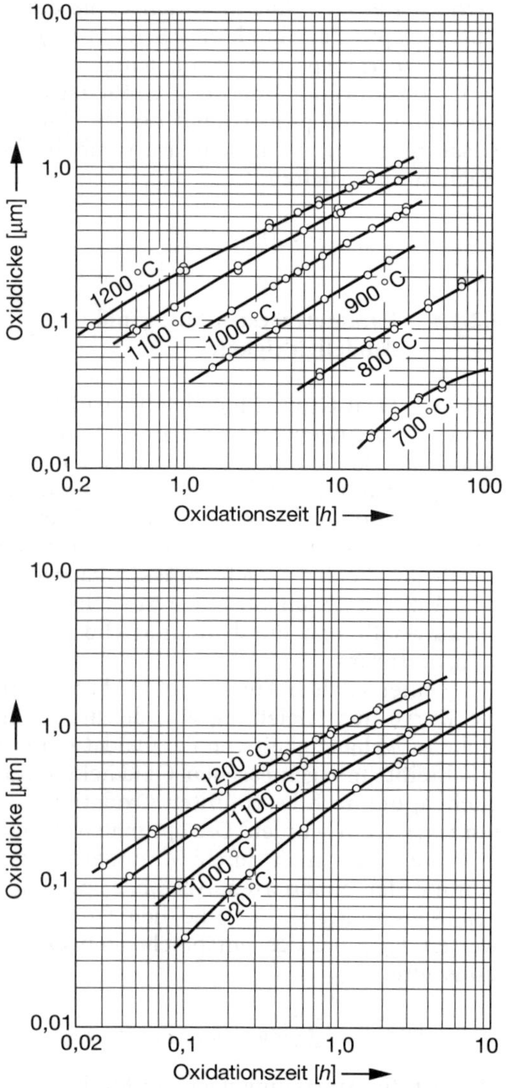

Bild 4.5 Wachstumsdynamik von thermischen Oxiden bei trockener (oben) und feuchter Oxidation (unten) bei verschiedenen Oxidationstemperaturen. Aufgetragen ist die Oxiddicke gegen die Oxidationsdauer (nach [4.6]).

Genauere Untersuchungen zeigen, daß feuchte Oxidationsprozesse für beliebige Schichtdicken und Oxidationszeiten stets ausgezeichnet an das Modell angepaßt werden können. Hier beschreibt das Deal-Grove-Modell die gesamte Bandbreite von möglichen Oxidationsschritten. Bei der trockenen Oxidation hingegen werden stets systematische Abweichungen bei sehr kleinen Dicken festgestellt. Wie Bild 4.6 zeigt, wachsen dünne Oxide ($z_o < z_c \leq 35$ nm) nicht linear mit der Oxidationszeit, sondern wesentlich schneller. Das Wachstum trockener Schichten beginnt mit einem Exponentialgesetz und kann deswegen prinzipiell nicht mit dem Deal-Grove-Modell beschrieben werden. Damit läßt sich aber das Modell nicht auf einen äußerst wichtigen Oxidationsschritt bei der Herstellung von MOS-Schaltkreisen anwenden: die Erzeugung des Gate-Oxids. Diese trocken oxidierte Schicht ist bei heutigen CMOS-Prozessen in der Regel deutlich kleiner als 35 nm und liegt z. B. bei einem 1-µm-CMOS-Prozeß bei 15 nm.

In der Literatur [4.3, 4.4] wurden verschiedene Theorien vorgestellt, die das schnelle Anfangswachstum erklären könnten. So wurde z. B. der beschleunigte Transport von Sauerstoffmolekülen über Mikrokanäle im amorphen Oxid diskutiert. Da diese Kanäle nur geringe Längen aufweisen, kann sich dieser Effekt nur in der Anfangsphase des Oxidwachstums bemerkbar machen. Im Prinzip genügt aber schon folgende einfache Überlegung, um das schnelle Anfangswachstum qualitativ zu verstehen: Die Reaktionsgeschwindigkeit $\varkappa$ an der unoxidierten Oberfläche ist schon deshalb größer als bei oxidierten Siliziumscheiben, weil auftreffende Sauerstoffmoleküle sofort Reaktionspartner finden. Unter einer Oxidschicht treffen Sauerstoffmoleküle hingegen nur noch mit einer gewissen Wahrscheinlichkeit auf unbesetzte Siliziumatome, mit denen sie sich verbinden können. Diese implizite Zeitabhängigkeit von $\varkappa$ läßt sich über eine charakteristische Oxiddicke L und eine Abschirmfunktion $e^{-z/L}$ in der Differentialgleichung 4.6 berücksichtigen [4.5]:

$$\frac{dz}{dt} = \frac{B}{A + 2 \cdot z_0} + C \cdot e^{-\frac{z}{L}}$$

Die beiden Parameter C und L sind weitere Anpaßparameter. L ist eine charakteristische Länge, die angibt, bis zu welcher Oxiddicke

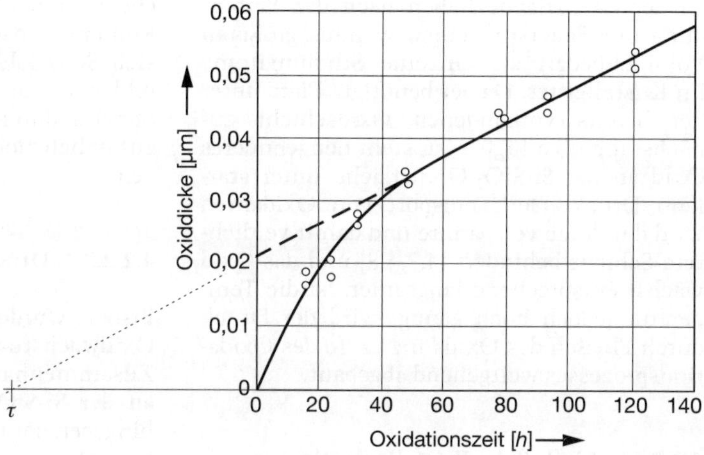

Bild 4.6
Schnelles Anfangswachstum von trockenen Oxiden. Gezeigt sind experimentelle Werte (o) und das Wachstumsverhalten bei 680 °C nach dem Deal-Grove-Modell. Bis zu Schichtdicken von 0,035 µm weichen die Meßwerte systematisch vom erwarteten linearen Verhalten (–) ab. Die Schichtdicken oberhalb dieses Wertes lassen sich nur dann an das Modell anpassen, wenn eine fiktive Anfangsschichtdicke von 200 Å angenommen wird oder eine Vorhaltezeit τ von 75 Stunden (nach [4.2]).

Abweichungen vom ursprünglichen Modell auftreten können.

Für einfache Modellrechnungen kann das Deal-Grove-Modell auch bei trockenen Oxidationsvorgängen in seiner ursprünglichen Form angewendet werden, wenn ein Vorhalt in die Oxidationszeit eingebaut wird. Wie in Bild 4.6 gezeigt ist, extrapoliert man zur Bestimmung des Vorhaltes den linearen Bereich der Wachstumskurve nach $z = 0$ und liest aus dem Achsenabschnitt mit der (negativen) Zeitachse eine Korrekturzeit τ ab, die zur tatsächlichen Oxidationszeit t addiert wird. Dann beschreibt das Modell die Wachstumskurve für trockenes Oxid ab der Mindestdicke von 35 nm im linearen sowie im parabolischen Bereich korrekt.

4.2.2 Temperaturabhängigkeit des Oxidwachstums

Wie schon dem Bild 4.5 zu entnehmen ist, nimmt die Wachstumsgeschwindigkeit mit der Temperatur stark zu, und zwar sowohl bei feuchter als auch bei trockener Oxidation. Dieses Temperaturverhalten kann im Rahmen des Deal-Grove-Modells mit temperaturabhängigen Wachstumskonstanten B und B/A beschrieben werden. Für diese Konstanten wird ein *Arrheniusgesetz* angenommen:

Tabelle 4.1 Aktivierungsenergien E_1 und E_2 und Koeffizienten C_1 und C_2 der Arrheniusbeziehungen der Wachstumskonstanten B bzw. B/A, nach [4.6].

	trocken	feucht	Einheit
C_1	7,72	2,24	10^2 µm²/h
C_2	6,23	89,5	10^6 µm/h
E_1	1,23	0,71	eV
E_2	2,0	1,97	eV

$$B = C_1 \cdot e^{\frac{-E_1}{k_B \cdot T}} \quad \text{(Gl. 4.11 a)}$$

und

$$\frac{B}{A} = C_2 \cdot e^{\frac{-E_2}{k_B \cdot T}} \quad \text{(Gl. 4.11 b)}$$

Die Aktivierungsenergien E_1 und E_2 und die Koeffizienten C_1 und C_2 werden empirisch bestimmt und können Tabelle 4.1 entnommen werden.

Die tabellarisierten Parameterwerte gelten allerdings nur bei Oxidationstemperaturen von über 1000 °C. Bei niedrigeren Prozeßtemperaturen reduziert sich das Oxidwachstum stärker als nach den Gleichungen 4.11 zu erwarten wäre. Dieses Verhalten wird von mechanischen Verspannungen verursacht, die in grenzflächennahen Oxidschichten das Oxid verdichten und damit die Diffusion der Oxidanten behindern. Die Spannungen entstehen durch die bereits erwähnte starke Volumenänderung bei der Oxidation. Die SiO-Moleküle an der Grenzfläche haben nach der Verbindung mit Sauerstoff einen weitaus größeren Volumenbedarf als einzelne Siliziumatome im Kristallgitter. Da der benötigte Platz unter der bereits vorhandenen Oxidschicht zunächst nicht verfügbar ist, steht neugebildetes Oxid an der Si-SiO_2-Grenzfläche unter starkem Druck. Der Transport von Oxidanten wird durch die verspannte und damit verdichtete Schicht behindert [4.7,4.8] und das Oxid wächst entsprechend langsamer. Ist die Temperatur jedoch hoch genug, wird der Druck durch Fließen des Oxids im Laufe des Oxidationsprozesses weitgehend abgebaut.

4.2.2.1 Einfluß der Kristallorientierung

Werden Siliziumoberflächen mit {111}-, {110}- und {100}-Oberflächen oxidiert, erfolgt das Wachstum der Oxidschicht um so schneller, je höher die Scheibenoberfläche indiziert ist. Der Effekt wirkt sich besonders am Anfang des Oxidationsprozesses im linearen, reaktionsbestimmten Teil des Schichtwachstums aus. Die lineare Wachstumskonstante B/A kann zwischen {111}- und {100}-Scheiben um bis zu einem Faktor 2 differieren. Die Ursache ist die mit Indizierung zunehmende Oberflächendichte der Siliziumatome, die zu einer erhöhten Reaktionsgeschwindigkeit $\varkappa$ bei {110}- und {111}-Siliziumscheiben führt.

Im parabolischen Wachstumsbereich sollte die Abhängigkeit der Wachstumsgeschwindigkeit von der Kristallorientierung theoretisch verschwinden, weil hier der Prozeß transportbestimmt ist und die Oberflächenorientierung der Siliziumscheiben keinen direkten Einfluß auf die Diffusionsgeschwindigkeit der Oxidanten in der Oxidschicht hat. Bei der Oxidation werden allerdings auch für größere Oxiddicken ähnliche Abhängigkeiten von der Oberflächenorientierung der Wafer beobachtet, wie bei dünnen Oxiden. Dieser Effekt wurde ebenfalls auf die erwähnten mechanischen Verspannungen beim Oxidationsprozeß zurückgeführt [4.9]. Diese Spannungen sind um so größer, je höher die Oberflächendichte der Si-Atome ist, wachsen also mit zunehmender Indizierung der Siliziumoberfläche. Bei einer feuchten Oxidation wirken sich Kompressionseffekte weniger stark aus, weil sich SiO_2-Schichten mit lockererem Aufbau bilden, die im Vergleich zu trockenen Oxiden ohnehin durchlässiger für Oxidanten sind und zusätzlich noch bessere Fließfähigkeit besitzen.

4.2.2.2 Druckabhängigkeit

Bisher wurden Druckabhängigkeiten beim Oxidwachstum nur als hemmender Effekt im Zusammenhang mit Verdichtungen des Oxids an der Si-SiO_2-Grenzfläche diskutiert. Wird hingegen der Druck der Prozeßgase im Oxidationsofen erhöht, beschleunigt dies das Oxidwachstum erheblich (Bild 4.7). Bei höherem Partialdruck P im Gas werden die Oxidanten

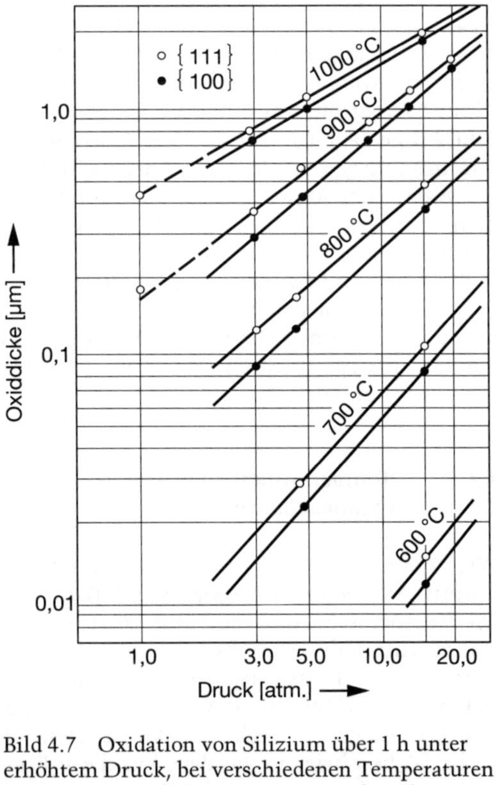

Bild 4.7 Oxidation von Silizium über 1 h unter erhöhtem Druck, bei verschiedenen Temperaturen und unterschiedlicher Orientierung der Siliziumeinkristallscheiben (nach [4.6]).

nämlich rascher vom bereits vorhandenen Oxid absorbiert, denn nach dem Henryschen Gesetz gilt $N^* \propto P$. Nach Gleichung 4.9 b überträgt sich diese Proportionalität direkt auf die parabolische, wie die lineare Wachstumskonstante B bzw. B/A. Also sollte das Schichtwachstum sowohl bei dünnen, als auch bei dicken Schichten $\propto P$ zunehmen. Die experimentellen Daten zeigen diesen linearen Zusammenhang aber nur bei der feuchten Oxidation. Bei der Trockenoxidation wird ein sublinearer Zusammenhang $\propto P^n$ festgestellt ($n = 0{,}6 \ldots 0{,}8$) [4.10].

Durch Ausnutzen des Druckes als Prozeßparameter können die Oxidationszeiten reduziert werden. Dadurch verringert sich die thermische Belastung der Siliziumscheiben im Fertigungsprozeß, und die bereits im Kristall erzeugten dotierten Zonen diffundieren weniger aus.

Eine andere Möglichkeit zur Reduktion der thermischen Belastung bei der Oxidation sind Schnellverfahren (Rapid Thermal Processing, RTP), analog zum im Abschnitt 3.3.1 behandelten Rapid-Thermal-Annealing-Verfahren bei der Ionenimplantation. Diese Schnellverfahren haben sich aber in der Praxis bei der Oxidation noch nicht durchgesetzt. Wie eine Untersuchung von Fertigungsgeräten für die schnelle Oxidation von Deaton und Massoud [4.20] zeigt, sind die Oxiddickenschwankungen bei derzeit auf dem Markt erhältlichen Systemen noch zu groß, um reproduzierbar mit RTP-Oxiden ICs herstellen zu können.

4.2.3 Oxide auf dotierten Siliziumoberflächen

Oxidschichten und dotierte Zonen beeinflussen sich auf zweierlei Weise. Der Dotierstoff wird durch Segregation im oberflächennahen Bereich der Siliziumscheiben umverteilt. Bei hohen Dotierstoffkonzentrationen ändert sich zudem die Wachstumsgeschwindigkeit der Oxidschicht.

Die Umverteilung des Dotierstoffes im Silizium bei der Aufoxidation einer Oxidschicht hängt vom Verhältnis der Löslichkeiten des Dotierelementes in beiden Medien ab. Die physikalischen Effekte wurden im einzelnen bereits in Abschnitt 2.8.4 behandelt

Auswirkung der Dotierstoffkonzentration im Silizium auf die Oxidationsgeschwindigkeit werden erst bei einer sehr hohen Dotierstoffkonzentration im Silizium nahe der jeweiligen Löslichkeitsgrenze (ca. 10^{20} Dotieratome/cm^3) festgestellt. Der Effekt tritt sowohl bei Dotierelementen mit $m < 1$ als auch bei $m > 1$ auf (m ist der in Gleichung 2.27 definierte Segregationskoeffizient). Das Oxidwachstum beschleunigt sich, weil entweder ($m > 1$) die Si-Oberfläche durch die hohe Dichte der Dotieratome unterhalb der Si-SiO_2-Grenzfläche gestört und damit leichter oxidierbar wird, oder weil die hohe Konzentration des Dotierstoffes im Oxid ($m < 1$) die amorphe Struktur auflockert. Dies erleichtert die Nachdiffusion von Oxidanten zur Grenzfläche.

Im Prinzip ließe sich das beschleunigte Oxidwachstum auf hochdotierten p- oder n-Zonen zur selektiven Oxidation von Siliziumscheiben nutzen. Allerdings ist der Effekt nicht ausgeprägt genug, um reproduzierbare Unterschiede in den Oxiddicken auf hoch- und niedrigdotierten Gebieten zu erzeugen. Unterschiedliche Geschwindigkeiten des Oxidwachstums bei unterschiedlich dotierten Zonen müssen im Prozeß aber trotzdem berücksichtigt werden, denn schnelleres Oxidwachstum bedeutet auch stärkeren Siliziumabtrag durch thermisches Ätzen. Schumicki und Seegebrecht [4.3] diskutieren als Beispiel die Oxidation von Source- und Drain-Gebieten von MOS-Transistoren. Diese Strukturen sind bei VLSI-Technologien mit Strukturbreiten von 1 µm hochdotierte flache Profile. Verstärkter Kristallabtrag beim Oxidieren reduziert die Dicke der dotierten Zonen und verursacht dadurch erhöhte Schichtwiderstände in den Source- und Drain-Gebieten. Damit verschlechtern sich die Transistoreigenschaften.

4.3 Thermische Oxide im Gesamtprozeß

Thermische Oxide finden im Gesamtprozeß zur Herstellung von Bipolar- und CMOS-Schaltkreisen vielfältige Verwendung. Die einzige erwähnenswerte Rückwirkung der Oxidation auf die kristalline Beschaffenheit des Substrats sind oxidationsinduzierte Stapelfehler [4.13]. Die Konzentration der gebildeten Defekte hängt vom Vorhandensein von Keimen ab (Partikel, Chemikalienrückstände, Fremdatomausscheidungen usw.). Durch die Reinheit der Fertigungsbedingungen kann das Auftreten der Stapelfehler in Grenzen gehalten werden.

4.3.1 Selektive Diffusion von Siliziumscheiben mit Oxidmaskierung

Die wichtigste Anwendung des Siliziumoxids in der Halbleitertechnologie war vor der Einführung der Ionenimplantation die Maskierung der Siliziumoberfläche gegen Dotieratome. Dieser Effekt beruht auf der schlechten Beweglichkeit aller gängigen Dotierelemente in SiO_2. Vergleicht man die Aktivierungsenergien im Arrheniusgesetz für die Diffusionskonstante,

$$D = D_o \cdot e^{\frac{-E_A}{k_B \cdot T}} \qquad \text{(Gl. 4.12)}$$

für die Diffusion der gebräuchlichen Dotierstoffe in Silizium und SiO_2 (s. Tabellen 4.2 und 2.1), so sind diese Energien und damit die Diffusionskonstanten im Oxid wesentlich kleiner. Die Diffusionslängen (vgl. Abschnitt 2.4) erreichen in SiO_2 bei gleichen Diffusionsbedingungen nur 10 % der Werte für kristallines Silizium. Eine Ausnahme ist das ohnehin schlecht bewegliche Antimon. Hier fällt der Unterschied kleiner aus. Deshalb ist Siliziumdioxid eine optimale Maskierungsschicht für die selektive Dotierung von Siliziumoberflächen.

Bei der Dotierung dringt der Dotierstoff nur oberflächlich in die Oxidschicht ein und substituiert dort Siliziumatome in den SiO-Tetraedern. So bilden sich an der Oberfläche Silikatglasfilme mit eine relativ scharfen Grenzfläche zum undotierten SiO_2. Zur Kontamination des Siliziumsubstrates kommt es erst, wenn diese Grenzfläche die Siliziumoberfläche erreicht hat. Die dafür notwendigen Diffusionszeiten sind um ein Vielfaches länger, als die zur Erzeugung von p- bzw. n-dotierten Siliziumgebieten notwendige Prozeßdauer. Um zu verhindern, daß die Weiterdiffusion des Dotierstoffes im Oxid zu fehldotierten Zonen im Silizium führt, werden die kontaminierten SiO_2-Oberflächenschichten nach Abschluß des Dotierschrittes abgeätzt.

Zusätzliche Vorteile der Oxidmaskierung bei der Dotierung aus chemischen Quellen sind die hohe Temperaturbeständigkeit und die apparativ einfache Schichterzeugung. Bei der Ionenstrahldotierung genügt zur Maskierung von bestimmten Bereichen der Siliziumoberfläche eine mechanisch robuste Abfangschicht ohne besondere Temperaturfestigkeit. Auch hier kann thermisches Oxid verwendet werden, oder aber der entwickelte Fotolack. Die Ionenreichweiten in SiO_2 und Silizium zeigen allerdings nicht die systematischen Unterschiede der Diffusionskonstanten, sondern sind nahezu identisch. Deswegen sind dickere Oxidschichten als Maskierung notwendig, als beim Diffusionsverfahren. Auch hier werden die mit Dotierstoff kontaminierten Oxide nach der Implantation abgeätzt, um nachträgliche Leitfähigkeitsänderungen im Silizium durch Diffusion aus dem Oxid zu verhindern.

Tabelle 4.2 Diffusionsparameter und Diffusionskonstanten bei 1200 K = 1473 °C, berechnet nach Gleichung 4.12 mit $k_B = 8{,}62 \cdot 10^{-5}$ eV/K

Element	Silizium			Siliziumoxid		
	D_o	E_A (eV)	D (1200 K)	D_o	E_A (eV)	D (1200 K)
Antimon	7,74	3,98	$1{,}8 \cdot 10^{-13}$	$1{,}3 \cdot 1016$	8,74	$1{,}5 \cdot 10^{-14}$
Phosphor	0,6	3,51	$5{,}0 \cdot 10^{-13}$	0,186	4,03	$3{,}1 \cdot 10^{-15}$
Bor	13	3,81	$1{,}2 \cdot 10^{-12}$	$3{,}6 \cdot 10^{-4}$	3,53	$3{,}0 \cdot 10^{-15}$
Arsen	13	4,05	$1{,}8 \cdot 10^{-13}$	248	4,9	$4{,}3 \cdot 10^{-15}$

4.3.2 Streuoxide

Wie bereits in Kapitel 3 erwähnt, werden bei der Ionenimplantation thermische Oxide als *Streuoxid* auf unmaskierte Bereiche aufgebracht. Hier wird der amorphe Charakter der SiO_2-Schicht ausgenutzt, um bei der Implantation den Channeling-Effekt zu unterdrükken. Channeling tritt immer dann auf, wenn die Richtung des Ionenstrahls mit einer Kristallachse zusammenfällt. Im Streuoxid treffen die Ionen, bevor sie die Siliziumoberfläche erreichen, auf unregelmäßig verteilte atomare Bestandteile, werden aus der Strahlrichtung weggestreut und dringen deshalb aus verschiedenen Richtungen in das Kristallgitter ein. Zusätzlich wirkt das Streuoxid auch als Diffusionsbarriere für Verunreinigungen und schützt die Siliziumscheiben vor Kontamination durch Handlingsysteme in der Implantationsanlage und metallischen Sekundärionen, die vom Ionenstrahl in der Targetkammer ausgelöst werden (*Dirt Barrier*).

4.3.3 Selektive Oxidation von Siliziumscheiben mit Siliziumnitrid

Siliziumnitrid (Si_3N_4) ist wie SiO_2 ein amorpher dielektrischer Festkörper. Der wesentliche Unterschied zum SiO_2 besteht darin, daß in Siliziumnitrid Sauerstoff und Wassermoleküle kaum diffusionsfähig sind. Siliziumnitrid (kurz: *Nitrid*) wird zwar von Sauerstoff und Wasser oberflächlich angegriffen, die Konversionsrate von Nitrid in SiO_2 beträgt allerdings nur etwa 1% der Wachstumsrate von Oxid auf Silizium. Nitridschichten eignen sich deswegen ausgezeichnet als Maskierungsschichten, mit denen die Oxidation bestimmter Zonen auf der Siliziumscheibe unterbunden werden kann. Diese Technik heißt LOCOS-Verfahren (*örtliche Siliziumoxidation,* engl.: ***loc**al **o**xidation of **s**ilicon*) und wird insbesondere bei MOS-Technologien angewendet:

In integrierten MOS-Schaltkreise werden Oxidschichten mit extrem unterschiedlichen Dicken eingesetzt. Für den Feldeffekt sind dünne dielektrische SiO_2-Schichten (Gate-Oxid: Dicke ~ 10...20 nm) erforderlich, um die zur Inversion notwendigen Feldstärken zu erzeugen. Zwischen den Transistorgebieten wird zur gegenseitigen Isolation der Bauelemente eine dicke Oxidschicht (*Feldoxid*: Dicke ~ 0,5...1 µm) benötigt. Um an den Rändern der Transistorgebiete steile und hohe Stufen im Oxid zu verhindern, setzt man die LOCOS-Technik ein (Bild 4.8). Steile vertikale Strukturen sind problematisch, weil über diese Stufen die Gate-Elektroden aus Polysilizium in die Transistorgebiete geführt werden müssen. Diese Strukturen werden als Schicht aus der Gasphase abgeschieden (s. Kapitel 6). Es ist typisch für dieses Verfahren, daß vertikale Flächen dünner beschichtet werden als horizontale Bereiche, deshalb können bei zu großer Stufenhöhe Materialschwächen im Polysilizium auftreten.

Der LOCOS-Prozeß beginnt mit der Oxidation der Feldbereiche. Die aktiven Gebiete sind mit Nitrid abgedeckt und dickes Feldoxid

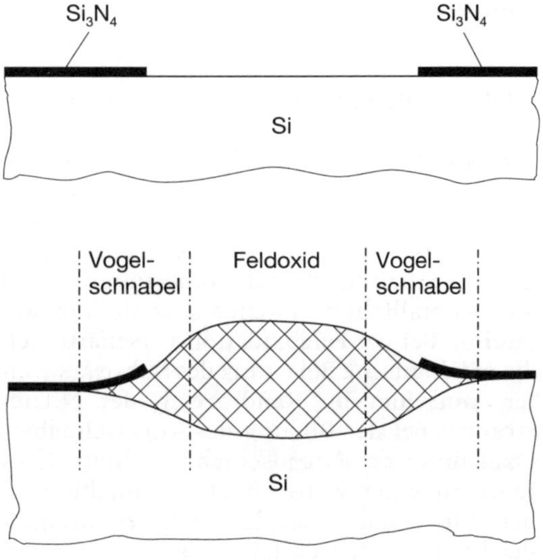

Bild 4.8 Der LOCOS-Prozeß. Vor der Oxidation werden alle Gebiete auf der Siliziumscheibe, die nicht mit Feldoxid bedeckt werden sollen, durch eine Si_3N_4-Schicht als Oxidationsmaske abgedeckt. Zwischen diesen Gebieten wächst Feldoxid. An den Rändern der Feldoxidgebiete entsteht die charakteristische Vogelschnabelstruktur.

wächst nur zwischen den Transistorgebieten. Durch die thermische Ätzung bei der Oxidation der Feldbereiche reduziert sich die Stufenhöhe relativ zu den Transistorgebieten um 40 %, und die Probleme mit mangelhaften Polysiliziumschichten an den Rändern der Transistorgebiete sind weitgehend beseitigt. Als Nebeneffekt entsteht die charakteristische *Vogelschnabelstruktur* (engl.: *bird's peak*, s. Bild 4.8) an den Feldoxidrändern. Weil die oxidierenden Gase isotrop diffundieren, gelangen geringere Mengen des Oxidationsmittels an den Rändern der Nitridzonen unter die Abdeckschicht und bilden dort eine sich verjüngende Oxidschicht, die nach der Nitridentfernung für einen graduellen Übergang zum Feldoxid sorgt. Breite und Form des Vogelschnabels bestimmt wesentlich den Minimalabstand zwischen 2 Transistoren und damit die erreichbare Packungsdichte der Bauelemente. Nach der Feldoxidation legt man die Transistorgebiete durch Abätzen des Nitridfilmes frei und erzeugt durch trockene thermische Oxidation das dünne Gate-Oxid (s. Abschnitt 4.3.5)

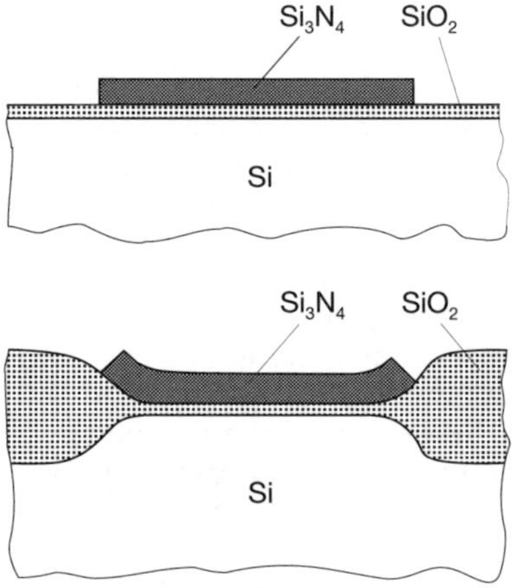

Bild 4.9 Padoxid (Dicke ca. 50 nm) als Anpaßschicht bei der LOCOS-Technik. Durch die unterliegende SiO_2-Schicht reduziert sich der Druck von verspannten Si_3N_4-Schichten, die Kristallfehler im Siliziumsubstrat verursachen können.

4.3.4 Siliziumoxid als Anpaßschicht

Die Nitridschichten bei der LOCOS-Technik werden aus der Gasphase abgeschieden. In diesen Schichten bilden sich bei der Abscheidung starke mechanische Spannungen aus, die das Siliziumsubstrat komprimieren und dort Kristallfehler induzieren können (s. Kapitel 6). Bei der Feldoxidation verschärft sich die mechanische Belastung des Substrats weiter, weil hier im Randbereich der Nitridstruktur bei der Bildung des Vogelschnabels Oxid unter der Nitridschicht entsteht. Dies führt zu einer weiteren Druckzunahme an den Nitridrändern und zu weiteren Kristalldefekten. Die Kristallfehler lassen sich reduzieren, wenn eine thermische Oxidschicht unter die abgeschiedene Nitridschicht gelegt wird (Bild 4.9). Dieses *Padoxid* ist 25 ... 50 nm dick und nimmt einen Großteil der Kompressionskräfte bei der Nitridabscheidung und bei der Feldoxidation auf. Nach der Oxidation der Feldbereiche wird das Padoxid zusammen mit den Nitridschichten wieder entfernt.

4.3.5 Isolierende Siliziumoxidschichten

Die Leitfähigkeit von reinem SiO_2 ist äußerst gering ($\sim 10^{-12}$ S/cm). Die Durchbruchfeldstärke liegt bei mehreren MV/cm. Oxidschichten sind damit ausgezeichnete Isolatoren, die in integrierten Schaltkreisen vielfach eingesetzt werden.

In der Bipolar- und MOS-Technik sind die Verbindungsleitungen zwischen verschiedenen Bauelementen des Chips aus Metall (meist Aluminiumlegierungen, vgl. Kapitel 7). Diese Leitungen werden mit dicken Oxidschichten gegenüber dem Siliziumsubstrat isoliert. Bei den üblichen Spannungen in bipolaren Schaltungen, die in der Regel 40 V nicht übersteigen, besitzen Oxide mit Dicken von 0,5 ... 1 µm ausreichende Durchbruchfestigkeiten (bei 0,5 µm einige 100 V!). Der Isolationswiderstand zwischen einer z. B. 100 µm langen und 2 µm breiten Leitung und dem Substrat liegt im Bereich $10^8\ \Omega$.

MOS-Schaltungen arbeiten mit niedrigeren

Versorgungsspannungen als bipolare ICs. Deshalb wird hier SiO_2 als Isolationsschicht weniger beansprucht. Solange keine starken Verunreinigungen, Hohlräume oder Dünnstellen beim Wachsen des Oxids durch Prozeßfehler entstehen, sind die isolierenden Eigenschaften von SiO_2 für die in integrierten Schaltungen auftretenden Anforderungen mehr als ausreichend.

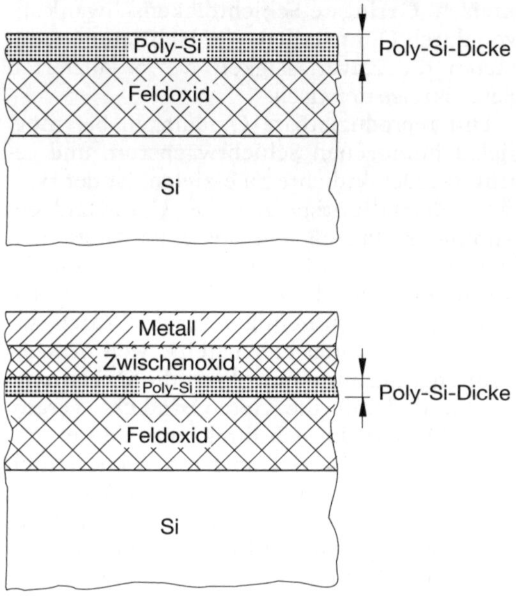

Bild 4.10 Thermische Oxidation von Polysilizumschichten zur Isolation gegenüber der ersten Metallage (*Zwischenoxid*). Durch thermische Ätzung bei der Oxidation wird die Polysiliziumschicht dünner.

Thermische SiO_2-Schichten sind auch als Isolation zwischen Polysiliziumschichten und der metallischen Leiterbahnebene (*Zwischenoxid*) geeignet, s. Bild 4.10. Polykristallines Silizium wird in der MOS- und der Bipolartechnik häufig als leitende Struktur eingesetzt. Zur Isolation kann Polysilizium wie monokristallines Material trocken oder feucht oxidiert werden. Da polykristallines Silizium bei der Oxidation wie monokristallines Silizium thermisch geätzt wird, kann sich bei diesem Isolationsverfahren der Widerstand von Polysiliziumbahnen, die ohnehin recht dünn sind ($\sim 0{,}5\ \mu m$) deutlich erhöhen. Die Oxidationsraten von Polysilizium sind ähnlich wie bei Siliziumeinkristallen. Die Oxidationsgeschwindigkeit an den Korngrenzen ist aber in der Regel größer als innerhalb der kristallinen Körner. Daher überträgt sich die inhomogene Struktur des Polysiliziums teilweise in die gewachsene Oxidschicht. Dadurch kann sich die Spannungsfestigkeit des Materials reduzieren.

4.4 Dünne Siliziumdioxidschichten als Dielektrika

Die Dielektrizitätskonstante von thermischen Oxiden ist $3{,}9 \cdot \varepsilon_0$. Bei einer defektfreien Schicht beträgt die Durchbruchfeldstärke bis zu 10 MV/cm. Daher sind SiO_2-Schichten

Bild 4.11
Kondensatorstruktur in einer integrierten Bipolarschaltung. Um relativ große Kapazitätswerte bei möglichst geringem Flächenaufwand zu realisieren, wird dünnes Oxid als Dielektrikum verwendet. Die beiden Kondensatorelektroden sind eine hochdotierte Siliziumzone und eine Metallschicht (MIS-Struktur, Metall Isolator Silizium). Wegen der größeren dielektrischen Konstante werden häufig auch Si_3N_4-Schichten als Dielektrikum verwendet.

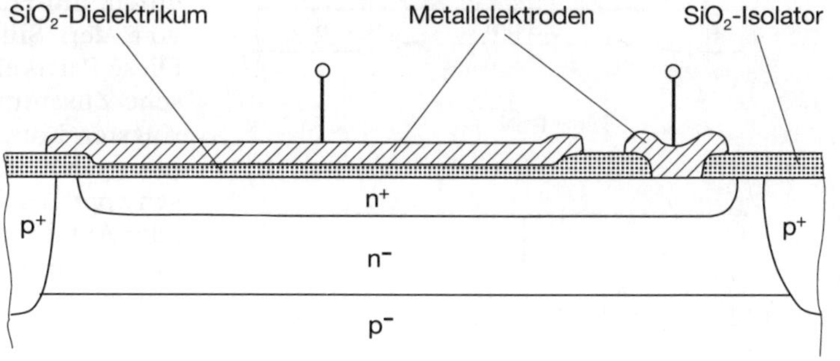

auch ausgezeichnete Dielektrika, mit denen sich Kapazitäten auf integrierten Schaltkreisen realisieren lassen.

Kondensatoren auf integrierten Bipolarschaltkreisen werden meist als Plattenkondensator aus einer isolierten Metallelektrode, SiO_2 als (möglichst dünnes) Dielektrikum und einer hochdotierten Siliziumzone als Gegenelektrode aufgebaut (Bild 4.11). Dazu wird ein dotiertes Halbleitergebiet freigeätzt, und dann oxidiert man eine möglichst dünne SiO_2-Schicht auf. Eine solche Anordnung mit der Fläche F und der Dicke z hat näherungsweise die Kapazität

$$C = 3{,}9 \cdot \varepsilon_0 \cdot \frac{F}{z} \qquad \text{(Gl. 4.13)}$$

Typische Kapazitäten, die auf diese Weise realisiert werden können, liegen im Bereich von 1 pF. Damit der Flächenbedarf von Kondensatoren klein bleibt, werden möglichst dünne, trocken thermisch gewachsene Oxide verwendet ($z \sim 100$ nm).

Die wichtigste Anwendung dünner Oxiddielektrika sind die Gate-Oxide bei MOS-Transistoren. Bei einem typischen Submikrometer-Schaltkreis mit 0,8 µm minimaler Strukturbreite isolieren nur 10 nm dicke Oxidschichten die Gates aus Polysilizium vom Kanalbereich im Siliziumsubstrat (Bild 4.12). Bei den üblichen 5 V Versorgungsspannung am Schaltkreis wird das Gate-Oxid bei normalen Betriebsbedingungen bereits mit der halben Durchbruchfeldstärke belastet! Das Gate-Oxid ist damit die kritischste Schicht bei der Herstellung von MOS-Schaltkreisen. Geringste Schichtdickenschwankungen durch Dünnstellen oder Hohlräume reduzieren die Zuverlässigkeit der produzierten Schaltkreise drastisch.

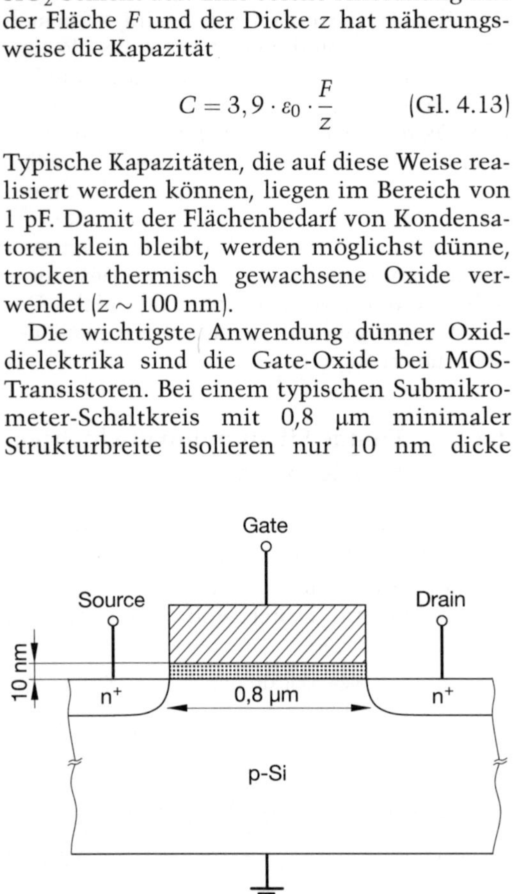

Bild 4.12 Schnitt durch den Gate-Bereich eines Kurzkanal-NMOS-Transistors. Die Kanallänge beträgt 0,8 µm, die Gate-Oxiddicke nur 10 nm. Die Spannung an der Gate-Elektrode erzeugt über das Gate-Oxid das Steuerfeld für den Ladungsträgerstrom im Kanal des Transistors.

Um reproduzierbare Oxiddicken bei möglichst homogenen Schichtwachstum und geringster Defektdichte zu erzielen, ist der typische Herstellungsprozeß von Gate-Oxid ein komplexer Prozeß, der auf einer langsamen thermischen Oxidation in extrem trockener Sauerstoffatmosphäre bei 900...1000 °C basiert. Spurenverunreinigungen der Prozeßgase mit Wasser stören hier bereits, weil Wasserbeimengungen unkontrolliert die Oxidationsrate und damit die Gate-Oxiddicke vergrößern. Dies wirkt sich direkt auf die Einsatzspannung der MOS-Transistoren aus. Durch spezielle Trocknungsmaßnahmen läßt sich der Wassergehalt in den Prozeßgasen auf unter 1 ppm (1 **p**art **p**er **m**illion: 1 Millionstel) reduzieren. Dies ist für eine reproduzierbare Herstellungen von 10 nm dicken SiO_2-Schichten ausreichend [4.3].

Gate-Oxide müssen außerdem auf sehr sauberen Siliziumoberflächen wachsen. Deshalb führt man vor jeder Gate-Oxidation eine gründliche Reinigung der Siliziumscheiben durch, um Fremdpartikel möglichst zu 100 % von der Siliziumoberfläche zu entfernen. Diese Partikel haben unterschiedliche chemische Zusammensetzungen und werden in geringster Konzentration durch die Reinraumluft oder die Prozeßchemikalien eingeschleppt. Es kann sich aber auch um Reste oder Abfallprodukte handeln, die von anderen Prozeßschritten stammen. Beispiele sind Fotolackreste, die nach dem Entwickeln nicht vom Lackentfernungsschritt erfaßt wurden, oder Kristallbruchstücke, die von den Rändern der Siliziumscheiben auf dem Weg durch die Fertigungsanlagen abgeplatzt sind usw.

Liegt ein solcher Partikel z. B. in einem Segment der Scheibenoberfläche, das oxidiert werden soll, dann behindert der Fremdkörper den Oxidantenfluß und das Gate-Oxid wird zu dünn (Bild 4.13). So entsteht ein Gate-Substrat-Kurzschluß oder ein Transistor mit zu geringer Gate-Oxiddicke ohne die notwendige Spannungsfestigkeit, der im Betrieb ausfällt. Um fehlerhafte Gate-Oxide zu vermeiden, wird die Gate-Oxidation bei heutigen MOS-Technologien mehrfach ausgeführt. Die erste Oxidschicht bindet die Verunreinigungen und wird weggeätzt (Voroxidation der Gate-Gebiete, engl.: *pregate-Technik*).

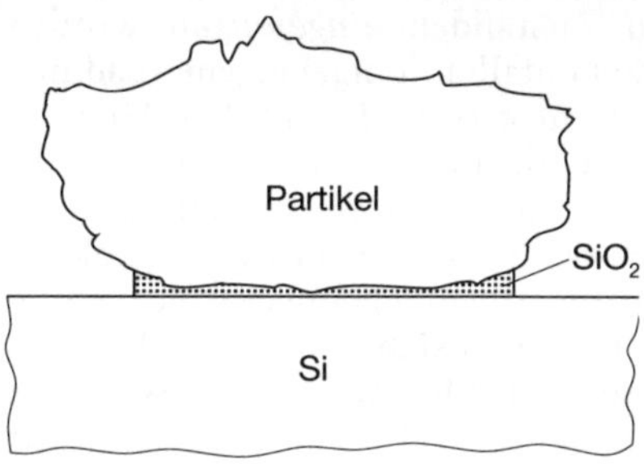

Bild 4.13 Partikel mit ca. 1 µm Durchmesser, der den Gate-Bereich des Transistors aus Bild 4.12 bei der Oxidation abdeckt. Der Partikel behindert das Oxidwachstum. Die SiO_2-Schicht wird zu dünn.

Eine weitere häufige Ursache von fehlerhaften Gate-Oxiden sind Kristallstörungen im Siliziumsubstrat. Dabei kann es sich um Spurenverunreinigungen des Siliziumsubstrats mit Metallen handeln, die bereits im hochreinen Ausgangssilizium vorhanden sind oder im Laufe des Fertigungsprozesses von den Siliziumscheiben als Verunreinigungen aufgenommen werden. Werden diese Verunreinigungen nicht durch Getterschritte gebunden, können sich die Metallspuren nach Temperschritten an der Si-SiO_2-Grenzfläche als Präzipitate ausscheiden. Eisenkontamination wurden z. B. in [4.11] nachgewiesen. Auch die Mikrorauhigkeit der Siliziumoberfläche, die durch den Reinigungsprozeß vor der Oxidation verstärkt werden kann, wirkt sich negativ auf die Spannungsfestigkeit von Gate-Oxiden aus [4.12].

Besonders problematisch sind Verunreinigungen des gewachsenen Gate-Oxids mit Alkalimetallionen. Diese Ionen stammen ebenfalls aus den verwendeten Medien (Gase, Flüssigkeiten, wie die Entwicklerlauge bei der Lithografie) und sind in SiO_2 sehr gut beweglich. Diese beweglichen Ladungen können im Oxid driften und das elektrische Verhalten der betroffenen Transistoren destabilisieren. Um die Zahl dieser Ionen zu reduzieren, versucht man die aktiven Alkalimetallionen durch Chlor zu binden. Dazu werden die Oxidationsöfen Ionen mit HCl-Gas gespült und chlorhaltige Gase der oxidierenden Atmosphäre zugegeben.

4.4.1 Oxidladungen und dielektrische Eigenschaften von dünnen Oxiden

Thermisch gewachsenes SiO_2 auf Siliziumscheiben ist bei genauer Betrachtung keine elektrisch neutrale Struktur und damit kein ideales Dielektrikum. Im Oxid gibt es lokalisierte und bewegliche Ladungen beider Polaritäten. Diese Ladungen werden nicht nur durch Verunreinigungen verursacht, wie die bereits angesprochenen Alkalimetallionen, sondern entstehen auch naturgesetzlich an der Grenzfläche zwischen Si und SiO_2, weil hier die Gitterperiodizität des Siliziumkristalls abrupt unterbrochen wird. Dies schafft elektronische Oberflächenzustände, die bewegliche Ladungsträger aus dem Halbleiter binden können. Gebundene oder bewegliche Ladungen verursachen Abweichungen vom idealen dielektrischen Verhalten.

Bei MOS-Transistoren beeinflussen Ladungen im Gate-Oxid die Flachbandspannung u_{FB}, die linear in die Einsatzspannung und den Sättigungsdrainstrom der Transistoren eingeht. Nach Gleichung 4.14 in Band 1 ist u_{FB} bei einem idealen Dielektrikum durch die Differenz der Austrittspotentiale für Elektronen im Polysiliziumgate und im Halbleitersubstrat gegeben. Nach [4.2] verschiebt eine Raumladungsdichte $\varrho(z)$ zwischen Gate ($z = 0$) und Substrat ($z = z_0$) die Flachbandspannung um

$$\Delta u_{FB} = -\frac{1}{c_{ox}} \int_0^{z_0} \frac{z}{z_0} \cdot \varrho(z) \cdot dz$$

c_{ox} ist die flächenspezifische Gate-Kapazität des Transistors (s. Band 1 Abschnitt 4.3.4.4) für ein elektrisch neutrales Dielektrikum (s. Gleichung 4.13). Die stärksten Flachbandverschiebungen entstehen, wenn die gesamte Raumladung als Flächenladung Q in einer Schicht an der Grenzfläche bei $z = z_0$ konzentriert ist. Dann vereinfacht sich die obige Beziehung zu

$$\Delta u_{FB} = -\frac{1}{C_0} \cdot Q$$

wobei C_0 die Flächenkapazität des Transistorgates bezeichnet ($C_0 = c_{ox} \cdot$ Gate-Fläche).

Als Zahlenbeispiel soll ein MOS-Transistor mit 10 nm dickem Gate-Oxid und 1 μm^2 Gate-Oxidfläche dienen: $C_0 = \{3{,}9 \cdot 1 \cdot 10^{-12}\ m^2 \cdot 8{,}9 \cdot 10^{-12}\ F/m\}/\{10 \cdot 10^{-9}\ m\} = 3{,}5$ fF. Bei einer Oxidladung Q, die von 10^4 Elektronen direkt an der an der Si-SiO_2-Grenzfläche verursacht wird, entsprechend einer Flächenladung von 10^{12} Elementarladungen/cm^2, verschiebt sich die Flachband- bzw. Einsatzspannung um $\Delta u_{FB} = \{10^4 \cdot 1{,}6 \cdot 10^{-19}\ As\}/\{3{,}5 \cdot 10^{-15}\ As/V\} = 0{,}46$ V. Da typische Einsatzspannungen von MOS-Transistoren im Bereich von 1 V liegen und die Flachbandspannung additiv in die Einsatzspannung eingeht (s. Band 1 Gleichung 4.16), sind solche Δu_{FB}-Werte viel zu hoch. Wenn Oxidladungen prinzipiell auch nicht vermeidbar sind, so zeigt dieses Beispiel, daß die Ladungskonzentration im Oxid so weit als möglich reduziert werden sollte. Sonst werden die Transistoreigenschaften von Schwankungen der Oxidladung abhängig. Das oben angegebene Zahlenbeispiel zeigt, daß Flächenladungen im Bereich von $10^9 \ldots 10^{10}$ Elementarladungen/cm^2 unkritisch sind, denn solche Ladungen verursachen lediglich Einspannungsverschiebungen im mV-Bereich.

4.4.1.1 Feste und bewegliche Ladungen im Oxid

Die Oxidladungen können in 4 Gruppen [4.3, 4.13] eingeteilt werden, die nach Deal [4.14] mit Q_{it}, Q_f, Q_m und Q_{ot} bezeichnet werden (Bild 4.14). Die ersten beiden Gruppen sind lokalisierte Ladungen, die sich direkt an der Si-SiO_2-Grenzfläche befinden bzw. im Übergangsbereich zwischen kristallinem Silizium und amorphem SiO_2 verteilt sind:

Q_{it} sind bewegliche Ladungen aus dem Silizium, die die vorher erwähnten Grenzflächenzustände besetzen, also bildlich gesprochen von diesen Zuständen *eingefangen* wurden (in Oberflächenfallen eingefangene Ladung, engl.: *it, interface trap charge*). Die Ursache für diese Grenzflächenzustände ist die an der Grenzfläche gestörte Gittersymmetrie, die zu Änderungen der Zustände der Kristallelektronen in den Oberflächenbereichen des Siliziums führt. Es bilden sich lokalisierte Elektronenzustände in der Bandlücke des Siliziums (*tiefe Störstellen*, vgl. Band 1 Abschnitt 2.4.6.3). Je nachdem ob diese Zustände näher an der Leitungsbandkante oder der Valenzbandkante liegen, haben diese Zustände Donatoren- oder Akzeptorencharakter. Die Besetzung dieser Grenzflächenzustände wird

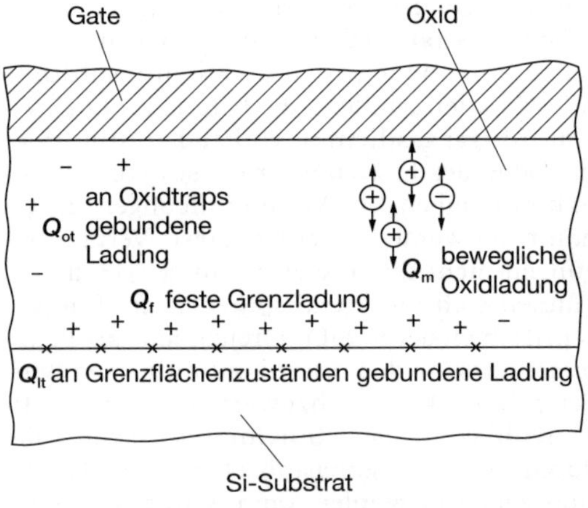

Bild 4.14 Ortsfeste und bewegliche Ladungstypen im thermisch erzeugten SiO_2-Dielektrikum (nach Deal [4.14]).

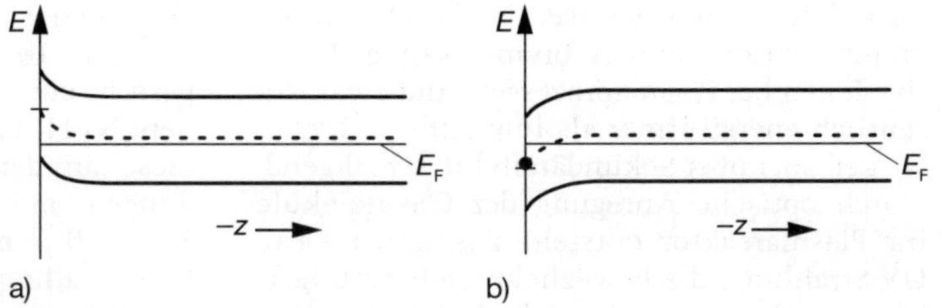

Bild 4.15
Valenz- und Leitungsbandkantenenergien, Fermienergie (E_F) und Energieniveaus von Grenzflächenzuständen (strichliert) mit Donatorencharakter für n-leitendes Silizium für positive und negative Gate-Spannung. Aufgetragen sind die Energiewerte in Abhängigkeit vom Abstand zur Siliziumoberfläche ($-z$). Bei positiver Gate-Spannung a) liegt E_F unterhalb der Grenzflächenniveaus, diese Zustände sind unbesetzt. Bei negativer Gate-Spannung b) werden durch die entgegengesetzte Bandverbiegung die Grenzflächenniveaus unter E_F gezogen und sind nun voll besetzt (Quelle: [4.2]).

von der Spannung an der Gate-Elektrode gesteuert, die die Fermi-Energie und damit die Lage der elektronischen Zustandsdichte verschiebt und so dafür sorgt, daß die Bandlückenzustände geladen werden. Als Beispiel sind in Bild 4.15 Grenzflächenzustände dargestellt, die dicht oberhalb der Bandlückenmitte liegen. Da diese Zustände leicht Ladungen mit dem Halbleiterkristall austauschen, werden die Grenzflächenzustände auch als *schnelle Oberflächenzustände* (*fast surface states*, [4.2]) bezeichnet.

Bei den als Q_f bezeichneten Ladungen handelt es sich um positive, ortsfeste Ladungen (Q_f: unbewegliche Ladungen, engl.: *fixed charges*). Diese Ladungen liegen dicht oberhalb der Grenzfläche innerhalb einer Übergangszone, die sich zwischen dem idealen SiO_2-Netzwerk und dem Siliziumkristall ausbildet. Experimente zeigen, daß Q_f von der Kristallorientierung der oxidierten Siliziumscheiben sowie den Oxidationsbedingungen beeinflußt wird. Als mögliche Ursache für diese Ladungen werden Siliziumatome vermutet, die nicht die ideale Koordinationszahl 4 mit den Sauerstoffatomen erreichen. Diese Koordinationsdefekte wirken, weil die betroffenen Siliziumatome nicht genügend kovalente Bindungen eingehen können, wie eine positive Ladung [4.6].

Die beiden verbleibenden Gruppen von Oxidladungen sind Raumladungen im Volumenbereich des Gate-Oxids. Dies sind die bereits angesprochenen hochmobilen Alkalimetallionen (K^+, Na^+, Li^+), die mit Q_m bezeichnet werden (bewegliche Ionenladung, engl.: *mobile ionic charge*). Gegenmaßnahmen sind HCl-Zusätze bei den Prozeßgasen, die die Alkalimetallionen binden und deaktivieren. Q_{ot} ist die im Oxid eingefangene oder gebundene Ladung (engl.: *oxide trapped charge*). Die Bindung der Ladung im Oxid geschieht – ähnlich wie bei den Grenzflächenzuständen – durch elektronische Zustände in der Bandlücke zwischen Valenz- und Leitungsband des SiO_2. Diese Zustände können mit energiereichen, sog. heißen Ladungsträgern besetzt werden, die beim elektrischen Betrieb von Transistoren bei hohen lateralen Feldstärken in das Oxid injiziert werden.

Die Konzentrationen der verschiedenen Ladungssorten im Oxidvolumen können, wie die Ladungen an der Grenzfläche, nur teilweise beeinflußt werden. Während die Dichte der beweglichen Ionen (Q_m) im wesentlichen von der Reinheit der Prozeßbedingungen bestimmt ist, sind die elektronischen Zustände in der SiO_2-Bandlücke auch bei optimaler Prozeßführung unvermeidbar, wenn nach der Gate-Oxidation Ionenimplantationen oder Plasmaprozesse, wie Ätzen oder Abscheideverfahren durchgeführt werden [4.15]. Implantierte Ionen schädigen das Oxid direkt durch Stoßionisation beim Abbremsvorgang. Reaktive Ionen bei Plasmaprozessen sind zwar wesentlich energieärmer als implantierte Ionen, wirken aber über Sekundäreffekte schädigend. Durch optische Anregung der Gasmoleküle im Plasmareaktor entsteht zusätzlich harte UV-Strahlung, die bewegliche Ladungsträgerpaare im Oxid erzeugt. Bei der Rekombination wird die Bandlückenenergie des SiO_2 von 8...9 eV frei. Diese Energie ist ausreichend um lokal chemische Bindungen aufzubrechen und ebenfalls Oxidzustände zu schaffen.

Die durch die UV- bzw. Ionenstrahlung geschaffenen Oxidzustände werden entweder direkt von beweglichen Ladungsträgern besetzt, die durch die auftreffende Strahlung im Oxid entstehen, oder bleiben zunächst unbesetzt. Im ersten Fall haben die betroffenen Transistoren nach Abschluß der kritischen Prozeßschritte eine bestimmte Oxidladung Q_{ot}. Im zweiten Fall füllen sich die Oxidzustände erst bei Betrieb des Bauelements: durch heiße Ladungsträger oder durch den Fowler-Nordheim-Tunnelstrom (s. Abschnitt 4.4.3). Da sich die Einsatzspannung der Transistoren mit zunehmender Ladung Q_{ot} verschiebt, ändern betroffene Transistoren im Laufe der Zeit ihre elektrischen Eigenschaften. Schaltkreise, die solche Transistoren enthalten, sind unzuverlässig.

4.4.1.2 Kontrolle und Minimierung der Oxidladungen bei MOS-Strukturen

Zur Charakterisierung der gesamten Oxidladung (Q_{it}, Q_f, Q_m, Q_{ot}) werden an Teststrukturen sog. *C*/*V*-Kennlinien von MOS-Kondensatoren aufgenommen [4.13]. Dabei handelt es sich um Kapazitätsladungskennlinien, die mit linear steigenden Spannungen über dem Kondensator gemessen werden. Der Spannungsrampe ist dabei eine Wechselspannung mit kleiner Amplitude überlagert. Die Konzentration der Oxidladungen kann man an diesen Kennlinien ablesen.

Ohne Gegenmaßnahmen mißt man für den in Grenzflächenzuständen eingefangenen Ladungsträgeranteil Q_{it} und die unbeweglichen Oxidladung Q_f Flächenladungen zwischen 10^{12} und 10^{15} Elementarladungen/cm^2. Tempern in einer inerten Atmosphäre bzw. in einem N_2-H_2-Gasgemisch (*Formiergas*) begrenzt diese an der Grenzfläche auftretenden Ladungen auf unkritische Werte zwischen $10^9 \ldots 10^{10}/cm^2$ [4.3]. Die beweglichen von Alkalimetallionen gebildeten Oxidladungen können, wie bereits erwähnt, durch Chlorzusätze zu den Oxidationsgasen deaktiviert werden. Ein besonderes Problem sind die Oxidzustände und die entsprechende Ladung Q_{ot}. Die Oxidzustände für Elektronen lassen sich ebenfalls durch Temperschritte mit Formiergas bei 400...450 °C [4.2] auf unkritische Werte von $10^9 \ldots 10^{10}$ cm^2 beschränken. Allerdings erhöht ein solcher Temperschritt gleichzeitig die Dichte der Fangstellen von Löchern im Oxid. Die Flachbandspannungsverschiebung von NMOS-Transistoren läßt sich also nicht beliebig verkleinern, ohne gleichzeitig die Funktionsfähigkeit der PMOS-Transistoren zu beeinträchtigen [4.18].

Die Dichte der Oxidzustände korreliert außerdem mit dem Wassergehalt der SiO_2-Schicht [4.18]. Die Wasserstoffatome der H_2O-Moleküle fördern stark die Bildung von Oxidzuständen. Durch ultratrockene Prozeßführung (vgl. Abschnitt 4.4) kann die Dichte der Oxidzustände auf 10% des Wertes für normale Oxidationsbedingungen reduziert werden.

4.4.2 Heiße Ladungsträger

Bei kleinen Transistorgeometrien (Kanallängen im Mikrometer- und Submikrometerbereich, Gate-Oxiddicken kleiner 20 nm) verursachen die Potentialunterschiede zwischen Source und Drain bzw. zwischen Gate-Elektrode und Halbleitersubstrat hohe elektrische Feldstärken. In diesen Feldern können Ladungsträger beträchtliche kinetische Energien erreichen. Haben Ladungsträger soviel Energie aufgenommen, daß ihre mittlere kinetische Energie höher ist, als es der Kristalltemperatur entspricht, spricht man von *heißen* Ladungsträgern. Aufgrund der geringeren Beweglichkeit werden bei gleicher Feldstärke die Löcher in PMOS-Transistoren weniger *heiß* als Elektronen in NMOS-Strukturen.

Betreibt man MOS-Transistoren im Sättigungsbereich, gelangen die Ladungsträger drainseitig aus dem abgeschnürten Inversionskanal in die Verarmungszone und driften dort unter Einfluß des starken Drainfeldes zum Draingebiet. Die dabei entstehenden heißen Ladungsträger können mit einer bestimmten Wahrscheinlichkeit w die Potentialbarriere an der Si-SiO_2-Grenzfläche nahe Drain überspringen. w hängt exponentiell vom Verhältnis der kinetischen Energie E_{kin} und der Barrierenhöhe E_B ab:

$$w \sim e^{\frac{-E_B}{E_{kin}}}$$

Da E_B im feldfreien Fall bei 3,2 eV für Elektronen und bei 4,7 eV für Löcher liegt, sind auch hier PMOS-Transistoren weniger empfindlich für heiße Ladungsträgereffekte. Die injizierten Ladungsträger fließen entweder durch das Oxid zur Gate-Elektrode und können als Gate-Strom gemessen werden, oder sie werden im Oxid eingefangen und tragen zur Oxidladung Q_{ot} bei. Aufgrund ihrer hohen Energie können die injizierten heißen Ladungsträger aber nicht nur bereits vorhandene Oxidzustände besetzen, sondern durch Schädigung des SiO_2-Netzwerkes selbst zusätzliche neue Oxidzustände erzeugen, in die weitere heiße Ladungsträger eingefangen werden können.

Durch die fortlaufende Injektion von heißen Ladungsträgern und die damit verbundene Generation von Oxidzuständen nimmt Q_{ot} mit der Betriebsdauer der Transistoren kontinuierlich zu. Ohne Gegenmaßnahmen verändern sich durch heiße Ladungsträgereffekte die Transistoreigenschaften. Damit ist es von entscheidender Bedeutung für die Zuverlässigkeit von Submikrometer-Schaltkreisen, das Entstehen heißer Ladungsträger durch die Reduktion der Feldstärken zu verhindern.

Eine einfache Möglichkeit, um das Entstehen heißer Ladungsträger zu verhindern, wäre die Reduktion der Betriebsspannung der Bauelemente. Dies verschlechtert aber die elektrischen Eigenschaften der Schaltkreise (geringerer Signal-Rausch-Abstand, kleinere Sättigungsströme und damit geringere Datenraten). Eine Alternative ist die Optimierung der Dotierprofile im kritischen Drainbereich (LDD-Transistoren, engl.: *lightly doped drain*, vgl. Abschnitt 3.5.6.2). Bei LDD-Transistoren werden durch spezielle Dotierverfahren graduelle pn-Übergänge mit kleinem Konzentrationsgradienten zwischen Kanalbereich und Draingebiet erzeugt. Nach der Poissongleichung ist die Feldstärke am pn-Übergang von der Konzentrationsänderung der Dotieratome im Bereich der Raumladungszone abhängig. Deshalb reduziert sich bei LDD-Transistoren die Feldstärke auf der Drainseite. Das verringert die Geschwindigkeit und die Energie der Ladungsträger, die damit nicht mehr in das Oxid injiziert werden können. Bei NMOS-Transistoren ist der Einsatz von LDD-Strukturen aufgrund der höheren Beweglichkeit und der geringeren Barrierenhöhe von Elektronen bereits bei größeren Transistorgeometrien wichtiger als bei PMOS-Transistoren (NMOS $\leq 1{,}5$ µm; PMOS $\leq 0{,}8$ µm).

4.4.3 Tunnelströme

Ein zweiter Mechanismus mit dem Ladungsträger in das Oxid gelangen können, ist der Tunneleffekt. Diese Ladungsträger bilden den *Fowler-Nordheim-Tunnelstrom*, der ebenfalls als Gate-Strom gemessen werden kann. *Tunneln* ist ein quantenmechanischer Effekt, nach dem mikroskopische Teilchen Potentialbarrieren (wie zwischen Si/SiO_2) überwinden können, auch wenn ihre kinetische Energie dazu bei weitem nicht ausreicht [4.16].

Tunnelströme durch Oxide sind nicht nur ungewollte Nebeneffekte, sondern werden auch gezielt zur nichtflüchtigen Speicherung von digitaler Information in sog. EPROM- und EEPROM-Zellen genutzt. Hier wird die getunnelte Ladung von einer isolierten Gate-Elektrode (Gate-Elektrode auf *schwebendem* Potential, engl.: *floating gate*) aufgefangen. Dieses Gate liegt unter einem Steuergate, das den Tunnelstrom beim Beschreiben der Speicherzelle nach Anlegen der Schreibspannung auslöst. Diese Schreibspannung ist größer, als die im Lesebetrieb benutzte Versorgungsspannung (Lesespannung). Die auf das Floating-Gate geflossene Ladung erhöht die Einsatzspannung des MOS-Transistors soweit, daß sie über der Lesespannung liegt. Im Lesebetrieb des Speichers sperrt daher ein beschriebener Transistor bei Anlegen der Lesespannung an das Steuergate. Ein unbeschriebener Transistor wird hingegen leitend. Da das Floating-Gate seine Ladung nicht verliert, kann man auf diese Weise digitale *Nullen* und *Einsen* nichtflüchtig abspeichern.

Die Tunnelstromdichte j_{FN} durch ein dünnes Oxid hängt im wesentlichen von der Feldstärke E_{ox} im Oxid ab, also dem Quotienten aus Gate-Spannung und Oxiddicke [4.17]:

$$j_{FN} \sim E_{ox}^2 \cdot e^{\frac{-\text{konst.}}{E_{ox}}}$$

Da die Konstante im Exponenten sehr groß ist, sind solche Tunnelströme bei den im Normalbetrieb auftretenden Feldstärken vernachlässigbar klein (s. Bild 4.16). Nur bei Belastung des Transistors durch eine erhöhte Gate-Spannung werden die Fowler-Nordheim-Ströme meßbar. Bei nichtflüchtigen Speicherzellen ist deshalb die Schreibspannung ca. 3mal höher als die Lesespannung.

Mit zunehmender Transistorverkleinerung reduziert sich die Oxiddicke und die Feldstärke E_{ox} in einem MOS-Transistor nimmt bei unveränderter Gate-Spannung zu. Deshalb

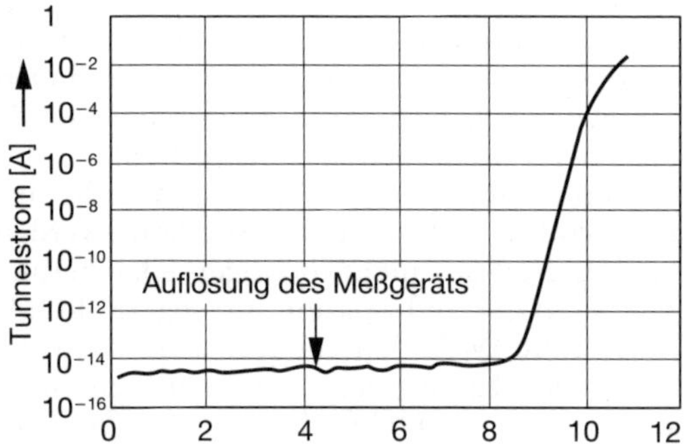

Bild 4.16 Schematische Darstellung des Tunnelstroms durch ein 10 nm dickes Gate-Oxid. Die starke Zunahme des Tunnelstroms setzt bei Feldstärken von ca. 9 MV/cm ein (Quelle: [4.13]).

nimmt der Sicherheitsabstand zwischen zulässiger Betriebsspannung und der kritischen Gate-Spannung, bei der meßbares Tunneln einsetzt, mit jeder neuen Technologiegeneration ab. Je kleiner die Transistorstrukturen sind, desto anfälliger werden sie für den Tunneleffekt.

Im Oxid sind die eingetunnelten Ladungsträger genauso schädlich wie die injizierten heißen Elektronen. Bei der Rekombination wird auch bei eingetunnelten Ladungsträgern die Lückenenergie des SiO_2 frei. Diese Energie ist, wie bereits erwähnt, ausreichend, um lokal das SiO_2-Netzwerk zu zerstören. Die Speichertransistoren von EPROM- bzw. EEPROM-Schaltkreisen sind deshalb nicht beliebig oft beschreibbar. Die typische Lebensdauer liegt bei ca. 10 000 Schreibzyklen.

4.4.4 Dielektrischer Durchbruch

Wird die Feldstärke in einer dielektrischen Schicht zu hoch, dann *bricht* die Schicht durch, und es entsteht eine leitfähige Verbindung zwischen den Elektroden. Der Stromfluß setzt Wärme frei, die das molekulare Gefüge des Dielektrikums zerstört. Die Schicht verliert irreversibel ihre dielektrischen Eigenschaften.

Bei dickeren Oxidschichten in integrierten Schaltkreisen, wie z. B. beim Zwischenoxid, treten solche Durchbrüche nur als Folge von massiven material- oder prozeßbedingten Oxiddefekten auf. Ebenso können sie von drastischen elektrischen Überlastungen des Bauelementes verursacht werden. Die dünnen Gate-Oxide von MOS-Transistoren sind hingegen wesentlich empfindlicher. Hier genügen geringfügige Überschreitungen der zulässigen Gate-Spannung, um hohe Feldstärken im Oxid oberhalb der Durchbruchfeldstärke ~ (10 MV/cm) zu erzeugen. Nach dem dielektrischen Durchbruch des Gate-Oxids entsteht eine niederohmige Verbindung zwischen Gate-Elektrode und Halbleitersubstrat. Das Steuerfeld des MOS-Transistors bricht zusammen und der Transistor zeigt keine Funktion mehr.

Enthält das Gate-Oxid herstellungsbedingte

Defekte (Dünnstellen, Löcher usw., wie in Abschnitt 4.1 erläutert), dann treten im Oxid lokale Feldstärkeerhöhungen auf, die bei normalen Betriebsspannungen einen dielektrischen Durchbruch auslösen können. Diese von Defekten verursachten *Frühausfälle* können mit geeigneten Screening-Methoden beim Test der Schaltkreise selektiert werden und stellen deshalb kein ernstes Zuverlässigkeitsproblem dar.

Werden hingegen die vorgeschriebenen Betriebsbedingungen eingehalten, und sind die Oxide defektfrei, dann überstehen diese Strukturen die auftretenden Feldstärken (bis 50% der Durchbruchfeldstärke) problemlos. Allerdings tritt durch diese Beanspruchung Materialermüdung auf, die mit geringer Wahrscheinlichkeit einen Gate-Oxidausfall verursachen kann, auch wenn die nominalen Betriebsparameter der Schaltung nie überschritten wurden. Solche sog. *intrinsischen* Oxiddurchbrüche legen zusammen mit anderen Ausfallmechanismen die mittlere Bauelementlebensdauer fest. Intrinsische Oxidausfälle sind damit ein bestimmender Faktor für die Zuverlässigkeit der mit einer bestimmten Technologie hergestellten ICs. Deshalb ist es wichtig, die Kriterien und Testverfahren zu finden, die eine Abschätzung der Bauelementlebensdauer ermöglichen.

4.4.4.1 Modell von Wolters für den intrinsischen Oxiddurchbruch

Dieses Modell beschreibt den dielektrischen Durchbruch als einen 2-Stufen-Prozeß [4.17]. Im ersten Schritt verursachen in das Oxid eingedrungene Ladungen (heiße Ladungsträger oder Ladungsträger aus dem Tunnelstrom) lediglich Vorschädigungen. Die dielektrische Schicht bleibt funktionsfähig. Zum Durchbruch kommt es erst, wenn eine bestimmte Ladungsmenge Q_{BD} durch das Oxid geflossen ist (Durchbruchsladung Q_{BD}, engl.: *break down charge*). Dieser Akkumulationseffekt läßt sich folgendermaßen erklären:

Die eingedrungenen Ladungsträger fließen zur Gate-Elektrode oder besetzen Oxidzustände. Sowohl beim Eintritt in die Polysiliziumelektrode als auch bei der Lokalisierung in Oxidzuständen wird Energie frei, da das Leitungsband der Polysiliziumschicht und die gebundenen Oxidzustände energetisch unterhalb des Leitungsbandes von SiO_2 liegen. Die im Oxid eingefangenen Ladungen erhöhen lokal die Feldstärke und erzeugen bei der Energieabgabe neue Oxidzustände, die von weiteren Ladungsträgern gefüllt werden. An der SiO_2-Polysiliziumgrenzfläche verursacht die Energieabgabe der aus dem Oxid eintretenden Ladungsträger Defekte im polykristallinen Aufbau der Gate-Elektrode. Dadurch kommt es zu Ladungsansammlungen, die z. B. bei NMOS-Transistoren positives Vorzeichen besitzen und deshalb weitere Elektronen an die bereits vorgeschädigte Stelle lenken. Auf diese Weise wachsen dendritenförmige Mikrokanäle zwischen Halbleitersubstrat und Polysiliziumgate. Sobald eine Verbindung zwischen Gate und Substrat geschlossen ist, bricht das Oxid entlang des Kanals durch. Der Kondensator entlädt sich über diesen Kanal. Die gespeicherte elektrische Energie wird zum großen Teil in Wärme umgesetzt, und dies zerstört das Dielektrikum.

Das Modell von Wolters beschreibt nicht nur intrinsische Durchbrüche, sondern auch Überlastdurchbrüche. Bei Überlastung ist die Feldstärke im Oxid und am Drainbereich hoch. Damit dringen viele heiße und getunnelte Ladungsträger in die dielektrische Schicht ein. Q_{DB} ist schnell erreicht, und das Oxid bricht sofort durch. Bei normalen Feldstärken dauert es entsprechend länger, bis genügend Ladungsträger durch das Oxid geflossen sind, um die kritische Ladungsmenge zu überschreiten. In der Literatur wird der intrinsische Durchbruch wegen dieser Zeitabhängigkeit auch als *time dependend dielectric breakdown* bezeichnet (zeitabhängiger, dielektrischer Durchbruch).

4.4.4.2 Lebensdauerabschätzungen

Für Zuverlässigkeitsaussagen von MOS-Schaltungen bestimmt man die Durchbruchsladungen von MOS-Kondensatoren. Die Kondensatoren werden mit einer definierten Stromdichte $j \sim (0{,}1\ \mathrm{A/cm^2})$ belastet, und es wird die Zeit t_{BD} bis zum Durchbruch gemessen. Die Durchbruchsladung Q_{BD} kann dann mit folgender Gleichung berechnet werden:

$$Q_{BD} = j \cdot t_{BD}$$

Bild 4.17 zeigt die Ausfallhäufigkeit, aufgetragen gegen die Zeit t_{BD} bis zum Oxiddurchbruch. Man kann 3 Kategorien von Ausfällen unterscheiden. Die Strukturen, die bereits bei kürzesten Belastungen ausfallen, sind prozeßbedingte Ausfälle aufgrund von ausgeprägten Oxidschwächen. Im mittleren Bereich liegen Ausfälle, die zwar ebenfalls von kleineren Defekten verursacht werden, aber erst nach einer bestimmten Abnutzung durch den eingeprägten Oxidstrom die dielektrische Festigkeit verlieren. Die dritte Kategorie sind schließlich die Oxide, die nach der typischen Lebensdauer durch reine Materialermüdung ausfallen. Die Grenzen zwischen den einzelnen Bereichen werden durch Temperaturerhöhung stark zu kleineren t_{BD}-Werten verschoben. 100 °C Temperaturunterschied erniedrigt die Lebensdauer um eine Dekade. Deshalb werden solche Zuverlässigkeitsuntersuchungen meist bei erhöhter Temperatur (z. B. 150 °C) durchgeführt [4.13].

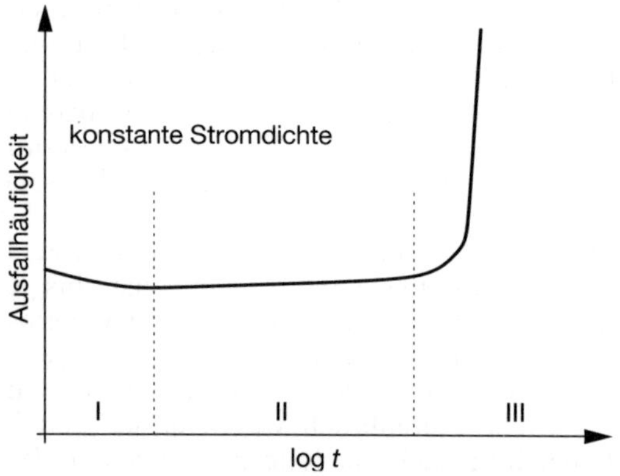

Bild 4.17 Ausfallhäufigkeit von MOS-Kondensatoren mit Gate-Oxiddielektrikum bei konstanter Belastung mit festem Strom, aufgetragen gegen logarithmierte Belastungsdauer t. Die Ausfälle werden in 3 Gruppen eingeteilt, die in 3 Zeitbereichen liegen: I Kurzschlüsse durch Fertigungsmängel, II Frühausfälle nach kurzer Betriebsdauer aufgrund von Schwachstellen im Oxid, III intrinsische Ausfälle aufgrund von Materialermüdung (nach [4.13]).

4.5 Zusammenfassung und Ausblick

Thermisch erzeugte SiO_2-Schichten sind Grundelemente der Halbleiterprozeßtechnik. Diese Schichten werden als Schutzschicht, Diffusionsmaskierung, Anpaßschicht, Isolator und Dielektrikum eingesetzt.

Während bei dickeren Oxiden $\geq$ (100 nm) die thermisch erzeugten Schichten zunehmend von abgeschiedenen SiO_2-Schichten verdrängt werden, bleibt die Erzeugung dünnster Oxide hingegen eine Domäne der thermische Oxidation. Thermisch erzeugte Oxide haben von allen Oxidarten die geringste Defektdichte und damit die höchste dielektrische Festigkeit. Dies ist insbesondere bei Gate-Oxiden von MOS-Transistoren wichtig. Gate-Oxide sind heute nur noch etwa 10 nm dick und werden im Transistorbetrieb bis zur Hälfte der theoretischen Durchbruchfeldstärke belastet. Da bei der Verkleinerung von Transistorstrukturen für neue Technologiegenerationen stets auch die Gate-Oxiddicke reduziert werden muß, spielen Herstellverfahren für dünne thermische Oxide eine Schlüsselrolle bei der Technologieentwicklung.

Technologische Grenzen für die minimal möglichen Oxiddicken entstehen durch Tunnelströme und injizierte heiße Ladungsträger. Diese Phänomene können außer mit speziellen Dotierverfahren nur mit kleineren Betriebsspannungen für die Transistoren unterdrückt werden. Bei Technologiegenerationen mit minimalen Kanallängen unterhalb 0,5 µm werden deshalb die Betriebsspannungen auf Werte unterhalb von den bisher üblichen 5 V reduziert. Bei der Betriebsspannungsreduktion gibt es allerdings Grenzen: Wie bereits von Stein 1977 [4.19] gezeigt wurde, sind Schaltkreise mit Versorgungsspannungen, die wesentlich unterhalb von 1 V liegen, nicht mehr betriebssicher.

Bild 4.18
Kritische Spannung V_{cr} gegenüber Substrat bei einer DRAM-Speicherzelle aufgetragen gegen die Oxiddicke. V_{cr} ist definiert über den max. zulässigen Ladungsverlust, der einem Leckstrom durch das Oxid von 10 nA/cm^2 entspricht. Neben V_{cr} ist auf einer zweiten Skala die nominale Gate-Spannung der Speichertransistoren gezeigt, die für die verschiedenen DRAM-Technologien (4 M = 4 MBit Speicher, …, 1 G = 1 GBit Speicher) verwendet wird (Quelle: [4.18]).

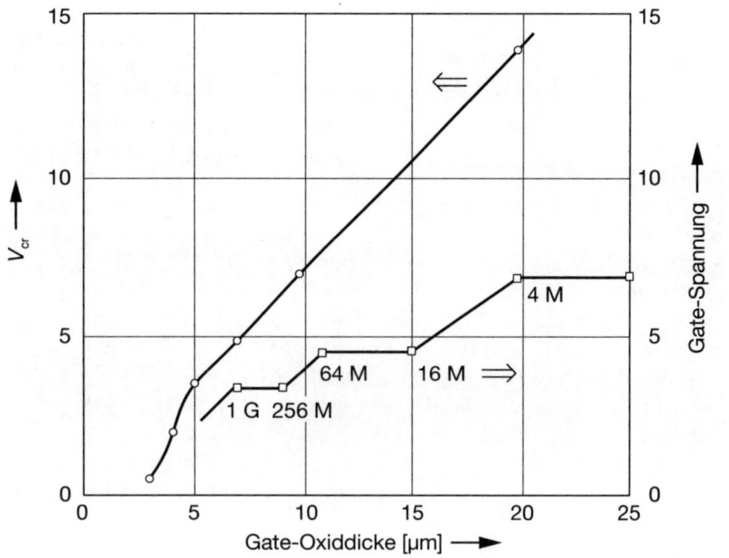

Besonders wichtig ist die Stabilität von dünnen Oxiden auch bei dynamischen Halbleiterspeichern (DRAMs), die bei der Technologieentwicklung eine Vorreiterrolle spielen. Hier wird die gespeicherte digitale Information als Ladung von MOS-Kondensatoren abgelegt. Um Datenverluste zu vermeiden, dürfen die Tunnelströme durch dünne Dielektrika nur wenige nA/cm^2 betragen. Diese Ströme hängen aber von der Oxiddicke und der Gate-Spannung ab. Wie Bild 4.18 zeigt, wird die Gate-Oxiddicke bei einem GBit-DRAM (übernächste Technologiegeneration) nur noch bei 6 nm liegen und die Gate-Spannung nur noch 2 V erreichen.

5 Dünnschichtabscheidung I: Siliziumepitaxie

Bei integrierten Schaltungen ist das kristalline Halbleitersubstrat von mehreren dünnen Schichten bedeckt. Als erste und wichtige Gruppe von dünnen Schichten wurden in Kapitel 4 die thermischen Oxidschichten vorgestellt. Dieses Kapitel und das folgende beschäftigen sich mit dünnen isolierenden Schichten, die mit physikalischen oder chemischen Abscheideverfahren aufgebracht werden und damit im Gegensatz zu den thermischen SiO_2-Schichten ohne Mitwirkung des Siliziumsubstrats entstehen.

Die mit Abscheideverfahren erzeugten Schichten lassen sich nach ihrem Bezug zum Substrat in 2 Gruppen einteilen. Die erste Kategorie sind einkristalline sog. *epitaktische* Siliziumschichten, deren Kristallorientierung vom Substrat vorgegeben wird und die nur auf einkristalliner Unterlage wachsen. Die zweite, größere Gruppe sind Schichten mit amorphem oder polykristallinem Aufbau, die sich auf amorphe, kristalline oder polykristalline Unterlagen aufbringen lassen. Bei diesen Schichten kann es sich um Schutz- oder Hilfsschichten handeln, die elektrisch gut isolieren (ähnlich wie die thermischen SiO_2-Schichten) oder um gut leitfähige Materialien, wie Metallfilme, die zur Kontaktierung oder zur elektrischen Verbindung eingesetzt werden (siehe Kapitel 7).

Dieses Kapitel behandelt epitaktische dünne Siliziumschichten, die von zentraler Bedeutung für Bipolar-, Misch- und CMOS-Prozesse sind. Zunächst werden die verschiedenen Epitaxieverfahren vorgestellt. Die chemischen Epitaxieverfahren werden besonders ausführlich behandelt, weil diese Verfahren in ähnlicher Form auch zum Abscheiden von nichtepitaktischen Schichten eingesetzt werden, die Gegenstand von Kapitel 6 sind.

5.1 Epitaxieverfahren im Überblick

Unter Epitaxie [5.1] versteht man Kristallwachstum auf einem kristallinen Substrat. Epitaktische Schichten sind dünne monokristalline Schichten auf monokristallinen Substraten mit gleicher Kristallorientierung. Sind die epitaktischen Schichten aus demselben Stoff wie das Substrat, spricht man von *Homöoepitaxie*, bei unterschiedlichen Materialkombinationen hingegen von *Heteroepitaxie*.

Homöoepitaxie wird in der Silizium-Halbleitertechnologie vorwiegend angewendet, um kristallines Silizium mit geringer Dotierung auf Trägerscheiben mit hoher Dotierung aufzubringen. Dabei wird eine möglichst abrupte Änderung der Dotierstoffkonzentration angestrebt. Wie Bild 5.1 zeigt, sind Dotierprofile mit niedriger Oberflächenkonzentration bei hoher Substratdotierung weder mit Diffusion noch mit Ionenimplantation zu erreichen. Solche Dotierstoffprofile entstehen nur durch Abscheiden einer gering dotierten epitaktischen Schicht. Im Gegensatz zur Diffusion oder Ionenimplantation entstehen bei der Epitaxie auf der Siliziumscheibe keine räumlich begrenzten Gebiete mit der gewünschten Dotierung. Hier wird der Wafer ganzflächig mit einem einheitlich dotierten Film überzogen. Bild 5.2 zeigt einen Schnitt durch eine epitaktische Schicht und das schichttragende Substrat.

Ein Beispiel für heteroepitaktische Schichten sind die in Abschnitt 5.5 behandelten *Silicon-on-Insulator*-Strukturen (*Silizium auf Isolator,* SOI-Strukturen). Hier werden epitaktische Siliziumschichten z. B. auf isolierende Saphiroberflächen abgeschieden.

5.1.1 Abscheideverfahren für Epitaxieschichten

Zur Herstellung von epitaktischen Schichten können flüssige oder gasförmige Nährphasen sowie Molekularstrahlen verwendet werden.

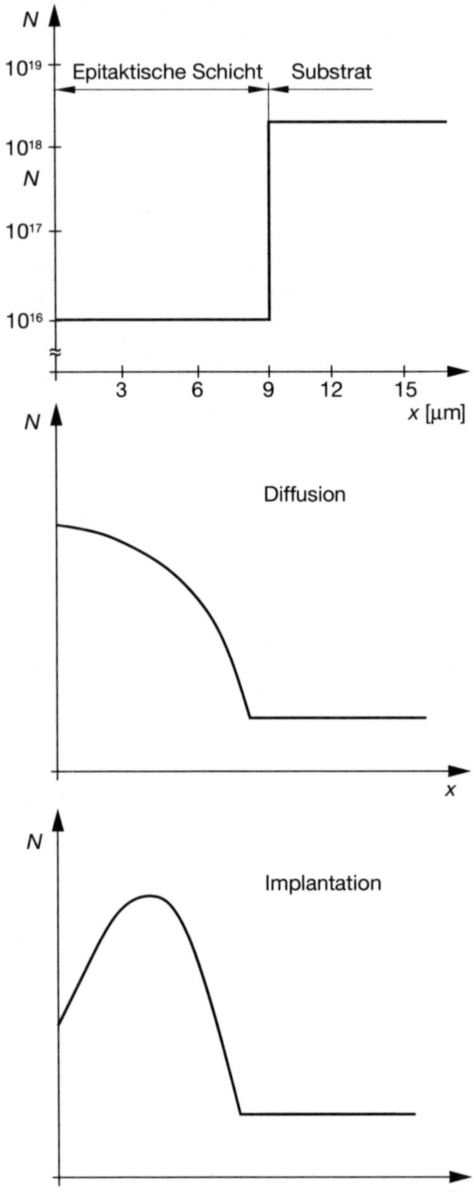

Bild 5.1 Typisches Dotierstoffprofil für epitaktische Schicht und Substrat: niedrige Oberflächendotierung auf einem hochdotierten Substrat. *N* ist die Zahl der Dotieratome pro cm^3, *x* ist die Schichttiefe unter der Scheibenoberfläche. Außerdem sind schematisch typische Dotierprofile für Diffusions- bzw. Implantationsverfahren gezeigt.

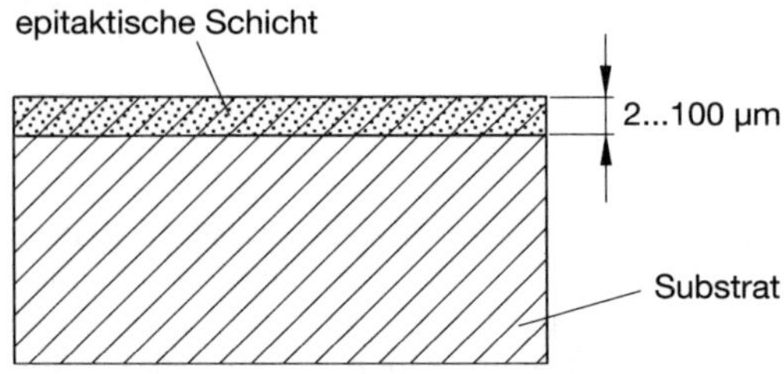

Bild 5.2 Epitaxieschicht und Substrat mit typischen Abmessungen

5.1.1.1 Flüssigphasenepitaxie

Bei der Flüssigphasenepitaxie [5.2] wird die Epitaxiesubstanz aus der Schmelze zugeführt. Mit diesem Verfahren werden meist heteroepitaktische Schichtfolgen aus unterschiedlichen Halbleiterwerkstoffen hergestellt, z. B. aus den Elementhalbleitern Germanium und Silizium oder aus verschiedenen Verbindungshalbleitern. Bei diesem Verfahren sind Schichtdicken unterhalb 1 µm möglich. Die abrupten Übergänge von Halbleiter zu Halbleiter werden als Heteroübergänge (engl.: *heterojunctions*) bezeichnet. Da sich die Bandstruktur an den Grenzflächen aufeinandertreffender Halbleiter unterscheidet, treten an den Übergängen bestimmte Anomalien im Bänderschema auf, die z. B. bei optoelektronischen Bauelementen ausgenutzt werden. Für die Herstellung von integrierten Siliziumschaltkreisen hat dieses Verfahren keine Bedeutung.

5.1.1.2 Molekularstrahlepitaxie

Molekularstrahlepitaxie (MBE, engl.: *molecular beam epitaxie*, [5.1, 2]) ist ein Aufdampfverfahren im Hochvakuum ($10^{-6} \ldots 10^{-9}$ Pa). Die Methode wird hauptsächlich bei Verbindungshalbleitern angewendet, z. B. zur Homöoepitaxie bei GaAs-Bauelementen. Der wesentliche Vorteil des MBE-Verfahrens liegt in der äußerst genauen Wachstumskontrolle beim Schichtaufbau. Mit MBE-Prozessen können sogar Heterostrukturen aus einzelnen

Atomlagen abgeschieden werden. Die strukturelle Auflösung von MBE-Verfahren liegt damit um Größenordnungen unterhalb der Flüssigphasen- und der in Abschnitt 5.1.1.3 behandelten Gasphasenepitaxie. Bei der Herstellung von integrierten Silizium-Halbleiterschaltungen spielt auch das MBE-Verfahren keine Rolle, da hier keine monokristallinen Filme aus wenigen Atomlagen benötigt werden. Da das Verfahren aber technologisch interessant ist und unkonventionelle Bauelemente ermöglicht, soll die Methode mit wichtigen Anwendungen kurz vorgestellt werden.

In einer MBE-Anlage sind verschiedene Einzelöfen (*Effusionszellen*) angeordnet, die unabhängig voneinander beheizt und geöffnet bzw. geschlossen werden können. In den Zellen verdampft man die benötigten Atom- oder Molekülsorten, die für eine spezifische Schicht gebraucht werden. Die einzelnen Ofentemperaturen sind dabei so gewählt, daß die Dampfdrücke der verschiedenen Materialien ausreichen, um die jeweiligen Teilchen mit ausreichender thermischer Energie in Richtung Substrat zu emittieren. Auf der relative kühlen Substratoberfläche kondensieren die Gasteilchen und bilden einen epitaktischen Film. MBE-Schichten wachsen also bei niedriger Substrattemperatur und aufgrund der Niederdruckverhältnisse relativ langsam (1 µm/h oder 1 Kristallebene/s).

Durch das langsame Wachstum entstehen sehr glatte Oberflächen. Wegen der geringen Substrattemperatur diffundieren nur wenig Fremdatome aus dem Substrat in die abgeschiedene Schicht. Deshalb entstehen bei der Molekularstrahlepitaxie gut reproduzierbare Einzelschichten. Da mit den Verschlüssen der Effusionszellen die Zusammensetzung der aufgedampften Schichten genau und im Sekundenbereich gesteuert werden kann, sind Mehrschichtstrukturen mit außerordentlich dünnen Einzelschichten möglich.

Eine wichtige Anwendungsmöglichkeit von MBE-Verfahren ist die Erzeugung von sog. Übergitterstrukturen [5.3]. Mit diesen Strukturen können möglicherweise zukünftige Bauelementgenerationen realisiert werden. Ein Übergitter ist eine sich periodisch wiederholende Folge von dünnen Schichten ($\sim$ 5 nm) aus unterschiedlichen Halbleitermaterialien, die verschiedene Bandlücken-Energien zwischen den jeweiligen Valenz- und Leitungsbändern aufweisen. Ein Beispiel sind GaAs-Schichten, die periodisch auf AlAs-Schichten folgen. Da die kristallinen Schichten, ähnlich wie Atome im Kristallgitter, periodisch angeordnet sind, spricht man von *Übergittern*.

Ein wichtiger Effekt, der in solchen Übergitterstrukturen auftritt, ist das *resonante Tunneln* von Elektronen. Wird am Übergitter längs der Stapelrichtung eine elektrische Spannung angelegt, tunneln die Ladungsträger durch die Potentialbarrieren an den Heteroübergängen. Es fließt ein Tunnelstrom, ähnlich wie an der Si-SiO_2-Grenzfläche beim MOS-Transistor (vgl. Abschnitt 4.4.3). Da die Heteroschichten dünn sind, ist die Tunnelwahrscheinlichkeit hoch. Wie bei MOS-Strukturen wächst der Tunnelstrom mit der Feldstärke, die über die angelegte Spannung eingestellt werden kann.

Das besondere beim Tunneln in Übergittern ist ein Resonanzeffekt, der zu einem Maximum der Leitfähigkeit bei einer bestimmten Spannung führt. Bei dieser Spannung stimmt die Energie, der in eine Schicht eindringenden Ladungsträger, mit der Energie eines gebundenen Quantenzustands in dieser Schicht überein. Da hier die Energien zusammenpassen, wird die Tunnelwahrscheinlichkeit groß und damit der Tunnelstrom maximal. Durch eine weitere Spannungserhöhung vergrößert sich der Tunnelstrom nicht mehr. Die Spannungserhöhung reduziert den Strom, da Resonanzbedingung zwischen Teilchenenergie und Quantenniveau nicht mehr erfüllt ist. Die so erzeugten negativen Wirkwiderstände werden in Bauelementen für Hochfrequenzanwendungen genutzt (resonante Tunneldioden oder resonante Tunneltransistoren).

5.1.1.3 Gasphasenepitaxie

In der Silizium-Halbleitertechnologie ist die Gasphasenabscheidung die wichtigste Methode zur Herstellung dünner Schichten. Das können sowohl epitaktische Siliziumfilme auf monokristallinen Substraten sein oder auch polykristalline Siliziumschichten, die hochdotiert als Gate-Elektroden oder zur elektrischen Verbindung im integrierten Schaltkreis geeignet sind. Die Gasphasenverfahren sind also von zentraler Bedeutung für integrierte Siliziumschaltkreise.

Gasphasenabscheideverfahren werden in chemische und physikalische Verfahren eingeteilt. Die besonders häufig eingesetzten chemischen Verfahren sind dadurch gekennzeichnet, daß bei der Schichterzeugung mehrere chemische Elemente beteiligt sind, die aber nur zum Teil in den abgeschiedenen Film eingebaut werden. In der Literatur findet sich für die chemische Gasphasenabscheidung meist die englische Bezeichnung *chemical vapour deposition*, kurz CVD. Die physikalischen Gasphasenverfahren sind Aufdampfverfahren, bei denen das verwendete Gas an der Substratoberfläche ohne chemische Reaktion kondensiert. Ein Spezialfall der Gasphasenepitaxie ist die im vorherigen Abschnitt 5.1.1.2 vorgestellte MBE-Methode.

5.2 CVD-Siliziumepitaxie

Epitaktische Siliziumschichten (kurz *Epischichten*) werden mit CVD-Verfahren, also mittels chemischer Reaktionen aus der Gasphase in Epitaxiereaktoren, abgeschieden. Bild 5.3 zeigt das Prinzip einer Anlage zur Gasphasenepitaxie.

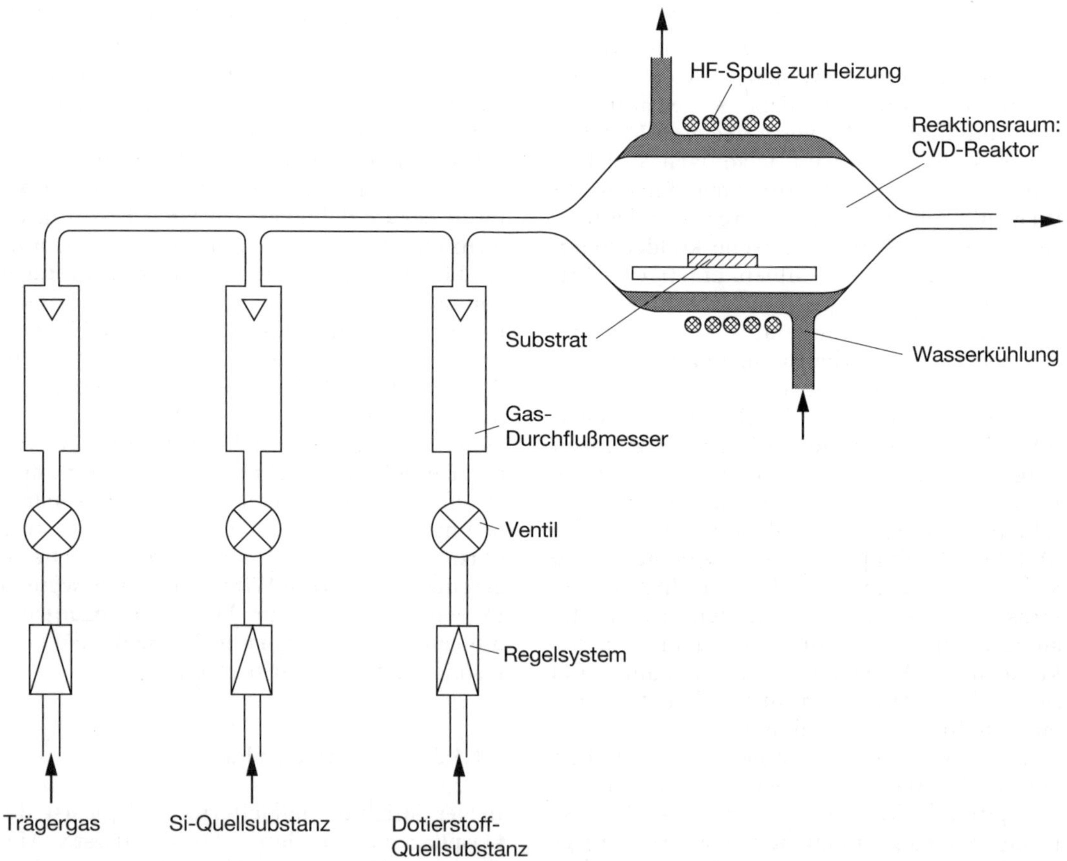

Bild 5.3 Prinzipieller Aufbau eines CVD-Epitaxiereaktors

5.2.1 Quellsubstanzen

Siliziumatome für das epitaktische Wachstum lassen sich aus folgenden gasförmigen Verbindungen freisetzen: $SiCl_4$, $SiHCl_3$, SiH_2Cl_2, $SiClH_3$ und SiH_4. Die notwendigen Reaktionen laufen zwischen 1200 °C und 900 °C ab, wobei die zur Reaktion notwendige Temperatur mit zunehmendem Wasserstoffanteil in der jeweiligen Verbindung sinkt. Am häufigsten werden als Siliziumquelle Siliziumtetrachlorid ($SiCl_4$) und Silan (SiH_4) verwendet. Die Quellsubstanz ist in einem Trägergas (meist H_2) gelöst, das zur Einstellung der Konzentration der siliziumhaltigen Verbindung im Reaktor dient.

Auch für Dotierstoffe gibt es gasförmige Quellsubstanzen. Zur Dotierung der epitaktischen Schicht wird dem Prozeßgas Phosphin (PH_3) oder Diboran (B_2H_6) zugegeben. Diese Gase zersetzen sich unter Temperatureinwirkung im Gasstrom und an der Substratoberfläche, und es entsteht elementares Bor bzw. Phosphor. Die Dotieratome diffundieren durch die Oberfläche in das Siliziumgitter ein (s. auch Kapitel 2), oder werden zusammen unmittelbar mit den adsorbierten Siliziumatomen an Wachstumsstufen in das Gitter eingebaut.

Da Silizium und Dotierstoff mit ähnlichen Wahrscheinlichkeiten in den epitaktischen Film eingebaut werden, läßt sich die Dotierstoffkonzentration über das Verhältnis von Silizium zur Dotierstoffquellsubstanz im Gasstrom steuern. Zur genauen Konzentrationseinstellung sind die optimalen Gaszusammensetzungen empirisch zu ermitteln.

5.2.2 Substratvorbehandlung

Ob einkristalline oder polykristalline Epischichten wachsen, hängt entscheidend von der Oberflächenbeschaffenheit des Substrats ab. Jeder Kristallbaufehler wird in die Epischicht übertragen und jede Verunreinigung beeinflußt lokal das Schichtwachstum. Vor jedem Epitaxieschritt sind deshalb gründliche Oberflächenreinigungen erforderlich.

Besonders kritisch für das einkristalline Schichtwachstum sind Oberflächenschäden im Substrat, die von Implantationen verursacht wurden und die nicht immer vollständig ausheilen. Ein Beispiel sind die Buried-Collector-Zonen bei Bipolarprozessen (*vergrabenes Kollektorgebiet*, engl.: *buried collector zone*, s. auch Abschnitt 5.7). Diese Zonen werden vor der Epitaxie durch Implantation von Antimon erzeugt. Dabei wird die Substratoberfläche in den bestrahlten Bereichen völlig amorphisiert (vgl. Abschnitt 3.5.8.1). Zur Beseitigung der oberflächlichen Strahlenschäden trägt man die Scheibenoberfläche durch thermische Oxidation mit anschließender Oxidätzung ab. Die Dicke der zu beseitigenden Siliziumschicht ist dabei durch die Eindringtiefe der implantierten Ionen vorgegeben. Nach Entfernung der entstandenen Oxidschicht liegt wieder eine perfekte Siliziumoberfläche vor. Die implantierten Ionen werden bei diesem Verfahren nur teilweise mit entfernt. Durch Diffusion bei der hohen Oxidationstemperatur gelangen die Dotieratome schneller in tiefere Kristallschichten als sich die Si-SiO_2-Grenzfläche einfrißt. Die Oxidationsvorgänge erfassen somit die implantierten Ionen nicht mit. Sie bleiben, wie gewünscht, fast vollzählig als Donatoren im Gitter.

5.2.3 CVD-Prozesse

Ein typischer CVD-Prozeß besteht aus folgenden Teilprozessen (Bild 5.4):

1. Die anzulagernden Atome werden als gasförmige Verbindung zur Abscheidezone transportiert. Das ist eine Zone zwischen dem ungestörten Gasfluß und den Substratscheiben. Hier ist die Strömungsgeschwindigkeit des Gases durch Reibung an den Siliziumscheiben reduziert. Durch diese Grenzschicht diffundieren die reaktiven Moleküle aus dem Gasstrom zur Substratoberfläche.
2. An der Substratoberfläche werden die Reaktionsmoleküle zunächst adsorbiert. Sie setzen bei einer chemischen Reaktion die zur Schichtbildung benötigten Atome frei.

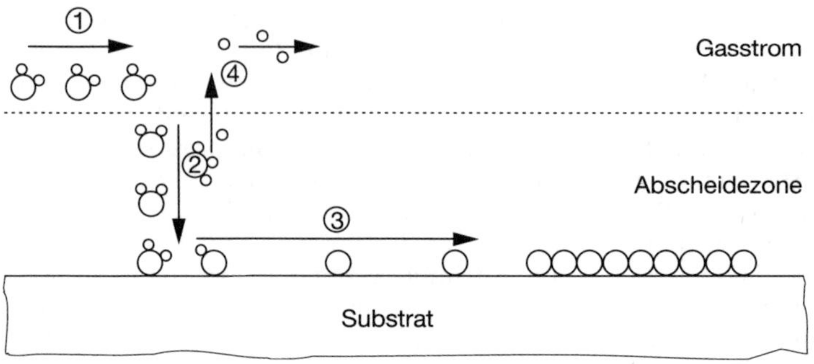

Bild 5.4
Schematische Darstellung des CVD-Epitaxieprozesses.
Die Zahlen beziehen sich auf die im Text erläuterten Reaktionsschritte.

3. Diese Atome diffundieren längs der Substratoberfläche und lagern sich an den Kanten von zweidimensionalen Wachstumskeimen an. An diesen Kanten (*Wachstumsstufen*) werden die Atome in die Gitterstruktur eingebaut.
4. Die Reaktionsprodukte werden desorbiert und vom Gasstrom abtransportiert.

Der Prozeß läuft Kristallage für Kristallage ab. Ist eine Lage komplett, lagern sich erneut Atome zu einem Wachstumskeim zusammen, und das Schichtwachstum setzt sich in der nächsten Gitterebene fort. Es kann über Prozeßeinflußgrößen gesteuert werden. Diese sind Temperatur und Druck im CVD-Reaktor sowie die Zusammensetzung der Prozeßgase und die durchfließende Gasmenge.

5.2.3.1 Wachstumsdynamik von CVD-Schichten

Das Schichtwachstum wird von Reaktions- und Transportvorgängen bestimmt, die bei den einzelnen Teilprozessen mit unterschiedlichen Geschwindigkeiten ablaufen (vgl. Oxidwachstum in Abschnitt 4.2.1.3). Diese Geschwindigkeiten bestimmen die Stoffmengen, die an- und abtransportiert bzw. die bei den chemischen Reaktionen verbraucht oder freigesetzt werden. Bei einem kontrollierten gleichmäßigen Schichtwachstum sind alle Teilprozesse in einem Fließgleichgewicht (vgl. Oxidwachstum in Abschnitt 4.2.1). Alle beteiligten Teilchenstromdichten sind gleich und in diesem stationären Zustand bestimmt der Prozeß mit dem geringsten Massendurchsatz die Reaktionsgeschwindigkeit des Gesamtprozesses. Der *langsamste Prozeß* legt damit die Wachstumsgeschwindigkeit der epitaktischen Schicht fest.

5.2.3.2 Dominante Teilprozesse

Jeder Teilprozeß kann, je nach Prozeßbedingungen, das Wachstumsgeschehen bestimmen. Vom physikalischen Ablauf her kann man die aufgelisteten Teilprozesse in Gastransportprozesse (1. und 4.) sowie in Reaktions- und Diffusionsprozesse an der Oberfläche (2. und 3.) einteilen. Es zeigt sich, daß Wachstumsverhalten und Schichteigenschaften entscheidend davon abhängen, ob das Schichtwachstum durch einen Transportprozeß im Gasraum oder einen Reaktionsprozeß an der Oberfläche kontrolliert wird. Dies soll im folgenden qualitativ mit einem einfachen Modell untersucht werden, das nur 2 Teilprozesse berücksichtigt: einen Prozeß, der den Antransport der Reaktanten erfaßt und einen Prozeß, der die Oberflächenprozesse beschreibt [5.1, 5.4].

Diese Aufteilung in nur 2 Teilprozesse ist näherungsweise bei Epitaxiereaktionen erfüllt, bei denen die Siliziumatome durch katalytische Zersetzung der Quellsubstanz an der Substratoberfläche freigesetzt werden (vgl. Silanepitaxie Abschnitt 5.4). Zerfällt jedes Molekül sofort nach Oberflächenkontakt, sind die Verhältnisse besonders übersichtlich. Hier ist dann nur eine Komponente des Prozeßgases an der Filmbildung beteiligt.

Zur Charakterisierung der Transportprozesse reicht die Bestimmung des Teilchenstroms der antransportierten Quellsubstanzmoleküle j_g aus, denn die Menge der abzutransportierenden Reaktionsprodukte ist durch die Reaktionsgleichung der Zerfallsreaktion festgelegt. Werden die Reaktionsprodukte sofort vom Prozeßgas weggetragen, behindern weder Adsorptions- noch Desorptionseffekte die Oberflächenprozesse. Oberflächenprozesse lassen sich dann ausschließlich über die Quellsubstanzstromdichte an der Substratoberfläche j_r charakterisieren.

5.2.3.3 Lineare Reaktionsgleichungen

Die Stromdichten der Quellsubstanz j_g im Gasraum und an der Substratoberfläche j_r sind von Leitgrößen (Reaktions- und Transportkoeffizienten) sowie Unterschieden in den Konzentrationen der Quellsubstanz N_i abhängig (vgl. Deal-Grove-Modell in Abschnitt 4.2.1). Konzentrationsgefälle stellen die treibenden Momente für die Reaktionen oder Diffusionsprozesse (*Triebkräfte*) dar. Die Leitgrößen sind ein Maß für den Widerstand, den das System dem Prozeß entgegensetzt. Die Teilchenströme werden vereinfacht mit linearen Reaktionsgleichungen beschrieben [5.1, 5.4]:

$$j_g = \beta_g \cdot \frac{p_i^0 - p_i^S}{k_B \cdot T} \qquad \text{(Gl. 5.1)}$$

$$j_r = \beta_r \cdot \frac{p_i^S - p_i}{k_B \cdot T}$$

β_g ist Transportkoeffizient der Reaktanten im Gas β_r ist der Reaktionskoeffizient für die Oberflächenzersetzung der Quellsubstanz. p_i^0, p_i^S und p_i sind Partialdrücke der Quellsubstanz im CVD-Reaktor (p_i^0 : Einspeisepartialdruck, p_i^S: an der Substratoberfläche gasseitig vorhandener Partialdruck, p_i: Sättigungsdampfdruck im thermodynamischen Gleichgewicht). $k_B \cdot T$ bezeichnet, wie üblich, das Produkt aus Boltzmannkonstante und Prozeßtemperatur (in Kelvin).

5.2.3.4 Oberflächenpartialdruck der Quellsubstanz und die Sherwoodzahl

Der Oberflächenpartialdruck p_i^S zeigt in charakteristischer Weise an, ob das Schichtwachstum reaktions- oder transportkontrolliert erfolgt. Diese Größe ist zwar meßtechnisch nicht faßbar, kann aber im stationären Fall (Fließgleichgewichtsbedingung $j_g = j_r$) aus den Modellgleichungen 5.1 berechnet werden:

$$p_i^S = \frac{p_i^0 + \frac{\beta_r}{\beta_g} \cdot p_i}{1 + \frac{\beta_r}{\beta_g}} = \frac{p_i^0 + Sh \cdot p_i}{1 + Sh}$$

Der in der chemischen Verfahrenstechnik wichtige Quotient β_r/β_g aus den Leitgrößen für Transport- und Reaktionsstoffstromdichte wird als Sherwood- oder auch Nusseltzahl «*Sh*» bezeichnet [5.1]. Der Zahlenwert von *Sh* gibt an, welcher der beiden Teilprozesse langsamer und damit geschwindigkeitsbestimmend ist.

Bei vollständig reaktionskontrolliertem Schichtwachstum gilt $\beta_r \ll \beta_g$, $Sh \ll 1$. Der charakteristische Oberflächenpartialdruck p_i^S entspricht dem Einspeisedruck p_i^0. Im gesamten Reaktor findet sich der gleiche Partialdruck (der Quellsubstanz) und es herrscht damit thermodynamisches Gleichgewicht. Jetzt spielen Gastransportprozesse keine Rolle mehr. Dies ist durch Einsetzen von $p_i^S = p_i^0$ in die Transportgleichung für j_g erkennbar (Gleichung 5.1). Die Stromdichte j_g wird 0.

Im Falle von vollständig transportkontrolliertem Wachstum gilt $\beta_r \ll \beta_g$ oder $Sh \gg 1$. Hier werden die antransportierten Quellsubstanzmoleküle viel schneller verbraucht als nachgeliefert. Die Oberflächenreaktionen kommen ins Gleichgewicht. p_i^S nimmt den Gleichgewichtswert p_i an, der dem Sättigungsdampfdruck der Quellsubstanz über einer heißen Si-Oberfläche entspricht. Wenn die Beziehung $p_i^S = p_i$ gilt, dann ist auch die Gleichung $j_r = 0$ erfüllt, d. h., der Teilchenstrom auf der Oberfläche kommt zum Erliegen.

Der Übergang von transportkontrolliertem Prozeßablauf zu reaktionsdominiertem Verhalten ist durch $Sh = 1$ gekennzeichnet.

5.2.3.5 Sherwoodzahl und Wachstumsgeschwindigkeit

Transport- und reaktionskontrolliertes Schichtwachstum unterscheiden sich experimentell durch typische Temperaturabhängigkeiten der Wachstumsgeschwindigkeit. Diese Unterschiede werden vom charakteristischen Temperaturverhalten der Leitgrößen β_r und β_g bewirkt, das sich bei Dominanz des einen oder anderen Prozesses in der Schichtwachstumsgeschwindigkeit wiederfindet.

Der Transportkoeffizient β_g ist schwach temperaturabhängig. Bei einem idealen Gas gilt $\beta_g = {}^1/_3 \cdot v_{th} \cdot \lambda$. v_{th} ist die mittlere thermische Geschwindigkeit der Gasmoleküle und λ ist die mittlere freie Weglänge. Wie z. B. in [5.5] abgeleitet gilt $v_{th} \sim T^{1/2}$ und $\lambda \sim T/p_{ges}$. Der Gesamtdruck des Reaktorgases ist p_{ges}, und setzt sich aus den Partialdrücken von Quellsubstanz und Trägergas zusammen. Folglich gilt

$$\beta_g \sim \frac{T^{\frac{3}{2}}}{p_{ges}} \qquad \text{(Gl. 5.2 a)}$$

Chemische Reaktionen hingegen und damit auch die Reaktionskoeffizienten genügen in der Regel einem Arrheniusgesetz mit exponentieller, also starker Temperaturabhängigkeit:

$$\beta_r \sim e^{\frac{-E_a}{k_B \cdot T}} \qquad \text{(Gl. 5.2 b)}$$

E_a ist eine reaktionstypische Aktivierungsenergie und $k_B \cdot T$ ist die bei der Prozeßtemperatur T zur Verfügung stehende thermische Energie (k_B: Boltzmannkonstante).

In Bild 5.5 sind gemessene Wachstumsgeschwindigkeiten von Epischichten bei verschiedenen Reaktortemperaturen aufgetragen. Man findet 2 Bereiche, die anhand der starken bzw. schwachen Temperaturabhängigkeit der transportbestimmten bzw. reaktionsbestimmten Deposition zugeordnet werden können: Bei niedrigen Temperaturen ist das Schichtwachstum reaktionsbestimmt, im Hochtemperaturbereich transportkontrolliert. Bemerkenswert ist, daß diese Temperaturabhängigkeiten nicht nur bei katalytisch zerfallenden Quellsubstanzen (Silan: SiH_4) auftreten, sondern auch bei Quellsubstanzen, die durch kompliziertere chemische Reaktionen Si-Atome freisetzen. Das einfache Modell hat offensichtlich eine weiteren Gültigkeitsbereich als erwartet.

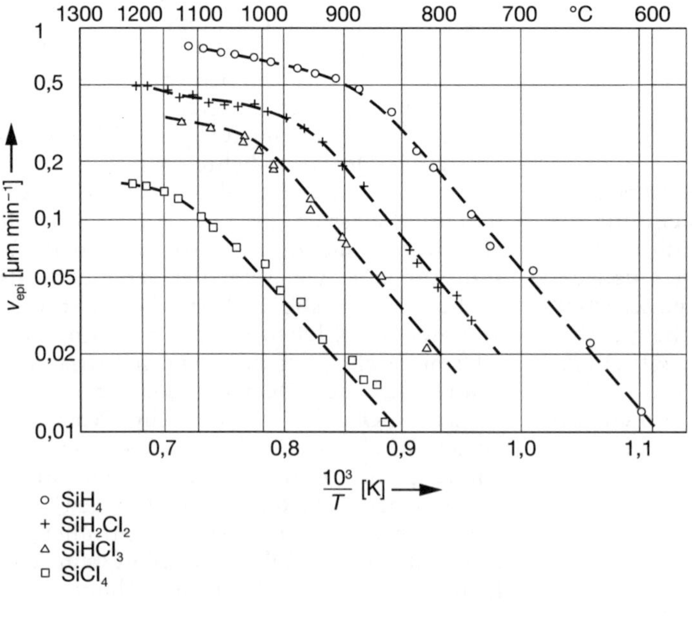

Bild 5.5
Halblogarithmische Darstellung der Temperaturabhängigkeit der Wachstumsgeschwindigkeit v_{epi} einer Si-Epischicht für die Quellsubstanzen Silan, Dichlorsilan, Trichlorsilan und Siliziumtetrachlorid in Wasserstoff als Trägergas (nach [5.1]). Der Einspeisedruck von H_2 beträgt 1 bar, der Quellsubstanzpartialdruck $1 \cdot 10^{-3}$ bar.

5.2.3.6 Sherwoodzahl und Schichtqualität

Das Verhältnis von β_r zu β_g bei einem CVD-Prozeß bestimmt aber nicht nur die Temperaturabhängigkeit des Wachstumsprozesses, sondern auch die Schichtqualität, die bei einem gegebenen CVD-Prozeß möglich ist. Läuft der Prozeß transportkontrolliert ab, dann muß für ein reproduzierbares und homogenes Schichtwachstum ein möglichst gleichmäßiges Quellsubstanzangebot für alle Siliziumscheiben im CVD-Reaktor gewährleistet sein. Dies erfordert reproduzierbare Strömungsverhältnisse und stellt hohe Anforderungen an die Scheibenanordnung und die Reaktorgeometrie. Transportkontrollierte Prozesse sind hingegen unempfindlich gegen kleinere Temperaturschwankungen, die sich kaum auf den Transportkoeffizienten auswirken.

Bei einem reaktionskontrollierten Prozeß ist die Prozeßtemperatur der kritische Parameter, der genau eingehalten werden muß. Reaktionskontrollierte CVD-Prozesse sind hingegen weniger empfindlich gegen Schwankungen der Strömungsverhältnisse im Reaktor. Da die Reaktortemperatur mit weniger Aufwand konstant gehalten werden kann, als die Gasströmungen, wird häufig ein reaktionskontrolliertes Schichtwachstum bevorzugt. Um die Sherwoodzahl auf entsprechend kleine Werte ($Sh \ll 1$) zu bringen, wird der Transportkoeffizient β_g durch Erniedrigen des Gesamtdrucks p_{ges} im Reaktor vergrößert. Diese reaktionsbestimmten *Niederdruckepitaxie-* oder *Niederdruck-CVD-Verfahren*, die sich durch hohe Schichtqualität auszeichnen, werden in den Abschnitten 5.3.4 bzw. 6.2.3 genauer behandelt.

5.3 Klassisches Epitaxieverfahren mit Siliziumtetrachlorid

Die Siliziumtetrachlorid-Epitaxie ist das am meisten verbreitetste Abscheideverfahren für einkristalline Siliziumschichten. Hier wird $SiCl_4$ durch Wasserstoff zu elementarem Silizium reduziert. Diese chemische Reaktion läuft bei Temperaturen im Bereich von 1100...1200 °C ab. Reaktionsprodukte sind elementares Silizium und HCl-Gas. Die Reaktion verläuft 2 stufig:

$$SiCl_4 + H_2 \Leftrightarrow SiCl_2 + 2\,HCl\uparrow \quad \text{(Gl. 5.3 a)}$$

$$2\,SiCl_2 \Leftrightarrow Si + SiCl_4\uparrow \quad \text{(Gl. 5.3 b)}$$

Die erste Reaktion findet im Gasraum statt, die zweite nach der Adsorption von $SiCl_2$ an der heißen Siliziumoberfläche. Ungebundene Siliziumatome, die sich an der Substratoberfläche anlagern, werden damit erst nach der Adsorption von Siliziumdichlorid an der Oberfläche frei. Dies ist eine wichtige Eigenschaft des Verfahrens, denn damit sind Gasraumreaktionen, bei denen sich störende Siliziumpartikel bilden könnten, nahezu ausgeschlossen. Das bei der Reaktion 5.3 b entstehende $SiCl_4$ löst sich von der Oberfläche, wird abtransportiert oder im Gasraum erneut reduziert. Die Gesamtreaktion läßt sich also zusammenfassen zu:

$$SiCl_4 + 2\,H_2 \Leftrightarrow Si + 4\,HCl\uparrow \quad \text{(Gl. 5.4)}$$

Wie der Reaktionspfeil $\Leftrightarrow$ zum Ausdruck bringt, ist die Siliziumtetrachlorid-Reaktion reversibel. Wie Bild 5.6 zeigt, stellt sich, je nach $SiCl_4$-Konzentration, ein Reaktionsgleichgewicht ein. Die Reaktion verläuft dann entweder in Richtung epitaktisches Wachstum ($\Rightarrow$) oder Siliziumabtrag ($\Leftarrow$). Die Wachstumsrate nimmt zunächst als Funktion vom Molverhältnis von $SiCl_4$ zu H_2 zu und hat ein Maximum, bevor bei hohem Siliziumtetrachlorid-Angebot der Siliziumabtrag nach der Reaktion 5.3 b einsetzt.

Das Molverhältnis mit maximaler Wachstumsrate ist allerdings nicht der optimale Arbeitspunkt der Epitaxieanlage. Hier werden so viele Si-Atome auf der Substratoberfläche freigesetzt, daß sich mehrere 2 dimensionale Wachstumskeime bilden, an deren Kanten sich Siliziumatome anlagern können. Dies kann zu Kristallbaufehlern in der epitaktischen Schicht führen, wenn die Anlagerungskanten nicht *kommensurabel* sind, also zum gleichen Oberflächengitter gehören. Die abgeschiedene Schicht kann dann polykristallin werden (vgl. Abschnitt 6.1.1).

Der optimale Arbeitspunkt für die Siliziumepitaxie liegt deshalb bei geringerer $SiCl_4$-Konzentration im Prozeßgas. Hier ist die Si-Konzentration an der Oberfläche so niedrig, daß sich die Siliziumatome bei der Anlagerung an das Gitter nicht gegenseitig behindern. Bei dem in Bild 5.6 gezeigten Beispiel ist bei 1270 °C ist das für einkristallines Wachstum optimale Mischungsverhältnis $^1/_{100}$ mol $SiCl_4$ in 1 mol H_2, bei einer Wachstumsrate von 1 µm/min.

Die Wachstumsrate kann außer durch das Molverhältnis von $SiCl_4$ zu H_2 auch über die Scheibentemperatur gesteuert werden. Je höher die Temperatur ist, desto beweglicher werden die Si-Atome auf der Oberfläche und desto schneller finden sie die Anlagerungskante des Wachstumskeims an der Oberfläche. Damit steigt nicht nur die Wachstumsgeschwindigkeit, sondern damit sinkt auch die Wahrscheinlichkeit, daß pro Schicht weitere (inkommensurable) Wachstumskeime gebildet werden. Mit höheren Temperaturen sind höhere Wachstumsraten realisierbar, ohne daß Kristallbaufehler oder polykristalline Abscheidung auftreten. Die optimale Reaktortemperatur wird aber bei der Siliziumepitaxie durch temperaturabhängige Nebeneffekte begrenzt, die die Qualität der Epischicht verschlechtern (s. Abschnitt 5.3.2).

5.3.1 Gasätzung im Epitaxiereaktor

Ein besonderer Vorteil vom Siliziumtetrachlorid-Verfahren besteht darin, daß hier, durch HCl-Zusatz zum Prozeßgas eine *Gasätzung* direkt in der Epitaxieanlage (am Platz, lat.: *in situ*) durchgeführt werden kann. Dies ermöglicht eine äußerst effektive Reinigung der Substratscheiben vor dem eigentlichen epitaktischen Wachstum. Die Zugabe von Salzsäure zum Prozeßgas verschiebt das Reaktionsgleichgewicht in Gleichung 5.4, und die Substratoberfläche wird mit allen enthaltenen Defekten und Verunreinigungen abgetragen. Die weggeätzte Schichtdicke beträgt typischerweise 0,5 µm [5.6].

Mit diesem Verfahren erzeugt man hochreine und kristallographisch fast perfekte Scheibenoberflächen. Abgelagerte Oxidreste und Fremdatome werden in flüchtige Substanzen umgewandelt und im Gasstrom abtransportiert. Kanten und andere Unebenheiten werden durch die Ätzung abgetragen oder verrundet. Da die Ätzung keinerlei Transport

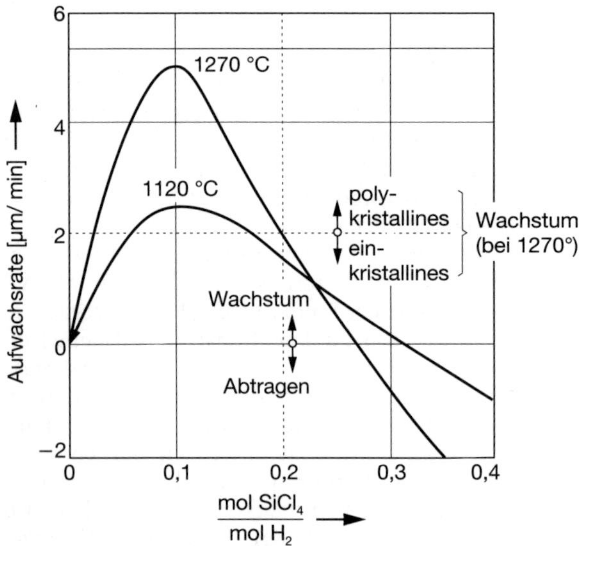

Bild 5.6
Aufwachsrate von Silizium in Abhängigkeit des Molenbruchs von Siliziumtetrachlorid und Wasserstoff im Prozeßgas [5.7]

der Siliziumscheiben erfordert, gibt es keine mit dem Ätzschritt verknüpfte Kontaminationsmöglichkeiten. Das In-situ-Ätzen schafft daher ideale Ausgangsbedingungen für eine defektarme epitaktische Beschichtung.

5.3.2 Epitaxieprobleme: Ausdiffusion, Autodoping

Siliziumhomöoepitaxie bietet theoretisch die Möglichkeit, die Dotierstoffkonzentration von Substrat und epitaktischer Schicht unabhängig einzustellen. So können scharfe stufenförmige Übergänge im Dotierprofil von hoher zu niedriger Dotierung erzeugt werden. Zwei Effekte begrenzen in der Praxis aber die Steilheit des Dotierstoffgradienten: das Autodoping und die Ausdiffusion [5.7, 5.4].

Autodoping (Selbstdotierung, engl.: *autodoping*) bezeichnet eine unkontrollierte Änderung der Dotierstoffkonzentration im Prozeßgas. Am Anfang vom Abscheideprozeß greift die ätzende Teilreaktion vom CVD-Prozeß die Substratoberfläche an: Nach Gleichung 5.3 b reagiert kristallines Si und gasförmiges $SiCl_4$ zu $SiCl_2$. Neben $SiCl_2$-Molekülen werden aber auch Dotieratome aus dem Substrat freigesetzt. Diese Dotieratome stammen z. B. bei bipolaren Prozessen aus vergrabenen Kollektorzonen oder der Grunddotierung der Wafer. Der Dotierstoff bleibt nicht im Gasraum des Reaktors, sondern wird (soweit nicht mit dem Prozeßgas abtransportiert) wieder in die epitaktische Schicht eingebaut. Diese unerwünschte und unkontrollierte Beimischung von Dotierstoff ist prinzipieller Natur und tritt bei allen halogenhaltigen Siliziumquellsubstanzen auf. Sobald allerdings die Substratscheiben mit einigen Atomlagen des epitaktischen Films bedeckt sind, kommt der Autodopingeffekt zum Erliegen, denn jetzt stimmen Dotierstoffkonzentration im Gas und an der Scheibenoberfläche überein. Der fremde Dotierstoff reichert sich vornehmlich in den ersten Lagen einer epitaktischen Schicht an.

Dotieratome werden nicht nur aus Substratscheiben herausgelöst, sondern auch aus allen Siliziumabscheidungen an Reaktorwänden und auf Scheibenträgern, die sich im Reaktor bei der Beschichtung anderer Chargen abgelagert haben. Um den Autodopingeffekt zu begrenzen, müssen deshalb die Reaktoren regelmäßig gereinigt und von Siliziumresten befreit werden.

Die Ausdiffusion ist der zweite Effekt, der die Dotierstoffkonzentration im Übergangsbereich zwischen Substrat und Epischicht beeinflußt. Die hohe Abscheidetemperatur mobilisiert Dotieratome im Substrat, die dann während des Schichtwachstums in den epitaktischen Film diffundieren. Das Ausmaß der Ausdiffusion hängt von der Dauer des Epitaxieprozesses und der Abscheidetemperatur ab (s. Kapitel 2). Wie beim Autodopingeffekt sind von der Ausdiffusion insbesondere die untersten Gitterebenen einer epitaktischen Schicht betroffen.

Durch Autodoping und Ausdiffusion werden werden die Dotierprofile in vertikaler Richtung im Übergangsbereich zwischen Substrat und Epitaxie flacher und zeigen nicht den idealen sprunghaften Übergang von hoher zu niedriger Dotierung. Die Soll-Dotierungen in den abgeschiedenen Epi-Schichten wird nicht unmittelbar an der Grenzfläche zum Substrat erreicht, sondern stellt sich, wie beim Autodoping, erst in einem gewissen Abstand von dieser Grenzfläche ein. Aufgrund von Autodoping und Ausdiffusion für kontrolliert dotierte epitaktische Schichten sind bestimmte Mindestdicken erforderlich, die nicht unterschritten werden dürfen.

Bei hochdotierten Substraten ist die gesamte Scheibenoberfläche relativ gleichmäßig vom Autodoping- und Ausdiffusionseffekt betroffen. Bei niedrig dotierten Scheiben mit lokal begrenzten stark dotierten Zonen, wie die Burried-Collector-Gebiete in der Bipolartechnik, sind Autodoping und Ausdiffusion hauptsächlich auf die Bereiche oberhalb der niederohmigen, vergrabenen Schichten konzentriert [5.1].

5.3.3 Laterale Epitaxieprobleme und Strukturkantenversatz

Neben Verfälschungen der vertikalen Dotierprofile beeinflußt der Epitaxieprozeß auch die lateralen Strukturen auf den Siliziumscheiben. Ausdiffusion und Autodoping vergrößern z. B. die laterale Ausdehnung der vergrabenen Kollektorzonen. Außerdem werden die Strukturkanten von dotierten Zonen auf Substratscheiben verzerrt und verschoben auf die Oberfläche der Epischicht übertragen. Es gibt zwei Arten von Verschiebungseffekten (Bild 5.7), die als *Smear* (verwischen, engl.: *smear*) und *Shift* (verschieben, engl.: *shift*) bezeichnet werden.

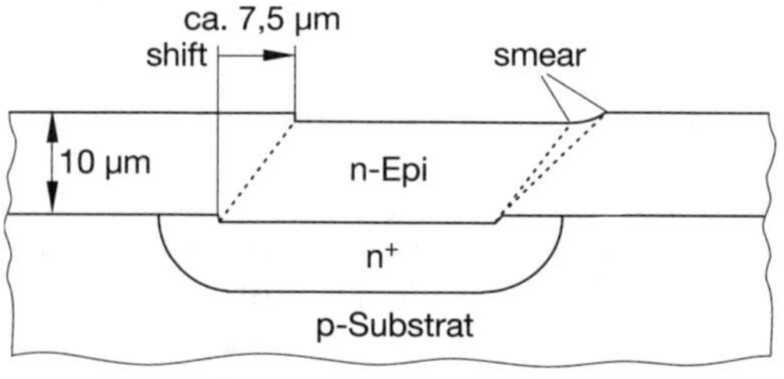

Bild 5.7 Strukturkantenversetzungen in der epitaktischen Schicht durch Shift- und Smear-Effekte [5.6]

Verschiebungseffekte entstehen durch den meist transportkontrolliert ablaufenden Epitaxieprozeß. Durch den Mangel an $SiCl_2$-Molekülen an der Substratoberfläche werden freigesetzten Siliziumatome häufig am gleichen Ort eingebaut, an dem das entsprechende $SiCl_2$-Molekül absorbiert wurde und nicht etwa an der thermodynamisch optimalen Gitterposition. Dies würde eine erhöhte Oberflächendiffusion der Si-Atome erfordern. Deshalb überträgt sich eine Kante an der Substratoberfläche nicht konform in die epitaktische Schicht. Die Richtung vom Schichtversatz hängt von der Orientierung des Substrats ab. Bei einer Siliziumscheibe mit {111}-Oberfläche liegt diese Richtung parallel zum Flat, also in <110>-Richtung. Fehljustierungen durch eine Ausrichtung von Folgemasken auf verschobene Strukturkanten können durch einen entsprechenden Korrekturvorhalt vermieden werden.

5.3.4 Optimierte Epitaxieverfahren

Um die Strukturkantenverschiebungen zu reduzieren, kann man als Gegenmaßnahme den Einfluß von reaktionskontrollierten Teilprozessen verstärken. Dies kann z. B. durch eine Druckerniedrigung geschehen (Gleichungen 5.2 a). Bei Niederdruck-Epitaxieverfahren wird der Gesamtdruck im Reaktor auf Werte zwischen 10^2 und 10^3 Pa abgesenkt. Dadurch erhöhen sich die Diffusionslängen auf der Substratoberfläche, und die Strukturkantenverschiebung verringert sich. Darüber hinaus werden bei Niederdruck die für epitaktisches Wachstum ausreichende Oberflächenbeweglichkeiten der Atome bereits bei niedrigeren Temperaturen als bei Normaldruck erreicht. Dies erlaubt die Absenkung der Reaktionstemperatur um ca. 100 °C bei gleicher Schichtqualität [5.4]. Die thermische Belastung der beschichteten Siliziumscheiben vermindert sich entsprechend.

Um die Dotierprofile im Hinblick auf Autodoping und Ausdiffusion zu verbessern, gibt es verschiedene Möglichkeiten [5.4]. Die Ausdiffusion verringert sich mit reduzierter Prozeßtemperatur. Autodoping tritt bei jeder chlorhaltigen Siliziumquellsubstanz auf. Um diesen Effekt zu reduzieren, werden für die Substratdotierung Dotierstoffe gewählt, die einen möglichst kleinen Dampfdruck aufweisen. Dann nimmt das Prozeßgas weniger Dotierstoff auf, und die Einbaurate vom Fremddotierstoff in die epitaktische Schicht sinkt entsprechend. Hat der Dotierstoff im Substrat zusätzlich eine kleine Diffusionskonstante, so verringert dies gleichzeitig die Ausdiffusion. Antimon hat diese vorteilhaften Eigenschaften und hat sich deshalb bei der Buried-Collector-Dotierung gegenüber Arsen oder Phosphor durchgesetzt (vgl. Abschnitt 3.5.8.1).

Eine qualitative Verbesserung der Dotierprofile wird auch mit halogenfreien Quellsubstanzen erreicht. Die wichtigste Epitaxiereaktion ist hier die thermische Zersetzung (*Pyrolyse*) von Silan, die im nächsten Abschnitt behandelt wird.

5.4 Silanepitaxie auf Siliziumsubstraten

Zur Freisetzung von elementarem Silizium an Substratoberflächen wird hier eine chlorfreie Verbindung verwendet (Silan, SiH_4), die sich durch Temperatureinwirkung zersetzt [5.1], wie bereits in Abschnitt 5.2.3.3 beschrieben wurde:

$$SiH_4 \Rightarrow Si + 2\,H_2 \uparrow \qquad \text{(Gl. 5.5)}$$

Diese Reaktion ist im Gegensatz zur $SiCl_4$-Reduktion eine irreversible chemische Zerfallsreaktion, die nur in einer Richtung ($\Rightarrow$) abläuft. Ätzende Teilreaktionen mit Chlor finden nicht statt. Damit entfällt der Autodopingeffekt. Die notwendigen Prozeßtemperaturen liegen bei 900 ... 1000 °C und sind deutlich niedriger als bei der $SiCl_4$-Reaktion. Dies verringert entsprechend die Ausdiffusionseffekte.

Die Silanepitaxie hat aber auch Nachteile [5.7]. Silan ist komplizierter zu handhaben, als Siliziumtetrachlorid. Diese Substanz reagiert mit Sauerstoff oder Halogenen unter Selbstentzündung. Außerdem neigt dieses Epitaxieverfahren verstärkt zu Gasraumreaktionen, bei denen bereits im Prozeßgas Siliziumpartikel entstehen: Anders als bei der $SiCl_4$-Epitaxie ist hier die Freisetzung von atomarem Silizium nicht an die Substratoberfläche gebunden. Die Zerfallsreaktion Gleichung 5.5 kann überall stattfinden, wo die notwendige Temperatur erreicht wird, also auch im Prozeßgas. Im Gasraum freigesetzte Siliziumatome können sich dort zu kleinen Siliziumpartikeln (ca. 100 Atome) zusammenlagern. Wenn diese Partikel auf die Substratoberfläche fallen, werden sie in die epitaktische Schicht eingebaut. Da die Gitterorientierung in den Partikeln in der Regel nicht mit der Kristallstruktur der Epischicht übereinstimmt, entstehen Gitterdefekte und im Extremfall sogar polykristalline Schichten.

Maßnahmen zur Reduktion der Partikelbildung sind die Verwendung von Kaltwandreaktoren (Abschnitt 5.6) sowie eine starke Verdünnung der Siliziumquellsubstanz mit dem Trägergas. Bei Kaltwandreaktoren wird, durch geeignete Zufuhr der thermischen Energie die Prozeßtemperatur im wesentlichen nur in unmittelbarer Nähe der Substratoberfläche erreicht. Eine Verdünnung des Silans erschwert die Partikelbildung, weil dadurch die Konzentration der freien Siliziumatome im Gasraum herabgesetzt wird.

Trotz dieser Maßnahmen erzielt man mit der Silanepitaxie eine deutlich geringere Kristallperfektion als bei der $SiCl_4$-Methode. Dies hängt auch damit zusammen, daß sich aufgrund des irreversiblen Charakters der Silanreaktion der Abscheideprozeß weniger gut steuern läßt als die Abscheidung aus Chlorsilanen.

Kristallbaufehler in der Epischicht sind ein Nachteil, weil sie sich negativ auf die elektrischen Eigenschaften von Bauelementen in der Siliziumschicht auswirken (s. Abschnitt 5.9.2). Durch Gitterdefekte entstehen bei bipolaren Transistoren höhere Sperrströme und nichtlineare Stromverstärkungen. MOS-Transistoren zeigen höhere Unterschwellströme und geringe Steilheit. Der Silanprozeß wird deshalb kaum als Epitaxieverfahren in der Siliziumtechnologie verwendet. Die Hauptanwendung ist die heteroepitaktischen Beschichtung von isolierenden Substraten zur Herstellung von SOI-Schaltkreisen. Hier kann keine chlorhaltige Quellsubstanz eingesetzt werden. Wie Gleichung 5.3 a z. B. zeigt, entsteht bei der Wasserstoffreduktion solcher Verbindungen stets Salzsäure, die die Trägerscheiben angreift.

5.5 Siliziumheteroepitaxie mit Silan: SOI-Bauelemente

Monokristallines Silizium ist das am häufigsten eingesetzte Substratmaterial für integrierte Schaltkreise. Alternativ lassen sich integrierte Silizium-Halbleiterschaltungen aber auch auf einem isolierenden Trägermaterial realisieren, auf das eine dünne heteroepitakti-

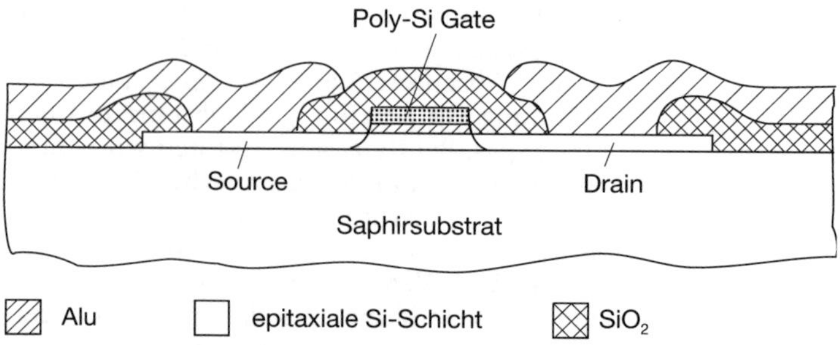

Bild 5.8
Schnitt durch einen MOS-Transistor auf Saphirsubstrat nach [5.9]. Die Si-Epischicht ist 600 nm dick. Die Gate-Oxiddicke beträgt 50 nm. Die minimale Kanallänge der MOS-Transistoren beträgt 2 µm.

sche Siliziumschicht abgeschieden wurde. Diese Technik wird als SOI-Technologie bezeichnet (Silizium auf Isolator, engl.: *silicon on insulator*). Hier können die Transistoren durch Unterbrechen des Siliziumfilmes dielektrisch isoliert werden (Bild 5.8). Auf Siliziumsubstraten sind hingegen nur Sperrschichtisolationen möglich, und das Sperrverhalten von pn-Übergängen ist temperaturabhängig und reagiert empfindlich auf ionisierende Strahlung. Bei Weltraumanwendungen (kosmische Höhenstrahlung) oder bei hohen Umgebungstemperaturen werden deshalb bevorzugt SOI-ICs eingesetzt.

Es gibt verschiedene isolierende Trägermaterialien, doch das für technische Anwendungen wichtigste Substrat ist Saphir (Al_2O_3). Das *SOS*-Verfahren (*Silicon on Saphire*) ist technisch so ausgereift, daß es als einziges SOI-Verfahren kommerziell zur Serienproduktion von ICs eingesetzt wird. Da halogenhaltige Siliziumquellen das Trägermaterial angreifen, werden die epitaktischen Siliziumschichten auf den Saphirträgern mit der Silanpyrolyse erzeugt. Übliche Schichtdicken liegen in der Größenordnung von 1 µm.

Da die Kristallgitter von Saphir (hexagonales Gitter) und von Silizium (kubisches Diamantgitter) voneinander abweichen, ist die Kristallqualität der Si-Epischicht im Vergleich zu Siliziumsubstraten schlechter. Durch die Gitterunterschiede treten hohe Defektdichten in der Übergangszone zwischen Substrat und Silizium auf. Die damit verbundenen hohen Leckströme und die kurze Lebensdauer der Ladungsträger (vgl. Abschnitt 5.9.2) lassen die Verwendung von SOS-Schichten für Bipolarschaltungen nicht zu. Für MOS-Schaltungen sind spezielle Prozeßschritte zur Reduzierung der Baufehler in der SOS-Schicht nötig.

Zur Verbesserung der Qualität der Epischicht wird der defektreiche Grenzbereich zwischen Si und Saphir durch Implantation von Siliziumionen [5.8] amorphisiert. Bei Energien von 80 bis 550 keV und Dosen in der Größenordnung 10^{14} cm^{-2} entsteht eine vergrabene amorphe Siliziumschicht. Die Oberfläche der Epischicht bleibt bei der Implantation weitgehend unbeschädigt, denn die relativ leichten Ionen werden nach dem Eindringen in das Gitter zuerst nur durch inelastische Elektronenstöße (ohne Kristallschädigungen) abgebremst (vgl. Abschnitt 3.1). Beim anschließenden Ausheilen des Strahlenschadens wirken die noch intakten Si-Oberflächenschichten als Kristallisationskeim. Die Rekristallisation verbessert die Kristalleigenschaften im Grenzbereich deutlich. Für eine möglichst vollständige Amorphisierung des Grenzbereichs sind möglichst tiefe Implantationstemperaturen günstig. Dadurch lassen sich Ausheileffekte während der Bestrahlung unterdrücken (s. Abschnitt 3.3).

Trotz dieser aufwendigen Methode zeigen Transistoren auf Saphir höhere Rauschpegel [5.9] und Unterschwellströme als auf Siliziumsubstraten. Deshalb eignen sich SOS-Schaltungen nicht für hochgenaue Analoganwendungen. Die erreichten Transistoreigenschaften sind für Digitalschaltkreise jedoch völlig ausreichend. Hier hat die SOS-/CMOS-Technologie sogar wesentliche Vorteile im Vergleich zu konventionellen CMOS-ICs auf Siliziumsubstraten.

SOS-Schaltungen sind weitgehend strahlungsresistent und funktionieren auch noch bei 250 °C Umgebungstemperatur. Bei SOS-CMOS-Schaltungen fehlen die parasitären Strukturen, die bei reinen Siliziumschaltungen zum Latch-up-Effekt führen können. Außerdem sind die parasitären Kapazitäten bei SOS-Schaltungen kleiner, weil die Source- und Draingebiete der Transistoren dielektrisch (nicht über Sperrschichten) gegenüber dem Substrat isoliert sind. Damit können die Schaltungen schneller getaktet werden, als vergleichbare Siliziumschaltkreise.

Der erhöhten Zuverlässigkeit und Funktionalität von SOS-/CMOS-Schaltungen steht ein deutlich erhöhter Preis für die Saphirsubstratscheiben und den komplexeren Fertigungsprozeß gegenüber. Deshalb wurde diese Technologie bisher hauptsächlich nur für ASICs mit geringer Komplexität und für wenig kostensensitve Anwendungsfelder eingesetzt. Der erweiterte Temperaturbereich dieser Schaltkreise läßt aber in Zukunft auch andere Anwendungen erwarten. In der Automobiltechnik gibt es viele Einsatzmöglichkeiten für ICs, die bei hohen Umgebungstemperaturen arbeiten können. Außerdem haben IBM und Mitsubishi Electric Corporation dynamische Speicherbausteine (DRAMs) für den Massenmarkt auf Saphirsubstraten vorgestellt [5.15]. Bei diesen Anwendungen wird die hohe Signalverarbeitungsgeschwindigkeit und die hohe Strahlungsresistenz der SOS-Technologie genutzt. Der IBM-Baustein zeichnet sich bei 512 KByte Speicherkapazität durch eine extrem kurze Zugriffszeit aus (3,5 ns). Der Schaltkreis aus Japan ist ein 16-MByte-Chip.

5.6 CVD-Anlagen für die Siliziumepitaxie

Die Schichtabscheidung bei der Gasphasenepitaxie erfolgt in der Regel in einem Reaktor aus Quarzglas bei normalem Atmosphärendruck. Das Schema eines solchen Reaktors wurde in Bild 5.3 gezeigt. Je nach Anordnung der Siliziumscheiben im Reaktor unterscheidet man horizontale und vertikale Epitaxiereaktoren (Bild 5.9). Die Siliziumscheiben liegen entweder auf einem Grafitträger, der von außen induktiv oder durch die Strahlungswärme von Hochleistungslampen erwärmt wird. Dem Reaktor wird ein Gasgemisch zugeführt, das aus einem Trägergas (H_2), der Dotierstoffquellsubstanz und einer gasförmigen Siliziumverbindung besteht. Da Verunreinigungen die schädliche Partikelbildung fördern, werden die gasförmigen Medien in einer Gasversorgungseinheit gründlich gereinigt [5.1] und erst dann dem Reaktor zugeführt.

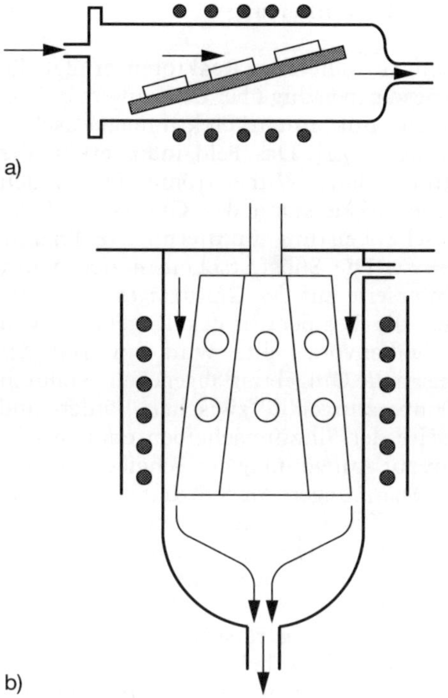

Bild 5.9 Reaktortypen für die CVD-Epitaxie: a) Horizontalreaktor, b) Vertikal- oder Barrel-Reaktor (Faß, engl.: *Barrel*).

Als zweite Maßnahme gegen Partikel wird die CVD-Reaktion im Gasraum unterdrückt. Dazu kühlt man die Reaktorwände (Kaltwandreaktoren). Damit wird die Reaktionstemperatur zur Siliziumfreisetzung nur auf den Substratoberflächen bzw. in unmittelbarer Nähe der Siliziumscheiben erreicht. In Bild 5.3 ist eine Wasserkühlung der Reaktorwände zu sehen.

5.6.1 Reaktorheizung

Bei induktiv geheizten Reaktoren erfolgt die Leistungseinspeisung über eine äußere Induktionsspule mit einem elektromagnetischen Wechselfeld [5.1]. Das Feld induziert in der Grafitträgerplatte Wirbelströme. Durch den ohmschen Widerstand des Grafits wird die elektrische Leistung in thermische Energie umgesetzt. Die Substratscheiben liegen mit der Unterseite auf der Grafitträgerplatte und nehmen die Temperatur des Trägers an. Von der Scheibenvorderseite wird ein Teil der Wärme an die Umgebung abgegeben, wodurch ein Temperaturgefälle zwischen Vorder- und Rückseite der Siliziumscheiben entsteht. Es kommt zur Aufwölbung der Scheiben und damit zu Spannungen im Substrat. Dieser mechanische Streß erzeugt Gleitversetzungen und damit schädliche Defekte im kristallinen Gefüge. Da dieser Effekt mit dem Scheibendurchmesser zunimmt, ist Induktionsheizung nur bei kleinen Substratscheiben (Durchmesser $<$ 3 Zoll) praktikabel.

Bei strahlungsgeheizten Epitaxieanlagen wird die Energie von der Scheibenvorderseite zugeführt. Paßt man das Spektrum der Strahlung dem Absorptionsverhalten der Substratscheiben und des Scheibenträgers an, lassen sich thermische Spannungen und die damit verbundenen Gitterdefekte in den Substraten weitgehend vermeiden. Mit dieser Heizmethode können auch größere Substratscheiben beschichtet werden [5.1].

5.6.2 Gasströmungen, Diffusion und Reaktortypen

Im Reaktor überstreicht ein laminarer Gasstrom die in Reihen flach auf dem Träger liegenden Siliziumscheiben (Bild 5.10). Durch die Reibung des Gases an der Substrat- bzw. Trägeroberfläche bildet sich die, für CVD-Prozesse typische Grenzschicht mit reduzierter Strömungsgeschwindigkeit aus (vgl. Abschnitt 5.2.3). Die Dicke d dieser Schicht ist aber nicht, wie in Abschnitt 5.2.1 angenommen, konstant, sondern nimmt entlang des Scheibenträgers nach einem Wurzelgesetz zu (vgl. [5.4]). Die Grenzschichtdicke d hängt vom Abstand x der Scheibe vom Anfang des Trägers, von der Geschwindigkeit des freien Gasstroms v und der Viskosität η des Gases und der Gasdichte ϱ ab:

$$d(x)=\sqrt{\frac{x \cdot \eta}{\varrho \cdot v}} \qquad \text{(Gl. 5.6)}$$

Dies hat aber Auswirkungen auf die antransportierte Reaktionsstoffstromdichte (siehe Abschnitt 5.2.3), denn der Fluß der Quellsubstanz ist entsprechend dem Fickschen Gesetz vom Konzentrationsgefälle der Quellsubstanz abhängig (vgl. Abschnitt 2.4). Dieses Gefälle wird von der ortsabhängigen Grenzschichtdicke $d(x)$ sowie von den Konzentrationen an der Substratoberfläche C_s und im freien Gasstrom C_g bestimmt. Die Flußdichte der Quellsubstanz ist damit

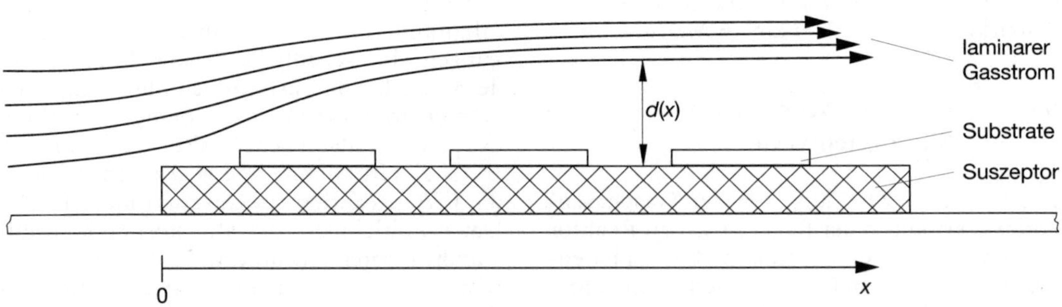

Bild 5.10 Gasströmung im Reaktor: Zwischen dem Hauptgasstrom mit Siliziumkonzentration und den Substratoberflächen entsteht eine Grenzschicht mit Dicke d(x) in der die Strömungsgeschwindigkeit durch Reibung herabgesetzt ist (nach [5.4]).

$$j(x) \sim \frac{C_g - C_s}{d(x)} \qquad \text{(Gl. 5.7)}$$

Entlang der Scheibenreihe im Reaktor nimmt die Dicke der Grenzschicht zu, und das Konzentrationsgefälle wird kleiner. Die Stromdichte der diffundierenden Moleküle nimmt dementsprechend proportional zu $x^{-1/2}$ ab (s. Gleichungen 5.6 und 5.7). Am Ende der Scheibenreihe ist das Siliziumangebot deutlich geringer. Die Epischicht wächst dort entsprechend langsamer. Damit hängt aber die Dicke der abgeschiedenen Schicht auf einer Substratscheibe von der Position im Reaktor ab! Besonders ausgeprägt ist dieser Effekt in Horizontalreaktoren bei denen z. B. 20 Siliziumscheiben hintereinanderliegen. Deshalb ist es notwendig die Ortsabhängigkeit der Grenzschichtdicke $d(x)$ auszugleichen. Dazu kann die Strömungsgeschwindigkeit v des Prozeßgases längs des Reaktors erhöht werden (s. Gleichung 5.6). Dies kann z. B. durch Verringerung des Reaktorquerschnitts zum Gasauslaß hin erreicht werden. Ein kleinerer Querschnitt bei vorgegebener Gasmenge führt zwangsläufig zu einer erhöhten Strömungsgeschwindigkeit. Die verstärkte Gasströmung erhöht aber auch die Konvektion und sorgt so entlang des Scheibenträgers für ein Temperaturgefälle, das wiederum das Beschichtungsergebnis beeinflußt.

Aufgrund der geschilderten komplexen Abhängigkeiten kann man in Horizontalreaktoren nicht die Schichthomogenität erreichen, die für höchstintegrierte Schaltungen notwendig ist. Deshalb wurde dieser Reaktortyp in der Halbleiterfertigung in den letzten Jahren durch Vertikalreaktoren verdrängt. Hier liegen nur wenige Scheiben entlang des Gasstroms hintereinander auf einem rotierenden Suszeptor (vgl. Bild 5.11). Die Änderungen in der Grenzschichtdicke sind vernachlässigbar, und entsprechend ist die Wachstumsrate der epitaktischen Schicht nahezu von der Scheibenposition unabhängig. Die fast senkrechte Position der Siliziumscheiben reduziert außerdem die Zahl der auf die Scheibenoberfläche gelangenden Partikel. Bei vertikaler Anordnung ist die Wahrscheinlichkeit geringer, daß ein Partikel auf die Scheibenoberfläche fällt und dort liegenbleibt.

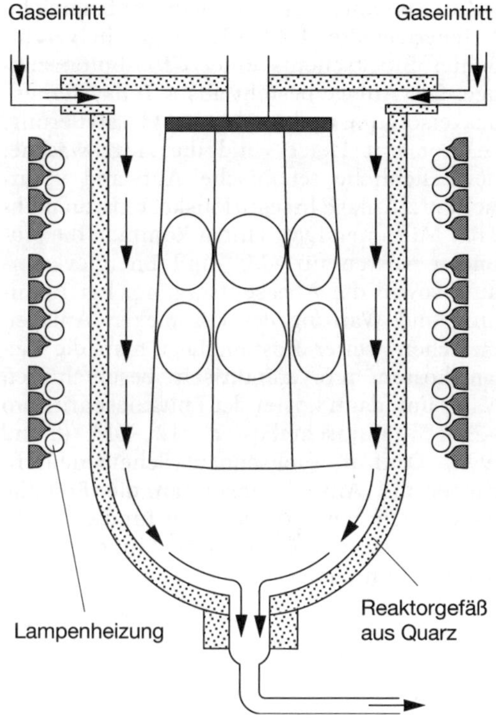

Bild 5.11 Prinzip eines lampengeheizten Vertikal- oder Barrel-Reaktors

Bild 5.11 zeigt schematisch einen Vertikalreaktor, der aufgrund der heute üblichen Scheibengröße (∅ mindesten 4 Zoll) mit Strahlungsheizung arbeitet. Die Lampenleistung beträgt einige 100 kW. Typische Gasflüsse in der Minute sind 200 l H_2 mit 5 l $SiCl_4$. Die Abscheideraten liegen je nach Temperatur zwischen 0,1 ... 0,5 μm/min. Der Scheibenträger läßt sich bis auf 1300 °C aufheizen. Dabei bleibt die Quarzglocke, die die Reaktorwand bildet, auf maximal 500 °C. Die Trägertemperatur kann bis auf ± 1 °C konstant gehalten werden. Pro Stunde können mit der Anlage 25 Wafer mit 4 Zoll ∅ oder 10 Scheiben mit 6 Zoll ∅ beschichtet werden.

Zur Epitaxieanlage gehören umfangreiche Peripheriegeräte. Bild 5.12 zeigt ein vereinfachtes Blockschema einer CVD-Epitaxieanlage. Die Anlage besteht aus 4 Teilsystemen: Gasversorgung und Reinigung, Gassteuerung, Reaktor mit Heizer und die Abgaswäsche. Der erhebliche technische Aufwand verursacht pro Anlage Investitionskosten von mehreren Millionen DM. Hinzu kommen die laufenden Kosten für Gas- und Energieversorgung sowie die Abgasentsorgung. Bei Reinigung und Wartung der komplexen Anlagen entstehen weiter Kosten. Legt man die Gesamtkosten pro epitaktisch beschichteten Wafer um, dann kostet der Epitaxieschritt pro 5-Zoll-Siliziumscheibe ca. 12 DM (Stand 1990). Da mit wachsendem Scheibendurchmesser die Anforderungen an die Epitaxie stark zunehmen, wird der Preis für die epitaktische Beschichtung pro mm² Silizium auch in Zukunft nicht fallen.

5.7 Anwendungen der Siliziumhomöoepitaxie

Dotierprofile, die durch Dotieren mittels Diffusion oder mit Ionen erzeugt werden, haben einen charakteristischen Verlauf (s. Bild 5.1). Bei diesen Verfahren entstehen nur dann pn-Übergänge, wenn die lokal eingebrachte Dotierstoffmenge größer ist, als die bereits im Silizium vorhandene Dotierung (s. Kapitel 2 und 3). Folglich nimmt die Dotierstoffkonzentration bei vertikal aufeinanderfolgenden p- und n-leitenden Schichten zwangsläufig zur Substratoberfläche hin zu. Dabei begrenzt die Festkörperlöslichkeit die maximal mögliche Dotierstoffkonzentration in der obersten dotierten Zone. Dotierprofile von vertikal aufeinanderfolgenden p- und n-leitenden Zonen können daher nur eingeschränkt variiert und optimiert werden.

Bei epitaktischer Beschichtung hingegen kann die Dotierstoffkonzentration der Epi-

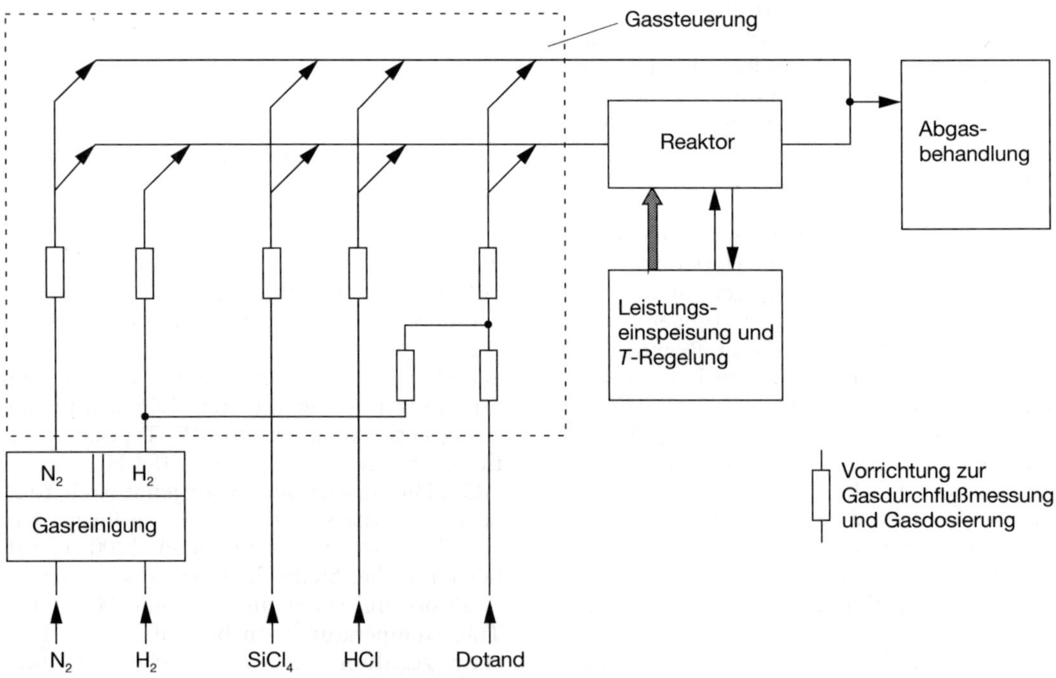

Bild 5.12 Komponenten einer CVD-Epitaxieanlage (nach [5.1])

schicht unabhängig von der Substratdotierung über die Prozeßgaszusammensetzung im Epitaxiereaktor eingestellt werden. Für optimierte vertikale Dotierprofile kann man Epitaxie und Dotierung durch Diffusion oder Implantation kombinieren: Bringt man niedrigdotierte epitaktische Zwischenschichten auf hochdotierte Substrate, gewinnt man Gestaltungsspielraum für weitere, vertikal folgende p- und n-Schichten. Bereits bei einfachen Bipolarprozessen wird deshalb mit epitaktischen Schichten gearbeitet.

Bei bipolaren ICs werden meist vertikale npn-Transistoren benutzt. Hier wird die p-leitende Basis in die n-dotierte Kollektorschicht und der n-leitende Emitter wiederum in das Basisgebiet eindiffundiert. Dabei bestimmen Basisweite und der Injektionswirkungsgrad des Emitters γ wesentlich die technologische Auslegung der Transistoren (s. Band 1 Abschnitt 3.2.4).

Dabei ergibt sich folgende Problematik: Für einen möglichst hohen Emitterwirkungsgrad zu erreichen (γ-Wert nahe an $\gamma = 1$), ist eine hohe Emitterdotierung bei geringer Basisdotierung wichtig. Damit eine p-dotierte Basis in der Kollektorschicht entsteht, ist eine noch geringere Dotierung der Kollektorschicht notwendig. Eine geringe Kollektordotierung zieht aber einen hohen Kollektorbahnwiderstand nach sich, und das führt zu einer großen Sättigungsspannnung des Transistors.

Um diesen Nachteil zu vermeiden, implantiert man in das p-leitende Substrat, dort wo ein Transistor entstehen soll, zunächst eine hochdotierte, n-leitende Zone. Dann wird die Siliziumscheibe mit einer schwach n-leitenden Epischicht bedeckt. Die vergrabene hochdotierte Zone und die Epischicht bilden später die Kollektoren der npn-Transistoren. Die geringe Dotierung der Epischicht ermöglicht relativ gering dotierte p-leitende Basisgebiete und damit werden die gewünschten hohen γ-Werte erzielt. Aufgrund der vergrabenen n-leitenden Schicht (*Subkollektorzone*) erhält man eine hohe effektive Kollektordotierung, und es entsteht die gewünschte niederohmige Verbindung zum Kollektorkontakt an der Scheibenoberfläche (Bild 5.13).

In CMOS-Prozessen werden ebenfalls epitaktische Schichten mit niederohmigem Substrat und geringdotierten Oberflächenschichten verwendet. Diese Strukturen sind aber kein funktioneller Bestandteil von Bauelementen, sondern verbessern die Festigkeit der Schaltkreise gegen *Latch-up*. Dies ist ein

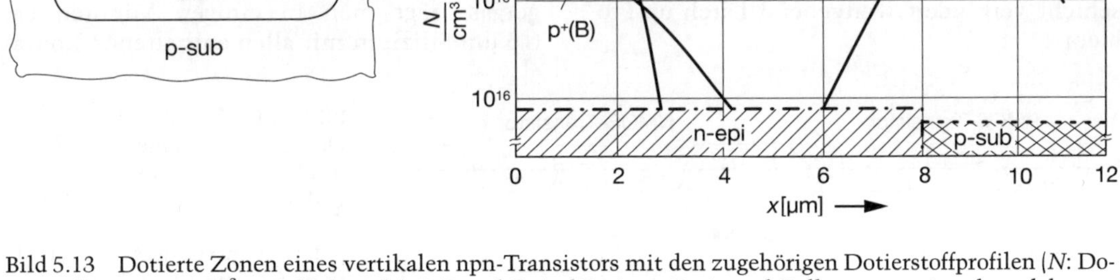

Bild 5.13 Dotierte Zonen eines vertikalen npn-Transistors mit den zugehörigen Dotierstoffprofilen (*N*: Dotierstoffatome pro cm^3, x: Schichttiefe). E, B und C sind Emitter, Basis und Collector. n-epi und p-sub bezeichnen die n-leitende Epischicht auf dem p-leitenden Substrat. BC ist die vergrabene Kollektorzone (engl.: *buried collectorzone*). Die gezeigten Dotierprofile entsprechen einem Schnitt durch das linke Bild am Emitterkontakt senkrecht zur Oberfläche.

Effekt, der durch eine parasitäre npnp-Thyristorstruktur verursacht wird. Diese npnp-Schichtfolgen sind in jeder CMOS-Schaltung vorhanden. Durch bestimmte Betriebsbedingungen kann ein solcher Thyristor gezündet werden. Damit entsteht eine niederohmige Verbindung zwischen Versorgungsspannung und dem Masseanschluß. Der Schaltkreis funktioniert nicht mehr, und durch den großen Strom können Verbindungsleitungen auf dem Chip überlastet und zerstört werden.

Die Latch-up-Empfindlichkeit sinkt mit zunehmender Substratdotierung. Bei der CMOS-Technik liegt aber einer der beiden verwendeten Transistortypen in oberflächlichen *Wannen*, in denen die Dotierung entgegengesetzt zum Substrat ist. Deshalb liegt auch hier eine vertikale Schichtfolge von entgegengesetzt dotierten Zonen vor, die von Substrat, Wannen und Source-Drain-Gebieten der MOS-Transistoren gebildet werden. Damit treten ähnliche Schwierigkeiten wie bei vertikalen npn-Transistoren auf: Die maximale Festkörperlöslichkeit erzwingt eine geringe Dotierung des Substrats, um die darüberliegenden pn-Übergänge zu realisieren. Latch-up-Immunität hingegen ist nur mit einer hohen Substratdotierung zu erreichen. Die Lösung des Problems ist, wie beim npn-Transistor, eine zusätzliche, geringdotierte, epitaxiale Schicht, in die Wannen mit relativ geringer Dosis implantiert werden können. Diese Schicht ist im Gegensatz zur Bipolartechnik vom gleichen Leitungstyp, wie das Substrat. Die Epischichtdicke muß dabei auf die Wannentiefe (einige µm) abgestimmt werden (Bild 5.14). Das hochdotierte Substrat unter der Epischicht verhindert weitgehend Latch-up-Probleme.

Leider ist der Latch-up-Schutz durch Epischichten nicht kostenneutral. Bei den vorher angegebenen Epitaxiekosten von 12 DM/Wafer und 100 guten Chips/Siliziumscheibe kostet z. B. der Latch-up-Schutz eines CMOS-ICs durch epitaktisch beschichtete Wafer 0,1 DM/Schaltkreis. Das können durchaus 5 % vom Chip-Preis sein!

5.8 Typischer Silizium-Homöoepitaxieprozeß

Im folgenden soll der Epitaxieprozeß im Bipolarprozeß dargestellt werden, mit dem eine 10 µm dicke, n-leitende Epischicht auf das p-leitende Substrat und die bereits implantierten Subkollektorzonen aufgebracht wird [5.6]. Die Strahlenschäden sind nach der Implantation mit dem in Abschnitt 5.2.2 beschriebenen Scheibenvorbehandlungsverfahren beseitigt worden.

Der Epitaxieprozeß beginnt mit dem Beladen des Reaktors mit Siliziumscheiben. Es folgt eine Vorspülung bei Raumtemperatur mit Stickstoff und anschließend durchströmt Wasserstoff den Reaktor. Danach wird innerhalb von wenigen Minuten auf 900 °C und dann auf 1200 °C aufgeheizt. Dabei durchströmt weiter H_2-Gas den Reaktor. Der Wasserstoff reduziert bei der hohen Temperatur Oxidreste auf den Siliziumscheiben zu elementarem Silizium. Die Sauerstoffatome werden als Wasserdampf mit dem Prozeßgas abgeführt. Der nächste Reinigungsschritt der Substratoberfläche ist die Gasätzung. Durch Zugabe von etwa 1 Vol.-% HCl-Gas zum H_2-Trägergas trägt man in einigen Minuten ca. 0,5 µm Silizium mit allen enthaltenen Konta-

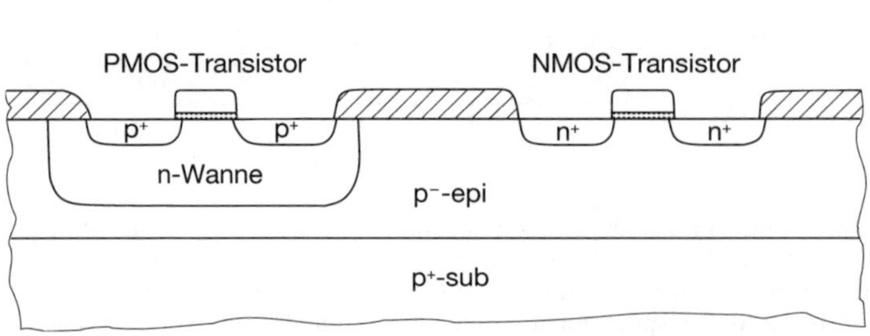

Bild 5.14
Dotierte Zonen eines P- und eines N-Kanal-Transistors in einer CMOS-Schaltung mit n-Wanne in einer p^--Epischicht auf stark p-dotiertem Substrat (p^+). Schraffierte Gebiete sind Schnitte durch SiO_2-Schichten (dickes Feldoxid und dünnes Gate-Oxid).

minationen ab. Die hochreine Oberfläche wird anschließend nochmals mit Wasserstoff zwischengespült, bevor der eigentliche Epitaxieprozeß beginnt.

Zur Schichtabscheidung werden dem Trägergas einige Gramm $SiCl_4$-Gas/min zugesetzt (bei 160 l H_2/min sind dies z. B. 4 g). Zur Dotierung der Epischicht wird Phosphin zugegeben (z. B. 150 ml PH_3/min). Bei 1200 °C wächst die Epischicht um 0,6 µm/min. Nachdem die gewünschte Schichtdicke erreicht ist, stoppt das Unterbrechen der Siliziumtetrachloridzufuhr das epitaktische Wachstum. Die Reaktorheizung wird abgeschaltet, und der Reaktor kühlt bei Wasserstoffspülung in einigen Minuten auf Raumtemperatur ab. Abschließend wird nochmals mit Stickstoff gereinigt, bevor die fertig prozessierten Scheiben dem Reaktor entnommen werden. Der gesamte Epiprozeß dauert ungefähr 1 Stunde.

5.9 Charakterisierung von epitaktischen Schichten

5.9.1 Schichtdicke und Dotierstoffkonzentration

Zur Messung der Schichtdicke werden optische Verfahren genutzt. Sie beruhen auf Absorption und Reflexion von Infrarotstrahlung, die in Halbleitern von der Dotierstoffkonzentration abhängig ist. An der Grenze zwischen Substrat und epitaktischer Schicht ändert sich diese Konzentration nahezu abrupt. So entstehen je nach Epidicke charakteristische Interferenzen zwischen Infrarotstrahlen, die an der Epioberfläche und denen, die an der Grenzfläche zum Substrat reflektiert werden.

Zur Bestimmung der Dotierstoffkonzentration in der Epischicht kann man bei gegensätzlicher Dotierung des Substrats die 4-Punkt-Methode verwenden (s. Abschnitt 2.7.2.3). Ist das Substrat aber vom gleichen Leitungstyp, wie die Epischicht, dann sind Substrat und epitaktische Schicht nicht gegeneinander durch einen pn-Übergang isoliert. Mit einer 4-Punkt-Messung kann man in diesem Fall lediglich die kombinierte Leitfähigkeit von Epischicht und Substrat feststellen. Die Dotierstoffkonzentration in der epitaktischen Schicht läßt sich daher mit dieser Methode nicht ermitteln, wohl aber durch Messung der Sperrschichtkapazität einer Schottky-Diode. Der Schottky-Übergang wird mit einem Quecksilbertropfen auf der epitaktischen Halbleiterschicht erzeugt. Die Sperrschichtkapazität C_{sch} wird für verschiedenen Spannungen U zwischen Quecksilber und Halbleiter gemessen. Trägt man $1/C_{sch}^2$ als Funktion von U auf, dann läßt sich aus der Steigung der sich in bestimmten Spannungsbereichen ausbildenden Geraden die Dotierstoffkonzentration ermitteln [5.4].

5.9.2 Kristalldefekte in der Epitaxieschicht

Epitaktische Schichten enthalten neben den üblichen Fehlstellen von einkristallinem Silizium (vgl. Band 1 Abschnitt 2.3) Zusatzdefekte, die zum Teil durch den Epitaxieprozeß selbst und zum Teil durch die Defektstruktur des Substrats verursacht werden. Von besonderer Bedeutung sind die Epitaxiestapelfehler:

Stapelfehler sind 2 dimensionale Kristalldefekte, die im Siliziumgitter nur entlang der <111>-Richtungen auftreten. Sie sind durch eine Abweichung der Stapelfolge der 3 unterschiedlichen {111}-Ebenen (Typ A, B, C) gekennzeichnet, die im ungestörten Si-Gitter die charakteristische Sequenz (...BACBACBA...) zeigen. Wie in Bild 5.15 dargestellt, können Stapelfehler als {111}-Ebenen aufgefaßt werden, die bestimmten Teilbereichen des Gitters hinzugefügt oder entfernt wurden. Die physikalischen Ursachen sind Zusammenlagerungen von Gitterleerstellen oder Zwischengitteratomen. Fehlen Atome, so liegt ein *intrinsischer* Stapelfehler vor. Sind Atome überzählig, werden die Stapelfehler als *extrinsisch* bezeichnet.

Ausgelöst wird die Bildung von Epitaxiestapelfehlern durch Störungen an der Substratoberfläche oder durch Spannungszustände, die in der Epischicht während des Wachstums als Folge von Temperaturgradienten entstehen. Weitere Ursachen für Epitaxiestapelfehler sind Oberflächendefekte, die sich im Sub-

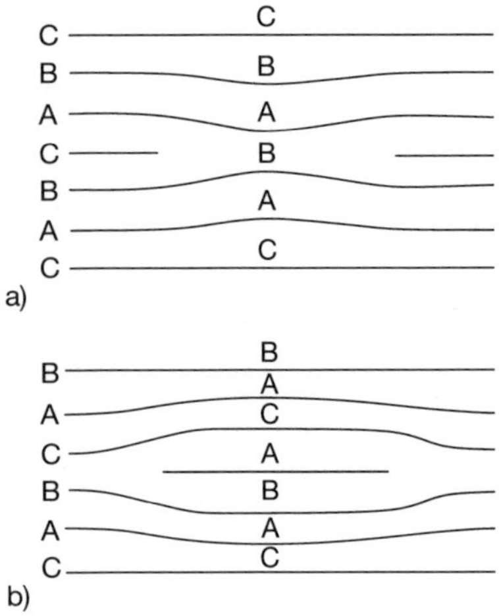

Bild 5.15 Stapelfehler am Beispiel des kubisch flächenzentrierten Gitters [5.13]. Die normale Stapelsequenz von (111)-Ebenen ist BACBA..., a) zeigt einen intrinsischen Stapelfehler, b) einen extrinsischen.

strat nach Hochtemperaturschritten ausbilden, wie etwa nach einer thermischen Oxidation mit anschließender Oxidentfernung. Diese Oberflächendefekte im Substrat können durch selektive Ätzung (s. Kapitel 9) dargestellt werden. Die Ätzgruben (engl.: *pits*) haben eine flache, an eine Untertasse erinnernde Form (engl.: *saucer*, daher S-Pit-Defekte). S-Pits konnten als mikroskopische Metallausscheidungen identifiziert werden [5.1]. Sie lösen in der abgeschiedenen Epitaxieschicht Stapelfehler aus. Die S-Pit-Bildung läßt sich durch *Gettern* der Metallverunreinigungen (s. Band 1 Abschnitt 5.2.1.3) unterdrücken. *Gettern* bedeutet Unschädlichmachen von Verunreinigungen durch Anlagern an tief im Substrat liegenden Kristalldefekten. S-Pit-Defekte, die nicht vom Getterschritt erfaßt wurden, können auch noch nach der Epitaxie Stapelfehler bewirken: Bei der thermischen Oxidation von Epischichten entstehen häufig sog. oxidationsinduzierte Stapelfehler [5.1] (vgl. auch Abschnitt 4.3).

Neben Stapelfehlern werden in epitaktischen Schichten auch Versetzungen und die verschiedenen Punktdefekttypen gefunden. Diese Defekte treten in gleicher Form auch in einkristallinen Substratscheiben auf (vgl. Band 1 Abschnitt 2.3). Epitaxieversetzungen sind, wie die Stapelfehler, häufig Folge von bereits im Substrat vorhandenen Defekten, die durch Hochtemperaturschritte vor der Epitaxie entstehen, z. B. bei der Buried-Collector-Erzeugung. *Thermischer Streß* während des Epitaxie kann ebenfalls Ursache von Versetzungen in der Epischicht sein.

Abschließend sei darauf hingewiesen, daß Kristallfehler häufig instabile Strukturen sind, denn sie stören den regelmäßigen und energetisch optimalen Kristallaufbau. Deshalb werden Defekte häufig erst durch Einlagerungen von Fremdatomen stabilisiert. Diese *Dekorierung* von Gitterfehlern mit Einzelatomen oder mikroskopischen Ausscheidungen bestimmt ganz wesentlich das elektrische Verhalten des Defektes. Wie viele und welche Fremdatome eingelagert werden, ist für das elektrische Verhalten von Gitterdefekten häufig wichtiger, als die kristallographische Defektstruktur. Dies zeigen Analysen mit den im nächsten Abschnitt vorgestellten Verfahren.

5.9.3 Elektronische Wirksamkeit und Nachweis von Defekten

Ein Gitterfehler beeinflußt die elektrischen Vorgänge im Halbleiter durch Änderungen der lokalen Generations- bzw. Rekombinationsrate sowie über die Verringerung der Ladungsträgerbeweglichkeit. Um den Einfluß auf die Rekombinations- und Generationseffekte zu studieren, wird häufig das Rasterelektronenmikroskop als elektrisches Testinstrument verwendet [5.1, 11, 12]: Trifft der rasterförmig über die Halbleiterprobe geführte Elektronenstrahl die Siliziumoberfläche, generieren die auftreffenden Elektronen im Fokusbereich des Strahls Elektronen-Lochpaare. Damit verändert sich lokal die Leitfähigkeit des Halbleiters. Diesen Effekt kann man elektrisch messen, daher der Name des Verfahrens: EBIC, *durch Elektronenstrahlen ausgelöster Strom*, engl.: *electron beam induced current*.

Die Generations- und Rekombinationsraten der durch den Elektronenstrahl induzierten Ladungsträger werden stark von Defekten beeinflußt. Defekte im Bereich des fokussierten Elektronenstrahls modulieren daher die EBIC-Ströme. Diese Änderungen erlauben Rückschlüsse auf die Defektverteilung in der Halbleiterprobe. Kristallfehler wirken häufig als Rekombinationszentren und verkürzen folglich die Lebensdauer der Ladungsträger. Diese Defekte bewirken eine erhöhte Rekombinationsaktivität, die sich als Kontrast im EBIC-Bild darstellt. Da die erzeugten Ladungsträger bei der Rekombination außerdem Licht emittieren, kann als zweites indirektes Nachweisverfahren für Defekte der Lumineszenzeffekt benutzt werden.

EBIC-Untersuchungen zeigen außerdem, daß die elektrische Wirksamkeit von Defekten abhängig ist von der Dekoration der Kristallfehler mit Fremdatomen [5.1]. So konnten Epitaxiestapelfehler, die direkt nach Abscheidung keinerlei EBIC-Aktivität besaßen, durch Aufheizen des Kristalls aktiviert werden. Der auftretende EBIC-Kontrast wird von Verunreinigungen verursacht, die während der Hochtemperaturlagerung zu den Stapelfehlern diffundierten und sich dort anlagerten. Komplizierte Defektkonfigurationen, wie z. B. sich überlagernde und kreuzende Stapelfehler, zeigen dabei eine erhöhte Dekorationswahrscheinlichkeit im Vergleich zu einfachen Defekten.

5.9.4 Auswirkung von Defekten auf Bauelementeigenschaften

Befinden sich in der Raumladungszone eines gesperrten pn-Übergangs elektrisch aktive Kristallfehler, wird eine Zunahme des Sperrstroms um mehrere Größenordnungen beobachtet. Die Kennlinie einer Diode mit dekorierten Stapelfehlern im pn-Übergang ist in Bild 5.16 gezeigt.

Eine besonders negative Auswirkung von erhöhten Sperrströmen sind reduzierte Spannungsfestigkeiten von pn-Übergängen. Im Vergleich zum defektfreien Fall genügen hier kleinere Sperrspannungen, um in der Sperrschicht durch Stoßionisation einen Lawinendurchbruch auszulösen.

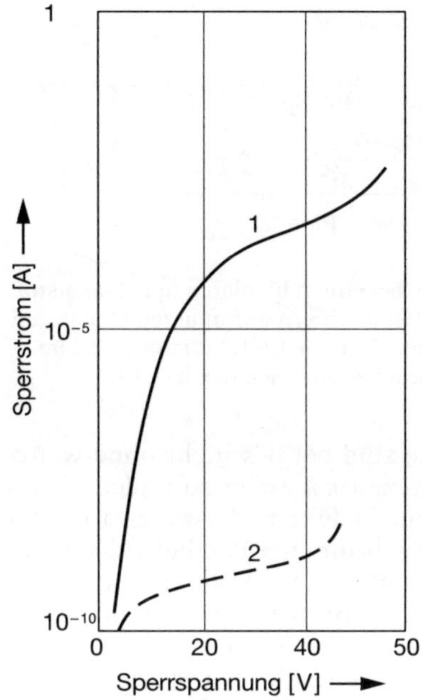

Bild 5.16 Sperrkennlinien eines pn-Übergangs in halblogarithmischer Auftragung. Die Kurve 1 zeigt die typische *weiche* Kennlinie, die durch einen dekorierten Stapelfehler verursacht wird. Die Kurve 2 ist die Sperrkennlinie eines defektfreien Überganges (nach [5.13]).

In bipolaren Transistoren können ausgedehnte Defekte, wie Versetzungen oder Berandungen von Stapelfehlern, gleichzeitig verschiedene pn-Übergängen betreffen. Dabei entstehen sog. *pipes* (engl.: *Rohrleitungen*), wenn die Defekte Emitter und Basis, das Basisgebiet selbst und den Basis-Kollektor-Übergang eines Transistors durchdringen. Da Dotieratome bevorzugt entlang flächiger Kristalldefekte diffundieren, entsteht ein niederohmiger Strompfad zwischen Emitter und Kollektor, der die Basisstrecke überbrückt (Bild 5.17). Die Eindiffusion kann dabei aus dem Emittergebiet oder aus dem vergrabenen Kollektorgebiet erfolgen. Die Pipewiderstände liegen typischerweise in der Größenordnung 10 kΩ. Widerstandswerte von einigen 100 Ω bis zu einigen MΩ treten allerdings auch auf.

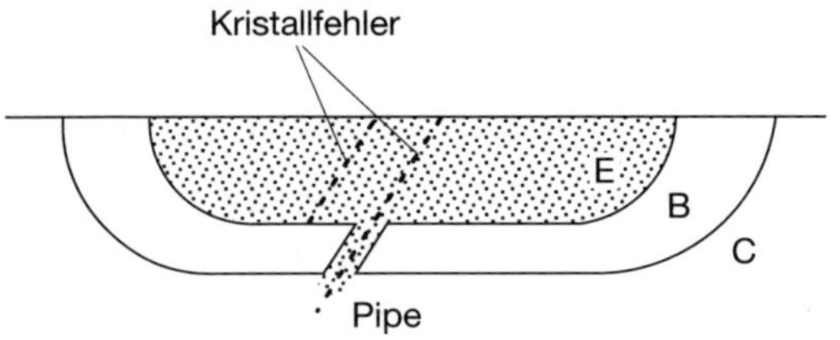

Bild 5.17 Pipe bei einem bipolaren npn-Transistor. Entlang von Kristallfehlern diffundieren Donatoren aus dem Emitter (E) in die Kollektorzone (C). Die Basis (B) wird kurzgeschlossen (nach [5.13]).

Pipedefekte sind bei ICs nicht ohne weiteres beim Warenausgangstest zu finden: So erfüllt z. B. ein defekter Ausgangstransistor trotz eines pipebedingten Parallelwiderstands zwischen Emitter und Kollektor von nur 300 Ω noch die statischen Spezifikationen für TTL-Ausgänge [5.11]. Testet man also nur die Ausgangspegel und nicht den Sperrstrom des Transistors, gelangt ein defekter Schaltkreis ins Feld, obwohl die dynamischen Parameter des betroffenen Ausgangstransistors (z. B. die Stromverstärkung) systematisch von intakten Transistoren abweichen. Der negative Einfluß von Defekten auf elektrische Eigenschaften bipolarer Transistoren beschränkt sich nicht nur auf Verstärkung und Sperrstrom. Defekte erhöhen außerdem das für Verstärkerschaltungen kritische niederfrequente Transistorrauschen. Der Rauschpegel wächst dabei mit der Anzahl, der im Transistorgebiet befindlichen Defekte.

Bei MOS-Transistoren bewirken Defekte in der Epischicht geringere Oberflächenbeweglichkeiten der Ladungsträger und senken damit den Transistorleitwert. Defekte erhöhen außerdem die Dichte der Grenzflächenzustände und verschieben damit die Einsatzspannungen der MOS-Transistoren. Diese und die im folgenden beschriebenen Effekte sind nicht auf Siliziumscheiben mit Epischichten beschränkt. Substrat-Siliziumscheiben ohne epitaktische Oberfläche, die ebenfalls bei MOS-Schaltkreisen verwendet werden, können die gleichen Kristalldefekte aufweisen. Allerdings sind die heute gefertigten Substratscheiben aufgrund von optimierten Kristallzüchtungsverfahren nahezu frei von Versetzungen und Stapelfehlern. Defekte im Silizium entstehen hier erst während des Fertigungsprozesses. Ein Beispiel sind die bereits erwähnten oxidationsinduzierten Stapelfehler.

Bei MOS-Kondensatoren sind die von Kristalldefekten in pn-Übergängen verursachten hohen Sperrströme ein besonderes Problem, weil dadurch Leckströme entstehen, über die die Kondensatorladung abfließt. Solche Leckströme sind insbesondere bei dynamischen Halbleiterspeichern (DRAMs) kritisch, weil hier die digitale Information als Ladung in Speicherzellen auf MOS-Kapazitäten abgelegt ist. Zwar verliert eine solche Speicherzelle durch verschiedene Mechanismen Ladungen (vgl. Abschnitt 4.5) und der Zellinhalt muß periodisch aufgefrischt werden (bei einem 4-MBit-Speicher alle 16 ms, [5.13]). Durch defektinduzierte Leckströme verlieren Speicherzellen ihre Ladung aber zu schnell (u. U. in Bruchteilen von Millisekunden). Die gespeicherte Information liegt dann bereits zur ersten Auffrischung nicht mehr vor und ist verloren.

5.10 Weiterentwicklungen und Alternativen zur CVD-Epitaxie

Da die kristallographische Beschaffenheit von oberflächennahen Bereichen des Halbleitermaterials die Bauelementeigenschaften wesentlich mitbestimmt, werden die Epitaxieverfahren ständig im Hinblick auf eine hohe kristallographische und chemische Perfektion optimiert. Die Defektdichte ist nicht die einzige bestimmende Größe für die Bauelementqualität. Homogenität und Reproduzierbarkeit von Schichtdicke und Schichtdotierung sind genauso wichtig (vgl. Abschnitt 5.3.2). Deshalb wurden Verfahren entwickelt, die niedrigere Prozeßtemperaturen ermöglichen.

Eine wichtige Weiterentwicklung von CVD-Reaktoren sind die in Abschnitt 5.3.4 behandelten Niederdruckanlagen, in denen die Epischicht bei reduziertem Druck (ca. 1000 Pa) abgeschieden wird. Bei der Niederdruckabscheidung sind geringere Prozeßtemperaturen möglich, wodurch Ausdiffusions- und Autodopingeffekte um ein bis zwei Größenordnungen reduziert werden [5.4]. Die Firma Applied Materials hat bereits Anfang der 80er Jahre eine solche Anlage auf den Markt gebracht [5.1]. Nachteilig an Niederdruck-Epitaxieanlagen ist der durch die Vakuumanlage verteuerte Anschaffungspreis und der erhöhte Wartungsaufwand.

Neuerdings werden Alternativen zur chemischen Gasphasenabscheidung untersucht. Entwicklungsziele sind weiter verringerte Ausdiffusion durch niedrige Abscheidetemperaturen und die Optimierung der chemischen und kristallographischen Perfektion der Epischicht.

Ein Verfahren, das mit extrem niedrigen Substrattemperaturen arbeitet, ist die Schichtabscheidung durch Aufdampfen im Hochvakuum (10^{-8} bis 10^{-10} Pa). Hier kondensiert heißer Siliziumdampf auf einer relativ kühlen Substratoberfläche [5.1] und lagert sich als einkristalline epitaktische Schicht ab. Dieser rein physikalische Prozeß ohne chemische Reaktion entspricht im Prinzip dem MBE-Verfahren (Abschnitt 5.1.1.2). Zur Dotierung der abgeschiedenen Schichten werden Dotierstoffe in elementarer Form aus separaten Dampfquellen beigemischt. Bei dieser Technik wachsen selbst bei Scheibentemperaturen von nur 600 °C epitaktische Schichten. Ausdiffusion findet dabei kaum noch statt. Nachteile sind extrem langsame Wachstumsraten (typisch sind 1 µm/Stunde) und hohe Kosten für den apparativen Aufwand, die den Einsatz des Verfahrens zur Massenproduktion von Si-Schaltkreisen ausschließen.

Ein anderer Ansatz zur Optimierung von Schichtabscheideverfahren in bezug auf Autodoping und Ausdiffusion sind *plasmaunterstützte Methoden*. Diese Verfahren werden im Detail in Kapitel 6 bei der Behandlung der sog. plasmaunterstützten CVD-Prozesse vorgestellt. Das Prinzip bei Plasmamethoden besteht darin, die benötigte Energie zur Dissoziation der Quellsubstanz nicht ausschließlich in Form von Wärme zuzuführen, sondern zum Teil auch durch ein eingekoppeltes elektromagnetisches Feld. Das Feld verursacht im Reaktorgas eine Gasentladung. Dabei bildet sich ein Plasma, das die CVD-Reaktion unterstützt, und man kann die Prozeßtemperatur und damit die Ausdiffusion verringern.

Mit Plasmen können aber nicht nur chemische Reaktionen bei einem Gasphasenprozeß unterstützt werden, sondern auch die physikalische Abscheidung [5.1]. Bei den sog. Aufstäube- oder Sputterverfahren wird in einem Reaktor Argongas in den Plasmazustand überführt. Dabei entstehen Argonionen, die mit einem geeigneten Feld auf Silizium gelenkt werden. Beim Auftreffen zerstäuben die Gasionen das Targetmaterial (Ziel, engl.: *target*) und die abgelösten Atome treffen als Teilchenstrahl auf die zu beschichtende Substratoberfläche. Der Vorteil dieses Verfahrens gegenüber der Kondensationsmethode liegt in der wesentlich höheren (kinetischen) Energie von aufgestäubten Atomen. Energiereichere Teilchen sind auf der Substratoberfläche entsprechend beweglicher und für epitaktisches Wachstum wird kein Ultrahochvakuum, sondern nur noch ein Hochvakuum ($\sim 10^{-4}$ Pa) benötigt. Die erforderlichen Abscheidetemperaturen liegen bei 800 °C. Nachteile von Aufstäubverfahren bei der Epitaxie sind relativ langsames Schichtwachstum und zusätzliche Oberflächendefekte, die durch den auftreffenden Teilchenstrahl verursacht werden.

Wird die Abscheidetemperatur bei Aufstäube- bzw. Kondensationsverfahren noch weiter gesenkt, bilden sich keine monokristallinen Schichten mehr. Es entstehen polykristalline bzw. bei tieferen Temperaturen sogar amorphe Si-Filme, die allerdings durch Energiezufuhr (z. B. Laserbestrahlung) rekristallisiert werden können. Dabei sind Verunreinigungen der Substratoberfläche extrem schädlich, da die Rekristallisation von dieser Oberfläche her einsetzt. Fehlerfreie einkristalline Epischichten erfordern deshalb sog. *ultrareine* Substratoberflächen [5.14]. Dies steigert den apparativen Aufwand für die Substratvorbehandlung drastisch. Es entstehen aber optimale Epischichten mit hoher Kristallperfektion fast ohne Ausdiffusion!

Ein Beispiel für ein solches Höchstleistungsepitaxieverfahren ist in [5.14] dargestellt. Hier kommt ein Zerstäubungsverfahren zum Einsatz, das auf einer Argongasentladung mit einem elektromagnetischen Wechselfeld basiert. Durch die rasch wechselnde Polung treffen Gasionen sowohl zur Abstäubung auf das Si-Target, als auch auf die Substratoberfläche. Dieses Ionenbombardement auf der Substratoberfläche aktiviert die oberste Kristallage und ermöglicht eine schichtweise Rekristallisation des aufgestäubten Si-Films.

Damit die Argonionen tieferliegende Gebiete der bereits entstandenen epitaktischen Schicht nicht schädigen, dürfen diese Teilchen nicht mit der gleichen gitterzerstörenden hohen Energie auftreffen, die zur Zerstäubung am Target notwendig ist. Daher enthält das elektromagnetische Wechselfeld Gleichspannungsanteile, die die Argonionen substratseitig abbremsen. So läßt sich die notwendige Energie auf die Siliziumscheiben bringen, ohne daß es zu Oberflächenschäden durch schnelle Ionen kommt. Mit der beschriebenen Methode können noch bei 300 °C epitaktische Si-Schichten hergestellt werden!

5.11 Zusammenfassung

Epitaktische Siliziumschichten auf Siliziumsubstraten finden in allen Siliziumtechnologien von einfachen Bipolarprozessen über CMOS-Technologien bis zu Mischtechnologien Anwendungen. Durch Epitaxie werden niedrigdotierte epitaktische Siliziumschichten auf hochdotierten Substratgebieten erzeugt, die mit den Standard-Dotierverfahren Diffusion und Implantation nicht hergestellt werden können.

Das Hauptanwendungsgebiet homöoepitaktischer Si-Schichten ist die Bipolartechnik. Hier werden durch eine schwachdotierte n-leitende Epischicht die Eigenschaften der vertikalen npn-Transistoren optimiert. Bei der CMOS-Technik wird durch epitaktische Siliziumschichten der parasitäre Latch-up-Effekt beseitigt, der ein Zuverlässigkeitsproblem bei CMOS-Schaltungen darstellt.

Das wichtigste technische Verfahren zur Epitaxie ist die chemische Gasphasenabscheidung (CVD-Verfahren). Die gebräuchlichsten Siliziumquellsubstanzen zur Homöoepitaxie sind Chlorsilane wie SiH_2Cl_2 oder Siliziumtetrachlorid $SiCl_4$. Elementares Silizium entsteht, wenn die Quellsubstanz im Epitaxiereaktor durch Zufuhr thermischer Energie dissoziiert wird. Die Siliziumatome werden an der Substratoberfläche adsorbiert und gelangen durch Oberflächendiffusion an Wachstumskanten. Hier werden die Atome in das kristalline Gefüge eingebaut. Zur Dotierung werden gasförmige Dotierstoffverbindungen zugemischt, die nach dem gleichen Schema aus Zersetzung und Anlagerung Akzeptoren oder Donatoren in die epitaktische Schicht einbringen.

Die kritischen Prozeßparameter bei der Schichtabscheidung werden wesentlich davon bestimmt, ob das Schichtwachstum durch einen Transportprozeß im Gasraum oder einen Reaktionsprozeß an der Substratoberfläche kontrolliert wird. Besonders gute Epischichten bilden sich, wenn Oberflächenprozesse dominieren: In diesem Fall ist die Reaktortemperatur der entscheidende Prozeßparameter und dieser Parameter läßt sich besonders genau kontrollieren. Durch Druckabsenkung im CVD-Reaktor kann der Einfluß der Oberflächenteilprozesse verstärkt werden (*Niederdruckepitaxie*). Dies wirkt sich günstig auf die Schichtqualität aus.

Die wichtigsten technologischen Probleme bei der Si-Epitaxie sind Kristallbaufehler in der epitaktischen Schicht (insbesondere Epitaxiestapelfehler), die negativen Einfluß auf Verhalten und Zuverlässigkeit von Halbleiterbauelementen haben, sowie systematische Abweichungen bei den realisierten Dotierprofilen. Statt der theoretisch erwarteten, sprunghaften vertikalen Übergänge von schwach zu stark dotierten Schichten, bildet sich durch Ausdiffusion und Autodoping ein gradueller Übergang zwischen Substrat- und Epidotierung.

Da sich Ausdiffusion und Autodoping durch Reduktion der Prozeßtemperatur weitgehend unterdrücken lassen, wurden Epitaxieprozesse entwickelt, die bei möglichst niedrigen Temperaturen ablaufen. Dies kann mit Niederdruckepitaxieverfahren oder mit Quellsubstanzen erreicht werden, die bei niedrigeren Prozeßtemperaturen verarbeitet werden können. Silan ist hier von der Reaktionstemperatur her günstig. Außerdem enthält diese Quellsubstanz keine Halogene, die den Autodopingeffekt auslösen. Leider neigt Silan als Quellsubstanz zur Partikelbildung durch Reaktion im Gasraum. Mit Silan erzeugte Epischichten zeigen daher höhere Defektdichten und damit schlechtere elektronische Eigenschaften als mit Chlorsilanen erzeugte Epischichten.

Ein weiterer Faktor für hochwertige CVD-Beschichtung ist die Reinheit der Prozeßbedingungen. Dies wurde exemplarisch am Beispiel eines *ultrareinen* plasmaunterstützten Abscheideverfahrens gezeigt. Ultrareine Prozeßführung wird auch für jedes andere Epitaxieverfahren notwendig, wenn die Anforderungen an epitaktische Schichten im Hinblick auf Schichtperfektion und Reproduzierbarkeit weiter steigen. Die zukünftigen *ULSI-Schaltungen* (Ultra Large Scale Integration) werden sich nur dann wirtschaftlich fertigen lassen, wenn die Ausbeute an funktionierenden Chips/Wafer nicht durch Epitaxiefehler und andere Prozeßschwankungen zunichte gemacht wird. Ultrareine Prozesse sind ein wichtiges Mittel, um die Prozeßschwankungen bei der Halbleiterfertigung einzuengen und die üblichen Qualitäts- und Zuverlässigkeitsstandards auch für hochkomplexe ICs zu halten.

Neben der reinen Siliziumtechnik gewinnen SOI-Schaltkreise zunehmend an Bedeutung, die sich durch erweiterten Temperaturbereich, geringere Leckströme sowie höhere Strahlungsfestigkeit auszeichnen. Die Transistoren werden hier in einer epitaktischen Siliziumschicht realisiert, die auf einem isolierenden Träger aufgebracht wurde. Das wichtigste Substratmaterial ist Saphir. Die heteroepitaktische Siliziumschichten werden vorwiegend mit Silanpyrolyse erzeugt. Die Kristallqualität der epitaktischen Halbleiterschicht erlaubt im Rahmen der SOI-Technik allerdings im wesentlichen nur CMOS-Digitalschaltkreise.

Die in diesem Kapitel im Detail behandelten CVD-Verfahren spielen in der Halbleiterfertigung eine zentrale Rolle und werden nicht nur zur Epitaxie eingesetzt, sondern zum Abscheiden verschiedenster dünner Schichten auf die Substratoberfläche benutzt. Die besonderen Vorteile von CVD-Verfahren liegen in der guten Prozeßkontrolle über verschiedene Prozeßeinflußgrößen.

6 Dünnschichtabscheidung II: nichtepitaktische CVD-Oberflächenschichten

Ein Schnitt durch eine integrierte Schaltung Bild 6.1 zeigt, daß oberhalb von thermischem Oxid und epitaktischem Silizium weitere Schichten aufgebracht werden. Diese Schichten sind metallische und halbleitende Leiterbahnen sowie Isolations- und Schutzschichten. In diesem Kapitel werden die nichtmetallischen Oberflächenschichten vorgestellt. Die am häufigsten eingesetzten Materialien sind dabei polykristallines Silizium und amorphes Si-Oxid bzw. Si-Nitrid. Die Erzeugung dieser Schichten erfolgt (wie bei der Epitaxie) vorwiegend mit chemischer Gasphasenabscheidung (CVD). Die Prozesse laufen teils bei Normaldruck teils in Niederdruckreaktoren ab. Bei Abscheidung auf temperaturempfindlichen Oberflächen werden plasmaunterstützte Prozesse verwendet.

Die Anforderungen an CVD-Oberflächenschichten sind, abgesehen vom monokristallinen Aufbau, ähnlich wie bei epitaktischen Filmen: Einheitliche chemische Zusammensetzung, einheitliche Struktur und Dichte, möglichst keine Verunreinigungen, Dünnstellen oder Löcher. Weitere Qualitätskriterien für CVD-Schichten sind räumlich homogene elektrische Eigenschaften und Schichtstärken sowie eine gute Haftung auf den inhomogenen Substratoberflächen.

Ein besonders wichtiges Kriterium bei CVD-Filmen, das bei der Epitaxie noch keine Rolle spielt, ist die Kantenbedeckung: CVD-Filme werden nicht auf ebene Oberflächen aufgebracht. Wie Bild 6.1 zeigt, hat die Unterlage hier zahlreiche Stufen mit steilen Kanten. Da horizontale Oberflächenbereiche in der Regel besser beschichtet werden als vertikale Flächen, können an Kanten Dünnstellen im CVD-Film auftreten. Da uniforme Schichtstärken auf den Siliziumscheiben gefordert sind, ist die Kantenbedeckung ein wichtiges Auswahlkriterium für das optimale Abscheideverfahren.

Bei der CVD-Abscheidung entstehen häufig mechanische Verspannungen in den Schichten. Überschreitet diese mechanische Belastung bestimmte Grenzwerte, entstehen

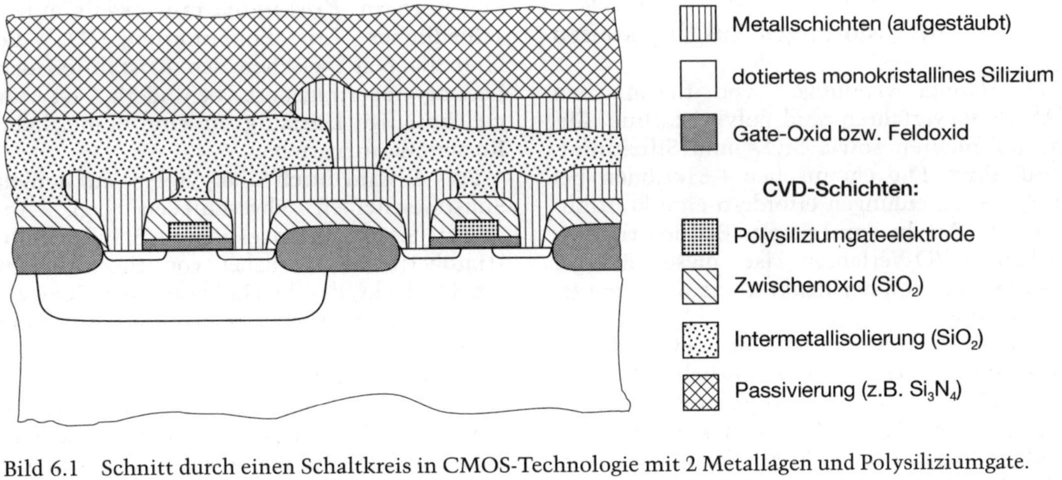

Bild 6.1 Schnitt durch einen Schaltkreis in CMOS-Technologie mit 2 Metallagen und Polysiliziumgate. Gezeigt ist ein Ausschnitt mit einem CMOS-Inverter.

Risse in der Schicht, oder es werden tieferliegende Strukturen geschädigt.

Neben der Schichtqualität sind auch wirtschaftliche Kriterien bei der Auswahl und Entwicklung geeigneter CVD-Verfahren zu beachten. CVD-Anlagen sollten unkompliziert, damit preiswert und wenig wartungsintensiv sein. Für hohen Durchsatz an Siliziumscheiben sind hohe Abscheidungsraten wichtig sowie CVD-Reaktoren, in denen gleichzeitig möglichst viele Substratscheiben beschichtet werden können.

Abschnitt 6.1 behandelt die gebräuchlichsten CVD-Filme, die durch thermische Aktivierung der gasförmigen Reaktionspartner in einem Reaktor erzeugt werden. Abschnitt 6.2 stellt die Verfahren vor, mit denen diese Schichten hergestellt werden können. Es werden Vor- und Nachteile von Normal- und Niederdruckprozessen diskutiert und die zugehörigen Anlagekonzepte behandelt. Abschnitt 6.3 geht auf die Prinzipien von Plasma-CVD-Verfahren ein. Abschnitt 6.4 stellt die wichtigsten Anwendungen von CVD-Schichten vor, gibt Prozeßbeispiele und behandelt neuartige Schaltkreise, die nur mit geeigneten CVD-Techniken aufgebaut werden können. Abschnitt 6.5 enthält die Zusammenfassung mit Vor- und Nachteilen von CVD-Prozessen zur Schichtabscheidung.

6.1 Thermische CVD-Reaktionen mit gasförmigen Ausgangsstoffen

Die Hauptanwendungen von thermischen Abscheideverfahren sind polykristalline Siliziumschichten sowie SiO_2- und Siliziumnitrid-Filme. Die chemischen Reaktionen bei CVD-Abscheidungen erfordern eine kontinuierliche Zufuhr von Energie. Bei den thermischen CVD-Verfahren ist diese Energie Wärme, die von der Reaktorheizung bereitgestellt wird.

Die im letzten Kapitel vorgestellten Epitaxieverfahren waren im wesentlichen thermische CVD-Prozesse. Amorphe oder polykristalline Oberflächenschichten können ebenfalls mit thermischen Methoden erzeugt werden. Da hier kein regelmäßiger Kristall gebildet wird, ist der Energieaufwand für das Schichtwachstum geringer, und die erforderlichen Reaktortemperaturen liegen deshalb meist niedriger als bei der Epitaxie. Schichten ohne monokristallinen Aufbau wachsen außerdem auf nahezu beliebigen Unterlagen. Epischichten entstehen hingegen nur, wenn monokristalline Substrate mit ebener und reiner Oberfläche vorliegen.

6.1.1 Poly-Si-Filme

Poly-Si wird in der Halbleitertechnologie hauptsächlich für Gate-Elektroden bei MOS-Transistoren und Emitterstrukturen in der Bipolartechnik verwendet und für elektrisch leitende Verbindungen unterhalb der metallischen Verdrahtungsebenen. Polykristallines Silizium bildet thermisches Oxid und kann deshalb problemlos gegen darüberliegende leitfähige Schichten isoliert werden (s. Abschnitt 4.3.5). Die Leitfähigkeit des Siliziums läßt sich per Dotierung in weiten Grenzen einstellen. Durch seine hohe Temperaturbeständigkeit ist Poly-Si robust gegen thermische Beanspruchung bei Folgeprozessen und damit ein ideales Material bei der Halbleiterherstellung.

Ein polykristallines Material besteht, wie in Band 1 Abschnitt 2.3.2.3 definiert, aus einer Zusammenlagerung von kleinen kristallinen Körnern (*Kristallite*), mit jeweils unterschiedlicher Kristallorientierung. Da die Grenzflächen zwischen den Kristalliten den Ladungsträgertransport behindern, ist für gleichmäßige Leitfähigkeit eine einheitliche Korngröße anzustreben.

Poly-Si wird durch Silanpyrolyse auf heißen Substratscheiben abgeschieden (vgl. Abschnitt 5.4, Reaktionsgleichung 5.5). Die Substratoberfläche ist dabei von thermischem Oxid bedeckt, das die Halbleiteroberfläche gegen die Poly-Si-Schicht isoliert. Auf dem amorphen SiO_2 bilden die freigesetzten Siliziumatome zunächst eine dünne amorphe Schicht, auf die dann bei Reaktortemperaturen von 600 °C eine polykristalline Si-Schicht aufwächst. Da Partikel aus dem Gasraum die Homogenität der Korngrößen in der abgeschiedenen Schicht negativ beeinflussen, wird das Silangas im Reaktor stark verdünnt (z. B. 0,01 ... 0,5 % SiH_4 in H_2).

Der Durchmesser der Siliziumkristallite wird bei der CVD-Abscheidung über die Oberflächentemperatur der Substratscheiben kontrolliert und durch anschließendes Tempern (etwa 30 min bei 1000 °C) eingestellt. Günstig sind Körner mit ca. 100 nm ∅, die sich bei Abscheidetemperaturen von 600 ... 650 °C bilden. Wird dieser Temperaturbereich unterschritten, entstehen amorphe Siliziumfilme ohne kristalline Teilbereiche. Amorphe Siliziumschichten sind ungeeignet, denn die Leitfähigkeit von amorphem Silizium ist schlecht, und das elektrische Verhalten ist nicht ausreichend stabil. So kann sich z. B. durch erhöhte Temperaturen oder durch Stromfluß der Widerstand von amorphen Siliziumleiterbahnen um Größenordnungen verändern [6.1].

Die Dotierung der abgeschiedenen Poly-Si-Schicht erfolgt in der Regel direkt im CVD-Reaktor, indem wie bei der Epitaxie Diboran oder Phosphin zugegeben werden (vgl. Abschnitt 5.2). Die Leitfähigkeit von Poly-Si kann außerdem auch nachträglich durch Ionenimplantation verändert werden.

Undotierte Polysiliziumstrukturen spielen in der Halbleitertechnologie ebenfalls eine wichtige Rolle und werden insbesondere bei sog. *statischen* Halbleiterspeicherbauelementen eingesetzt (*SRAMs*, s. Abschnitt 6.4.1). Undotiertes Poly-Si ist selbstleitend, d. h., es gibt nur eine relativ geringe Zahl von thermisch generierten Ladungsträgern. Das Material hat einen hohen spezifischen Widerstand und wird zur Realisierung von hochohmigen Lastwiderständen eingesetzt. Da der Schichtwiderstand direkt von Schwankungen der Korngrößen, der Filmdicke oder dem Einbau von Partikeln beeinflußt wird, ist eine effektive Kontrolle der Filmqualität ein Schlüsselfaktor für hohe Fertigungsausbeuten.

6.1.2 Siliziumoxidschichten

SiO_2-Filme lassen sich nicht nur thermisch, sondern auch mit CVD-Abscheideverfahren erzeugen. Diese Methode bietet folgende Vorteile: SiO_2 kann auf jede Unterlage, nicht nur auf Siliziumoberflächen aufgebracht werden. Es wird kein Substratmaterial abgetragen. Die Prozeßtemperaturen sind niedriger. CVD-Oxide dienen, wie Bild 6.1 zeigt, hauptsächlich als Isolationsschichten zwischen Poly-Si- und Metall-Leiterbahnen (*Zwischenoxid*) oder zwischen verschiedenen metallischen Verdrahtungsebenen (*Intermetall-Dielektrikum*).

CVD-Reaktionen zur Erzeugung von SiO_2-Filmen beruhen auf der die Oxidation von Silan (SiH_4) oder von Dichlorsilan SiH_2Cl_2. Bei der Dichlorsilanreaktion wird Stickoxidul (N_2O) als Sauerstoffträger benutzt:

$$SiH_4 + O_2 \Rightarrow SiO_2 + 2\,H_2\uparrow, \quad \text{bzw.} \qquad \text{(Gl. 6.1 a)}$$

$$SiH_2Cl_2 + 2\,N_2O \Rightarrow SiO_2 + 2\,N_2\uparrow + 2\,HCl\uparrow \qquad \text{(Gl. 6.1 b)}$$

Typische Reaktionstemperaturen liegen bei 900 °C. Die Reaktionsprodukte Salzsäuregas, Stickstoff oder Wasserstoff werden zwar zum größten Teil vom Prozeßgas aus dem Reaktor transportiert, ein bestimmter Prozentsatz wird aber auch in die Oxidschicht eingebaut. Dies hat Auswirkungen auf die Schichteigenschaften (s. Abschnitt 6.4.2). Neben den angegebenen Reaktionen gibt es noch weitere chemische Methoden SiO_2 zu erzeugen, die je nach Anforderungen (z. B. Abscheidetemperatur) eingesetzt werden (s. Abschnitt 6.4.2).

6.1.3 Siliziumnitridschichten

Siliziumnitrid bildet sich bei der Reaktion von Dichlorsilan und Ammoniak:

$$3\,SiH_2Cl_2 + 7\,NH_3 \Rightarrow Si_3N_4 + 3\,HCl\uparrow + 6\,H_2\uparrow + 3\,NH_4Cl\uparrow \qquad \text{(Gl. 6.2)}$$

Die Reaktionstemperatur beträgt bei Normaldruck 750 °C. Die anfallenden Nebenprodukte sind Salzsäure, Wasserstoff und Ammoniumchlorid. Wie bei CVD-Oxiden finden sich diese Stoffe ebenfalls in Spuren in den abgeschiedenen Nitridschichten.

Die wichtigste Anwendung von Nitridschichten ist die LOCOS-Technik zur selektiven Oxidation von Siliziumoberflächen (vgl. Abschnitt 4.3.3). Hier werden CVD-Nitridfilme als Oxidationsmaske eingesetzt. Außerdem finden Nitridschichten als Dielektrikum (Dielektrizitätskonstante $\varepsilon = 7{,}5\,\varepsilon_0$) und als *Passivierungsschicht* Verwendung. Passivierungsschichten werden als letzte Schicht auf den Wafer gebracht. Sie schützen die Bauelemente gegen Kontaminationen mit Alkalimetallionen oder Wassermolekülen und Sauerstoff sowie gegen mechanische Beschädigungen bei der Gehäusung der Chips (*Kratzschutz*).

6.2 Thermische Abscheideprozesse für CVD-Oberflächenschichten

Die CVD-Abscheidung erfolgt mit den gleichen Prozessen, die bei der Gasphasenepitaxie verwendet werden. Deshalb sind CVD-Reaktorenanlagen weitgehend baugleich mit den in Kapitel 5 beschriebenen Epitaxieanlagen. Bild 6.2 zeigt als Beispiel einen strahlungsbeheizten Kaltwand-Horizontalreaktor für die Polysiliziumabscheidung. Die Ähnlichkeit mit Epitaxieverfahren gilt nicht nur für die Reaktoren, sondern auch für die Peripherie von CVD-Anlagen, wie Gasversorgung, Abgasbehandlung, Temperaturregelung usw. (s. Bild 5.12).

Die Eigenschaften von CVD-Filmen hängen, wie bei epitaktischen Schichten, besonders stark vom Reaktordruck ab. Andere wichtige Prozeßparameter sind die Gaszusammensetzung im Reaktor, die Reaktortemperatur, die Reaktorgeometrie und der Gasdurchfluß. Aufgrund der besonderen Rolle des Gasdrucks im Reaktor werden thermische CVD-Verfahren nach dieser Prozeßeinflußgröße klassifiziert. Für Niederdruckabscheideverfahren wird die Bezeichnung LPCVD-Verfahren verwendet (Niederdruck-CVD, engl.: *low pressure CVD*), und CVD-Prozesse unter normalem Atmosphärendruck werden als APCVD-Prozesse bezeichnet (CVD bei normalem Atmosphärendruck, engl.: *atmospheric pressure CVD*).

6.2.1 APCVD-Prozesse

Verfahren bei Normaldruck sind historisch die ersten CVD-Prozesse, die in der Halbleiterfertigung eingesetzt wurden. Der Vorteil ist hier die relativ große Wachstumsgeschwin-

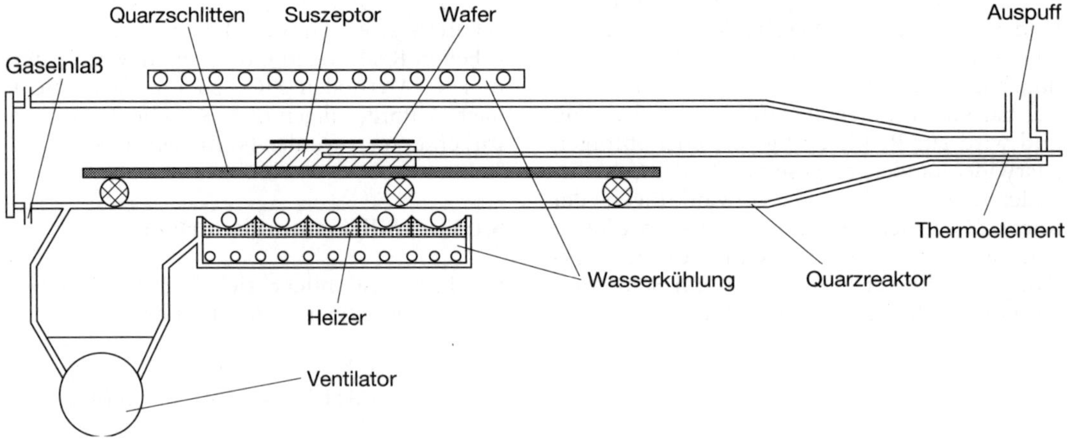

Bild 6.2 Epitaxiereaktor zur Polysiliziumabscheidung (nach [6.2])

digkeit der abgeschiedenen Schicht, bedingt durch das große Angebot an Reaktionsstoffen. Der technische Aufbau der Anlagen ist einfach. Im Gegensatz zu den weiter unten beschriebenen Niederdruckverfahren fehlt hier das aufwendige und wartungsintensive Vakuumsystem.

CVD-Prozesse bei Normaldruck laufen transportkontrolliert ab (vgl. Abschnitt 5.2.3.2). Uniforme und reproduzierbare Schichten entstehen bei solchen Prozessen nur dann, wenn das Angebot an gasförmigen Reaktionsstoffen über jeder Substratscheibe im Reaktor gleich ist, und zwar bei jeder Reaktorfahrt. Abweichungen vom einheitlichen Reaktionsstoffangebot können sowohl die Schichteigenschaften innerhalb einer Substratscheibe verändern als auch Schwankungen der Schichteigenschaften auf verschiedenen Substratscheiben verursachen.

In der Praxis können aber homogene und reproduzierbare Reaktionsstoffverteilungen in Reaktoren kaum realisiert werden, denn dazu wären einheitliche Gaszusammensetzungen und identische, wirbelfreie (*laminare*) Strömungsverhältnisse an jedem Ort des Reaktors und bei jeder Reaktorfahrt erforderlich. Durch die Adsorption von Reaktionsstoffen beim CVD-Prozeß verarmt aber stets die Quellsubstanz im Gas am Reaktorende. Die Strömungsbedingungen im Reaktor sind außerdem nie vollständig wirbelfrei, und bei der Beladung des Reaktors variieren bei aufeinanderfolgenden Reaktorfahrten die Scheibenpositionen.

Die Abscheidebedingungen bei Normaldruck sind also stets nicht ideal. Diese Mängel können teilweise durch geeignete Scheibenanordnungen und Reaktorgeometrien ausgeglichen werden. Trotz Optimierung betragen die Schichtdickenschwankungen mehr als ± 5 %. Dies sind typische Werte, die sich sowohl bei Poly-Si als auch bei SiO_2- bzw. Si_3N_4-Schichten einstellen. Diese Toleranzen sind bei der Fertigung von ICs mit Strukturbreiten $\geq 1{,}5$ µm akzeptabel. Bei Schaltkreisen mit deutlich verkleinerten Strukturen ist eine genauere Schichtdickenkontrolle erforderlich. Dies ist bei Normaldruck nur mit Einzelscheibenverfahren möglich, mit denen die Gaszusammensetzung und Strömungsverhältnisse für jede beschichtete Scheibe konstant gehalten werden können.

Bild 6.3 zeigt ein sog. *kontinuierliches System* [6.3] zur Einzelscheibenbeschichtung. Die Scheiben liegen auf einem Förderband. Über dem Band befinden sich Reaktionskammern für die Reaktionsgase, die unmittelbar über der Scheibenoberfläche gemischt werden, um Gasraumreaktionen mit Partikelbildung zu unterdrücken. Stickstoffpolster schirmen den Reaktionsraum gegen die Außenluft

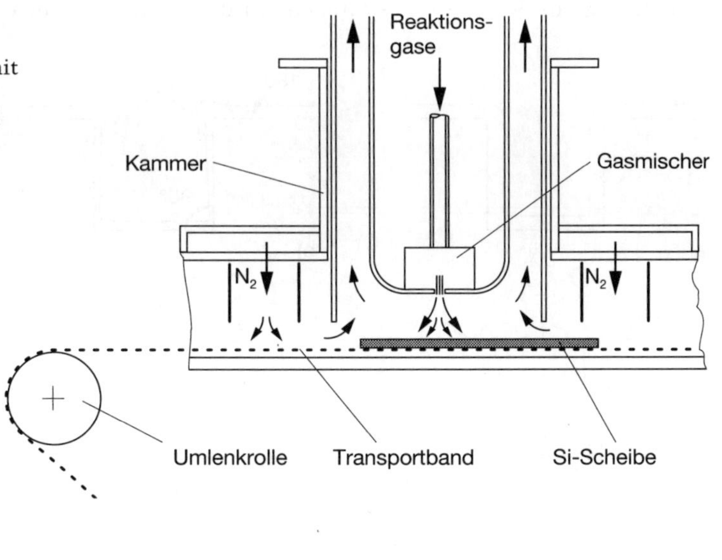

Bild 6.3
Aufbauprinzip der APCVD-Anlage Watkins & Johnson WP-985 CVD mit kontinuierlicher Einzelscheibenbeschichtung auf einem Förderband (Quelle: [6.3])

ab. Die Scheibentemperatur wird über eine Heizung unter dem Förderband eingestellt. Die zu beschichtenden Siliziumscheiben passieren der Reihe nach bei gleicher Bandgeschwindigkeit die Reaktionskammern. Die Schichtdicke kann durch die Transportgeschwindigkeit, die Gasflüsse und die Reaktionstemperatur gesteuert werden.

6.2.2 Kantenbedeckung

Ein wesentlicher Unterschied zwischen CVD-Beschichtung und Gasphasenepitaxie liegt in der Struktur von Substratoberflächen, auf die Schichten aufgebracht werden sollen. Die Oberflächen bei CVD-Beschichtungen sind in der Regel vorstrukturiert und stellen deshalb keine planen Flächen dar, wie die Substratscheiden bei der Epitaxie. Deshalb werden CVD-Abscheideprozesse im Hinblick auf eine gleichförmige Bedeckung von Kanten und Stufen optimiert. Dies wird zunehmend wichtiger, denn die Höhen-Breiten-Verhältnisse der Oberflächenstrukturen wachsen mit jeder neuen Technologiegeneration: Typische Stufenhöhen können bei Submikrometertechnologien doppelt so groß werden, wie die minimalen Strukturbreiten. Die Bedeckung von Kanten und Stufen ist deshalb ein Schlüsselkriterium zur Bewertung von CVD-Prozessen.

Bild 6.4a zeigt die ideale, konforme Beschichtung am Beispiel eines Grabens in der Substratoberfläche. Gräben sind für CVD-Schichten besonders kritische Strukturen, die aber auf Scheibenoberflächen häufig auftreten. Enge Gräben entstehen z.B. zwischen den dichten Strukturen in den Metallisierungsebenen mit denen die dichtgepackten Bauelemente im Silizium elektrisch verbunden werden.

Solche Gräben werden nur dann konform von CVD-Schichten bedeckt, wenn jede vertikale oder horizontale Zone des Grabens gleichmäßig mit schichtbildenden Molekülen versorgt wird. Die unteren Grabenbereiche sind dabei benachteiligt, denn sie sind schlecht vom Gasraum aus zugänglich. Dieser Mangel kann durch Oberflächendiffusion der Reaktionsmoleküle ausgeglichen werden. Deren Beweglichkeit ist bei APCVD-Prozessen allerdings gering: Das Schichtwachstum ist transportkontrolliert und folglich herrscht an der Substratoberfläche ständiger Mangel an Reaktionsstoffen. Jedes Reaktantenmolekül, das an die Oberfläche gelangt, wird deshalb sofort nach dem Auftreffen an der Auftreffstelle durch die CVD-Reaktion in Schichtmaterial umgewandelt und am selben Ort in den CVD-Film eingebaut. Es gibt daher keine nennenswerte Oberflächendiffusion.

Ob sich eine homogene CVD-Schicht bildet, hängt bei APCVD-Prozessen also ausschließlich davon ab, ob der Materialfluß aus dem Gas jeden Oberflächenbereich inklusive aller Gräben und Kanten erreicht. Die Auf-

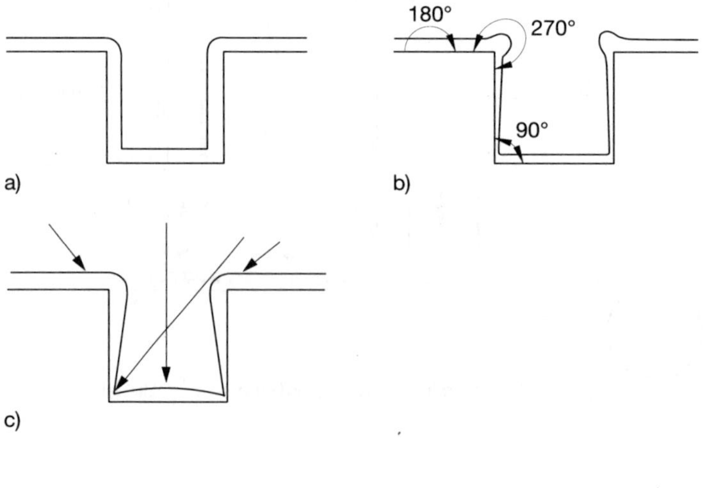

Bild 6.4
Schnittbilder einer Grabenstruktur mit abgeschiedener CVD-Schicht:
a) konforme Kantenbedeckung;
b) Bedeckung ohne Oberflächendiffusion und kleiner freier Weglänge der Gasmoleküle;
c) Bedeckung ohne Oberflächendiffusion bei großer freier Weglänge im Gas

treffraten von Reaktionsstoffen in verschiedenen Oberflächensegmenten wird von der mittleren freie Weglänge der Reaktionsmoleküle im Gasraum im Vergleich zu den Grabendimensionen bestimmt: Ist die freie Weglänge sehr klein gegenüber den Grabenabmessungen, finden dicht oberhalb der Grabenwände viele Stöße zwischen den Reaktionsstoffmolekülen statt. Die Bewegungsrichtungen der Moleküle wird dadurch gleich verteilt und die Teilchen treffen von allen Seiten auf die Oberfläche. Die Wahrscheinlichkeit, daß ein Molekül auf einem bestimmten Oberflächensegment landet, hängt damit von der Größe des Raumwinkelsegments ab, aus dem diese Zone versorgt wird. Je größer dieser Winkelbereich ist, desto mehr Teilchen treffen hier auf die Oberfläche, und desto schneller wächst hier die CVD-Schicht. Bild 6.4 b zeigt, wie sich das unterschiedliche Materialangebot bei fehlender Oberflächendiffusion auf die Schichtdicke auswirkt. Strichliert sind die Winkelbereiche eingetragen, aus denen die verschiedenen Grabenbereiche mit Reaktionsstoff versorgt werden.

Ist die freie Weglänge der Reaktionsmoleküle im Gas hingegen größer als die Grabenabmessungen, werden die Raumwinkeleffekte reduziert. Dafür kommt es aber zu *Abschattungen* bestimmter Grabenbereiche, weil sich die Moleküle über lange Strecken geradlinig bewegen und von den Grabenseitenwänden abgefangen werden. Nur bei nahezu senkrechtem Einfall können Moleküle bis zum Boden des Grabens vordringen. Die Auswirkungen auf die entstehenden Schichtdicken sind in Bild 6.4 c gezeigt. Außerdem sind mit Pfeilen Bewegungsrichtungen von Gasmolekülen versinnbildlicht, die aufgrund der Schattenwirkung nicht bis zum Grabenboden gelangen. Diese Verluste werden nicht durch andere Gasteilchen ausgeglichen, weil es im Graben kaum Streuung gibt. Charakteristische Dünnstellen treten in den unteren Grabenecken auf, da hier auch nahezu senkrecht einfallende Gasteilchen von den oberen Kanten behindert werden.

Beim Übergang zu Technologien mit immer kleineren Strukturbreiten verschärfen sich die Anforderungen an die abgeschiedene Schicht. Durch Strukturverkleinerung werden nicht nur die Gräben relativ zur Breite immer tiefer und Kanten steiler, sondern gleichzeitig sinkt auch die einzuhaltende Schichtdicke. Diese Anforderungen lassen sich mit APCVD-Verfahren nicht mehr erfüllen. Deshalb werden hier Niederdruckverfahren (LPCVD) eingesetzt, die sich schon bei dünnsten epitaktischen Schichten bewährt haben.

6.2.3 LPCVD-Prozesse

Die Druckerniedrigung im Reaktor auf Werte zwischen 10^2 und 10^4 Pa verstärkt den Einfluß der Oberflächenreaktionsprozesse auf das Schichtwachstum (vgl. Gleichung 5.2 a). Transportprozesse, die bei APCVD dominieren, werden weniger wichtig. Bei reaktionskontrolliertem Wachstum werden die Reaktionsstoffe viel schneller antransportiert, als sie an der Oberfläche verbraucht werden. Die chemische Reaktion an der Oberfläche verläuft langsam und den adsorbierten Reaktanten bleibt deshalb Zeit, um an der Oberfläche zu diffundieren (vgl. auch *Niederdruckepitaxie* Abschnitt 5.3.4). Durch Temperaturerhöhung kann die Oberflächenbeweglichkeit dieses Moleküle zusätzlich gesteigert werden. Deshalb werden bei LPCVD-Methoden auch die unteren Bereiche von Grabenstrukturen und Kanten ausreichend mit Reaktionsstoffen versorgt. Die wachsenden CVD-Schichten bedecken daher Kanten und Stufen gleichförmig (Bild 6.4 a). Bei hohen Scheibentemperaturen werden mit reaktionskontrollierten LPCVD-Verfahren die homogensten Beschichtungsergebnisse von allen CVD-Verfahren erzielt.

Niederdruckabscheideverfahren dominieren deshalb heute in der Halbleiterfertigung. Die kostengünstigeren APCVD-Anlagen werden im wesentlichen nur noch zum Aufbringen von sog. Planarisierungsschichten eingesetzt. Dies sind hochdotierte und damit viskose Siliziumoxidschichten (vgl. Abschnitt 6.4.2), die nach der Abscheidung durch Aufheizen viskos werden und verfließen. Die Schicht ebnet dadurch Kanten und Stufen auf der Substratoberfläche ein. Beim Fließprozeß werden auch alle APCVD-bedingten Inhomogenitäten an Kanten ausgeglichen.

6.2.3.1 LPCVD-Anlagen

Bei reaktionskontrolliertem Schichtwachstum kommt es auf genaue Temperaturkontrolle im Reaktor an. LPCVD-Anlagen sind deshalb keine Kaltwandreaktoren, sondern Heißwandanlagen. Heißwandreaktoren generieren zwar mehr Partikel, die Substratscheiben werden aber wesentlich gleichmäßiger erwärmt als bei gekühlten Wänden. Die am häufigsten eingesetzten Niederdruckreaktoren sind Rohröfen, wie sie auch bei der Diffusion verwendet werden (vgl. Abschnitt 2.9). Die Reaktortemperatur wird über eine Mehrzonenheizung per Prozeßrechner eingestellt und konstant gehalten. Die Temperaturvariationen betragen weniger als 1 °C.

Bei reaktionskontrolliertem Wachstum können geringfügige Schwankungen in den Strömungsverhältnissen toleriert werden. Deshalb ist es in einem LPCVD-Reaktor möglich, die Scheiben vertikal, also senkrecht zum Gasstrom, anzuordnen. Bei einer Reaktorfahrt können daher mehr als 100 Scheiben gleichzeitig beschichtet werden. Die parallele Bearbeitung vieler Scheiben gleicht die relativ kleine Wachstumsgeschwindigkeit von Niederdruck-CVD-Filmen aus (Größenordnung nm/min).

Bild 6.5 zeigt einen typischen LPCVD-Rohrreaktor [6.4]. In dieser Anlage können 125 Wafer in 5 Quarzträgern (*Boote*, vgl. Abschnitt 2.9) gleichzeitig beschichtet werden. Der Scheibenabstand beträgt 0,48 cm. Die Boote werden von einem Schwenkarm aus Karbid (SiC) getragen. Die Beladung des Ofens erfolgt von links. Hier ist auch der Gaseinlaß. Der Gasauslaß befindet sich am rechten Ende. In der Regel werden die Scheiben im ersten und letzten Boot nicht weiter verwendet (sog. *Dummy Wafer*, Attrappe, engl.: *dummy*). Diese Scheiben dienen lediglich zur Verbesserung der Strömungsverhältnisse für Wafer, die sich im mittleren, temperaturstabilen Bereich des Reaktors befinden.

Die Einspeisung der Prozeßgase erfolgt durch Massendurchflußregler an der Ladeseite des Reaktors. Die Gase strömen laminar über die Scheiben und werden am Reaktorende abgesaugt. Wirbelfreie Gasströme erfordern spezielle, optimierte Bauformen für Bootsträger und Gaseinlaß. Gasphasenreaktionen im Heißwandreaktor können durch den Unterdruck im Reaktor weitgehend verhindert werden. Eine zusätzliche Verdünnung der Reaktionsstoffe durch Trägergase ist häufig nicht nötig. Die in Referenz [6.4] beschriebene LPCVD-Anlage arbeitet bei der Poly-Si-Beschichtung z. B. mit reinem Silan.

Das große Reaktionsvolumen in einem Heißwandreaktor führt am Reaktorende zur Verarmung an gasförmigen Reaktionsstoffen. Damit die CVD-Schicht in diesen Zonen nicht entsprechend langsamer wächst, wird selektiv die Temperatur in den hinteren Zonen des Reaktors erhöht. Die höhere Reaktionsrate gleicht den geringeren Reaktionsstoffgehalt im Gas am Reaktorende aus, und das Schichtwachstum wird in der gesamten Anlage einheitlich.

Ein wesentlicher Nachteil von Heißwandvertikalreaktoren sind relativ hohe Partikelkonzentrationen im Prozeßgas. Diese Partikel stammen weniger aus Gasraumreaktionen als aus Ablagerungen von Schichtmaterial an den Reaktorwänden, die sich bei einem Heißwandreaktor zwangsläufig bilden. Das abgelagerte Material blättert während des Reaktorbetriebs ab, fällt direkt auf Scheiben oder zu

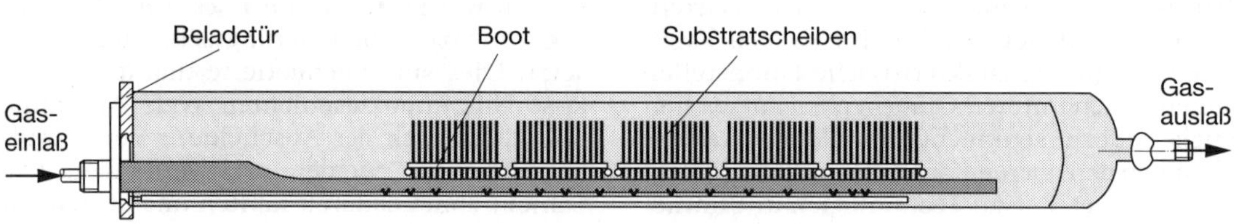

Bild 6.5 LPCVD-Heißwand-Rohrreaktor nach [6.4] in Schnittdarstellung. Der Ofen faßt 125 Scheiben in 5 Booten mit 5″ Durchmesser.

Boden. Der Bodensatz wird beim Evakuieren oder Befüllen des Reaktors durch Gasturbulenzen immer wieder aufgewirbelt. Deshalb sind die Pumpsysteme von LPCVD-Reaktoren so aufgebaut, daß die Gasströme auch beim Leerpumpen oder Befüllen des Reaktors nahezu laminar bleiben [6.3]. Außerdem werden die Partikeldichten durch häufige Reaktorreinigungen reduziert. Die Beseitigung der Ablagerungen im Reaktor geschieht durch ätzende Gase, die in den Reaktor sowie über die Quarzboote und deren Halterungen geleitet werden. Dazu muß der Reaktor aber demontiert werden. Aus Kostengründen werden deshalb möglichst lange Betriebszeiten zwischen den Reinigungen angestrebt, ohne daß kritische Partikeldichten auftreten. Die in bezug auf Kosten und Partikeldichten optimalen Reinigungsabstände werden bei der Prozeßentwicklung durch Vorversuche bestimmt.

Das Beschichtungsergebnis bei LPCVD-Prozessen wird von vielen Prozeßparametern bestimmt. Wie anhand der Poly-Si-Abscheidung in den Referenzen [6.4 bis 6.6] gezeigt wird, sind dies z. B. die Temperatur in den Heizzonen, der Reaktordruck, die Dauer der Evakuierung bzw. der Befüllung des Reaktors, der Abstand zwischen den einzelnen Wafern, die Orientierung der Waferoberflächen (zum Gaseinlaß/zum Gasauslaß) usw. Wenn die Prozeßeinflußgrößen optimal eingestellt werden, nimmt die Schichtqualität deutlich zu. Die Bestimmung der geeignetsten Prozeßparameter dauert sehr lange, denn die Auswirkungen von Änderungen bei einzelnen Parametern sind nicht immer vorhersagbar. Der Aufwand lohnt sich aber, denn durch Optimierungsmaßnahmen kann in Summe die Partikeldichte z. B. um 60 % gesenkt, die Filmhomogenität um 29 % verbessert und die Zeit zwischen 2 Reaktorreinigungen um 10 % verlängert werden [6.4].

6.3 Plasmaunterstützte CVD-Verfahren

Diese Verfahren werden eingesetzt, um empfindliche Oberflächen bei niedrigen Prozeßtemperaturen zu beschichten. Befindet sich z. B. auf einer Siliziumscheibe bereits eine Metallschicht aus Aluminium, darf die Depositionstemperatur für Isolations- und Passivierungsschichten 450 °C nicht überschreiten. Ansonsten werden Aluminiumschichten irreversibel geschädigt (vgl. Kapitel 7). Bei thermisch erzeugten Siliziumoxid- und Nitridfilmen liegen aber die Abscheidetemperaturen weit oberhalb von 450 °C. Diese Verfahren sind deshalb nicht einsetzbar, um z. B. eine Passivierungsschicht aufzubringen.

Plasmaunterstützte Abscheideverfahren kommen mit weniger thermischer Energie aus, weil das eingekoppelte elektrische Feld ebenfalls Energie an die Reaktionsstoffe im Reaktor abgibt: Wird das Reaktorgas in den Plasmazustand gebracht, dann übertragen die bei der Gasentladung stattfindenden Elektronen- und Ionenstöße Energie auf die Gasmoleküle. Dies erhöht – wie die thermischen Stoßprozesse – die Reaktionsbereitschaft und die Abscheidetemperatur kann gesenkt werden. Plasmaunterstützte CVD-Reaktionen (engl.: *plasma enhanced CVD*, kurz PECVD) werden bevorzugt am Ende des Scheibenfertigungsprozesses eingesetzt, um die thermische Belastung der bereits vorhandenen Schichten so gering wie möglich zu halten.

6.3.1 Prinzipien von PECVD-Verfahren

Ein Plasma ist ein teilweise ionisiertes Gas aus freien Elektronen, Ionen und Neutralteilchen. Die Plasmen in PECVD-Anlagen werden bei Niederdruckgasentladungen mit Wechselfeldern erzeugt (vgl. Abschnitt 3.5.1.1). Die Frequenz des elektromagnetischen Feldes zur Plasmaanregung liegt je nach Anlagentyp zwischen 50 kHz und 13,56 MHz. Typische Leistungen der eingesetzten Hochfrequenzgeneratoren sind einige 100 Watt. Der Totaldruck im Reaktor beträgt typischerweise 13 ... 1300 Pa [6.7].

In einem Plasmareaktor ersetzen im Feld beschleunigte Elektronen weitgehend die thermischen Molekülstöße, mit denen bei thermischen Methoden die Reaktionsstoffe angeregt und aktiviert werden. Die leichten Elektronen können dem rasch wechselnden

Feld folgen und nehmen viel kinetische Energie aus dem Feld auf. Die schwereren Ionen werden aufgrund ihrer Trägheit kaum beschleunigt. Nach den idealen Gasgesetzen ergibt sich für das Elektronensystem eine Temperatur von 10^4 K und mehr. Die Ionen hingegen bleiben auf Reaktortemperatur. Diesen Nichtgleichgewichtszustand kann man nutzen, um die CVD-Reaktion im Reaktorgas bzw. an der Scheibenoberfläche bei niedrigen Substrattemperaturen auszulösen.

Bild 6.6 zeigt schematisch eine Schnittdarstellung eines PECVD-Reaktors. Die Anlage besteht aus Aluminiumelektroden zur kapazitiven Einkopplung des Hochfrequenzfeldes, Gaszufuhr und Gasauslaß sowie einem heizbaren Scheibenträger. Damit ein Plasma entsteht, müssen Feldstärke und Gasdruck im Reaktor aufeinander abgestimmt sein. Bei geeigneten Bedingungen kommt es zur Gasentladung, und ein Teil des Gasvolumens geht in den Plasmazustand über, der an den charakteristischen Leuchterscheinungen zu erkennen ist.

Dicht an den Elektroden und den Reaktorwänden verarmt das Plasma an Ladungsträgern, denn hier finden Rekombinationsprozesse statt. Hier liegen die Dunkelzonen ohne Plasmaleuchteffekte. Da die sehr beweglichen Elektronen schneller zu den Elektroden gelangen als die positiv geladenen trägen Ionen, lädt sich der Plasmabereich positiv gegenüber den Dunkelzonen auf. Das führt zu einem Gegenfeld, das die Ionen beschleunigt und die Elektronen abbremst. Die Stärke dieses Feldes bestimmt die Auftreffenergie der geladenen Reaktionsstoffmoleküle auf die Substratoberfläche. Ist die Energie zu hoch, kann die Substratoberfläche oder die bereits abgeschiedene Schicht geschädigt werden. Deshalb werden hohe Anregungsfrequenzen verwendet. Die trägen Ionen spüren unter diesen Bedingungen nur eine zeitlich gemittelte Feldstärke und nehmen deshalb nur wenig Energie in der Dunkelzone auf. Damit kann man Schädigungen des Films durch auftreffende Teilchen vermeiden.

Der Ablauf einer PECVD-Abscheidung kann in folgende Teilprozesse untergliedert werden [6.3]:

1. Aktivieren und Ionisieren der Gasmoleküle im Plasma;
2. Transport der aktivierten Reaktionsstoffe durch die Dunkelzone;
3. Adsorption der Gasteilchen an der Substratoberfläche;
4. Sofortige CVD-Reaktion bzw. Reaktion nach Oberflächendiffusion und Einbau der freigesetzten, schichtbildenden Moleküle in den abgeschiedenen Film.

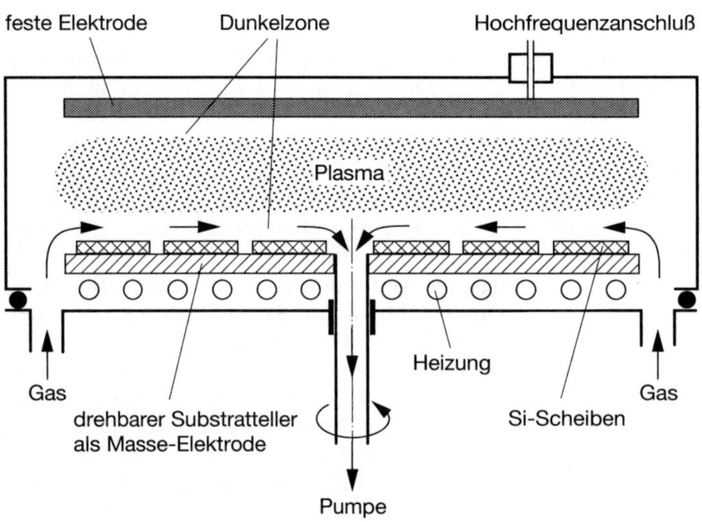

Bild 6.6 PECVD-Reaktor AMP 3300 (nach [6.7]) mit paralleler Anordnung der Plattenelektroden. Der Plasmabereich im Reaktor ist punktiert, die Dunkelzonen an den Elektroden erscheinen hell.

Da die Reaktionsstoffe aktiviert werden müssen, bestimmt die Aktivierungsrate der Moleküle im Plasma letztendlich die Depositionsrate auf den Scheiben. Diese Aktivierungsrate hängt von der Leistungsdichte im Plasma ab, die über die Leistung der eingespeisten Hochfrequenz und die Reaktortemperatur gesteuert werden kann.

6.3.2 Kantenbedeckung bei PECVD-Schichten

In Bild 6.7 ist schematisch die typische Kantenbedeckung für Plasma-CVD-Prozesse gezeigt. Systematische Abweichungen von der konformen Bedeckung treten an vertikal orientierten Oberflächensegmenten auf, die dünner beschichtet werden. Verursacht wird dies, vom je nach Oberflächenorientierung unterschiedlichen Energieübertrag der auftreffenden Ionen an die Substratoberfläche. Dieser Energieübertrag wirkt wie eine Erhöhung der Scheibentemperatur und verstärkt das Schichtwachstum. Da die Ionen feldbedingt senkrecht zur Substratoberfläche auftreffen, geschieht dies bevorzugt bei horizontal orientierten Oberflächensegmenten. In den vertikalen Zonen fehlt die Energiezufuhr. Die CVD-Schicht wächst dort langsamer und ist am Ende der Abscheidung entsprechend dünner.

6.3.3 Prozesse und Schichteigenschaften

Die beiden wichtigsten PECVD-Schichten sind Plasmanitrid und Plasmaoxid, die aus Silan als Ausgangsstoff erzeugt werden. Plasmaoxid entsteht durch Oxidation von SiH_4 mit Stickoxidul als Sauerstoffträger:

$$SiH_4 + 2\,N_2O \underset{\text{Plasma}}{\Rightarrow} SiO_2 + 2\,N_2\uparrow + 2\,H_2\uparrow \qquad \text{(Gl. 6.3)}$$

Der Gasdruck im Plasma beträgt typischerweise 100 Pa. Die Scheibentemperaturen liegen bei 300...350 °C. Eine Besonderheit von PECVD-Oxiden ist der hohe Wasserstoff- und Stickstoffgehalt, der bis zu 8 Gew.-% betragen

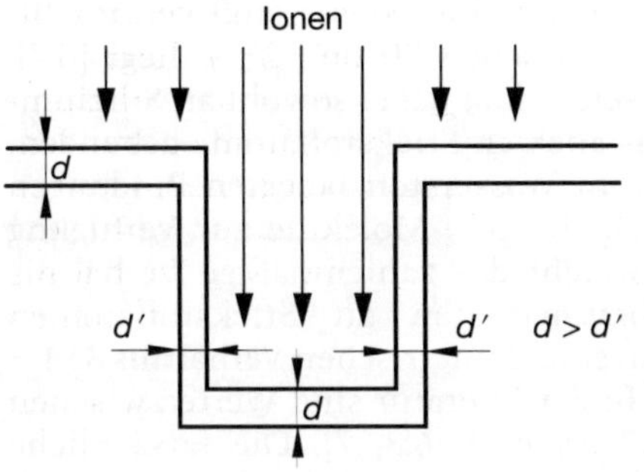

Bild 6.7 Kantenbedeckung nach einer PECVD-Beschichtung

kann [6.3]. Wasserstoff und Stickstoff entstehen bei der Reaktion und werden bei der Abscheidung z. T. in den Siliziumoxidfilm eingebaut. Die Fremdatomkonzentration beeinflußt die Eigenschaften der Schicht. So hängt z. B. die Durchbruchfeldstärke von Plasmaoxid vom Anteil der Fremdatome ab. Deshalb muß die H- und N-Konzentration laufend im Prozeß überwacht werden. Indikatoren für den Fremdstoffgehalt sind der Brechungsindex und die Beständigkeit gegenüber Säuren (*Ätzraten*). Durch Messung dieser Größen läßt sich die Schichtzusammensetzung auf einfache Weise kontrollieren. Plasmaoxidschichten sind kompressiv verspannt, üben also Druck auf die Unterlage aus und eignen sich deshalb besonders gut als dicke Passivierung.

Zur Erzeugung von PECVD-Nitrid gibt es 2 mögliche Silanreaktionen, die mit Ammoniak bzw. direkt mit Stickstoff ablaufen:

$$SiH_4 + NH_3 \underset{\text{Plasma}}{\Rightarrow} SiN(H) + 3\,H_2\uparrow \qquad \text{(Gl. 6.4 a)}$$

und

$$2\,SiH_4 + N_2 \underset{\text{Plasma}}{\Rightarrow} 2\,SiN(H) + 3\,H_2\uparrow \qquad \text{(Gl. 6.4 b)}$$

Substrattemperaturen und Gasdrücke sind ähnlich wie bei der Plasmaoxidabscheidung. Zu beachten ist, daß beim Abscheideprozeß kein Siliziumnitrid im korrekten stöchiometrischen Verhältnis Si_3N_4 entsteht. Dies ist in den Reaktionsgleichungen durch fehlende Indizes angedeutet. Diese Besonderheit wird vom hohen Anteil an Wasserstoff verursacht, der meist zwischen 20 und 25 % liegt [6.7]. Der Wasserstoff ist dabei sowohl an Siliziumatome als auch an Stickstoffatome gebunden. Da die vom Wasserstoff belegten Bindungen nicht mehr für SiN-Moleküle zur Verfügung stehen, weicht das zahlenmäßige Verhältnis von Siliziumatomen zu Stickstoffatomen stark vom stöchiometrischen Verhältnis 3 : 4 = 0,75 ab: In der Literatur sind Werte zwischen 0,7 … 1,7 genannt [6.3, 7]. Die tatsächliche chemische Zusammensetzung von Plasmanitrid hängt dabei stark von den Depositionsbedingungen ab, die auch Dichte und Spannungszustände in der Schicht beeinflussen.

Die wichtigsten Abscheideparameter für Nitridschichten sind Frequenz und Leistung des eingekoppelten elektromagnetischen Wechselfeldes, der Gesamtdruck im Reaktor sowie die Partialdrücke der Reaktionsgase. Die Auswirkungen von Änderungen dieser Einflußgrößen sind teilweise unsystematisch. Die optimalen Depositionsbedingungen werden deshalb (wie bei LPCVD-Prozessen) empirisch mit Versuchsreihen ermittelt. Auffällig ist die Abhängigkeit der mechanischen Spannungszustände in PECVD-Nitriden von der Frequenz des anregenden Wechselfeldes [6.7]: Plasmanitrid, das mit 50 kHz aufgebracht wird, steht unter Druckspannung ($2 \cdot 10^9$ dyn cm^{-2}). Bei 13,56 MHz und sonst gleichen Bedingungen zeigt die Schicht eine Zugverspannung von $4 \cdot 10^9$ dyn cm^{-2}!

Die Qualitätskontrolle von PECVD-Nitrid erfolgt, wie bei Plasmaoxiden, durch Messungen von Brechungsindex (1,8 … 2,5) und Ätzraten. Ein Brechungsindex >2 weist auf eine Siliziumanreicherung hin (Si : N groß, z. B. 1,7). Kompakte und dichte Schichten mit fast stöchiometrischem Si-N-Verhältnis erkennt man an besonders kleinen Ätzraten.

6.3.4 PECVD-Reaktortypen

Die beiden wichtigsten Reaktortypen sind der Parallelplattenreaktor und der Heißwand-PECVD-Reaktor. Ein Parallelplattenreaktor ist schematisch bereits in Bild 6.6 gezeigt worden. Die untere Elektrode wird von einem Drehteller gebildet, der z. B. bei einem AMP-3300-Reaktor 24 Siliziumscheiben mit 4 Zoll ∅ aufnehmen kann [6.7]. Die Drehtellerelektrode rotiert bei der Beschichtung, um räumliche Inhomogenitäten beim Auftreffen der ionisierten Reaktionsstoffe zu kompensieren. Der Gasdruck beträgt bei der Deposition wenige Pa. Mit einem AMP-Reaktor können z. B. innerhalb von 30 min Plasmanitridschichten mit einer Dicke von 1 µm aufgebracht werden. Dazu ist die Leistung des Hochfrequenzgenerators auf 550 Watt und die Reaktortemperatur auf 300 °C einzustellen. Der Gasfluß hat die Zusammensetzung Silan : Ammoniak : Stickstoff = 0,3 : 0,8 : 0,7 l/min, und der Reaktordruck beträgt 27 Pa [6.7].

Der wesentliche Nachteil von Parallelplattenreaktoren ist – neben dem relativ geringen Scheibendurchsatz – die starke Partikelbelastung der Scheiben. Diese Kontamination entsteht durch Ablagerungen von Schichtsubstanz an den Elektroden während des Reaktorbetriebs. Dieser Belag löst sich während eines Beschichtungsprozesses teilweise ab und fällt auf die Substratscheiben. Die horizontale Lage der Scheiben verstärkt den Partikelbefall. Deshalb wird bei diesen Reaktoren bereits nach 2 Beschichtungszyklen eine Reaktorreinigung durchgeführt, bei der die Ablagerungen im Reaktorinnenraum durch Plasmaätzung (vgl. Kapitel 9) entfernt werden.

Beim zweiten Reaktortyp, den PECVD-Heißwandreaktoren, sind die Wafer vertikal angeordnet (Bild 6.8). Hier sind Ablagerungen an den Reaktorwänden weniger kritisch, da die aufrechte Position der Scheiben die Auftreffwahrscheinlichkeit von Partikeln stark reduziert. Deshalb sind längere Betriebsintervalle zwischen zwei Reaktorreinigungen möglich. Ein weiterer Vorteil dieses Reaktortyps ist die größere Scheibenkapazität durch bessere Nutzung des Reaktorvolumens. Heißwandreaktoren sind Rohrreaktoren und können, wie thermische LPCVD-Anlagen, mit über 100 Siliziumscheiben beladen werden. Das elektrische Feld zur Plasmaerzeugung wird mit vertikal angeordnete Grafitelektroden aufgebaut, zwischen denen sich, wie Bild 6.8 vermittelt, die Substratscheiben befinden. Die Grafitelektroden sind jeweils paarweise

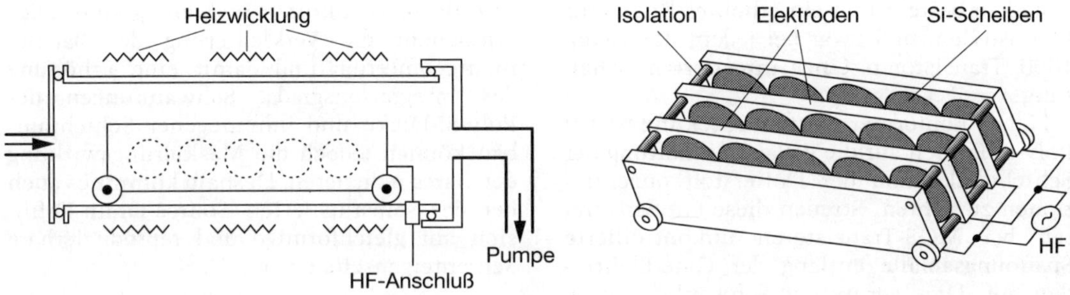

Bild 6.8 Schematische Darstellung eines Heißwand-PECVD-Reaktors (nach [6.3]). a) zeigt einen Längsschnitt durch die Anlage, b) zeigt den Scheibenträger aus paarweise elektrisch verbundenen Grafitelektroden

elektrisch verbunden und an die Hochfreqenzquelle angeschlossen.

Bei Heißwandreaktoren kann die Schichtqualität zusätzlich verbessert werden, wenn die Hochfrequenzleistung gepulst, also nicht permanent zugeführt wird. Die optimalen Tastverhältnisse t_{aus}/t_{ein} zwischen Perioden mit Feld = *aus* bzw. Feld = *ein* liegen bei Plasmaoxid bei etwa 10 und bei PECVD-Nitrid zwischen 0 (Dauerbetrieb) und etwa 2 [6.3].

Als Prozeßbeispiel wird wieder die Abscheidung von Plasmanitrid betrachtet. Für Schichten von 1 µm Dicke in 30 min sind bei 310 °C und 160 Pa Druck gepulste Senderleistungen von 1000 W (55 kHz) erforderlich. Silan und Ammoniak sind dabei im Verhältnis 0,4 : 2,7 l/min zuzuführen [6.7].

Plasmaunterstützte CVD-Verfahren nutzen zusätzlich zum Wechselfeld auch (wie die thermischen CVD-Prozesse) die Wärmeenergie zur Beschleunigung der CVD-Reaktion und des Schichtwachstums. Reproduzierbare Wachstumsbedingungen erfordern deshalb exakt eingestellte Reaktortemperaturen. Bei Heißwandreaktoren wird die Temperatur über eine Mehrzonenheizung geregelt. Deshalb ist hier die Temperaturverteilung im Reaktor und über den Scheiben gleichmäßiger als in Parallelplattenreaktoren, und die gleichförmige Temperatur sorgt für ein gleichförmiges Beschichtungsergebnis.

6.4 Prozeßbeispiele und Anwendungen von CVD-Strukturen

6.4.1 Polysilizium

Das häufigste Abscheideverfahren für Polysiliziumschichten ist die Silanpyrolyse in LPCVD-Reaktoren (vgl. Abschnitt 6.2.3.1). Typische Prozeßparameter [6.3] bei 5-Zoll-Scheiben sind für einen Heißwandvertikalreaktor mit 100 Nutzscheiben: 620 °C Reaktortemperatur, 35 Pa Gesamtgasdruck und ein Gasfluß von 0,12 l reinem SiH_4/s. Die Wachstumsgeschwindigkeit des Si-Films beträgt ca. 10 nm/min. Die Schichtdickenschwankungen liegen unterhalb von 3 %.

6.4.1.1 Anwendungsbeispiele bei Transistoren

Die wichtigste Anwendungen dotierter Polysiliziumstrukturen sind die Gate-Elektroden von MOS-Transistoren. Hier werden heute ausschließlich LPCVD-Prozesse mit relativ hoher Scheibentemperatur eingesetzt, denn bei den Gate-Poly-Si-Bahnen ist die konforme Kantenbedeckung ein Schlüsselkriterium: Durch die extrem unterschiedlichen Dicken der Oxide im Transistorgebiet (~ 10 ... 20 nm) und zwischen Transistoren (~ 0,5 ... 1 µm) entstehen an den Rändern der Transistorgebiete recht steile und hohe Stufen. Diese Stufen werden zwar durch die LOCOS-Technik weitgehend eingeebnet (vgl. Abschnitt 4.3.3), trotzdem besteht hier ein erhöhtes Risiko für Dünnstellen, und zwar bei jedem der vielen 1000 Transistoren einer integrierten Schaltung!

Neben konformer Kantenbedeckung ist bei Poly-Si-Filmen auf die genaue Einhaltung der Schichtdicke und der Dotierstoffkonzentrationen zu achten. Streuen diese Größen, treten bei MOS-Transistoren unkontrollierte Spannungsabfälle entlang der Gate-Elektroden auf. Dies verursacht Schwankungen in der Ausprägung des Feldeffekts (damit uneinheitliche Transistoreigenschaften) die zu Ausbeuteverlusten führen.

Poly-Si-Gate-Elektroden haben aber nicht nur elektrische Funktionen. Während des Herstellprozesses schirmen die Gate-Elektroden den Kanalbereich gegen eindringenden Dotierstoff ab, wenn die Source- und Draingebiete dotiert werden. Die Poly-Si-Strukturen wirken also als Maskierung, die *ohne* zusätzliche Lithografieschritte erzeugt wird. Deshalb entfallen die bei der Strukturübertragung üblichen Justierschritte (s. Kapitel 8), und man spricht von *selbstjustierten* Strukturen. Durch selbstjustierte Techniken entfallen die üblichen Vorhalte und Sicherheitsabstände, die bei der lithografischen Definition von Oberflächenstrukturen notwendig sind. Dies ermöglicht die Verkleinerung der Bauelementgeometrien und damit eine Erhöhung des Integrationsgrads. Schwankungen der Poly-Si-Dicke und inhomogener Schichtaufbau können jedoch die Maskierungswirkung der Gates reduzieren. Deshalb kommt es auch bei der selbstjustierten Source-Drain-Diffusion auf gleichförmige und reproduzierbare Schichteigenschaften an.

6.4.1.2 Poly-Emitter

Dotierte Polysiliziumstrukturen findet man nicht nur bei MOS-ICs, sondern auch bei bipolaren Transistoren. Herkömmliche Transistoren sind aus unterschiedlich dotierten Zonen im einkristallinen Silizium aufgebaut, die von der Oberfläche mit Metallbahnen angeschlossen werden. Um die Stromverstärkung eines bipolaren Transistors zu erhöhen, wird der Emitter hoch dotiert und die Basis so dünn als möglich ausgeführt. Bei modernen Bipolartechnologien werden die Emittergebiete zusätzlich mit hochdotiertem Polysilizium kontaktiert. Dieser in Bild 6.9 gezeigte Aufbau erhöht den Injektionswirkungsgrad des Emit-

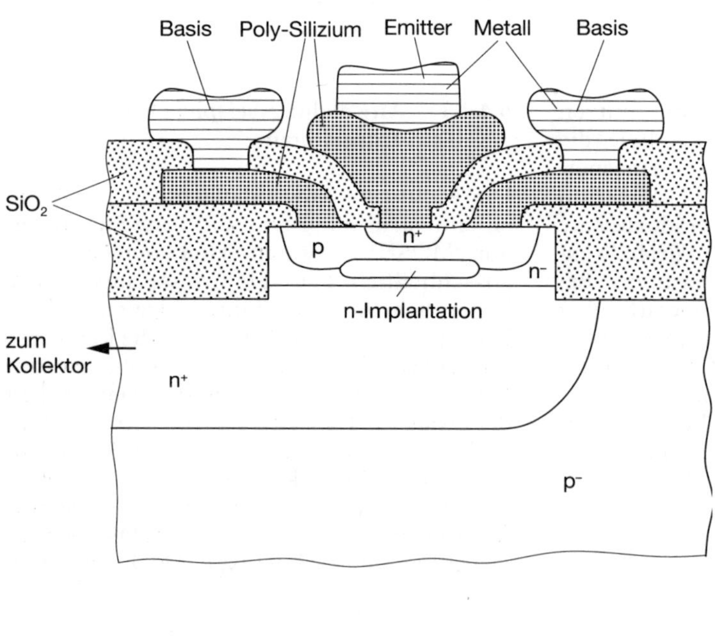

Bild 6.9
Poly-Emitter-Kontakt eines npn-Bipolartransistors (nach [6.10])

ters γ und damit die Stromverstärkung. Wie Untersuchungen zeigen, sind Verbesserungen gegenüber Strukturen mit rein monokristallinen Emittern bis zu einem Faktor 30 möglich [6.8]. Zusätzlich erlaubt der Einsatz von Poly-Si-Kontakten eine *selbstjustierende* Emitterdiffusion, ähnlich wie bei der Source- und Draindotierung von MOS-Transistoren, mit den vorher beschriebenen Vorteilen.

Bei der Herstellung von bipolaren Transistoren mit Poly-Emittern [6.9] wird zunächst auf die leicht dotierte Basiszone im Substrat eine hochdotierte Poly-Si-Schicht abgeschieden. Die Dotierung der Polystruktur kann dabei durch Ionen oder bereits *in situ* bei der CVD-Abscheidung erfolgen. Aufgrund der relativ niedrigen Abscheidetemperatur kommt es, verglichen mit der konventionellen Emitterdiffusion, nur zu geringfügigen Ausdiffusionen der Basisgebiete. Die hochdotierte Polystruktur erfüllt 2 Aufgaben: 1. dient sie als gut leitfähiger Ersatz für den üblichen metallischen Emitterkontakt und 2. stellt diese Struktur die Dotierstoffquelle für die Emitterzone im Basisgebiet dar. Die Definition des Emitters im Substrat durch Eindiffusion aus dem Polykontakt erfolgt damit ohne besondere Maskierungs- und Lithografieschritte *selbstjustiert*. Die endgültige Dotierstoffverteilung in der Emitterzone wird durch Eindiffusion bei hoher Temperatur eingestellt.

6.4.1.3 Polysilizium als Verdrahtung

Hochdotierte Polysiliziumbahnen werden außer als Bestandteile von aktiven Bauelementen auch zur elektrischen Verbindung innerhalb integrierter Schaltkreise eingesetzt. Der relativ hohe spezifische Widerstand, der dotierungsabhängig zwischen 10^7 Ωcm und 10^{-3} Ωcm liegt, beschränkt die Anwendung allerdings auf den Nahbereich. Dies ändert sich bei den *Siliziden*. Das sind Metall-Silizium-Verbindungen, die entstehen, wenn man auf die Polyschicht dünne Filme von hochschmelzenden Metallen aufbringt (z. B. Wolfram). Silizide vereinigen die Vorteile von Metallen und Polysilizium. Polyzide sind gut leitfähig (spez. Widerstand $\approx \mu\Omega$cm) und außerdem, im Gegensatz zu den meisten Metallen, extrem temperaturfest. Einsatzgebiete sind niedrigohmige Gate-Elektroden, Emitterstrukturen und Leiterbahnen zur Bauelementverdrahtung. Die Abscheidung von Metallfilmen auf Polysiliziumoberflächen erfolgt mit geeigneten CVD-Methoden. Details finden sich in Kapitel 7, das sich mit dem Aufbringen von Metallschichten beschäftigt.

6.4.1.4 Polysilizium-Lastwiderstände

Die geringe Leitfähigkeit von undotiertem, reinen Polysilizium erlaubt es, aus diesem Material platzsparende ohmsche Widerstände aufzubauen. Eine wichtige Anwendung sind Lastwiderstände, die in statischen Halbleiterspeichern eingesetzt werden (statischer Speicher mit wahlfreiem Zugriff, SRAM: engl.: *static random access memory*). SRAMs werden als *statisch* bezeichnet, weil SRAM-Speicherzellen die eingespeicherte Information halten, solange eine Versorgungsspannung am Baustein anliegt. Dies ist bei den bereits angesprochenen *dynamischen* RAM-Bausteinen (DRAM) nicht der Fall (*Refresh-Zyklen* vgl. Abschnitt 5.9.4).

Die Speicherzelle in einem SRAM (Bild 6.10) besteht aus 2 rückgekoppelten Invertern (Transistoren $T_1 \ldots T_4$), die ein Register bilden, das über 2 Transistoren T_5 und T_6 zugänglich ist. Die Information wird über die Bitleitungen (BL und die invertierte Bitleitung) in das Register geschrieben bzw. ausgelesen. Den Zugriff auf eine spezifische Zelle steuert das Wortleitungssignal (WL), das sie Zugangstransistoren öffnet und wieder schließt. Jede Zelle besteht hier aus 4 NMOS- und 2 PMOS-Transistoren.

Um den Flächenbedarf pro Zelle zu reduzieren, werden bei vielen Anwendungen die beiden PMOS-Transistoren T_2 und T_4 durch kompakte hochohmige Poly-Si-Lastwiderstände ersetzt (*NMOS-Inverter*, vgl. [6.13]). In dieser 4-Transistor-Variante enthält die Zelle nicht nur 2 Transistoren weniger, sondern besteht außerdem nur noch aus NMOS-Transistoren! Damit entfallen große Bauelementabstände, die nach den Entwurfsregeln zwischen unterschiedlichen Transistortypen einzuhalten sind. Die gesamte Ersparnis an Chipfläche gegenüber der 6-Transistor-Zelle beträgt bis zu 30 %. Da die Speicherzellen bei einem SRAM-Baustein mindestens die Hälfte der gesamten Chipfläche belegen, wirkt sich der Einsatz von Poly-Si-Lastwiderständen deutlich auf die Chipfläche des Bausteins und damit auf die Herstellkosten und den Bauelementepreis aus.

Da 4-Transistor-Zellen keine reine CMOS-Schaltungen sind, die zwischen Schaltvorgängen querstromfrei bleiben, haben SRAMs mit Poly-Si-Lasten einen permanenten, *statischen* Strombedarf. Damit diese Speicherschaltungen auch für batteriegespeiste Geräte geeignet sind, werden Tera-Ohm-Lasten (Tera-Ohm = 10^{12} Ω) verwendet, die mit extrem dünnen und schmalen Poly-Si-Streifen realisiert werden (Querschnittsfläche $< 0{,}1 \cdot 0{,}8$ µm², nach [6.16]). Der Strombedarf des Speichers liegt dann außerhalb von Schreib-Lese-Operationen z. B. für ein 1-MBit-SRAM unter 2 µA!

Die genannten Widerstandswerte sind zwar extrem groß, müssen aber genau eingehalten werden. Wenn durch Fertigungsschwankungen zu große Lastwiderstände entstehen, verschlechtern sich die Zugriffszeiten auf den Speicherinhalt. Bei zu kleinen Werten können die Zellen eventuell nicht mehr innerhalb der festgelegten Zeitintervalle beschrieben werden. Die reproduzierbare Herstellung dieser SRAMs gelingt also nur bei genauester Kontrolle der Poly-Si-Schichtabscheidung. Bild 6.11 zeigt die komplizierte Oberfläche, die bei dieser Abscheidung konform und reproduzierbar zu bedecken ist (nach [6.11]):

Gezeigt ist ein Schnitt durch eine 4-Transistor-Speicherzelle. Die Schnittlinie liegt in etwa längs der Verbindungslinie von Transistor T_3 und Widerstand R in Bild 6.10. Um die Abmessungen der Zelle zu verkleinern, wird im diskutierten Beispiel eine für Speicheranwendungen optimierte Technologie mit 0,6 µm minimaler Strukturbreite verwendet. Hier stehen 2 Metallagen und (außer der hochohmigen Polyschicht) 3 Poly-Si-Ebenen zur Verdrahtung zur Verfügung. Zur Verbesserung der Leitfähigkeit sind eine Poly-Si-Lage und die Source-Drain-Gebiete der Transistoren als Titansilizid ausgeführt ($TiSi_2$, vgl. Kapitel 7). Bei der flächenoptimalen Anordnung der 4 Transistoren und zweier Widerstände steigt die Verdrahtungsdichte, und es entsteht durch den Aufwand für elektrische Verbindungen die gezeigte, kompliziert übereinandergefaltete Struktur. Die gesamte Zellgröße beträgt lediglich $3{,}5 \times 5{,}3$ µm². Auf dieser Fläche läßt sich mit einer heutigen Standardtechnologie (z. B. ein 1,0-µm-CMOS-Prozeß) noch nicht einmal ein einzelner CMOS-Inverter unterbringen!

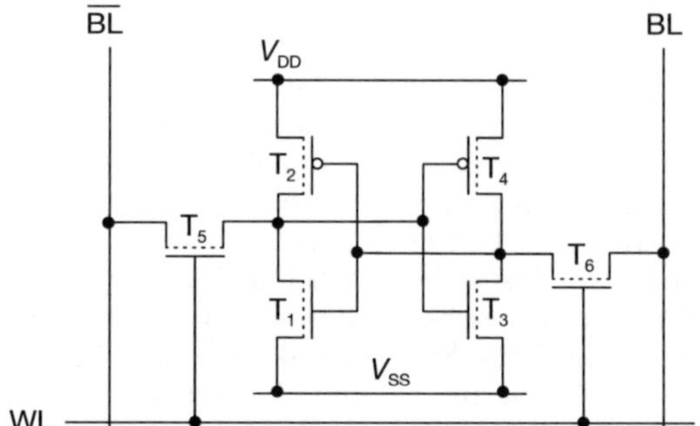

Bild 6.10 Schaltbild einer SRAM-Speicherzelle mit (a) 6 bzw. (b) 4 Transistoren

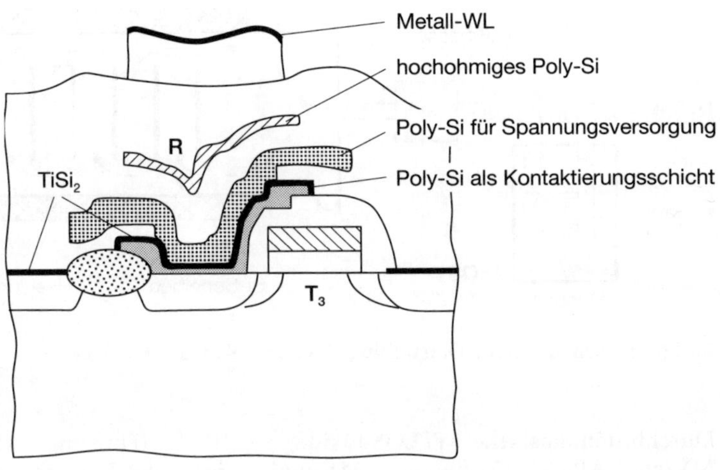

Bild 6.11
Schnittbild durch eine SRAM-Speicherzelle mit 4 Transistoren (nach [6.11])

6.4.2 Siliziumoxidfilme

Siliziumdioxid kann bei unterschiedlichen Temperaturen und Druckverhältnissen abgeschieden werden. Die geringste thermische Belastung der Substrate erreicht man mit Niedertemperaturverfahren, die z. B. zur Abscheidung von Intermetallisolationen eingesetzt werden (Niedertemperaturoxid, engl.: *low temperature oxid*, kurz *LTO*). Neben den bereits behandelten Plasmaoxiden werden auch thermische CVD-Prozesse verwendet. Die wichtigste LTO-CVD-Reaktion ist die in Gleichung 6.1 a beschriebene Oxidation von Silan bei 300 ... 500 °C.

6.4.2.1 Thermische LTO-Schichten

In APCVD-Reaktoren betragen die Schichtwachstumsraten bei niedrigen Temperaturen einige 100 nm/min. Die Kantenbedeckung ist dabei nicht konform (Bild 6.4 b), und LTO-Abscheidungen werden daher selten unter Normaldruck ausgeführt. In LPCVD-Reaktoren sinkt zwar die Wachstumsgeschwindigkeit deutlich, aber die Konformität der Abscheidung verbessert sich. Aufgrund der geringen Prozeßtemperatur bleibt die Oberflächenbeweglichkeit der Reaktionsmoleküle klein, und deshalb wird nicht die gleichmäßige Bedeckung wie bei LPCVD-Schichten erreicht, die bei hohen Temperaturen wachsen. Da bei tiefen Temperaturen auch bei niedrigem Druck die Sherwoodzahl (vgl. Abschnitt 5.2.3.5) größer wird, spielen Transportprozesse bei der CVD-Reaktion eine wichtigere Rolle, und es kommt auf ein gleichförmiges Reaktionsstoffangebot an, damit homogene Schichtdicken erreicht werden. Zur Verbesserung der Strömungsverhältnisse über den Scheibenoberflächen werden die Scheiben in spezielle, abgedeckte Träger (*Käfigboote*) gestellt. Die Versorgung der Scheiben mit Reaktionsgasen erfolgt über Schlitze in den Abdekkungen. Durch Optimierung der Schlitzgeometrie kann man das Gasangebot für jede Scheibe im Reaktor gleichförmig gestalten [6.3].

6.4.2.2 TEOS-Oxid

Bei mittleren Temperaturen (bis 700 °C) gibt es neben den bereits diskutierten Silanreaktionen eine weitere wichtige thermische CVD-Reaktion zur SiO_2-Erzeugung. Dabei wird die organischen Siliziumverbindung *TEOS* bei Niederdruck thermisch zersetzt. *TEOS* ist eine Abkürzung für Tetraethylorthosilikat mit der chemischen Formel $(C_2H_5O)_4Si$.

Bei der TEOS-Pyrolyse entstehen hochwertige Oxidfilme. Dies zeigt z. B. die hohe

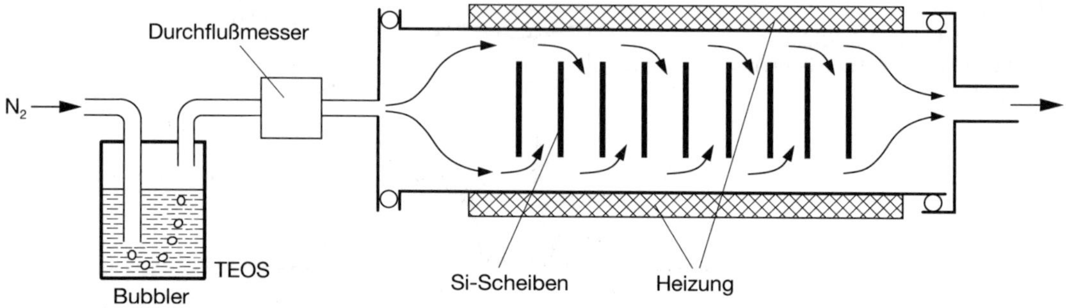

Bild 6.12 Schematische Darstellung einer TEOS-LPCVD-Anlage

Durchbruchfeldstärke (TEOS-Oxide: ~ 10 MV/cm, APCVD-Oxide: ~ 8 MV/cm). Die Kantenbedeckung ist aufgrund der günstigen Druckverhältnisse und Reaktionstemperaturen ebenfalls sehr konform. Deshalb ist dieses CVD-Verfahren mittlerweile zur Standardmethode für die Oxidabscheidung unterhalb der Metall-Lagen geworden.

Anwendungen des TEOS-Prozesses sind Oxide für Isolationsschichten von Polysiliziumstrukturen. Ein wichtiges Beispiel aus der CMOS-VLSI-Technik sind die seitlichen Gate-Isolationen, die als Spacer (Abstandshalter, engl.: *spacer*) bei der LDD-Technik verwendet werden (vgl. Abschnitt 3.5.8.3). Außerdem können Diffusionsmaskierungen und Ausdiffusionsschutzschichten schneller und mit geringerer thermischer Belastung als mit thermischer Oxidation aufgebracht werden.

Bild 6.12 zeigt einen Niederdruck-Heißwandreaktor zur TEOS-Oxidabscheidung. Bei Raumtemperatur ist TEOS flüssig. Die Substanz wird deshalb mit einer Bubbler-Flasche durch Stickstoffeinleitung verdampft. Der Gasstrom transportiert die Substanz als Dampf in den Vertikalreaktor. Dort findet bei Niederdruck (ca. 20 Pa) an den Substratoberflächen die Zersetzungsreaktion statt:

$$(C_2H_5O)_4Si \underset{\text{flüssig}}{\overset{30...70\,°C}{\Rightarrow}} (C_2H_5O)_4Si \underset{\text{dampfförmig}}{\overset{730\,°C}{\Rightarrow}} SiO_2 + 4\,C_2H_4 + 2\,H_2O \qquad \text{(Gl. 6.5)}$$

Die Wachstumsgeschwindigkeiten der SiO_2-Filme betragen bei typischen Gasflüssen etwa 10 nm/min. Als Nebenprodukte entstehen bei der Zersetzungsreaktion Wasser und Ethylen. Eine Besonderheit bei der TEOS-Reaktion sind Schwankungen in der Wachstumsrate, die durch ungleichmäßigen TEOS-Nachschub aus der Bubbler-Flasche verursacht werden. Die flüssige Ausgangssubstanz hat nur einen geringen Dampfdruck und verdampft in der Flasche ungleichmäßig (vgl. Abschnitt 2.9.1).

6.4.2.3 Hochtemperaturoxide

Der Schichtaufbau von CVD-Oxiden ist generell lockerer als bei thermisch gewachsenem SiO_2. Das bedeutet, daß die SiO-Tertraeder im Mittel über weniger brückenbildende Sauerstoffatome zusammenhängen (vgl. Abschnitt 4.1 und Bild 4.1). Eine Ausnahme ist das sog. Hochtemperaturoxid (HTO), das mit Niederdruckverfahren bei ca. 900 °C abgeschieden wird und von allen CVD-Oxiden den dichtesten Schichtaufbau hat. Hochtemperaturoxid entsteht durch die Oxidation von Dichlorsilan nach Gleichung 6.1 b.

Beim Aufbringen von HTO-Schichten kommt es zu extrem großen thermischen Belastungen der Substratscheiben aufgrund der hohen Depositionstemperaturen. Ein besonderes Problem bei Hochtemperaturoxid sind reaktionsbedingte Chloreinlagerungen in der CVD-Schicht. Diese Chloratome werden bei erhöhten Temperaturen beweglich, diffundieren bei Folgeprozeßschritten zur Siliziumoberfläche und ätzen das Si-Substrat an. Dies kann zum Ablösen des Oxidfilmes führen. Aus den genannten Gründen wird HTO heute kaum noch eingesetzt.

6.4.2.4 Dotierte Oxide als Planarisierungsschichten

Siliziumoxidfilme sind glasartige Strukturen (*Silikatgläser*), die keinen Phasenübergang zwischen flüssigem und festem Zustand zeigen, sondern bei einer sog. Erweichungstemperatur fließfähig (*viskos*) werden. Diese Temperatur liegt bei reinem, thermisch gewachsenem SiO_2 bei ca. 1400 °C und kann durch Dotieren gesenkt werden. Durch kontrolliertes Verfließen von Oxidschichten werden Stufen und Kanten auf der Scheibenoberfläche planarisiert. Unregelmäßige Topografien erschweren das kontrollierte Aufbringen von Metallfilmen. Ohne Planarisierungsschritte ist bei heutigen VLSI-Prozessen die Zuverlässigkeit der Metallisierung nicht zu gewährleisten. Die Höhen-Breiten-Verhältnisse der zu bedeckenden Oberflächenstrukturen sind sehr ungünstig und liegen hier bei 1 : 1 und darüber. Deshalb treten ohne Planarisierung an Stufen Bedeckungsmängel auf, die zu Rissen und Dünnstellen im Metall führen. Damit die thermische Belastung bei der Planarisierung der Wafer möglichst gering bleibt, werden TEOS- oder LTO-Filme verwendet, die bei relativ niedrigen Temperaturen abgeschieden werden können.

Um niedrige Fließtemperaturen herbeizuführen, werden die Silikatglasfilme stark mit Bor und Phosphor dotiert. Dabei bilden sich die bereits in Abschnitt 2.9.1 erwähnten Silikatgläser (BSG, PSG: Bor- und Phosphorsilikatglas), deren Erweichungstemperaturen mit dem Dotierstoffgehalt sinken.

Die Erhöhung der Fließfähigkeit durch Dotierung entsteht, weil Fremdatome eine andere Wertigkeit gegenüber Sauerstoff besitzen. Deshalb werden mehr Valenzen von Sauerstoffatomen gebunden als von Siliziumatomen. Dies reduziert die Zahl der Sauerstoffbrückenbindungen zwischen benachbarten Tetraedern. Der Zusammenhalt SiO_2 und Netzwerk nimmt deshalb mit steigender Dotierstoffkonzentration ab, und die Temperaturbeständigkeit des dotierten Silikatglases verringert sich. Pro Gew.-% Bor oder Phosphor sinkt die Fließtemperatur des Oxidfilmes um 100 bzw. 50 °C.

Phosphorsilikatgläser (PSG) zur Planarisierung enthalten typischerweise bis zu 8 Gew.-% Phosphor. Höhere Konzentrationen sind nicht sinnvoll, denn höher dotiertes PSG wird hygroskopisch, reagiert mit der Luftfeuchtigkeit und bildet Phosphorsäure, die die später aufgebrachten Aluminiumschichten angreift. Die Fließtemperaturen von PSG-Planarisierungsschichten liegen bei ca. 1000 °C. Bei Borsilikatgläsern (BSG) ist die Borkonzentration auf weniger als 5 Gew.-% beschränkt, sonst kommt es zu Borsäureausscheidungen, mit ähnlich negativen Auswirkungen. Besonders niedrige Fließtemperaturen finden sich bei Gläsern, die sowohl mit 2 ... 3 Gew.-% Bor als auch 2 ... 3 Gew.-% Phosphor enthalten. Solche Bor-Phosphor-Silikatgläser (BPSG-Filme) werden bereits bei 900 °C viskos.

Um optimale Fließeigenschaften zu erreichen, erfolgt die Dotierung der CVD-Oxide direkt bei der Abscheidung (*in situ*) durch Zugabe geeigneter Bor- und Phosphorverbindungen im Reaktor. Dotieren nach der Abscheidung mit Diffusions- oder Implantationsverfahren ist zwar auch möglich, bringt den Dotierstoff aber nur oberflächlich ein und ist damit nur teilweise wirksam.

6.4.2.5 Herstellung von Planarisierungsschichten

Bei der LTO-Abscheidung von BPSG auf Silanbasis nach Gleichung 6.1 a wird gasförmiges Phosphin bzw. Diboran in das Reaktorgas gemischt. Bei einem APCVD-Reaktor sind bei 420 °C 10 % des Silans durch Phosphin und 0,5 % des nicht an der Reaktion beteiligten Trägergases (z. B. Stickstoff) durch Diboran zu ersetzen. Bei Verfahren auf TEOS-Basis können passende flüssige organische Borverbindungen als Dotierstoffquellen eingesetzt werden. Zur Abscheidung von BPSG wird Trimethylborat (Siedepunkt 68 °C) eingesetzt, mit der chemischen Formel $B(OCH_3)_3$. Die Phos-

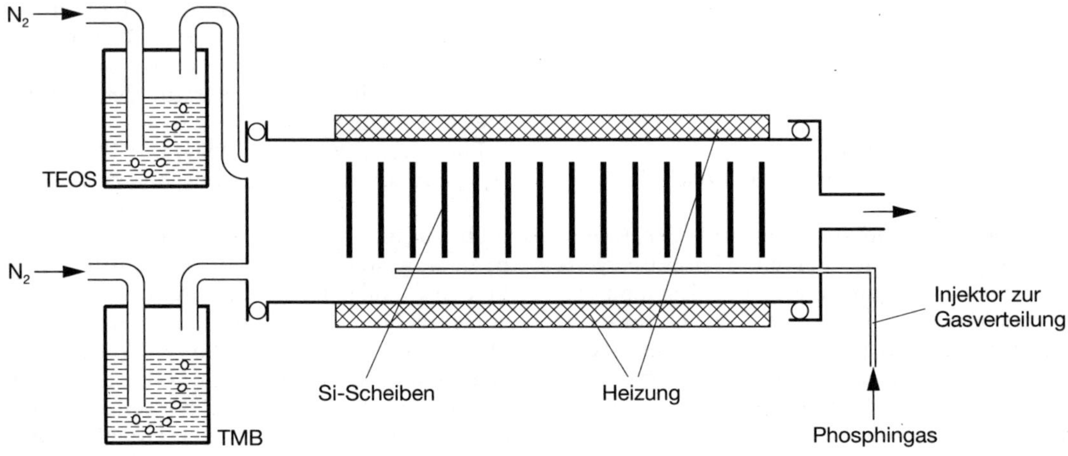

Bild 6.13 Schematische Darstellung der BPSG-Abscheidung auf TEOS-Basis

phordotierung erfolgt beim TEOS-Prozeß wieder mit Phosphingas. Flüssige Phosphorverbindungen sind ungeeignet, weil sich diese Verbindungen nur unzureichend verdampfen lassen [6.3].

Bild 6.13 zeigt schematisch eine Anlage zur BPSG-Abscheidung auf TEOS-Basis. Zur Optimierung des Reaktionsstoffangebotes befinden sich die Scheiben in Käfigbooten. Das Phosphingas wird per Gasinjektor im Reaktor verteilt. Die Abscheidetemperatur liegt bei 600 °C. Problematisch sind die flüssigen Ausgangssubstanzen für Bor (TMB) und SiO_2, die über Bubbler nicht sehr genau dosiert werden können. Außerdem kommt es durch die extrem hohe Dotiergaskonzentration im Reaktor unter Umständen zu komplexen Rückwirkungen auf die Wachstumsgeschwindigkeit der BPSG-Schicht.

6.4.2.6 Fließprozeß

Das Verfließen der BPSG-Schichten zur Planarisierung wird üblicherweise in Diffusionsöfen durchgeführt. Die treibende Kraft beim Fließprozeß ist die Oberflächenspannung der viskosen Oxidschicht, die durch Verfließen abgebaut werden kann. Bild 6.14 zeigt schematisch das Fließverhalten von BPSG auf TEOS-Basis mit 4 Gew.-% Bor und 2 Gew.-% Phosphor nach 15minütiger Lagerung bei 850 °C [6.3]. Die Viskosität des BPSG-Filmes läßt sich noch erhöhen, indem in feuchter und sauerstoffhaltiger Atmosphäre getempert wird. Die eindiffundierenden Wasser- und Sauerstoffmoleküle brechen wie bei der feuchten Oxidation (vgl. Kapitel 4) zusätzliche Sauerstoffbrückenbindungen auf. Dadurch lockert sich das Gefüge des BPSG zusätzlich. Die Lagertemperatur kann im Vergleich zum Tempern in inerter Atmosphäre weiter abgesenkt werden, ohne daß sich der Planarisierungsgrad verschlechtert [6.3].

Bei der Planarisierung mit hochdotierten Silikatgläsern kommt es zwangsläufig zur Ausdiffusion von Bor und Phosphor in tiefer liegenden Schichten. Deshalb werden vor der BPSG-Abscheidung undotierte Oxidschichten aufgebracht, die als *Diffusionsbarrieren* wirken.

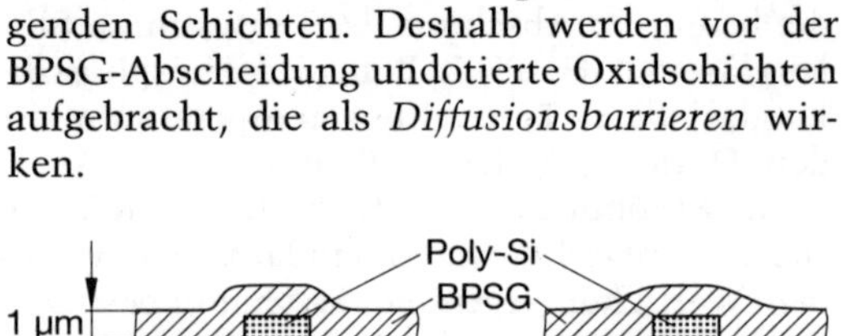

Bild 6.14 Fließverhalten von BPSG-Schichten.
a) vor Verfließen, b) nach Verfließen

6.4.3 Siliziumnitridschichten

Siliziumnitridschichten haben, wie in Abschnitt 6.1.3 erwähnt, 3 Hauptanwendungsgebiete. Sie dienen als Oxidationsmaske bei der LOCOS-Technik (vgl. Abschnitt 4.3.3), als Dielektrikum oder als Isolationsschicht und werden als Passivierungsschicht eingesetzt. Passivierungsfilme und Isolationsschichten zwischen Metall-Lagen werden mit PECVD-Verfahren erzeugt, weil (wie erwähnt) die Aluminiumbahnen nur bis 450 °C temperaturstabil sind. PECVD-Nitride enthalten einen hohen Anteil Wasserstoff. Dadurch sind diese Schichten sehr spröde. Dies schränkt die Anwendungsmöglichkeiten ein.

Zur Abscheidung von LOCOS-Nitrid und dielektrischen Si_3N_4-Schichten verwendet man hauptsächlich LPCVD-Anlagen. Thermisches CVD-Nitrid wird bei Reaktortemperaturen von 700 ... 800 °C und Gasdrücken von 40 Pa erzeugt. Durch chemische Reaktion nach Gleichung 6.2 zwischen Ammoniak und Dichlorsilan bildet sich pro Minute 3 nm Nitrid, wenn die beiden Reaktionsgase im Verhältnis 4 : 1 gemischt werden und der Gesamtgasfluß von 350 cm^3/s beträgt [6.3]. Aufgrund der hohen Prozeßtemperatur entstehen defektarme, sehr konforme Schichten mit stöchiometrischer chemischer Zusammensetzung.

Der wesentliche Nachteil von LPCVD-Nitrid ist die starke Zugspannung, unter der abgeschiedene Schichten stehen. Die mechanische Verspannung (*Streß*) ist um einen Faktor 10 größer als z. B. in TEOS-Oxiden oder in Plasmanitrid. Modifikationen der Abscheideparameter beeinflussen den Verspannungsgrad nur wenig. Der hohe Streß von Nitridfilmen begrenzt die realisierbare Schichtdicke: Sobald die Filmdicke ungefähr 200 nm überschreitet, bilden sich Risse.

Die Zugspannungen in LPCVD-Nitriden erzeugen zusätzlich Aufwölbungen. Damit werden unter den mittleren Bereichen einer Nitridzone tieferliegende Schichten komprimiert. Das kann Defekte in der von Nitrid bedeckten Unterlage (meist kristallines Silizium) verursachen. Um die Kompressionskräfte zu neutralisieren, wird die Siliziumoberfläche mit einem dünnen thermischen Oxid (*Padoxid*) belegt, das die mechanischen Spannungen aufnimmt.

6.4.3.1 Oxinitrid

Die wesentlichen Nachteile von CVD- und Plasmanitriden sind hohe intrinsische Spannungen bzw. spröder und lockerer Aufbau. Setzt man bei der Nitridreaktion sauerstoffhaltiges Stickoxidul (N_2O) zu, bildet sich statt reinem Nitrid die Verbindung Oxinitrid (Si_2ON_2). Durch Variation der Stickoxidul- und Ammoniakanteile im Reaktorgas sind kontinuierliche Verschiebungen von reinem Nitrid bis zu reinem Oxid möglich.

Mit wachsendem Sauerstoffanteil im abgeschiedenen Film gehen störende Nebeneffekte von reinen Nitriden zurück: In Plasma-Oxinitriden sinkt der Wasserstoffanteil, und bei thermischen Oxinitriden reduzieren sich die mechanischen Verspannungen. Die Dielektrizitätskonstante nimmt dabei allerdings ebenfalls ab.

Ein Nachteil der Oxinitridabscheidung liegt im langsameren Schichtwachstum [6.3]. Bei einem N_2O-NH_3-Verhältnis von 6 : 1 beträgt die Wachstumsgeschwindigkeit trotz einer relativ hohen Reaktortemperatur von 775 °C nur 1,1 nm/min (gegenüber 3 nm bei Nitrid). Dieser Effekt kann aber durch weiter erhöhte Reaktortemperaturen teilweise ausgeglichen werden.

Die Hauptanwendungen von Oxinitrid sind Passivierungsschichten sowie Isolationsschichten zwischen Metall-Lagen und defektarmes Interpolydielektrikum bei Technologien mit mehreren Polysiliziumebenen [6.3], wie die oben behandelten CMOS-Technologien für SRAM-Bausteine. Bei reinen Isolationsanwendungen ist die kleinere Dielektrizitätskonstante von Oxinitrid ein Vorteil, weil sich, verglichen mit Nitridisolationen, der Kapazitätsbelag von Leitungen reduziert.

6.4.4 CVD-Anwendungen bei dynamischen Halbleiterspeichern (DRAMs) und feldprogrammierbaren Logikbausteinen

Dynamische Schreib-/Lesespeicher sind die integrierten Halbleiterbauelemente, die in den höchsten Stückzahlen hergestellt werden. Die größten Hersteller produzierten z. B. im Jahr 1989 jeden Monat 10...20 Mio. 1-MBit-DRAM-Bausteine [6.13]! Durch den Konkurrenzdruck in diesem bedeutenden Segment des Halbleitermarktes wurden DRAM-ICs zu Vorreitern in der Technologieentwicklung. Jede mögliche Verbesserung von Herstellverfahren wurde zuerst hier angewendet, um marktgerecht zu produzieren. Um die Kosten pro Speicherbit zu senken, kommt etwa alle 3 Jahre eine neue DRAM-Generation auf den Markt, mit 4facher Speicherkapazität, aber etwa gleicher Chipfläche. Die Fläche der einzelnen Speicherzelle verkleinert sich dabei von Generation zu Generation entsprechend. Interessant ist der Übergang von 1-MBit- zu 4-MBit-DRAMs, weil hier die rein planare Siliziumtechnologie verlassen und Grabenkondensatoren eingeführt wurden. Im folgenden wird als instruktives Anwendungsbeispiel von CVD-Prozessen der Herstellprozeß für Grabenkondensatoren und ein ebenfalls zur Flächeneinsparung entwickelter selbstjustierter Bitleitungskontakt vorgestellt [6.13, 6.14].

6.4.4.1 Grabenkondensatoren und selbstjustierte Bitleitungskontakte

Die Speicherzelle eines DRAMs (Bild 6.15) besteht aus einem Zugrifftransistor und einem Kondensator, der ein eigenes Schaltungselement darstellt. Der Transistor wird von der Wortleitung (WL) gesteuert und verbindet den Kondensator mit einer bestimmten Bitleitung (BL), um einen Lese- oder Schreibvorgang auszuführen. Ist eine logische «0» oder «1» zu speichern, wird die eine Elektrode des Kondensators über den Transistor und die Bitleitung auf Massepotential gelegt bzw. mit der Betriebsspannung (VDD) verbunden. Die binäre Information wird danach in Form von Ladung auf dem Kondensator gespeichert. Etwa 1 Mio. Elektronen unterscheiden die «0» von «1». Die Gegenelektrode ist fest mit der halben Betriebsspannung VDD/2 verbunden, um die Feldstärke und damit die Belastung im Dielektrikum herabzusetzen (vgl. Abschnitt 4.4.4).

Für den störsicheren Betrieb von DRAMs sind in den einzelnen dynamischen Speicherzellen Mindestkapazitätswerte von 30...40 fF für die Kondensatoren einzuhalten (vgl. Abschnitt 4.5). Bei zunehmender Speicherkapazität verringert sich aber der pro Speicherzelle zur Verfügung stehende Platz auf der Chipoberfläche, weil die Speicherchips sonst nicht mehr in Standardgehäuse verpackbar sind (Zellfläche 64-KBit-DRAM: 180 μm^2; Zellfläche 4-MBit-DRAM: 10,6 μm^2; nach [6.12]).

Um die Kapazität von MOS-Kondensatoren bei konstantem Chipflächenaufwand zu steigern, gibt es 3 Möglichkeiten:

1. die Einführung von Grabenkondensatoren,
2. die Verringerung des Elektrodenabstandes durch dünnere Dielektrika und
3. die Verwendung von Isolationen mit erhöhter Dielektrizitätskonstante (SiO_2: $\varepsilon_r = 3{,}8$).

Bis zur 1-MBit-Generation von DRAM-Bausteinen liegen der Zugriffstransistor und der Kondensator in einer Ebene nebeneinander. Man spricht deshalb von *planaren* Speicher-

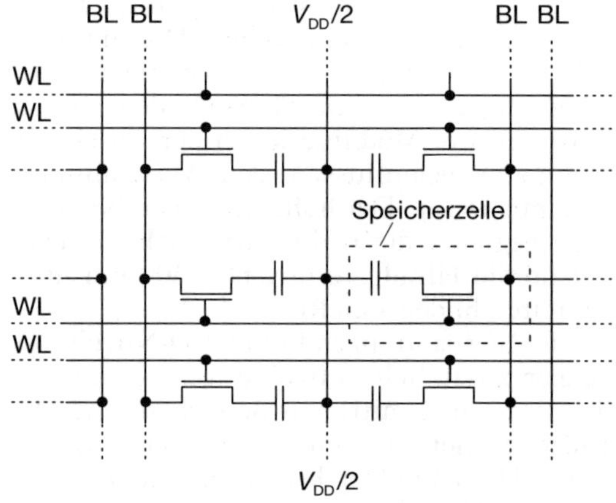

Bild 6.15 Speicherzelle und Ausschnitt aus dem Zellenfeld eines DRAM (nach [6.13])

zellen. Der Aufbau eines planaren MOS-Kondensators ist z. B. in Bild 4.11 gezeigt. Um 30 fF in einer 4-MBit-Technologie zu realisieren, wären planare Kondensatorflächen von ca. 20 μm² nötig [6.14]. Bei der Grabentechnik löst man das Platzproblem, indem Vertiefungen (Gräben, engl.: *trenches*) in die Substratoberfläche geätzt werden. Wenn der Boden und die 4 Grabenwände dieser Strukturen als Kondensatorelektrode genutzt werden, entstehen ausreichende Kapazitätswerte bei einem geringen Verbrauch von Chipfläche.

Die Speicherelektrode des Kondensators sind die hochdotierten, n-leitenden Grabenwände aus monokristallinem Silizium. Die fest auf VDD/2 liegende Gegenelektrode bildet eine LPCVD-Polysiliziumstruktur. Zwischen den Elektroden liegt das Dielektrikum. Im einfachsten Falle handelt es sich thermisch erzeugtes Gate-Oxid. Bei der 4-MBit-Technologie beträgt die Grabentiefe 4 μm und die Querschnittsfläche 1 μm², [6.14]. Die resultierende Elektrodenfläche liegt damit, inklusive des Bodenanteils, bei ~ 17 μm². Durch die Nutzung der 3. Raumdimension kann die gesamte Speicherzelle, bestehend aus Lesetransistor sowie Wort- und Bitleitungssegment, auf nur 10,6 μm² Chipoberfläche untergebracht werden (Bild 6.16).

In Gräben lassen sich Oxiddielektrika thermisch nicht mit der gleichen hohen Durchbruchfeldstärke erzeugen, wie auf planen Siliziumoberflächen. An den Grabenkanten, den Grabenwänden und am Boden entstehen während des Oxidwachstums mechanische Spannungen, die die Wachstumsrate herabsetzen. Um auch an kritischen Stellen die nötige dielektrische Festigkeit zu garantieren, sind deshalb dicke Oxide nötig. Die erzielbaren Kapazitätswerte pro Flächeneinheit fallen bei Grabenkondensatoren geringer aus, als bei planaren Kondensatoren.

Verbesserte Durchbruchfeldstärken werden mit geschichteten Dielektrika erreicht, die aus Nitrid und Oxid bestehen. Nitridschichten können auch in tiefe Gräben mit guter Kantenbedeckung abgeschieden werden. Bewährt haben sich Mehrschichtdielektrika aus einer Oxidbodenschicht, einer Nitridlage und einer Oxiddeckschicht (ONO-Schichten). ONO-Schichten zeigen als besonderen Vorteil *Ausheileffekte* von Dünnstellen und Löchern in einer der Teilschichten: Ist in der Bodenoxidschicht ein Defekt vorhanden, wird er durch abgeschiedenes Nitrid verschlossen. Nitriddefekte werden beim Aufbringen der oberen Oxidschicht aufgefüllt. So entstehen defektarme Dielektrika, die dünner als ther-

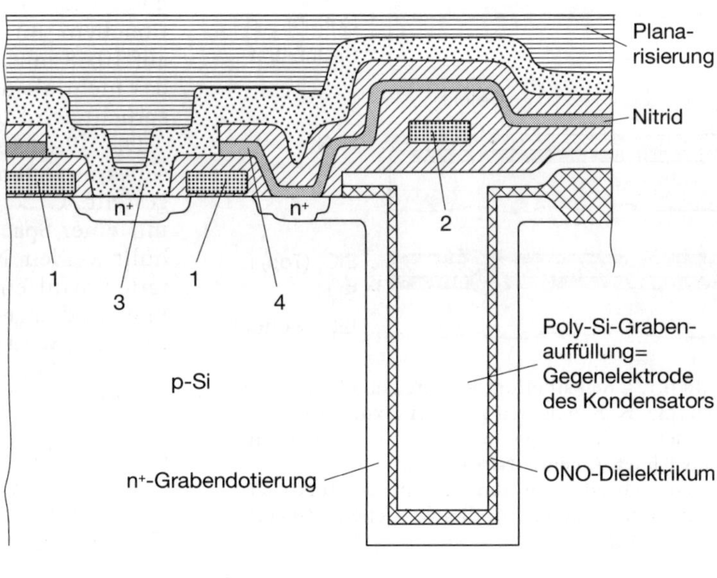

Bild 6.16
Schnitt durch die Speicherzelle eines 4-MBit-DRAM mit Grabenkondensator (nach [6.14]). Schraffiert sind verschiedene Oxidschichten dargestellt. «1» und «2» sind die beiden Wortleitungen (WL) für benachbarte Zellenreihen; «3» ist die Bitleitung aus mit Tantal silizidiertem Polysilizium ($TaSi_2$); «4» ist eine Nitridschicht, die bei zur Erzeugung des selbstjustierten Bitleitungskontaktes benötigt wird.

mische Oxide ausgelegt werden können, mit extrem hohen Isolationswiderständen und mit Dielektrizitätszahlen, die oberhalb vom SiO_2-Wert ($\varepsilon_r = 3{,}8$) liegen.

Die Erzeugung einer ONO-Schicht beginnt mit dem *Bottom-Oxid* (Boden, engl.: *bottom*). Dies ist eine im Graben thermisch erzeugte Oxidschicht, die für einen störungsarmen Halbleiter-Isolator-Übergang sorgt. Bei einer 4-MBit-DRAM-Technologie ist das Oxid 5 nm dick. Auf das Oxid wird eine LPCVD-Nitridschicht aufgebracht (Dicke: 11 nm). Das Oxid nimmt dabei die mechanischen Spannungen des LPCVD-Nitrids auf und verhindert Kristalldefekte im Siliziumsubstrat.

Um die Oxiddeckschicht zu erzeugen, wird die Nitridoberfläche feucht und thermisch oxidiert (*Topoxid*). Aufgrund der geringen Oxidationsrate von Si_3N_4 (vgl. Abschnitt 4.3.3), dauert es relativ lange, bis sich eine dünne SiO_2-Schicht (3 nm) bildet. Befinden sich in der Nitridschicht Defekte, durch die das Bottom-Oxid offenliegt, gelangen Oxidanten an die Oxidschicht. Das SiO_2 wächst dort lokal weiter, und zwar wesentlich schneller als auf der Nitridoberfläche. Bis die Topoxidation abgeschlossen ist, hat das Bottom-Oxid von unten den Nitrideffekt aufgefüllt. Auf

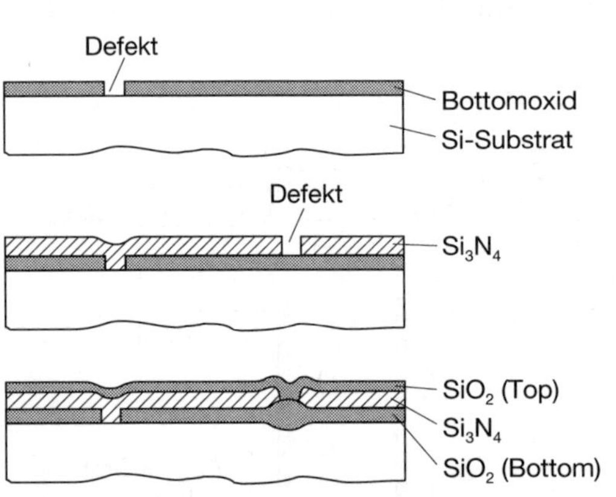

Bild 6.17 Selbstheilungseffekte bei lokalen Defekten im ONO-Dielektrikum. Der Oxiddefekt wird bei der Nitridabscheidung aufgefüllt und nahezu eingeebnet. An einer Nitriddefektstelle sorgt das Nachwachsen des Bottomoxids bei der Topoxidation für die erforderliche dielektrische Festigkeit (nach [6.12]).

diese Weise schließen sich bei der feuchten Oxidation alle Löcher in der LPCVD-Nitridschicht. Bild 6.17 zeigt die beschriebene Ausheilung von Defekten in Dielektrika bei ONO-Schichten. Als Resultat entstehen extrem defektarme und dünne Dielektrika. Die mittlere Dicke im Prozeßbeispiel liegt bei $(5 + (11 - 3) + 3)$ nm. Die hohe Dielektrizitätskonstante der mittleren Nitridschicht ($\varepsilon_r \cong 7$) erhöht die mittlere Dielektrizitätskonstante der ONO-Schicht auf $\varepsilon_r \cong 5$ [6.12].

Eine zweite technologische Innovation beim in der Literaturstelle [6.14] beschriebenen 4-MBit-DRAM ist ein selbstjustierter Kontakt zwischen Bitleitung und den n^+-Gebieten der Auswahltransistoren. Aus Platzgründen sind die Zellen so angeordnet, daß an einer Bitleitung die Zellen paarweise eine n^+-Zone als Source- bzw. Drainbereich der beiden Auswahltransistoren nutzen. Bei einem üblichen Kontakt sind Sicherheitsabstände zu den benachbarten Gates und zum Rand des kontaktierten n^+-Gebietes einzuhalten. Diese Vorhalte kompensieren die unvermeidlichen Ungenauigkeiten bei der Strukturübertragung (vgl. Kapitel 8). Bei einer selbstjustierten Technik entfallen diese Vorhalte und die Kontakte können enger an Transistorgates gesetzt werden. Dies senkt den Abstand zwischen benachbarten Wortleitungen. Die Zellfläche reduziert gegenüber der Zellmatrix mit konventionellem Bitleitungskontakt von 12,4 μm^2 auf 10,58 μm^2. Das Zellenfeld des Speichers, das mehr als die Hälfte der Chipfläche beansprucht, wird damit um ca. 10 % kleiner!

Die Prozeßschritte zur Erzeugung des selbstjustierten Kontakts sind in Bild 6.18 dargestellt. Gezeigt sind die beiden Gates, die mit einer Spacertechnik mit CVD-Oxid umhüllt werden. Nach der Source-Drain-Implantation wird eine Isolationschicht aus Nitrid und Oxid abgeschieden. Mit einem Lithografieschritt wird eine Lackmaske für den direkten Kontakt aufgebracht. Im nicht durch Lack geschützten Kontaktbereich wird zunächst die obenliegende Oxidschicht weggeätzt, anschließend der Nitridfilm. Danach wird zwischen den Transistorgates das dünne Gate-Oxid entfernt. Die dicke Oxidumhüllung der Gates bleibt dabei erhalten.

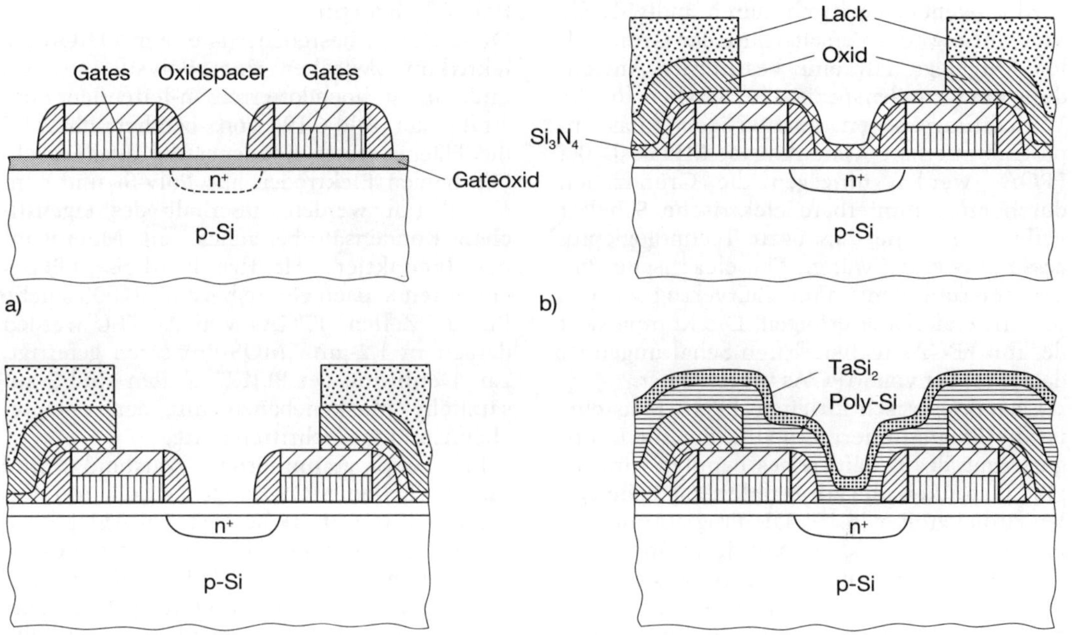

Bild 6.18 Prozeßschritte zur Erzeugung des selbstjustierten, direkten Kontaktes zwischen der Poly-Si-Bitleitung und dem dotierten Substratgebiet. a) Oxidummantelung der Poly-Si-Gates und n^+-Implantation durch das Gate-Oxid; b) Nitrid- und Oxidabscheidung als Bitleitungsisolation zum Substrat, danach Lithografieschritt zur Definition des Kontaktgebiets; c) Selektives Ätzen von Nitrid, danach Ätzen von Oxid und Gate-Oxid; d) Poly-Si-Abscheidung, Siliziderzeugung, laterale Bitleitungsstrukturierung.

Nach der Entfernung des Fotolacks wird Polysilizium abgeschieden und Tantalsilizium aufgestäubt (vgl. Kapitel 7). Nach der Strukturierung dieser Doppelschicht mit einem weiteren Lithografieschritt ist die Herstellung von Bitleitung und Bitleitungskontakt abgeschlossen. Der Kontakt zwischen Bitleitung und n^+-Gebiet bildet sich *selbstjustiert* an der Grenzfläche zwischen der Poly-Si-Lage und dem Siliziumsubstrat.

6.4.4.2 ONO-Dielektrika bei feldprogrammierbaren Logikbausteinen (FPGAs)

Logikbausteine sind integrierte Schaltkreise, die nicht wie DRAMs zur Speicherung von Binärzahlen dienen, sondern Information logisch verarbeiten. Feldprogrammierbare Logikbausteine (*field programmable gate arrays*, FPGAs) sind programmierbare integrierte Schaltkreise, deren logische Funktion vom Anwender elektrisch festgelegt werden kann. Seit der Vorstellung der ersten FPGAs von der Firma Xilinx im Jahre 1986, sind die FPGAs eines der am schnellsten wachsenden Segmente im Halbleitermarkt.

Wichtige Anwendungen von FPGAs sind Systeme, die in kleinen Stückzahlen gefertigt werden und für die aus Kosten- oder Zeitgründen keine kundenspezifischen ICs oder ASICs entwickelt werden können. Der Aufbau eines FPGAs ist ähnlich wie der von konventionellen Gate-Arrays (Gatter-Felder, engl.: *gate arrays*), die aus einem Feld von identischen Grundzellen bestehen, die zu logischen Gattern zusammengeschaltet werden können.

Die elektrische Funktion des Gate-Arrays

wird anwenderspezifisch durch individuelle Verdrahtung und Verschaltung der Grundzellen festgelegt. Für eine bestimmte Anwendung sind kundenspezifische Masken für die Verdrahtungsebenen anzufertigen (maskenprogrammierbare Gate-Arrays, MPGAs). Bei FPGAs werden hingegen die Grundzellen durch programmierbare elektrische Schalter verbunden, ohne daß dazu Technologieprozesse notwendig wären. Die elektrische Programmierung kann ohne Zeitverzug vor Ort im Anwenderlabor erfolgen. Die Komplexität der mit FPGAs realisierbaren Schaltungen ist dabei mit der von MPGAs vergleichbar.

Charakteristisch für einen FPGA-Bausteins ist die Programmiermethodik, die zur Konfigurierung des Schaltkreises benutzt wird. Es gibt Techniken, die auf Halbleiterspeicherzellen zurückgreifen [6.15]. Die Programmierung des Bausteins ist dann vor jeder Inbetriebnahme zu wiederholen. Werden hingegen sog. *Antifuses* verwendet, dann entstehen dauerhafte Konfigurierungen (Sicherung, engl.: *fuse*). Antifuses sind elektrische Zweipole, die elektrisch aus einem sperrenden in einen leitenden Zustand geschaltet werden können. Dazu wird eine Programmierspannung angelegt, die oberhalb der normalen Signalpegel liegt, mit denen das IC arbeitet. Bei einer gewöhnlichen elektrischen Sicherung ist es umgekehrt. Hier wird durch einen Überlaststrom die elektrische Verbindung unterbrochen, daher der Name *Antifuse*: *Antisicherung*.

Antifuse-Zellen haben einen geringen Platzbedarf und niedrige (hohe) Widerstände im (un)programmierten Zustand. Die Vorteile der Antifuse-FPGAs gegenüber anderen Programmierverfahren liegt in der hohen Packungsdichte, in der geringeren Verlustleistung und der höheren Verarbeitungsgeschwindigkeit. Der wesentliche Vorteil von Antifuses, die dauerhafte Verbindung, kann auch ein Nachteil sein: Gegenüber speicherprogrammierbaren FPGAs sind einmal eingestellte Verschaltungen irreversibel. Die Bausteine können nicht rekonfiguriert und wiederverwendet werden. Im folgenden wird die Technologie der PLICE®-Antifuse-Zelle vorgestellt, die bei FPGA-Bausteinen der Firma ACTEL eingesetzt wird.

PLICE®-Elemente

Diese Zellen bestehen aus einem ONO-Dielektrikum zwischen einer Polysiliziumzone und einem hochdotierten, n-leitenden Substratgebiet (Bild 6.19). Von oben betrachtet ist die Fläche dieses Kondensators quadratisch. Die beiden Elektroden aus Poly-Si und dem n^+-Substrat werden außerhalb des eigentlichen Kondensatorbereiches mit Metallbahnen kontaktiert. Heutige käufliche FPGAs enthalten je nach Größe bis zu 750 000 solche PLICE®-Zellen. FPGAs von ACTEL werden derzeit in 1,2-µm-CMOS-Prozessen gefertigt. Zur Definition der PLICE®-Zellen sind 3 zusätzliche Maskenebenen mit den entsprechenden Prozeßschritten nötig.

Im unprogrammierten Zustand sind PLICE®-Zellen MOS-Kondensatoren mit Kapazitätswerten im fF-Bereich. Bei Anlegen einer genügend hohen Programmierspannung an die Elektroden einer Zelle bricht das Dielektrikum durch (vgl. Abschnitt 4.4.4). Dabei bildet sich ein leitfähiger Pfad zwischen Polysiliziumelektrode und dem n-leitenden Halbleiter. Der Stromfluß während des Programmiervorgangs schmilzt das Dielektrikum auf und Dotierstoff diffundiert sowohl aus dem Polysilizium, wie auch aus dem Substrat in den aufgeschmolzenen Bereich und sorgt für eine dauerhaft leitfähige Verbindung. Das Volumen der entstehenden leitenden Bereiche im Dielektrikum wird vom Strom bestimmt,

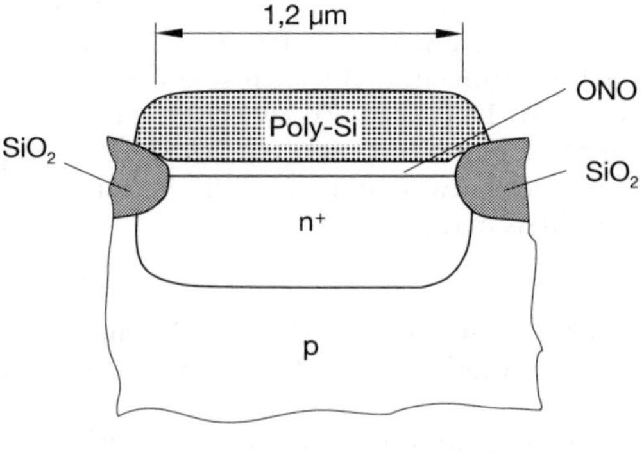

Bild 6.19 Schnitt durch eine Antifusezelle. Die Zelle besteht aus einem MOS-Kondensator mit ONO-Dielektrikum.

der bei der Programmierung fließt. Typischerweise reichen 5 mA aus, um Widerstandswerte in der Größenordnung zwischen 100 und 1000 Ω einzustellen. Da bei unprogrammierten Zellen nur Leckströme im fA-Bereich auftreten, kann man den statischen Strombedarf für intakte Antifuses bei der Verlustleistungsberechnung von FPGAs vernachlässigen. Programmierte und unprogrammierte Zellen sind in ihrem elektrischen Verhalten außerordentlich stabil und ändern ihre Leitfähigkeit nach der Konfigurierungsphase nicht mehr [6.1].

Die Festlegung der Programmierspannung für die Anitifuses ist sehr kritisch, denn der Spannungswert muß genügend weit oberhalb Betriebsspannung des programmierten Schaltkreises von 5 V liegen, damit unbeabsichtigte Programmierungen während des Einsatzes der Schaltung ausgeschlossen werden können. Da durch die erhöhte Spannung während der Programmierung nichtbeteiligte Bauelemente geschädigt werden können, darf andererseits die Programmierspannung auch nicht zu hoch oder die Programmierzeit zu lang sein. Bei den ACTEL-FPGAs beträgt die Programmierspannung 16 V. Die Programmierzeiten liegen unterhalb 1 ms.

Die gegenläufigen und komplexen Anforderungen bei der Programmierung können nur mit ONO-Antifuse-Dielektrika erfüllt werden. Die ONO-Dicke kann aufgrund der planen Fläche, auf die die Schicht aufgebracht wird, dünner sein als bei Grabenkondensatoren in DRAMs und liegt unterhalb von 10 nm. In diesen dünnen dielektrischen Schichten werden die nötigen Durchbruchfeldstärken mit relativ niedrigen Spannungen erreicht. Da die Defektdichte von ONO-Schichten viel geringer ist als die von Oxiddielektrika, liegen die Durchbruchfeldstärken der einzelnen Antifuse-Zellen innerhalb eines FPGA-Bausteins dicht an einem Mittelwert. Deshalb sind keine wesentlichen Spannungsüberhöhungen notwendig, um sicherzustellen, daß jede gewünschte Zelle auch programmiert ist.

Die Langzeitstabilität von unprogrammierten PLICE®-Zellen ist wegen des defektarmen ONO-Dielektrikums sogar noch besser als die von Gate-Oxiden der MOS-Transistoren. Die ONO-Schichten werden im FPGA-Prozeß genauso erzeugt, wie bei DRAM-Grabenkondensatoren: Trocken gewachsenes Bottom-Oxid wird mit LPCVD-Nitrid bedeckt und oberflächlich feucht reoxidiert.

6.5 Zusammenfassung

In diesem Kapitel wurden CVD-Prozesse zur Gasphasenabscheidung von nichtmetallischen Oberflächenfilmen vorgestellt. Die wichtigsten Schichten sind polykristallines Silizium, Siliziumoxid und Siliziumnitrid. Für Sonderanwendungen werden Mischverbindungen wie Oxinitrid oder Schichtstrukturen aus Oxid und Nitrid aufgebracht (ONO-Schichten). Die Abscheidung aus der Gasphase ist die am häufigsten eingesetzte Methode zur Erzeugung von dünnen Oberflächenschichten in der Halbleitertechnologie. Durch die Vielfalt an chemischen Reaktionen und Abscheidemöglichkeiten, die bei der CVD-Technik zur Verfügung stehen, können CVD-Schichten an gegebene Anforderungen angepaßt werden. Man kann außerdem Filme abscheiden, die mit anderen Techniken nicht erzeugt werden können. Die vorgestellten Anwendungsbeispiele belegen dies deutlich.

Die Beschichtung mit CVD-Filmen erfolgt in CVD-Reaktoren. Je nachdem, ob die Reaktionsstoffe durch Wärme oder durch elektromagnetische Felder aktiviert werden, spricht man von thermischen bzw. plasmaunterstützten CVD-Prozessen. Die thermischen Verfahren werden nach dem Reaktordruck in Normal- und Niederdruckverfahren eingeteilt. Plasmaverfahren laufen stets unter reduziertem Gasdruck ab. Die wichtigste Ausgangssubstanz für CVD-Filme ist gasförmiges Silan, das mit geeigneten chemischen Reaktionen in Siliziumoxid, Siliziumnitrid und Oxinitrid umgewandelt oder zu polykristallinem Silizium zersetzt wird. Die gewünschten Filmeigenschaften können über die Gaszusammensetzung im Reaktor, die durchfließende Gasmenge, die Temperatur, den Reaktordruck und die Scheibenanordnung im Reaktor gesteuert werden. Bei den plasmaunterstützten Verfahren kommen als Prozeßparameter noch die eingekoppelte Feldstärke, die verwendete Frequenz, die elektrische Vorspannung der Elektroden und die Elektrodengeometrie hinzu.

Die Wachstumsbedingungen sind für CVD-Strukturen meist ungünstiger als bei der Epitaxie. CVD-Schichten werden nicht zu Beginn der Scheibenfertigung aufgebracht, sondern im Laufe des Fertigungsprozesses. Die Substratoberflächen sind deshalb nicht plan, sondern mit Kanten und Stufen überdeckt, die das Schichtwachstum behindern. Der Kantenbedeckungsgrad und die Schichtkonformität auf stark strukturierten Unterlagen sind daher Schlüsselparameter bei CVD-Prozessen. Daneben müssen CVD-Schichten (neben den notwendigen elektrischen Eigenschaften) vor allen Dingen eine gleichförmige und reproduzierbare Dicke und chemische Zusammensetzung aufweisen.

CVD-Schichten wachsen im wesentlichen nach den gleichen Mechanismen wie epitaktische Oberflächenschichten. Unter Normaldruck (APCVD-Verfahren) kontrollieren Transportprozesse im Reaktorgas das Schichtwachstum. Bei Niederdruck-CVD (LPCVD-Prozesse) erfolgt die Abscheidung reaktionskontrolliert.

APCVD-Schichten wachsen schnell und ohne Vakuumsystem. Dieser Prozeßvorteil wird aber durch die aufwendigen Techniken ausgeglichen, die benötigt werden, um bei diesem transportkontrollierten Prozeß Schwankungen der Gasströmungen im Reaktor zu reduzieren. VLSI-gerechte Schichtqualität läßt sich unter Normaldruck aufgrund der schwierigen Kantenbedeckung in der Regel nur mit Einzelscheibenprozessen erreichen.

LPCVD-Schichten bedecken Kanten und Stufen nahezu konform. Unter Niederdruck ist die gut kontrollierbare Prozeßtemperatur der zentrale Prozeßparameter. Deshalb können auch 100 oder mehr Scheiben in Vertikalreaktoren gleichzeitig beschichtet werden, ohne daß sich die Schichtqualität signifikant verschlechtert. Da bei VLSI-Technologien mehr als 10 CVD-Schichten aufgetragen werden, ist der hohe Scheibendurchsatz bei LPCVD-Verfahren ein wichtiger Vorzug des Verfahrens.

Sollen CVD-Schichten bei möglichst geringer Temperatur abgeschieden werden, setzt man Plasmaverfahren ein. Hier werden die Reaktionsstoffe nicht nur thermisch, sondern auch durch schnelle Elektronen aktiviert. Deshalb kann die Abscheidetemperatur auf Werte bis zu 300 °C gesenkt werden. Der Energieübertrag von den geladenen Teilchen wird aber nicht nur für die chemische CVD-Reaktion gebraucht, sondern auch zur Mobilisierung der adsorbierten Teilchen auf der Substratoberfläche. Da die geladenen Teilchen aber meist senkrecht auftreffen, werden vertikale Oberflächensegmente beim Schichtwachstum benachteiligt. Plasmaschichten bedecken deshalb Kanten weniger gut, als LPCVD-Filme.

Faßt man abschließend die charakteristischen Merkmale von CVD-Prozessen zusammen, stellt man folgende Vorteile fest: Die abgeschiedenen Schichten sind sehr rein, weil hochreine Reaktionsstoffe verwendet werden können. Die Schichteigenschaften lassen sich über die vielfältigen Prozeßparameter gut kontrollieren und dem jeweiligen Einsatzzweck anpassen. CVD-Schichten sind homogen, besitzen ein stabiles Gefüge und bedekken Kanten hinreichend gut. Als Nachteile sind aufzulisten: CVD-Prozesse belasten die Substrate durch teilweise hohe Abscheidetemperaturen. Die Reaktionsstoffe sind zum Teil giftig, explosiv oder korrosiv. Die vielen Prozeßparameter sind zwar technisch gesehen vorteilhaft, verursachen aber, um Abscheideverfahren prozeßtechnisch zu optimieren, teilweise lange Entwicklungszeiten.

7 Dünnschichtabscheidung III: metallische Oberflächenschichten

Mit dem Metallisierungsprozeß werden die elektronischen Bauelemente auf einem Chip elektrisch verbunden. Dieses Kapitel beschäftigt sich mit der internen Chipverdrahtung. Das interne Verdrahtungssystem des IC beginnt und endet an den Kontaktflecken für die Bonddrähte (engl.: *bonding pads*), die am äußeren Rand des Chips liegen. Von hier aus werden die Bauelemente der integrierten Schaltung (Transistoren, Dioden, Kondensatoren und Widerstände) mit Strömen und Spannungen versorgt. Die im IC erzeugten Ausgangssignale werden wiederum über die interne Verdrahtung zu entsprechenden Bondpads geleitet und von hier nach außen geführt.

Für niederohmige und kompakte Verbindungsleitung innerhalb des IC kommen nur metallische Leiter in Frage. Der Widerstand von Halbleitermaterialien ist selbst bei starker Dotierung noch zu hoch, um elektronische Signale über größere Abstände weiterzuleiten. Diese Erweiterung des Werkstoffspektrums bei der IC-Herstellung verursacht ganz spezifische Zuverlässigkeits- und Fertigungsprobleme, deren technologische Lösung in den letzten Abschnitten dieses Kapitels dargestellt sind.

Das Metall, das im Rahmen der Halbleiterfertigung zu elektrischen Verbindungszwekken eingesetzt wird, ist Aluminium. Aluminium leitet elektrischen Strom sehr gut (spezifischer Widerstand $\sim 3\,\mu\Omega\text{cm}$) und ist weitgehend kompatibel mit der Siliziumplanartechnologie. Verunreinigungen der Halbleiteroberfläche mit dem Metall haben keinen wesentlichen Einfluß auf das Halbleiterverhalten. Mit Aluminium kann die Siliziumoberfläche sperrfrei mit geringen Kontaktwiderständen elektrisch angeschlossen werden. Damit ohmsche Kontakte zwischen Metall und Halbleiter entstehen, werden n-leitende Siliziumkontaktzonen hoch vordotiert. Bei p-leitenden Gebieten sind keine Zusatzdotierungen erforderlich, weil hier eindringende Aluminiumatome mit Akzeptorcharakter die nötigen p^+-Zonen erzeugen. Für Aluminium gibt es darüber hinaus eine gut beherrschbare Abscheidungs- und Strukturierungstechnik. Darüber hinaus haftet das Metall gut auf Silizium, allen gängigen Isolations- und Planarisierungsschichten und paßt in seinen mechanischen und thermischen Eigenschaften zu den in der IC-Technologie verwendeten dielektrischen, isolierenden oder halbleitenden Materialien.

Besonderheiten und elektrische Eigenschaften der Halbleiter-Metall-Kontaktstellen wurden bereits in Kapitel 6 von Band 1 diskutiert. Technische Verfahren zur Abscheidung von Aluminium behandelt Abschnitt 1 dieses Kapitels. Zur Verbesserung der Materialeigenschaften werden dem Aluminium verschiedene Legierungsbestandteile zugesetzt (Abschnitt 7.2). Zusätzlich wird häufig vor der Aluminiumabscheidung eine dünne Hilfsschicht aufgebracht, um störende Nebeneffekte der Metallabscheidung zu unterbinden. In Abschnitt 7.3 werden die besonderen Zuverlässigkeitsaspekte von IC-Metallisierungen auf Aluminiumbasis besprochen.

7.1 Metallabscheidung in der IC-Technologie

Aluminiumfilme können mit 2 Methoden aufgebracht werden: Aufdampfen und Aufstäuben. Früher wurden häufig die Aufdampfverfahren eingesetzt, bei denen durch Wärme erzeugter Aluminiumdampf auf gekühlten Siliziumscheiben kondensiert. Die sich niederschlagenden Metallatome haben aber nur geringe kinetische Energien. Deshalb haften aufgedampfte Schichten schlecht auf strukturierten Siliziumscheiben. Aus diesem Grund haben sich heute Aufstäubverfahren (engl.: *sputtern*) durchgesetzt, bei denen die Aluminiumatome mit wesentlich höherer Energie auf die Siliziumscheiben auftreffen. Dies verbessert die Schichthaftung. Außerdem kann die Zusammensetzung der aufgebrachten Schicht beim Sputtern besser kontrolliert werden.

7.1.1 Grundprinzip der Aufstäubetechnik

Bei Niederdruckgasentladungen (vgl. Abschnitt 3.5.1.1) werden im Katodenfall ionisierte Gasteilchen stark beschleunigt. Treffen diese energiereichen Teilchen auf das Katodenmaterial, lösen sie dort eine Stoßkaskade aus. Einfallende Ionen stoßen Gitteratome in der Katode von ihren Plätzen. Die freigesetzten Atome treffen wieder auf weitere Gitteratome und erzeugen zusätzliche Stoßteilchen. Werden aus dem Gitterverband gelöste Atome bei diesem Prozeß zurück an die Oberfläche gestreut, können sie dort mit Oberflächenatomen kollidieren. Falls der Energieübertrag die

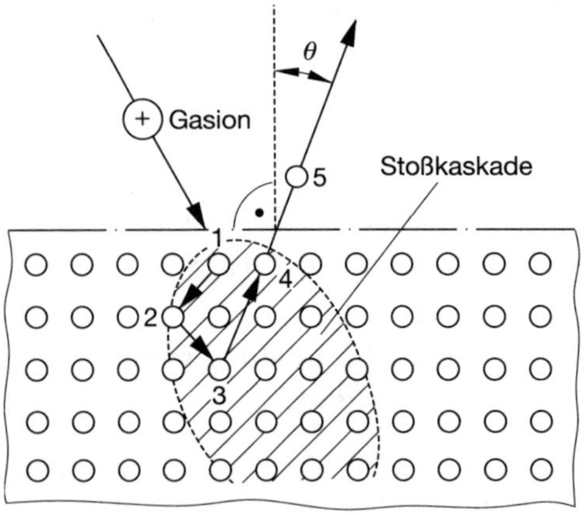

Bild 7.1 Prinzip des Sputterns: Ein schnelles Gasion trifft auf die Katode (*Target*) und löst eine Stoßkaskade aus (schraffierter Bereich). Atom «1» wird beispielsweise vom Gitterplatz gestoßen, streut dann an den Atomen «2» und «3» und überträgt seinen Impuls an das Oberflächenatom «4», das dann unter dem Winkel θ aus dem Target herausgeschleudert wird («5»).

Oberflächenbindungsenergie übersteigt, werden Atome herausgeschlagen und in den Gasraum emittiert (Bild 7.1).

Dieser Effekt ist bei Ionenquellen unerwünscht, denn dabei wird die Katode beschädigt. Bei der Aufstäubetechnik hingegen wird der Materialabtrag an der Katode konstruktiv genutzt: Hier übernimmt ein Target, das aus dem aufzubringenden Material besteht, die Rolle der Katode. Wird die Targetkatode mit einem kontinuierlichen Strom von energiereichen Ionen beschossen, gibt das Target aufgrund von Rückstreuprozessen einen kontinuierlichen Materiestrom aus Atomen des gewünschten Materials ab, der sich auf der zu beschichtende Substratscheibe niederschlagen kann.

Damit technisch verwertbare Materieströme am Target entstehen, müssen die Auftreffenergien der Argonionen bestimmte Schwellwerte überschreiten, die je nach Targetmaterial zwischen 10 und 130 eV liegen [7.1]. Die vom Target emittierten Atome besitzen anfänglich mittlere kinetische Energien von einigen eV. Durch Streuung mit den Arbeitsgasatomen entlang der Entladungsstrecke verlieren diese Atome kinetische Energie. Obwohl die Restenergie beim Auftreffen auf die Substratscheiben nur noch 1 bis 2 eV beträgt, werden die Auftreffenergien von Aufdampfprozessen (0,1 eV) deutlich übertroffen.

Für die gleichmäßige Beschichtung der Substrate ist die Richtungsverteilung der abgelösten Targetatome maßgeblich. Bei amorphen oder polykristallinen Targets werden die Verteilung der Austrittswinkel θ (Bild 7.1) gegenüber der Oberflächennormale durch ein Cosinusgesetz beschrieben: Die Wahrscheinlichkeit, daß ein Atom im Winkel θ emittiert wird, ist $\sim \cos\theta$. Da die Cosinusfunktion nur langsam mit wachsenden Winkel abnimmt, werden die meisten freigesetzten Targetatome senkrecht oder fast senkrecht in die Prozeßkammer emittiert ($\theta \approx 0$). Deshalb werden die Substratscheiben (auf der Anode) direkt gegenüber der Targetelektrode aus Aluminium positioniert. Sind die Tragets außerdem großflächig, werden die abgelösten Atome gleichmäßig auf die Substratscheiben verteilt, und es entstehen einheitlich dicke Metallfilme.

Der abgeschiedene Film ist polykristallin aufgebaut. Typische Dicken liegen im Bereich von 0,2 ... 1,2 µm. Die mittlere Größe der Aluminiumkörner beträgt bei heutigen Technologien etwa 1 µm.

Die chemische Zusammensetzung des abgeschiedenen Metallfilmes entspricht im wesentlichen dem chemischen Aufbau der Targetelektrode. Man kann daher sowohl elementares Aluminium oder andere Metalle aufsputtern oder auch Legierungen aufbringen. Bei Legierungen gibt es aber unter Umständen systematische Abweichungen in der Zusammensetzung von Film und dem Target. Besteht z. B. das Target aus einem Gemisch aus leichten und schweren Atomen (etwa Titan und Wolfram), dann werden die leichten Atome stärker an den Arbeitsgasatomen gestreut und eventuell an den Substratscheiben vorbeigelenkt. Deshalb ist die Auftreffwahrscheinlichkeit für die schwerere Atomsorte auf das Substrat größer, und das schwerere Element (hier Wolfram) wird im abgeschiedenen Film angereichert. Solche systematischen Abweichungen können durch geeignete Vorhalte bei der Targetzusammensetzung korrigiert werden.

Abweichungen zwischen den Konzentrationen der Atomsorten in Target und Film können auch entstehen, wenn die Bindungsenergien an der Oberfläche bei den Legierungsbestandteilen im Target unterschiedlich sind. Die fester gebundenen Atome werden mit geringeren Wahrscheinlichkeiten abgesputtert, und der aufgebrachte Film enthält dann geringere Konzentrationen dieser Atomsorten. Beim Aufsputtern extrem dicker Schichten korrigiert sich dieser Effekt im Laufe des Sputtervorgangs. Die Targetoberfläche verarmt an leichter ablösbaren Atomen, und die Ablöserate dieser Atomsorte nimmt ab. Dadurch gleichen sich Film- und Targetzusammensetzung im Laufe des Aufstäubeprozesses wieder an.

Bei integrierten Schaltungen werden dünne Metallfilme (Dicke $\approx$ 1 µm) aus Aluminiumlegierungen mit 1 ... 2 % Silizium und einigen Prozent Kupfer aufgestäubt. Durch die beschriebenen Probleme beim Sputtern von Legierungen entstehen geringfügige Schwankungen in der Metallzusammensetzung auf dem Chip, die aber toleriert werden können. Aufdampfverfahren bei Legierungen sind keine Alternative, denn hier ist die Kontrolle der Zusammensetzung der abgeschiedenen Metallfilme noch schwieriger. Die 3 verwendeten Elemente Al, Cu und Si schmelzen bei stark unterschiedlichen Temperaturen. Je höher die Schmelztemperatur ist, desto geringer ist der Dampfdruck der entsprechenden Legierungskomponente. Der kondensierte Dampf einer Al/2%-Cu-Legierung enthält nur deshalb z. B. noch ein halbes Prozent Kupfer!

7.1.2 Aufbau von Sputteranlagen

7.1.2.1 Gleichspannungssputtern

Der schematische Aufbau einer Sputteranlage ist in Bild 7.2 gezeigt. Hierbei handelt es sich um die einfachste Bauform, eine sog. Gleichspannungs- oder Diodensputteranlage. Die Targetelektrode liegt auf 0-Potential. Die Substrate liegen auf der Anode. Der Abstand zwischen den Elektroden beträgt einige Zentimeter. Die Prozeßkammer ist mit hochreinem

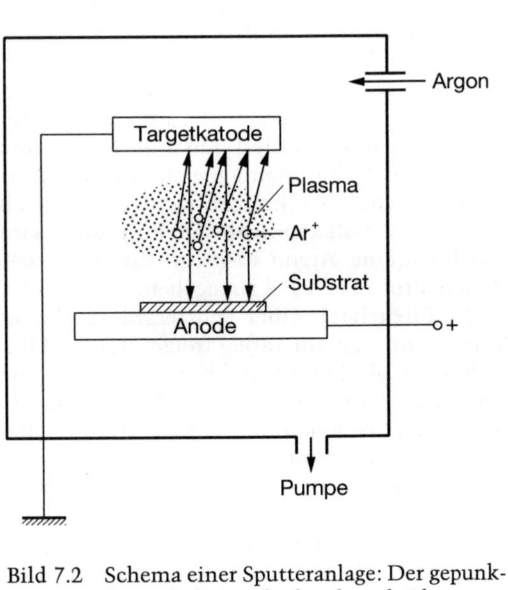

Bild 7.2 Schema einer Sputteranlage: Der gepunktete Bereich symbolisiert das leuchtende Plasma.

Argon als Arbeitsgas gefüllt. Der Gasdruck liegt in der Größenordnung von 1 Pa. Bei Anlegen einer Gleichspannung in der Größenordnung 1 kV kommt es zur Gasentladung. Es bildet sich ein leuchtendes Plasma, das durch Dunkelräume von den Elektroden isoliert ist.

Durch die Feldkräfte werden Elektronen und Argonionen aus den Plasmarandbereichen auf die Elektroden beschleunigt. Die Elektronen treffen auf die Anode und geben dort ihre Bewegungsenergie als Wärme an die Substratscheiben ab. Die schweren Argonionen treffen auf die Katode und schlagen dort Targetatome heraus, die durch die Entladungsstrecke auf die Substratoberfläche gelangen und sich dort niederschlagen. Durch den erheblichen Energieübertrag erwärmt sich das Target stark und muß mit Wasser gekühlt werden. Ladungsverluste im Plasma durch an den Elektroden absorbierte Ladungsträger werden durch die Erzeugung von Sekundärelektronen an der Targetkatode ausgeglichen. Diese Elektronen ionisieren durch Stöße Argonatome im Gasraum. So bleibt der Plasmazustand erhalten.

Damit aufgesputterte Metallfilme nicht durch eingebaute Fremdatome verunreinigt werden, setzt man in Sputteranlagen hochreine Prozeßgase ein (Argon mit Verunreinigungsanteil im ppm-Bereich). Damit keine Partikel in der Prozeßkammer zurückbleiben, wird die Sputteranlage vor jedem Beschichtungszyklus auf Hochvakuum abgepumpt (10^{-5} Pa). Dies erfordert leistungsfähige und damit teure Vakuumanlagen, die in Abschnitt 7.1.2.5 genauer beschrieben werden. Erst nach dieser fast vollständigen Evakuierung wird das hochreine Argon bis zum Erreichen des Arbeitsdrucks (~ 1 Pa) zugegeben.

Die Effektivität einer Sputteranlagen hängt von der pro Zeit am Target freigesetzten Materialmenge ab. Direkt meßbar ist diese Größe über den elektrischen Strom, den die positiv geladenen Argonatome transportieren. Bei Gleichspannungsputteranlagen werden nur kleine Stromdichten erreicht (Größenordnung 1 mA/cm^2). Das entspricht bei einfach geladenen Ionen 10^{16} Argontreffer/s und cm^2 Targetoberfläche. Da typischerweise ein Argonion zwischen 0,1 und 20 Targetatome auslöst, wird bei dieser Auftreffrate in etwa 1 Atomlage/s abgetragen.

Die Abscheideraten beim Sputtern steigen, wenn die Ionenproduktion im Arbeitsgas erhöht wird, denn mehr Argonionen setzen mehr Targetatome frei. Bei einer Gleichspannungsgasentladung steigt die Ionisierungsrate im Plasma mit der Arbeitsspannung, dem Gasdruck und dem Elektrodenabstand (vgl. Abschnitt 3.5.1). Hohe Spannungen erzeugen allerdings energiereiche Elektronen, die beim Auftreffen auf die Anode die dort befindlichen Substrate durch Aufheizung schädigen können. Größere Elektrodenabstände und höhere Gasdrücke behindern den Transport der abgestäubten Targetteilchen auf die Substratoberfläche und können daher die Abscheiderate auch wieder senken. Es gibt deshalb optimale Kompromisse bei den Parametereinstellungen. Relativ hohe Ionenproduktion und große Abscheideraten bei geringen Schädigungen der Substrate werden bei Drücken von 1 Pa, Elektrodenabständen von etwa 10 cm und Arbeitsspannungen von 1 ... 2 kV erreicht.

7.1.2.2 Wechselfeldsputteranlagen

Wie bei anderen Plasmaprozessen können durch den Einsatz von Wechselfeldern wesentlich günstigere Betriebsbedingungen als bei Gleichspannungssystemen erreicht werden. Wechselfeldsputteranlagen arbeiten mit Hochfrequenzfeldern von 5 ... 30 Mhz, die kapazitiv über die Katode eingekoppelt werden. Das Wechselfeld führt die an der Katode entstehenden, leichten und beweglichen Sekundärelektronen mehrfach durch den Gasraum, und die Ionisierungsraten vervielfachen sich. Die trägen Argonionen folgen nur einer mittleren Feldkomponente, die diese schweren Teilchen auf die entsprechend vorgespannte Targetkatode lenkt. Da die Ionisierungsrate im Gasraum hoch ist, können Druck und Betriebsspannung in der Prozeßkammer abgesenkt werden. Die abgeschiedenen Metallschichten wachsen deshalb schnell und ohne Schäden durch energiereiche Ladungsträger.

Mit Wechselfeldanlagen können außerdem nicht nur leitfähige, sondern auch isolierende Targetmaterialien aufgesputtert werden. Auch dieser Effekt wird von der unterschiedlichen Trägheit von Elektronen und Argonionen verursacht: Die hochbeweglichen Elektronen laden während der positiven Halbperiode die kapazitiv an die Hochfreqenzquelle angeschlossene Targetelektrode auf. Während der negativen Halbperiode kommen nur wenige träge Argonionen auf diese Elektrode und die vorhandene Ladung wird nur teilweise neutralisiert. Da die negative Restladung wegen der kapazitiven Kopplung nicht abfließen kann, bleibt eine negative Restspannung auf der Targetelektrode. Positive Argonionen werden dadurch zum Target gezogen und tragen beim Auftreffen Targetmaterial ab. Deshalb können Wechselfeldsputteranlagen zur Abscheidung von isolierenden Substanzen eingesetzt werden. Mit diesem Verfahren können z. B. bei geringer thermischer Belastung der Substrate SiO_2-Filme aufgebracht werden, sog. *Sputteroxide*.

Vertauscht man die Elektrodenanschlüsse, wechselt auch die Abscheiderate ihr Vorzeichen: Statt zum Schichtwachstum, kommt es zum Schichtabtrag. Beim sog. *Sputterätzen* legt man die Hochfrequenzzuführung an den Substrathalter und ersetzt die Targetelektrode durch eine geerdete Blindelektrode. Die positiv geladenen Argonionen prallen nun auf die Siliziumscheiben und tragen dort Oberflächenmaterial ab. Mit dieser Methode können z. B. Substratoberflächen vor dem Aufbringen einer Metallage gereinigt werden. Dies ist bei Mehrlagenverdrahtungen wichtig, weil hier die bereits vorhandenen Metallschichten in den Kontaktfenstern mit störenden Aluminiumoxidfilmen überzogen sind. Aluminiumoxid ist ein Isolator und würde elektrische Kontakte zwischen den Verdrahtungslagen verhindern. Beim Sputterätzen lädt sich das Aluminiumoxid in den Kontaktöffnungen oberflächlich auf und wird vom Argonionenstrom abgetragen.

7.1.2.3 Magnetronsputtern

Bei den bisher beschriebenen Sputteranlagen befinden sich die Substratscheiben auf der positiven Elektrode im System und werden fortlaufend mit Elektronen bombardiert. Bei hohen Spannungen kann dies zu beträchtlichen Aufheizungen führen. Eine geringe Erwärmung auf Temperaturen von 300 ... 400 °C ist zwar erwünscht, aber höhere Temperaturen sind schädlich. Oberhalb von etwa 500 °C setzen z. B. Entmischungsvorgänge an bereits gebildeten Silizium-Aluminium-Grenzflächen ein, die sich besonders negativ auswirken (vgl. Abschnitt 7.2.1). Die Substrataufheizung durch Elektronen ist daher ein begrenzender Faktor für die Arbeitsspannung zwischen den Elektroden und damit für die Ionisierungsraten bzw. die erzielbaren Abscheideraten.

Der Einsatz von Magnetfeldern reduziert die Elektronenbelastung der Substratscheiben deutlich. Magnetfelder fangen die Elektronen oberhalb des Targets ein. Die schädlichen Elektronentreffer auf der Substratseite nehmen ab. Darüber hinaus erhöht sich die Elektronendichte im Gasraum, und dies verbessert die Ionisierungsrate. Mit diesen sog. Magnetronsputtersystemen werden deshalb die höchsten Sputterraten erzielt. Diese Anlagenvariante hat sich deshalb heute in der Halbleiterfertigung durchgesetzt.

Targetaufbau und Elektrodenanordnung einer Magnetronsputteranlage zeigt Bild 7.3. Die Anode ist in geringem Abstand als Rahmen um die Katode gelegt. Die Substratscheiben sind damit nicht mehr als Elektrode direkt an der Gasentladung beteiligt. Folglich treffen nur zufällig gestreute Elektronen auf die Substratscheiben, und die schädliche Scheibenaufheizung wird weitgehend vermieden. Hinter der Targetkatode sind Permanentmagnete angeordnet, deren Feldlinien sich tunnelförmig über der Targetoberfläche schließen. Das Magnetfeld fängt die Sekundärelektronen ein. Die Lorentzkraft zwingt die Elektronen auf zykloide Bahnen um die magnetischen Feldlinien. Die Kraft wird dabei um so stärker, je schneller die geladenen Teilchen sind.

Die gemeinsame Wirkung von elektrischen

und magnetischen Kräften erzeugt oszillatorische Elektronenbewegungen in der Nähe der Targetoberfläche. Die Ionenausbeute im Gasraum steigert sich dadurch um Größenordnungen. Ein in der Nähe eines Nordpols emittiertes Sekundärelektron wird zunächst elektrostatisch zur Anode hin beschleunigt. Mit wachsender Geschwindigkeit nimmt die Lorentzkraft zu und bindet das Teilchen immer stärker an den magnetischen Feldverlauf. So gelangt das Elektron auf Kreislinien um die magnetischen Feldlinien schließlich am Südpol wieder in die Nähe der negativ vorgespannten Targetoberfläche, wird dort abgestoßen und auf die nächste halbkreisförmige Bahn geschickt usw. Deshalb legen die Elektronen erst lange Wege im Gasraum zurück, bis sie zufällig durch Streuprozesse zur Anode gelangen.

Am stärksten ionisierend wirken die Elektronen dort, wo sie am schnellsten sind. Das ist im Zenit ihrer Halbkreisbahnen. Dort entstehen besonders viele Argonionen. Die trägen Ionen bewegen sich wieder um Größenordnungen langsamer als die Elektronen und spüren deshalb das Magnetfeld kaum. Das elektrostatische Potential beschleunigt die Gasionen geradlinig auf die Katode. Die im Zenitbereich erzeugten Ionen treffen zwischen den Polen der Magnete auf. Deshalb ist der Abtrag an der Targetoberfläche hier besonders hoch, und es entstehen Erosionsgräben (Bild 7.3).

Da Targetatome bevorzugt senkrecht zur Oberfläche emittiert werden, entstehen durch die Erosionsgräben ungleichmäßige Abscheideraten auf den Substratscheiben. Die Erosionsgräben fokussieren die austretenden Metallatome, wie ein Hohlspiegel reflektierte Lichtstrahlen bündelt. Diese Inhomogenitäten können aber durch Rotieren des Scheibenträgers gegenüber dem Target ausgeglichen werden.

Der hohe Ionisierungsgrad für Argonionen im Magnetron erlaubt sehr niedrige Arbeitsspannnungen. Bereits bei 500 V zwischen Katode und Rahmenelektrode wird eine Gasentladung aufrechterhalten, die Argonionenströme von bis zu 100 mA/cm^2 am Target liefert. Die Abscheideraten in Magnetronsputteranlagen liegen oberhalb von 1 µm/min und sind damit sogar noch höher als bei der Aufdampftechnik.

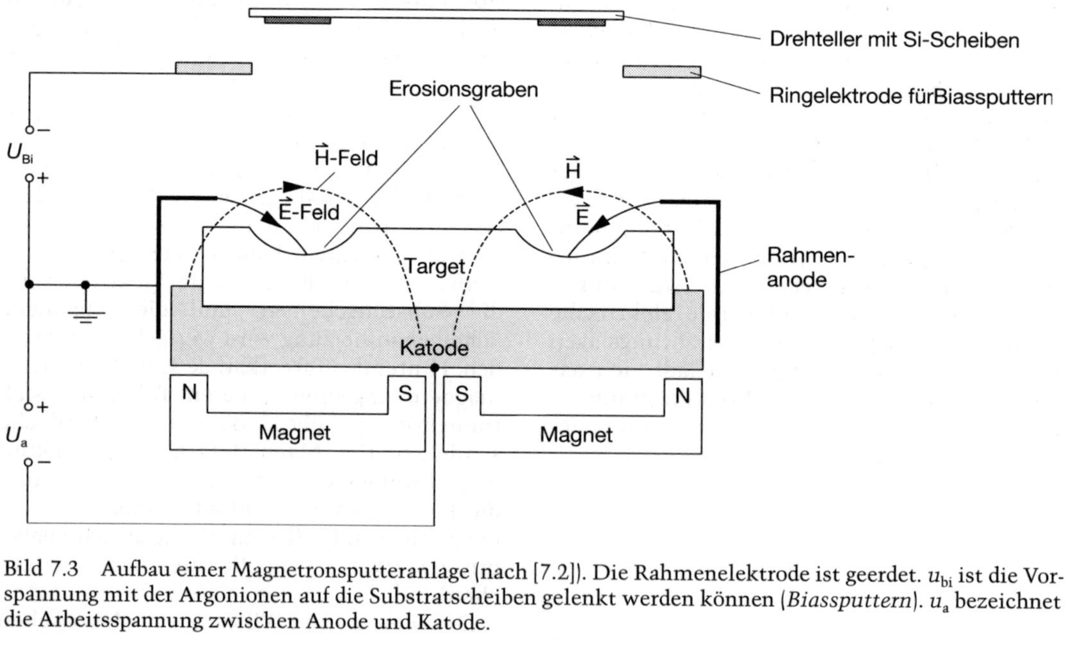

Bild 7.3 Aufbau einer Magnetronsputteranlage (nach [7.2]). Die Rahmenelektrode ist geerdet. u_{bi} ist die Vorspannung mit der Argonionen auf die Substratscheiben gelenkt werden können (*Biassputtern*). u_a bezeichnet die Arbeitsspannung zwischen Anode und Katode.

In der Praxis verfügen Magnetronsputteranlagen zusätzlich über ein separates Hochfrequenzsystem zum Sputterätzen, mit dem die gleiche Substratanordnung bearbeitet werden kann.

7.1.2.4 Biassputtern und Kantenbedeckung

Da Metallisierungsschichten am Ende des Scheibenfertigungsprozesses aufgebracht werden, sind die Substratoberflächen stark strukturiert. An Kanten und Stufen treten deshalb die im letzten Kapitel diskutierten Bedekkungsprobleme auf (vgl. Abschnitt 6.2.2 und 6.4.2.5). Die Qualität der Kantenbedeckung ist deshalb auch bei der Metallisierung ein bestimmendes Gütekriterium.

Beim Sputtern treffen die Metallteilchen, wie bei jedem plasmaunterstützten Abscheideverfahren fast senkrecht auf die Substratoberfläche. Deshalb werden horizontale Flächen besser mit Targetmaterial versorgt, als die vertikalen Bereiche. In den vertikal orientierten Oberflächenbereichen fehlt nicht nur schichtbildendes Material, sondern auch die Energiezufuhr durch auftreffende Teilchen. Hier wachsen die Schichten entsprechend langsamer (vgl. Abschnitt 6.3.2). Die Kantenbedeckung beim Aluminiumaufsputtern stimmt deshalb qualitativ mit den Beschichtungsergebnissen von Plasma-CVD-Abscheidungen überein (vgl. Bild 6.7). Das Verhältnis zwischen der minimalen Aluminiumdicke an vertikalen Bereichen von Stufen im Vergleich zu Schichtdicken auf horizontalen Oberflächenbereichen liegt typischerweise bei 50% [7.2]. Deshalb werden vor der Metallabscheidung die im letzten Kapitel diskutierten Planarisierungsschichten aufgebracht.

Aufgrund der schlechten Kantenbedeckung sind die Kontaktöffnungen in den Isolationsschichten besonders schwer mit Metall zu füllen (Bild 7.4 a). Über diese Öffnungen werden elektrische Verbindungen zwischen verschiedenen Metallisierungsebenen bzw. zwischen Metall und Silizium hergestellt. Da der Druck in der Sputteranlage gering ist und die freie Weglänge der auftreffenden Metallteilchen groß, kommen bei diesen kleinen aber tiefen Öffnungen noch Abschattungsprobleme dazu. Die Abscheiderate in den unteren Zonen der Kontaktfenster nimmt deshalb mit dem Verhältnis zwischen Breite und Tiefe des Kontakts stark ab. Deshalb sind bei Technologien mit kleinen Strukturgrößen besondere Maßnahmen zur Verbesserung der Metallbedeckung notwendig.

Eine Möglichkeit, die Kantenbedeckung im Rahmen des Abscheideprozesses zu verbessern, ist die kontrollierte Aufheizung der Substratscheiben auf Temperaturen von 300 ... 400 °C. Dadurch erhöht sich die Oberflächenbeweglichkeit der adsorbierten Metallatome, und die verschieden orientierten Ober-

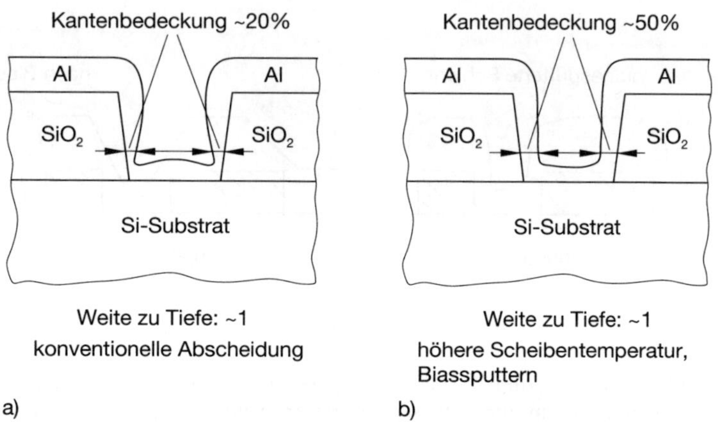

Bild 7.4 Stufenbedeckung der Aluminiummetallisierung in einem Kontaktfenster

flächenbereiche werden gleichmäßiger mit Schichtmaterial versorgt.

Die zweite Möglichkeit zur Verbesserung der Filmhomogenität besteht darin, während des Aufsputterns bereits aufgebrachte Metallatome teilweise durch niederenergetische Argonionen wieder abzutragen. Die losgelösten Metallatome lagern sich dann erneut an. Dieses Verfahren wird als *Biassputtern* (Aufstäuben unter Vorspannung, engl.: *bias sputtern*) bezeichnet. Bild 7.4 b zeigt die Auswirkungen auf die Kantenbedeckung am Beispiel eines Kontaktfensters.

Biassputtern ist also eine Mischung aus Sputterätzen und der Aufstäuben. Zu diesem Zweck wird die substrattragende Elektrode nicht geerdet, sondern auf ein kleines negatives Potential gelegt. Bei Magnetronanlagen wird die Ringelektrode zwischen Rahmenanode und Scheibenträger entsprechend vorgespannt. Das Potentialgefälle beschleunigt einen kleinen Teil der Argonionen in Richtung Substratscheiben. Die Ionen tragen beim Auftreffen schlechthaftende Metallatome wieder ab. Diese rückgesputterten Teilchen scheiden sich wieder auf dem Metallfilm ab, werden erneut abgelöst usw. Dieses Wechselspiel sorgt für eine Umverteilung der Metallatome, und so egalisieren sich Unterschiede in der Metallschichtdicke.

Die Abtragrate beim Biassputtern hängt nicht nur davon ab, wie viele Argonionen auf die Substratoberfläche gelenkt werden, sondern auch vom Auftreffwinkel dieser Gasteilchen [7.2]. Die Ätzrate zeigt ein Maximum bei einem Auftreffwinkel von 60°. Deshalb werden beim Rücksputtern die vertikalen Bereiche der aufgesputterten Schicht besonders stark angegriffen. Da sich die abgelösten Teilchen aber auch an Kanten wieder bevorzugt anlagern, bewirkt Biassputtern mit geeigneter Vorspannung eine Kantenabschrägung (Bild 7.5). Mit Sputteroxid kann man auf diese Weise nach der Metallisierung sehr effektiv die Waferoberfläche planarisieren: Bei geeigneter Prozeßführung lassen sich Aluminiumstege mit senkrechten Kanten mit einer Oxidschicht überziehen, die an den Kanten mit einem optimalen Winkel von $\sim 45°$ ansteigt (Bild 7.5 b).

7.1.2.5 Sputteranlagen in der Halbleiterfertigung

Die wichtigsten Anforderungen an eine Sputteranlage in einer Fertigungseinrichtung sind hoher Scheibendurchsatz, reproduzierbare Beschichtungsergebnisse, gleichmäßige und saubere Schichten sowie geringe Partikelerzeugung.

Für den Scheibendurchsatz sind nicht nur die Wachstumsraten maßgebend, sondern auch die Pumpzeiten, die zur Vakuumerzeugung benötigt werden, gehen ein. Um diese Zeitintervalle zu verkürzen, wird beim Scheibenwechseln der größte Teil der Anlage unter Vakuum belassen, und man schleust die Substrate über eine Vorkammer ein und aus. Dieses Verfahren verkürzt nicht nur die Pump-

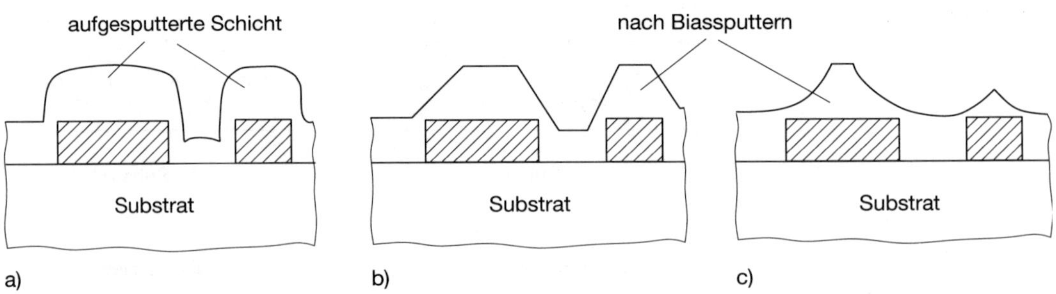

Bild 7.5 Egalisierung der Oberflächenstruktur durch Biassputtern: a) Struktur nach Aufsputtern ohne Bias, b) Sputtern mit optimaler Biasspannung (45°-Schrägen), c) Biasspannung zu groß, zu starker Schichtabtrag.

perioden, sondern verhindert auch weitgehend die Absorption von Wasserdampf aus der Luftfeuchtigkeit in der Hauptkammer und damit die schädliche Bildung von Aluminiumoxid auf den abgeschiedenen Metallfilmen.

Typische Vakuumsysteme in Sputteranlagen evakuieren die Vorkammer über eine Kombination aus einer Vorpumpe mit einer Turbomolekularpumpe. Das Hochvakuum in der Hauptkammer erzeugt eine Kryopumpe, die mit Helium betrieben wird. Turbopumpen sind Vakuumpumpen, bei denen die Gasmoleküle durch Kontakt mit einer schnell rotierenden Kreisscheibe tangential zur Scheibe in einen Bereich mit höherem Druck befördert werden. Bei Kryopumpen werden Gasmoleküle dem zu evakuierenden Volumen durch Kondensation entzogen. Dazu werden Oberflächen in der Hauptkammer des Sputtersystems sehr tief gekühlt, indem man Helium kontinuierlich verdampfen läßt.

Mit diesen Anlagen werden in der Hauptkammer Unterdrücke von etwa 10^{-5} Pa erreicht. Durch das Vorkammersystem steigt der Druck in der Hauptkammer beim Scheibenwechsel lediglich um eine Größenordnung [7.2] über den normalen Arbeitsdruck (1 Pa). Da die Hochvakuumerzeugung (vgl. Abschnitt 7.1.2.1) nicht bei Atmosphärendruck beginnt, verkürzen sich die Beschichtungszyklen.

Der typische Prozeßablauf beim Aufsputtern der Metallisierung besteht aus folgenden Schritten. Zuerst werden die Scheiben gereinigt. Dann kommen die Scheiben in die Vorkammer und passieren die Schleuse zwischen Beladestation und Hauptkammer. Danach wird auf Hochvakuum abgepumpt, Arbeitsgas eingefüllt und der Sputterprozeß gestartet. Nach der Beschichtung gelangen die Scheiben wieder durch die Schleuse in die Vorkammer und können zur Schichtkontrolle und Weiterbearbeitung entnommen werden.

Je nach Bauform können in der Hauptkammer einzelne Scheiben oder Lose aus mehreren Scheiben (*Batch-Betrieb*) gleichzeitig beschichtet werden. Einzelscheibensysteme haben den Vorteil, daß jede Scheibe im Prinzip spezifisch beschichtet werden kann. Der Nachteil ist die längere Prozeßzeit gegenüber Batch-Verfahren. Beim Batch-Betrieb ist nachteilig, daß durch Beschichtungsfehler hohe Kosten entstehen können, da u. U. komplette Scheibenlose unbrauchbar werden.

Damit die Siliziumscheiben beim Transport in und aus der Beschichtungsanlage nicht mit Partikeln aus der Sputteranlage oder der Fertigungsumgebung kontaminiert werden, erfolgt das Be- und Entladen der Anlage automatisch über Scheibensammelbehälter (engl.: *cassette to cassette*).

7.2 Mehrschichtmetallisierungen auf Aluminiumbasis

Aluminium hat als Verdrahtungsmaterial viele Vorteile. Wie aber bereits erwähnt, kann das Metall nicht in reiner Form zur Herstellung von Leiterbahnen auf integrierten Schaltungen verwendet werden. Diffusionsvorgänge an den Kontaktstellen zum Halbleiter und Materialwanderungen im Metall bei elektrischer Belastung würden die Eigenschaften der Metallisierung negativ verändern und Fertigungsausbeute und die Lebensdauer der Bauelemente einschränken. Durch Legierungszusätze und Hilfsschichten kann man aber diese Probleme beseitigen, ohne daß die Vorteile einer Aluminiummetallisierung verlorengehen.

7.2.1 Legierung und Entmischung an Aluminium-/Siliziumkontaktstellen

Aluminium und Silizium sind im flüssigen Zustand beliebig mischbar. In der festen Phase hingegen ist die Löslichkeit der beiden Komponenten beschränkt. Die Siliziummatrix nimmt weniger als 0,01 % Aluminium auf. In Aluminium ist Silizium nur bis 1,6 % lösbar. Bild 7.6 zeigt das Phasendiagramm des Systems. Danach nimmt Aluminium bei den üblichen Aufstäubetemperaturen von 300 ... 400 °C etwa 0,25 % Silizium auf. An der Aluminium-/Siliziumgrenzfläche bildet sich ein gemischter Kristall, und in kleinen Bereichen der Kontaktfläche bilden sich legierte Zonen, sog. Mikrolegierungen. Dadurch entsteht an der Grenzfläche eine haftende Verbindung zwischen Metall und Halbleiter. Bei entsprechender Vordotierung der Kontaktzone ist diese Verbindung auch elektrisch leitend (s. Band 1 Abschnitt 6.3.2).

Ganzflächiges Legieren des gesamten Kontaktbereiches würde im übrigen die Eigenschaften von Aluminium-/Siliziumkontaktstellen verschlechtern. Durch die höhere Temperatur entsteht im Kontaktbereich zunächst zwar eine flüssige Al/Si-Mischung, die sich aber beim Erstarren wieder entmischt (s. Phasendiagramm). Dabei bildet sich unterhalb der sog. *eutektischen Temperatur* [7.3] von 576 °C ein sehr feines, festes Gemenge aus Aluminium- und Siliziumpartikeln, das zuerst entstandene größere Siliziumkriställchen einschließt. Das (poly)kristalline Gefüge des Aluminiums geht im Kontaktbereich durch Aufschmelzen und Erstarren verloren, und diese aufgeschmolzene Kontaktzonen sind durch die sich bildenden feinkörnigen Strukturen aus Metall und Halbleiter extrem hochohmig und damit unbrauchbar.

Die eutektische Temperatur stellt folglich eine kritische Grenztemperatur dar, die bei Fertigungsprozessen nach oder bei der Aluminiumabscheidung unter keinen Umständen mehr überschritten werden darf. Zur Verbesserung der Kontakteigenschaften kann man aber direkt nach dem Aufsputtern die Scheiben bei ca. 400 °C für ca. 30 min tempern. Dies erhöht die Haftfähigkeit und reduziert die elektrischen Kontaktwiderstände, ohne schädliche Entmischung.

Beim Tempern und während dem Aufsputtern nimmt Aluminium Silizium auf. Das Silizium stammt aus dem Halbleitersubstrat und diffundiert aus den Kontaktzonen an der Halbleiteroberfläche in das Metall. Dabei bilden sich sog. *Legierungs-* oder *Tempergruben* an der Halbleiteroberfläche, die durch Aluminium wieder aufgefüllt werden (Bild 7.7). Bei jedem folgenden Temperaturschritt nach der Metallisierung wandert weiter Silizium in die Aluminiummatrix, bis die jeweilige Gleichgewichtskonzentration erreicht ist. Die Legierungsgruben wachsen dadurch weiter, und

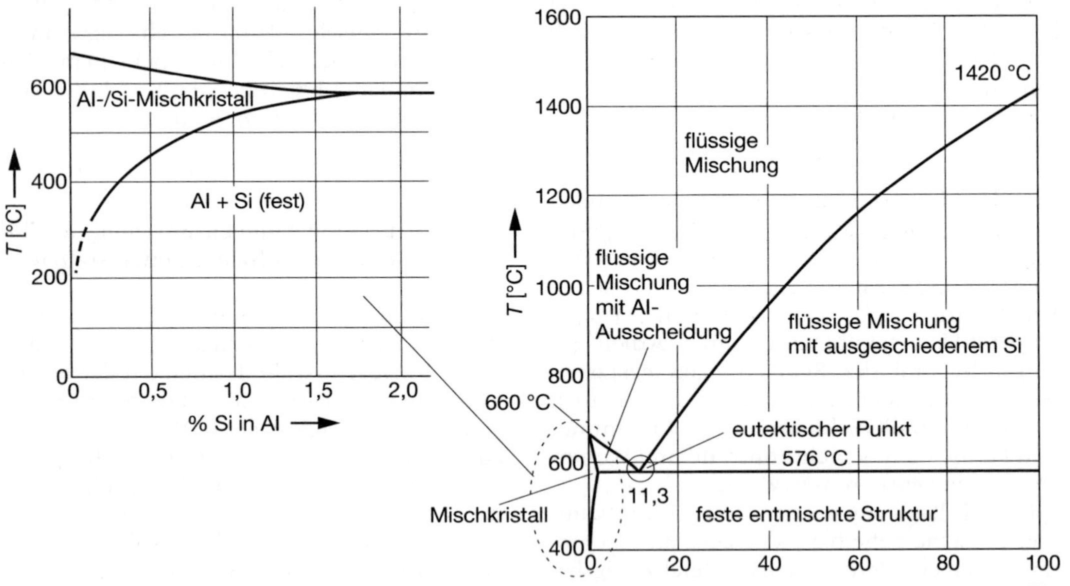

Bild 7.6 Phasendiagramm des Systems Aluminium und Silizium mit Ausschnittsvergrößerung des technisch interessanten Bereichs mit geringem Si-Anteil (nach [7.3])

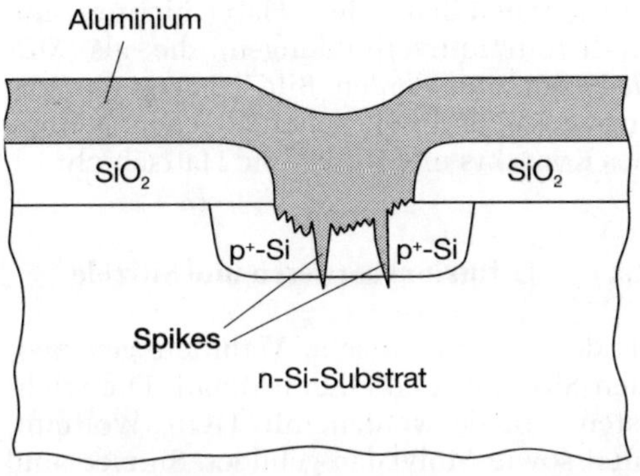

Bild 7.7 Legierungsgruben (*Spikes*) an Kontaktstellen zwischen Aluminium und Silizium

es entstehen Hohlräume im Substrat, in die das Metall nadelförmig hineinwachsen kann (Spitzen, engl.: *spikes*). Dieser Effekt kann sehr schädlich für die Funktionalität von Schaltkreisen sein, denn bei entsprechender Größe durchstoßen die Aluminiumspikes tieferliegende pn-Übergänge und überbrücken durch elektrischen Kurzschluß die Sperrschicht des kontaktierten p- oder n-Gebietes zum Substrat (Bild 7.7).

Um die Spikebildung zu unterbinden, mischt man dem Metallfilm bereits beim Aufsputtern die notwendige Menge von Silizium bei, indem man entsprechend zusammengesetzte Targets verwendet. Bei Temperaturen von maximal 500 °C genügt 1 % Siliziumanteil im Targetmaterial. Damit ist die Löslichkeit von Silizium im abgeschiedenen Aluminiumfilm abgesättigt und Siliziumauslösungen in den Kontaktgebieten sind nicht mehr möglich.

Der relativ hohe Si-Anteil im Aluminium hat aber auch Nachteile. Nach dem Tempern scheidet sich überschüssiges Silizium durch Übersättigung aus (Bild 7.8), denn bei der Abkühlung der Scheiben sinkt die Si-Löslichkeit im abgeschiedenen Aluminiumfilm. Zunächst bilden sich im Metallfilm kleine Si-Körner, die aber bei nachfolgenden Temperaturschritten durch Zusammenlagern Durchmesser bis zu 1 µm erreichen können [7.4]. Die bevorzugten Ausscheidezentren für das Silizium im Metallfilm sind die Korngrenzen im polykristallinen Aluminium und insbesondere die Grenzfläche zur Unterlage. Dies kann eine Isolationsschicht aus SiO_2 sein oder die zu kontaktierende Halbleiterzone.

Da ausgeschiedene Siliziumkörner gut auf den Isolationsschichten haften, bleiben sie nach der Aluminiumstrukturierung auf den freigeätzten Oberflächenbereichen liegen. Hier können sie per Ätzschritt problemlos entfernt werden, um eine glatte Unterlage für die nächste Isolationsschicht zu schaffen. In den Leiterbahnen selbst hingegen bewirken große Si-Körner eine effektive Verkleinerung

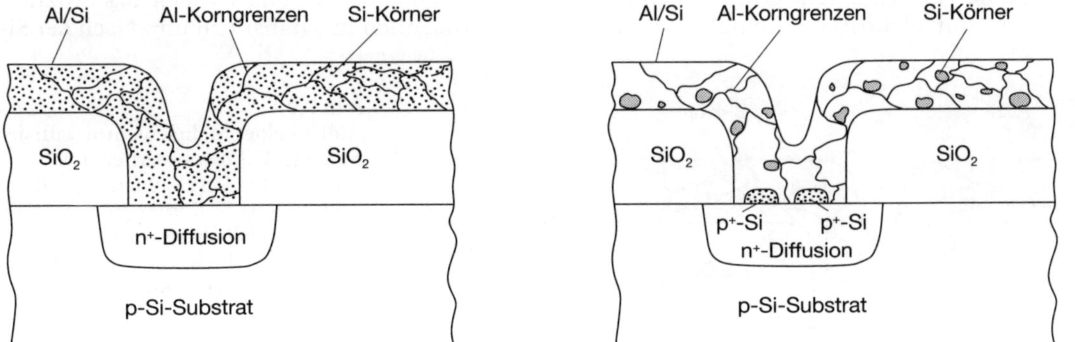

Bild 7.8 Siliziumausscheidungen in einer Al-Si-Legierung. Nach dem Sputtern a) sind die Si-Körner klein. Beim Tempern b) wachsen die Si-Körner bevorzugt an der Grenzfläche zwischen Metallisierung und Unterlage bzw. an den Korngrenzen des polykristallinen Metallfilms.

des Leiterbahnquerschnittes, denn der Halbleiter hat einen wesentlich höheren spezifischen Widerstand, wie das umgebende Metall. Durch diese Verengung wird die Stromdichte im Aluminium in der Nähe der Si-Körner stark erhöht, und es können sog. *Elektromigrationseffekte* einsetzen, durch die die Metall-Leiterbahnen zerstört werden (s. Abschnitt 7.3.2). Deshalb versucht man das Wachstum der ausgeschiedenen Si-Körner zu unterdrücken, indem man für möglichst geringe thermische Belastungen der Scheiben nach der Metallisierung sorgt.

Si-Ausscheidungen an den Grenzflächen von Metall und Halbleiter verändern auch das elektrische Verhalten von Aluminium-/Siliziumkontakten, insbesondere bei n^+-Si-Oberflächen. Das ausgeschiedene Silizium ist bis zur Löslichkeitsgrenze mit dem Akzeptor Aluminium p^+-dotiert und wirkt bei Kontakten zu n^+-Silizium als lokaler pn-Übergang. Bei kleinen Kontaktfenstern ($< 1{,}5 \times 1{,}5\ \mu m^2$) können durch diesen Effekt wesentliche Anteile der Kontaktfläche durch Dioden blockiert werden. Der gesamte Kontakt bekommt eine nichtohmsche Charakteristik, und der Kontaktwiderstand wird sehr groß. Deshalb werden hier sog. *Diffusionsstoppschichten* aus Metallegierungen (z. B. Titan/Wolfram) eingesetzt, die den direkten Kontakt von ausgeschiedenen Siliziumkörnern zur Halbleiteroberfläche und damit pn-Übergänge verhindern. Diese Stoppschichten benötigen aber spezielle Haftschichten an der Siliziumoberfläche, um elektrische Kontakte zum Silizium herzustellen. Diese Haftschichten sind Metall-/Siliziumverbindungen, die als *Silizide* bezeichnet werden. Bild 7.9 zeigt die Wirkungsweise und den schematischen Aufbau eines Kontakts mit Stopp- und Haftschicht.

7.2.2 Diffusionsbarrieren und Silizide

Silizide sind metallische Verbindungen zwischen Silizium und einem Metall. Die wichtigsten Silizide werden mit Titan, Wolfram, Tantal sowie Molybdän gebildet. Silizide sind metallisch leitend und können deshalb nicht nur als Haftschichten, sondern auch als Verdrahtungsebenen unterhalb der Metallisierungsschichten genutzt werden. Die spezifischen Widerstände von Siliziden liegen etwa eine Größenordnung oberhalb von reinem Aluminium, bei Titansilizid (TiSi) beträgt der spezifische Widerstand z. B. 20 μΩcm. Silizide mit den genannten Elementen sind temperaturstabil bis mindestens 1100 °C und haben ähnliche Schottky-Barrierenhöhen zu Silizium wie Aluminium. Die Kontaktwiderstände der Silizide zum hochdotierten Halbleitermaterial sind deshalb vernachlässigbar (s. Band 1 Abschnitt 6.3.2).

Zur Silizidbildung in den Kontaktfenstern wird die metallische Komponente (häufig Titan) ganzflächig auf die Substratscheiben aufgesputtert. Bei einem Temperaturschritt zwischen 800 °C und 1100 °C dringt das Metall in den Halbleiter ein und wandelt das Silizium oberflächlich in Titansilizid um. Nach der Si-

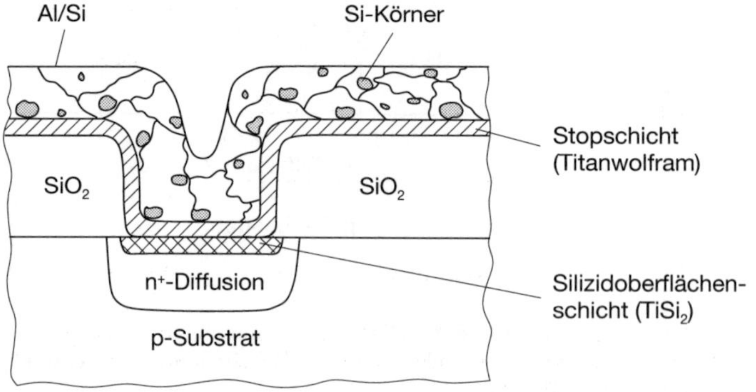

Bild 7.9
Aufbau einer Mehrschichtmetallisierung mit Diffusionsbarriere und Haftschicht. Ausgeschiedene und hochdotierte Si-Körner können nicht mehr zur Halbleiteroberfläche gelangen, sondern bilden mit dem Silizid ohmsche Schottky-Kontakte.

lizidierung der Kontaktgebiete entfernt man den abgeschiedenen Metallfilm außerhalb der Kontaktfenster. Aufgrund der hohen Formiertemperaturen kommen zur Silizidbildung nur hochschmelzende Metalle (engl.: *refractory metals*) in Frage.

Im Anschluß an die Silizidbildung wird die Diffusionsstoppschicht aufgebracht. Dabei kann es sich, je nach Technologievariante um Titan, eine Titan-Wolfram-Legierung oder auch um Titannitrid handeln. Diese Stoppschichten zeichnen sich durch geringe elektrische Widerstände zum Silizid und zur Metallisierung aus und werden nicht durch die Temperaturen, die beim Aluminiumsputtern auftreten, geschädigt.

Titan bzw. Titan/Wolfram können mit entsprechend zusammengesetzten Targets und Argon als Arbeitsgas aufgesputtert werden. Zur Abscheidung von Titannitrid verwendet man eine sog. reaktive Sputtertechnik, bei der dem Arbeitsgas Argon Stickstoff beigemischt ist, der mit den am Target abgelösten Metallatomen im Plasma chemisch reagiert.

Auf die Diffusionsstoppschicht wird Aluminium aufgebracht, das mit Silizium und anderen Legierungskomponenten versetzt ist.

Durch Silizidierung läßt sich die Leitfähigkeit von Poly-Si-Strukturen verbessern, die als kurze Leiterbahnverbindungen oder Gate-Elektroden eingesetzt werden. So hat z. B. eine hochdotierte Poly-Si-Bahn mit für VLSI-Schaltkreise typischen Abmessungen (100 µm Länge bei 1 µm × 0,5 µm Querschnittsfläche) einen Widerstand von $R = 1\ \mathrm{k\Omega}$! Die Widerstände von Polysiliziumbahnen reduzieren sich, wenn Titan- oder Wolframsilizidschichten auf die Poly-Si-Oberfläche gebracht werden. Dazu sputtert man eine dünne Titan- oder Wolframschicht auf und läßt das Metall bei den notwendigen hohen Temperaturen einsintern. Oberflächlich bildet sich polykristallines Titan- bzw. Wolframsilizid (*Polyzid*). Der Schichtwiderstand von *silizidierten* Poly-Si-Leiterbahnen sinkt um eine Größenordnung. Die vollständige Umwandlung der Polysiliziumstrukturen in Polyzidstege mit weiteren Verbesserungen der Leitfähigkeit ist nicht möglich, da mechanische Spannungszustände im Polyzid die Dicke der Silizidschicht auf Werte unterhalb 0,5 µm begrenzt [7.2].

Polyzidleiterbahnen sind mit allen nachfolgenden Prozeßschritten bei der IC-Fertigung kompatibel. Polyzide sind sogar thermisch oxidierbar, wobei die von SiO_2 bedeckte Polyzidschicht intakt bleibt. Die Oxidbildung läuft bei Polyziden über Si-Atome, die fortlaufend aus den tieferen Polysiliziumschichten an die Polyzidoberfläche wandern und dort mit Sauerstoff reagieren. Das Polyzid selbst wird deshalb bei der Oxidation nicht angegriffen. Die Qualität der auf Polyzid gebildeten Oxidfilme ist ähnlich, wie bei oxidierten Poly-Si-Strukturen.

Silizide können *selbstjustiert*, d. h. ohne zusätzliche Maskenschritte erzeugt werden. Die Metallkomponente des Silizids wird dabei auf alle Polysiliziumleiterbahnen und alle Source- und Drain-Gebiete aufgebracht. Eine Spacerstruktur aus nichtsilizidbildendem SiO_2 begrenzt die Poly-Gates auf beiden Seiten und verhindert beim Sintern eine durchgängige Silizidierung über Source, Gate und Drain hinweg, die die Transistoranschlüsse kurzschließen würde. Das Metall auf den Spaceroberflächen wird nach dem Tempern selektiv weggeätzt, und als Resultat bleibt eine Silizidschicht auf allen Poly-Si-Bahnen und den Source-Drain-Anschlüssen der MOS-Transistoren. Bild 7.10 zeigt schematisch den Ablauf eines solchen *Salizidprozesses* (selbstjustierte Silizidstruktur, engl.: *salizid, self aligned silicide*).

7.2.3 Mehrlagenverdrahtung und Kontaktlochauffüllung

Bei der heute möglichen Bauelementdichte (~ 10 000 Transistoren/mm^2) reicht eine einzige Metallage nicht mehr aus, um die Komponenten auf einem IC flächeneffektiv zu verbinden und zu kontaktieren. Aktuelle CMOS- und Bipolarprozesse verfügen deshalb über eine Metallisierung aus mindestens 2 Lagen, wobei die silizidierten Polysiliziumbahnen unter den Metallschichten zur zusätzlichen kurzreichweitigen Verdrahtung geeignet sind. Bild 7.11 zeigt im Schnitt schematisch die

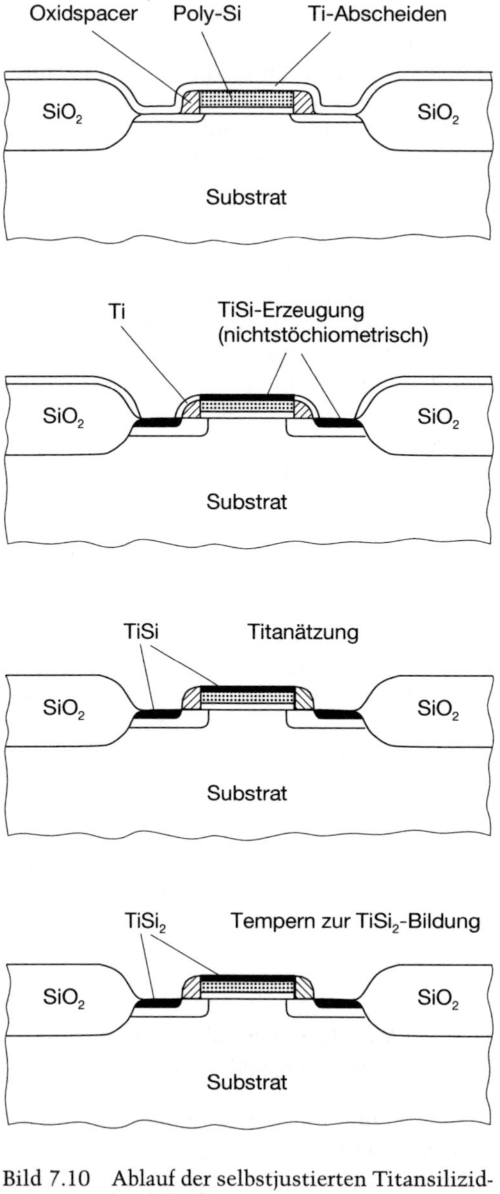

Bild 7.10 Ablauf der selbstjustierten Titansilizid-erzeugung (nach [7.2])

verschiedenen Leit- und Isolationsschichten bei einem CMOS-Prozeß.

Bevor die zweite Metallage auf die erste Metallisierung abgeschieden wird, erfolgt ein Planarisierungsschritt. Nach Abschnitt 5.4.2 ist dies häufig eine BPSG-Abscheidung auf einer undotierten TEOS-Unterlage. In diese dielektrische Schicht werden die Zwischenkontaktfenster (engl.: *via holes* oder *vias*) eingeätzt. Via Holes ermöglichen später elektrische Verbindungen zwischen den metallischen Verdrahtungsebenen. Die zweite Metallebene wird (wie die erste) als 2-Schicht-Struktur aus Al/Si und einer Haftschicht ausgeführt. Die aufgesputterte Titan- oder Titan-/Wolframhilfsschicht dient hier ausschließlich als Ätzbarriere bei der späteren Al/Si-Strukturierung. Ein Siliziumzusatz zum Aluminium ist zwar nicht unbedingt nötig, da die zweite Lage nicht mit dem Substrat in Kontakt kommt. Der Fertigungsprozeß wird aber einfacher, wenn beide Metallisierungsebenen mit den gleichen Targets gesputtert werden können.

Besonders kritische Komponenten einer 2-Lagen-Metallisierung sind die Zwischenkontakte (*Vias*) und die Kontaktfenster zwischen der ersten Metallebene und dem Halbleitersubstrat. Durch die Strukturverkleinerung im Rahmen der Technologieentwicklung werden die Leiterbahnbreiten immer schmaler (heute < 1 µm!). Damit reduziert sich automatisch auch die Kontaktfläche. Die Dicke der Isolationsschichten bleibt hingegen nahezu unverändert (0,5 ... 1,5 µm) und kann bei der Planarisierungstechnik zudem von Kontakt zu Kontakt stark schwanken. So entstehen tiefe Löcher mit kleinem Querschnitt, die erhebliche Kantenbedeckungsprobleme bei der Metallabscheidung verursachen.

Die Kantenbedeckung in engen Kontakten verbessert sich, wenn man die Wände der Kontaktfenster mit einem besonderen Ätzverfahren (s. Kapitel 9) abgeschrägt oder wenn die oberen Kontaktlochkanten flacher ausgeführt werden (Bild 7.12 b, c). Der obere Bereich der Kontaktfenster weitet sich bei diesen Verfahren auf. Das Tiefen-Weiten-Verhältnis wird günstiger für die Metallabscheidung. Schräge Kontaktwände vergrößern aber als Nebeneffekt die pro Kontakt nötige Chipfläche. Die Metallbahnen müssen, wie Bild 7.12 b und 7.12 c in der Aufsicht zeigt, im Bereich von Kontakten entsprechend verbreitert

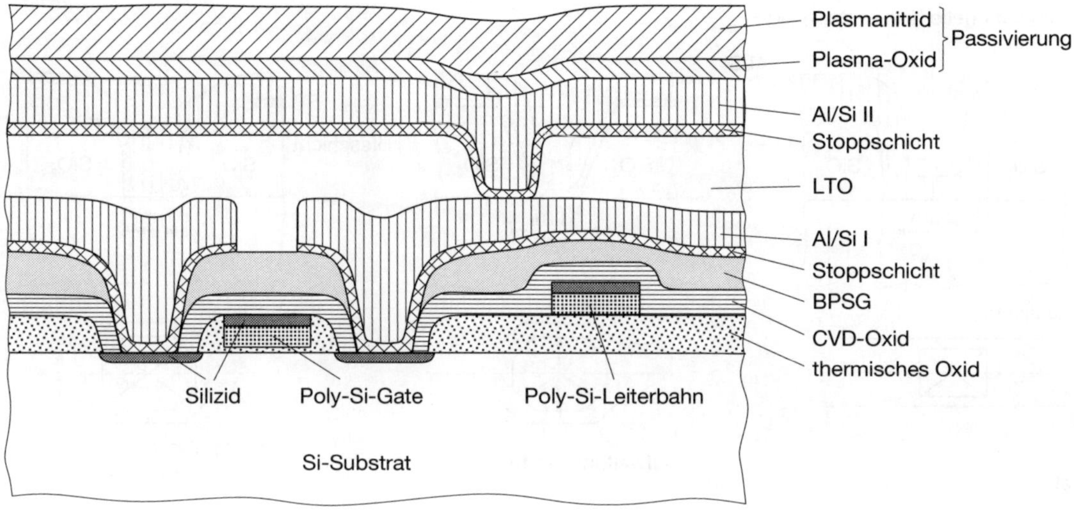

Bild 7.11 Aufbau einer 2-Lagen-Metallisierung mit zusätzlicher Polyzidebene in einem Submikrometer-CMOS-Prozeß

werden. Die Verdrahtungsdichte nimmt dadurch ab.

Da CVD-Verfahren viel besser als Sputtertechniken für schwierige Oberflächentopografien geeignet sind, wurden Verfahren entwikkelt, Metallschichten mit Niederdruck-CVD-Verfahren abzuscheiden [7.5]. Hier kann, wie sich herausstellt, die flächenintensive Kontaktabschrägung weitgehend entfallen. Die aussichtsreichste CVD-Quellsubstanz für Aluminium ist die metallorganische Verbindung Tri-Isobutyl-Aluminium (*TIBAL* mit der Formel ($Al(C_4H_9)_3$). TIBAL zersetzt sich in einem Niederdruck-Heißwandreaktor pyrolytisch bei etwa 300 °C, und das freiwerdende Aluminium scheidet sich konform auf der Scheibenoberfläche ab. Siliziumzusätze in den Metallfilm lassen sich mit Silanzugabe während der CVD-Reaktion realisieren.

Nachteilig bei diesem Metallisierungsverfahren ist die schwierige Handhabung des leicht brennbaren TIBAL. Die Oberflächen von CVD-Metallfilmen sind zudem viel rauher als die von aufgesputterten Filmen. Dies erschwert die hohlraumfreie Bedeckung des Metalls mit Isolations- oder Passivierungsschichten. Der praktische Einsatz von TIBAL-Metallisierungen scheiterte bisher aber im wesentlichen daran, daß bis jetzt noch keine Verfahren existieren, Kupfer oder Titan zuzulegieren [7.5]. Diese Zusätze sind in einer Aluminiummetallisierung unverzichtbar, weil sie eine wirkungsvolle Maßnahme gegen ein grundsätzliches Zuverlässigkeitsproblem darstellen, die *Elektromigration* (vgl. Abschnitt 7.3).

Statt den kompletten Metallisierungsprozeß auf CVD-Verfahren umzustellen, ist es aussichtsreicher, lediglich die kritischen Kontaktfenster komplett mit einem CVD-Metall aufzufüllen (Bild 7.12 d bis f). So entstehen Metallpfropfen (engl.: *plugs*), die aufgesputterte Metallagen untereinander bzw. mit der Siliziumoberfläche verbinden. Als Metall wird Wolfram verwendet. Wolfram hat einen niedrigen ohmschen Widerstand. Kontakt- und Haftschichten aus Titannitrid oder anderen Verbindungen (siehe [7.6, 7.7]) verbessern die Wolframhaftung auf den Kontaktlochwänden und schützen außerdem als chemische Barriere die Siliziumkontaktfläche bei der Wolframabscheidung. Bereits mit leicht abgeschrägten Kontaktlochwänden lassen sich homogene und reproduzierbare Kontaktauffüllungen realisieren.

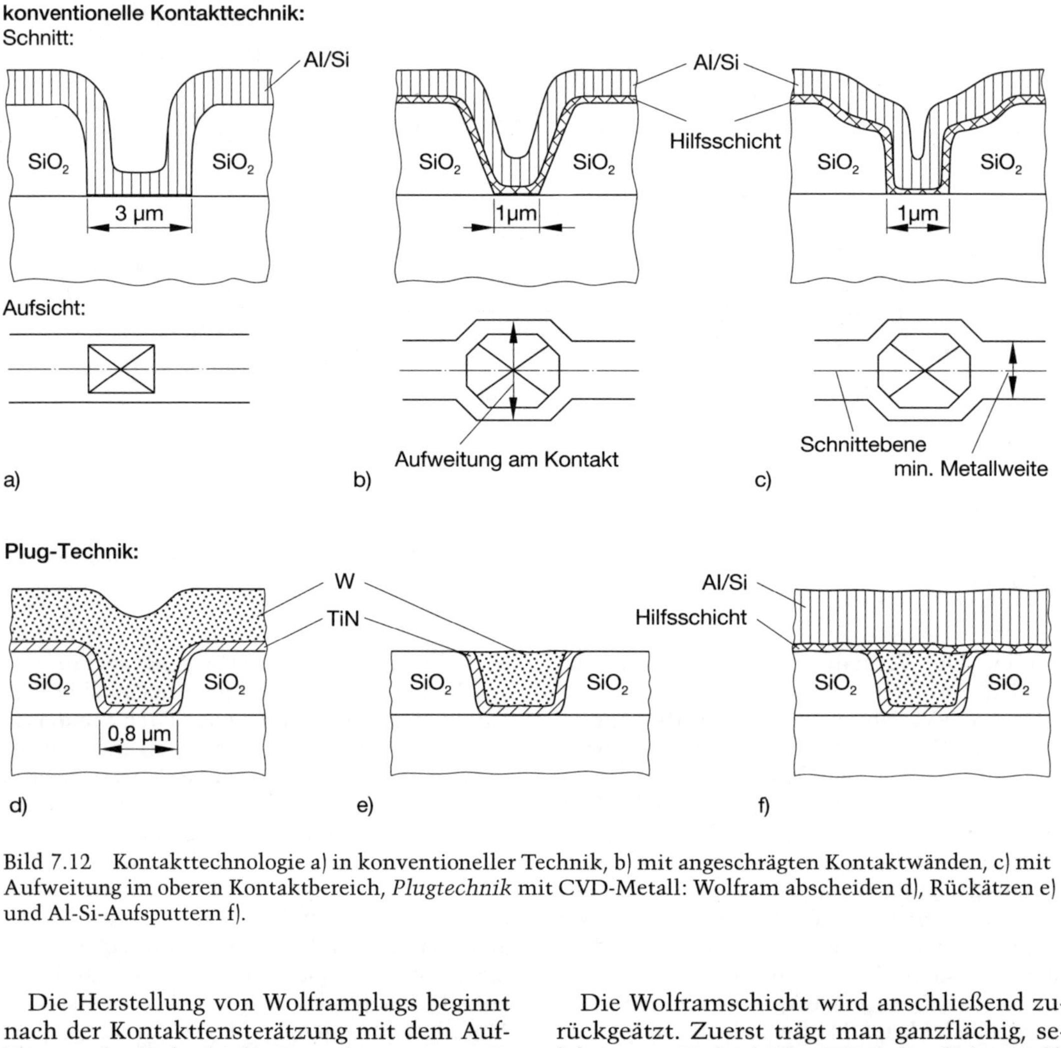

Bild 7.12 Kontakttechnologie a) in konventioneller Technik, b) mit angeschrägten Kontaktwänden, c) mit Aufweitung im oberen Kontaktbereich, *Plugtechnik* mit CVD-Metall: Wolfram abscheiden d), Rückätzen e) und Al-Si-Aufsputtern f).

Die Herstellung von Wolframplugs beginnt nach der Kontaktfensterätzung mit dem Aufbringen der Haftschicht. Dazu kann man z. B. Titannitrid (TiN) reaktiv aufsputtern [7.6] oder Wolframsilizid im Niederdruck-CVD-Reaktor [7.5] abscheiden. Danach wird Wolfram deponiert, indem in einem CVD-Kaltwandreaktor Wolframfluorid mit Wasserstoff reduziert wird. Die nötige Wolframfilmdicke richtet sich nach der aufzufüllenden Kontaktfenstertiefe [7.6]. Beträgt diese z. B. 0,8 µm, bildet sich bei einem Kontaktdurchmesser ≤ 1 µm nach der Deposition von $\sim 0{,}8$ µm Wolfram auf 0,1 µm TiN eine hinreichend plane Oberfläche (Bild 7.12 d).

Die Wolframschicht wird anschließend zurückgeätzt. Zuerst trägt man ganzflächig, selektiv zur Haftschicht (TiN) die dicke Wolframschicht ab. Dann folgt, mit einem modifizierten Ätzverfahren, die Beseitigung der Haftschicht außerhalb der Kontaktfenster, möglichst ohne Anätzung der SiO_2-Isolationsschichten. Übrig bleiben Wolframplugs, die alle Kontaktfenster bis zur Oberkante auffüllen (Bild 7.12 e). Das Aufsputtern der Sandwichstruktur aus Aluminium auf einer titanhaltigen Haftschicht schließt den Metallisierungsprozeß ab (Bild 7.12 f).

7.3 Zuverlässigkeit von Metallisierungsschichten: Migration und Korrosion

Der Begriff *Migration* bezeichnet die Wanderung von Material in einem Festkörper. Dieser Vorgang kann durch unterschiedliche äußere Kräfte ausgelöst werden. In der Mikroelektronik sind dies im wesentlichen mechanische Spannungen und elektrische Ströme mit hohen Stromdichten. Im ersten Fall spricht man von *Streßmigration* im zweiten Fall von *Elektromigration*. Migrationseffekte treten sowohl in Bipolar- und in MOS-Schaltkreisen auf, wobei bipolare ICs ursprünglich aufgrund der höheren Ströme stärker von Elektromigration betroffen waren. Durch die Verkleinerung der Chipkomponenten haben sich allerdings die Leiterbahnquerschnitte bei VLSI-CMOS-Schaltungen so weit verringert, daß auch hier Elektromigrationsprobleme auftreten.

7.3.1 Streßmigration

Aluminium dehnt sich, verglichen mit Silizium und SiO_2, bei Temperaturerhöhung wesentlich stärker aus. Die Ausdehnungskoeffizienten von Al, Si und SiO_2 stehen im Verhältnis 50 : 7 : 1. Deshalb geraten Metallschichten auf integrierten Schaltkreisen bei Temperaturwechseln im Fertigungsprozeß stark unter Druck.

Die Metallschichten verformen sich durch die Kompression, und an Korngrenzen im Aluminium kann sogar Material aus der Metallschicht herausgepreßt werden. Als Folge wachsen an der Metalloberfläche hügelförmige, metallische Auswüchse mit Höhe und Ausdehnung von 1 µm und mehr (Bild 7.13 a). Diese Strukturen werden als *Hillocks* bezeichnet (Hügelchen, engl.: *hillocks*). Da die minimalen Abstände zwischen Leiterbahnen sowie die Dicken der Isolationsschichten ebenfalls im µm-Bereich liegen, können Hillocks, je nach Wachstumsrichtung, verschiedene Metallisierungsebenen oder auch benachbarte Leiterbahnen kurzschließen. Hillocks verursachen auch indirekt Zuverlässigkeitsmängel, indem sie die auf die Metallisierung folgende Abscheidung der Isolationsschicht stören.

Besonders anfällig für Hillockbildung ist die unterste Metallage auf einem Chip, da sie während der weiteren Fertigungsschritte, die auf die Metallabscheidung folgen, besonders häufig thermisch belastet und damit Druckwechseln ausgesetzt wird.

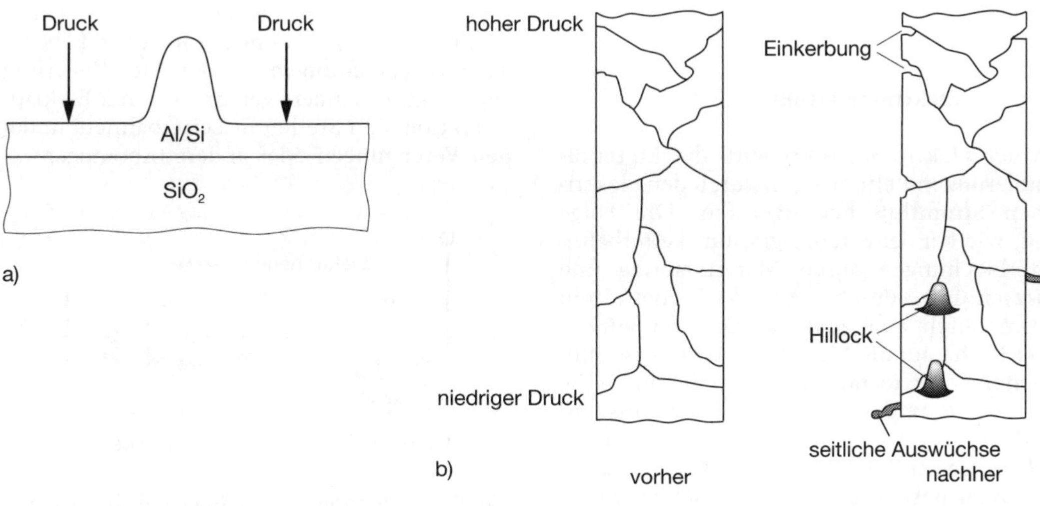

Bild 7.13 Hillockbildung an Leiterbahnen als Folge von mechanischer Kompression und durch Diffusionskriechen: a) in Schnittdarstellung und b) in Aufsicht

Druckunterschiede entlang einer Metallbahn können auch Diffusionsprozesse auslösen (*Diffusionskriechen*). Dabei wandern Metallatome von Korngrenzen, die unter Druck stehen, zu Korngrenzen, die nicht belastet sind. Dies führt zu Einkerbungen an den Leiterbahnrändern durch wegdiffundierende Metallatome (Bild 7.13 b). In weniger stark komprimierten Bereichen entstehen durch die Materialanhäufung ebenfalls Hillocks. Die Einkerbungen an den Leiterbahnen erhöhen den ohmschen Widerstand und damit die Stromdichte in der betroffenen Leiterbahn. Dies zieht als Folgeeffekt eine verstärkte Elektromigration nach sich (siehe unten).

Abhilfe bei Druckschäden und Hillockbildung schafft eine verbesserte thermische Anpassung der Aluminiumschichten an die umgebenden Schichten. Dies gelingt durch Deck- und Basisschichten, deren thermische Ausdehnungskoeffizienten zwischen Aluminium und SiO_2 liegen. Auch für diese Zwecke eignen sich die bereits vorgestellten Hilfsschichten aus Ti oder Titan/Wolfram. Außerdem hat man festgestellt, daß Restgase beim Sputtern, Sputterdruck und Sputtertemperatur empfindlich die Hillockbildung beeinflussen [7.4]. Diese Parameter müssen deshalb bei der Prozeßentwicklung günstig gewählt und bei der Halbleiterfertigung genau kontrolliert werden.

7.3.2 Elektromigration

Bei der Elektromigration wird die Materialwanderung in Leiterbahnen durch den elektrischen Stromfluß hervorgerufen. Die Folge sind, wie bei der Streßmigration, Leiterbahnunterbrechungen durch Materialabtrag und Kurzschlüsse durch Hillocks. Fließt ein Strom durch eine Leiterbahn, dann wirken zwei Kräfte auf die Metallionen. Dies ist zum einen die elektrostatische Kraft, die durch die elektrische Feldstärke im Leiter verursacht wird und gegen die Flußrichtung der Leitungselektronen orientiert ist. Da die Leitungselektronen die positiven Ionen gut abschirmen, ist die elektrostatische Kraft meist vernachlässigbar. Die zweite und im allgemeinen stärkere Kraftwirkung auf die Metallionen kommt durch Streuprozesse mit Leitungselektronen zustande. Diese Kraft wirkt, anders als die elektrostatische Kraft, in Richtung des Elektronenflusses.

Innerhalb der kristallinen Körner sind Streuprozesse zwischen Leitungselektronen und Metallionen selten, weil für Leitungselektronen die Metallionen im Aluminiumgitter kein Hindernis darstellen. An Korngrenzen und Oberflächen ändern sich jedoch die Symmetrieverhältnisse, und die Elektronen streuen deshalb verstärkt an den ohnehin nur locker an die Körner gebundenen Aluminiumatomen. Dies bewirkt einen kontinuierlichen Impulsübertrag an die Metallatome an den Korngrenzen. Dieser *Elektronenwind* reicht ab einer bestimmten Stromdichte aus ($j \approx 10^6$ A/cm^2), um Metallatome an den Korngrenzen abzulösen und entlang von Korngrenzen in Richtung der physikalischen Stromdichte zur Anode zu drücken. Damit wandert kontinuierlich Aluminium über Korngrenzendiffusion durch die betroffenen Leiterbahnen. Ändert sich die Stromrichtung nicht, entstehen Hohlräume und Materialanhäufungen (Bild 7.14).

Da die Elektromigration mit der Stromdichte zunimmt, begrenzt der Effekt die minimal zulässige Weite der Leiterbahnen in einem gegebenen Prozeß. Der minimale Querschnitt von Leiterbahnen wird über Lebensdaueruntersuchungen an der Metallisierung festgelegt. Besonders gefährdet durch Elektromigration sind Stellen in Leiterbahnen, in denen Verengungen oder andere Inhomogenitä-

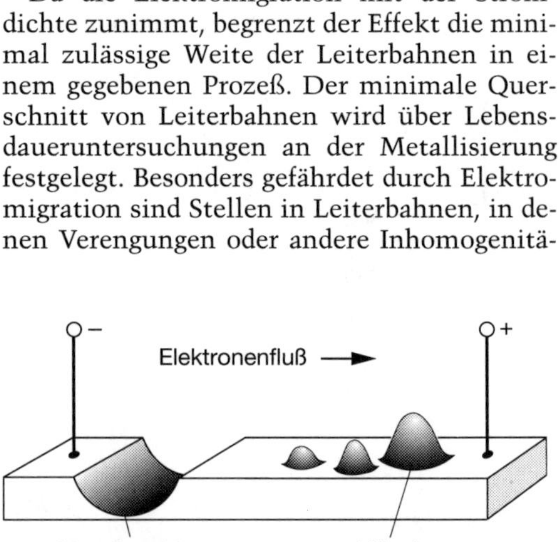

Bild 7.14 Elektromigration in Leiterbahnen kann durch Materialabtrag zu Unterbrechungen und durch Hillockbildung zu Kurzschlüssen führen.

ten die Stromdichte lokal erhöhen. Solche Schwachstellen haben, wie bereits angesprochen, unterschiedliche Ursachen: Einkerbungen an den Leiterbahnrändern durch Streßmigration, mangelnde Kantenbedeckung des Metalls an Stufen, Siliziumeinschlüsse im Metall oder Stromzusammendrängung in den Kontaktfenstern und Via Holes. Besonders anfällig für Unterbrechungen sind vor allem kurze Leitungen mit wenig Metallvolumen, da hier die Materialverluste nur begrenzte Zeit durch nachwanderndes Aluminium ausgeglichen werden können.

Die Elektromigrationsanfälligkeit einer Leiterbahn hängt stark von der Korngröße und der Korngrößenverteilung ab. Besonders kritisch sind Stellen, an denen sich die mittlere Korngröße ändert. Kleinere Körner erzeugen großflächigere Korngrenzen und begünstigen den Materialtransport. An den Übergängen von grob- zu feinkörniger Struktur bilden sich Löcher im Metall, weil hier das wandernde Metall schneller ab- als zufließt (Bild 7.15). Bei einem Wechsel von einer fein- zu einer grobkörnigen Struktur kann umgekehrt das ankommende Metall nicht schnell genug über die grobkörnige Zone wegdiffundieren, und es bilden sich Hillocks.

Gefügeänderungen treten insbesondere an jeder Stufe oder Kante auf, über die eine Metallbahn geführt wird. Deshalb ändert sich auch bei jedem Kontaktloch und bei jedem Via Hole die Korngröße. Da sich in Kontaktfenstern zusätzlich die Strombahn verengt, wird die Migration zusätzlich durch erhöhte Stromdichten verstärkt. Da über Zwischenkontakte meist wesentlich höhere Ströme fließen, als zwischen Metall und Halbleitergebieten, sind die Via Holes die elektromigrationsanfälligsten Strukturen innerhalb der IC-Verdrahtung. Wolframgefüllte Via Holes sind in bezug auf Migrationsbeständigkeit kein Vorteil. Aufgrund des drastischen Gefügewechsels zwischen CVD-Metall und aufgesputterten Schichten ist eine Mehrlagenverdrahtung mit Plugs migrationsempfindlicher als CVD-freie konventionelle Strukturen [7.8].

Die Beständigkeit gegen Elektromigration nimmt nach diesen Betrachtungen monoton mit dem Leiterbahnquerschnitt ab. Fällt die Querschnittsfläche aber unter die mittlere Korngröße im Metall, erhöht sich die Migrationsbeständigkeit schlagartig, obwohl die Stromdichte zunimmt! Dieses scheinbare Paradox wird von der sog. *Bambusstruktur* [7.4] in der Metallisierung verursacht. Sind die Körner größer als die Leiterbahnbreite, erstrecken sich die Korngrenzen quer über den gesamten Leiterbahnquerschnitt (Bild 7.16). Es bildet sich eine Struktur, die an den gekammerten Stamm des Bambusgrases erinnert. Die querliegenden Korngrenzen in den dünnen Metallstegen verhindern den Materialtransport über Korngrenzendiffusion längs der Leiterbahn. Elektromigration kann nur noch durch Volumendiffusion stattfinden. Da dieser Prozeß um Größenordnungen langsamer abläuft, als die Korngrenzendiffusion, erhöht sich die Migrationsfestigkeit entsprechend.

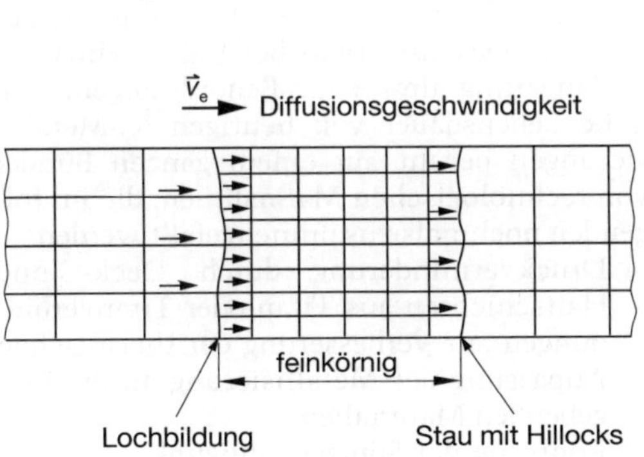

Bild 7.15 Abrupte Änderungen der Transportraten an Gefügeänderungen. In feinkörnigem Metall gibt es mehr Transportkanäle als in grobkörnigem Material. Die Änderung der Diffusionsgeschwindigkeiten verursacht Anhäufungen und Verarmungszonen im Metall.

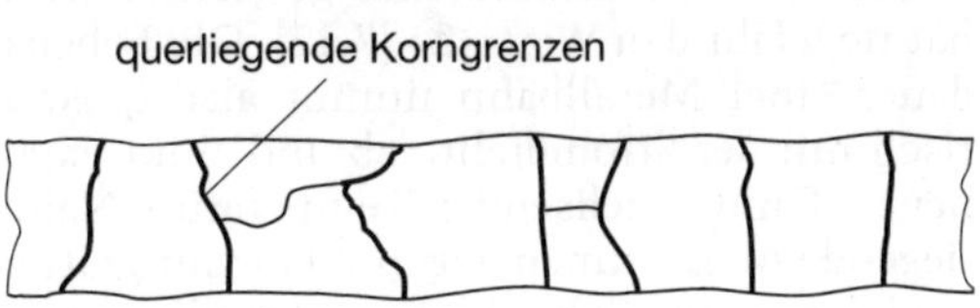

Bild 7.16 *Bambusstruktur*: Der mittlere Korndurchmesser übertrifft die Leiterbahnbreite. Querliegende Korngrenzen (dick gezeichnet) hemmen die Elektromigration (nach [7.4]).

Bei Metallisierungen, die derzeit bei der Massenproduktion von ICs verwendet werden, liegt die mittlere Korngröße bei ≈ 1 µm [7.9]. Deshalb zeigen Leiterbahnen mit Weiten im Submikrometerbereich bei ULSI-Technologien (bei gleichen Stromdichten) u. U. bessere Migrationsresistenz, als breitere Leiterbahnen [7.10, 7.11]. Da aber auf einem IC nicht nur Leiterbahnen mit Minimalweiten verwendet werden können, bleibt trotz Bambusstruktur in Minimalbahnen das Migrationsproblem für die Gesamtverdrahtung bestehen.

7.3.2.1 Charakterisierung der Migrationsbeständigkeit und Abhilfemaßnahmen

Die Elektromigrationsanfälligkeit der Metallisierung ist ein wichtiges Zuverlässigkeitsproblem bei integrierten Schaltungen. Um die Zuverlässigkeit einer Metallisierung zu charakterisieren, werden die sog. *mittleren Lebensdauern* t_{50} gemessen.

t_{50}-Zeiten geben an, wie lange es dauert, bis aus einem Ensemble aus identischen Schaltkreisen (bei gegebener Stromdichte j und Umgebungstemperatur T) die Hälfte (50%) aufgrund von Leitungsunterbrechungen oder Kurzschlüssen ausgefallen sind. Führt man solche Messungen für verschiedene Temperaturen und Stromdichten durch, so stellt man fest, daß die Lebensdauer t_{50} durch ein Arrheniusgesetz beschrieben [7.10] wird (*Gesetz von Black*):

$$t_{50} \sim \frac{1}{j^{\mathrm{n}}} \cdot \mathrm{e}^{\frac{-E_\mathrm{a}}{k_\mathrm{B} \cdot T}}$$

E_a ist die Aktivierungsenergie. Der Exponent n, mit dem die Stromdichte gewichtet wird, hat ungefähr den Wert «2» [7.12]. Die Lebensdauer einer Metallbahn nimmt also quadratisch mit der Stromdichte ab und sinkt exponentiell mit wachsender Temperatur. Naheliegende Maßnahmen gegen Elektromigration sind damit möglichst kleine Stromdichten in den Leiterbahnen und möglichst geringe Betriebstemperatur für den Schaltkreis.

Die Aktivierungsenergie E_a kann durch wiederholte t_{50}-Messungen an identischen Metallstrukturen bei unterschiedlichen Temperaturen ermittelt werden. Dazu trägt man die Lebensdauer halblogarithmisch gegen die inverse Temperatur auf und ermittelt die Steigung der Geraden. Für Al-/Si-Leiterbahnen findet man, je nach Gefüge des Metallfilms, Topologie der Chipoberfläche und der Leiterbahnbreite Werte im Bereich von 0,4 ... 0,7 eV [7.9, 7.10]. Bei sehr schmalen Leiterbahnen sind aufgrund der Bambusstruktur die Aktivierungsenergien (bis 1,2 eV) wesentlich höher [7.11]. Das entspricht bei maximaler Betriebstemperatur von 150 °C einer mittleren Lebensdauer von einigen 1000 bis zu einigen 10 000 Stunden. Zum Vergleich: 1 Jahr hat 8760 Stunden.

Wie sich an der Bambusstruktur bereits zeigte, steigt die Migrationsfestigkeit der Metallisierung, wenn die Materialwanderung entlang von Korngrenzen behindert wird. Zur Unterdrückung der Korngrenzendiffusion wird beim Aufsputtern der Metallisierung 1 ... 4 % Kupfer oder Titan zugemischt. Die schweren Fremdatome lagern sich bevorzugt an Korngrenzen an und lassen sich nicht so leicht wie Aluminiumatome von ihren Plätzen stoßen. Der Materialtransport entlang der Korngrenzen sinkt, und die mittlere Lebensdauer der Metallbahnen steigt deutlich [7.2, 7.11]. Dies zeigen auch die höheren Aktivierungsenergien, die gegenüber reinen Aluminiumleiterbahnen um bis zu 0,2 eV [7.11] zunehmen. Das entspricht bei 150 °C einer t_{50}-Verlängerung um 2 Größenordnungen. Die hohe Lebensdauer von heutigen IC-Metallisierungen beruht auf einem ganzen Bündel von technologischen Maßnahmen, die im folgenden nochmals zusammengefaßt werden:

- ☐ Druckverminderung durch Deck- und Haftschichten aus Titan oder Titanverbindungen zur Verbesserung der thermischen Anpassung der Metallisierung an die umgebenden Materialien.
- ☐ Kontrolle der Sputterbedingungen zur Minimierung der Restgase in der Argonatmosphäre, um homogene Korngrößen zu erhalten.
- ☐ Erhöhung der Aktivierungsenergie der Elektromigration durch Beimengung von Legierungskomponenten (Cu oder Ti) und

Erzeugung möglichst grobkörniger Metallfilme.

- Möglichst geringe thermische Belastung der metallisierten Si-Scheiben bei Folgeprozeßschritten, um grobkörnige Siliziumausscheidungen in der aufgesputterten Al/Si/Cu(Ti)-Legierung zu verhindern.

7.3.3 Korrosion

Metallisierungsschichten werden nicht nur durch elektrisch oder mechanisch induzierte Migrationsprozesse angegriffen, sondern altern auch durch Umwelteinflüsse. Der Begriff *Korrosion* bezeichnet dabei die Zersetzung von Metallen durch chemische Einflüsse. Bei Aluminiumleiterbahnen von integrierten Schaltungen tritt durch eindringende Feuchtigkeit die sog. elektrochemische Korrosion auf [7.13]. Dabei wird das Metall bei elektrischer Spannung durch Elektrolyse zersetzt. Diese Potentialunterschiede können von internen mikroskopischen galvanischen Elementen erzeugt werden. Die galvanischen Elemente bilden sich durch Verunreinigung des im elektrochemischen Sinne unedlen Aluminiums mit edleren Fremdmetallen. Dabei kann es sich um Fe oder Ni aus Spurenverunreinigungen der Sputtertargets handeln, aber auch um Cu- oder Ti-Atome, die zur Elektromigrationsunterdrückung zugegeben wurden! Den Aufbau eines solchen *Lokalelements* zeigt Bild 7.17.

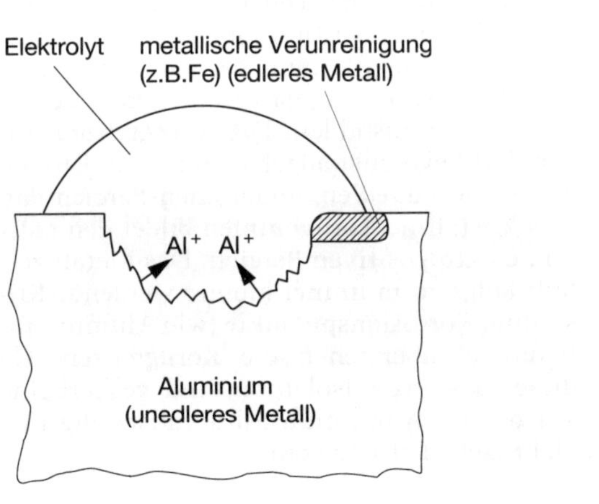

Bild 7.17 Lokalelement: Berührungsstelle eines unedlen Metalls (Al) mit einem edleren Metall (z. B. Fe), das in der Spannungsreihe der Elemente ein höheres Normalpotential hat. Die Berührungsstelle taucht in Wasser. Das unedle Metall geht in Lösung (nach [7.13]).

Da zur Korrosion Feuchtigkeit vorhanden sein muß, haben Korrosionsschäden an integrierten Schaltungen deutlich zugenommen, als man aus Kostengründen von den hermetisch dichten Keramik- oder Metallgehäusen auf die preiswerten, aber feuchtigkeitsdurchlässigen Plastikgehäuse übergegangen ist.

Bei Plastikgehäusen kann Wasser auf verschiedenen Wegen zur Oberfläche des Halbleiterchips gelangen (Bild 7.18). Neben der Feuchtediffusion durch das Plastikmaterial, gibt es weitere Pfade entlang der Gehäuseanschlüsse und der Bonddrähte.

Reines deionisiertes Wasser zersetzt reines Aluminium nur sehr langsam. Durch die Reaktion:

$$Al + 3\,H_2O \Rightarrow Al(OH)_3 + 1{,}5\,H_2 \uparrow$$

bildet sich eine stabile Haut von Aluminiumhydroxid, die den weiteren Wasserangriff behindert und die Oxidation von Aluminium durch Wasser extrem verlangsamt. Sobald

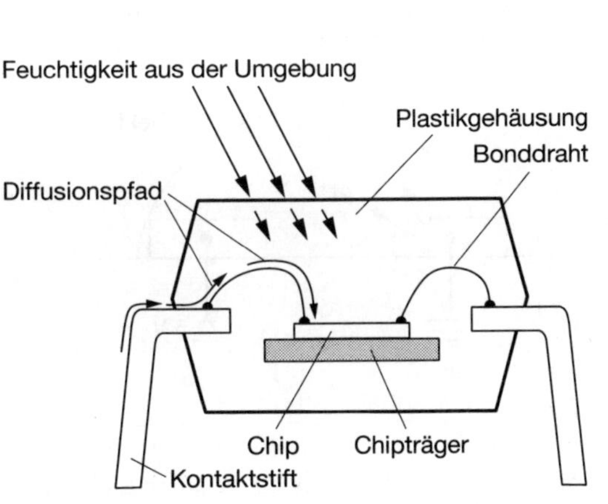

Bild 7.18 Schnitt durch ein in einem Plastikgehäuse verpacktes IC. Gezeigt sind die Diffusionspfade entlang denen Feuchtigkeit eindringt (nach [7.14]).

aber bestimmte Ionen als Verunreinigungen vorhanden sind, beschleunigt sich der Korrosionsvorgang katalytisch. Am stärksten wirken häufig Cl^-- und Na^+-Ionen, mit denen das eindiffundierende Wasser kontaminiert ist. Diese Ionen werden bei der Chipfertigung und der Gehäusung eingeschleppt oder stammen aus der Plastikmasse des Gehäuses.

Chlorionen greifen zunächst den schützenden Aluminiumhydroxidmantel der Metallisierung an, der sich bei Wasserkontakt aufbaut. Durch Zersetzung von $Al(OH)_3$ in die gut lösliche Verbindung $Al(OH)_2Cl$ (*Chloraluminat*) wird die Aluminiumoberfläche für einen direkten Angriff freigelegt:

$$Al + 2\,H_2O + Cl^- \Rightarrow Al(OH)_2Cl + H_2 + e^-$$

Im nächsten Schritt der Reaktionskette hydrolysiert das Chloraluminat mit Wasser, und es entsteht Aluminiumhydroxid. Die verbrauchten Chlorionen werden wieder aus der gebildeten Salzsäure freigesetzt [7.4, 7.14]:

$$Al(OH)_2Cl + H_2O \Rightarrow Al(OH)_3 + HCl$$

Dieser katalytische Kreisprozeß mit permanenter Umwandlung von Aluminium in Aluminiumhydroxid wird erst unterbrochen, wenn entweder das vorhandene Wasser oder das Aluminium vollständig aufgebraucht ist!

Bei Natriumionen wird ebenfalls die schützende Oberflächenschicht angegriffen. Es bilden sich $(OH)^-$-Ionen, die durch Poren in der Schutzschicht das Aluminium anlösen:

$$Al + Na^+ + OH^- + 3\,H_2O \Rightarrow Na[Al(OH)_4] + 1{,}5\,H_2 \uparrow$$

Das gebildete Natriumaluminat zerfällt schließlich zum gleichen Endprodukt, wie bei der anodischen Korrosion durch Chlor, nämlich Aluminiumhydroxid:

$$Na[Al(OH)_4] \Rightarrow Na^+ + OH^- + Al(OH)_3$$

Auch hier werden die verbrauchten Natriumionen wieder freigesetzt und der zerstörende Kreisprozeß läuft bis zur vollständigen Zerstörung der Metallschicht.

Elektrische Spannungen zwischen verschiedenen Aluminiumbahnen verstärken zusätzlich die Korrosion. Besteht z. B. ein elektrolytischer Pfad zwischen Leiterbahnen, werden durch Elektrolyse Strom und Metallionen transportiert. Dies führt in Bild 7.19 zur Zersetzung der negativeren Leiterbahn [7.2, 7.4].

Zusammenfassend kann man feststellen, daß die Metallisierung von integrierten Schaltkreisen immer dann zerstörend angegriffen wird, wenn Feuchtigkeit zusammen mit Chlor- oder Natriumionen einwirkt. Polykristalline Metalle sind besonders empfindlich gegen Korrosion, da sich hier großflächige Lokalzellen ausbilden. Die Korngrenzen mit den dort bevorzugt angelagerten Fremdstoffen stellen den unedlen, anodischen Bereich dar. Das kristalline Kornvolumen bildet den edleren, elektropositiven Bereich. Das Metall zerfällt langsam in immer kleiner werdende Kristallite. Korrosionsprodukte (wie Aluminiumhydroxid) überziehen die Korngrenzen. Da diese Substanzen Isolatoren sind, verliert eine korrodierte Aluminiumbahn vollständig ihre elektrische Leitfähigkeit.

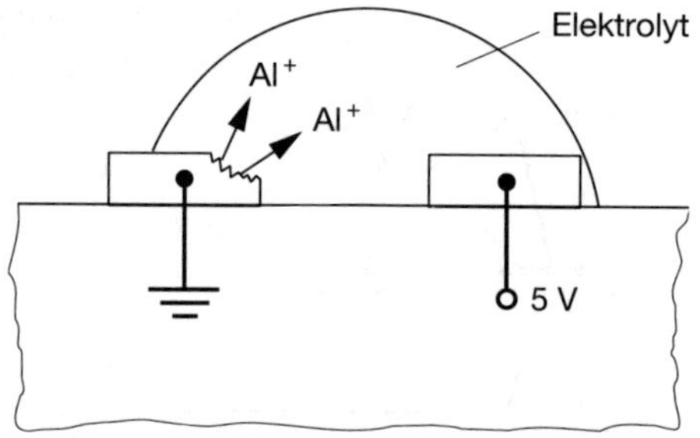

Bild 7.19 Leiterbahnzersetzung durch Elektrolyse. Gezeigt ist ein Schnitt durch 2 Leiterbahnen auf isolierender Unterlage. Die linke Bahn liegt auf Massepotential (Katode), die rechte auf dem Versorgungspotential (Anode). Aluminium geht an der Katode als Kation in Lösung.

7.3.3.1 Maßnahmen gegen Korrosion

Die zentrale Maßnahme gegen Korrosionsschäden ist der Schutz der Metalloberflächen vor Feuchtigkeit. Zu diesem Zweck wird die

Chipoberfläche mit einer kompakten und widerstandsfähigen Schicht überzogen. Diese sog. *Passivierung* schützt den Schaltkreis nicht nur gegen eindringende Feuchtigkeit, sondern auch gegen Beschädigung beim Einbau des Chips in das Gehäuse. Passivierungsschichten unterliegen folgenden Anforderungen:

1. Dichtigkeit gegen Feuchte und andere korrodierende Gase,
2. Elastizität und keine Neigung zur Rißbildung,
3. dauerhafte Temperaturbeständigkeit bei maximaler Betriebstemperatur des ICs (bis etwa 150 °C),
4. Herstellbarkeit bei metallisierungsgerechten Temperaturen unter 450 °C.

Die heute eingesetzten Passivierungsschichten bestehen aus Plasmanitrid. Plasmanitrid bietet einen fast hermetischen Schutz gegen Feuchtigkeit und Luftsauerstoff, ist aber spröde, neigt deshalb zur Rißbildung und haftet schlecht (s. Abschnitt 6.4.3). Plasmaoxid ist ebenfalls als Passivierung geeignet. Das Material ist elastischer, haftet besser, zeigt aber nicht die gleiche Wasserundurchlässigkeit von Plasmanitrid. Durch Abscheidung von Doppelschichten (Nitrid auf Oxid) kann man aber die Vorteile beider Materialien kombinieren.

Passivierungsschichten lassen sich heute äußerst defektarm herstellen. Defektdichten von weniger als einem Defekt in 10 cm^2 Passivierungsfläche sind Standard. Bei einer typischen Chipfläche von 20 mm^2 ist also maximal 1 IC von 500 durch einen Passivierungsdefekt korrosionsgefährdet. Da es sich bei einem Defekt nicht notwendigerweise um eine durchgehende Schädigung der Passivierung handelt, fällt nicht jedes betroffene IC aus. Um die Wirksamkeit der Passivierung zu überwachen, werden beschleunigende Korrosionstests im Rahmen der Prozeßkontrolle und der Freigabeuntersuchungen bei neuentwickelten ICs durchgeführt.

Ein wichtiger Test ist der THB-Test, bei dem ein Stichprobe von mehreren ICs über 1000...2000 Stunden bei hoher Umgebungstemperatur (85 °C) und 85 % relativer Luftfeuchtigkeit unter angelegter Betriebsspannung gelagert wird. Hier sind alle drei wesentlichen korrosionsfördernde Bedingungen gegeben: Temperatur, Feuchte, Spannung (engl.: THB = *temperature humidity bias*). Ausfälle bei diesem Test weisen auf potentielle Schwachstellen in der Passivierung hin. Diese Schwächen stellt man bei neuen ICs durch Änderungen des Layouts und damit der Oberflächentopographie des Schaltkreises ab. Führt dies nicht zum Erfolg, müssen Fertigungsschritte bei der Passivierungserzeugung geändert werden.

Zusätzliche flankierende Maßnahmen gegen Korrosion sind Verbesserungen des Plastikmaterials, aus dem die IC-Gehäuse bestehen. Der Einsatz von hochreinem Plastik reduziert die Konzentration von eingeschleppten Ionen. Durch verbesserte Plastikhaftung auf den Gehäuseanschlüssen wird die Eindiffusion von Wasser in das Gehäuse verhindert. Außerdem kann man dem Plastikmaterial mehr Füllstoffe zusetzen und so die gesamte Wasseraufnahme des Gehäuses senken, die bis zu 0,5 Gew.-% betragen kann.

Vor Einführung der Passivierungstechnik war Aluminiumkorrosion eine der Hauptausfallursachen von integrierten Schaltkreisen in Plastikgehäusen [7.15]. Deswegen wurden hauptsächlich hermetische Keramikgehäuse verwendet. Heute hat sich der Trend umgekehrt: 97 % aller ICs werden bei gleicher Qualität und Zuverlässigkeit in den viel preiswerteren Plastikgehäusen geliefert [7.15]. Die geschilderten Maßnahmen haben insgesamt dazu geführt, daß es heute für die IC-Ausfallraten fast keine Rolle mehr spielt, ob Keramik oder Plastik als Gehäusematerial verwendet wird. Man erwartet heute zwischen 0,3...3,0 korrosionsbedingte Ausfälle pro 1 Mio. Bauelementbetriebsstunden [7.15].

7.4 Zusammenfassung und Ausblick

Die Metallisierung auf einer integrierten Schaltung verbindet und kontaktiert die Bauelemente auf einem Halbleiterchip. In diesem Kapitel wurden Verfahren zur Erzeugung von zuverlässigen metallischen Verdrahtungssystemen für integrierte Schaltungen vorgestellt.

Die Anforderungen an ein Verbindungsmaterial reichen von niedrigem elektrischem Widerstand und guter Haftung auf der Chipoberfläche, über leichte Strukturierbarkeit bis zur Fähigkeit ohmsche Kontakte mit n- und p-leitendem mono- und polykristallinem Silizium zu bilden. Aluminium erfüllt diese Anforderungen. Zur Verhinderung von schädlicher Interdiffusion an Kontaktstellen zum Halbleiter, wird Silizium zulegiert. Die dominierende Abscheidetechnik für Aluminiumfilme ist die Katodenzerstäubung in Sputteranlagen.

Um epitaxiale Siliziumausscheidungen aus den aufgesputterten Metallstrukturen nach dem Abkühlen zu verhindern, werden Diffusionsstoppschichten eingesetzt. Diese Schichten bestehen meist aus Titanverbindungen und benötigen Silizide (z. B. $TiSi_2$) als Übergangskontakt zur Halbleiteroberfläche. Die Metallisierung wird damit zur Mehrschichtstruktur: Vor der Aluminiumabscheidung wird zuerst das Silizid in den Konatktfenstern erzeugt. Danach wird die Stoppschicht aufgebracht. Erst dann kommt die eigentliche Aluminiumabscheidung.

Die besonderen Zuverlässigkeitsprobleme bei Aluminiumverdrahtungen sind Elektromigration und Korrosion. Elektromigration ist die elektrisch getriebene Materialwanderung im Metall entlang von Korngrenzen. Die Folge sind Leiterbahnunterbrechungen durch Metallabtrag oder Kurzschlüsse durch Aluminiumanhäufungen. Ein Legierungszusatz von 1 ... 4 % Kupfer oder 2 % Titan behebt das Problem. Die schweren Metallatome belegen die Korngrenzen und blockieren die Diffusionswege. Aluminium ist reaktionsfähiges, unedles Metall, das unter Feuchtigkeitseinwirkung schnell korrodiert. Da die heute üblichen Plastikgehäuse in gewissen Grenzen wasserdurchlässig sind, wird die Chipoberfläche mit wasserundurchlässigem PECVD-Nitrid versiegelt. Diese Maßnahme unterbindet das Vordringen von Feuchte zu den Metallisierungsebenen auf dem Chip und damit mögliche Korrosionsschäden.

Die Bedeutung der Metallisierung innerhalb der Halbleitertechnik wächst ständig, insbesondere in der hochintergrierten CMOS-Technik. Hier sind u. U. mehrere 100 000 Bauelemente elektrisch zu verbinden. Die Verdrahtung von Chipkomponenten wird dabei zu einem begrenzenden Faktor der Strukturverkleinerung: Fortschritte bei der Verkleinerung der Bauelemente führen nur noch eingeschränkt zu höheren Integrationsdichten, weil der gleichzeitig zunehmende, flächenintensive Verdrahtungsaufwand, den Flächengewinn teilweise wieder kompensiert. So sind z. B. bei einem modernen statischen Halbleiterspeicherbaustein (SRAM) nur 5 ... 10 % der Fläche einer Speicherzelle von Transistorgebieten belegt. 40 % der Fläche wird hingegen von Verbindungsleitungen zwischen den Bauelementen beansprucht! Bei der Entwicklung neuer Prozesse ist es daher von entscheidender Bedeutung, den Flächenbedarf der Verdrahtung zu begrenzen.

Platzsparende Verdrahtungssysteme bestehen aus mehreren Metallisierungsebenen. Bei Gate-Arrays, bei denen die Transistoren nur mit Metalleitungen miteinander verbunden werden können, sind mittlerweile 3 Metallagen üblich. Bei Logik- und Speicherprozessen, sind derzeit noch 2 Metallagen typisch. Die Verdrahtungsdichte innerhalb einer Metallage bestimmen die Kontaktstellen, an denen meist die Metallbahnbreite vergrößert werden muß. Ein Maß für die Verdrahtungsdichte ist die Summe aus Minimalweite und Minimalabstand von Metallstrukturen, das sog. *Rastermaß* (engl.: *metal-pitch*). Da Überlappgebiete das Rastermaß vergrößern, werden intensiv überlappfreie Kontakttechniken entwickelt. Jede Flächenersparnis bei den Kontakten und Via Holes fällt wegen der großen Zahl dieser Komponenten besonders ins Gewicht. In ULSI-Schaltkreisen rechnet man mit $10^7 \ldots 10^9$ Kontaktstellen [7.17]! Überlappfreie Kontakte sind folglich Schlüsselkomponenten in ULSI-Prozessen. Eine der Realisierungsmöglichkeiten für solche Kontakte ist die beschriebene Wolfram-Plugtechnologie, aber auch konventionelle Techniken können entsprechend optimiert werden [7.16].

Abschließend sei darauf hingewiesen, daß die Metallisierung mit steigender Integrationsdichte auch die Signallaufzeiten mitbestimmt. Je höher integriert wird, desto größer wird die relative mittlere Verdrahtungslänge. Verdrahtungswiderstand und Verdrahtungskapazitäten zwischen Metalleitung und dem Substrat steigen. Durch das stärkere Zusammenrücken der Leiterbahnen innerhalb einer Verdrahtungsebene entstehen große Koppelkapazitäten zwischen den Leiterbahnen. Um die damit verbundenen Signalverzögerungen in der Verdrahtung zu minimieren, sind niederohmige Metallisierungen und Transistoren mit großer Treiberfähigkeit nötig. Da der minimal zulässige Leiterbahnquerschnitt von Technologiegeneration zu Technologiegeneration abnimmt und die Elektromigration die Stromdichte in einer Leiterbahn begrenzt, wird als technologischer Ausweg die Entwicklung einer geschwindigkeitsoptimierten Mehrlagenverdrahtung vorgeschlagen [7.17]. Lange Leitungen liegen dabei in einer separaten Verdrahtungsebene mit kleinen RC-Konstanten. Dazu wird das Rastermaß und die Isolationsschichtdicke bei dieser Ebene vergrößert. Kürzere, lokale Verbindungen werden in einer unteren Ebene mit minimalem Metal-Pitch und größerer Signalverzögerung ausgeführt.

8 Strukturübertragung durch Lithografie

In integrierten Schaltungen werden die einzelnen Bauelemente und Verdrahtungsstrukturen durch definierte Folgen von übereinanderliegenden Schichten mit bestimmten vertikalen und horizontalen Abmessungen realisiert. Die vertikalen Abmessungen, wie Schichtdikken oder Eindringtiefen von dotierten Zonen, können direkt bei den einzelnen Herstellschritten durch Prozeßparameter der verwendeten Abscheide und Dotierverfahren präzise kontrolliert werden. Für die Festlegung der lateralen Abmessungen, wie Ausdehnung und Lage von dotierten Zonen, benötigt man hingegen Hilfsprozesse: Das sind die *Lithografie* zur Strukturübertragung auf der Halbleiterscheibe und die *Ätztechnik* zur Strukturerzeugung. Dieses Kapitel behandelt die lithografische Übertragung eines Schaltungsentwurfes in Strukturen, mit denen Abscheide und Strukturierungsprozesse bei der IC Herstellung gesteuert werden können. Die Ätztechnik folgt in Kapitel 9.

Das lithografische Verfahren stammt aus der Drucktechnik. Man überträgt dort grafische Muster mit der Hilfe von Licht und einer fotoempfindlichen Schicht strukturgenau auf die Druckplatte. Da Bauelemente einer integrierten Schaltung ebenfalls über geometrische Muster definiert werden können, ist dieses Verfahren auch geeignet, Vorgaben für die Chipfertigung auf die Siliziumscheiben zu übertragen. Um die Methode anwenden zu können, wird zunächst der Schaltplan der zu fertigenden Schaltung in ein *Layout* (engl. die Planskizze) umgesetzt. Hier wird jeder Transistor, Widerstand, elektrische Verbindung usw. durch Rechtecke oder Polygone dargestellt.

Form und Lage der einzelnen geometrischen Gebilde definieren Lage und Abmaße der einzelnen Schichtsegmente aus denen die jeweiligen Bauelemente aufgebaut sind. Da sich die geometrische Figuren im Layout auf unterschiedliche Schichten beziehen, sind die Geometrien in Ebenen sortiert. Technologisch äquivalenten Strukturen, wie z. B. die Metall-Leiterbahnen aus der ersten Metallisierungsebene, liegen dabei in der gleichen *Layoutebene*.

Die Layoutebenen werden Ebene für Ebene auf sog. *Masken* übertragen. Dies sind Glasplatten, die dort, wo sich Layoutstrukturen befinden, geschwärzt werden und ansonsten Licht durchlassen. Durch diese Masken wird eine fotosensitive Hilfsschicht, der *Fotolack*, auf der Scheibenoberfläche belichtet. In den belichteten Bereichen löst sich der Lack im Entwicklerbad und die Maskenstruktur wird in ein Lackprofil übertragen. In Bereichen, die durch die Maskenstrukturen vor Licht geschützt waren, bleibt der Lackfilm stehen und schützt die Scheibenoberfläche bei der späteren Strukturierung gegen Ätzangriffe. Da jede Oberflächenschicht auf der Siliziumscheibe mindestens einmal strukturiert wird, ist die Lithografie der am häufigsten im Fertigungsablauf wiederkehrende Einzelprozeß.

Die lateralen Breiten und Längen können lithografisch allerdings nicht mit der gleichen Präzision eingestellt werden, wie die vertikalen Abmessungen der Strukturen. Thermisches Oxidwachstum erlaubt z. B. die reproduzierbare Erzeugung von vertikalen Schichtdicken, die bei 0,01 µm liegen. Der begrenzende Faktor bei der Miniaturisierung von Bauelementen sind die lateralen Abmessungen, die sich gerade noch reproduzierbar in den Lack abbilden lassen. Diese kritischen Abmessungen (engl.: *critical dimensions*) bestimmen den Integrationsgrad. Mit hohem technologischen Aufwand können derzeit Schaltkreise produziert werden, bei denen die lateralen Strukturbreiten von 0,5 µm mit 0,05 µm Genauigkeit eingehalten werden. Die Lithografie wird wegen dieser hohen Genauigkeitsanforderungen zum teuersten Einzelprozeß, der den Kostenaufwand einer Halbleiterlinie entscheidend mitbestimmt.

Dieses Kapitel über den Lithografieprozeß ist folgendermaßen aufgebaut: Zunächst wird der gesamte Ablauf, der aus mehreren Einzelprozessen besteht, im Überblick dargestellt. Als Beispiel dienen Layoutstrukturen und Maskengeometrien, die einen bipolaren npn-Transistor definieren. Die Arbeitsschritte bei der Lithografie werden anhand einer Layoutebene vorgestellt und die grundlegenden Anforderungen an das Verfahren definiert. Die folgenden Abschnitte behandeln die wesentlichen Einzelprozesse Belichtung, Lacktechnik und Maskenherstellung genauer. Abschnitt 8.2 befaßt sich mit der Belichtungstechnik und den beugungsbedingten Auflösungsgrenzen, Abschnitt 8.3 mit dem Lackprozeß und 8.4 mit den unterschiedlichen Maskentypen und deren Herstellung. In Abschnitt 8.5 werden die Genauigkeitsgrenzen des lithografischen Gesamtprozesses vorgestellt, bei dem mehrere Masken überlagert werden müssen. Diese Grenzen sind zum einen von der Justiergenauigkeit der verschiedenen Masken abhängig, werden zum anderen auch von den Ungenauigkeiten auf jeder Maske sowie den Toleranzen bei jeder Belichtung und bei jeder Lackentwicklung bestimmt. Abschnitt 8.6 zeigt die technischen Möglichkeiten, mit denen die Grenzen der optischen Lithografie zu noch feineren Strukturen hin verschoben werden können. Abschnitt 8.7 enthält eine kurze Zusammenfassung und einige Schlußbemerkungen.

8.1 Fotolithografie im Überblick: vom Layout zur Lackstruktur

8.1.1 Masken

Das Layout eines Schaltkreises wird mit CAD-Verfahren (rechnergestützter Entwurf, engl.: *computer aided design*, CAD) erzeugt. Dabei sind bestimmte Entwurfsregeln einzuhalten, die für die verwendete Bipolar- oder CMOS-Technologie charakteristisch sind. Das Layout wird in einem genormten Datenformat abgelegt. Dieser Datensatz (Maskenband, engl.: *tape*) steuert eine Maschine, die Lithografiemasken erzeugt.

In der ursprünglichen Form bestehen Lithografiemasken aus lichttransparentem Glas, das mit einer 2...4 µm dicken fotografischen Emulsion aus Silberbromid bedeckt ist. Die Maskenmaschine erzeugt ein Lichtmuster, das die fotografische Schicht mit den Polygonen und Rechtecken aus dem Layout belichtet. Nach dem Entwickeln liegen diese Strukturen als Schwarzweißmuster auf der Glasscheibe vor. Wegen der höheren Festigkeit werden heute Chromstrukturen als Maskierungsschicht verwendet.

Masken können Strukturen aus einer Layoutebene enthalten, oder Muster, die durch Verknüpfen von Strukturen aus verschiedenen Ebenen zustande kommen. Die Zahl der Maskenebenen ist von der Halbleitertechnologie abhängig. Bild 8.1 zeigt das Layout eines npn-Transistors, dessen elektrische Eigenschaften über Breite und Länge des Emitters (B_E und L_E) eingestellt werden können.

Die Bipolartechnologie, für die das Layout im Bild erzeugt wurde, hat insgesamt 7 verschiedene Layout- bzw. Maskenebenen, die nacheinander im Prozeß zum Einsatz kommen: Die unterste (BN-)Maskenebene definiert die Abmaße der n-dotierten vergrabenen Subkollektorzonen (vergrabene N-Schicht, engl.: *buried N*). Die darauffolgende DP-Maske legt den Verlauf von tief in die Epischicht eindiffundierten p-Streifen fest, die die einzelnen Bauelemente der Schaltung gegeneinander elektrisch isolieren (tiefe p-leitende Zone, engl.: *Deep P* oder *DP*). Die SP-Maske (flache P-Zone, engl.: *shallow p*) bestimmt die Lage der flach eindiffundierten Zonen für die Transistorbasis. Strukturen aus der SN-Maske (SN, engl.: *shallow n*) beziehen sich auf Emittergebiete und Kollektorkontaktzonen. Für elektrische Verbindungen innerhalb des Schaltkreises gibt es die Kontaktmaske (CO-Maske, engl.: *contact overall mask*) und die IN-Maske (IN, Verbindung, engl.: *interconnect*). Die 7. und zuletzt angewandte Maskenebene definiert schließlich die Öffnungen in der Passivierungsschicht für die Kontaktierung der Bondpads am Chiprand mit Bonddrähten. Diese Maske hat im Bildausschnitt keine Struktur und ist nicht eingetragen. Bild 8.2 zeigt aus dem Maskensatz als Beispiel die DP-Maske.

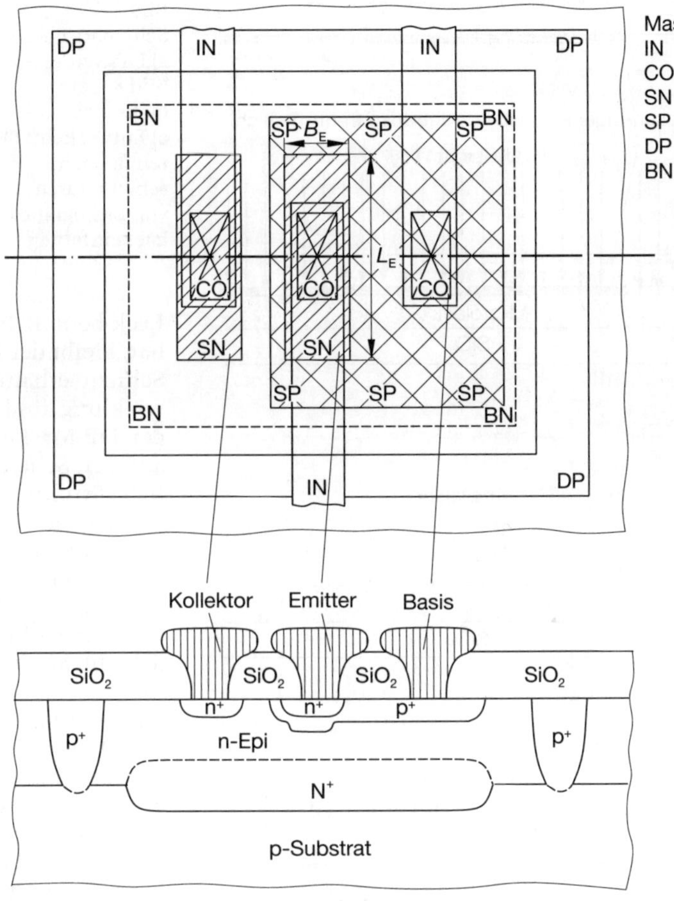

Bild 8.1
Layoutausschnitt mit Schnittbild durch die strukturierte Siliziumscheibe für einen npn-Transistor. Die Schnittlinie ist strichpunktiert eingetragen. Die Maskenbezeichnungen sind im Text erklärt.

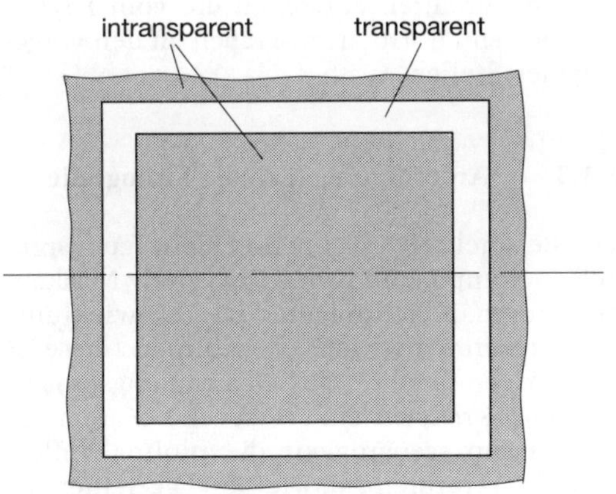

Bild 8.2 Ausschnitt aus der DP-Maske, mit der der Isolationsring für den Transistor aus Bild 8.1 definiert wird.

8.1.2 Arbeitsfolge bei der Lithografie am Beispiel der DP-Ebene

Für den DP-Prozeß (Bild 8.3) wird die epitaktische, beschichtete Siliziumscheibe mit 0,6 µm thermischem Oxid überzogen. Der Lithografieprozeß zur Übertragung der Strukturen der DP-Maske (Bild 8.3 a) beginnt mit einer Reinigung der Scheibenoberfläche. Danach wird die Scheibe mit lichtempfindlichem Fotolack beschichtet. Die einfachste Möglichkeit die Maskenstrukturen im Lack abzubilden, ist per Schattenwurf (Bild 8.3 b). Dabei liegt die Maske direkt auf der belackten Siliziumscheibe (*Kontaktbelichtung*), wird justiert und anschließend mit ultraviolettem Licht belichtet. Unter transparenten Maskenberei-

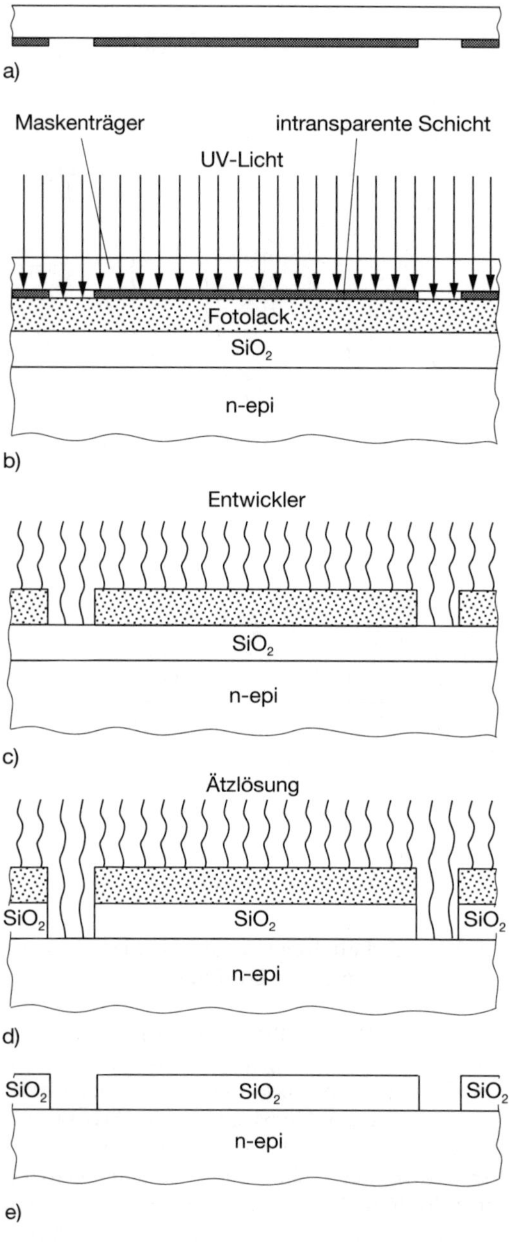

Bild 8.3
Schematischer Ablauf des DP-Prozesses (nach [8.1]): a) DP-Maske im Schnitt. Die Schnittlinie ist in Bild 8.2 eingetragen; b) Kontaktbelichtung des Fotolacks durch die aufliegende Maske hindurch; c) Entwickeln: Der Lack löst sich in allen belichteten Bereichen; d) selektive Strukturierung der Oxidschicht durch Ätzen; e) Schnittbild nach Abschluß von Lithografie und Strukturierung nach dem Lackentfernen.

chen beeinflußt das auftreffende Licht die chemische Struktur des Lackes. Bringt man die belichtetet Scheibe in eine Entwicklungslösung (Bild 8.3 c), wird der Lack in diesen Zonen abgelöst. Dort, wo die Maske den Lack beim Belichten gegen Licht abgeschirmt hat, bleibt der Lack beim Entwickeln als feste Schicht erhalten. Nach Belichtung und Entwicklung finden sich die Maskenstrukturen der DP-Maske maßgenau als Lacköffnungen auf der Scheibenoberfläche, und die eigentliche Strukturübertragung ist abgeschlossen.

Nach der Lithografie folgt die Strukturierung zur physikalischen Erzeugung der DP-Strukturen. Das zwischen den Lackstrukturen freiliegende Siliziumoxid wird selektiv weggeätzt (Bild 8.3 d). Da der Lack die SiO_2-Schicht an Scheibenoberflächen bei der chemischen Strukturierung schützt, liegt die Siliziumoberfläche genau dort und nur dort frei, wo DP-Isolationsgräben erzeugt werden sollen. Die Lackstrukturen haben ihren Zweck erfüllt und werden chemisch entfernt (Bild 8.3 e). Nach dem Ätzen wird mit Bor dotiert, dabei wirkt die unter dem Lack stehengebliebene Oxidschicht als Diffusionsmaske. Mit diesem Verfahren entstehen die vom Layout definierten DP-Isolationsgräben an den vorgegebenen Stellen.

8.1.3 Anforderungen an die Lithografie

Das Beispiel zeigt, daß beim Übertragungsprozeß 3 Komponenten beteiligt sind: Maskenstrukturen, Belichtung und Lackentwicklung. Im Zusammenwirken bestimmen diese 3 Größen die Qualität des Übertragungsprozesses. Die Kriterien sind dabei die Maßhaltig- und Passungsgenauigkeit, die minimal auflösbare Strukturbreite sowie der Lagefehler bei übereinanderliegenden Maskenebenen. Diese Begriffe sind folgendermaßen definiert:

Die Maßhaltigkeit gibt an, innerhalb welcher Toleranzen die Abmaße einer gegebenen Struktur übertragen werden können. Bild 8.4 gibt ein Beispiel. Maßhaltigkeit bezieht sich auf Abstände innerhalb von Strukturen. Im Bild ist z. B. die übertragene Figur an der linken Seite um die Strecke d_+ zu breit und rechts um die Strecke d_- zu schmal. Die Passungsgenauigkeit gibt hingegen die Toleranzen beim Übertragen von absoluten Koordinaten (also bei der Lage von geometrischen Figuren) an (Bild 8.4). Je höher die Passungsgenauigkeit, desto genauer kann eine Struktur lithografisch an einem bestimmten Punkt im Lack definiert werden.

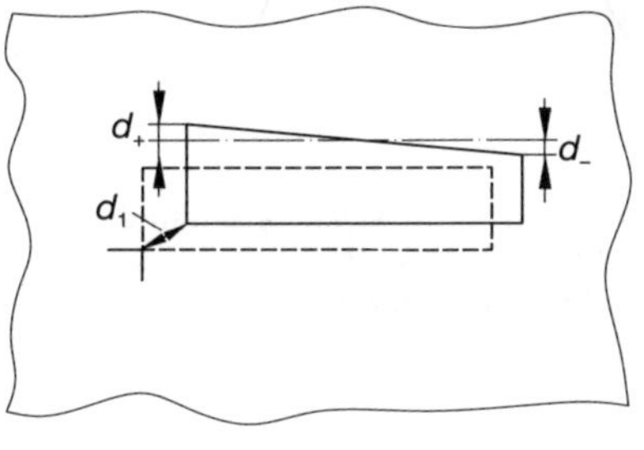

Bild 8.4 Maßhaltigkeit und Passungsgenauigkeit von lithografisch erzeugten Strukturen. Strichliert sind Soll-Maße eines Rechtecks gezeigt. Nach der lithografischen Übertragung hat das Rechteck die durchgezogen gezeichneten Abmessungen. Die entstandene Struktur ist um den Passungsfehler d_1 gegen die Vorlage verschoben. Die Breite des Rechtecks weicht um d_+ bzw. d_- von der Vorgabe ab. Der größere der beiden Fehler d_+ und d_- heißt Maßhaltigkeitsfehler.

Die minimal auflösbare Strukturbreite gibt minimale Breiten und minimale Abstände von Lackstegen an, die reproduzierbar lithografisch hergestellt werden können, und ist das zentrale Kriterium für einen Übertragungsprozeß, denn diese Kenngröße bestimmt den Integrationsgrad, der mit dem Übertragungsverfahren erreicht werden kann. Die minimal auflösbare Strukturbreite ist eng mit dem Auflösungsvermögen des Lithografieprozesses verbunden. Das Auflösungsvermögen ist ein Maß für die Fähigkeit des Lithografieprozesses aus 2 dicht nebeneinander liegenden Maskenstrukturen getrennte Lackobjekte zu erzeugen.

Genausowichtig wie die Auflösung ist der Lagefehler, das sog. *Überlagerungsbudget* des lithografischen Prozesses. An jeder Komponente auf einem IC, sei es ein Transistor oder eine elektrische Verbindung, sind Strukturen aus mehr als einer Maskenebene beteiligt, die entweder überlappen oder zwischen denen bestimmte Abstände eingehalten werden müssen. Lagefehler haben 2 Ursachen: Fehlpositionierungen der Masken gegeneinander und Passungs- und Maßhaltigkeitsfehler der beteiligten Einzellithografieschritte. Bei dem bereits diskutierten Bipolartransistor liegt z. B. die Basis (SP-Gebiet) innerhalb der DP-Strukturen und beide dürfen nicht überlappen. Der Lagefehler der Masken bestimmt hier den nötigen Vorhalt im Abstand zwischen Basis und Isolationsring und geht deshalb entscheidend in die minimal mögliche Transistorgröße ein. Ähnliche Effekte treten auch bei anderen Bauelementtypen auf. Deshalb bestimmt das Überlagerungsbudget bei der Lithografie ganz wesentlich die Integrationsdichte. Um Fehlstrukturierungen zu vermeiden, sollte die kleinste übertragene Strukturbreite nicht kleiner gewählt werden, als der doppelte Lagefehler von 2 Masken.

8.2 Belichtungsverfahren

8.2.1 Kontaktbelichtung

Das billigste, älteste und bis in die Mitte der 80er Jahre am meisten verwendete Verfahren ist die Kontaktbelichtung, die auch im vorigen Beispiel benutzt wurde. Hier werden die Masken direkt auf die Lackoberfläche gelegt, justiert, angedrückt und belichtet. Die Strukturen der undurchlässigen Maskierungsschicht werden bei diesem Verfahren per Schattenwurf übertragen.

Bild 8.5 zeigt eine Kontaktbelichtungsanlage und Bild 8.6 ein Schnittbild durch Maske und Lack, das den idealisierten Strahlengang des Lichtes nach den Gesetzen der *geometrischen Optik* zeigt. Das Licht trifft parallel auf die Maske und tritt geradlinig durch die

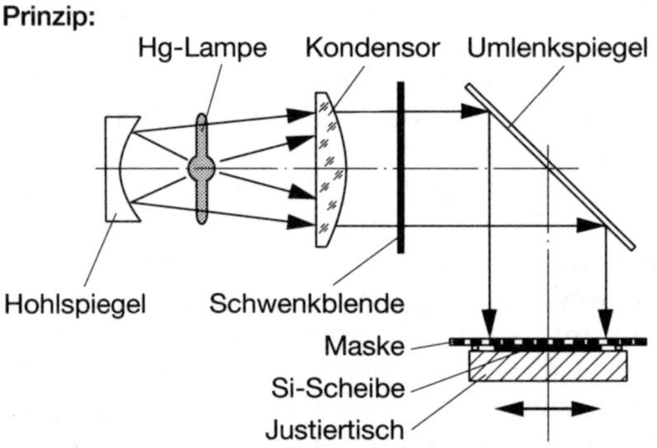

Bild 8.5 Schematische Darstellung einer Kontaktbelichtungsanlage (nach [8.1])

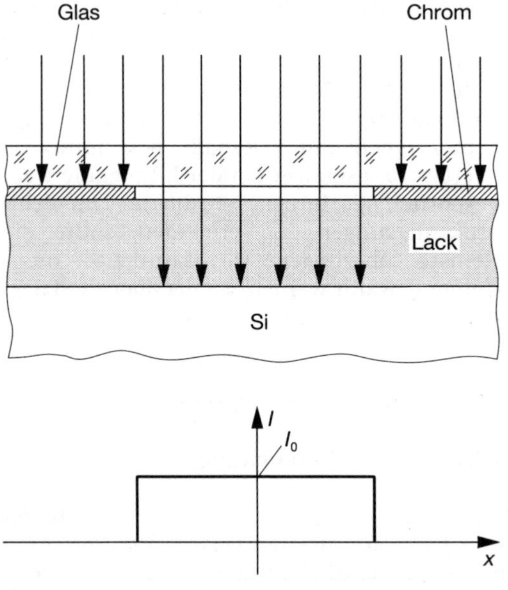

Bild 8.6 Schnittbild durch Maske, Lack und geometrischen Strahlengang des Lichtes im Lack mit Lichtintensitätsverteilung

Maske hindurch. Die Lichtintensität im Lack fällt am Rand eines Maskenfensters an den Schattengrenzen gemäß einer Stufenfunktion schlagartig auf 0 und ist dazwischen konstant. Maskierte Bereiche werden überhaupt nicht belichtet, und unter transparenten Maskenzonen wird gleichmäßig ausgeleuchtet.

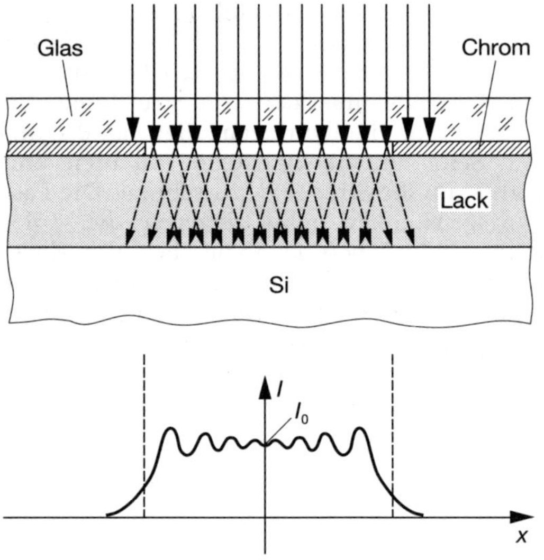

Bild 8.7 Schnittbild durch Maske, Lack und gebeugten Strahlengang des Lichtes im Lack mit zugehöriger Lichtintensitätsverteilung

Bei genauerer Betrachtung weicht das Licht vom beschriebenen geradlinigen und *geometrischen* Verhalten ab, besonders wenn die Abmessungen der zu projizierenden Maskenstrukturen in der gleichen Größenordnung liegen, wie die Lichtwellenlänge λ (Bild 8.7). Das Licht verläßt an den Rändern der Maskenfenster seine geradlinige Ausbreitungsrichtung und dringt in den Schattenraum ein. Die Lichtintensität λ fällt an der geometrischen Schattengrenze nicht stufenförmig auf 0 ab. Auch auf der Lichtseite gibt es charakteristische Abweichungen. Hier oszilliert die Lichtintensität um den Wert I_0, der nach der geometrischen Optik zu erwarten wäre. Die Amplituden schrumpfen dabei mit zunehmenden Abstand von der Schattenkante. Diese charakteristischen Effekte bezeichnet man als *Beugung* des Lichtes.

Aufgrund dieser Effekte sind bei der Kontaktbelichtung die Ränder der übertragenen Strukturen stets unscharf. Bei großen Maskenstrukturen mit Abmessungen $B \gg \lambda$ wirkt sich das nicht aus. Bei kleinen Strukturen hingegen ($B \sim \lambda$) können Beugungseffekte die

Abmessungen der lithografisch erzeugten Lackstrukturen verfälschen. Die Lichtbeugung begrenzt daher die realisierbare Auflösung bei der Lithografie.

8.2.1.1 Beugung und Auflösung bei der Kontaktbelichtung

In der Optik unterscheidet man zwischen Fernfeld- und Nahfeldbeugung, je nachdem, ob die Lichtverteilung weit entfernt oder in der Nähe von lichtdurchlässigen Öffnungen betrachtet wird. Die Längeneinheit ist dabei die Wellenlänge λ des gebeugten Lichts. Bei der Kontaktbelichtung ist die Lichtintensität im Lack unmittelbar unter der Maske relevant. Da die Lackdicke ($\sim 1\ \mu m$) etwa in der gleichen Größenordnung wie die Lichtwellenlänge liegt, handelt es sich hier um die Nahfeld- oder Fresnelsche Lichtbeugung [8.2, 8.3].

Bild 8.8 zeigt die Intensitätsverteilung des Fresnel-Beugungsbildes für spaltförmiges Lackfenster mit verschiedenen Breiten *B*. Man erkennt, daß die Form des Beugungsbildes nicht nur von der Spaltbreite, sondern auch vom Abstand *d* zwischen Maske und Lackschicht sowie der Lichtwellenlänge abhängt. Diese Größen können zu einem dimensionslosen Parameter $\Delta\eta = B \cdot (2/(\lambda \cdot d))^{1/2}$ zusammengefaßt werden, dessen Wert eindeutig die qualitative Form des Beugungsbildes festlegt, unabhängig davon, durch welche Kombination von *B*, *d* oder λ der jeweilige $\Delta\eta$ Wert realisiert ist.

Die Intensitätsverläufe bei schmalen Spalten ($\Delta\eta \leq 1$) zeigen die bekannten, für die Beugung typischen *Lichtgebirge* mit einem zentralen Intensitätsmaximum und mehreren Nebenmaxima, die man als charakteristische helle und dunkle Beugungsstreifen sehen kann. Das Licht verteilt sich weit über die geometrische Projektion des Schattens hinaus. Im hellen Bereich erreicht die Lichtintensität *I* bei kleinen Spalten nicht mehr den geometrisch zu erwarteten Wert I_{geo}. Je größer die Spaltbreite *B* im Verhältnis zu $(2/(\lambda \cdot d))^{1/2}$ und damit $\Delta\eta$ wird, desto mehr zieht sich das Beugungsbild wieder auf die geometrischen Grenzen zurück, und desto geringer werden die Abweichungen zwischen der gebeugten Lichtintensität und der Lichtverteilung nach der geometrischen Optik.

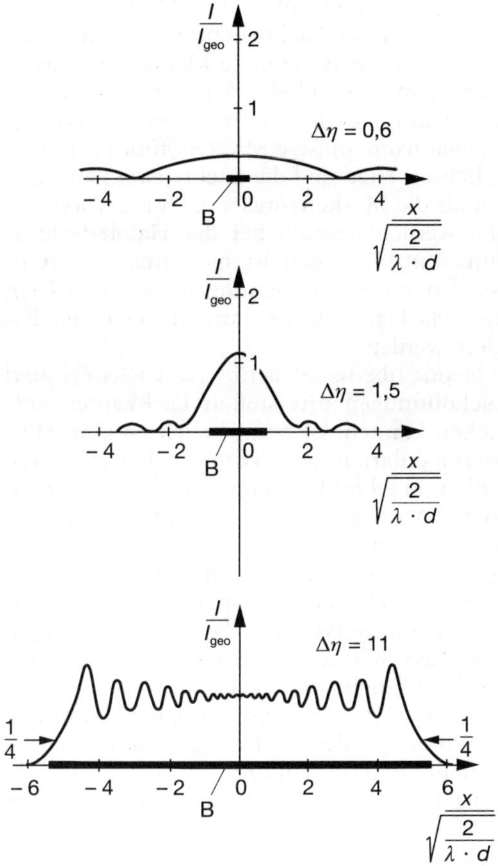

Bild 8.8 Laterale Intensitätsverteilungen $I(x)$ bei der Fresnel-Beugung an einem Spalt mit verschiedenen Spaltbreiten *B*. Die Ortskoordinaten werden in dimensionslosen Einheiten $(2/\lambda \cdot d)^{1/2}$ gemessen. *d* gibt den Abstand zwischen Maske und Beobachtungsebene an. I_{geo} bezeichnet die, nach der geometrischen Optik zu erwartende Intensität, $\Delta\eta$ ist der im Text eingeführte Spaltbreitenparameter (nach [8.2]).

Beugungseffekte wirken sich bei der Lithografie erwartungsgemäß besonders bei schmalen Maskenstrukturen aus ($\Delta\eta \approx 1$). Bei kleinen Maskenstrukturen wird der Fotolack an den Rändern nicht vollständig durchbelichtet, weil hier die Lichtintensität abfällt und unter Umständen zur Lackbelichtung schon zu gering ist. Die Folge sind zu kleine Lackfenster nach dem Entwickeln. Mit längerer Belichtung kann man dies kompensieren, allerdings werden dann größere Maskenöffnungen überbelichtet. Hier sind die Lackfenster dann größer als die Maskenvorgaben. Durch Vorversuche werden deshalb bei der Halbleiterfertigung *optimale* Belichtungszeiten ermittelt, bei denen die Abweichungen zwischen Lack und Maskenstrukturen im Mittel möglichst klein werden.

Damit überhaupt definierte Lackstege und Lacköffnungen mit steilen Lackkanten entstehen können, ist beim Belichten eine Mindestmodulation der Lichtintensität zwischen hellen und dunklen Bereichen von 60 % nötig (siehe Abschnitt 8.3.6). Andernfalls werden die Maskenstrukturen nicht maßgetreu in den Lack übertragen. Nach den Beugungsbildern in Bild 8.8 entspricht eine 60-%-Modulation einem $\Delta\eta$-Wert von $\Delta\eta \geq 1$. Folglich können Maskenöffnungen, deren Breite $B < (2/(\lambda \cdot d))^{1/2}$ ist, nicht als Lackstruktur abgebildet werden. Die minimale im Lack auflösbare Spaltbreite in der Maske, B_{min}, kann über die Beziehung $\Delta\eta = 1$ oder $B_{min} = 1/(2/(\lambda \cdot d))^{1/2}$ abgeschätzt werden. Bei Belichtung mit tiefem UV-Licht (λ = 260 nm) und einer Lackfilmdicke d = 1 µm ergibt sich nach diesem Kriterium B_{min} = 0,36 µm.

Bei dieser einfachen Betrachtung wurden verschiedene physikalische Effekte wie etwa der Unterschied im Brechungsindex zwischen Luft und Fotolack vernachlässigt. Empirisch zeigt sich aber, daß man mit tiefem UV-Licht tatsächlich Lackstege und Lackfenster mit 0,5 µm Breite herstellen kann [8.4]. Diese hohe Auflösung wird in der Serienproduktion von ICs allerdings nicht erreicht, denn weder Masken noch Wafer besitzen vollständig plane Oberflächen. Deshalb ist der Kontakt zwischen Maskierungsschicht und Lackoberfläche nicht überall ideal, sondern zur Lackdicke d kommt noch ein Luftspalt mit veränderlicher Breite D', der die Beugung verstärkt. Je größer dieser zusätzliche Abstand wird, desto schlechter ist die Auflösung. Auf Wafern mit 5 Zoll ∅ liegen die minimalen Strukturbreiten, die bei der Kontaktbelichtung reproduzierbar über die ganze Scheibe eingehalten werden können, bei etwa 2 µm [8.4].

8.2.1.2 Partikel und Maskenschäden

Der wesentliche Nachteil der Kontaktbelichtung liegt jedoch nicht in der beschränkten Auflösung, sondern in Maskenschäden, die durch den direkten Kontakt zwischen Maske und Lackoberfläche entstehen. Deshalb wurde diese Methode bereits vor Erreichen der technisch beherrschbaren Auflösungsgrenze durch andere Belichtungsverfahren ersetzt.

Beim Auflegen, Justieren und Anpressen von Kontaktmasken kann die Maskierungsschicht (meist Chrom) oder das Glas der Maske zerkratzt werden oder es bleiben abgelöste Lackpartikel in den transparenten Bereichen der Maske hängen. Da jede Maske wiederholt benutzt wird, akkumulieren diese Schäden. Trotz zyklischer Reinigung der Masken werden zumindest alle Chromfehler und Glaskratzer mit in den Lack abgebildet. Diese Fehlabbildungen reduzieren die Zahl der funktionierenden Schaltkreise, die am Ende der Waferfertigung als *Fertigungsausbeute* übrigbleiben.

Die Ausbeute Y (Ausbeute, engl.: *yield*) nimmt mit zunehmender Maskendefektdichte und wachsender Chipfläche exponentiell ab, denn je größer ein Schaltkreis ist, desto wahrscheinlicher ist es, daß er von einem Defekt betroffen wird. Zu den lithografiebedingten Defekten kommen noch die Fehler, die bei Fertigungsschritten wie z. B. Epitaxie oder Implantation entstehen. Um komplexe ICs mit üblichen Chipflächen von ≥ 50 mm^2 wirtschaftlich produzieren zu können, sind Gesamtdefektdichten von weniger als 1 Defekt/cm^2 nötig. Diese Anforderung kann nur mit kontaktfreien Belichtungsverfahren realisiert werden. Bei berührungslosen Verfahren treten Maskendefekte nur bei (seltenen) Handhabungsfehlern (etwa beim Maskenwechseln) auf. Die Maskendefektdichte sinkt im Vergleich zur Kontaktbelichtung um Größenordnungen.

Das erste berührungslose Belichtungsverfahren, daß Eingang in die IC-Fertigung gefunden hat, war das sog. *Proximity-Verfahren* (die Nähe, engl.: *proximity*). Hier wird ein fester Abstand zwischen Maske und Lackoberfläche eingestellt. Direkte Kontakte zwischen Maske und Wafer sind ausgeschlossen, wenn dieser Abstand, ein typischer Wert sind 20 µm, die üblichen Waferunebenheiten von ±10 µm übersteigt. Der Nachteil des Verfahrens ist die verstärkte Beugung. Die scharf abbildbare minimale Strukturbreite nimmt wegen des Zusatzabstandes deutlich ab. Nach der obigen Abschätzung gilt $B_{min} \sim (\lambda \cdot 20\ \mu m)^{1/2}$ und dies entspricht bei UV-Licht theoretisch etwas weniger als 3 µm. In der Praxis können Minimalabmessungen von 5...7 µm übertragen werden. Damit scheidet dieses Verfahren als Belichtungstechnik für die heute üblichen VLSI-Schaltkreise mit Minimalmaßen im µm-Bereich aus. Das dominierende Belichtungsverfahren, das heute zur IC-Produktion eingesetzt wird, ist das im folgenden Abschnitt beschriebene Projektionsverfahren.

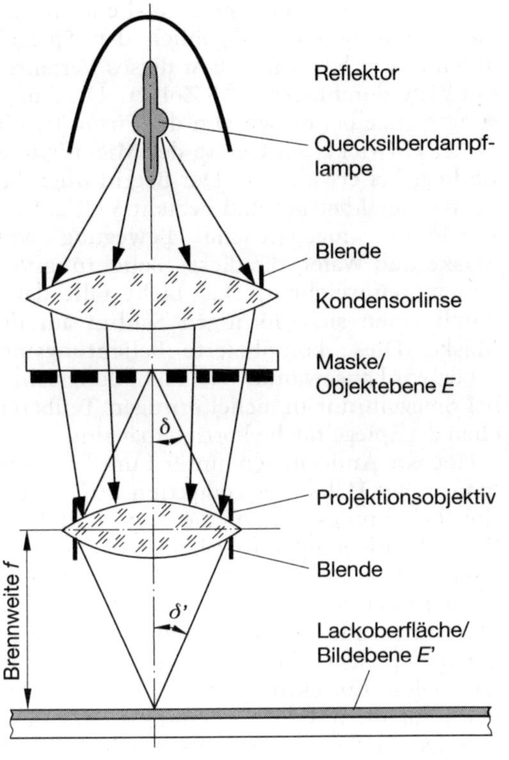

Bild 8.9 Schematische Darstellung einer Projektionsbelichtungsanlage (nach [8.5]).

8.2.2 Projektionsbelichtungsanlagen

Bei dieser Technik werden die Maskenstrukturen mit einem optischen System aus Spiegeln, Linsen und Blenden abgebildet, ohne daß Maske und Lackoberfläche in direktem Kontakt stehen. Maskendefekte entstehen bei diesem Belichtungsverfahren kaum. Werden die Maskenstrukturen zudem verkleinernd projiziert, nehmen alle Maskenungenauigkeiten um den Abbildungsmaßstab ab. Dies ist ein weiterer Vorteil des Verfahrens.

Der prinzipielle Aufbau einer Projektionsbelichtungsanlage ist in Bild 8.9 gezeigt. Das Licht einer Quecksilberdampflampe wird durch eine Kondensorlinse mit Beleuchtungsblende fokussiert und leuchtet die Maske aus. Das Projektionsobjektiv bildet die Maskenstruktur auf dem Fotolack ab. Bei dieser Optik muß es sich nicht notwendigerweise um eine Linse oder eine Linsenkombination handeln, sondern es können auch Spiegelobjektive verwendet werden.

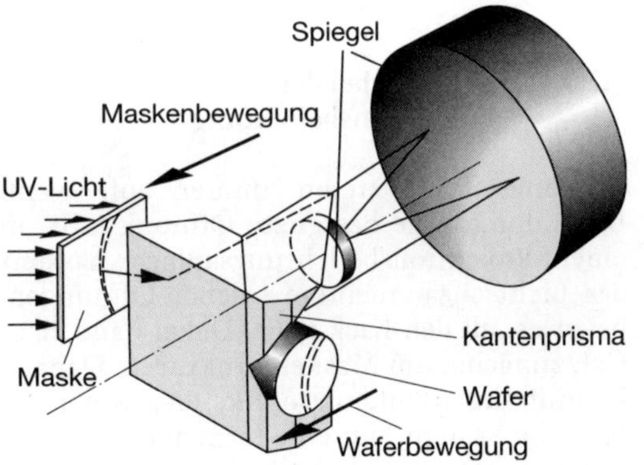

Bild 8.10 Prinzip einer Ganzscheiben-Belichtungsanlage zur maßstabsgetreuen 1 : 1-Abbildung der Maske mit einer Spiegeloptik (nach [8.4]). Scheibe und Maske werden synchron durch den scharfen Abbildebereich gezogen.

Bild 8.10 zeigt das Prinzip einer Spiegelprojektion für die Ganzscheibenbelichtung. Da die Scheibengröße maßgeblich den Spiegeldurchmesser bestimmt, läßt dieses Verfahren nur Waferdurchmesser ≤ 5 Zoll zu. Die Auflösungsgrenze bei diesen von der Firma Perkin Elmer entwickelten Geräte der Micralign-Serie liegt bei etwa 2 µm. Der Begriff *align* bedeutet *gleichbewegt* und bezieht sich auf die synchrone, mechanische Bewegung von Maske und Wafer, die dieses Belichtungsverfahren kennzeichnet. Das Licht fällt dabei durch einen sichelförmigen Schlitz auf die Maske. Diese komplizierte Belichtungsmethode wird angewandt, weil Abbildungsfehler bei Spiegeln nur in sichelförmigen Teilbereichen der Spiegelfläche korrigierbar sind.

Höchste Auflösungen (unter 1 µm!) erreicht man in der Halbleiterproduktion mit Projektionsbelichtungsgeräten, die mit Teilfeldbelichtung arbeiten und deshalb beliebige Wafergrößen zulassen (Bild 8.11). Das wichtigste Element bei diesem Abbildeverfahren ist ein hochauflösendes Linsensystem mit weitgehender optischer Korrektur von Abbildefehlern. Diese Korrektur ist nur bei relativ kleinen Bildfeldern (Größenordnung 1 cm^2) möglich. Durch die hohe Auflösung reduziert sich der Bereich mit Tiefenschärfe auf einige µm. Ein präzise beweglicher Tisch fährt den Wafer so lange von Teilfeld zu Teilfeld, bis die gesamte Scheibe belichtet ist.

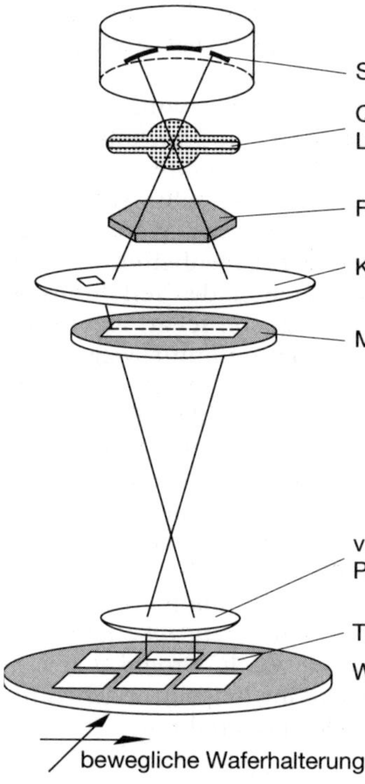

Bild 8.11 Prinzipieller Aufbau einer Teilfeldbelichtungsanlage mit verkleinernder Abbildung durch ein Linsensystem (nach [8.4]).

8.2.3 Beugung bei der Projektionsbelichtung

Beugungseffekte treten immer auf, wenn Licht durch eine begrenzte Öffnung fällt. In einer Projektionsbelichtungsanlage passiert das Licht sogar mehrere solcher Öffnungen, bevor es auf den Lack trifft. Dabei handelt es sich zunächst um Maskenstrukturen. Danach kommt die Abbildungsoptik, die, wie jedes optische System, nur eine begrenzte Blendenöffnung hat und deshalb für eine weitere Strahlauffächerung durch Beugung sorgt. Beugungsvorgänge finden auch auf der Beleuchtungsseite an der Kollimatorblende statt. Jeder der 3 Beugungsvorgänge geht in die Übertragungsqualität der Maskenmuster ein und beeinflußt die erzielbare Strukturauflösung im Lack.

Die Mehrfachbeugung in einer Projektionsbelichtungsanlage wird zuerst für das System aus Maske und Abbildungsoptik diskutiert. Die Betrachtungen beginnen mit der Berechnung der Beugungsfiguren für einen Spalt und eine runde Lochblende. Interpretiert man diese Lochblende als Eintrittsöffnung des Projektionsobjektivs, folgt aus den Ergebnissen sofort eine Abschätzung für die Auflösungsgrenze des Objektivs. Das Auflösungsvermögen der gesamten Anlage aus Maske, Beleuchtung und Objektiv wird mit Hilfe der *Modulationstransferfunktion* behandelt und für ein periodisches Spaltenmuster auf der Maske (*Beugungsgitter*) berechnet.

Die Linsensysteme auf der Beleuchtungs- und Abbildungsseite der Maske sorgen dafür, daß die Lichtstrahlen (nahezu) parallel durch die Maskenöffnungen treten und auf die Lackoberfläche fallen. Diesen Strahlenverlauf kann man auch dahingehend interpretieren, daß Beugungsbilder unendlich weit vom Entstehungsort betrachtet werden ($d \to \infty$). Zur Untersuchung der Lichtbeugung sind deshalb die Fernfeld- oder Fraunhoferschen Gleichungen anzuwenden [8.3]. Diese Gleichungen gehen übrigens als Grenzfall $\Delta\eta \to 0$ aus der Fresnel-Beugung hervor.

8.2.3.1 Fraunhofersche Beugung an Spalt und Lochblende

Wird als typische Maskenstruktur wieder zum Vergleich mit der Fresnel-Beugung ein Spalt mit der Breite B betrachtet, der mit dem parallelen Licht der Wellenlänge λ einer weit entfernten Punktquelle bestrahlt wird (Bild 8.12), können die Amplituden der gebeugten Lichtwellen an einem ebenfalls weit entfernten Beobachtungspunkt P aus dem Huygensschen Prinzip berechnet [8.6] werden. Nach diesem Prinzip ist die Amplitude im Beobachtungspunkt P die Überlagerung der Amplituden der Elementarwellen, die in der Spaltöffnung erzeugt werden.

Liegt P auf der Mittelnormalen des Spaltes, ist (bei dem vorausgesetzten großen Abstand zwischen P und dem Spalt) die Weglänge für alle Elementarwellen gleich. Folglich treffen alle Elementarwellen gleichphasig ein, und die Amplituden addieren sich zum maximal möglichen Wert A_0. Für den Punkt P' hingegen, der im Winkel ϑ von der Mittelnormalen wegliegt, besteht zwischen den Elementarwellen, die aus dem obersten und untersten Bereich des Spaltes austreten, der Gangunterschied $\Delta s = B \cdot \sin \vartheta$. Der entsprechende Phasenunterschied beträgt

$$a = \frac{2 \cdot \pi}{\lambda} \cdot B \cdot \sin \vartheta$$

und dieser Phasenunterschied verursacht Interferenzen zwischen den Elementarwellen: Unter dem Winkel $\vartheta_{\mathrm{n}}^{\mathrm{min}}$, der durch $\sin \vartheta_{\mathrm{n}}^{\mathrm{min}} = n \cdot \lambda / B$ gegeben ist, löschen sich für $n = 1, 2, 3, \ldots$ die Amplituden der Elementarwellen

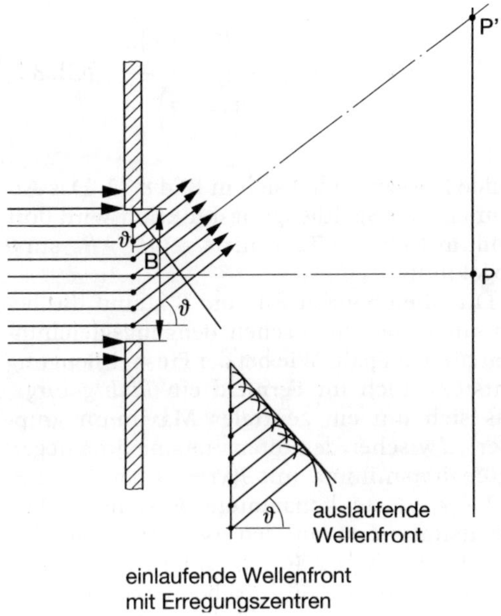

Bild 8.12 Fraunhofer-Beugung an einem Spalt der Breite B. Die Punkte in der Spaltöffnung deuten Erregungszentren für Huygensche Elementarwellen an, die sich, wie unten gezeigt, zu einer auslaufenden Wellenfront vereinigen. Der Abstand zwischen Blende und Beobachtungsebene ist gestaucht.

aus. Unter dem Winkel $\vartheta_{\mathrm{n}}^{\mathrm{min}}$, der durch die Bedingung $\sin \vartheta_{\mathrm{n}}^{\mathrm{max}} = (n + {}^1\!/\!_2) \cdot \lambda / B$ festgelegt ist, kommt es zur vollständigen konstruktiven Interferenz der Elementarwellen und die Amplitude wird maximal.

So entstehen die bekannten hellen und dunklen Beugungsstreifen bei der Fraunhofer-Beugung. Liegt der Punkt P' in der Beobachtungsrichtung ϑ, so wird die Amplitude A als Funktion des Phasenunterschieds durch die sog. Spaltbeugungsfunktion beschrieben,

$$A = \frac{A_0 \cdot \sin \frac{\pi}{\lambda} \cdot B \cdot \sin \vartheta}{\frac{\pi}{\lambda} \cdot B \cdot \sin \vartheta} \qquad \text{(Gl. 8.1)}$$

Die Beleuchtungsintensität ist das Quadrat der Lichtamplitude:

$$I = I_0 \cdot \frac{\left(\sin \frac{\pi}{\lambda} \cdot B \cdot \sin \vartheta\right)^2}{\left(\frac{\pi}{\lambda} \cdot B \cdot \sin \vartheta\right)^2} \qquad \text{(Gl. 8.2)}$$

Beide Kurven finden sich in Bild 8.13. Das Argument der Spaltbeugungsfunktion wird dort und im weiteren Text mit $x \equiv (\pi/\lambda) \cdot B \cdot \sin \vartheta$ abgekürzt.

Die Gleichungen 8.1 und 8.2 sind die bekannten Fraunhoferschen Beugungsgleichungen für den Spalt. Wie bei der Fresnel-Beugung entsteht auch im Fernfeld ein *Lichtgebirge,* das sich um ein zentrales Maximum gruppiert. Zwischen den Intensitätsmaxima liegen Intensitätsminima mit $I(x) = 0$ bei $x = \pm\pi$, $\pm 2 \cdot \pi, \ldots$ in konstantem Abstand π. Die Intensitätswerte an den Nebenmaxima bei $x = \pm 1{,}43 \cdot \pi, \pm 2{,}46 \cdot \pi, \ldots$ fallen rasch und monoton. Am 1. und 2. Nebenmaximum werden bereits weniger als 5 % des zentralen Intensitätswertes bei $x = 0$ erreicht: $I_{max}^{(1)} = 0{,}047 \cdot I_0$ bzw. $I_{max}^{(2)} = 0{,}017 \cdot I_0$.

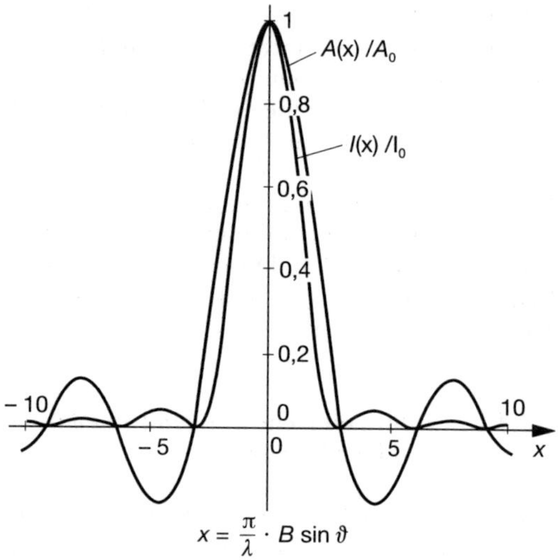

Bild 8.13 Intensität $I(x)$ und Amplitude $A(x)$ als Funktion des reduzierten Sinus $x \equiv (\pi/\lambda) \cdot B \sin \vartheta$ des Beugungswinkels ϑ bei der Fraunhofer-Beugung am Spalt. I_0 und A_0 sind Normierungsfaktoren.

In einer Projektionsbelichtungsanlage kommt es strenggenommen nicht zur Fernfeldbeugung. Hier befinden sich Lichtquelle und Bildebene (Lackoberfläche) nicht im Unendlichen, sondern mittels Linsen näher an der Objektebene, der Maskenoberfläche. Die Fraunhoferschen Beugungsgleichungen können aber trotzdem angewendet werden, wenn man die Koordinaten in der Bildebene entsprechend umrechnet.

Die Beugungseffekte in der Projektionsoptik einer Belichtungsanlage kann man ebenfalls mit den Fraunhoferschen Beugungsgleichungen beschreiben. Allerdings sind die Formeln auf kreisförmige Lochblenden umzuschreiben. Die zu untersuchende Beugungsanordnung ist in Bild 8.14 gezeigt. Die Lichtquelle steht im Brennpunkt des Kondensors, während die Bildebene die Brennebene E' der Projektionsoptik ist. Die Lage eines Beobachtungspunktes P im Beugungsbild wird mit einem Koordinatensystem erfaßt, dessen Ursprung auf der optischen Achse liegt. Die Brennweite f der Projektionslinse wird dabei als Längeneinheit benutzt. Da die Blendenöffnung kreisrund ist, sind die Gleichungen für

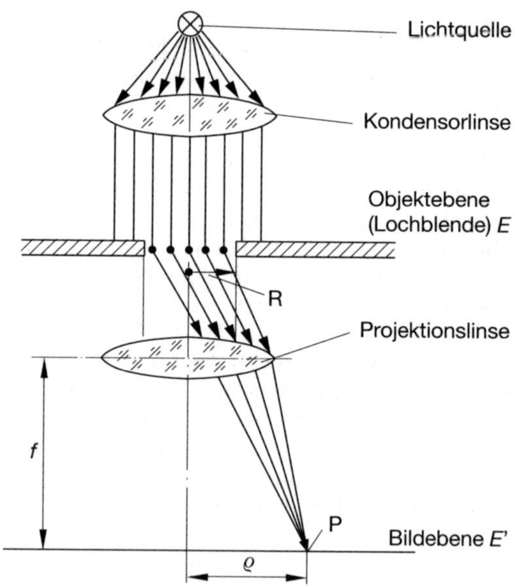

Bild 8.14 Realisierung der Fraunhofer-Beugung an einer kreisrunden Lochblende mit Radius R. f bezeichnet die Brennweite der Abbildungslinse, P ist ein Beobachtungspunkt, ϱ definiert einen dimensionslosen Abstand in der Bildebene E'.

die gebeugte Lichtverteilung besonders einfach, wenn diese in Polarkoordinaten (ϱ und ξ für Radius und Winkel) angegeben wird:

$$I(\varrho) = \left(\frac{R^2 \cdot \pi}{\lambda}\right)^2 \cdot \left(\frac{2 \cdot I_1 \cdot \left(\frac{2 \cdot \pi}{\lambda} \cdot \varrho \cdot R\right)}{\frac{2 \cdot \pi}{\lambda} \cdot \varrho \cdot R}\right)^2 \tag{Gl. 8.3}$$

Die Intensität des gebeugten Lichtes hat Rotationssymmetrie und hängt bei gegebener Blende und Lichtquelle nur vom Abstand ϱ von der optischen Achse ab und nicht vom Winkel ξ. I_1 ist eine transzendente Besselsche Funktion 1. Ordnung, die über ein Integral definiert ist und in Tabellenform vorliegt. Kürzt man das Argument der Bessel-Funktion (wie bei der Spaltbeugung) durch x ab, bestimmt die Funktion $\{2 \cdot I_1(x)/x\}^2$ den Intensitätsverlauf (Bild 8.15).

Das zentrale Maximum dieses Lichtgebirges ist von ringförmigen Kämmen umgeben. Mit wachsenden x-Werten fällt die Intensität oszillierend auf 0. Der helle Bereich bis zum ersten dunklen Beugungsring bei $x = 1{,}220 \cdot \pi$ oder $\varrho = 0{,}610 \cdot \lambda/R$ heißt Airy-Scheibchen. Die weiteren dunklen Ringe mit $I(x) = 0$ liegen bei $x = 2{,}233 \cdot \pi$; $3{,}238 \cdot \pi$; ... bzw. $\varrho = 0{,}610 \cdot \lambda/R$; $1{,}116 \cdot \lambda/R$; $1{,}619 \cdot \lambda/R$; ... Gleiche Abstände ($\Delta x = \pi$ oder $\Delta\varrho = {}^1\!/_2 \cdot \lambda/R$) werden erst in großen Entfernungen vom Hauptmaximum erreicht.

Aus dem Abstandsgrenzwert $\Delta\varrho = {}^1\!/_2 \cdot \lambda/R$ kann man die Ausdehnung der Beugungsfigur in der Bildebene ablesen. Je größer der Radius der Blendenöffnung gemacht wird und je kürzer die Wellenlänge des Lichtes ist, desto geraffter wird die Beugungsfigur und desto ähnlicher dem Verlauf bei geometrischer Abbildung der Blende. Große Blendenöffnungen werden deshalb nahezu beugungsfrei übertragen. Beugungseffekte können außerdem auch dann vernachlässigt werden, wenn mit sehr kurzwelliger Strahlung belichtet wird. Deshalb wird z. B. zur Maskenherstellung die Elektronenstrahllithografie eingesetzt (vgl. Abschnitt 8.4.3). Hier liegt die Wellenlänge im nm-Bereich und ist deshalb 2 Größenordnungen kleiner als bei UV-Licht. Die beugungsbedingten Abbildungsfehler gehen entsprechend im gleichen Maßstab zurück.

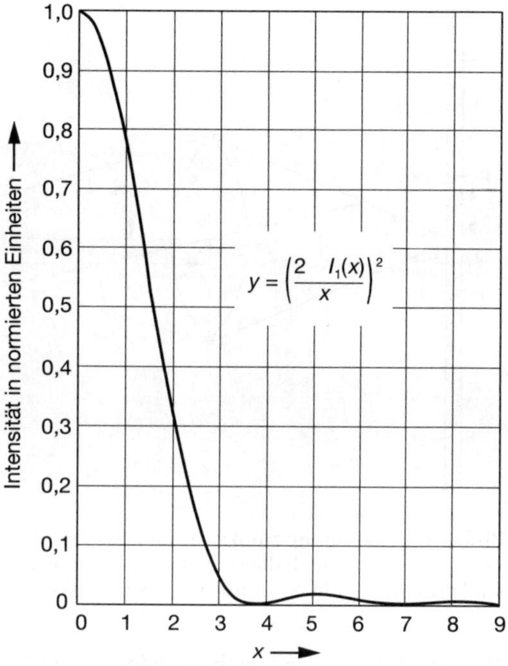

Bild 8.15 Beugung an einer kreisförmigen Blende mit Radius R. Gezeigt ist der auf $(R^2 \cdot \pi/\lambda)^2$ normierte Intensitätsverlauf (nach [8.3]), der durch die Funktion $y = \{2 \cdot I_1(x)/x\}^2$ gegeben ist, $x \equiv (2 \cdot \pi/\lambda) \cdot \varrho \cdot R$. ϱ ist der Abstand von der optischen Achse (in Einheiten der Brennweite f des Objektivs).

8.2.3.2 Auflösungsvermögen der Projektionsoptik

Das Auflösungsvermögen der Projektionsoptik mit einer kreisrunden Linsenöffnung läßt sich mit der Beugungsgleichung 8.3 abschätzen. Gesucht ist der minimale Abstand l_m zwischen 2 Objektpunkten, die als 2 unterscheidbare Bildpunkte abgebildet werden. Bild 8.16 zeigt, wie Licht, das 2 kleine Öffnungen im Abstand l_m in der Maske passiert, durch Beugung an der Blende mit Radius R in 2 *Lichtgebirge* aufgefächert wird. Die beiden zu P und Q gehörigen Intensitätsverteilungen bei

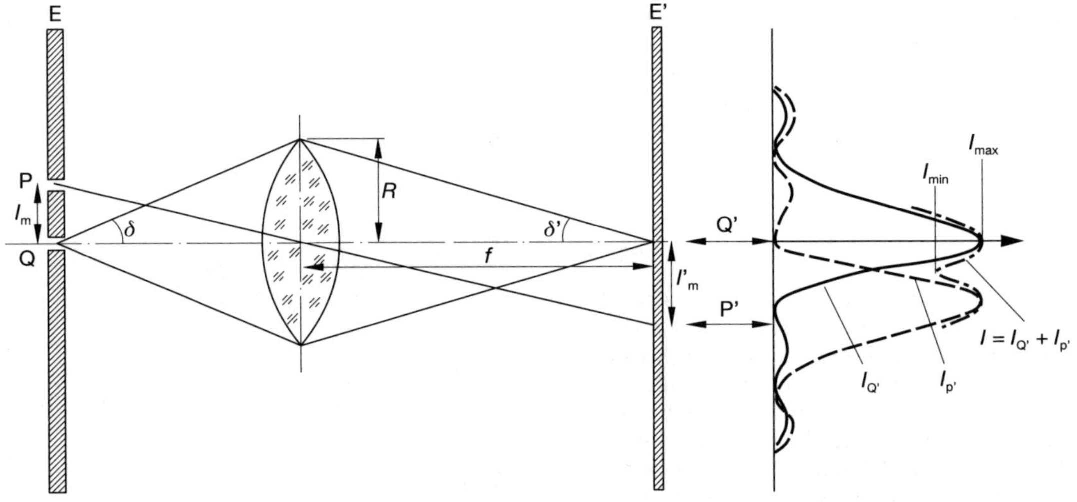

Bild 8.16 Anordnung zur Bestimmung der Auflösungsgrenze des Objektivs mit kreisrunder Blendenöffnung. Gezeigt ist auch die sich überlagernde Intensitätsverteilung der beiden Objektpunkte P und Q. δ und δ' sind die objekt- und bildseitigen Aperturwinkel.

P' und Q' überlagern sich. Je näher P und Q zusammenrücken, desto geringer fällt die Modulation M in der Lichtintensität entlang der Strecke l'_m aus, die von der Maximalintensitäten I_{max} bei P' oder Q' und der minimalen Intensität I_{min} bei $l'_m/2$ bestimmt ist:

$$M = \frac{(I_{max} - I_{min})}{(I_{max} + I_{min})} \qquad \text{(Gl. 8.4)}$$

Nach Lord Rayleigh werden die Lichtgebirge zweier Objekte genau dann noch als getrennt angesehen, wenn das Zentralmaximum des einen in das erste Minimum des anderen fällt. Die Intensitätsmodulation M zwischen 2 Bildpunkten in dieser Grenzlage beträgt, wie man Bild 8.16 entnehmen kann, etwa 15 %. Der Abstand zwischen den Punkten P' und Q' beträgt in Grenzlage l'_m bzw. $\varrho_m = l'_m/f = 0{,}610 \cdot \lambda/R$ und daraus folgt

$$l'_m = 0{,}610 \cdot \lambda \cdot \frac{f}{R} \qquad \text{(Gl. 8.5)}$$

Als zentrales Ergebnis erhalten wir, daß das Auflösungsvermögen einer Projektionsoptik um so besser ist, je größer der Linsendurchmesser und je kleiner Lichtwellenlänge oder Brennweite sind.

Der Minimalabstand in der Bildebene gibt noch nicht die Auflösungsfähigkeit des Objektivs für Objektpunkte an. Verkleinert das Linsensystem sehr stark, führt dies z. B. zu erheblichen Unterschieden zwischen dem gerade noch auflösbaren Abstand l_m in Objektebene und l'_m in der Bildebene. Die optischen Gegebenheiten auf der Objektseite sind mit den Verhältnissen auf der Bildseite durch die Abbesche Sinusbedingung [8.3] verknüpft:

$$l \cdot n \cdot \sin\delta = l' \cdot n' \cdot \sin\delta'$$

n ist der Brechungsindex des Mediums, das sich zwischen Maske und Objektiv befindet. δ bezeichnet den halben, objektseitigen Öffnungswinkel der Abbildungsoptik. Das Produkt $n \cdot \sin\delta$ wird als die *numerische Apertur* der Linse bezeichnet und mit *NA* abgekürzt. δ' und n' sind der Öffnungswinkel und der Brechungsindex auf der Bildseite des Objektivs. Da die Brennweite in der Regel viel größer ist als der Linsenradius R, kann δ' als ein kleiner Winkel angesehen werden, der im Bogenmaß und als Sinus näherungsweise durch $\delta' \approx R/f \approx \sin\delta'$ ausgedrückt werden kann. Im

Falle, daß Objekt und Bildraum Luft als Medium enthalten ($n = n' = 1$), gilt

$$l'_m = 0{,}610 \cdot \lambda \cdot \frac{f}{R} = 0{,}610 \cdot \frac{\lambda}{\delta'}$$

und mit der Abbeschen Sinusbedingung findet man als minimal abbildbaren Abstand zwischen Objektpunkten:

$$l_m = l'_m \cdot \frac{\sin\delta'}{\sin\delta} \approx l'_m \frac{\delta'}{\sin\delta} = 0,610 \cdot \frac{\lambda}{NA} \qquad \text{(Gl. 8.6)}$$

Diese Auflösungsgrenze ist für optische Instrumente und das menschliche Auge abgeleitet worden. Das Auge kann die im Minimalfall auftretenden Lichtintensitätsmodulationen (ca. 15 %) problemlos erfassen.

Lithografisch lassen sich dagegen räumlich getrennte Lacköffnungen nur dann erzeugen, wenn die Intensitätsmodulation die bereits bei der Kontaktbelichtung eingeführte Größe von ≈60 % aufweist. Dazu muß die überlagerte Intensität in der Objektebene (bzw. im Fotolack) statt auf den Rayleigh-Wert von 0,74 $\cdot I_{max}$ auf $I_{min} = 0{,}25 \cdot I_{max}$ fallen. Der dafür notwendige Mindestabstand l'_m zwischen P' und Q' ist $x \approx 1{,}64 \cdot \pi$ bzw. $\varrho \approx 0{,}82 \cdot \lambda/R$. Der Vorfaktor in Gleichung 8.6 für l_m ändert sich dann entsprechend von 0,61 auf 0,82. Dieser Zahlenfaktor hängt außerdem sowohl von der Form der Objektivöffnung ab, und wie im nächsten Abschnitt diskutiert wird, als auch vom *Kohärenzgrad* des verwendeten Lichtes (s. Abschnitt 8.2.3.6). Zur Charakterisierung von Belichtungsanlagen führt man deshalb im Auflösungskriterium einen freien Parameter k_1 ein, der experimentell ermittelt wird:

$$l_m = k_1 \cdot \frac{\lambda}{NA} \qquad \text{(Gl. 8.7)}$$

Typische Werte liegen bei $k_1 = 0{,}8$ oder etwas darunter [8.5].

8.2.3.3 Tiefenschärfe

Die Abbildungsqualität der Maskenstrukturen in den Fotolack auf dem Wafer hängt nicht alleine von der Auflösung ab, sondern wird in der Praxis durch die erreichbare Tiefenschärfe mitbestimmt. Darunter versteht man den Bereich vor und hinter der Bildebene des Objektivs, in dem die Maskenstrukturen ohne merkliche Unschärfe in den Lack übertragen werden. Eine möglichst große Tiefenschärfe ist wichtig, weil die Lackoberfläche auf einer Siliziumscheibe nicht perfekt eben sein kann und deshalb nur innerhalb bestimmter Grenzen mit der Brennebene des Objektivs übereinstimmt. Ursachen für diese Abweichungen sind Waferwölbungen und Lackdickenschwankungen, die die Lackschicht aus der Brennebene bringen. Außerdem folgt die Lackschicht den Höhenunterschieden in der Topographie der bereits auf der Scheibe vorhandenen Oberflächenschichten.

Objektpunkte von Maskengeometrien, die vor oder hinter der idealen Bildebene auf die Lackschicht treffen, werden als kleine Unschärfekreise abgebildet. Da in den Lack sowieso nur Strukturen ab einer bestimmten Mindestgröße übertragen werden können, ist diese Unschärfe tolerierbar, wenn nur der Durchmesser eines Unschärfekreises unterhalb der Auflösungsgrenze im Lack l'_m bleibt. Aus dieser Bedingung erkennt man (Bild 8.17), daß der Bereich mit Tiefenschärfe gerade durch die beiden, zur Bildebene parallel im Abstand $\pm\Delta$ liegenden Ebenen begrenzt ist. Liegt die Lackoberfläche zwischen den beiden Ebenen, wird die minimal mögliche Strukturauflösung erreicht. Den Tiefenschärfeparameter Δ bestimmt man geometrisch aus Bild

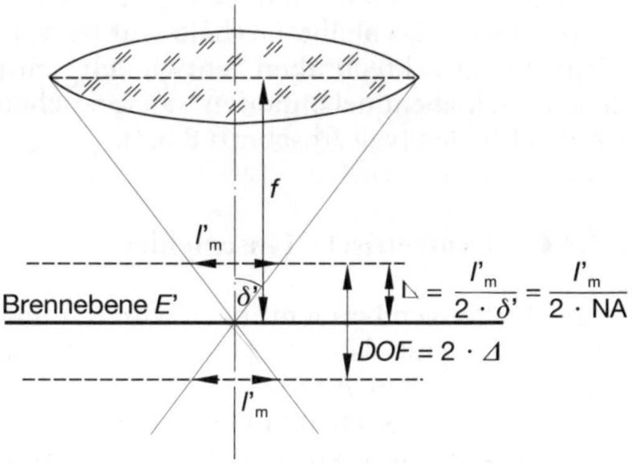

Bild 8.17 Definition des Tiefenschärfeparameters Δ und des Tiefenschärfebereiches *DOF*.

8.17 und unter Ausnützen der Abbeschen Sinusbedingung:

$$\Delta = \frac{l_m}{2 \cdot NA} = 0{,}305 \cdot \frac{\lambda}{NA^2} \quad \text{(Gl. 8.8 a)}$$

Bei der Ableitung wurde ein kleiner Winkel δ', eine 1 : 1 Abbildung und $n = n' = 1$ vorausgesetzt. Der Bereich mit Tiefenschärfe hat die Dicke $2 \cdot \Delta$. Dies entspricht genau der minimalen auflösbaren Strukturbreite (s. Gleichung 8.6) dividiert durch die numerische Apertur. Der Tiefenschärfebereich und wird häufig auch *DOF* bezeichnet (Tiefenschärfe, DOF, engl.: *depth of focus*):

$$DOF = \frac{l_m}{NA} \quad \text{(Gl. 8.8 b)}$$

Diese Gleichung zeigt, daß eine hohe Auflösung zwangsläufig zu einer kleinen Tiefenschärfe führt. Dies ist ein wichtiger begrenzender Faktor bei der lithografischen Übertragung kleinster Strukturen. Hochauflösende Objektive arbeiten mit kurzen Wellenlängen und großen *NA*-Werten und verfügen deshalb über sehr kleine Tiefenschärfebereiche, da der DOF-Wert proportional zu λ und zu $1/NA^2$ abnimmt. Da gewisse Mindest-DOF-Werte aus Fertigungsgründen notwendig sind, kann die mögliche Auflösung des Objektivs unter Umständen gar nicht ausgenutzt werden, und man muß sich auf größere Strukturbreiten beschränken. ICs mit Minimalmaßen unterhalb 1 µm können insbesondere nur dann produziert werden, wenn die Fotolackschicht fast exakt plan im Tiefenschärfebereich des abbildenden Objektivs bleibt. Deshalb wurden z. B. Mehrschichtlacktechniken entwickelt, mit denen Scheibenunebenheiten ausgeglichen werden können (vgl. Abschnitt 8.6.1).

8.2.3.4 Geometrische Linsenfehler

In den bisherigen Betrachtungen wurde implizit vorausgesetzt, daß alle Abweichungen von der geometrischen Abbildung ausschließlich durch Beugungserscheinungen entstehen. Diese Idealisierung gilt nur für kleine Bildfelder, in denen ausschließlich achsennahe Strahlen an der Bildentstehung beteiligt sind. Um Schaltungen ausreichender Größe lithografisch zu übertragen, sind aber relativ große Bilddurchmesser von ca. 20 mm nötig. Hier treten die sog. *geometrischen Linsenfehler* oder *Aberrationen* [8.6] auf. Diese sind zwar bei den verschiedenen Linsentypen, aus denen sich ein Objektiv zusammensetzt, gegenläufig und korrigieren sich zum Teil. Ein Restabbildungsfehler bleibt aber auch bei optimal aufgebauten, sog. optisch korrigierten Objektiven bestehen.

Aberrationen, die sich besonders auf die praktisch erzielbare Tiefenschärfe auswirken, sind der sog. Astigmatismus und die Bildfeldwölbung. Bei einer Linse mit Astigmatismus liegen die Bilder von horizontalen und vertikalen Strukturen auf der Maske in unterschiedlichen Brennebenen. Die Wölbung des Bildfeldes bei einer Linse bewirkt, daß Bildpunkte an der optischen Achse und am Rand des Bildfeldes unterschiedlich weit von der Linse entfernt liegen. Durch die Verformungen der Bildebene wird die Tiefenschärfe reduziert. Statt der idealen Werte aus Gleichung 8.8 wird die sog. *nutzbare Tiefenschärfe* für Projektionsobjektive angegeben, die etwa 50 % niedriger liegt.

Ein weiterer Linsenfehler, der in die Maßhaltigkeit der Abbildung eingeht, ist die Bildfelddistorsion, die das Bild in der Bildebene verzerrt. Ein Quadrat kann z. B. tonnenförmig oder kissenförmig verzeichnet werden. Dieser Effekt führt zu Maßhaltigkeitsfehlern bei den in den Lack übertragenen Maskengeometrien und muß bei der Festlegung der minimalen Strukturbreiten innerhalb eines Lithografieprozesses berücksichtigt werden.

8.2.3.5 Stehwelleneffekte

Die geometrischen Abbildungsfehler bei den hochauflösenden Projektionsobjektiven können in der Regel nicht für den gesamten UV-Bereich korrigiert werden, sondern nur für ein oder zwei Wellenlängen. Die bestmögliche Tiefenschärfe und Auflösung wird deshalb nur bei monochromatischem Licht mit entsprechender Wellenlänge erzielt. Tabelle 8.1 listet Belichtungswellenlänge, Auflösung,

Tabelle 8.1 Belichtungsanlagen für die Teilfeldprojektion. *NA* ist die numerische Apertur der Abbildungslinse, λ ist die Wellenlänge der Lichtquelle (nach [8.10]).

Hersteller Linsenbezeichnung	Linsenhersteller	Verkleinerung: (M:1)	Bildfeldgröße (mm^2)	NA	λ (nm)	Auflösungsgrenze	Tiefenschärfe
American Semiconductor Technologies Corp. (ASET)							
10-87-34	Zeiss	10 : 1	8,2 × 8,2	0,32	365	0,9 µm	3,56 µm
10-78–16	Zeiss	5 : 1	14,1 × 14,1	0,38	436	0,9 µm	3,02 µm
10-78-61	Zeiss	5 : 1	15 × 15	0,43	436	0,8 µm	2,36 µm
Canon Inc.							
UL-10 III	Canon	5 : 1	15 × 15	0,43	436	0,8 µm	2,36 µm
UL-20	Canon	5 : 1	15 × 15	0,45	436	0,75 µm	2,15 µm
UL-21	Canon	5 : 1	15 × 15	0,55	436	0,6 µm	1,44 µm
GCA							
2040 i	GCATropel	5 : 1	14,1 × 14,1	0,40	365	0,7 µm	2,28 µm
2145 i	GCATropel	5 : 1	15 × 15	0,45	365	0,65 µm	1,80 µm
Hitachi Semiconductor Equipment Instrument Division							
10-78-46	Zeiss	5 : 1	14,1 × 14,1	0,38	436	0,9 µm	3,02 µm
10-78-38	Zeiss	10 : 1	10 × 10	0,42	365	0,7 µm	2,07 µm
Ultratech-Stepper							
3145 gn	Ultratech	1 : 1	30 × 15	0,31	390 – 450	1,0 µm	4,37 µm

Zum Vergleich, die Daten einer Ganzscheibenbelichtungsanlage mit Spiegeloptik für 4-Zoll-(100 mm) Wafer:

Perkin Elmer							
Micralign 300	Perkin Elmer	1 : 1	81,3 × 100	0,31	ganzes Hg-Spektrum	2,0 µm	16 µm

Bildfeldgröße und Tiefenschärfe für verschiedene gebräuchlicher Belichtungsanlagen auf.

Der Nachteil bei monochromatischer Beleuchtung ist der sog. *Stehwelleneffekt*. Stehende Wellen bilden sich im Lack aus, weil das einfallende monochromatische Licht an der Grenzfläche zwischen Lack und Waferoberfläche (teilweise) reflektiert wird. Einlaufende und reflektierte Wellenzüge interferieren. Dabei bilden sich stehende Wellen, und diese verursachen das in Bild 8.18 a gezeigte Lichtintensitätsprofil. Die Intensitätsmaxima liegen im Abstand $\lambda/(2 \cdot n^*)$. n^* ist der Brechungsindex des Fotolackes. Die Intensität nimmt im Mittel mit der Lacktiefe ab, weil die Lackschicht Licht absorbiert. An den Intensitätsmaxima wird der Lack stark belichtet, an Minima schwach. Da die Entwicklungsgeschwindigkeit des belichteten Lackes intensitätsabhängig ist, übertragen sich die

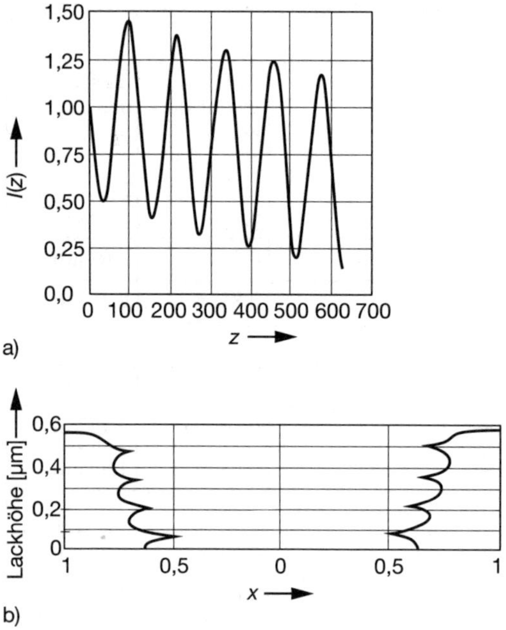

Bild 8.18 a) Durch Stehwelleneffekte und Lichtabsorption geprägter Intensitätsverlauf bei monochromatischer Beleuchtung ($\lambda = 436$ nm, $n^* = 1{,}6$). z gibt die Lacktiefe an. Die Intensität ist auf den Wert an der Lackoberfläche normiert; b) Lackkantenprofil für eine 1 µm breite Lacköffnung nach der Entwicklung (nach [8.4]). Die Lackdicke ist gegen den Abstand von der Mittellinie der Lacköffnung aufgetragen.

Oszillationen in der Lichtintensität auf die Abtragerate im Entwicklerbad. Als Folge entsteht das in Bild 8.18 b gezeigte Lackprofil.

Die Fransen am Lackrand sind bei kleinen Lackstrukturen sehr schädlich. Bei schmalen Lackstegen können sich die Auskerbungen an den Lackkanten fast berühren, und der Lacksteg verliert seine Stabilität. Genausogut können die Ausfransungen an den Kanten kleiner Lacköffnungen diese Öffnungen verschließen. Maßnahmen gegen solche Fehler in der Lackstruktur stellt Abschnitt 8.3.7 vor.

8.2.3.6 Kohärente und inkohärente Belichtung

Auflösungsgrenzen und Tiefenschärfe werden nicht nur von Beugung und Linsenfehlern beeinflußt, sondern hängen auch von Eigenschaften der Lichtquelle und der Kondensoroptik auf der Lichtseite ab. Diese Komponenten bestimmen die Interferenzfähigkeit des von der Maske ins Projektionssystem fallende Licht. Die Interferenzfähigkeit wird durch den sog. *räumlichen Kohärenzgrad* charakterisiert. Je kohärenter das Licht ist, desto stärker korrelieren die Phasenlagen der einzelnen Lichtwellenzüge, und je nach Kohärenzgrad erhält man verschiedene Auflösungsgrenzen:

Das Rayleigh-Kriterium gilt in der abgeleiteten Form nur dann, wenn sich die Lichtintensitäten der beiden Objektpunkte interferenzfrei addieren. Dies ist nur dann möglich, wenn das Licht, das von den beiden Objektpunkten kommt, vollständig inkohärent ist. Diese Annahme trifft bei der Lithografie nicht zu: Hier wird mit (nahezu) kohärentem Licht gearbeitet. Zur Berechnung der Beugungsfiguren müssen vor Berechnung der Intensität zuerst die Amplituden der einzelnen Lichtwellenzüge addiert werden, um Interferenzeffekte zu erfassen. Erst danach kann man die überlagerte Gesamtintensität des Lichtes berechnen, indem man die Gesamtamplitude quadriert. Die Interferenz der Lichtverteilungen, die von den beiden Objektpunkten stammen, verringert die Intensitätsmodulation zwischen den Bildpunkten. Objekte auf der Maske werden deshalb nur dann getrennt abgebildet, wenn ihr Abstand größer ist, als vom Rayleigh-Kriterium gefordert [8.5].

Der Kohärenzgrad ist aber nicht allein für die Beugung im Objektiv wichtig, sondern beeinflußt bereits die Intensitätsverteilungen des Lichtes, das die Maskenstrukturen durchsetzt hat. Die Beugungsbilder einer spaltförmigen Maskenöffnung wurden bereits mit dem Huygensschen Prinzip unter der Voraussetzung abgeleitet, daß das in die Öffnung fallende Licht Elementarwellen mit identischer Phasenlage generiert. Nur dann können die Elementarwellen in der beschriebenen Form vollständig interferieren, und es entstehen die besprochenen Beugungsfiguren mit Helligkeiten, die zwischen den Maximalintensitäten und der Intensität 0 in den dunklen Beugungsstreifen variieren. Gleichphasige Elementarwellen entstehen aber nur bei vollständig kohärenter Beleuchtung. Ist das Licht nicht völlig kohärent, erhält man verschwommene Beugungsbilder, bei denen die Intensität in den dunklen Streifen nicht bis auf 0 heruntergeht. Bei vollkommener Inkohärenz wird die Bildebene gleichförmig ausgeleuchtet. Die charakteristischen Modulationen der Lichtintensität fehlen völlig.

Wie diese Beispiele zeigen, wirkt sich Kohärenz bzw. Inkohärenz bei der Belichtung unter Umständen gegenläufig bei Maske und Objektiv aus. Man ist daher gezwungen, den optimalen Kompromiß zwischen kohärenter und inkohärenter Belichtung zu suchen.

8.2.3.7 Kohärenzeinstellung mit dem Köhlerschen Beleuchtungsprinzip

Licht, das weder kohärent noch inkohärent ist, wird als *partiell kohärent* bezeichnet. Der Grad der Kohärenz ist an bestimmte Kohärenzbedingungen geknüpft [8.7], in die insbesondere die räumliche Ausdehnung der Lichtquelle eingeht: Kohärentes Licht wird von punktförmigen Lichtquellen emittiert, die kontinuierlich Licht einer festen Wellenlänge erzeugen. In Belichtungsanlagen sind die Lichtquellen in der Regel Quecksilberdampflampen, in denen viele optisch angeregte Atome Licht aussenden und nicht nur ein einzelner Punktstrahler. Je ausgedehnter eine Lichtquelle ist, desto weniger korreliert strahlen weit entfernte Einzelquellen. Interferenzen können deshalb nur von solchen Lichtwellen erwartet werden, die innerhalb eines schmalen Lichtbündels liegen. Je ausgedehnter der Ursprungsort des Lichtbündels in einer flächigen Lichtquelle ist, desto geringer ist der zu erwartende Kohärenzgrad des aufgefangenen Lichtes.

Diesen Effekt kann man ausnutzen, um den Kohärenzgrad des Lichtes in einer Belichtungsanlage einzustellen. Eine Lichtquelle variabler Größe entsteht beim *Köhlerschen Beleuchtungsschema,* das bereits in Bild 8.9 schematisch dargestellt wurde. Hier fällt das Licht der Quelle über eine Leuchtfeldblende, die Kondensorlinse und die Maske in die Öffnungsblende der Abbildungslinse. Dort entsteht ein Bild der Lichtquelle, das je nach Apertur der Kondensorlinse bzw. der Blendenöffnung einen bestimmten Durchmesser hat. Das Verhältnis vom Durchmesser des Lichtquellenbildes und der Objektivöffnung legt den Kohärenzgrad des Lichtes fest, das im Objektiv gebeugt wird. Ist das Quellenbild punktförmig, fällt kohärentes Licht ins Objektiv. Füllt das Bild der Lichtquelle die gesamte Eintrittsöffnung aus, ist das Licht nur noch teilweise kohärent.

Gemessen wird der Kohärenzgrad mit dem Parameter s, der als Verhältnis der numerischen Aperturen des Kondensors und des Objektivs NA_k bzw. NA_0 definiert ist:

$$s \equiv \frac{NA_k}{NA_0} \qquad \text{(Gl. 8.9)}$$

Die numerische Apertur des Kondensors kann über die Einstellung der Leuchtfeldblende variiert werden. Bei sehr kleiner Blende wird das Licht kohärent ($s = 0$ bzw. $NA_k = 0$). Vollständige Inkohärenz ($s = \infty$) läßt sich mit der gezeigten Köhler-Anordnung nicht realisieren, denn das gesammelte Licht der Quecksilberlampe kann maximal die Objektivöffnung vollständig ausfüllen, so daß in der Praxis der Kohärenzgrad auf $s \leq 1$ beschränkt ist.

Zur Projektionsbelichtung wird meist teilkohärentes Licht mit s zwischen 0,5 ... 0,7 verwendet. Diese Einstellung stellt einen Kompromiß zwischen dem erzielten Auflösungsvermögen und der notwendigen Belichtungsdauer dar. Beide Kriterien sind gegenläufig. Die Auflösung verbessert sich mit zunehmender Kohärenz. Um kleinflächige effektive Lichtquellen zu erzeugen, ist aber die Leuchtfeldblende zwischen Lampe und Kondensor zu verkleinern. Dies reduziert die Beleuchtungsstärke an der Lackoberfläche. Der Gewinn an Auflösungsvermögen wird mit verlängerten Belichtungszeiten erkauft, die den Fertigungsdurchsatz reduzieren [8.8].

8.2.3.8 Modulationstransferfunktion

Auflösungsfähigkeit und Übertragungsqualität einer Projektionsbelichtungsanlage lassen sich mit dem Rayleigh-Kriterium (Gleichung 8.6) nur ungenau charakterisieren. Dieses Kriterium kann nur eine grobe Abschätzung liefern, denn es berücksichtigt nur die sekundäre Beugung des bereits an der Maske gebeugten Lichtes im Objektiv. Außerdem wird eine vollständig inkohärente Beleuchtung angenommen, die technisch nicht zu realisieren ist.

Systematisch läßt sich die Abbildungsqualität und das Auflösungsvermögen einer Projektionsbelichtungsanlage mit Hilfe der sog. *Modulationstransferfunktion* beschreiben. Mit Hilfe dieser Funktion (*MTF*, engl.: *modulation transfer function*) können die Intensitätsverteilungen der Bilder von Maskenstrukturen sogar quantitativ berechnet werden. Die *MTF*-Funktion hängt von der numerischen Apertur des Objektivs, vom Kohärenzgrad der Beleuchtung und von der abzubildenden Strukturgröße ab. Deshalb erfaßt die *MTF* alle wesentlichen Komponenten beim Belichten und definiert ein Qualitätskriterium mit Vorhersagekraft für das Abbildungsvermögen der gesamten Belichtungsanlage.

Die *MTF*-Funktion wird für Maskenstrukturen mit periodisch variierender Durchlässigkeit bestimmt und gibt das Verhältnis der Intensitätsmodulation in Bild und Maskenebene M_i bzw. M_m an:

$$MTF = \frac{M_i}{M_m}$$

Die periodischen Maskenstrukturen heißen *Beugungsgitter* und setzen sich aus abwechselnd angeordneten parallelen, lichtdurchlässigen und undurchlässigen Streifen der Breite b zusammen. Die Durchlässigkeitsfunktion dieses Gitters variiert mit der räumlichen Periode τ ($\tau = 2 \cdot b$) zwischen 100 % und 0, und die Intensitätsverteilung des Lichtes oszilliert nach Passieren der Maske mit der gleichen Periode zwischen 0 und Maximalwert I_0 (Bild 8.19) Die in Gleichung 8.4 definierte Intensitätsmodulation an der Maske M_m hat folglich den Wert 1 (100 %).

Das Intensitätsmuster, das bei der Projektionsbelichtung auf die Fotolackoberfläche übertragen wird, hat in der Regel eine geringere Modulation: $M_i < M_m = 1$. Bei kleinen Spaltbreiten entsteht durch Beugung an der Maske und der Objektivblende ein Lichtmuster mit weniger scharfen Grenzen (Bild 8.19). Sobald τ in die Größenordnung von λ kommt, wird auch die Maximalintensität I_0 in der Bildebene nicht mehr erreicht. Die Lichtintensität bleibt dann auch in der Bildmitte der abgedunkelten Streifen von 0 verschieden. Im gezeigten Beispiel liegt M_i bei 0,66. Das entspricht einem *MTF*-Wert von 66 %.

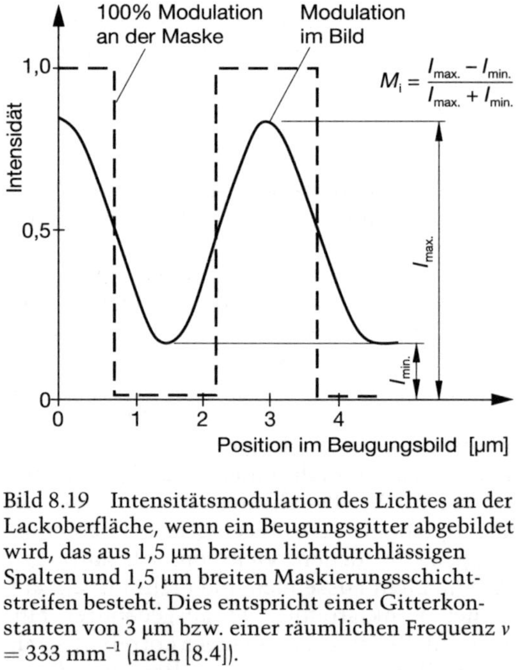

Bild 8.19 Intensitätsmodulation des Lichtes an der Lackoberfläche, wenn ein Beugungsgitter abgebildet wird, das aus 1,5 µm breiten lichtdurchlässigen Spalten und 1,5 µm breiten Maskierungsschichtstreifen besteht. Dies entspricht einer Gitterkonstanten von 3 µm bzw. einer räumlichen Frequenz $\nu = 333\ mm^{-1}$ (nach [8.4]).

Wird die Spaltbreite vergrößert, geht der Einfluß der Beugung zurück und M_i bzw. der *MTF*-Wert steigt. Bei noch weiter verkleinerten Gitterperioden werden M_i und *MTF* ebenfalls kleiner. Nimmt man als charakteristische Größe für ein Beugungsgitter statt der Periode τ den Kehrwert $1/\tau$, also die räumliche Frequenz ($\nu = 1/\tau$), dann sind *MTF* und Bildmodulation monoton fallende Funktionen von ν. Bild 8.20 zeigt die Frequenzabhängigkeit der *MTF*-Funktion

$$MTF(\nu) = \frac{M_i(\nu)}{M_m} \quad \text{(Gl. 8.10)}$$

an einem Beispiel.

Je höher die Frequenzen werden, desto näher liegen die Spaltöffnungen in der Maske zusammen und desto stärker überlagern sich die Intensitätsverteilungen der Einzelspalten in der Bildebene. Die Intensitätsmodulation im Bild flacht immer stärker ab. Ab einer bestimmten Frequenz hat das Bild keine periodische Struktur mehr. Als Auflösungsgrenze für Beugungsgitter wird die Gitterperiode τ_g definiert, die gerade noch in der Bildintensität zu erkennen ist. An der Auflösungsgrenze $\nu_{max} = \tau_g^{-1}$ nimmt die monoton fallende *MTF*-Funktion den Wert 0 an.

Bei kohärenter Beleuchtung des Gitters liegt diese Auflösungsgrenze [8.4] bei

$$\tau_g^k = \frac{\lambda}{NA} \quad \text{entsprechend} \quad \nu_{max}^k = \frac{NA}{\lambda}$$

und bei inkohärentem Licht hingegen bei

$$\tau_g^{ik} = \frac{\lambda}{2 \cdot NA} \qquad \text{entsprechend}$$

$$\nu_{max}^{ik} = \frac{2 \cdot NA}{\lambda} = 2 \cdot \nu_{max}^k$$

Dies ist die gleiche Beziehung, wie beim Rayleigh-Kriterium, nur mit geändertem Zahlenfaktor. Als Lackstruktur läßt sich ein Gitter, das an der Auflösungsgrenze liegt, natürlich nicht darstellen. Statt der gerade noch erkennbaren Intensitätsmodulationen sind hier Modulationen von 60 % und mehr nötig, um die periodischen durchentwickelten Lacköffnungen zu erzeugen.

Experimentell kann man das Frequenzverhalten von *MTF*(ν) bestimmen, indem man ein Beugungsgitter mit sinusförmiger Durchlässigkeitsänderung verwendet und die Lichtintensitätsmodulation mit einem kleinen Fotodetektor mißt, mit dem das Bild des Gitters abgefahren wird. Ein Sinusgitter hat gegenüber dem vorher beschriebenen Beugungsgitter mit rechteckförmiger Durchlässigkeitscharakteristik den praktischen Vorteil, daß die Methoden der *Fourier-Transformation* zur Berechnung der Intensitätsverteilung eines beliebigen Maskenmusters angewendet werden können (s. nächster Abschnitt). Bild 8.21 zeigt die *MTF*-Funktion von Sinusgittern für

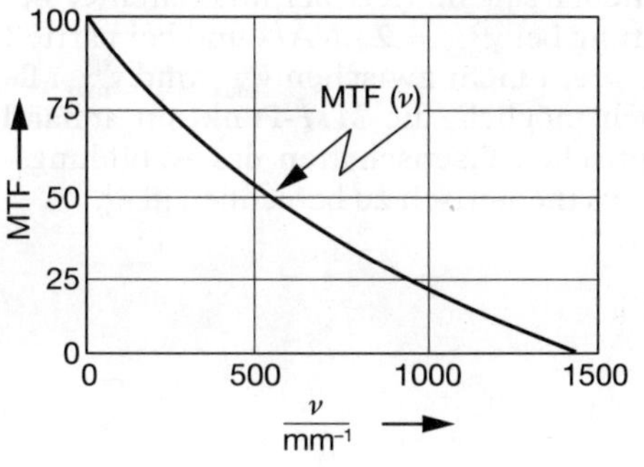

Bild 8.20 Modulationstransferfunktion des Objektivs, das zur Übertragung des Maskengitters in Bild 8.19 verwendet wurde, in Abhängigkeit der räumliche Frequenz ν (nach [8.4]).

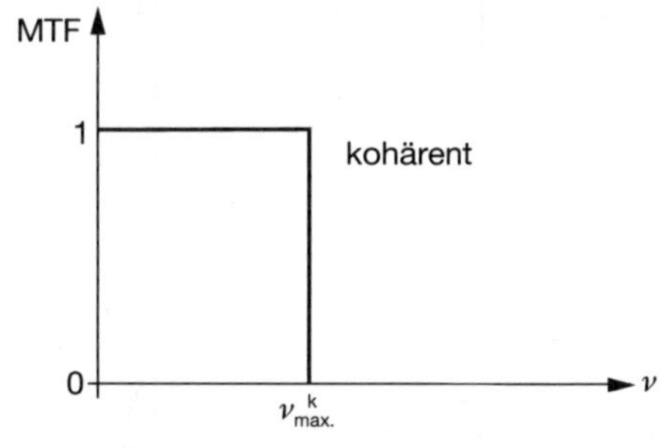

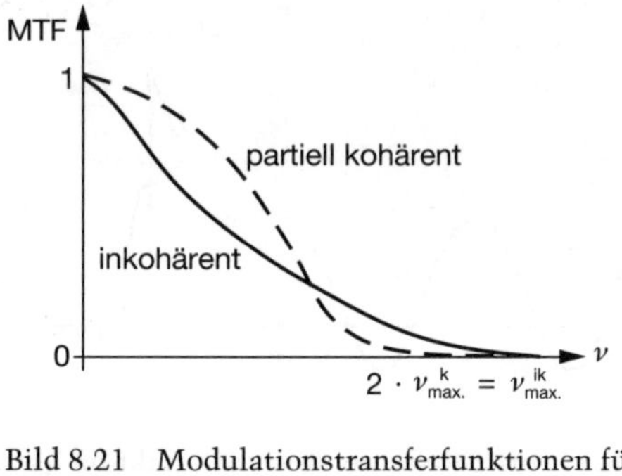

Bild 8.21 Modulationstransferfunktionen für kohärentes, partiell kohärentes und inkohärentes Licht (nach [8.4])

kohärentes, partiell kohärentes und inkohärentes Licht. Bei kohärenter Beleuchtung bleibt die *MTF*-Funktion bis zur Grenzfrequenz $\nu^{k}_{max} = NA/\lambda$ konstant auf 100%, während diese Funktion im inkohärenten oder partiell kohärenten Fall monoton abnimmt. Die Grenzfrequenz liegt bei inkohärenter Beleuchtung bei $\nu^{ik}_{max} = 2 \cdot NA/\lambda$ und bei partiell kohärentem Licht zwischen ν^{k}_{max} und ν^{ik}_{max}. Es ist auch möglich, die *MTF*-Funktion anhand der optischen Eigenschaften des Abbildungsobjektivs theoretisch zu berechnen [8.4].

8.2.3.9 Berechnung des Beugungsbildes mit der MTF-Funktion

Das Bild einer Maske an der Lackoberfläche kann man sich aus einzelnen Intensitätskomponenten $I_i(\nu)$ zusammengesetzt denken, die unterschiedliche räumliche Frequenzen aufweisen. Diese Komponenten erhält man aus der Fourier-Entwicklung der räumlichen Intensitätsverteilung an der Maske $I_m(x)$. Die Maskenstruktkuren sollen sich dabei der Einfachheit halber hier nur in der Raumrichtung «*x*» ändern. Bei der Fourier-Entwicklung wird die Intensität an der Maske durch eine Überlagerung von Intensitätsverteilungen von Sinusbeugungsgittern (und Cosinusbeugungsgittern) dargestellt. Betrachten wir als Beispiel die in Bild 8.22 gezeigte Intensitäts-

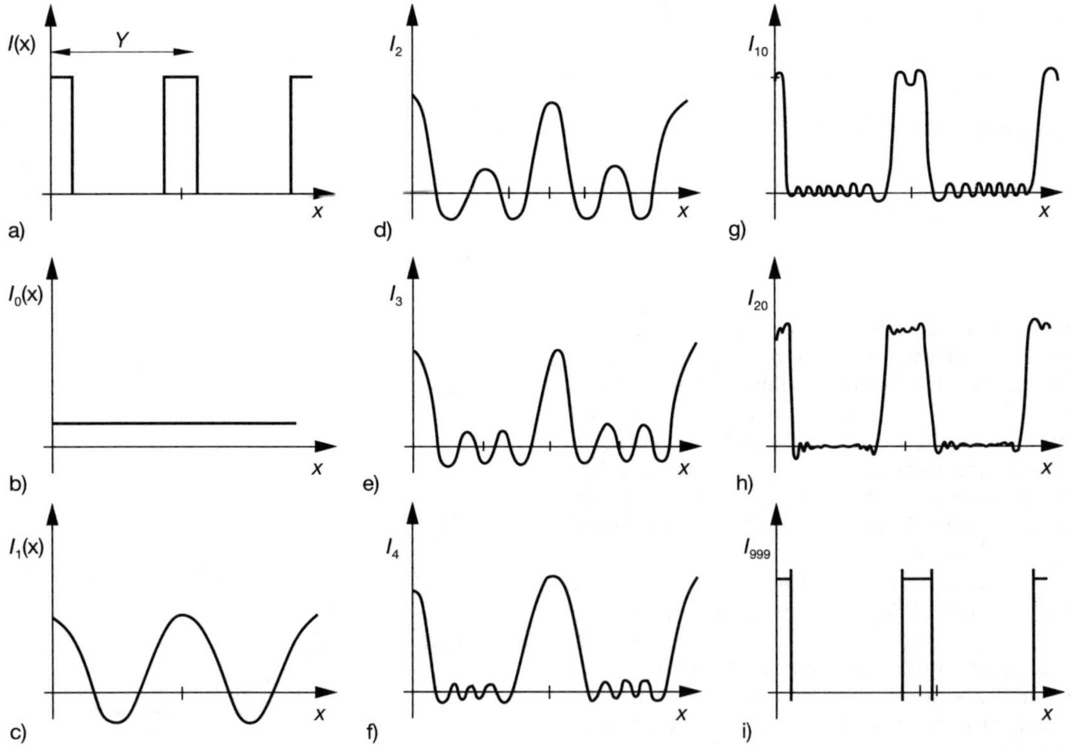

Bild 8.22 Fourier-Reihe der Rechteckfunktion $I(x)$ in Bild a). Die Teilbilder b) bis i) zeigen, wie die darzustellende Funktion immer besser angenähert wird, wenn immer mehr Terme bei der Fourier-Entwicklung berücksichtigt werden. Der Index n bei $I_n(x)$ gibt an, wie viele Reihenglieder berücksichtigt wurden (nach [8.7]).

funktion $I_m(x)$ mit Rechteckcharakteristik. Wenn $I_m(x)$ die räumliche Periode Y zeigt, dann sieht die Fourier-Reihe folgendermaßen aus:

$$I_m(x) = I_c + \sum_{p<0} \left\{ C_p \cdot \cos\frac{2\cdot\pi\cdot p\cdot x}{Y} + S_p \cdot \sin\frac{2\cdot\pi\cdot p\cdot x}{Y} \right\}$$

I_c ist eine Konstante und der Summationsindex p läuft über alle positiven ganzen Zahlen. C_p und S_p sind reellwertige Konstanten, die als Fourier-Koeffizienten zur Frequenz $v = 2 \cdot \pi \cdot p / Y$ bezeichnet werden. Diese Koeffizienten geben an, mit welcher Amplitude sich die Intensität des Sinus- oder Cosinusgitters gleicher Frequenz in $I_m(x)$ wiederfindet. Die einzelnen Summanden sind harmonische Funktionen, deren Frequenzen ganze Vielfache der Grundfrequenz $2 \cdot p/Y$ sind. Bild 8.22 zeigt, wie sich durch Berücksichtigung von immer mehr Termen mit immer höheren Frequenzen die Fourier-Reihe der periodischen Rechteckfunktion annähert.

Will man nun die Intensitätsverteilung in der Bildebene wissen, braucht man nur die Fourier-Koeffizienten mit den Werten der *MTF*-Funktion der Belichtungsanlage zu multiplizieren, denn die *MTF*-Funktion bestimmt das Verhältnis der Intensitäten für ein Sinus- oder Cosinusgitter an der Maske und im Beugungsbild. Das Ergebnis dieser Multiplikation ist die Fourier-Reihe für die Intensität in der Bildebene $I_i(x)$.

Im allgemeinen Fall haben Maskenstruktur und Lichtintensität an der Maske keine so einfache periodische Struktur wie im Beispiel. Im Prinzip ändert das nichts am Vorgehen. Solche Intensitätsverteilungen werden nicht in einer Reihe entwickelt, sondern per Integral «fourier-transformiert» (s. [8.9]). Der prinzipielle Ablauf bei der Berechnung der Bildintensität ist dann wie folgt: Zunächst wird die Intensitätsverteilung an der Maske $I_m(x)$ fourier-transformiert,

$$I_m(v) = \frac{1}{2\cdot\pi} \cdot \int_{-\infty}^{\infty} I_m(x) \cdot e^{-i\cdot v\cdot x} \cdot dx \equiv F_T \cdot \{I_m(x)\} \quad \text{(Gl. 8.11 a)}$$

Der Operator F_T überführt in der Gleichung die ortsabhängige Funktion $I_m(x)$ in die Komponente $I_m(v)$ zur (räumlichen) Frequenz v im Intensitätsspektrum an der Maske. Die entsprechende Spektralkomponente in der Bildebene $I_i(v)$ zur Frequenz v ist dann:

$$I_i(v) = MTF(v) \cdot \{I_m(v)\} \quad \text{(Gl. 8.11 b)}$$

Durch Rücktransformation mit dem inversen Operator F_T^{-1} folgt die räumliche Intensitätsverteilung im gebeugten Abbild der Maske:

$$I_i(x) = \int_{-\infty}^{\infty} I_i(v) \cdot e^{i\cdot v\cdot x} \cdot dv \equiv F_T^{-1} \cdot \{I_i(v)\} \quad \text{(Gl. 8.11 c)}$$

Bild 8.23 zeigt die so berechnete Intensitätsverteilung des Bildes für eine Maskenstruktur mit Spaltbreite $b = 1$ µm, die mit inkohärentem Licht der Wellenlänge $\lambda = 435{,}7$ nm belichtet wurde. Das verwendete Objektiv hatte die Apertur $NA = 0{,}45$.

Anhand des in den Gleichungen 8.11 definierten Ablaufes kann der Prozeß der Bildentstehung an der Lackoberfläche im Detail analysiert werden.

Da jede *MTF*-Funktion an einer Grenzfrequenz verschwindet, werden höherfrequente Anteile in der Spektralverteilung an der Maske $I_m(v)$ im Bildspektrum $I_i(v)$ unterdrückt und fehlen bei der Rücktransformation (Gleichung 8.11 c). Durch diesen Informationsverlust kann die Maskenstruktur prinzipiell nicht unverändert in die Lackschicht übertragen werden. Das Ausmaß der Veränderung bei der Abbildung hängt von der Frequenzcharakteristik der *MTF*-Funktion ab, die, wie Bild 8.21 zeigt, vom Kohärenzgrad der Lichtquelle bestimmt wird.

Für räumlich scharfe Übergänge zwischen belichteten und dunklen Bildzonen sind gerade höherfrequente Intensitätskomponenten $I_i(v)$ wichtig. Dies erkennt man schon an den Teilsummen der Fourier-Reihe, die in Bild 8.22 gezeigt sind: Die steilen Flanken findet man erst in der Fourier-Darstellung wieder, wenn Terme mit der 20fachen Grundfrequenz berücksichtigt werden. Allerdings zeigt sich bereits an diesem Beispiel, daß die Bedeutung der Fourier-Komponenten für das Aussehen der dargestellten Funktion mit wachsender Frequenz abnimmt. Der Unterschied zwischen den gezeigten Fourier-Summen mit 20

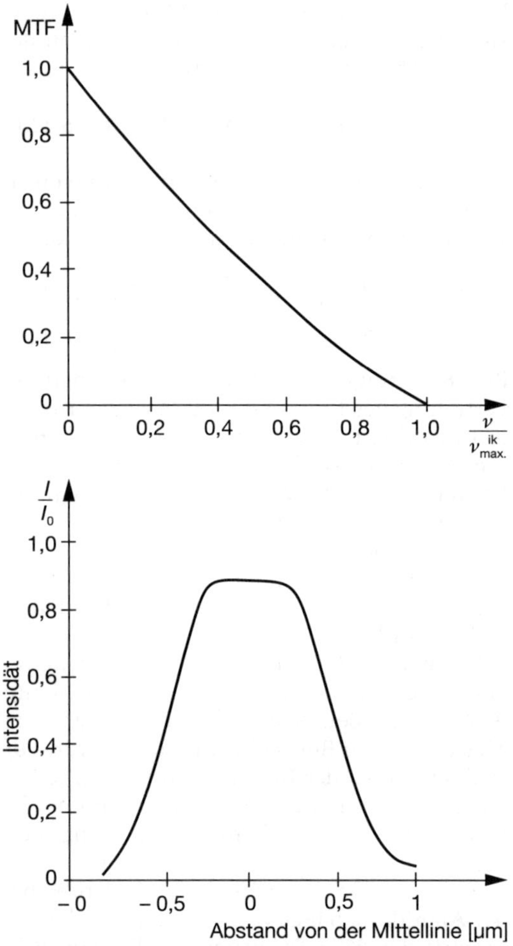

Bild 8.23 Modulationstransferfunktion und Intensitätsverteilung einer nominal 1 µm breiten streifenförmigen Maskenöffnung bei inkohärenter Beleuchtung durch ein Objektiv mit NA = 0,45 bei einer Wellenlänge von 435,8 nm (nach [8.4]). Die Intensität ist in Einheiten der Maximalintensität an der Maske I_0 angegeben.

und 999 Termen ist nicht mehr sehr groß. Die besondere Bedeutung der mittleren Fourier-Terme führt dazu, daß, je kohärenter das Licht ist, um so schärfere und kontrastreichere Bilder entstehen. Bei vollständig kohärenter Beleuchtung werden niedrige und mittelfrequente Intensitätskomponenten $I_m(\nu)$ unverändert in das Bildspektrum übernommen, weil, wie Bild 8.21 zeigt, hier die *MTF*-Funktion konstant den Wert «1» annimmt. Obwohl bei inkohärenter Beleuchtung mit der gleichen Lichtwellenlänge die doppelte Bandbreite Berücksichtigung findet, ist der Bildkontrast an der Lackoberfläche schlechter. Der Grund dafür ist, daß bei inkohärentem Licht bereits Spektralanteile $I_m(\nu)$ mit relativ kleinen Frequenzen nicht mehr 1 : 1 übertragen werden.

In folgenden Abschnitt wird gezeigt, wie die *MTF*-bestimmte Lichtmodulation an der Lackoberfläche zusammen mit der Belichtungsempfindlichkeit des Fotolackes die minimalen Strukturbreiten festlegt, die mit einem Lithografieprozeß erzeugt werden können.

8.3 Lacktechnik

Fotolacke sind Substanzen, die ihre molekulare Struktur unter Einwirkung von ultraviolettem Licht (Wellenlängen von 300...500 nm) definiert verändern. Nach der Belichtung löst sich der Lack in einer Entwicklerlösung. Es gibt *Positiv-* und *Negativlacke*. Heute sind *Positivlacke* üblich, bei denen belichtete Lackbereiche beim Entwickeln entfernt werden. In den dunklen Bereichen des Maskenabbilds hingegen, bleibt der Lack stehen. So entsteht ein positives Abbild der Maskengeometrien im Lack. Negativlacke, die unter Belichtung unlöslich werden, ermöglichen nur eine geringe Strukturauflösung (> 3 µm) und spielen deshalb bei den heutigen Strukturbreiten keine Rolle mehr.

Neben lichtsensitiven Fotolacken gibt es noch Lacke die auf kurzwelligere Röntgen- oder Elektronenstrahlen reagieren. Obwohl sich bei kürzeren Wellenlängen die Auflösung verbessert, werden diese heute noch nicht standardmäßig in der IC-Fertigung eingesetzt. Der Grund ist der hohe technische und zeitliche Aufwand bei der Belichtung. Die Elektronenstrahllithografie hat sich aber bei der Herstellung der Masken für die optische Strukturübertragung (s. Abschnitt 8.4) durchgesetzt. Bei Masken sind die Genauigkeitsanforderungen sehr hoch. Da die Masken für einen

Schaltkreis nur einmal produziert werden, kann das aufwendige Belichtungsverfahren in Kauf genommen werden.

8.3.1 Anforderungen an Fotolacke

Mit Lackstrukturen werden definierte Bereiche der Scheibenoberfläche vor Ätzangriffen oder implantierten Ionen geschützt. Vom Fotolack wird deshalb sowohl mechanische Stabilität als auch Resistenz gegen aggressive chemische Substanzen gefordert. Damit Ätzmittel nicht unter die Lackschicht diffundieren und dort Oberflächenschichten angreifen (*Unterätzung*), ist eine gute Haftung des Lakkes auf den gebräuchlichen IC-Oberflächenschichten unabdingbar.

Weiterhin geht die Lichtempfindlichkeit des Lackes in das Auflösungsvermögen, das mit einem bestimmten Lithografieprozeß erreicht werden kann, ein. Da nur dünne und homogene Lackfilme gleichmäßig belichtet werden können, muß sich der Lack als dünner Film auf die Siliziumscheiben bringen lassen. Dies erfordert eine hohe Fließfähigkeit. Diese vielfältigen Anforderungen können nicht von einer chemischen Substanz erfüllt werden. Fotolacke sind deshalb Mischungen aus mehreren Komponenten.

8.3.2 Chemischer Aufbau und Eigenschaften von Positivlacken

Positivlacke für die optische Lithografie werden von verschiedenen Herstellern mit prinzipiell gleicher Grundzusammensetzung angeboten. Die Substanz, die für chemische und mechanische Widerstandskraft sorgt, ist ein Phenolharz, das durch Polymerisation von Phenol und Formaldehyd entsteht. Die übliche Bezeichnung ist *Novolak*. Der Volumenanteil des Novolaks im fertig gemischten Fotolack liegt bei ca. 20 %. Die Lichtempfindlichkeit des Lackes wird durch Zusatz von Sensibilisatoren (ca. 10 % Anteil) erreicht. Dabei handelt es sich um Naphthachinondiazide. Das sind Naphthalinderivate, die Verbindungen der Stickstoffwasserstoffsäure (*Diazide*) enthalten. Die Lichtempfindlichkeit und andere fototechnischen Kenngrößen können bei einem Lack über das verwendete Diazidderivat beeinflußt werden.

Der Diazidsensibilisator reagiert bei der Lackherstellung mit dem Novolak und bildet fotosensitive Makromoleküle. Bild 8.24 a zeigt die chemische Reaktion anhand der Strukturformeln [8.1]. Die entstehende feste Substanz wird in organischen Lösungsmitteln aufgelöst. Der Lösungsmittelanteil im fertigen Lack liegt bei 70 Vol.-% Anteil.

Der gebrauchsfertige Fotolack ist, wie gefordert, sehr dünnflüssig und kann deshalb als µm-dicker Film aufgebracht werden. Vor der Belichtung der belackten Scheiben wird der Lack durch kontrolliertes Erwärmen der Scheiben getrocknet. Dabei verdampfen alle Lösungsmittelzusätze.

8.3.3 Belichtung

Zweck der Belichtung ist die selektive Zerstörung des Diazids, das bei der Entwicklung in einer wäßrigen Lauge die Lackauflösung verhindert. Bild 8.25 zeigt die spektrale Empfindlichkeit von handelsüblichen Fotolacken. Fotolack reagiert nur bei ultravioletter Beleuchtung. Gegen langwelliges Licht sind die Lacke unempfindlich und können bei Gelblicht ($\lambda >$ 500 nm) verarbeitet werden, ohne daß es zu unerwünschter Belichtung kommt.

Trifft UV-Strahlung auf den getrockneten Lack, zersetzen sich die diazidhaltigen Makromoleküle über mehrere Zwischenstufen unter Stickstoffabgabe und Wasseraufnahme in eine organische Säure (s. Bild 8.24 b). Das für die Fotoreaktion nötige Wasser stammt aus der Luftfeuchtigkeit. In den belichteten Gebieten bildet die Entwicklerlauge mit der organischen Indenkarbonsäure aus dem Zersetzungsprozeß ein gut lösliches Salz (Bild 8.24 c). Unbelichteter Lack hingegen, mit vollem Diazidgehalt, wird von der Entwicklungslauge nicht angegriffen.

Die Diazidkonzentration steuert die Löslichkeit des Lackes in der Lauge und bestimmt daher, welche Lackzonen frei entwikkelt werden und welche nicht. Bei der Belich-

Bild 8.24
a) Entstehung der fotosensitiven Novolak-Ketten für die Komponenten des Lacks K820 der Firma Kodak; b) Zerlegung der Makromoleküle durch UV-Licht in eine Indenkarbonsäure; c) Lösung der Säure unter Salzbildung in wäßriger Natronlauge NaOH (nach [8.1])

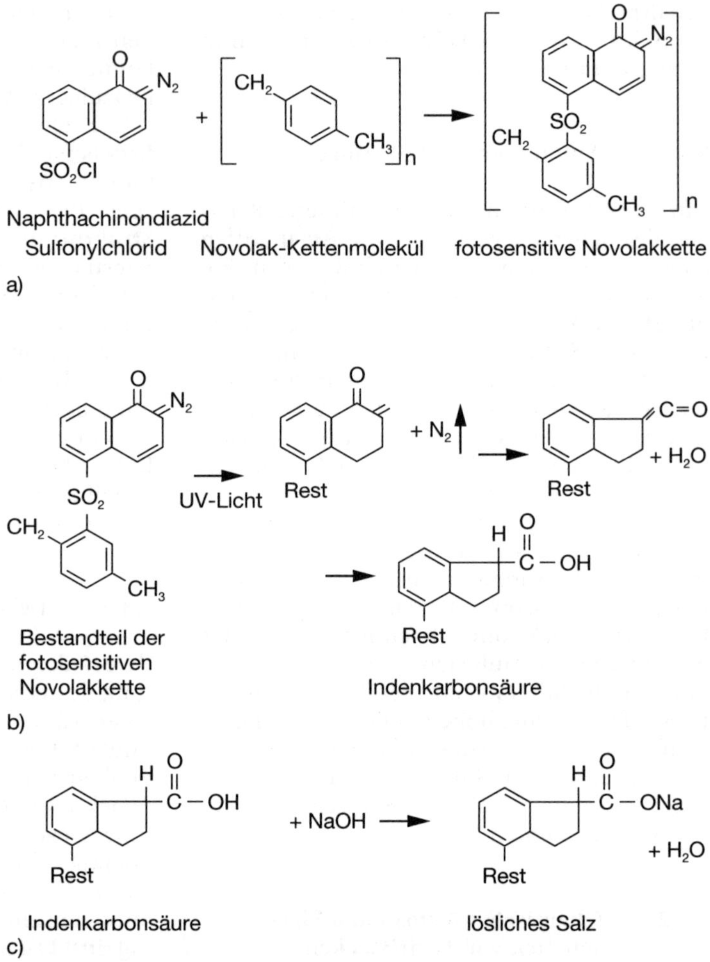

tung werden also die Maskengeometrien im Lack als Bereiche mit hohem und niedrigem Diazidanteil abgebildet oder anders formuliert, die Maskeninformation wird als Löslichkeitsprofil im Lack gespeichert. Da UV-Licht im Lack kaum gestreut wird, entstehen bei dieser Umsetzung nur geringe Geometriefehler.

Damit der Lack in belichteten Zonen durchgängig entfernt werden kann, ist eine möglichst vollständige Diazidzersetzung in jeder Schichttiefe erforderlich. Diese *Durchbelichtung* erfordert aber eine Mindestbelichtungszeit, denn noch unbelichtete Lackschichten absorbieren viel Licht, das zur Zersetzung des Diazids gebraucht wird. Die Lichtverluste betragen bis zu 60 % pro µm Eindringtiefe. Wenn das Diazid in einer Lackschicht zersetzt ist, nimmt das Absorptionsvermögen ab. Deshalb werden die Oberflächenschichten während der Belichtungszeit zunehmend transparenter (*bleichen aus*), und die Fotoreaktion setzt auch in den Tiefenschichten ein.

Bild 8.26 zeigt den retardierten Lichteinfluß in tiefen Lackschichten. Aufgetragen ist der verbliebene Diazidgehalt für verschiede Belichtungsenergien E, die das Produkt aus Belichtungszeit t und der Intensität I des verwendeten Lichtes ($E = I \cdot t$) darstellen. Bemer-

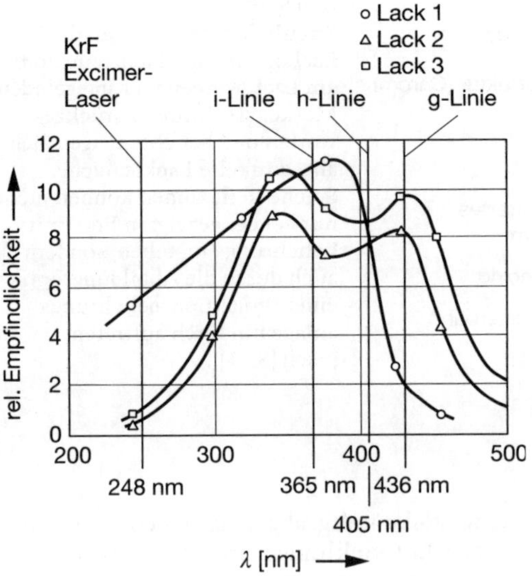

Bild 8.25 Spektrale Empfindlichkeit von 3 verschiedenen Fotolacken. Zum Vergleich sind die im UV-Bereich liegenden Spektrallinien (g, h, i) von Quecksilberdampflampen eingetragen. Für noch kurzwelligere Beleuchtung werden Excimer-Laser verwendet. Als Beispiel ist die Wellenlänge des Lichtes von einem Krypton-Fluorid-Excimer-Laser eingetragen (nach [8.10]).

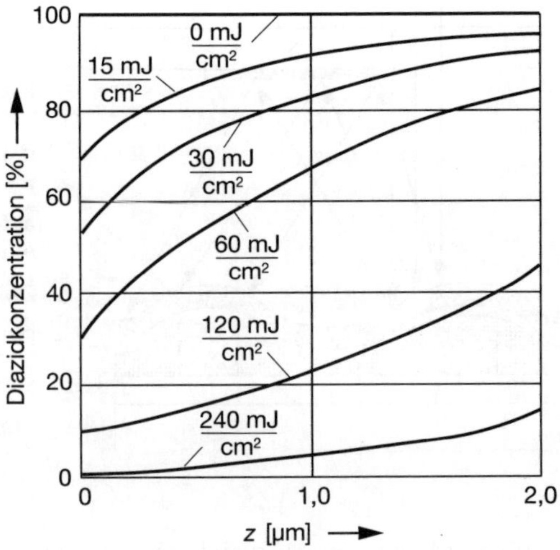

Bild 8.26 Diazidkonzentration in Abhängigkeit von der Lackschichttiefe z für verschieden hohe Belichtungsenergien E in mJ/cm² (nach [8.4]). In unbelichtetem Lack ($E = 0$ mJ/cm²) ist die Diazidkonzentration 100 %.

kenswert ist, daß auch bei hohen Lichtenergien stets eine geringe Diazid Restkonzentration übrigbleibt. Diese Restkonzentration bestimmt später die Entwicklungsgeschwindigkeit des durchbelichteten Lackes.

Die Belichtungszeit t_m, die bei gegebener Lichtintensität zur vollständigen Durchbelichtung einer Lackschicht notwendig ist, kann durch Vorversuche aus dem Absorptionsvermögen des Lackes ermittelt werden. Bei gegebener Lackdicke und fester Lichtintensität werden fotometrisch die Lichtverluste nach verschiedenen Belichtungszeiten t ermittelt. Diese Verluste werden im Zuge des kontinuierlichen Diazidabbaus im Laufe der Zeit immer kleiner. Sobald der Lack durchbelichtet ist ($t \geq t_m$), bleibt das Absorptionsvermögen konstant. Aus der Absorptionskurve läßt sich t_m auf einfache Weise bestimmen.

Je kürzer die Durchbelichtungszeit ist, desto *empfindlicher* ist der Lack und desto *schneller* reagiert er. Ein Maß für die Empfindlichkeit des Lackes ist die zur kompletten Belichtung notwendige Belichtungsenergie $E_m = I \cdot t_m$. Statt einer Empfindlichkeit wird auch häufig die fotochemische Geschwindigkeit (engl.: *speed*) angegeben, die als Kehrwert von E_m definiert ist. Typische Werte für E_m bei 1 µm dickem Lack liegen bei 110...130 mJ/cm². Das entspricht fotochemischen Geschwindigkeiten von 0,77...0,91 cm²/J bzw. cm²/Ws [8.1]. Empfindliche Lacke benötigen zwar nur kurze Belichtungszeiten, haben aber den Nachteil, daß sie auch auf Streulicht reagieren, das z. B. von der Chrommaske auf die Lackoberfläche reflektiert wird (Bild 8.27). So entstehen Fehlbelichtungen.

Die fotochemische Geschwindigkeit $1/E_m$ bzw. die Empfindlichkeit E_m charakterisieren das Belichtungsverhalten eines Lackes vollständig, denn die Diazidkonzentration im Lack wird nur von der im Lack absorbierten Belichtungsenergie bestimmt. Es kommt nicht darauf an, mit welcher Kombinationen aus Intensität und Belichtungszeit diese Energie realisiert wurde. Kurze Lichtpulse hoher

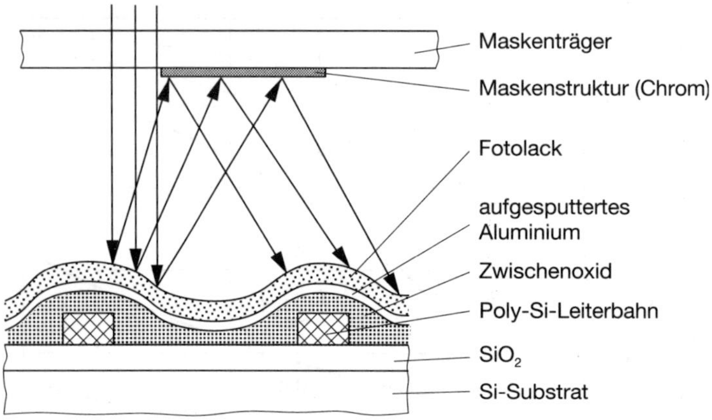

Bild 8.27
Streulichtentstehung an der Lackoberfläche: Lichtreflexion am Lack werden von spiegelnden Maskenstrukturen zurückgeworfen und belichten eigentlich abgedunkelte Lackbereiche. Solche Reflexionen können nicht nur bei der gezeigten Proximity-Belichtung entstehen, sondern auch durch die Abbildungsoptik einer Projektionsbelichtungsanlage hindurch auftreten (nach [8.11]).

Intensität bewirken das gleiche, wie lange Belichtung mit geringer Intensität. Man bezeichnet dieses Verhalten von Positivlacken als *reziprok*. Negativlacke sind z. B. nicht reziprok. Werden Positivlacke sehr kurzwellig mit Excimer-Lasern belichtet, dann treten hier ebenfalls bestimmte Abweichungen vom reziproken Verhalten auf, die in Abschnitt 8.6.2 besprochen werden.

8.3.4 Entwicklung

Das Entwickeln des belichteten Lackes ist ein von der Lackoberfläche her ablaufender *selektiver* Ätzprozeß mit einer Lauge: Belichteter Lack wird bis zur Scheibenoberfläche abgetragen (*durchentwickelt*), unbelichtete Stellen bleiben stehen. Diese Selektivität des Ätzangriffes beruht auf den stark unterschiedlichen Abtrageraten von belichtetem und unbelichtetem Lack. Im ersten Fall liegt die Abtragerate im Entwickler zwischen 100...200 nm/s, ohne Belichtung beträgt der sog. *Dunkelabtrag* nur 1...2 nm/s. Verursacht wird der Dunkelabtrag durch die wenigen, alterungsbedingten Diazidzerfälle, durch die ebenfalls Angriffspunkte für die Entwicklerlauge entstehen.

Damit die Lackdicke in unbelichtete Zonen nicht durch Dunkelabtrag merklich reduziert wird, wird der Entwicklungsvorgang unterbrochen, wenn sich die belichteten Lackbereiche vollständig abgelöst haben. Die dafür nötigen Entwicklungszeiten können über die Laugenkonzentration und die Temperatur beim Entwicklungsprozeß variiert werden. Der Entwicklungsvorgang läuft außerdem um so schneller ab, je stärker belichtet wurde.

Als Entwicklerlauge wird gering konzentrierte Natronlauge verwendet, die neuerdings aber durch metallionenfreie Laugen, wie Tetramethylammoniumhydroxid ($N(CH_3)_4OH$) ersetzt wird. Mit Laugen ohne Alkaliionen wird die Einschleppung von Natriumionen in Oberflächenschichten der Wafer verhindert, die die Korrosion von Metall-Leiterbahnen und die Entstehung von Oxiddefekten verstärken (s. Abschnitt 7.3.3). Metallionenfreie Entwickler sind aber aggressiver als Natronlauge und verursachen Dunkelabträge bis zu 30 % [8.1].

8.3.5 Lackkontrast

Als Empfindlichkeit eines Fotolackes wurde in Abschnitt 8.3.3 die minimale Belichtungsenergie E_m definiert, bei der eine Lackschicht der Dicke d_0 bei gegebenem Entwicklungsprozeß gerade bis zur Scheibenoberfläche durchentwickelt wird. Wird mit weniger Energie als E_m belichtet, dann wird der Lack beim Entwickeln nicht mehr vollständig abgetragen. Eine Lackschicht mit einer Dicke $d < d_0$ bleibt stehen. Wird die Belichtungsenergie

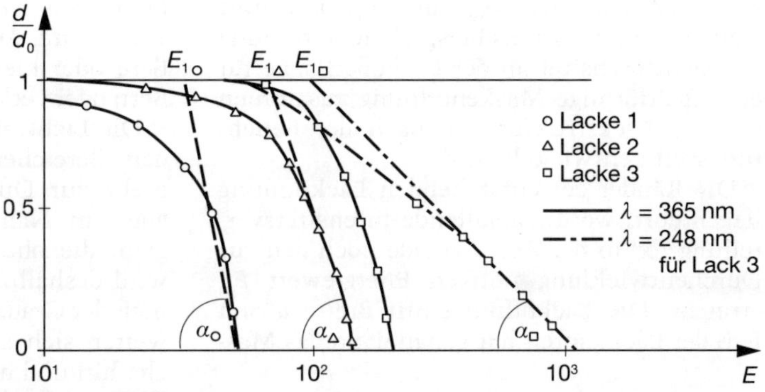

Bild 8.28
Typische Gradationskurven für Positivlacke bei Belichtung mit Licht unterschiedlicher Wellenlänge (nach [8.10]).

noch weiter reduziert, dann tritt unterhalb einer Schwellenenergie E_1 nur noch der geringfügige Dunkelabtrag beim Entwickeln auf. Liegen nur geringe Energieunterschiede $E_m - E_1$ zwischen Dunkelabtrag und Durchbelichtung, dann ist die Auflösung des Lackprozesses hoch, denn geringe Intensitätsunterschiede im Licht erzeugen definierte Lacköffnungen und Lackstege. Als Kenngröße für das Auflösungsvermögen wird der Lackkontrast γ eingeführt, der über die charakteristischen Belichtungsenergien E_1 und E_m als

$$\gamma = \frac{1}{\log_{10} \frac{E_m}{E_1}} \qquad \text{(Gl. 8.12)}$$

definiert ist. Der Lackkontrast gibt die Steilheit des Übergangs zwischen Dunkel und Vollabtrag an, kennzeichnet also die relative Lichtempfindlichkeit des Lackes, während E_m die absolute Lichtempfindlichkeit von Fotolack angibt.

Für Empfindlichkeit und Lackkontrast ist natürlich auch der Entwicklungsprozeß wesentlich. Je nach Lauge, Konzentration und Temperatur sind mehr oder weniger große Belichtungsenergien nötig, um Lackschichten bestimmter Dicke abzulösen. Empfindlichkeitskriterien werden daher nur für den gesamten Lackprozeß definiert, der sich aus Belichtung und Entwicklung zusammensetzt.

Um E_m und γ zu bestimmen, stellt man bei gegebener Lackdicke d_0 und festem Entwicklungsverfahren die verbleibenden Lackdicken d nach der Entwicklung fest. Diese Ergebnisse werden gegen die logarithmierte Belichtungsenergie aufgetragen und ergeben die *Gradationskurve* des Lackes (Bild 8.28). Der Schnittpunkt mit der Abszisse gibt die Lackempfindlichkeit E_m an. Die Schwellenergie E_1 findet man durch lineare Extrapolation der Meßpunkte gegen den Wert $d/d_0 = 1$. Das lineare Gefälle der Gradationskurve im Übergangsbereich zwischen den beiden Energie-Eckwerten E_1 und E_m ergibt den Lackkontrastparameter γ. Für dessen Bestimmung mißt man den Steigungswinkel a im linearen Bereich der Kurve. Der Tangens dieses Winkels entspricht geometrisch dem Quotienten aus Lackdicke und Belichtungsenergie:

$$\tan a = \frac{d}{d_0} \cdot \frac{1}{\log_{10} E_m - \log_{10} E} \qquad \text{(Gl. 8.13)}$$

Setzt man $E = E_1$ und damit $d = d_0$, dann erhält man die Lacksteilheit rechnerisch direkt aus den bereits bestimmten Energien für Voll- und Dunkelabtrag E_m und E_1, wie in Gleichung 8.12 bereits angegeben ($\gamma \equiv \tan a$ für $E = E_1$). Gebräuchliche Fotolacke erreichen γ-Werte zwischen 2 und 3 [8.5].

8.3.6 Lackbedingte Auflösungsgrenzen

Wird ein Maskenfenster in den Lack abgebildet, hängen die Abmessungen der freigelegten Lacköffnung sowohl von der beugungsbedingten Intensitätsverteilung des Lichtes als auch von der relativen und absoluten Lackempfindlichkeit ab, die durch die charakteristischen

Belichtungsenergien E_m und E_l bestimmt sind. Bild 8.29 zeigt als Beispiel die Verteilung der Lichtintensität an der Lackoberfläche für eine spaltförmige Maskenöffnung zusammen mit der Lackstruktur, die nach der Belichtungszeit t entwickelt wird.

Die Ränder der entstehenden Lacköffnung liegen dort, wo die abfallende Intensitätsverteilung $I(x)$ in der Zeit t gerade noch den zur Durchentwicklung nötigen Energiewert E_m erreicht. Die Lacköffnung mit Breite a' am Fuß der Lackkanten hat genau dann das Maskenmaß a, wenn die Belichtungszeit t' so gewählt wird, daß $I(x = \pm a/2) \cdot t' = E_m$ gilt. Größere oder kleinere Belichtungszeiten vergrößern oder verkleinern die Lacköffnung.

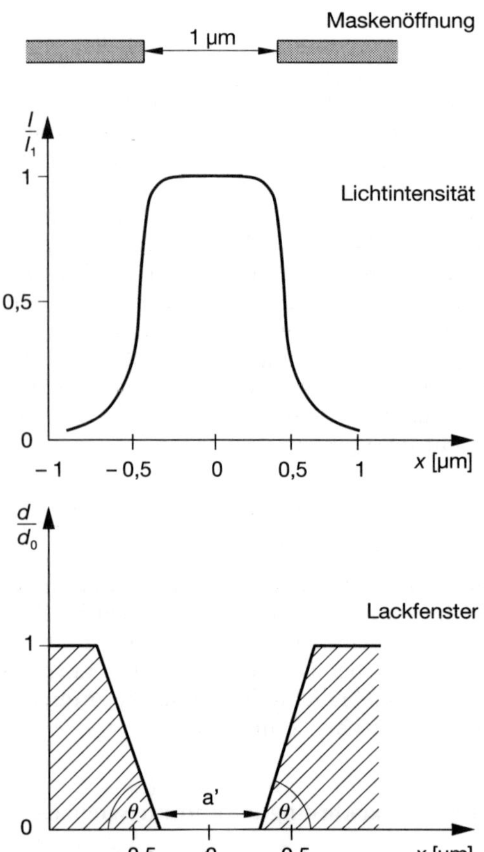

Bild 8.29 Lackstruktur für eine 1 µm breite Maskenöffnung. Die gezeigte Lichtintensität ist die gleiche, wie in Bild 8.23. Die Lackdicke ist mit d bezeichnet. Die Dicke des Lacks vor der Entwicklung ist d_0.

Die Lichtintensität in weiter außen liegenden Bereichen $|x| > |a'|$ reicht zwar nicht mehr zur Durchentwicklung aus, überträgt aber im Nahbereich noch Belichtungsenergien, die oberhalb von E_l liegen. Der Lack wird deshalb auch dort beim Entwickeln gemäß der Gradationskurve abgetragen. Deshalb weiten sich Lackstrukturen zur Lackoberfläche hin und haben stets abgeschrägte Wände. Die Lackflanken sollten nicht zu flach sein, da der Lack für seine Schutzfunktion bei der Strukturerzeugung eine Mindestdicke d_m haben muß. Wie Bild 8.30 zeigt setzt bei flachen Lackkanten die schützende Wirkung des Lackes erst in einem merklichen Abstand $\Delta x = d_m/\tan\theta$ von der geometrischen Strukturgrenze ein. So entstehen zu große Strukturen. Bei einem flachen Lackprofil mit einem Flankenwinkel $\theta = 45°$ verbreitert sich z. B. für $d_m = 0{,}1$ µm eine 1 µm breite Lacköffnung beim Ätzen um 20 %. Bei steileren Flanken, etwa bei $\theta = 80°$, liegt der Breitenfehler nach der Strukturierung hingegen nur bei 3,4 %!

Der Flankenwinkel θ selbst hängt sowohl vom Lichtintensitätsabfall an den geometrischen Maskenstrukturgrenzen als auch vom Lackkontrast ab. Eine modellhafte Abschätzung für den Zusammenhang kann man aus

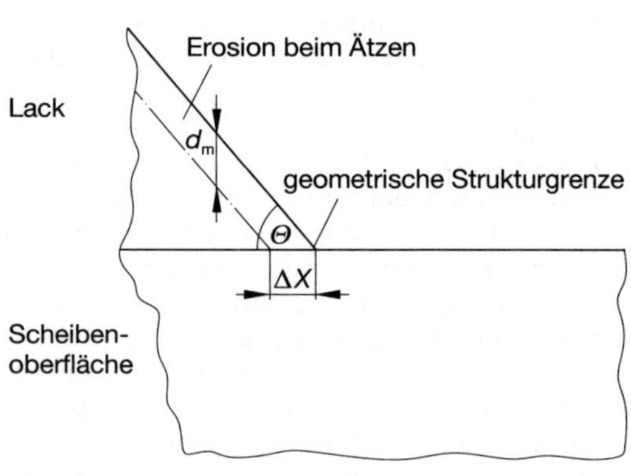

Bild 8.30 Strukturkantenverschiebung an einer Lackkante durch Lackerosion bei der Strukturerzeugung

der Gleichung 8.13 herleiten, indem man nach der Lackdicke d im Abstand Δx von der geometrischen Strukturgrenze auflöst,

$$d(\Delta x) = \frac{d_0 \cdot \gamma}{\log_{10} \dfrac{E_m}{E(\Delta x)}}$$

Daraus folgt durch räumliche Ableitung die mit –1 multiplizierte Steigung der Lackflanke:

$$\tan\theta = -\frac{\partial d(\Delta x)}{\partial \Delta x} = \frac{d_o \cdot \gamma}{E(\Delta x)} \cdot \frac{1}{\ln 10} \cdot \frac{\partial E(\Delta x)}{\partial \Delta x}$$

$$= 0{,}4343 \frac{d_o \cdot \gamma}{I(\Delta x)} \cdot \frac{\partial I(\Delta x)}{\partial \Delta x},$$

oder bei Weglassen aller konstanten Terme,

$$\tan\theta \sim \frac{\gamma}{I(\Delta x)} \cdot \frac{\partial I(\Delta x)}{\partial \Delta x}.$$

Je schneller die Lichtintensität außerhalb der geometrischen Strukturgrenzen abfällt (je geringer die Lichtbeugung ausfällt), desto größer sind die Flankenwinkel. Je größer der Lackkontrast, desto steiler werden bei gegebenem Intensitätsgefälle die Lackkanten. Große γ-Werte steilen also die beugungsbedingten graduellen Übergänge an den Maskenstrukturgrenzen auf. Jede Verbesserung der Auflösung der Belichtungsanlage führt zu schärfer begrenzten Lichtmustern. Dies erhöht θ ebenfalls, denn die Intensitätsgradienten $\partial I(\Delta x)/\partial \Delta x)$ nehmen zu und die Intensitätswerte $I(\Delta x)$ im Nenner nehmen ab.

8.3.6.1 Lackmodulations-Transferfunktion

Den gemeinsamen Einfluß von Lichtbeugung und Lackkontrast bei der Strukturübertragung kann man wieder über eine Transferfunktion beschreiben, die diesmal das Verhältnis von Lichtmodulation M_{li} und Lackdickenmodulation M_{la} angibt. Diese beiden Größen sind für die Belichtungsenergien an 2 benachbarten Punkten E_a und E_b bzw. dem dort stattfindenden Lackabtrag d_a und d_b als

$$M_{li} = \frac{E_a - E_b}{E_a + E_b},\ E_a > E_b$$

bzw. als

$$M_{la} = \frac{d_a - d_b}{d_a + d_b},\ d_a > d_b$$

definiert. Der Abstand der beiden Punkte a und b darf dabei fast beliebig klein sein, denn jedes Lackmolekül kann im Prinzip separat belichtet werden. Bei geeigneter Belichtung könnten theoretisch Lackstege und Lackfenster generiert werden, deren Breite im Längenbereich eines Lackmoleküls liegen!

Das Verhältnis von Modulation im Licht zur Modulation im Lack an den Stellen a und b definiert die *Lackmodulations-Transferfunktion* (*LMTF*) [8.5]:

$$LMTF = \frac{M_{li}}{M_{la}}$$

Die sog. *kritische LMTF*-Funktion (*KLMTF*) legt genau die Lichtmodulation M_{li} fest, die zur Durchentwicklung am Punkte a bei Dunkelabtrag am Nachbarpunkt b ausreicht: Bei maximaler Lackmodulation zwischen a und b ($d_a = d_0$ und $d_b = 0$ bzw. $M_{la} = 100\,\%$) gilt:

$$KLMTF = \frac{M_{li}}{1} = \frac{E_m - E_1}{E_m + E_1} = \frac{\dfrac{E_m}{E_1} - 1}{\dfrac{E_m}{E_1} + 1}$$

$$= \frac{10^{\frac{1}{\gamma}} - 1}{10^{\frac{1}{\gamma}} + 1} \qquad \text{(Gl. 8.14)}$$

Diese Funktion verbindet den Lackkontrast und die Lichtintensität im Abbild der Maskenstrukturen. Mit den Gleichungen 8.4 und 8.10 kann man die *KLMTF*-Funktion auf die Modulations-Transferfunktion *MTF* zurückführen. So wird der Zusammenhang zwischen Lackprofil und der räumlichen Verteilung der Lichtintensität der abgebildeten Maskenstrukturen hergestellt und man kann Aussagen treffen, welche Maskenstrukturbreiten als durchentwickeltes Lackprofil räumlich aufgelöst werden können. Dazu ersetzen wir die Lichtmodulation am Lack in Gleichung 8.14 durch die Lichtmodulation an der Maske M_m. Nach Gleichung 8.10 erhält man

$$KLMTF = M_{li} = M_m \cdot MTF(\nu),$$

oder, wenn als Maskenstruktur (wie vorher)

ein Sinusgitter mit Modulation 100 % verwendet wird,

$$\frac{10^{\frac{1}{\gamma}} - 1}{10^{\frac{1}{\gamma}} + 1} = MTF(\nu')$$

ν' ist hierbei die maximale räumliche Frequenz, die bei gegebenem Lackkontrast mit der verwendeten Belichtungsanlage als (sinusförmiges) Lackprofil lithografisch übertragen werden kann. ν' stellt also eine räumliche Auflösungsgrenze im Lack dar. Diese Grenzfrequenz kann aus der grafischen Auftragung der gemessenen *MTF*-Funktion abgelesen werden (Bild 8.31). Intensitätskomponenten mit dieser und mit kleineren Frequenzen werden durchgängig in den Lack übertragen. Höherfrequente Intensitätskomponenten werden zwar optisch abgebildet, aber die entsprechenden Beiträge dieser spektralen Anteile im Lackprofil reichen nicht bis zur Scheibenoberfläche, weil hier die Lichtmodulation unterhalb der kritischen Lacktransfermodulation bleibt.

Bei den üblichen γ-Werten von $\gamma = 2 \ldots 3$ sind Lichtmodulationen von etwa $MTF = 50\,\%$ erforderlich, um 100 % Lackdickenmodulation zu erreichen. Das bedeutet, daß nur die Spektralanteile in der Intensitätsverteilung an der Maske $I_m(\nu)$ (vgl. Abschnitt 8.2.3.9) in den Lack übertragen werden, die im Bildspektrum $I_i(\nu)$ noch mindestens die halbe Maximalmodulation aufweisen. Das sind wesentlich höhere Modulationen, als in Abschnitt 8.2.3.8 als Auflösungskriterium für die Belichtungsanlage gefordert waren. Dort wurden gerade noch erkennbare Intensitätsschwankungen, also infinitesimal kleine Modulationen, zur Festlegung der Auflösungsgrenze benutzt. Im Lack erscheinen diese kleinsten Modulationen nur im Grenzfall $\gamma \to \infty$. Da in der Realität der Lackkontrast stets endlich ist, können nicht alle optisch übertragbaren Lichtintensitätskomponenten zum Lackmuster beitragen. Zur Begrenzung durch Lichtbeugung kommt als weiterer Informationsverlust bei der Strukturübertragung der begrenzte Lackkontrast hinzu. Dieser 2fache Informationsverlust führt letztendlich dazu, daß die Abmessungen der scharf begrenzten Maskenstrukturen nur bei hinreichender Größe und mit systematischen Abweichungen in Lacköffnungen und Lackstege übersetzt werden.

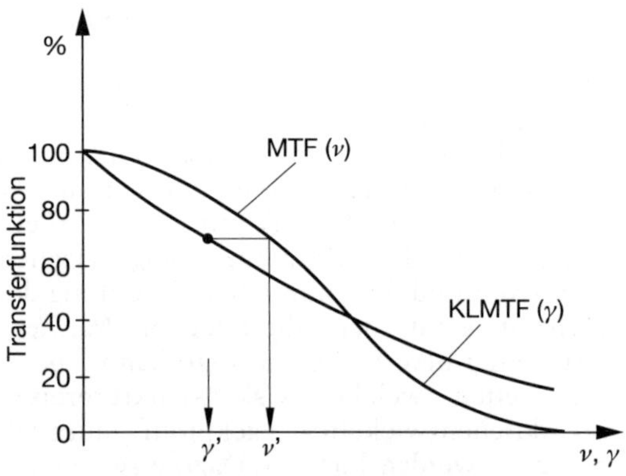

Bild 8.31 MTF- und KLMTF-Funktion: Für einen Lack mit bestimmtem Kontrast γ', der mit einer Belichtungsanlage mit gegebener MTF(ν)-Funktion belichtet wird, folgt die Grenzfrequenz ν' des Beugungsgitters, das gerade nach in den Lack übertragen werden kann, aus der Gleichsetzung MTF(ν') = KLMTF(γ').

8.3.6.2 Minimale Lackstrukturen

Die von *MTF*-Funktion und Lackkontrast gegebene Strukturauflösung im Lack $d_g = 1/\nu'$ kann allerdings zur Strukturierung von Halbleiterscheiben nicht ausgenutzt werden. Betrachtet man als einfachste Maskenstruktur mit Minimalmaß ein Beugungsgitter aus gleichbreiten Chromstegen und Maskenfenstern der Periodizität d_g, dann hat die Intensitätsverteilung an der Maske Rechteckform. Im Lack hingegen entsteht ein sinusförmiges Profil, denn die einzige spektrale Komponente, die in den Lack übertragen werden kann, ist die Fourier-Komponente mit der Grenzfrequenz ν' (vgl. Bild 8.22 und 8.32). Höherfrequente Intensitätskomponenten werden zwar von der Optik abgebildet, wirken sich aber nicht mehr auf das Lackprofil aus. Ohne diese Komponenten wird aber an der Scheibenoberfläche nur ein feines periodisches Strichmuster freigelegt. Lacköffnungen, durch

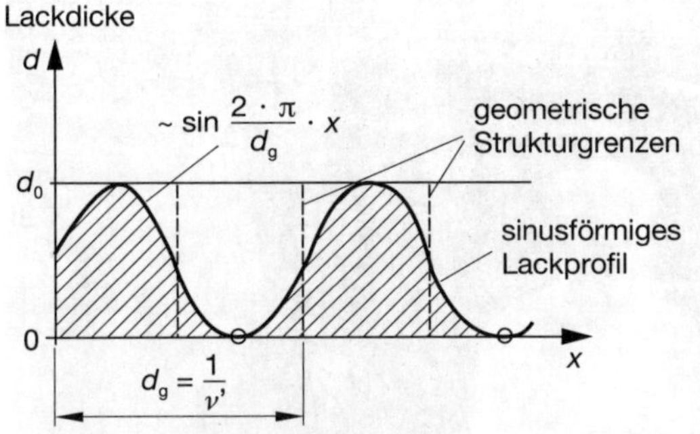

Bild 8.32 Sinusförmiges Lackprofil nach Belichtung durch ein Rechteckbeugungsgitter mit Grenzfrequenz ν'. Eingekreist sind die Stellen, in denen der Lack punktuell durchentwickelt wird.

die die Oberfläche reproduzierbar strukturiert werden kann, entstehen, wenn die Periodizität des Rechteckgitters deutlich unter der Grenzfrequenz ν' bleibt.

Eine praktisch umsetzbare Grenzfrequenz ν'' kann nach Brodey und Muray [8.4] aus der *MTF*-Funktion bei $MTF(\nu'') \approx 60\,\%$ abgelesen werden. Bei dieser Grundfrequenz gibt es in der Fourier-Entwicklung der rechteckförmigen Intensitätsverteilung $I_m(\nu)$ noch hinreichend viele Terme im abgebildeten Spektrum $I_i(\nu)$ zwischen ν'' und ν', die sich im Lackprofil wiederfinden und dort eine Struktur entstehen lassen, die näherungsweise mit der Maskenvorgabe übereinstimmt.

Die minimale Strukturbreite im Lack, die in der IC-Produktion verwendet werden kann, hängt aber nicht nur von der Belichtungsoptik und vom Lackkontrast ab. Wichtig sind auch mechanische Stabilität und Haftfestigkeit der erzeugten Lackstrukturen, insbesondere die von schmalen Lackstegen. Diese feinen Strukturen dürfen z. B. bei naßchemischen Strukturerzeugungsschritten nicht weggeschwemmt oder beschädigt werden. Die notwendigen Minimalbreiten von mechanisch beständigen Lackstegen liegen etwas unterhalb von 0,5 µm. Diese Breite stellt eine nichtunterschreitbare untere Grenze für die Strukturauflösung bei der Lithografie dar. Ob solche Strukturen tatsächlich lithografisch erzeugt werden können, hängt von der Leistungsfähigkeit der Belichtungsmaschine und der fotochemischen Charakteristik des Lackes ab.

8.3.7 Lackprozeßführung

8.3.7.1 Belackung und Vorbehandlung

Damit der Fotolack auf einer Siliziumscheibe ein einheitliches Belichtungs- und Entwicklungsverhalten zeigt, muß der Lack als homogene, einheitlich dünne Schicht auf der Scheibe verteilt werden. Dazu eignet sich am besten die *Aufschleudertechnik*. Bei diesem Verfahren liegt der Wafer auf einem drehbaren Teller und wird durch Unterdruck dort festgehalten. Die Drehzahlen des Tellers können kontinuierlich zwischen 0 und einigen 1000 min^{-1} eingestellt werden. Der Aufschleuderprozeß beginnt mit kleinen Drehzahlen. Man träufelt einige Milliliter Lack auf die Stelle der Drehachse und fährt die Drehzahl hoch. Die Zentrifugalkraft zieht den Lack zu einem dünnen gleichmäßigen Film auseinander.

Bei genauer Kontrolle des zeitlichen Drehzahlprofils und anderer Parameter, wie Luftfeuchte, Temperatur und Schleuderzeit, bilden sich homogene Lackfilme mit reproduzierbarer Dicke. Übliche Lackdicken liegen bei $d_0 = 1$ µm. Die Toleranzen in der Lackdicke liegen bei völlig planen Unterlagen etwa bei ±5 nm [8.5]. Der gesamte Aufschleudervorgang läuft je nach Lacktyp und Randbedingungen innerhalb von 10 ... 15 s ab.

Zum Trocknen (vorsichtiger Backschritt, engl.: *soft bake*) wird die belackte Scheibe auf eine Heizplatte transferiert. Der Softbake-Schritt ist äußerst wichtig für den gesamten Lackprozeß, denn hier werden wichtige Parameter für Belichtungsempfindlichkeit und Entwicklungseigenschaften des Lackes festgelegt. Diese Parameter sind z. B. der Gehalt an Wasser (wichtig für die Diazidzersetzung) und an Lösungsmittelresten (wichtig für die mechanische Stabilität und die Haftfestigkeit der entwickelten Lackstrukturen). Übliche Softbake-Temperaturen liegen zwischen 90 und 110 °C. Die Backzeit beträgt typischerweise 30 s [8.1, 8.5]. Bild 8.33 zeigt die Fertigungs-

Bild 8.33 Belackung der Siliziumscheiben: Im Vordergrund sieht man eine Transporteinrichtung, mit der belackte Scheiben zu Trocknungs- und Nachbehandlungsprozessen transferiert werden. Im Hintergrund bedient Fertigungspersonal die Zentrifugen zum Lackaufschleudern (Werkfoto: Siemens AG).

einrichtungen zur Belackung von Siliziumscheiben.

Die Haftfestigkeit von Positivlack kann wesentlich verbessert werden, wenn die auf den Scheiben kondensierte Luftfeuchtigkeit vor der Belackung von der Scheibenoberfläche verdrängt wird. Deshalb werden die Wafer vor dem Lackaufschleudern mit geeigneten Chemikalien behandelt (Grundiermasse, engl.: *primer*). Primer sind von der chemischen Struktur her so beschaffen, daß sie sich beim Grundieren zunächst gut mit den Atomen an der Waferoberfläche verbinden und später dann mit den Lackmolekülen. Die am häufigsten eingesetzte Primersubstanz ist die Flüssigkeit Hexamethyldisilazan (abgekürzt HMDS, chem. Gleichung $C_6H_{19}NSi_2$). Zur Vorbehandlung werden die Scheiben einige Minuten einer gesättigten HMDS-Dampfatmosphäre ausgesetzt.

Der nächste Schritt nach der Lacktrocknung ist die Belichtung. Wie bereits in Abschnitt 8.2.3.4 diskutiert, treten bei den hochauflösenden Projektionsobjektiven geometrische Abbildungsfehler auf, die in der Regel nur für ein oder zwei UV-Wellenlängen korrigiert werden können. Deshalb wird die bestmögliche Tiefenschärfe und Auflösung nur mit monochromatischem Licht der entsprechender Wellenlänge erzielt. Der Nachteil von monochromatischer Belichtung sind die bereits in Abschnitt 8.2.3.5 diskutierten Stehwellen, die periodischen Schwankungen der Lichtintensität (vgl. Bild 8.18) und in der Diazidkonzentration im belichteten Lack nach sich ziehen. Um unscharfe Lackstrukturen bei der Entwicklung zu vermeiden, werden die belichteten Scheiben vor der Entwicklung einer Wärmebehandlung unterzogen und etwa 30 s bei 100 °C gelagert. Dabei verteilt sich das Diazid an den Rändern der belichteten Zonen durch Diffusion um. Vertikale Löslichkeitsunterschiede im Entwickler verschwinden, weil Diazid aus Lackbereichen mit Überschuß in Mangelzonen diffundiert, in denen die erhöhte Lichtintensität mehr Diazid zersetzt hat. Bei der Entwicklung entstehen dann glatte Lackkanten (Bild 8.34).

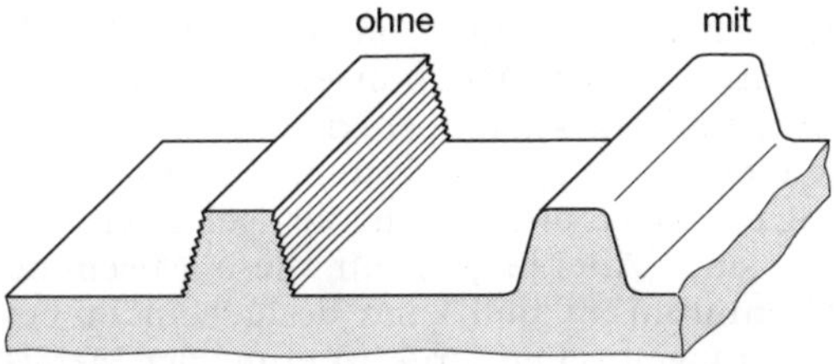

Bild 8.34 Kantenprofil mit und ohne Diffusionsbackschritt

8.3.7.2 Entwicklungsverfahren

Zur Entwicklung wird die belichtete Lackoberfläche mit wäßrigen Laugen in Kontakt gebracht. Das Problem bei der Entwicklung besteht darin, daß sehr kleine Lackstrukturen vollständig gelöst und entfernt werden müssen, ohne daß durch zu starke Entwicklung bereits lackfreie Areale vergrößert werden oder der Dunkelabtrag zu groß wird. Aufgrund dieser gegenläufigen Tendenzen liegen die optimalen Prozeßparameter beim Entwickeln in einem schmalen Bereich. Die Einflußgrößen auf den Entwicklungsprozeß sind Konzentration und chemische Zusammensetzung der Lauge, ihre Temperatur und die Entwicklungszeit. Am effektivsten kann der Entwicklungsprozeß über die Zeit gesteuert werden, während Temperatur und Konzentration möglichst konstant bleiben. Ist die Entwicklungszeit abgelaufen, wird die Entwicklungsreaktion definiert unterbrochen, indem die Scheiben mit Reinstwasser gespült und anschließend getrocknet werden.

Zur praktischen Durchführung der Entwicklung gibt es 3 Verfahren: Tauchentwicklung, Sprüh- und Puddle-Entwicklung (Pfütze, engl.: *puddle*).

Die Tauchbadmethode ist ein sehr ökonomisches Verfahren, bei dem ein ganzes Fertigungslos von 50 ... 100 belichteten Scheiben in ein Entwicklerbad getaucht wird. Da kurze Entwicklungszeiten schlecht beherrschbar sind, werden Konzentration und Laugentemperatur so gewählt, daß sich Entwicklungszeiten von ca. 1 min einstellen. Ein besonderer Vorteil des Verfahrens besteht darin, daß auf den Scheiben jeder Punkt der Lackoberfläche der gleichen Laugenkonzentration ausgesetzt ist. Allerdings ändert sich mit der Zeit die Laugenkonzentration, denn das Bad verarmt kontinuierlich an Lauge während des Entwicklungsvorganges. Die regelmäßige Zugabe von frischem Entwickler gleicht diesen Nachteil nur unvollkommen aus. Deshalb werden heute weitgehend Einzelscheibenverfahren eingesetzt, bei denen jede Scheibe mit frischer Lauge in Kontakt gebracht wird.

Am häufigsten wird dabei die Sprühentwicklung eingesetzt. Dieses Entwicklungsverfahren läuft ähnlich ab, wie das Lackaufschleudern. Statt Lack sprüht man frischen Entwickler mit konstanter Konzentration auf die Scheibe, die relativ langsam mit ca. 250 Umdrehungen rotiert. Nach Ablauf der Entwicklungszeit ersetzt destilliertes Wasser die Lauge und unterbricht den Entwicklungsvorgang. Anschließend wird die Scheibe trockengeschleudert. Bei diesem Verfahren hat man zwar die Konzentrationsschwankungen unter Kontrolle gebracht, nur ist hier die Temperaturkontrolle schwieriger als bei der Tauchentwicklung, denn beim Aufsprühen entsteht Verdunstungskälte. Außerdem können die verwendeten Sprühdüsen nur mit bestimmten Herstelltoleranzen gefertigt werden, und deshalb ist auch die räumliche Verteilung der Entwicklerlösung nicht immer völlig gleichmäßig.

Ein neues Verfahren, das die Vorzüge von Tauch- und Sprühverfahren kombiniert und bei dem alle maßgeblichen Entwicklungsparameter nahezu konstant gehalten werden können, ist die Puddle-Entwicklung, ebenfalls ein Einzelscheibenverfahren auf Drehtellern. Allerdings wird hier zunächst die ruhende Scheibe komplett mit Entwickler bedeckt. Dann kann die Lauge wirken, und erst nach Ablauf der Entwicklungszeit wird der Teller in Rotation versetzt. Der Entwickler wird abgeschleudert, die Scheibe mit Reinstwasser nachgespült und getrocknet.

8.3.7.3 Nachbehandlung

Nach der Entwicklung wird der Lack *hartgebacken* (engl.: *hardbake*). Bei ca. 110 °C festigen sich Lackstege. Außerdem verbessern sich Haftfestigkeit und chemische Beständigkeit des Lackes. Ein üblicher Hartbackschritt dauert etwa 30 s. Die dabei erzielte Lackfestigkeit kann aber bei bestimmten Ätzverfahren oder bei der Ionenimplantation noch nicht ausreichend sein: Bei diesen Prozessen treten Temperaturen bis zu 200 °C auf, und ohne weitere Härtung reagiert Lack auf diese Belastungen mit Schrumpfen und Verfließen. Deshalb werden vor diesen speziellen Prozeßschritten die Lackschichten mit kurzwelligem UV-Licht gehärtet (Härtung unter UV-Bestrahlung, engl.: *deep UV hardening*). Unter dem Einfluß der energiereichen UV-Strahlung vernetzen die Lackmoleküle. Dadurch verdichtet sich die Lackstruktur, und der Lack bleibt später auch bei hohen Prozeßtemperaturen formstabil.

8.3.7.4 Lackentfernung

Nach der Lackhärtung erfolgt der Strukturerzeugungsprozeß, und wenn der Lack dabei seinen Zweck erfüllt hat, wird die Lackschicht ganzflächig und rückstandsfrei von der Scheibenoberfläche entfernt. Getrockneter und ausgehärteter Lack ist allerdings in den Lösungsmitteln, die zur Lackherstellung Verwendung finden, kaum noch löslich. Zur Reinigung der Scheiben werden deshalb aggressivere, organische und anorganische Mittel (sog. *Lackstripper*) eingesetzt.

Positivlack, der mit normalem Hartbacken ausgehärtet wurde, läßt sich mit Azeton auf preiswerte Weise abwaschen. Bei hochfesten Lackschichten, die bei Backtemperaturen oberhalb von 110 °C entstehen, verwendet man anorganische Säuren als oxidierende Lackstripper. Sehr effektiv arbeitet rauchende Salpetersäure, die Lackreste durch Nitrierung abträgt und als besonderer Vorteil evtl. auf den Scheiben befindliches Aluminium nicht angreift. Bei dieser Methode entstehen aber gesundheitsschädliche Dämpfe, und die Entsorgungskosten für die anfallenden Säurereste machen das Verfahren unwirtschaftlich. Alternativ können Mischungen aus Schwefelsäure und Wasserstoffperoxid eingesetzt werden, die keine giftigen Dämpfe beim Lackabtrag freisetzen und kostengünstiger zu entsorgen sind. Allerdings greift diese Mischung Aluminium an und kann deshalb nicht bei der lithografischen Strukturierung der Metallisierungsebenen eingesetzt werden.

Aufgrund der geschilderten Nachteile von naßchemischen Methoden ist man dazu übergegangen, den Fotolack mit einem Plasmaverfahren (Bild 8.35) zu entfernen. Dazu bringt man die Scheiben in ein Niederdrucksauerstoffplasma, das mit Hochfrequenz (in der Regel 13,56 MHz) bei einer Senderleistung von einigen 100 W angeregt wird. Im Plasma entstehen angeregte Sauerstoffmoleküle und atomarer Sauerstoff, die den organischen Fotolack durch Umwandlung in Kohlendioxid, Wassermoleküle und andere flüchtige Bestandteile ablösen (*Lackveraschung*). Eine Pumpe befördert diese Reaktionsprodukte aus dem Plasmareaktor. Die Plasmareinigung

Bild 8.35
Schematische Darstellung eines Plasmareaktors zur Lackveraschung

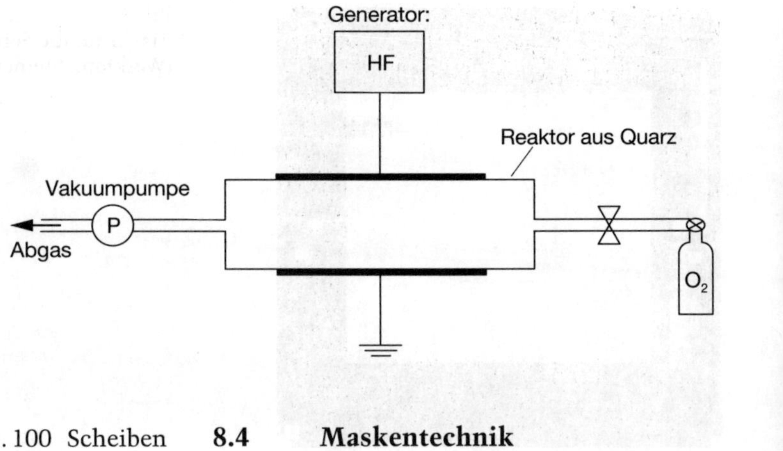

dauert für ein Los aus 50...100 Scheiben etwa 1 Stunde [8.1].

Das Veraschungsverfahren ist sauber, umweltfreundlich und kostengünstig. Nachteilig, wie bei allen plasmaunterstützten Methoden sind potentielle Strahlenschäden in dielektrischen oder halbleitenden Oberflächenschichten. Die Ursache ist energiereiche, kurzwellige Strahlung (γ-Quanten), die von hochangeregten Atomen im Plasma abgegeben werden. Außerdem entstehen im Plasma auch Elektronen oder andere geladene Teilchen, die, wenn sie mit erheblicher kinetischer Energie auf die Scheibenoberfläche treffen, dort ebenfalls Halbleiterstrukturen beschädigen können. Gegenmaßnahmen zum Schutz der Scheibenoberfläche bei Plasmaverfahren werden in Kapitel 9 beschrieben, das sich ausführlich mit Plasmaätzen beschäftigt.

Häufig ist zur vollständigen Lackentfernung eine Kombination aus Plasmamethode und naßchemischen Verfahren notwendig. Die Resistenz von Lack gegen Reinigungsverfahren hängt übrigens nicht nur von der Vorbehandlung der Lackschicht ab. Bestimmte Ätzprozesse (z. B. mit fluorhaltigen Plasmen) oder die Implantation von hochenergetischen Ionen härten den Lack zusätzlich.

Nicht entfernte Fotolackreste behindern nachfolgende Prozeßschritte und kontaminieren die eingesetzten Prozeßanlagen. Deshalb wird der Erfolg der Reinigungsprozedur visuell unter dem Mikroskop kontrolliert. Finden sich noch Lackspuren, wird der Reinigungsablauf wiederholt.

8.4 Maskentechnik

Masken enthalten die geometrische Information, die lithografisch übertragen werden soll. Masken lassen UV-Licht in genau definierten Bezirken durch und absorbieren das Licht in allen anderen Bereichen völlig und bestehen deshalb aus einem UV-transparenten Träger, der selektiv mit einer nichttransparenten Maskierungsschicht bedeckt ist (Bild 8.36). Bei der Maskenherstellung wird die Maskierungsschicht zunächst ganzflächig als dünner Film aufgebracht. Die transparenten *unmaskierten* Zonen werden anschließend wieder freigeätzt. Diese Strukturierung erfolgt ebenfalls lithografisch. Da die räumliche Auflösung der Maskenstrukturen die Strukturauflösung übertreffen muß, die später im Fotolack auf der Scheibe erreicht wird, sind zur Maskenherstellung besonders genaue Strukturübertragungsverfahren nötig. Man verwendet hier die Elektronenstrahllithografie mit Auflösungsgrenzen von 0,1 µm und weniger (siehe Abschnitt 8.4.3).

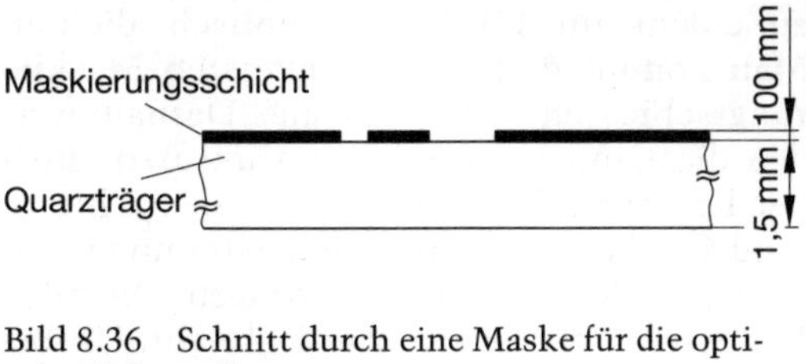

Bild 8.36 Schnitt durch eine Maske für die optische Lithografie

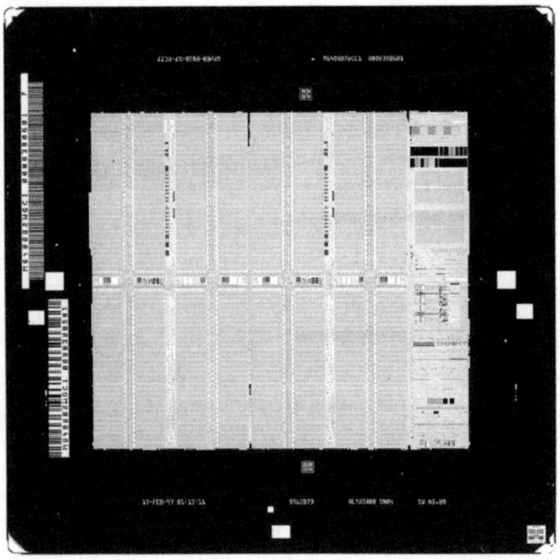

Bild 8.37
Maske für die Fertigung integrierter Schaltungen (Werkfoto: Siemens AG)

8.4.1 Maskenträger und Maskierungsschicht

Die Maskenträger bestehen aus Gläsern. Da normales optisches Glas UV-Licht dämpft und nur bis etwa 300 nm Wellenlänge durchläßt, werden heute hauptsächlich Quarzgläser verwendet, die für alle Belichtungsquellen bis zu Wellenlängen von 200 nm völlig UV-durchlässig sind. Ein weiterer Vorteil von Quarzglas liegt in der geringen thermischen Ausdehnung. Dies verhindert Verzerrungen der Maskenstrukturen bei Temperaturänderungen während der Belichtung mit leistungsfähigen Lampen. Die Dicke des Trägerglases bestimmt die mechanische Stabilität der Maske und richtet sich nach der Maskengröße. Masken mit 100 mm Kantenlänge sind typischerweise 1,5 mm dick. Bei größeren Masken erreicht die Quarzdicke 3 oder sogar 6 mm [8.5].

Heute übliche Maskierungsschichten sind dünne Chromfilme. Dieses Material ist kratzfest und hat deshalb die früher verwendete, weichere Fotoemulsion abgelöst. Chrom ist außerdem im UV-Bereich optisch dichter. Man kommt deshalb mit dünnsten Maskierungsschichten (~ 100 nm) aus. Deshalb werden die Kanten der Maskenstrukturen, auch bei leichten Abschrägungen an den Chromrändern, die bei der Maskenherstellung nicht zu vermeiden ist, scharf übertragen. Die hohe Reflexivität der Chromoberfläche (im UV-Bereich ~ 65 %), die zu starker Streulichtbildung führt, kann durch Beschichten des Chroms mit Chromoxid (~ 20 nm dick) wirkungsvoll herabgesetzt werden [8.5]. Bild 8.37 zeigt das Foto einer Maske für die Ganzscheibenbelichtung aus einem transparenten Quarzglasträger und Maskenstrukturen aus Chrom.

8.4.2 Maskentypen und Maskeninhalt

Layoutgeometrien können direkt als Maskierungsschicht oder als Aussparungen in dieser Schicht dargestellt sein. Im ersten Fall spricht man von Hellfeld-, im zweiten Fall von Dunkelfeldmasken (Bild 8.38). Mit Hellfeldmasken werden z. B. Metall- oder Polysiliziumleiterbahnen aus entsprechenden Oberflächenfilmen herausgeätzt. Über Dunkelfeldmasken können z. B. Lackfenster für die Dotierung oder Ätzung definiert werden.

Bei der Kontakt- oder der Proximity-Belichtung verschleißen die Masken durch Reibung an den Siliziumscheiben rasch. Deshalb arbeitet man mit Kopien (*Arbeitsmasken*) der Originalmasken (*Muttermasken*). Bei der praktisch verschleißfreien Projektionsbelichtung kann die strukturtreue Originalmaske verwendet werden.

Lithografiemasken enthalten nicht nur die Layoutinformation für die zu fertigende Schaltung. Zusätzlich werden sog. Prozeßkontrollmodule in bestimmte Zonen der Wafer übertragen. Dabei handelt es sich um ei-

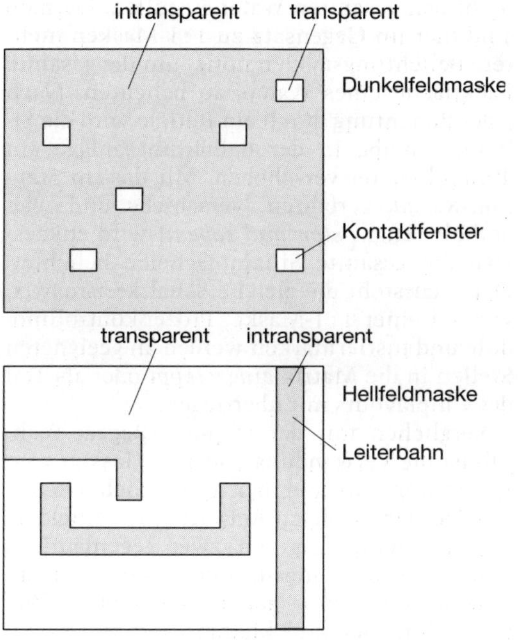

Bild 8.38 Hellfeld- und Dunkelfeldmaske

nen Satz spezieller Teststrukturen (Einzeltransistoren, Widerstände, Kontaktfensterketten usw.). Mit Messungen an diesen Strukturen kann der korrekte Ablauf der einzelnen Technologieschritte im Fertigungsprozeß überwacht werden. Außerdem finden sich Vergleichs- und Referenzmarken auf den Masken, mit denen die Masken relativ zu den auf der Scheibe befindlichen Strukturen ausgerichtet werden.

Da in einer Fertigungslinie Masken von verschiedenen ICs benutzt werden, wird jede Maske mit einem (maschinenlesbaren) Maskencode gekennzeichnet. Ein Änderungsdienst sorgt dafür, daß nach Korrekturen am Schaltungslayout stets nur die aktuelle Maskenversion verfügbar ist. Der Maskencode wird ebenfalls auf den Siliziumschaltkreis übertragen, meist in der obersten Metallisierungslage. Durch diesen Eintrag ist es möglich, auch bei fertigen Bauelementen nachträglich noch den verwendeten Maskensatz zu identifizieren.

8.4.3 Masken und Reticles

Masken werden auch danach unterschieden, ob sie die Layoutinformation für eine ganze Scheibe oder nur für einen Teilbereich enthalten. Ein weiteres Kriterium ist der Maßstab der Maskenstrukturen, die sich 1 : 1 oder als M-fach vergrößerte Abbildung der Layoutstrukturen auf der Maske befinden. Bei Masken für die Ganzscheibenbelichtung mit 1 : 1-Abbildung spricht man von 1 : 1-Masken. Masken mit denen pro Belichtungsschritt nur Teilfelder des Wafers mit Strukturen von einigen Schaltkreisen belichtet werden, bezeichnet man als *Reticles* oder 1 : M-Reticles (Fadenkreuz, engl.: *reticle*), wobei M den Vergrößerungsmaßstab der Layoutstrukturen angibt.

8.4.3.1 Layoutstrukturen und Ritzgräben auf 1 : 1-Masken

Eine 1 : 1-Maske (Bild 8.39) enthält die Layoutstrukturen von so vielen Schaltkreisen, wie auf dem Wafer abgebildet werden können. Die Einzelschaltkreise sind in einer rechtwinkligen Matrix angeordnet, und zwar so, daß Zeilen und Spalten dieser Matrix parallel senkrecht zum *Flat* der Scheibe stehen, korrekte Justage der Maske vorausgesetzt. Zwischen benachbarten Schaltkreisen liegt der *Ritzgraben*, in dem keine Bauelemente erzeugt werden. Damit verlaufen die Ränder der gefertigten Chips und die Gräben parallel zu hochsymmetrischen Kristallachsen der Siliziumwafer, die später beim Vereinzeln der Chips *Spaltrichtungen* definieren. Ritzt man die Siliziumoberfläche entlang der Gräben mit einer Diamantspitze an, bricht der Siliziumkristall beim Biegen genau entlang dieser Spaltrichtungen, ohne daß Bruchkanten über Schaltkreise verlaufen. So können die Schaltkreise auf dem Wafer später kontrolliert und mit geringen Verlusten getrennt werden.

Neuerdings werden die Prozeßkontrollmodule in die Ritzgräben verteilt (Bild 8.40), um den benötigten Platz im Zellenfeld auf der Scheibe zu sparen und so mehr Chips pro Wafer produzieren zu können. Die dünnen Oberflächenstrukturen stören das Anritzen der

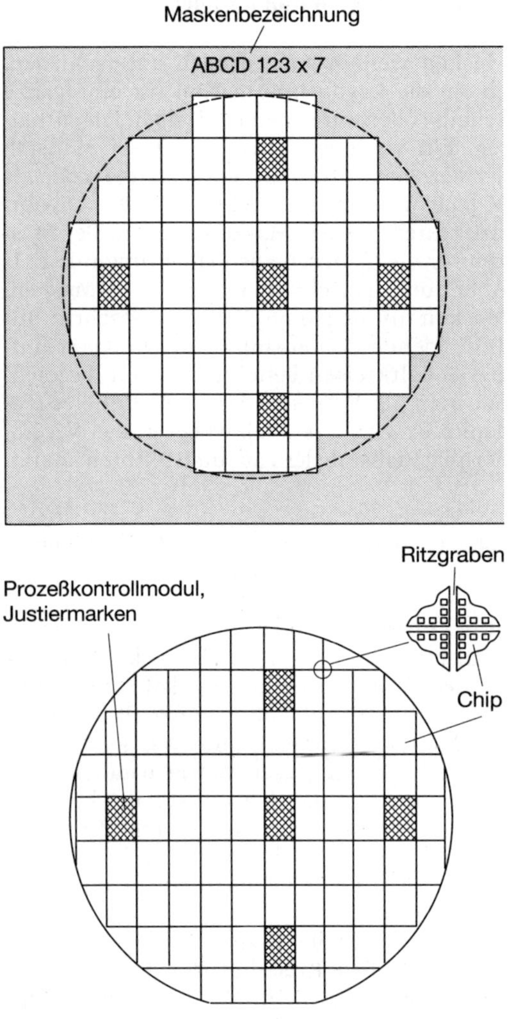

Bild 8.39 Schematische Darstellung einer 1 : 1-Maske und des entsprechenden fertig prozessierten Wafers

Scheiben nicht und die Gräben sind nach Fertigstellung der Wafer ohnehin überflüssig.

8.4.3.2 Teilfeldbelichtung mit Reticles

Reticles enthalten, wie Bild 8.41 zeigt, nur noch die Layoutstrukturen von wenigen ICs, die bei der Belichtung nur ein Teilfeld und nicht den gesamten Wafer ausfüllen. Deshalb sind hier im Gegensatz zu 1 : 1-Masken mehrere Belichtungszyklen nötig, um die gesamte Lackfläche eines Wafers zu belichten. Nach jeder Belichtung durch ein Reticle wird die Siliziumscheibe in der Belichtungsanlage ein Teilfeld weiter verschoben. Mit diesem *Step-und-Repeat*-Verfahren (verschiebe und wiederhole, engl.: *step and repeat*) wird sukzessive die gesamte Siliziumscheibe belichtet. Dabei entsteht die gleiche Schaltkreismatrix, wie bei einer 1 : 1-Maske. Prozeßkontrollmodule und Justiermarken werden an geeigneten Stellen in die Matrix *eingesteppt* oder als Teil des Chiplayouts mit übertragen.

Verglichen mit der Step-und-Repeat-Technik ist die Verwendung von 1 : 1-Masken vom Belichtungsaufwand her wesentlich effektiver. Der Übergang zu Reticles mit Teilfeldbelichtung wird aber von zwei gegenläufigen Tendenzen erzwungen, von denen die Technologieentwicklung geprägt ist: größere Waferdurchmesser und kleinere Strukturen auf dem Silizium. Beide Trends verschärfen sowohl die Anforderungen an die optische Lithografie als auch die Qualitätsmaßstäbe bei der Maskenherstellung.

Bei der Ganzscheibenbelichtung bestimmt der Scheibendurchmesser den Durchmesser des Bildfeldes, das scharf ausgeleuchtet werden muß. Da bei optischen Systemen das Auflösungsvermögen mit der Größe des Bildfeldes abnimmt, können bereits auf 5-Zoll-Wafern Strukturen, deren Abmessungen unterhalb $\approx$ 1,5 µm liegen, nicht mehr auf einmal auf die Scheibe gebracht werden, sondern nur noch durch sequentielles Zusammensetzen von Teilfeldbildern:

Typische Bildfeldgrößen bei Teilfeld-Belichtungsanlagen sind 14 $\times$ 14 mm^2 (s. Tabelle 8.1). Auf 196 mm^2 lassen sich natürlich nur die Layoutstrukturen von wenigen Chips unterbringen, im Extremfall, wie bei MBit-DRAM-Bausteinen, nur noch die Strukturen eines einzelnen Schaltkreises.

Je feiner die minimalen Strukturbreiten im Rahmen einer Fertigungstechnologie werden, desto aufwendiger und teurer wird die Maskenherstellung. Damit Maskenungenauigkeiten nicht merklich in die Strukturauflösung

Bild 8.40 Waferausschnitt: Gezeigt ist der Chip eines MBit-Halbleiterspeichers mit den 4 nächsten Nachbarchips, die teilweise abgebildet sind. Deutlich zu erkennen sind die Bondpads am Chiprand und die Prozeßkontrollmodule (s. Pfeil) im Ritzgraben zwischen den Chips (Werkfoto: Siemens AG).

im Fotolack eingehen, sollte die Übereinstimmung zwischen Maske und Layoutvorgabe um Größenordnungen besser sein, als die Übertragungsgenauigkeit, die zwischen Maske und Lackstruktur angestrebt wird. Um die Anforderungen an die Fertigungsverfahren für Masken zu entspannen, setzt man verkleinernde Abbildungsverfahren ein. Dann können die Maskenstrukturen um den Verkleinerungsfaktor M der Optik größer ausgelegt werden. 1 : M-Reticles werden im Maßstab M : 1 auf den Lack projiziert und dabei wird nicht nur jede Maskenstruktur, sondern auch jede Abweichung von den Nominalmaßen um den Faktor M verkleinert! Bei einer 5 : 1-Abbildung reduzieren sich die Maskentoleranzen von z. B. $\pm$ 0,25 µm auf $\pm$ 0,05 µm! Ohne diese verkleinernde Belichtung wäre die maßgenaue Übertragung der Layoutstrukturen bei VLSI-Schaltkreisen mit Submikrometertechnologien überhaupt nicht möglich.

Der Abbildungsfaktor M kann allerdings nicht beliebig gesteigert werden, denn im Vergleich zu 1 : 1-Strukturen steigt die Maskenfeldgröße um den Faktor M^2. Je größer das Maskenfeld ist, desto geringer wird die Wahrscheinlichkeit, daß das Reticle fehlerfrei gefertigt werden kann. Die häufig verwendete 5 : 1-Abbildung stellt einen Kompromiß zwischen Aufwand in der Maskentechnik und der erreichten Verkleinerung bei den Toleranzen der Maskenmaße dar. Ein Bildfeld von 14×14 mm^2 entspricht hier einem 7×7 cm^2 großen Maskenfeld beim Reticle.

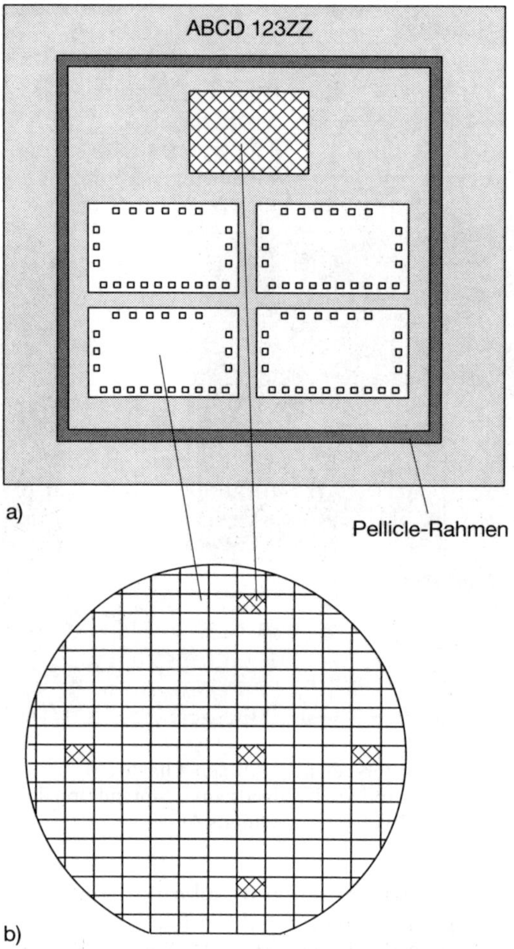

Bild 8.41 a) 5 : 1-Reticle, b) mit prozessierter Scheibe

8.4.4 Maskenspezifikation und Maskenfehler

Die wichtigsten Kennwerte für Masken und Reticles sind die minimale Strukturbreite, die auf der Maske eingehalten wird und die Toleranzen bei Maßhaltigkeit und Passungsgenauigkeit (vgl. Bild 8.4). Neben diesen geometrischen Parametern werden auch Kriterien für die Herstellqualität der Maske und Reticle spezifiziert.

Wie bereits in Abschnitt 8.1.3 definiert, ist eine Maske genau dann maßhaltig, wenn vorgegebene Strukturbreiten oder Abstände auf der Maske genau eingehalten werden. Die Passungsgenauigkeit gibt an, mit welchen Lagefehlern Geometrien aus dem Layout auf der Maske plaziert werden.

Die Herstellqualität einer Maske wird über die Zahl der Maskendefekte pro cm^2 Maskenfläche gekennzeichnet. Defekte sind Partikel auf der Maskenoberfläche, Löcher im Chrom oder Fehler im Quarzglas. Sobald die Größe der Defekte die Auflösungsgrenze bei der Lithografie überschreitet, werden diese fehlerhaften Strukturen mit abgebildet. Je größer der Defektdurchmesser im Vergleich zu den Minimalmaßen auf der Maske ist, desto drastischer sind die Auswirkungen bei der IC-Herstellung (Bild 8.42). Da prinzipiell keine absolut defektfreien Masken oder Reticles herstellbar sind, werden bestimmte Defektdichten spezifiziert, die eine akzeptable Fertigungsausbeute an ICs zulassen.

Die Qualität von Masken oder Reticles ist bestimmend für die minimalen Strukturbreiten und Überlappungen, die auf der Siliziumoberfläche realisiert werden können. Deshalb müssen die Maskenspezifikationen zum Herstellprozeß passen.

Bei 1 : 1-Masken für einen 2,5-µm-CMOS-Prozeß können nach [8.5] z. B. Maßhaltigkeitstoleranzen von ±0,3 µm und Abweichungen bei der Passung von ±0,5 µm zugelassen werden, ohne daß drastische Ausbeuteverluste befürchtet werden müssen. Der maximale Breitenfehler bei einer 2,5-µm-Struktur beträgt damit weniger als 24 % und 2 aufeinanderliegende Strukturen in 2 verschiedenen Maskenebenen können auf der Scheibe um 1,0 µm versetzt sein. Defekte sind nur erlaubt, wenn ihr Durchmesser unterhalb von 2 µm liegt und die Dichte der größeren Defekte mit Abmaßen zwischen 1,5 µm und 2 µm bei weniger als 1 Defekt pro 10 cm^2 liegt.

Bei Reticles ist die angestrebte Strukturauflösung im Lack höher. Deshalb gelten schärfere Anforderungen bei Maßhaltigkeit und Passungsgenauigkeit: 5 : 1-Reticles für einen 1-µm-Prozeß sollten bis auf ±0,25 µm maßhaltig und bis auf ±0,20 µm passungsgenau sein. Dies entspricht ±0,05 µm bzw. ±0,04 µm nach der 5:1-Verkleinerung an der Lackoberfläche.

Bei Reticles sind Maskendefekte viel problematischer als bei Masken, denn jeder Defekt wird in jedes Teilfeld mit abgebildet, also vervielfacht auf die Scheibe übertragen. Bei dem betrachteten 1-µm-Prozeß läßt man deshalb nur Maskendefekte zu, die kleinere Durchmesser als 1,0 µm aufweisen. Bei der 5:1-Projektion werden diese Defekte so verkleinert, daß ihre Bilder unterhalb des Auflösungsvermögens vom Lithografieprozeß liegen.

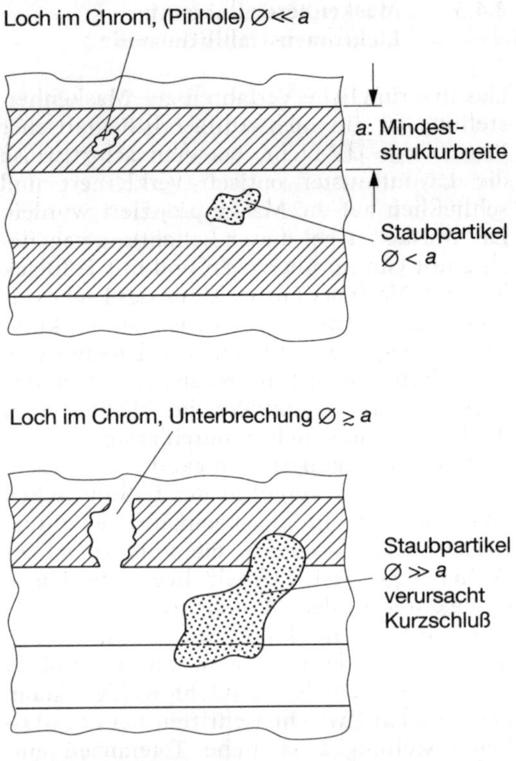

Bild 8.42 Ausschnitt aus der Maske für eine Metallisierungsebene mit kleinen Defekten (oben) und größeren defekten (unten). *a* bezeichnet die minimale Strukturbreite der Technologie und Φ den Defektdurchmesser.

8.4.4.1 Pellicles

Da sich beim Benutzen von Reticles trotz Reinraumbedingungen immer wieder Partikel anlagern, schützt man bei kritischen Maskenebenen die Reticles mit sog. Pellicles (Häutchen, engl.: *pellicles*). Das sind dünne, UV-transparente Nitrozellulosefilme, die mit Abstandsringen einige mm über Vor- und Rückseite des Reticles gespannt werden (s. Bild 8.43). Der Film fängt Partikel aus der Reinraumluft ab und hält diese Verschmutzungen außerhalb des Tiefenschärfebereiches des Abbildungssystems. Deshalb entsteht kein Bild der Partikel im Lack, und die Ausbeute wird nicht durch Fehlabbildungen herabgesetzt.

8.4.4.2 Maskenkontrolle und Maskenreparatur

Bevor Masken oder Reticles das erste Mal in der Chipproduktion eingesetzt werden, durchlaufen sie eine Freigabeprozedur. Dabei wird die Übereinstimmung von Layout und Maske verifiziert sowie die Einhaltung der Maskenspezifikationen geprüft. Die Verifikation des Maskeninhalts ist sehr aufwendig, denn der Vergleich zwischen Maskenstrukturen und

Bild 8.43
Schnitt durch eine Maske mit Pellicle

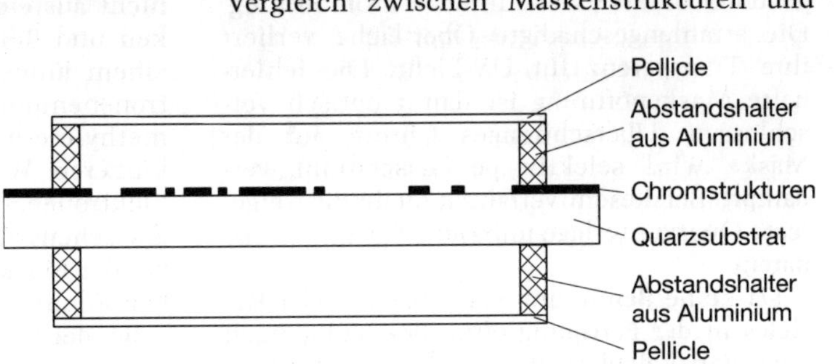

Layout erfolgt visuell mit Mikroskop und einer Kontrollzeichnung der betroffenen Maskenebene im vergrößerten Maßstab (z. B. 500 : 1). Automatische Vergleichsverfahren sind in der Entwicklung [8.5].

Für die Prüfung von Maß- und Passungsgenauigkeit existieren hingegen automatische Meßsysteme, deren Auflösung unter 0,1 µm liegt [8.5]. Defekte werden ebenfalls automatisch gesucht und über Vergleichsinspektionen von identischen Maskenmustern bei benachbarten Schaltkreisen detektiert und ausgezählt. Tritt ein Defekt auf, weichen die bei den betrachteten Schaltkreisen Maskengeometrien an entsprechender Stelle voneinander ab. Durch Hinzunahme eines 3. Schaltkreises kann per Mehrheitsentscheid festgestellt werden, welcher der beiden Schaltkreise auf der Maske den Fehler enthält. Diese Inspektionsgeräte finden Defekte mit Durchmessern bis 0,5 µm.

Viele Maskendefekte sind *weiche* Defekte und lassen sich durch eine Reinigung der Maske mit Reinstwasser beseitigen. Die Defekte, die einer solchen Reinigung widerstehen, heißen harte Defekte. Hierbei handelt es sich entweder um Chromfehler (überschüssiges oder fehlendes Metall) oder um Glasfehler, verursacht von Fremdkörpern, Kratzern oder Einschlüssen. Bleibt die Defektdichte auch nach einer Reinigung oberhalb der festgelegten Grenzen, ist die (teure) Maske unbrauchbar. Im günstigsten Fall lassen sich die harten Defekte reparieren.

Beheben lassen sich allerdings nur die Chromfehler. Löcher im Chrom werden mit fokussierten Ionenstrahlen behandelt. Die energiereichen Teilchen zerstören die freiliegende Quarzoberfläche in der Chromöffnung. Die strahlengeschädigte Oberfläche verliert ihre Transparenz für UV-Licht. Die fehlerhafte Maskenöffnung ist damit optisch verschlossen. Überschüssiges Chrom auf der Maske wird selektiv per Laserstrahl verdampft. Bei diesem Verfahren bleibt die freigelegte Quarzunterlage unbeschädigt und transparent.

Da keine Benutzung von Masken oder Reticles in der Fertigung ohne Beschädigungen oder Partikelbelastungen abläuft, gehört es zur Routine, die Masken turnusgemäß auf Defekte zu überprüfen, gegebenenfalls zu reinigen oder zu reparieren. Bei irreparablen Schäden wird aus den Layoutdaten eine neue Maske oder ein neues Reticle angefertigt.

8.4.5 Maskenherstellung mit Elektronenstrahllithografie

Das ursprüngliche Verfahren zur Maskenherstellung ist ein mehrstufiger lithografischer Prozeß mit UV-Licht, bei dem schrittweise die Layoutmuster optisch verkleinert und schließlich auf die Maske projiziert wurden. Die Maske ist bei dieser Belichtung ganzflächig mit Chrom überzogen und mit Fotolack bedeckt. Nach der Entwicklung des Lackes erscheinen die Layoutgeometrien als Lackmuster. Durch Ätzen entstehen in Lackfenstern chromfreie und damit transparente Gebiete. Lackbedeckte Chrombereiche bleiben nach der Lackablösung lichtundurchlässig.

Die Übertragungsgenauigkeit bei diesem Verfahren kann aufgrund der lichtoptischen Übertragung nicht besser sein, als die lichtoptische Auflösungsgrenze, die proportional zur Wellenlänge λ ist. Deshalb liegen die Ungenauigkeiten in den Maskenstrukturen in der gleichen Größenordnung, wie die Auflösung, die später bei der IC-Produktion im Fotolack auf Siliziumscheiben erreicht werden kann. Da bei allen Zwischenschritten bei der Maskenherstellung zusätzliche Toleranzen entstehen, liegt die typische minimale Strukturbreite auf lichtoptisch erzeugten Masken deshalb ungefähr bei 2 µm. Dies ist für heutige VLSI-Prozesse mit Submikrometerstrukturen nicht ausreichend. Die Geometrien für Masken und Reticles werden deshalb heute mit einem dünnen Elektronenstrahl in einen elektronenempfindlichen Lack (z. B. PMMA, Polymethylmethacrylat) übertragen. Aufgrund der kürzeren Wellenlänge (im nm-Bereich) der Elektronenstrahlung und der Elimination von Zwischenschritten, läßt sich so die Präzision bei der Maskenherstellung um fast eine Größenordnung steigern.

Bei der Elektronenstrahllithografie wird die Auflösung praktisch nicht mehr durch Beugung begrenzt. Auch der Elektronenstrahlquerschnitt geht nicht wesentlich in die erzielbare Auflösung ein. Der begrenzende Faktor sind die sog. *Proximity-Effekte* (Nachbarschaft, engl.: *proximity*). Nach dem Auftreffen auf den Lack belichten die Elektronen nicht nur die Auftreffstelle, sondern, sie werden gestreut und *belichten* auch den Nahbereich in der Umgebung. Deshalb wird nicht der eigentliche Strahlquerschnitt in den Lack übertragen, sondern eine größere Fläche. Die praktische Auflösung eines Elektronenstrahlschreibers zur Maskenherstellung liegt deshalb bei 0,1 ... 0,5 µm breiten Strukturen.

Bild 8.44 zeigt das Schreibverfahren einer Elektronenbelichtungsanlage vom Typ MEBES. Hersteller ist die amerikanische ETEC Corp. in Hayward, Kalifornien. Der Elektronenstrahl wird hier durch eine Kombination aus elektrischer und mechanischer Ablenkung über das Maskenfeld geführt: In einer Richtung lenkt ein Feld den Strahl periodisch hin und her. Die Ablenkstrecke besteht aus 512 Bildpunkten, die einzeln *belichtet* werden können, indem der Strahl ein- oder ausgeschaltet wird. Der Durchmesser der Bildpunkte kann wahlweise auf 0,5 µm oder 0,25 µm eingestellt werden. Die Maske oder das Reticle liegen auf einem präzise bewegbaren *x-y*-Tisch und werden durch Verschieben des Tisches unter dem Strahl senkrecht zur Ablenkrichtung durchgezogen. Ist ein 512-Bildpunkt-Streifen im Maskenfeld belichtet, *springt* der Strahl durch entsprechende Verschiebung des Tisches zur nächsten Chipreihe im Maskenfeld und schreibt hier den Streifen mit identischen Strukturen. Die Streifenbreite beträgt je nach Auflösung 256 bzw. 128 µm. Ist ein Streifen bei allen Chipreihen im Maskenfeld geschrieben, setzt die Maschine den Belichtungsprozeß mit dem nächsten Layoutstreifen Reihe für Reihe fort.

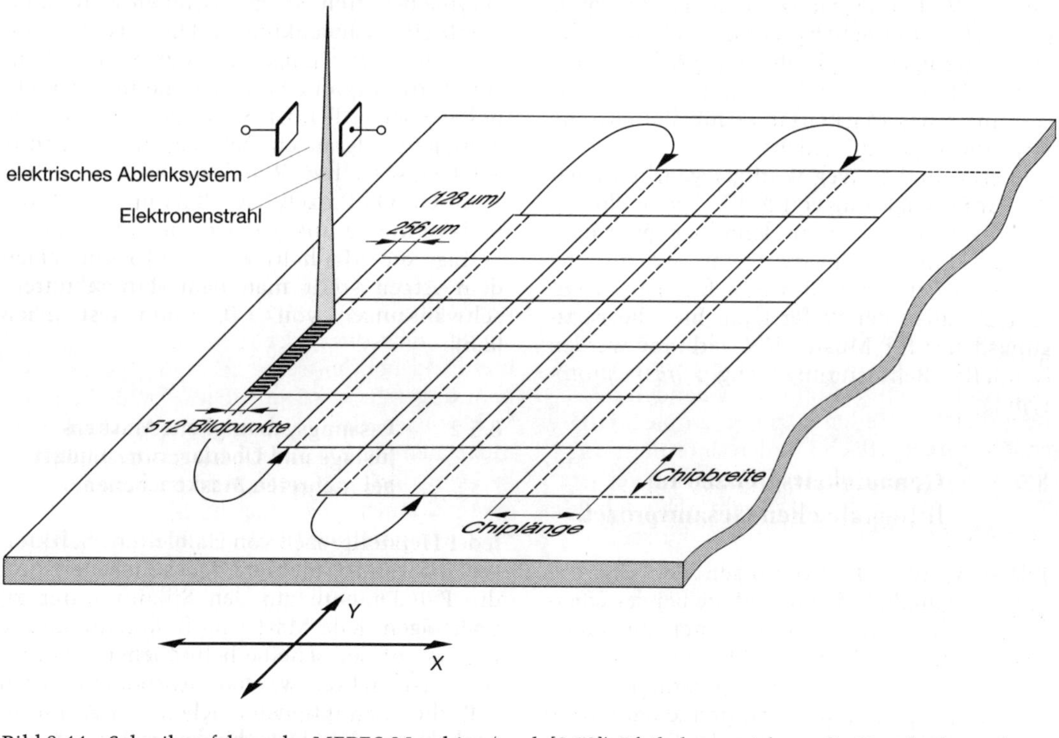

Bild 8.44 Schreibverfahren der MEBES-Maschine (nach [8.10]). Pfeile kennzeichnen die Verschiebung des Belichtungsstreifens durch mechanische Bewegung des *x-y*-Tisches, auf dem sich die Maske befindet.

Damit Streifen an Streifen paßt, wird die Maschine erschütterungsfrei aufgestellt und befindet sich in einer Klimakammer auf konstanter Temperatur.

Die Schreibzeiten für eine Maske oder ein Reticle addieren sich durch die feine Abrasterung zu mehreren Stunden. Hohe Gerätekosten und geringer Durchsatz machen dieses Verfahren teuer. Ein fertiges Reticle kostet mehrere 1000 DM. Trotz hoher Kosten sind die mit Elektronenstrahlen geschriebene Masken wirtschaftlich, da es bei der Maskenherstellung hauptsächlich auf Genauigkeit ankommt und der Marktpreis später bei der Massenproduktion auf viele Chips umgelegt werden kann.

Mit Elektronenstrahlschreibern können auch direkt Siliziumscheiben ohne Masken belichtet werden. Auch wenn hier preiswertere Geräte mit geringerer Auflösung ausreichen, dauert die Übertragung einer Maskenebene pro Scheibe etwa eine Stunde. Der Einsatz des Verfahrens ist daher auf das Belichten von Wafern mit Schaltkreisen beschränkt, die nur in geringen Stückzahlen gefertigt werden sollen. Hier lohnt sich die aufwendige Herstellung eines Maskensatzes für die optische Strukturübertragung nicht.

Dieser direkte Weg wird gelegentlich auch bei der Entwicklung von ASICs (anwendungsspezifische ICs) genutzt, denn hier spielt häufig die Entwicklungszeit eine wesentliche Rolle für den Erfolg des Projekts. Durch Direktschreiben der Wafer kann hier die Fertigungsdauer für Muster ICs verkürzt werden (schnelle Bemusterung, engl.: *fast prototyping*).

8.5 Genauigkeitsgrenzen im lithografischen Gesamtprozeß

Bisher wurden Limitierungen der Übertragungsgenauigkeit diskutiert, die bei der Übertragung des Lichtmusters einer einzelnen Maskenebene auftreten. In diesem Abschnitt werden die Toleranzen vom gesamten Strukturübertragungs- und Strukturerzeugungsprozeß diskutiert, und es wird die Genauigkeit untersucht, mit der mehrere Maskenebenen nacheinander übertragen und aufeinander ausgerichtet werden können.

8.5.1 Maßhaltigkeit von Maske, Lackmuster und geätzter Struktur bei einer Maskenebene

In Abschnitt 8.4 wurden Maßhaltigkeitstoleranzen für Masken und Reticles diskutiert. Diese Toleranzen gelten aber nur auf Maskenebene und nicht etwa für die entwickelten Lackmuster oder für die durch Ätzen erzeugten Strukturbreiten. Die Maßhaltigkeit im Lack bei der Massenproduktion von ICs hängt zusätzlich von der Gleichförmigkeit der Lackdicke, der Bildfeldausleuchtung und der Entwicklung ab, die während der Serienfertigung aufrecht erhalten werden kann. Außerdem spielt die Reproduzierbarkeit von Belichtung, Fokussierung und Lackprozeß eine wichtige Rolle. Bei der Strukturierung der Scheibenoberfläche durch Ätzen entstehen weitere Linienbreitenschwankungen. Diese Fehler sollten summiert weniger als ±20 % der kleinsten Strukturgröße betragen, die in der Technologie herstellbar ist. So liegen z. B. die Maßhaltigkeitstoleranzen bei den in Abschnitt 8.4.4 vorgestellten Reticlestrukturen für den 1-μm-CMOS-Prozeß bei ±0,25 μm. Nach der 5 : 1-Verkleinerung und nach der Entwicklung beträgt die Maßhaltigkeit ±0,16 μm. Nach dem Ätzen stellt man dann Linienbreitenschwankungen von ±0,19 μm fest (nach [8.5]).

8.5.2 Passungsgenauigkeit: Maskenjustage und Überlagerungsbudget bei mehreren Maskenebenen

Jeder Herstellprozeß von Halbleiterschaltkreisen verwendet mehrere Maskenebenen, um die Bauelemente auf den Siliziumwafer zu übertragen. Jede Maske muß deshalb auf die bereits auf der Scheibe befindlichen Strukturen ausgerichtet werden. Ansonsten liegen z. B. die Kontaktfenster neben den Aluminiumbahnen, die sie verbinden sollen. Die erreichbare Ausrichtgenauigkeit bestimmt zusammen mit der Passungsgenauigkeit der Maske (s. Abschnitt 8.4.4), wie genau 2 Maskenebenen im geätzten Silizium übereinandergelegt werden können. Die Ausrichtgenauigkeit geht in den gesamten Lagefehler der hergestellten Strukturen ein.

Das einfachste Ausrichtverfahren verwendet spezielle Justiermarken (Bild 8.45), die sich auf der Maske befinden und die mit entsprechenden Markierungen auf der Scheibe zur Deckung gebracht werden. Dabei verschiebt man den in *x*- und *y*-Richtung beweglichen Scheibenträger in der Belichtungsanlage und kontrolliert die Passung der Justierstrukturen unter dem Mikroskop. Beim Justieren fällt zwar Licht auf die Scheibe, da der Lack aber nur auf UV reagiert, entstehen keine Fehlbelichtungen. Die erreichbare Justiergenauigkeit liegt bei dieser manuellen Methode etwa bei 2 µm und ist deshalb nur für Technologien mit noch wesentlich größeren Strukturen geeignet, z. B. für einen 5-µm-Bipolarprozeß.

Die heutigen VLSI-Prozesse mit erheblich kleineren Bauelementabmessungen kommen mit dieser Ausrichtgenauigkeit nicht aus. Hier wird zusätzlich eine automatische Feinjustage durchgeführt, mit der die korrekte Maskenposition mit der Genauigkeit von $^1/_{10}$ µm angefahren werden kann. Schumicki und Seegebrecht [8.5] stellen 2 Verfahren vor, die auf der automatischen Detektion von Dunkelfeldlicht beruhen bzw. die Beugungsmuster von in die Scheibe geätzten Reflexionsgittern mit dem Moiré-Verfahren [8.12] auswerten:

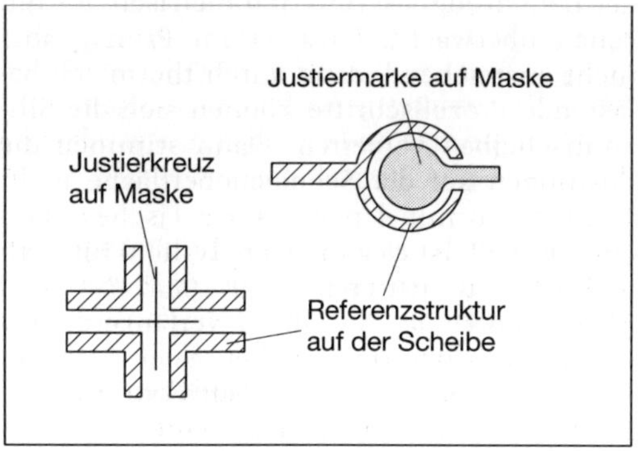

Bild 8.45 Justiermarken zur manuellen Justierung von Maske und Wafer (nach [8.10])

Beim Dunkelfeldverfahren belichtet man zur Justage Sonderstrukturen auf der Scheibe durch Maskenfenster mit identischer Form und Abmessungen. Solange die Maskenstruktur nicht genau über der Justierstruktur positioniert ist, fällt Licht auf die Kanten der Struktur und wird ins Dunkelfeld gestreut (Bild 8.46). Das Dunkelfeldlicht wird von Fotodetektoren erfaßt. Das entsprechende elektrische Dunkelfeldsignal steuert den Positio-

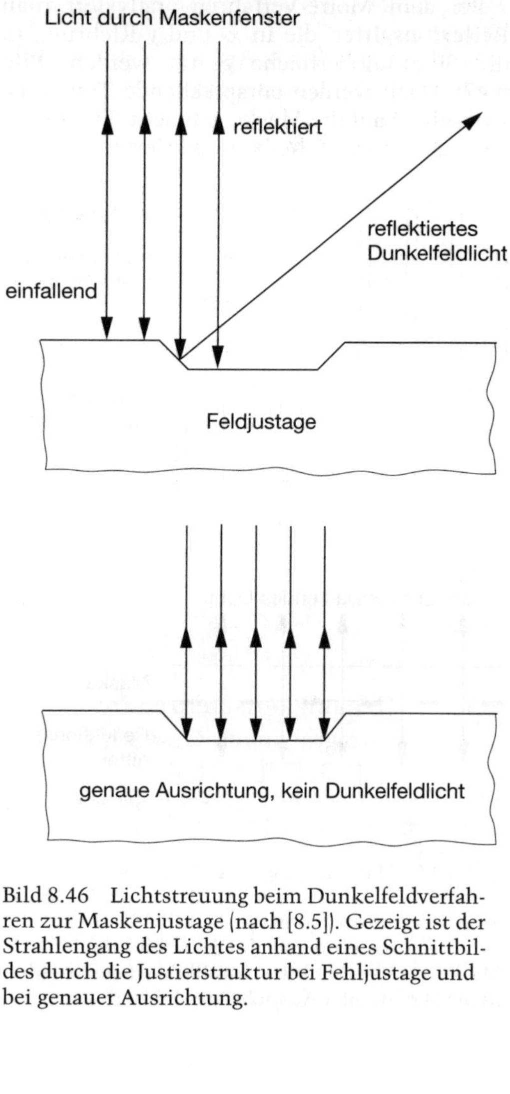

Bild 8.46 Lichtstreuung beim Dunkelfeldverfahren zur Maskenjustage (nach [8.5]). Gezeigt ist der Strahlengang des Lichtes anhand eines Schnittbildes durch die Justierstruktur bei Fehljustage und bei genauer Ausrichtung.

nieralgorithmus, mit dem die Scheibe auf dem *x*-*y*-Tisch bis zur Passung verschoben wird. Erst wenn das Ausrichtlicht genau die Oberflächenstruktur ausleuchtet, verschwindet das Dunkelfeldsignal und die Justage ist für eine der beiden Oberflächenrichtungen (*x*- und *y*-Richtung) beendet. Anschließend wird die Positionierung der Maske in orthogonaler Richtung durchgeführt. Der mittlere Ausrichtfehler Λ bei diesem Verfahren liegt in beiden Richtungen bei weniger als $\Lambda = 0{,}1$ µm. Auch hier wird wieder mit langwelligem, sichtbarem Licht gearbeitet, um Vorbelichtungen des Fotolackes zu vermeiden.

Bei dem Moiré-Verfahren analysiert man Reflexionsgitter, die in *x*- und *y*-Richtung in die Siliziumoberfläche geätzt werden (Bild 8.47). Dazu werden entsprechende Transmissionsgitter auf die Maske gebracht. Die Intensität des an der Scheibe reflektierten Lichtes,

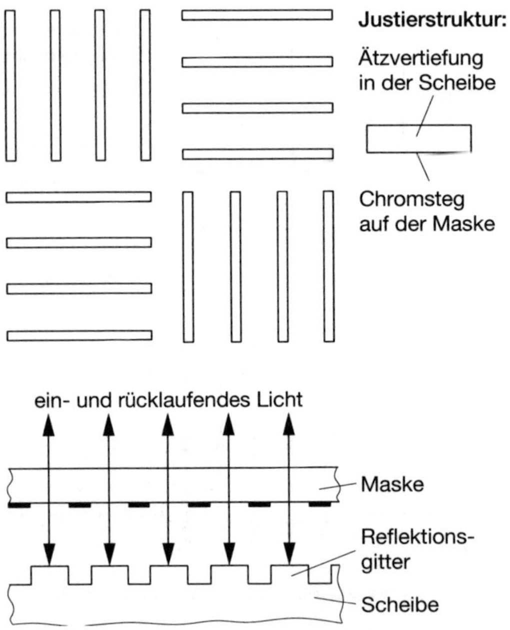

Bild 8.47 Maskenjustage mit Reflexions- und Transmissionsgittern (nach [8.5]). Die obere Grafik zeigt den Aufbau der Justierstruktur, die in die Scheibe geätzt wird und als Chrombild auf der Maske vorliegt. Im unteren Teilbild ist der Strahlengang bei optimaler Ausrichtung skizziert.

das durch das Gitter auf der Maske tritt, hängt empfindlich von der Lage des Maskengitters relativ zum Reflexionsgitter ab. Bei genauer Passung ist die Lichtintensität maximal. Dieses Maximum sucht man wieder durch systematisches Verschieben des *x*-*y*-Tisches, auf dem sich die Scheibe befindet. Die erreichte Ausrichtgenauigkeit liegt bei diesem Verfahren unterhalb von $\Lambda = 0{,}05$ µm in beiden Richtungen.

Die angegebenen Positionierungsfehler geben nur Mittelwerte der Fehlpositionierung an. In der Praxis können die Fehllagen von Maske und Wafer um diese Werte schwanken. Werden die jeweiligen Fehljustierungen statistisch erfaßt, kann man die Standardabweichung σ für die Fehllage bestimmen. Da im Intervall $\Lambda \pm 3 \cdot \sigma$ über 99 % aller Meßergebnisse liegen, wird dieser 3-σ-Wert als realistisches Maß für die zu erwartende Fehljustage verwendet. Die 3-σ-Werte bei der Dunkelfeldmethode betragen 0,34 µm, während beim zweiten Verfahren 0,15 µm erreicht werden. Die oben angegebenen Zahlenbeispiele für die Maßhaltigkeit im Lack und im geätzten Silizium sind übrigens ebenfalls 3-σ-Werte.

Unter Umständen genügt es bei der Teilfeldbelichtung nur einmal pro Scheibe zu justieren. Dann wird die über die gesamte Scheibe erreichbare Überlagerungsgenauigkeit letztendlich von der Positionierungsgenauigkeit des *x*-*y*-Tisches bestimmt, mit dem der Wafer von Teilfeld zu Teilfeld gefahren wird. Die Tischposition wird deshalb während der Belichtung laserinterferometrisch auf nm genau überwacht. Dies ist im Prinzip aber nicht ausreichend, denn durch thermisch belastende Prozeßschritte können sich die Siliziumscheiben verzerren. Dann stimmen die Positionen auf der Scheibenoberfläche nicht mehr genau mit denen des *x*-*y*-Tisches überein. Deshalb ist es günstiger, Teilfeld für Teilfeld neu zu justieren (engl. *field by field alignement*). Das Verfahren verlängert zwar die Strukturübertragung bei jeder Maskenebene, verringert aber die Fertigungstoleranzen bei den erzeugten Bauelementen.

Ein besonderer Vorteil der Step-und-Repeat-Technik liegt darin, daß man für jede Teilfeldbelichtung nicht nur neu justieren, sondern auch die Optik neu fokussieren kann. Dadurch können Änderungen im Abstand zwischen Objektiv und Lackoberfläche kompensiert werden, die durch Scheibenwölbungen und Lackdickenschwankungen entstehen. *Nachfokussieren* ist insbesondere bei hochauflösenden Projektionsobjektiven wichtig, denn diese verfügen nur über eine sehr geringe Tiefenschärfe (≈ 1 µm). Geringe Defokussierungen verändern hier bereits merklich die Intensitätsverteilung im übertragenen Abbild der Maskenstrukturen.

Weitere Abweichungen von der idealen Passung treten auf, wenn, wie in der Praxis durchaus üblich, aufeinanderfolgende Maskenschritte mit verschiedenen Belichtungsmaschinen durchgeführt werden. Die Bildfeldverzerrungen (*Distorsion*) der beteiligten Abbildungslinsen können unterschiedlich ausfallen, und deshalb können Maskenstrukturen aus verschiedenen Ebenen zusätzlich gegeneinander verschoben sein.

Aus den vorgestellten Einzelfehlern kann man für einen Lithografieprozeß eine Gesamt Überlagerungsgenauigkeit bestimmen, die als *Überlagerungsbudget* bezeichnet wird. Tabelle 8.2 gibt dieses Budget für 2 Teilfeldbelichtungsverfahren mit 1 : 1- und 5 : 1-Abbildung an. Die Überlagerungsgenauigkeit darf höchsten 50 % der kleinsten Strukturgröße im Silizium erreichen, damit hinreichend hohe Fertigungsausbeuten entstehen. Die 1 : 1-Belichtungsanlage in Tabelle 8.2 ist also für einen 1,5-µm-Prozeß geeignet, die andere Anlage für minimale Strukturbreiten von 1,0 µm.

Tabelle 8.2 3-σ-Werte für Überlagerungsbudgets zweier Teilfeldprojektionsanlagen (in mm, nach [8.5]). Bei der Überlagerung von Maskenstrukturen spielt nur die Fehllage der beiden beteiligten Kanten eine Rolle. Diese Fehllage ist per Definition jeweils der halbierte Maßhaltigkeitsfehler. Da die Fehler in den ersten 6 Spalten statistisch unabhängig sind, ist der zusammengefaßte Fehler die Wurzel aus der Summe der Fehlerquadrate.

Anlage	Ultrastep 1000	ASML PAS 2500
1. Ausrichtgenauigkeit	0,24	0,10
2. Maskenpassung	0,20	0,04
3. Linsendistorsion	0,30	0,23
4. Kanten-Fehllage 1. Maske	0,16	0,095
5. Kanten-Fehllage 2. Maske	0,16	0,095
6. Scheibenverzerrung durch thermische Belastung im Prozeß	0,20	0,10
Zusammengefaßer Fehler 1. bis 6.	0,53	0,30
7. Ausrichtgenauigkeit der beiden Masken	0,10	0,05
Überlagerungsbudget	0,63	0,35

8.6 Neue Techniken in der optischen Lithografie

Die treibende Kraft in der Mikroelektronik sind die sinkenden Kosten für elektrische Funktionen, die durch die Steigerung des Integrationsgrads über Strukturverkleinerung realisiert werden. Deshalb werden die Fotolithografieverfahren ständig weiterentwickelt, mit dem Ziel, immer feinere Strukturen zu übertragen. Aus Kostengründen setzt man dabei auf das etablierte lichtoptische Verfahren, während Strukturübertragung mit kurzwelligeren Strahlungsarten, wie die Röntgenstrahlung, derzeit nur in Entwicklungslabors eingesetzt wird.

Die naheliegendsten Methoden zur Steigerung der Auflösung bei der optischen Lithografie, sind nach Gleichung 8.7 kurzwelligeres Licht zu verwenden oder die Öffnung der Abbildungsobjektive zu vergrößern. Derzeit sind numerische Aperturen von etwa $NA = 0{,}42$ typisch und bis $NA = 0{,}55$ möglich (vgl. Tabelle 8.1). Wie Gleichung 8.7 zeigt, zieht aber jede Verbesserung der Auflösung durch eine kleinere Wellenlänge oder größere Apertur eine Verringerung der Tiefenschärfe nach sich. Die abnehmende Tiefenschärfe wird damit zum zentralen Problem bei der hochauflösenden Lithografie. Ansatzpunkte zur Kompensation der kleinerwerdenden Fokustiefe sind apparative Verbesserungen an den Belichtungsgeräten, wie etwa bessere Autofokussysteme. Auch den Lackprozeß kann man verbessern. In Abschnitt 8.6.1 werden Mehrschichtlacke diskutiert, bei denen die Scheibenoberfläche vor dem Aufbringen der lichtempfindlichen Schicht planarisiert wird, um die Anforderungen an den Tiefenschärfebereich der Projektionsobjektive bei der Strukturübertragung zu senken. Außer der Lacktechnik lassen sich auch die anderen Teilprozesse der optischen Lithografie noch optimieren. Verbesserte Lichtquellen für kurzwelligste Belichtung im tiefen UV-Bereich können eingesetzt werden, und es gibt Methoden, die Beugungseffekte bei der Abbildung durch optimierte Maskentechniken zu reduzieren.

8.6.1 Mehrschichtlacke

Bei diesem Verfahren wird statt einer Fotolackschicht eine Schichtfolge aus mehreren Lagen aufgebracht. Zuerst werden die unvermeidlichen Unebenheiten auf prozessierten Wafern mit einer 2...3 µm dicken Fotolackschicht ausgeglichen. Durch Aushärtung bei hohen Temperaturen (1 Stunde bei 200 °C) verliert diese Lackschicht die Lichtempfindlichkeit, weil sich der Diazidsensibilisator thermisch zersetzt. Auf dieser unteren Planarisierungsschicht liegt die lithografisch wirksame Lackschicht, die praktisch eben ist und deshalb auch mit Objektiven mit kleinem Tiefenschärfebereich scharf belichtet werden kann. Die obere Lackschicht, etwa 0,4 µm dick, ist durch eine Hilfsschicht von der Planarisierungsschicht isoliert. Bild 8.48 zeigt den Schichtaufbau.

Die oberste Schicht wird auf herkömmliche Weise belichtet und entwickelt. Mit einem Ätzschritt entfernt man die Zwischenschicht in den Lackfenstern und legt dort die Planarisierungsschicht selektiv frei. Die strukturierte Zwischenschicht dient dann als Maske bei der anschließenden selektiven Ätzung der unteren Lackschicht. Der Prozeßablauf ist ebenfalls in Bild 8.48 dargestellt.

Die Ätzverfahren, mit denen die untere

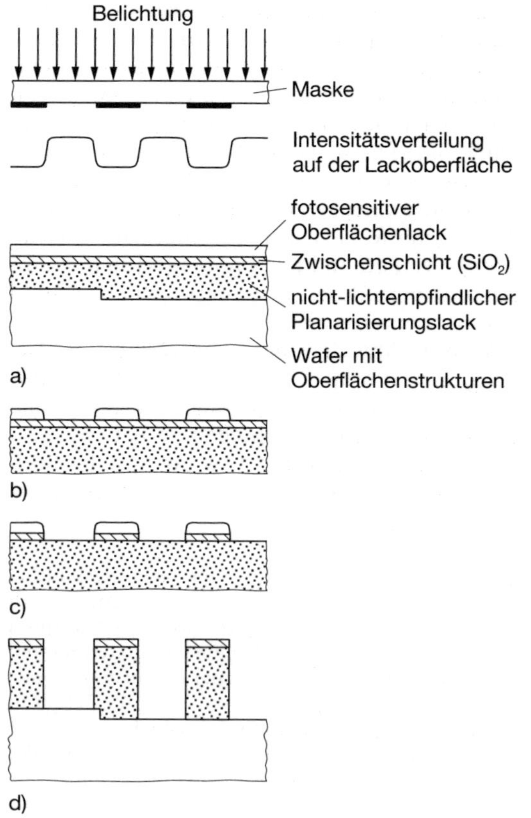

Bild 8.48 Mehrschichtlacke: a) Belichtung und Schichtaufbau, b) Entwicklung des oberen Fotolacks; c) Ätzen der Zwischenschicht und d) anisotropes Ätzen der Planarisierungsschicht.

Lackschicht strukturiert wird, sind spezielle *anisotrope Ätztechniken* (s. Kapitel 9). Mit diesen Verfahren lassen sich die in der Zwischenschicht definierten Strukturen mit nahezu senkrechten Flanken ($\theta = 90°$) in die unter Lackschicht übertragen. Damit werden die von der Maske vorgegebenen Abmessungen auch bei unterschiedlichster Höhe der Oberflächenstruktur der Siliziumscheibe korrekt eingehalten.

Der Vorteil der Mehrlagentechnik liegt darin, daß die im Lack mögliche Strukturauflösung ausschließlich vom dünnen planen Oberflächenlack und dessen Lackkontrast-Übertragungsfunktion bestimmt wird. Bei 1-

Lagen-Lacken mit kleineren Flankenwinkeln hingegen fallen die Weiten der Lackstege am Fuß der Lackschicht stark unterschiedlich aus, je nachdem, ob die durchzuentwickelnde Lackschicht topographiebedingt dicker oder dünner ausfällt (Bild 8.49).

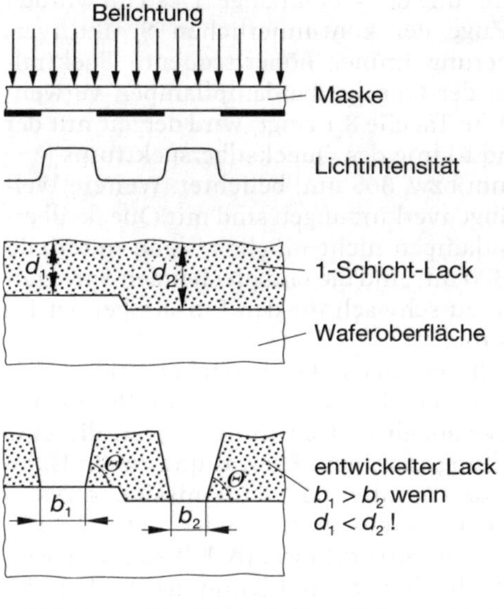

Bild 8.49 1-Schicht-Lack über Waferoberfläche mit Topographie. Je nach Unterlage sind verschieden dicke Lackschichten zu belichten und zu entwickeln, denn der Lackfilm folgt nur mit Einschränkungen der Scheibentopographie [8.13]. Trotz gleicher Flankenwinkel können unterschiedlich breite Lacköffnungen entstehen!

Die Zwischenschicht, die bei der Mehrlagenlacktechnik wie ein *Kontaktmaske* auf der Planarisierungsschicht liegt und den anisotropen Ätzschritt steuert, ist häufig aus Siliziumdioxid. Diese Substanz kann leicht strukturiert werden und ist hinreichend resistent gegen die spätere anisotrope Ätzung des Planarisierungslackes. Bei der Abscheidung der Oxidschicht ist zu beachten, daß der Planarisierungslack sehr temperaturempfindlich ist. Deshalb wird SiO_2 wie Fotolack aufgeschleudert (Schleuderglas, engl.: *spin-on glas*). Ausgangssubstanz ist eine flüssige organische Siliziumverbindung, aus der beim Trocknen SiO_2 entsteht.

Mit der Mehrlagentechnik kann man die minimal auflösbare Strukturbreite in etwa halbieren. Der Vorfaktor k_1 in Auflösungsgleichung 8.7 sinkt von $k_1 \approx 0{,}8$ bei 1-Lagen-Lack auf Werte bis zu $k_1 = 0{,}5$. Die mit heutigen Belichtungsmaschinen realisierbaren minimalen Strukturbreiten liegen damit unterhalb von 0,5 μm [8.5, 8.14].

Nachteilig bei Mehrlagenlackverfahren ist der erhöhte Aufwand, denn 3 Lagen müssen in definierter Form aufgebracht werden. Besonders problematisch sind bei diesem Lackprozeß die hohen Defektdichten in der Zwischenschicht aus Schleuderglas. Diese Defekte reduzieren die Widerstandsfähigkeit der SiO_2-Schicht beim anisotropen Ätzen des Planarisierungslackes. Dies kann fehlerhafte Strukturen in dieser Lackschicht verursachen. Durch den erhöhten Prozeßaufwand und die verringerte Ausbeute im Vergleich zu konventionellem 1-Lagen-Lack entstehen hohe Kosten.

Man sucht deshalb nach einfacheren Verfahren, die mit 2 oder sogar nur noch mit 1 Lackschicht auskommen. Es ist z. B. möglich, 2-Lagen-Systeme aufzubringen, bei denen die obere Lackschicht auf chemischem Wege nach der konventionellen Belichtung und Entwicklung resistent gegen den anisotropen Ätzschritt gemacht wird. Damit wirkt diese Schicht wie die Zwischenschicht bei der 3-Lagen-Methode [8.14]. Die Defektproblematik in der SiO_2-Schicht wird umgangen und, da nur 2 Schichten notwendig sind, sinkt der Aufwand bei diesem Lackprozeß.

8.6.2 Kontrastverstärkung

Eine andere Weiterentwicklung des Lackprozesses, die eine Alternative zur 3-Lagen-Technik darstellt und immerhin in den Bereich von Strukturgrößen von 0,5 μm führt, sind Lacke mit Kontrastverstärkung. Hier handelt es sich um 2-Lagen-Lacke, bei denen steilere Lackflanken als bei der konventionellen Technik nicht durch anisotropes Ätzen, sondern durch Erhöhung des Bildkontrastes realisiert werden. Dazu wird der Fotolack mit einer Kontrastverstärkungsschicht (engl.: *con-*

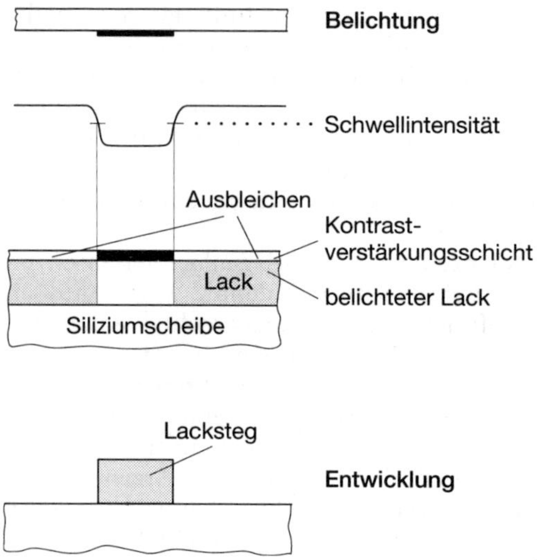

Bild 8.50 Lackprozeß mit Kontrastverstärkungsschicht (nach [8.5])

trast enhancement layer) überzogen. Bild 8.50 zeigt Schichtaufbau und Prozeßablauf.

Die Verstärkungsschicht absorbiert bei Belichtung zunächst das auftreffende Licht vollständig, bleicht dabei aber aus. Völlig transparent wird die Kontrastverstärkungsschicht beim Ausbleichen allerdings nur dort, wo eine bestimmte Mindestlichtintensität auftritt. Durch diese transparenten Gebiete fällt Licht in die unterliegende Fotolackschicht und bildet die Maskenstrukturen als Löslichkeitsprofil ab. Die unscharfen Ränder des Beugungsbildes der Maske werden bei diesem Verfahren aber nur dort übertragen, wo die Schwellenenergie zum Ausbleichen der Verstärkungsschicht ausgereicht hat. Da an den Rändern der Beugungsbilder geringe Lichtintensitäten auftreten, werden diese zum großen Teil *abgeschnitten*.

Die Zusatzschicht wirkt also wie eine zusätzliche Kontaktmaske, die das Licht nur innerhalb der geometrischen Strukturgrenzen der Maskengeometrien durchläßt. Dies steigert den Kontrast des Lichtes, das auf den Fotolack fällt und ermöglicht so eine bessere Ausnutzung der Empfindlichkeit des Fotolackes. Die Ausbleichung der Kontrastverstärkungsschicht verlängert allerdings die Belichtungszeit auf etwa den 3fachen Wert der konventionellen 1-Lagen-Technik.

8.6.3 Laserbelichtung

Der direkte Weg zu höherer Auflösung ist die Verkürzung der Wellenlänge. Deshalb wurden im Zuge der kontinuierlichen Strukturverkleinerung immer höherfrequente Spektrallinien der Quecksilberdampflampen verwendet. Wie Tabelle 8.1 zeigt, wird derzeit mit der g- und i-Linie des Quecksilberspektrums (λ = 435 nm bzw. 365 nm) belichtet. Weitere Wellenlängenverkürzungen sind mit Quecksilberdampflampen nicht möglich, denn unterhalb von 300 nm sind die entsprechenden Spektrallinien zu schwach für den Einsatz bei der Lithografie.

In diesen tiefen UV-Bereichen stehen Excimer-Laser als Lichtquellen zur Verfügung. Dabei handelt es sich um Gaslaser, die eine Mischung aus einem Edelgas und einem Halogen zur stimulierten Lichtemission verwenden. Bereits im Einsatz sind Kryptonfluorid-(KrF-) und Argonfluorid-(ArF-)Excimer-Laser, die Licht hoher Strahlenintensität bei der Wellenlänge 249 nm bzw. 193 nm emittieren [8.15]. Ein besonderer Vorteil von Excimer-Lasern ist die nicht vollständige Kohärenz dieses Laserlichts. Deshalb treten keine Stehwelleneffekte im Lack auf, die bei dem üblicherweise kohärenten Laserlicht unvermeidbar sind. Excimer-Laser arbeiten bei der Belichtung gepulst, mit Pulslängen zwischen 10 und 25 ns und Leistungsdichten von 10^7 W/cm^2. Die notwendige Belichtungsenergie für den Fotolack wird mit mehreren Lichtpulsen aufgebaut.

Die besonderen Schwierigkeiten bei diesem Belichtungsverfahren liegen im Fotolack und bei den Projektionsobjektiven, deren Linsen wegen der starken Absorption von Quarzgläsern bei diesen Wellenlängen nur aus synthetischem Quarz angefertigt werden können. Fotolacke auf Novolakbasis absorbieren tiefes UV-Licht viel stärker, als das der g- und i-Linie. Deshalb sind zur Durchbelichtung des Lackes unter λ = 300 nm hohe Lichtdosen notwendig.

Der Laser kann diese Belichtungsenergien (oberhalb 800 mJ/cm^2) problemlos liefern. Der Fotolack verliert aber bei starker Belichtung seine Empfindlichkeit für die Entwicklungslauge, weil Novolakmoleküle sich bei starker Belichtung vernetzen (vgl. *Deep UV Hardening*, Abschnitt 8.3.7.3). Da absorptionsbedingt die unteren Lackschichten stets geringer belichtet werden, als der Lack an der Oberfläche, löst sich dann der Lack in tiefen Schichten beim Entwickeln schneller. So entstehen ungleichförmige Lackkanten. Aus diesem Grunde wurden für die Laserbelichtung spezielle und damit teurere Fotolacke entwickelt, deren Lichtempfindlichkeit ca. 20mal höher ist, als bei normalem Fotolack. Damit kann mit geringen Lichtdosen belichtet werden, und die Härtungseffekte in den oberen Lackschichten werden vermieden [8.14].

8.6.4 Phasenschiebemasken

Eine neuere Methode in der Maskentechnik, mit der die Auflösung verbessert werden kann, ohne Wellenlängen im Bereich unter 300 nm zu verwenden, sind sog. *Phasenschiebemasken* [8.16]. Bei diesen Masken wird gezielt das zwischen benachbarte Maskenöffnungen gebeugte Licht ausgelöscht. So wird der gleiche kontrastverstärkende Effekt erzielt, wie bei der in Abschnitt 8.6.2 beschriebenen Lacktechnik.

Das Funktionsprinzip der Phasenschiebemasken läßt sich anhand von 2 eng benachbarten Maskenöffnungen erklären:

Bei Belichtung überlagern sich zwischen den Maskenöffnungen die Verteilungen des gebeugten Lichtes, die von den beiden Maskenfenstern stammen. Bei geringem Abstand zwischen den Maskenöffnungen wird dadurch die Lichtmodulation zwischen den Strukturen so klein, daß die beiden Maskenfenster nicht als getrennte Strukturen im Lack erscheinen. Dreht man nun die Phasenlage des Lichtes, das aus der einen Öffnung stammt um 180°, dann verursacht dies destruktive Interferenzen zwischen den beiden Lichtverteilungen, und die Beugungsmuster zwischen den benachbarten Strukturen löschen sich (teilweise) aus, anstatt sich konstruktiv zu überlagern. Dies verstärkt die Lichtmodulation zwischen den Maskenfenstern, und die ohne Phasenschiebung nicht trennbaren Maskenstrukturen erscheinen als separate Lackfenster. Die lithografische Auflösung hat sich folglich erhöht.

Bild 8.51 zeigt die Lichtintensitäten auf Scheibenniveau für eine konventionelle *Transmissionsmaske* und eine Phasenschiebemaske. Theoretisch läßt sich mit der neuen Technik die Auflösung bei der Lithografie ohne weitere Maßnahmen verdoppeln. Voraussetzung ist allerdings die Beherrschung eines komplizierteren Maskenfertigungsprozesses, bei dem zusätzlich zum Chrom, die Phasenschiebeschicht mit definierter Dicke $d = (\lambda/2) \cdot (n - 1)$ abgeschieden und strukturiert werden muß. Die Phasenschiebeschicht kann aus einer extra Lage elektronenempfindlichem PMMA-Lack bestehen, der für Licht transparent ist, oder man kann eine abge-

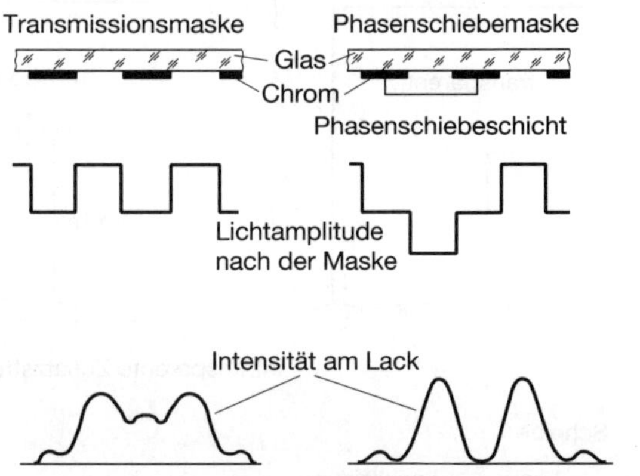

Bild 8.51 Beugung des Lichtes bei 2 eng benachbarten Maskenöffnungen auf einer Phasenschiebemaske und einer konventionellen Transmissionsmaske im Vergleich. Bei der Phasenschiebemaske ist eine der Maskenöffnungen mit einer transparenten Phasenschiebeschicht bedeckt, die das Vorzeichen der Lichtamplitude invertiert. Dies beeinflußt die Intensität an der Maske nicht, aber an der Lackoberfläche entsteht durch destruktive Interferenz der beiden gebeugten Lichtverteilungen ein wesentlich stärkerer Lichtkontrast als bei der Transmissionsmaske.

schiedene Siliziumoxidschicht verwenden [8.16].

Effekte, die ähnlich zu Phasendrehungen sind, lassen sich auch mit gewöhnlichen Transmissionsmasken nachempfinden, indem Zusatzmuster auf die Maske gebracht werden [8.17]. Diese Strukturen sind zu klein, um im Lack abgebildet zu werden. Ihre Aufgabe besteht nur darin, kontrolliert in die Überlagerung der Beugungsmuster der Maskenstrukturen einzugreifen. Bild 8.52 zeigt dieses Verfahren am Beispiel einer Ecke, die mit der konventionellen Technik stets abgerundet übertragen wird, weil hier die Objektpunkte der Maske zu eng beisammenliegen und deshalb nicht aufgelöst werden können. Durch die Zusatzstrukturen, deren Form und Lage empirisch oder mit speziellen Algorithmen festgelegt werden, läßt sich der Lichtkontrast in Eckbereichen soweit vergrößern, daß man fast rechtwinklige Ecken im Lack erzeugt.

8.7 Zusammenfassung

In diesem Kapitel wurde die optische Lithografie beschrieben, die zur Übertragung der Layoutstrukturen auf die Siliziumscheibe eingesetzt wird. Das Lithografieverfahren besteht aus 3 Teilprozessen: der Herstellung von Masken, der Belichtung von Fotolack und der Ent-

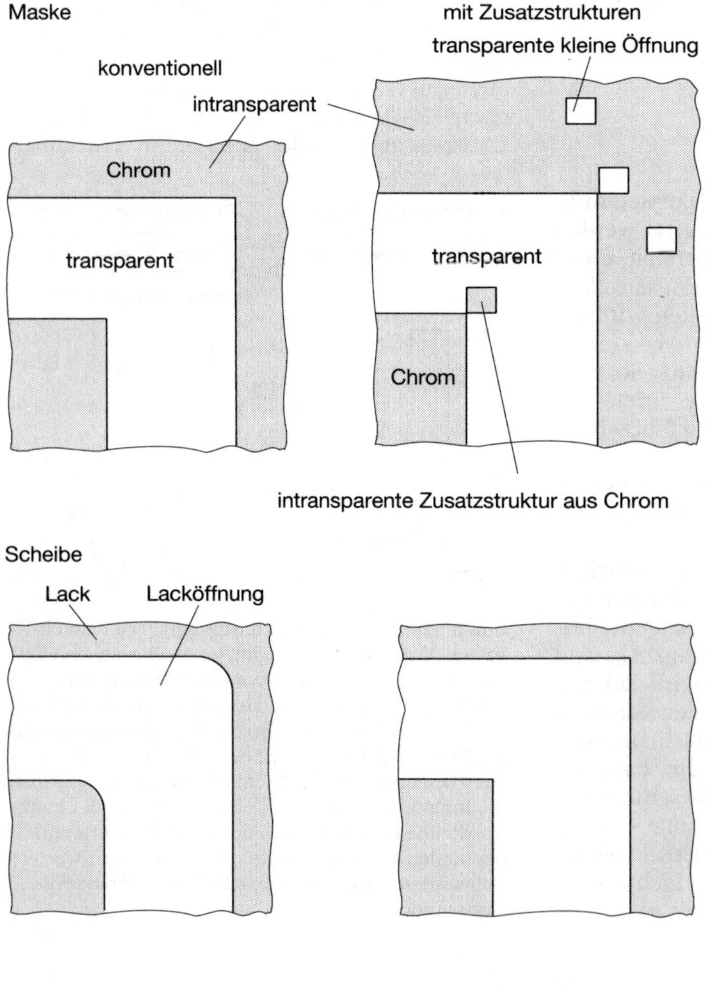

Bild 8.52
Übertragung einer Ecke in konventioneller Technik und mit Zusatzstrukturen, deren Form und Lage empirisch oder mit speziellen Algorithmen festgelegt wird. Während die übliche Maskenstruktur stets abgerundet übertragen wird, weil hier die Objektpunkte der Maske zu eng beisammen liegen, wird der Lichtkontrast durch Beugungseffekte, die die Zusatzstrukturen in den Eckbereichen der Maske bewirken, soweit vergrößert, daß fast rechtwinklige Ecken im Lack erzeugt werden können.

wicklung dieser lichtempfindlichen Substanz. In Bereichen, die durch die Maskenstrukturen vor Licht geschützt waren, bleibt der Lackfilm stehen und wirkt bei der späteren Strukturierung als Ätzmaske. Da jede Oberflächenschicht einer Siliziumscheibe während des Halbleiterprozesses mindestens einmal strukturiert wird, ist die Lithografie einer der am häufigsten im Fertigungsablauf wiederkehrenden Einzelprozesse in der Halbleitertechnologie.

Das Entwicklungsgesetz der Mikroelektronik ist die Vervielfachung der Funktionen auf einer gegebenen Siliziumfläche durch die Verkleinerung der Strukturen. Der zentrale Parameter bei der Lithografie ist deshalb die minimale Strukturbreite, die reproduzierbar in den Fotolack übertragen werden kann. Diese Größe bestimmt den Integrationsgrad, also die mit einer bestimmten Prozeßtechnologie realisierbare Zahl von Bauelementen pro Flächeneinheit.

Die Auflösungsgrenzen der lichtoptischen Lithografie entstehen hauptsächlich durch Beugungseffekte bei der optischen Belichtung. In der Lacktechnik liegen die prinzipiellen Grenzen für die fortwährende Miniaturisierung der Halbleiterstrukturen im Lackkontrast, der nur relativ kleine Werte annimmt. Da die Lithografiemasken mit der (fast) beugungsfreien Elektronenstrahllithografie erzeugt werden können, sind die Ungenauigkeiten in den Masken keine Begrenzung für die Übertragungsgenauigkeit des Lithografieverfahrens.

Trotz der Limitierung bei der übertragbaren Strukturbreite hat sich die optische Lithografie gegen alle neuentwickelten Strukturübertragungsverfahren (Elektronen-, Röntgen- und Ionenstrahllithografie) erfolgreich behauptet. Der Grund für diesen Erfolg waren die vielfältigen Optimierungsmöglichkeiten und die Anpassungsfähigkeit dieses Verfahrens. Die optische Lithografie ist deshalb nach wie vor die wichtigste Strukturübertragungstechnik in der IC-Produktion.

Der Weg zu den heute üblichen Belichtungstechniken führte, ausgehend von Kontaktmasken über Projektionsbelichtung von ganzen Scheiben bis zu Step-und-Repeat-Verfahren mit verkleinernder Abbildung. Die Wellenlänge des verwendeten Lichtes wurde mittlerweile bis auf 365 nm verkürzt. In der Maskentechnik ging die Entwicklung von lichtoptisch erzeugten Fotoemulsionsmasken zu Chrommasken, die mit Elektronenstrahlen geschrieben werden und mit Pellicles gegen Verschmutzung durch Partikel in der Fertigung geschützt werden. Bei den Fotolacken wird der konventionelle Einfachlack zunehmend durch Mehrlagenlacksysteme ersetzt, die bei kritischen Maskenebenen bis zu 3 Lagen aufweisen. Diese Weiterentwicklungen sind natürlich nicht kostenneutral. Die Gerätekosten für die Lithografie sind deshalb seit den Anfangsjahren der Mikroelektronik stark gestiegen und bestimmen heute wesentlich den Preis einer Halbleiterfabrik mit.

Durch die Weiterentwicklung der optischen Strukturübertragung konnten die minimalen Strukturbreiten von 1970 bis heute von 10 µm auf 0,5 µm und darunter herabgesetzt werden. Das bedeutet eine Erhöhung der Bauelementdichte auf einem IC um den Faktor 400! Chips mit 100 000 Transistoren, die vor 10 Jahren nicht produziert werden konnten, weil die Chipfläche viel zu groß und daher die Ausbeute viel zu niedrig war, passen heute auf 10 ... 20 mm^2 Silizium. ICs mit mehreren Mio. Transistoren, wie 16-MByte-DRAM und 64-Bit-Mikroprozessoren, sind heutzutage Massenartikel, die mit der immer noch relativ gesehen preiswerten optischen Lithografie gefertigt werden können.

Bei Ausschöpfen aller technischen Möglichkeiten scheint aus heutiger Sicht die Auflösungsgrenze der lichtoptischen Strukturübertragung bei 0,15 µm zu liegen. Deshalb wird die optische Fotolithografie auf Jahre hinaus noch die dominierende Methode zur Strukturübertragung bleiben.

9 Ätztechnik

Dieses Kapitel behandelt den Abtrag von Schichten auf den Siliziumwafern mit chemischen und physikalischen Ätzverfahren. Die Hauptanwendung ist die Strukturierung von Oberflächenschichten des Wafers durch räumlich selektives Ein- oder Herausätzen der lithografisch definierten Strukturen. Daneben wird die Ätztechnik eingesetzt, um die Waferoberfläche ganzflächig von bestimmten Substanzen zu reinigen.

Der Schichtabtrag beim Ätzen kann naßchemisch oder auf trockenem Wege mit plasmaunterstützten Prozessen erfolgen. Beim Naßätzen in einem Ätzbad bildet das Ätzmittel (meist eine Säure) eine lösliche Verbindung mit der Schichtsubstanz (vgl. *Fotolackentwicklung*, Abschnitt 8.3.4). Beim Trockenätzprozeß wird die abzutragende Substanz in einem Reaktor durch die aktivierten Atome eines Ätzgases in flüchtige Verbindungen überführt, die abgepumpt werden können (vgl. *Lackveraschung*, Abschnitt 8.3.7.4). Es gibt auch rein physikalische Abtrageverfahren, bei denen es zu keiner chemischen Umwandlung der Schichtsubstanz kommt, sondern Schichten durch energiereiche Teilchen mechanisch abgetragen werden (vgl. *Sputterätzen*, Abschnitt 7.1.2.2).

In diesem Kapitel werden zunächst die wichtigsten Kenngrößen für einen Ätzprozeß definiert (Abschnitt 9.1). Danach werden in Abschnitten 9.2 und 9.3 die Naßätzverfahren besprochen und wichtige Anwendungen vorgestellt, wie etwa die anisotrope naßchemische Ätzung von Monosilizium zur Erzeugung mikromechanischer Strukturen. Anschließend folgt in Abschnitt 9.4 und 9.5 die Beschreibung der Trockenätzverfahren, die den Schwerpunkt des Kapitels bilden, weil diese plasmaunterstützten Methoden heute in der Halbleiterprozeßtechnik bei der Strukturerzeugung dominieren. Zum Abschluß des Kapitels werden die aktuellen Entwicklungstrends bei der Ätztechnik angesprochen.

9.1 Begriffsdefinition beim Ätzprozeß

Die Geschwindigkeit des Materialabtrags beim Ätzen wird über die *Ätzrate* γ erfaßt:

$$\gamma = \frac{\text{Schichtabtrag}}{\text{Ätzeit}} \qquad \text{(Gl. 9.1)}$$

Die Ätzrate hängt von der zu ätzenden Substanz ab und liegt üblicherweise in Größenordnungen von nm/min. Ein wichtiges Charakteristikum von Ätzmitteln ist ihre *Selektivität*. Selektive Ätzverfahren tragen bestimmte Substanzen schneller ab als andere. Flußsäure ist z. B. ein vollständig selektives Ätzmittel für Siliziumoxid auf Siliziumoberflächen und greift das Substrat überhaupt nicht an. Die Selektivität S eines Ätzschrittes für unterschiedliche Substanzen «1» und «2» kann durch das Verhältnis der Ätzraten charakterisiert werden:

$$S = \frac{\gamma_1}{\gamma_2} \qquad \text{(Gl. 9.2)}$$

Je größer S ist, desto selektiver ist der Ätzprozeß für die Substanz «1». Bild 9.1 zeigt Ätzergebnisse für Ätzmittel mit hoher und niedriger Selektivität. In der Regel zeichnen sich naßchemische Ätzverfahren durch eine besonders hohe Selektivität zu Substrat- und Maskierungsschichten aus, während trockene Verfahren meist niedrige Selektivitätswerte aufweisen.

Ein weiteres wichtiges Merkmal von Ätzverfahren ist der *Anisotropiegrad* der Ätzung. Ein Ätzprozeß wird als *anisotrop* bezeichnet, wenn der Ätzangriff entlang bestimmter Richtungen schneller abläuft, als in anderen Richtungen. Erfolgt der Schichtabtrag hingegen in allen Raumrichtungen gleich schnell, spricht man von *isotropen* Ätzverfahren.

Trockene Ätzverfahren sind meist besonders anisotrop, weil die beteiligten Gasteilchen senkrecht auf die Waferoberfläche treffen und so eine Vorzugsrichtung für den Ätz-

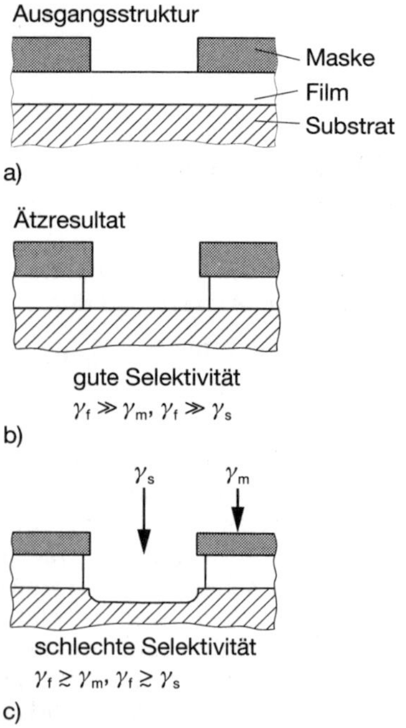

Bild 9.1 Selektivität von Ätzprozessen: γ_s, γ_m und γ_f sind die Ätzraten für das Substrat, die Maskierungsschicht und den zu ätzenden Film (nach [9.1]).

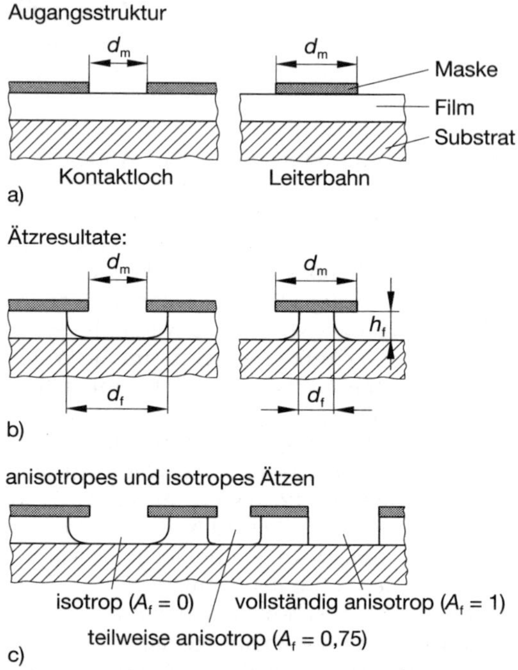

Bild 9.2 Anisotropie von Ätzprozessen: d_m und d_f bezeichnen das Maß der Struktur in der Maske bzw. im geätzten Film, h_f ist die Filmdicke vor der Ätzung. Oben sind die Ausgangsstrukturen und in der Mitte sind Ätzresultate für isotrope Ätzungen gezeigt. Unten sind Ätzresultate für Ätzverfahren mit verschiedenen Anisotropiegraden nebeneinandergestellt. A_f ist der im Text definierte Anisotropiefaktor (nach [9.1]).

prozeß festlegen (vgl. Abschnitt 9.4). Die Ätzung in vertikaler Richtung ist dann besonders effektiv. In lateraler Richtung werden die Seitenwände der Ätzgruben hingegen kaum angegriffen. In nassen Ätzlösungen gibt es meist keine Vorzugsrichtung. Hier greifen die ätzenden Teilchen die Schicht in allen Richtungen an und tragen damit auch die Seitenwände ab.

Zur Charakterisierung der Anisotropie eines Ätzverfahrens führt man den Anisotropiefaktor A_f ein:

$$A_f = 1 - \frac{|d_f - d_m|}{2 \cdot h_f} \qquad \text{(Gl. 9.3)}$$

d_f ist das Maß der geätzten Struktur, d_m das entsprechende Maß in der Maskierungsschicht und h_f bezeichnet die Filmdicke (s. Bild 9.2). Bei $A_f = 1$ läuft der Ätzprozeß vollständig anisotrop ab. Der Film wird nur in vertikaler Richtung senkrecht durchgeätzt und das Maskenmaß entspricht genau der Strukturbreite ($d_f = d_m$). Bei einem isotropen Ätzverfahren greift die Ätzlauge hingegen den Film gleichförmig in allen Raumrichtungen an. Deshalb wird in diesem Fall auch lateral genausoweit geätzt, wie vertikal, also um die Strecke h_f an jeder Seite. An den Rändern der Struktur wird die Maskierungsschicht unterätzt, und es gilt deshalb: $d_f = d_m + 2 \cdot h_f$, oder $A_f = 0$.

Die Unterätzung verschlechtert die Strukturauflösung, und zwar um so stärker, je dikker der zu durchätzende Film ist. Als Richtwert gilt, daß zur Strukturerzeugung mit naßchemischen Mitteln die Dicke des zu strukturierenden Films nur etwa $^1/_3$ der minimalen Strukturbreite betragen darf. Bei den üblichen

Filmdicken zwischen 0,5 und 1 µm können folglich mit isotropen Verfahren nur minimale Strukturbreiten oberhalb von 2 µm erzeugt werden. Feinere Maskenstrukturen, die ähnliche Abmessungen wie h_f aufweisen, können hingegen nur mit anisotropen Verfahren übertragen werden, bei denen die Strukturmaße des geätzten Films mit den Abmaßen der Maskierungsschicht genau übereinstimmen ($d_f = d_m$).

Wird ein Ätzprozeß nicht rechtzeitig unterbrochen, nachdem die zu ätzende Schicht abgetragen ist, kommt es zur *Überätzung*. Bei selektiven isotropen Ätzmitteln wird durch Unterätzung die erzeugte Struktur an den Maskenrändern weiter vergrößert ($A_f < 0$!). Ist die Ätzung nicht vollständig selektiv, wird zusätzlich auch die Substratschicht unter der zu ätzenden Schicht abgetragen. Überätzung führt also zu beschädigten Substratschichten und zu Strukturen mit verfälschten Abmessungen. Die Folge sind Ausbeuteverluste bei der IC-Herstellung.

Für reproduzierbare Ätzergebnisse, sind zeitlich und räumlich gleichförmige Ätzraten erforderlich. Die Inhomogenität eines Ätzverfahrens kann über die Differenz aus größter und kleinster Ätzrate dividiert durch die mittlere Ätzgeschwindigkeit γ_{mw} erfaßt werden:

$$I_f = \frac{\gamma_{max} - \gamma_{min}}{\gamma_{mw}} \qquad \text{(Gl. 9.4)}$$

9.2 Naßchemisches Ätzen

Naßchemische Ätzverfahren spielen in der Halbleiterfertigung nach wie vor eine wichtige Rolle. Die besonderen Vorteile nasser Verfahren sind hohe Ätzraten und die hohe Selektivität für die zu ätzende Schicht. Unterlage und Maskierung werden beim Naßätzen bei fast allen üblichen Materialkombinationen nicht oder kaum angegriffen. Deshalb sind Naßätzprozesse auch optimal geeignet, um Schichten zu Reinigungszwecken ganzflächig von Wafern zu entfernen.

Schichten, die gut naßchemisch geätzt werden können, sind Siliziumoxide, Siliziumnitrid, poly- und einkristallines Silizium, sowie die Metallisierungsebenen. Die gebräuchlichsten naßchemischen Ätzmischungen sind die sog. *7:1-Ätze* zum Abtrag von SiO_2 (7 Teile Ammoniumfluorid (NH_4F), 1 Teil Flußsäure (HF)) sowie Salpetersäure-/Flußsäuremischungen (HNO_3/HF) zur Ätzung von Silizium. Dünne Oxidfilme können auch mit gering konzentrierter (0,3 %) Flußsäure abgetragen werden (HF-Dip-Ätzung; eintauchen, engl.: *dip*). Siliziumnitrid wird mit hochprozentiger Phosphorsäure (H_3PO_4) geätzt und Aluminium mit einer Mischung aus Phosphorsäure, Salpetersäure und Essigsäure in Wasser.

Die beschriebenen Ätzverfahren sind komplexe Prozesse, bei denen neben der eigentlichen Zersetzungsreaktion noch Nebenreaktionen ablaufen. Die Siliziumätzung mit HNO_3 und HF verläuft z. B. in 2 Stufen. Zuerst wird Silizium durch die Salpetersäure oxidiert, dann das Oxid in Flußsäure aufgelöst. Flußsäure ist auch das wirksame Ätzmittel in der 7:1-Ätze für SiO_2. Der Ammoniumfluoridzusatz *puffert* lediglich die Lösung. Diese Substanz liefert die verbrauchten Säureionen nach und hält so die Ätzraten zeitlich konstant. Die Essigsäure in der Ätzlösung für Aluminium ist ebenfalls nur indirekt am Ätzprozeß beteiligt und hat die Funktion eines *Moderators*, der die Ätzgeschwindigkeit reguliert.

Die Ätzraten liegen bei den verschiedenen Ätzlösungen zwischen 10 und 100 nm/min. Die Reaktionen sind isotrop und laufen meist schon bei Raumtemperatur mit hinreichender Geschwindigkeit ab. Beim chemisch sehr stabilen Siliziumnitrid werden nennenswerte Ätzraten allerdings erst bei stark erhöhter Temperatur (160...180 °C) beobachtet. Alle Ätzmittel sind gut mit Wasser verdünnbar. Deshalb lassen sich die Ätzvorgänge schnell und definiert durch Spülen mit Wasser unterbrechen.

9.2.1 Anisotropes naßchemisches Ätzen von einkristallinem Silizium

Während saure Medien, wie die erwähnte HNO_3-HF-Mischung, das Siliziumsubstrat isotrop angreifen, tragen alkalische Medien den Kristall entlang bestimmter Kristallrichtungen schneller ab, als in anderen Richtungen. Diese Anisotropie entsteht nicht wie beim Trockenätzen durch die bevorzugte senkrechte Auftreffrichtung der ätzenden Teilchen, sondern durch die Anisotropie des Kristallgitters selbst. Je geringer die Packungsdichte in einer Kristallebene ist, desto stärker greift die alkalische Ätzlauge diese Ebene an. Kristallebenen mit geringerer Packungsdichte, wie die (100)- und die (110)-Ebenen, werden deshalb beschleunigt abgetragen. Die dichtgepackten (111)-Ebenen sind nahezu ätzresistent.

Die gebräuchlichsten anisotropen Ätzmittel für einkristallines Silizium sind Kali- oder Natronlauge (KOH, NaOH). 50 %ige Kalilauge ätzt bei etwa 100 °C die (100)- und (111)-Ebenen im Verhältnis von 300 : 1. Da diese Laugen Fotolack angreifen, werden lithografisch vorstrukturierte SiO_2-Schichten als Ätzmasken benutzt. Verwendet man Wafer mit (100)-Oberflächen, wird die Oxidmaske beim Ätzen kaum unterätzt, denn die besonders dicht gepackten ätzresistenten (111)-Flächen begrenzen dabei die eingeätzten Strukturen (Bild 9.3). Bei quadratischen oder rechteckigen Öffnungen in der Maskierungsschicht entstehen invertierte Pyramiden oder Pyramidenstümpfe mit quadratischer oder rechteckiger Basis (*V-Gräben*). Der charakteristische Konstruktionswinkel zwischen der (100)-Waferoberfläche und den Pyramidenseiten ist 54,74°.

Ätzraten der alkalischen Lösungen können zusätzlich durch Anlegen von elektrischen Spannungen stark beeinflußt werden. Bringt man eine n-leitende Epischicht auf p-Substrat und polt den pn-Übergang mit etwa 1 V in Sperrichtung, dann endet der Ätzvorgang des p-Substrats genau bei Erreichen der Sperrschicht (*elektrochemischer Ätzstop*).

Durch Kombination von anisotropem Ätzen und elektrochemischen Ätzstops können komplexe räumliche Strukturen mit mechanischen Funktionen im Silizium realisiert werden, und zwar auf der Längenskala und mit der Präzision der Mikroelektronik! Bei dieser *Mikromechanik* werden nicht die halbleitenden Eigenschaften von Silizium genutzt,

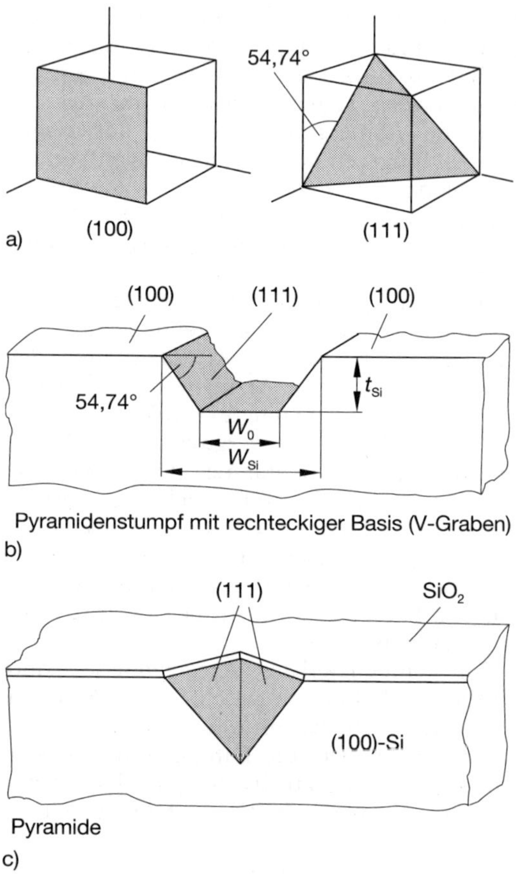

Bild 9.3 Schnitt durch einen (100)-Wafer, in den anisotrop mit einem rechteckigen Maskenfenster ein *V-Graben* mit der oberen Weite W_{si} geätzt wurde. Eine quadratischen Maskenöffnungen ergibt eine *Pyramide*. Die relevanten Kristallebenen mit Millerschen Indizes (100) und (111) sind oben im Bild zur Verdeutlichung eingetragen (nach [9.5]). Zwischen der unteren Weite W_0 des V-Grabens und der durchätzten Schichttiefe t_{si} besteht die Beziehung $W_0 = W_{si} - \sqrt{2} \cdot t_{si}$.

sondern die ausgezeichneten mechanischen Eigenschaften dieses Werkstoffes, die in bezug auf Härte, Zugfestigkeit, thermische Ausdehnung und spezifisches Gewicht sogar die Werte von Stahl übertreffen [9.2].

Für die Erzeugung von kleinsten mechanischen Strukturen in Silizium benötigt man keine neuen Fertigungstechniken, sondern hier können die bereits vorhandenen Fertigungseinrichtungen der Mikroelektronik eingesetzt werden [9.3]. Wichtige mikromechanische Massenprodukte sind Miniatursensoren, insbesondere für Beschleunigung und Druck. Bild 9.4 zeigt als Beispiel schematisch einen mikromechanischen Drucksensor. Mikroelektronische Auswerteschaltungen für Sensorsignale können (als besonderer Vorteil) direkt auf einem mikromechanischen Siliziumsensor mit integriert werden. Diese Zusammenfassung von Mikrosensorik und Elektronik bezeichnet man als *Mikrosystemtechnik*.

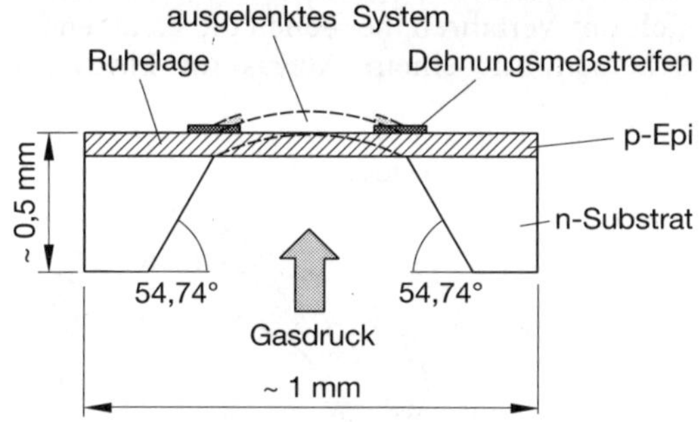

Bild 9.4 Schnitt durch einen mikromechanischen Drucksensor, der mit elektrochemischen anisotropen Ätzen aus einem n-leitenden Wafer mit p-Epischicht gefertigt wurde. Bei Druckänderung wölbt sich die Siliziummembran. Diese mechanische Verspannung kann über Oberflächenschichten mit dehnungsabhängigen Widerständen (*Dehnungsmeßstreifen*) elektrisch erfaßt werden (nach [9.2]).

9.2.2 Naßchemische Reinigungsverfahren

Die Fertigungsausbeute bei einem Herstellprozeß hängt entscheidend von der Sauberkeit der Scheiben ab. Deshalb sind Reinigungsprozeduren die häufigsten Prozeßschritte bei der IC-Herstellung. Hier spielen naßchemische Ätzverfahren eine zentrale Rolle [9.4]. Neben chemisch wirkenden Reinigungsflüssigkeiten werden auch Medien verwendet, die Verunreinigungen mechanisch entfernen. Die Scheiben werden z. B. mit Stickstoff abgeblasen oder mit deionisiertem Wasser abgewaschen.

Die bekanntesten chemischen Reinigungsmittel sind die sog. *RCA-Reinigungslösungen*, benannt nach den RCA-Laboratorien, in denen diese Substanzen erstmalig eingesetzt wurden. Die Lösung SC-1 (Standardreinigung 1, engl.: *standard clean 1*) besteht aus einem Gemisch aus Ammoniak und Wasserstoffperoxid (H_2O_2). SC-2 ist aus Salzsäure und H_2O_2 zusammengesetzt. SC-1 entfernt organische Verunreinigungen auf den Scheiben (Fette, Harze, Öle) und löst die Metalle Kupfer, Silber, Nickel, Kobalt und Kadmium ab. SC-2 wirkt gegen die Metalle Gold, Kupfer, Chrom, Eisen und Natrium.

Besonders effektiv gegen starke organische Verschmutzungen ist auch eine Schwefelsäure-Wasserstoffperoxid-Mischung (vgl. Abschnitt 8.3.7.4). Diese Lösung wird häufig als *Caro-Reinigungslösung* bezeichnet.

9.3 Anlagen zum Naßätzen

Ätzlösungen zum Ätzen oder Reinigen von Siliziumscheiben befinden sich in rechteckigen Becken (Bild 9.5). Die Scheiben werden in Fertigungslosen von 25 oder 50 Scheiben bearbeitet. Die Scheiben eines Loses befinden sich in einem Scheibenträger (Träger, engl.: *carrier*), der in die Ätzlösung getaucht wird. Träger und Becken bestehen aus temperatur- und chemikalienresistenten Kunststoffen, wie Teflon oder Polyvinylidenfluorid. Das Ätzbad kann über Heizelemente mit einer Temperaturregelung auf ± 1 °C genau temperiert werden.

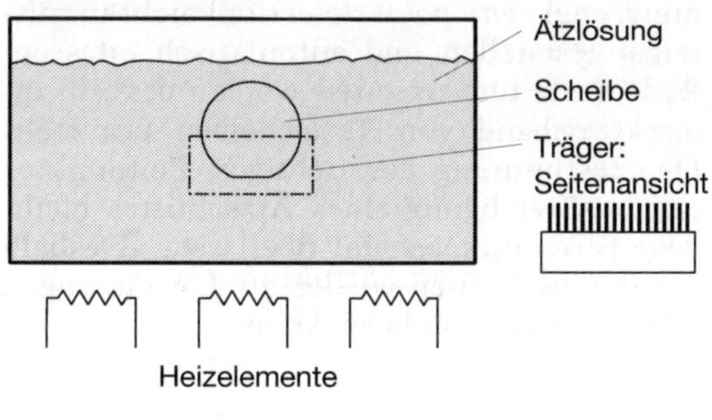

Bild 9.5 Ätzbecken zur naßchemischen Bearbeitung von Siliziumscheiben.

Ein besonderes Problem beim Naßätzen sind Partikel, die sich während des Ätzvorganges von den Scheiben lösen und auf den geätzten Oberflächen ablagern. Dabei kann es sich um Fotolackreste oder auch um Kristallbruchstücke handeln, die von den Waferkanten stammen. Zusätzlich können auch Partikel, die aus der Reinraumumgebung in die Ätzlösung gelangen, die Scheiben kontaminieren. Um solche Verschmutzungen im Ätzbad zu vermeiden, werden Ätzlösungen laufend mit Pumpen umgewälzt und filtriert.

Nachdem die definierte Ätzzeit abgelaufen ist, werden die Scheibenträger aus den Becken entnommen und in Spülbecken mit Reinstwasser getaucht. Damit wird der Ätzvorgang beendet. Spülbehältnisse sind Überlaufbekken, die von unten befüllt und entleert werden können. Den Erfolg der Spülprozedur kontrolliert man mit Messungen des elektrischen Leitwerts des Ablaufwassers. Solange sich Ionen von Ätzmittelresten im Spülwasser befinden, ist die Leitfähigkeit hoch. Sind diese Reste vollständig entfernt, fehlen die Ionen, und das Ablaufwasser hat einen hohen ohmschen Widerstand. Der letzte Schritt beim Naßätzen ist die Trocknung der Scheiben in Zentrifugen.

Ätzbecken, Spülbecken und Zentrifugen sind in Halbleiterfabriken direkt nebeneinander in sog. *Ätzstraßen* angeordnet. Dies garantiert einen zügigen Fertigungsablauf. Die direkte Kontrolle des Ätzverlaufs bei Naßätzverfahren ist nicht möglich, denn im Ätzbad ist die Scheibenoberfläche meßtechnisch nicht zugänglich. Man kann deshalb den Durchätzungszeitpunkt (Endpunkterkennung, engl.: *end point detection*) nicht unmittelbar feststellen und automatisch erfassen. Richtwerte für Ätzzeiten werden deshalb indirekt anhand von Testscheiben ermittelt. Die Bestimmung des richtigen Zeitpunktes für die Beendigung eines Ätzschrittes bleibt dem Fertigungspersonal überlassen. Deshalb kommt es immer wieder zu Überätzungen oder zu unvollständigen Ätzungen.

9.4 Trockenätzprozesse

Naßchemische Verfahren werden zur Strukturätzung heute weniger häufig eingesetzt, denn die Strukturtreue ist aufgrund der erwähnten Unterätzung prinzipiell begrenzt. In der Praxis treten zusätzlich weitere Störeffekte auf, wie etwa der *Kapillareffekt* (Bild 9.6), bei dem Ätzlösung unter schlecht haftenden Fotolack diffundiert und dort die Schicht in eigentlich maskierten Bereichen angreift.

Zur strukturtreuen Übertragung von Maskenstrukturen werden deshalb heute in der Halbleiterfertigung fast ausschließlich Trokkenätzverfahren eingesetzt. Dabei handelt es sich um Verfahren, bei denen die zu ätzenden Scheiben mit einem Ätzgas im Plasmazu-

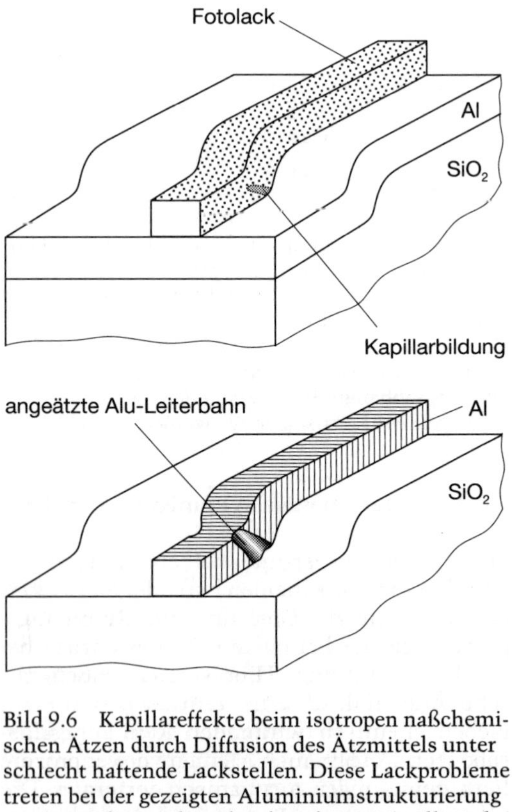

Bild 9.6 Kapillareffekte beim isotropen naßchemischen Ätzen durch Diffusion des Ätzmittels unter schlecht haftende Lackstellen. Diese Lackprobleme treten bei der gezeigten Aluminiumstrukturierung an einer Siliziumdioxidstufe auf. Das Metall wird in maskierten Bereichen angeätzt und der Leiterbahnquerschnitt fällt an der Stufe zu klein aus.

stand in Kontakt gebracht werden. Diese plasmaunterstützten Verfahren zeichnen sich durch einen hohen Grad an Anisotropie aus. Die Unterätzung der Maske ist gering, und schlecht haftender Lack kann keine Ätzfehler verursachen. Darüber hinaus kann man mit Trockenätzverfahren Strukturen mit einem großen Höhen-Weiten-Verhältnis (engl.: *aspect ratio*) erzeugen. Dies wird insbesondere bei Mehrschichtfotolacken (vgl. 8.6.1) und bei der Ätzung von Kontaktfenstern ausgenutzt. Weitere wichtige Vorteile der trockenen Strukturierung liegen im geringen Chemikalienverbrauch und in der Möglichkeit, durch geeignete Wahl der Plasmaparameter die Ätzprofile kontrolliert zu beeinflussen.

9.4.1 Ätzprozesse mit Niederdruckplasmen

Bei Trockenätztechniken entstehen reaktionsfähige Teilchen nicht durch Dissoziation in Wasser, sondern im Plasma einer Niederdruckgasentladung (vgl. Abschnitt 3.5.1.1). Gasteilchen aus dem verwendeten Ätzgas werden entlang der Entladungsstrecke durch Stöße mit schnellen Elektronen je nach Energieübertragung ionisiert, dissoziiert oder in angeregte Zustände gebracht.

Durch Dissoziation und Anregung wird das Ätzgas im Plasmareaktor reaktionsfähig, und es sind chemische Prozesse möglich, die weit entfernt vom thermischen Gleichgewicht ablaufen, ohne daß dazu die zu bearbeitenden Oberflächen auf allzu hohe Temperaturen gebracht werden müssen. Typische Scheibentemperaturen beim Trockenätzen liegen bei 150...250 °C. Der chemische Charakter der Ätzreaktion führt zu selektivem Schichtabtrag. Zusätzlich werden ionisierte Plasmateilchen im Potentialgefälle zwischen Plasmabereich und der Scheibenoberfläche stark beschleunigt. Die Ionen treffen senkrecht auf die Wafer und unterstützen durch Energieabgabe beim Abbremsvorgang den Ätzprozeß. Dies bewirkt die Anisotropie der plasmaunterstützten Ätzprozesse und führt zu einer bevorzugten Abtragung von horizontalen Oberflächenzonen gegenüber geneigten Bereichen.

9.4.1.1 Sputtern mit Edelgasionen

Der Energieübertrag von auftreffenden Ionen kann bereits ausreichen, um auch ohne chemische Reaktionen Oberflächenatome abzutragen. Dieser Effekt wird beim *Sputterätzen* mit Edelgasplasmen ausgenutzt (vgl. Abschnitt 7.1.2.2). Argonionen werden im Plasma z. B. nach der Reaktionsgleichung

$$\mathrm{Ar} + \mathrm{e}^- \rightarrow \mathrm{Ar}^+ + 2 \cdot \mathrm{e}^-$$

gebildet. Diese Edelgasionen sind chemisch nicht reaktionsfähig, werden aber zwischen Plasmabereich und Scheibenoberfläche im Potentialgefälle der Dunkelräume so stark beschleunigt, daß sie beim Auftreffen auf die Wafer Oberflächenatome herausschlagen. Da die Ionen vorwiegend senkrecht auftreffen, erfolgt der Schichtabtrag stark anisotrop ($A_\mathrm{f} \approx 1$). Die Selektivität ist allerdings gering, da beim Sputtern als einzige materialspezifische Größe die Bindungsenergie in die Ablösewahrscheinlichkeit für ein Schichtatom eingeht. Diese Energien variieren für Substanzen mit gleicher chemischer Bindungsform (metallisch bzw. kovalent) nur wenig. Deshalb werden viele Materialien durch diesen rein physikalischen Prozeß gleichschnell abgetragen (Tabelle 9.1). Sputterätzen ist deshalb kaum zur Übertragung von lateralen Strukturen geeignet, wohl aber zur Planarisierung von Oberflächen oder zum schichtweisen Ab-

Tabelle 9.1 Abtrageraten bei 1-keV-Argonionen und senkrechter Inzidenz. Die Ionenstromdichte liegt bei 1 mA/cm^2 ([9.5]).

Schichtmaterial	**Abtragerate** (Å/min)
Silizium (111)	360
Thermisches SiO_2	420
CVD-SiO_2	380
KTFR (Fotolack)	390
AZ1350J (Fotolack)	600
Aluminium	130
Titan	100

trag der IC-Strukturen bei Bauelementanalysen (Ionenfräsen, engl.: *ion milling*).

9.4.1.2 Plasmaunterstütztes chemisches Ätzen

Die wichtigsten Plasmaprozesse, bei denen Ätzgasmoleküle in chemisch reaktive Formen überführt werden, sind Dissoziationen von Ätzgasmolekülen, die angeregte Einzelatome mit freien Valenzen oder *Radikale* bilden. Eine typische Dissoziationsreaktion ist

$$O_2 + e^- \rightarrow 2\,O^* + e^-$$

Hier wird durch Elektronenstöße ein chemisch stabiles Sauerstoffmolekül in 2 angeregte Sauerstoffatome (O^*) zerlegt. Der dissoziierte, angeregte atomare Sauerstoff ist wesentlich reaktionsfähiger als O_2. Der atomare Sauerstoff hat 2 freie Valenzen und besitzt aufgrund des angeregten Zustandes eine höhere Energie, die chemische Reaktionen beschleunigt. Mit diesem starken Oxidationsmittel können organische Substanzen, wie Fotolack, *verascht*, d. h. in flüchtige Verbindungen wie CO_2, H_2O usw. überführt und auf diese Weise von der Scheibenoberfläche entfernt werden.

Zum chemischen Abtrag wird auch die hohe Reaktionsfähigkeit von sog. *freien Radikalen* genutzt. Radikale sind Atomgruppen, wie CF_3, CCl_3, oder CH_3, in angeregten Molekülzuständen, die wie atomarer Sauerstoff freie Valenzen aufweisen. Diese Radikale gehen unmittelbar nach ihrer Entstehung neue Verbindungen mit anderen Elementen ein oder verbinden sich untereinander. CF_3-Radikale sind z. B. geeignet, Silizium nach folgender Reaktion abzutragen:

$$Si + 4\,CF_3 \rightarrow Si(CF_3)_4$$

In der Halbleitertechnik werden vorwiegend Radikale von gasförmigen halogenhaltigen Kohlenwasserstoffen eingesetzt (*Freone*). Die wichtigsten Ätzgase für Oberflächenschichten aus Si, SiO_2, Si_3N_4 oder die Metallisierung sind CF_4, CHF_3, CCl_4, CF_3Cl oder ähnliche Substanzen. Diese Gase sind an sich reaktionsträge, erst ihre freien Radikale reagieren chemisch aggressiv. Radikale werden in Freonplasmen gebildet, indem schnelle Elektronen chemische Bindungen aufbrechen. Ein Beispiel für diese Reaktionen ist die *dissoziierende Ionisation* von Tetrafluorkohlenstoff

$$CF_4 + e^- \rightarrow CF_3^+ + F^* + 2\,e^-$$

Die Abspaltung von Radikalen kann aber auch ohne Ionisierung erfolgen:

$$CF_3Cl + e^- \rightarrow CF_3 + e^-$$

Bei diesen typischen Reaktionen zur Radikalerzeugung entstehen neben den reaktiven Halogenradikalen zusätzlich noch angeregte Halogenatome (F^* und Cl^*), die ebenfalls ätzend wirken. Siliziumnitrid kann z. B. durch Fluoratome in flüchtiges Siliziumtetrafluorid und Stickstoff umgewandelt werden. Bei vielen praktischen Anwendungen verwendet man nicht nur ein bestimmtes Freongas, sondern eine Gasmischung. Dies ermöglicht die kontrollierte Beeinflussung von Anisotropie und Selektivität des Trockenätzvorganges. Durch Sauerstoff- oder Wasserstoffzugabe zu Fluorfreonen kann z. B. die Selektivität des Plasmaätzprozesses zwischen Silizium und Siliziumoxid verschoben werden (s. Abschnitt 9.5.1).

Der Schichtabtrag bei Trockenätzverfahren erfolgt tatsächlich über komplexere Reaktionen als vorher angegeben. An diesen Reaktionen sind meistens außer den ungeladenen Radikalen zusätzlich ionisierte Teilchen beteiligt, die Energie an die Waferoberfläche übertragen. Je nach Prozeßbedingungen ist die Ätzreaktion damit eine mehr oder weniger starke Überlagerung von physikalischen und chemischen Teilreaktionen. Der spezifische Anteil der einzelnen Teilprozesse hängt ab von Gaszusammensetzung, Reaktordruck, Elektrodenkonfiguration, Scheibentemperatur und bestimmten Plasmaparametern. Wenn ausschließlich ungeladene Teilchen den Abtrag bewirken, ist der Ätzprozeß rein chemisch, und man spricht von *Plasmaätzen*.

9.4.2 Anlagen und Verfahren der Trockenätztechnik

Die Plasmareaktoren in der Trockenätztechnik arbeiten in der Regel mit hochfrequenten Wechselfeldern (z. B. 13,56 MHz), die kapazitiv eingekoppelt werden. Die Vorteile von Wechselfeldplasmen gegenüber Gleichspannungsentladungen liegen in den hohen Ionisierungsraten (vgl. Abschnitt 3.5.1.3), die kleine Gasdrücke (weniger als 1 Pa) ermöglichen. Außerdem können im Wechselfeld auch isolierende Oberflächenschichten geätzt werden. Wie in einer Wechselfeldsputteranlage (Abschnitt 7.1.2.2), laden die hochbeweglichen Elektronen während der positiven Halbperiode die kapazitiv an die Hochfreqenzquelle angeschlossene Elektrode negativ auf. Während der negativen Halbperiode kommen nur wenige träge Ionen auf diese Elektrode, und die vorhandene Ladung wird nur teilweise neutralisiert. Da die negative Restladung wegen der kapazitiven Kopplung nicht abfließen kann, bleibt eine negative Restspannung auf der an die HF-Quelle angekoppelte Elektrode, die die positiven Ionen anzieht. Beim Auftreffen der Ionen entstehen Sekundärelektronen, die in den Gasraum gestreut werden und dort den Plasmazustand aufrechterhalten.

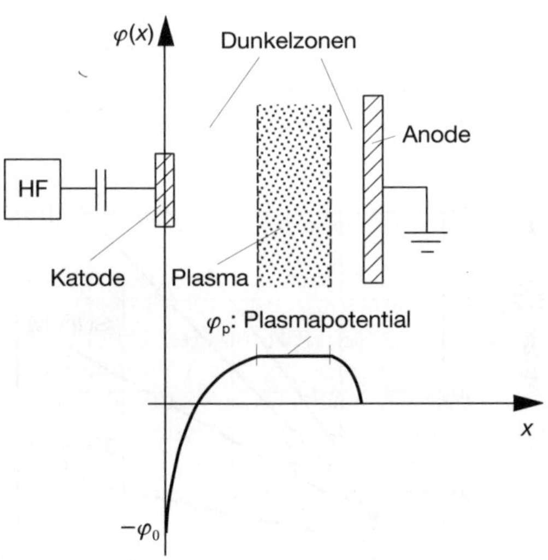

Bild 9.7 Verlauf des mittleren Potentials im Plasma eines Plattenreaktors für 2 unterschiedliche große Elektroden (nach [9.4]). φ_p ist das konstante Plasmapotential. Der Potentialwert an der Katode $-\varphi_0$ kann über den Gleichspannungsanteil der eingespeisten Hochfrequenz eingestellt werden.

Die Potentialverhältnisse in einem Wechselfeldreaktor sind schematisch in Bild 9.7 gezeigt. Der leuchtende Plasmabereich nimmt während der Gasentladung einen positiven Potentialwert, das Plasmapotential φ_p an. Zu den Elektroden hin fällt das Potential ab, erreicht an der Anode den Wert 0 und an der Katode den (mit der externen HF-Quelle) einstellbaren Wert $-\varphi_0$. Das Potentialgefälle zwischen Plasma und Elektroden zieht positive Ionen aus dem Plasmabereich und beschleunigt diese Teilchen senkrecht zu den Waferoberflächen.

9.4.2.1 Parallelplattenreaktoren: Plasmaätzen und reaktives Ionenätzen

Der wichtigste Reaktortyp in der Trockenätztechnik ist der Parallelplattenreaktor (Bild 9.8). Hier wird eine der Elektroden des Reaktors direkt mit den zu ätzenden Siliziumscheiben belegt. Die Substrate kommen also unmittelbar mit dem Plasma in Kontakt und der Abtrageprozeß wird stark von geladenen Plasmateilchen beeinflußt. Je nachdem, auf welcher Elektrode die Scheiben liegen, verläuft der Ätzvorgang anders. Der Schichtabtrag hat mehr chemischen Charakter, wenn die Scheiben auf der Anode liegen. Der Ätzprozeß wird in diesem Fall als *Plasmaätzen* bezeichnet. Ist der Scheibenträger hingegen die Katode, erfolgt der Ätzprozeß verstärkt auf physikalische Weise. Man spricht in diesem Fall vom *reaktiven Ionenätzen*.

Plasmaätzen

Hier liegen die Siliziumscheiben auf der geerdeten Anode (Bild 9.8 a). Das Hochfrequenzfeld wird kapazitiv an der entgegengesetzten Elektrode eingekoppelt, die sich durch auftreffende Elektronen negativ auflädt. Die positiven Ionen im Plasma driften bevorzugt dorthin. Zur Anode diffundieren im wesentlichen nur ungeladene Teilchen, die die Oberflächenschichten der dort liegenden Wafer auf chemische Weise angreifen. Dieser Trockenätzprozeß wird deshalb als *Plasmaätzen* (engl.: *PE, plasma etching*) bezeichnet. Bei genauerer Betrachtung tragen aber auch geladene Teilchen zur Plasmaätzreaktion bei.

Aufgrund der zur Katode abgeflossenen Elektronen entsteht ein positiver Ladungsüberschuß im Plasma. Deshalb bildet sich ein kleiner positiver Potentialunterschied zwischen Plasma und Anode aus. Ein kleiner Teil der positiven Ionen, die das Plasma verlassen, driften folglich zur Anode und erreichen hier die zu ätzenden Substrate. Typische Auftreffenergien liegen im Bereich von 1 ... 100 eV. Der Energietransfer unterstützt zwar den Ätzprozeß, im wesentlichen wird der Schichtabtrag aber von elektrisch neutralen reaktiven Radikalen verursacht. Aufgrund des vorwiegend chemischen Charakters sind Plasmaätzprozesse sehr selektiv (Bild 9.9). Da aber die ungeladenen Radikale nur wenig gerichtet auftreffen und Ionen keine bestimmende Rolle spielen, kann der Abtrageprozeß nicht sehr anisotrop ($A_f < 1$) sein.

Die Gasdrücke können beim PE-Betrieb re-

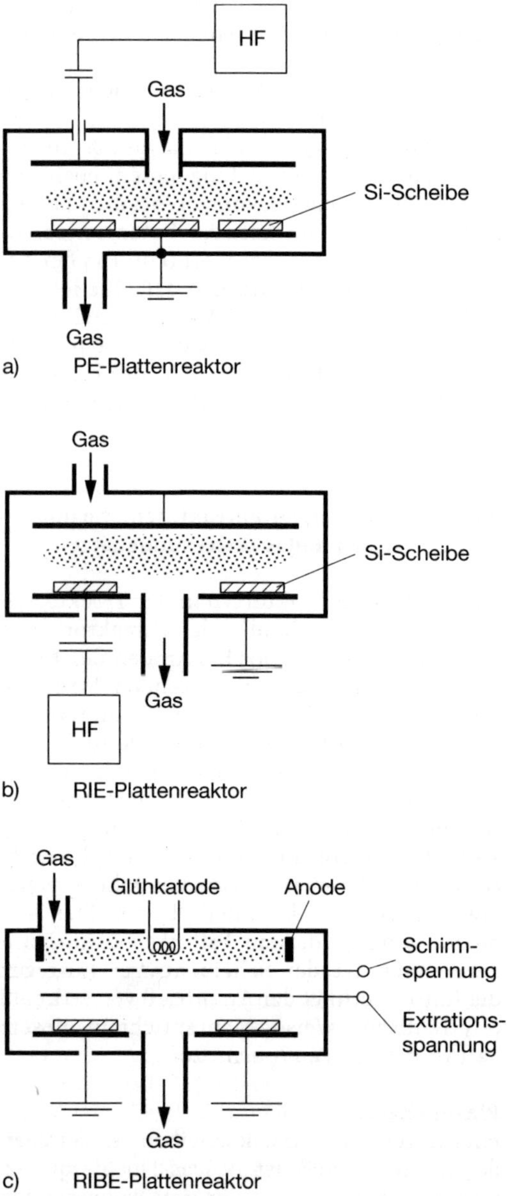

Bild 9.8 Parallelplattenreaktoren für den a) PE-Betrieb, b) für den RIE-Betrieb und c) eine erweiterte Form für das Reaktive Ionenstrahlätzen (nach [9.4, 9.7]).

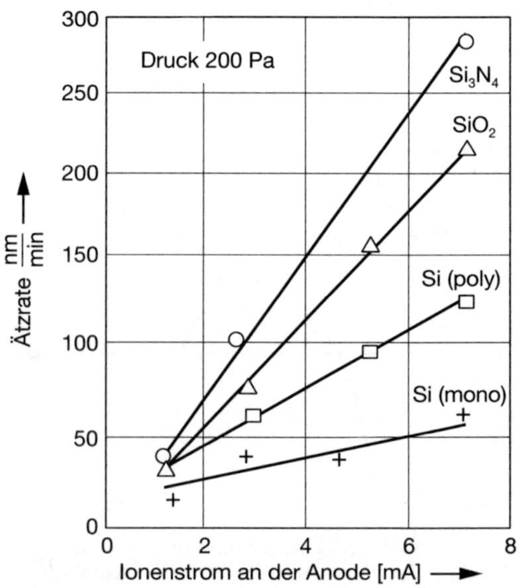

Bild 9.9 Ätzraten von Silizium, Polysilizium, Siliziumdioxid und Siliziumnitrid in einem Parallelplattenreaktor in PE-Betrieb (nach [9.7]).

lativ hoch eingestellt werden (etwa 100 Pa), denn niedrige Drücke mit großen freien Weglängen sind bei Plasmaätzprozessen nicht notwendig. Der relativ hohe Druck sorgt für hohe Ionisierungsraten und vergrößert damit den Strom der reaktionsfähigen Teilchen sowie die Ätzraten. Die Abtrageraten für verschiedene Oberflächenmaterialien in einem CF_4-Plasma mit 4 % Sauerstoffanteil sind in Tabelle 9.2 aufgelistet.

Tabelle 9.2 Abtrageraten beim chemischen Trockenätzen für verschiedene Oberflächenmaterialien in einem CF_4-Plasma mit 4 % Sauerstoffanteil ([9.5]).

Schichtmaterial	**Relative Abtragerate**
Siliziumnitrid	100
Silizium (111)	690
Polysilizium	990
Aluminium	0
thermisches SiO_2	40
Titan, Tantal, Wolfram	100
Waycoat I (Fotolack)	20
AZ1350J (Fotolack)	40

Reaktives Ionenätzen

Wird die an den HF-Generator angeschlossene Elektrode als Scheibenträger verwendet (Bild 9.8 b), dann laden sich die Scheibenoberflächen durch Elektronen negativ auf und ziehen die positiven Ionen aus dem Plasma an. Asymmetrische Elektrodenflächen (kleine Katode, große Anode, vgl. Bild 9.7) erhöhen die Feldstärken im Katodendunkelraum zusätzlich, und die auftreffenden Ionen werden auf Energien bis zu 1000 eV beschleunigt [9.4].

Diese Energien können bereits ausreichen, um, wie beim Sputterätzen ohne chemische Reaktionen, Oberflächenatome mechanisch abzulösen. Da im Gegensatz zum Sputterätzen hier chemisch aktive Gase das Plasma bilden, wird der physikalische Sputterprozeß von chemischen Prozessen überlagert. Diese Art des Schichtabtrags wird als *reaktives Ionenätzen* bezeichnet (engl.: *reactive ion etching*, RIE). Solche Abtrageprozesse sind durch die gerichtete Ionenbewegung stark anisotrop ($A_f \approx 1$). Die beteiligte chemische Prozeßkomponente bewirkt zusätzlich eine mehr oder weniger stark ausgeprägte Selektivität. RIE-Prozesse sind deshalb nahezu ideale Strukturierverfahren.

Beim reaktiven Ionenätzen können verschiedene Kombinationen von physikalischen und chemischen Abtragemechanismen wirksam sein:

Bei manchen Prozessen erodiert der Energieübertrag der Ionen zunächst die Filmoberfläche und schafft so Angriffsmöglichkeiten für chemische Reaktionen der aktiven Radikale. Bei anderen RIE-Prozessen liefert der Ionenbeschuß die notwendige Energie, um direkt an der abzutragenden Oberfläche reaktive Radikale zu erzeugen. Es gibt noch eine dritte, mehr indirekte Form des Zusammenwirkens: Da die üblichen Reaktorgase reich an Halogenen und Kohlenstoff sind, können sich bei bestimmten Betriebsbedingungen Polymerfilme (z. B. Teflon® $(CF_2\text{-}CF_2)_n$) niederschlagen, die jeden weiteren chemischen Ätzangriff blokkieren. Die auftreffenden Ionen tragen den Polymerfilm wieder ab und halten die chemische Reaktion aufrecht. Da die Polymerbeseitigung nur in Richtung der auftreffenden Ionen erfolgt, bleiben die Seitenwände der Ätzgruben *passiviert* und vor dem Ätzangriff geschützt. Deshalb wird der Film nur anisotrop in Richtung der Ioneninzidenz abgetragen (Bild 9.10).

Die Selektivität und die Anisotropie von PE- und RIE-Verfahren können innerhalb bestimmter Grenzen zusätzlich durch Betriebsbedingungen und Prozeßparameter beeinflußt werden, indem man z. B. Reaktordruck oder Leistung und Frequenz des HF-Generators ändert. Generell gilt aber, daß Plasmaätzen der stärker selektive und Ionenätzen der stärker anisotrope Prozeß ist. Die Selektivität der Verfahren bleibt aber in beiden Fällen gerade noch ausreichend, um Fotolack als Maskierungsschicht bei der Strukturübertragung zu verwenden. Wie aber Tabelle 9.2 zeigt, kommt es kaum zu nennenswerten Lackab-

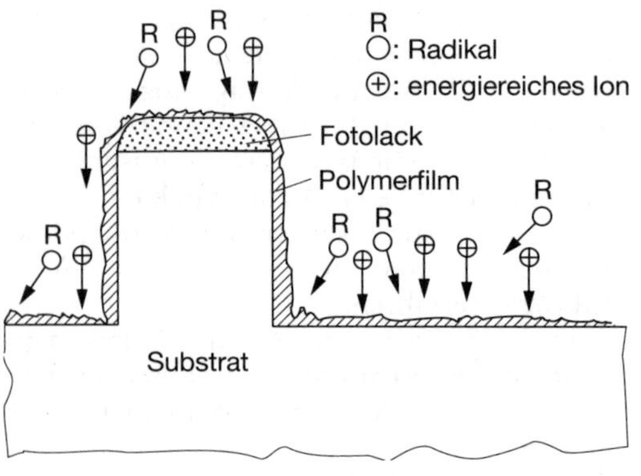

Bild 9.10 *Seitenwandpassivierung* durch Polymerniederschlag. Der Ätzangriff erfolgt nur an horizontal orientierten Flächen, da die auftreffenden Ionen den Polymerfilm nur dort abtragen (nach [9.7]).

trägen. Die Widerstandskraft von Fotolacken kann unter Umständen durch UV-Härtung (s. Abschnitt 8.3.7.3) erhöht werden.

Eine Weiterentwicklung des RIE-Verfahrens ist das sog. RIBE-Verfahren (reaktives *Ionenstrahlätzen*, engl.: *reactive ion beam etching*). Bei diesem Verfahren werden die Ionen mit einer Ionenquelle per Gasentladung erzeugt, mit Schirm- und Beschleunigungsgittern durch Spannungen zwischen 500 und 1000 V extrahiert (Bild 9.8 c) und senkrecht auf die Scheibenoberflächen gelenkt. Der Ätzvorgang wird dadurch extrem anisotrop und die hohen Energieüberträge an die Oberfläche sorgen für hohe Ätzraten. Wesentlicher Vorteil des Verfahrens ist die Möglichkeit, die Ionenenergien über die Extraktionsspannung unabhängig von allen Plasmaparametern einstellen zu können. Der Anteil von chemischen und physikalischen Teilprozessen im Gesamtätzprozeß wird dadurch variabel. Nachteilig bei RIBE-Verfahren sind die extrem niedrigen Prozeßdrücke (0,01 . . . 0,02 Pa) ohne die keine hohen Ionengeschwindigkeiten erreicht werden können. Deshalb sind leistungsfähige und damit teure Vakuumanlagen nötig. Die energiereichen Ionen verursachen außerdem verstärkt Strahlenschäden an den Siliziumscheiben.

Magnetisch unterstütztes reaktives Ionenätzen

Wird eine RIE-Anlage mit einem externen Magneten kombiniert (Bild 9.11), dessen Feldlinien parallel zur Scheibenoberfläche ausgerichtet sind, erhöhen sich wie beim Magnetronsputtern (vgl. Abschnitt 7.1.2.3) die Elektronendichten in der Nähe der Scheibenoberflächen. Die Folge sind erhöhte Stoßwahrscheinlichkeiten zwischen Elektronen und Gasmolekülen. Die Ionisierungsraten steigen entsprechend und Dissoziations- und Anregungsprozesse treten vermehrt auf. Die Ätzraten bei diesen *magnetisch verstärkten* Ätzverfahren (engl.: *magnetically enhanced RIE, MERIE*) sind deshalb so hoch, damit bei der MERIE-Technik sogar Einzelscheibenprozesse durch kurze Ätzzeiten kommerziell attraktiv werden.

Außer der hohen Ätzgeschwindigkeit haben MERIE-Verfahren noch weitere praktische Vorzüge. Hier ist der Energieübertrag von Ionen und Elektronen an die Siliziumscheiben viel geringer als bei der konventionellen RIE-Technik. Dadurch reduzieren sich Strahlenbelastung und Scheibenaufheizung [9.8]. Dies ist günstig für die Fertigungsausbeute

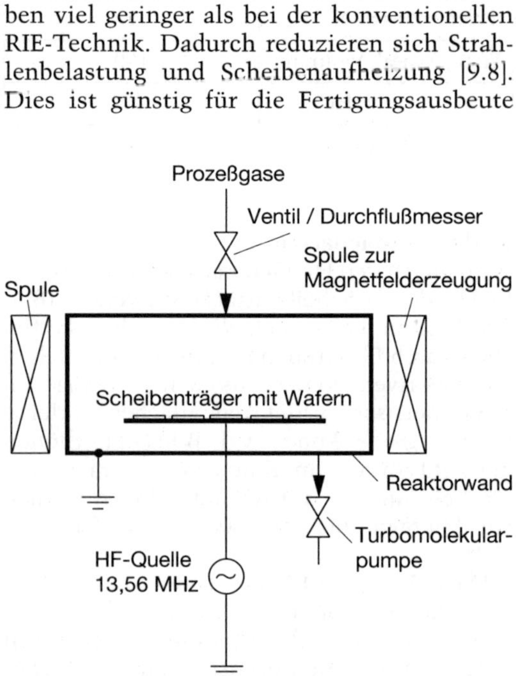

Bild 9.11 Die magnetisch verstärkte RIE-Anlage PE-5000 (Hersteller: Applied Materials Inc.)

und die Zuverlässigkeit der produzierten Schaltkreise.

Verursacht wird die Reduktion der Teilchenenergien durch die Lorentzkraft, die die Elektronen auf zykloiden Bahnen um die magnetischen Feldlinien zwingt. Deshalb können nur relativ wenige Elektronen während der positiven Halbwelle des angekoppelten HF-Signals auf die Scheibenoberfläche übergehen. Scheibenträger und Scheibenoberflächen laden sich weniger stark negativ auf, und weniger Elektronen geben ihre kinetische Energie als Wärme an die Wafer ab. Zusätzlich schwächt sich das Potentialgefälle im Katodendunkelraum ab, und die Ionen erreichen vor dem Auftreffen geringere Geschwindigkeiten als in einer gewöhnlichen RIE-Anlage. Die von den Ionen an die Scheiben abgegebene Energie ist folglich kleiner und das Siliziumgitter muß weniger Energie thermisch oder durch Defektbildung absorbieren.

9.4.2.2 Chemisches Trockenätzen in Barrel- und Downstream-Reaktoren

Diese Anlagen sind besondere Plasmareaktoren, in denen Gasentladung nur als Quelle von reaktionsfähigen aber elektrisch neutralen Teilchen dient, mit denen eine rein chemische Oberflächenreaktion ausgeführt wird. Alle geladenen Teilchen werden durch Faradaysche Gitter von den Scheiben ferngehalten. Bild 9.12 a zeigt einen Schnitt durch einen sog. *Barrelreaktor* (Faß, engl.: *barrel*). Die Scheiben befinden sich in einem *Abschirmtunnel*. Nur die neutralen, langlebigeren Radikale können durch die Abschirmung zu den Siliziumscheiben diffundieren. Dies führt zu einem rein chemischen Abtragevorgang, der z. B. zur Fotolackveraschung mit Sauerstoffplasmen genutzt wird.

Ein andere Reaktortyp zum chemischen Trockenätzen sind sog. *Downstream*-Reaktoren (stromabwärts, engl.: *downstream*). Hier werden die Radikale in einem HF-Plasma erzeugt und über ein Quarzrohr in eine separate Reaktionskammer geleitet (Bild 9.12 b). Der gebogene Verlauf des Quarzrohrs verhindert, daß hochenenergetische geladene Plasmateilchen, die sich geradlinig bewegen, auf die zu ätzenden Scheiben treffen und dort Strahlenschäden verursachen. Wie bei den Barrel-Reaktoren sind die Substrate deshalb auch hier vor geladenen Teilchen geschützt und der Schichtabtrag erfolgt durch rein chemische Prozesse.

9.4.2.3 Prozeßkontrolle beim Trockenätzen

Ein besonderer Vorteil der plasmaunterstützten Ätzverfahren ist die Möglichkeit, den Ätzvorgang im Reaktor von außen kontinuierlich zu überwachen. Dadurch kann sichergestellt werden, daß der Prozeß reproduzierbar ab-

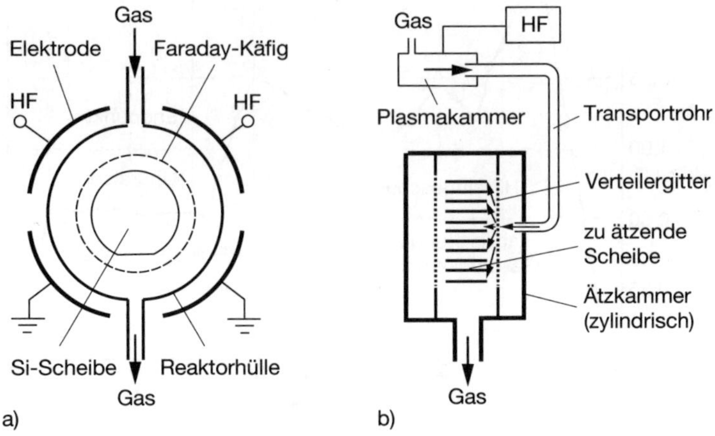

Bild 9.12
Aufbau eines Barrel-Reaktors a) und einer Downstream-Anlage b) zum chemischen Trockenätzen (nach [9.4, 9.6])

läuft, und Ätzendpunkte können direkt erkannt werden. Weiterhin erlaubt die Überwachung eine Regelung des Ätzverlaufes über Prozeßparameter, wie etwa Reaktordruck oder HF-Leistung. So können z. B. Strahlenschäden und Kontaminierungen durch Polymerfilme geringgehalten werden.

Das gebräuchlichste Verfahren zur Prozeßkontrolle ist die spektrale Auswertung des vom Plasma emittierten Lichtes. Man wählt eine Spektrallinie aus, die zu einer chemischen Substanz im Reaktorgas gehört, die beim Ätzvorgang entsteht oder verarmt (Reaktanten und Reaktionsprodukte). Über einen Monochromator wird mit einem Fotosensor ein optisches Emissionssignal (OES) erzeugt, das in Echtzeit erfaßt wird. Anhand des zeitlichen Verlaufes dieses Signals kann man die Ätzung überwachen und z. B. eine präzise Endpunktkontrolle vornehmen [9.4].

Bild 9.13 zeigt z. B. das OES-Signal bei einer Nitridätzung [9.9], die mit einem $CF_4/CHF_3/O_2$-RIE-Prozeß durchgeführt wird. Die überwachte Spektrallinie liegt im UV-Bereich bei 388,3 nm und ist die Emissionslinie von angeregtem Cyangas (CN^*), das beim Nitridabtrag freigesetzt wird. Nach dem Durchätzen des Nitridfilmes nimmt die CN^*-Konzentration im Prozeßgas signifikant ab, und die Signalamplitude sinkt entsprechend. Im Bild erkennt man, daß auch nach dem Signalabfall weiter geätzt wird. Solche Überätzungen sind nötig, um den zu ätzenden Film auch überall auf dem Wafer sicher zu entfernen. Aufgrund von Schwankungen der Ätzraten könnten sonst Filmreste stehenbleiben. Aus der Steilheit des Signalabfalls am Ätzendpunkt kann man auch Rückschlüsse auf die Uniformität des Ätzprozesses ziehen: Je steiler das Gefälle, desto weniger variiert der Schichtabtrag auf den Scheiben im Reaktor.

Prozeßparameter, die während des Ätzens besonders gründlich überwacht werden müssen, sind Ionenenergie und Ionenfluß. Diese beiden Größen bestimmen die Ätzgeschwindigkeit. Beim Überschreiten von Höchstwerten treten verstärkt Strahlenschäden auf. Da Energie und Ionenfluß in komplexer Weise von HF-Leistung, Gasdruck und Gaszusammensetzungen abhängen, kann man aus der Messung dieser 3 Parameter nicht unmittelbar auf die gesuchten Größen schließen. Eine apparativ einfache Methode zur Überwachung [9.10] von Energie und Teilchenfluß ist die oszillographische Erfassung des HF-Signals direkt an der angekoppelten Elektrode. Um die Meßergebnisse interpretieren zu können, werden während der Prozeßentwicklung Signalverläufe extrahiert, die sich bei optimalen RIE-Parametern einstellen. Zur Überwachung

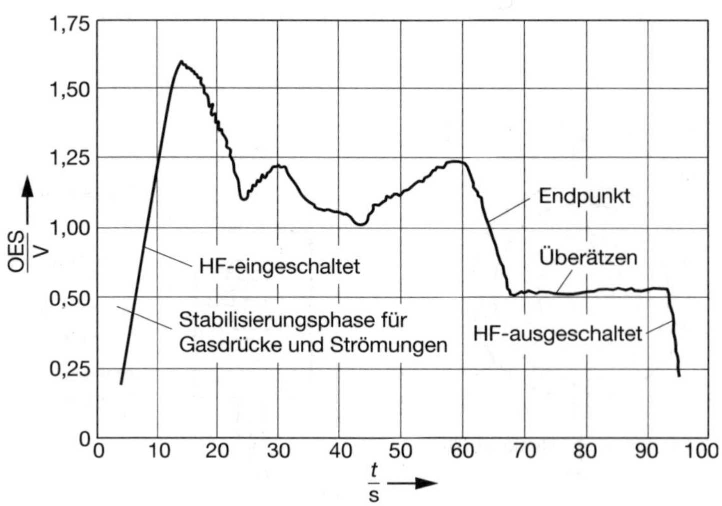

Bild 9.13
Optisches Signal (OES) der 388,3-nm-Linie während einer Nitridätzung. Die Prozeßparameter sind konstant während des Ätzvorganges, der 98 s dauert (nach [9.9]).

des Ätzverfahrens im Produktionsprozeß werden die hier festgestellten HF-Signale mit diesen Soll-Verläufen verglichen. Bei starken Abweichungen wird über Änderungen der Plasmaparameter gegengesteuert.

9.5 Plasmaunterstützte Ätzprozesse in Beispielen

9.5.1 Ätzen von Siliziumoxid und Silizium

Zum Ätzen von Si und SiO_2 werden hauptsächlich Fluorfreone als Prozeßgase verwendet, die sich im Plasma in CF_2- und CF_3-Radikale sowie in angeregte Fluoratome zerlegen. Typische Reaktionen an der Scheibenoberfläche sind [9.4]:

$$(I) \quad SiO_2 + 4F \rightarrow SiF_4\uparrow + 2O\uparrow$$
$$(II) \quad SiO_2 + 2CF_2 \rightarrow SiF_4\uparrow + 2CO\uparrow$$
$$(III) \quad Si + 4F \rightarrow SiF_4\uparrow$$
$$(IV) \quad Si + 2CF_2 \rightarrow SiF_4\uparrow + 2C\downarrow$$

Der Si-Abtrag erfolgt hauptsächlich über die Reaktion mit Fluoratomen (III), während SiO_2 hauptsächlich durch an die Oberfläche gelangende CF-Radikale abgetragen wird (II). Wie die Reaktionsgleichungen zeigen, ist weder die Fluor- noch die Fluorkohlenstoffreaktion selektiv. SiO_2 wird wie Si von Fluor nach Reaktion (I) angegriffen. Der SiO_2-Abtrag nach Reaktion (I) kann aber, wie später gezeigt, mindestens um eine Größenordnung gegenüber der Si-Zersetzung nach Reaktion (III) verlangsamt oder beschleunigt werden. Bei den Reaktionen mit CF-Radikalen (II und IV) unterscheiden sich bereits ohne Zusatzmaßnahmen die Ätzraten für Si und SiO_2 deutlich. Die SiO_2-Ätzrate der Reaktion (II) übertrifft die Ätzrate für reines Si nach Reaktion (IV) bei weitem, wenn nur für ausreichende Energiezufuhr aus dem Plasma in Form von Ionen oder Strahlung gesorgt ist. Zusätzlich wird die Si-Ätzung durch Kohlenstoffniederschlag gehemmt, der sich bei der Reaktion mit CF-Radikalen (IV) bildet.

Die unterschiedlich schnell ablaufenden Reaktionen erlauben es, mit Fluorkohlenstoffplasmen sowohl SiO_2 wie auch reines Si selektiv zu ätzen. Mit CF_n-reichen Plasmen kann man einen für SiO_2 selektiven Ätzprozeß zu realisieren ($S_{Oxid} = \gamma_{Oxid}/\gamma_{Si} \gg 1$), während mit Plasmen mit hoher Fluorkonzentration ein für Si selektiver Trockenätzprozeß erreicht wird ($S_{Si} = \gamma_{Si}/\gamma_{Oxid} \gg 1$). Obwohl sich Fluoratome und CF_n-Radikale stets gleichzeitig in einem CF-Plasma bilden, kann man den wirksamen Fluor- und CF_n-Anteil durch Zusatz von Sauerstoff- oder Wasserstoffgas gezielt verändern.

Soll der Anteil der CF_n-Moleküle für eine Si-Ätzung nach Reaktion (III) abgesenkt werden, wird Sauerstoff zugegeben, der die CF_n-Moleküle oxidiert und dabei CO und zusätzliche Fluoratome freisetzt. Wie Tabelle 9.2 zeigt, wird der Ätzabtrag durch die Sauerstoffzugabe für Si etwa 10mal so schnell wie für SiO_2. Wird statt O_2 dem Reaktorgas H_2 zugesetzt, verschieben sich die Reaktionsgeschwindigkeiten in die andere Richtung. Jetzt wird SiO_2 viel stärker geätzt, weil Wasserstoff durch Bildung von stabilen HF-Molekülen den Fluoranteil im Plasma reduziert.

9.5.1.1 Ätzen von Kontaktlöchern in Oxidschichten

Das Ätzen von Kontaktfenstern in Oxidschichten ist problematisch, weil diese Strukturen bei kleinsten Öffnungsdurchmessern besonders tief eingeätzt werden müssen (Höhen-Weiten-Verhältnis > 1!). Beim Kontaktlochätzen ist außerdem zu beachten, daß die Oxidschichten, die durchgeätzt werden müssen, meist nicht aus einheitlichem SiO_2 bestehen, sondern lagenweise aus verschiedenen, thermisch oder mit CVD-Verfahren erzeugten Oxidschichten aufgebaut sind, die stark unterschiedliche Ätzraten zeigen können.

Sollen Kontaktlöcher zwischen der ersten Metallisierungslage und dem Siliziumsubstrat bzw. zu Poly-Si-Leiterbahnen geöffnet werden, ist beim Ätzen der Oxidschicht eine hohe Selektivität zum Silizium erforderlich. Ansonsten wird die zu kontaktierende Siliziumschicht angeätzt und beschädigt. Werden hingegen Kontaktöffnungen zwischen verschiedenen Metallagen (*Vias*) geätzt, sind keine gesonderten Vorkehrungen zur Selektivitätserhöhung nötig, da fluorhaltige Plasmen ohnehin Aluminium nicht angreifen (Tabelle 9.2).

Beim Ätzen von Kontaktfenstern dürfen sich (als weitere wichtige Forderung) keine Polymerrückstände bilden. Diese Rückstände treten bei vielen Trockenätzprozessen auf. Bei Kontaktfenstern sind Polymerablagerungen aber extrem schädlich, da diese Ablagerungen den Übergangswiderstand der Kontakte stark erhöhen.

Die Endpunktdetektion mit spektroskopischen Methoden ist bei der Kontaktfenstererzeugung wesentlich schwieriger, als bei der oben diskutierten Nitridätzung. Da nur eng begrenzte Bereiche der dielektrischen Schicht durchgeätzt werden, werden nur geringe Stoffmengen in flüchtige Bestandteile umgesetzt, und die OES-Signale variieren nur geringfügig.

Neben diesen verfahrenstechnischen Aspekten kommt es bei der Ätzung von Kontaktfenstern besonders darauf an, daß man Öffnungsprofile erhält, die sich bei den üblichen Sputterverfahren mit guter Kantenbedeckung mit Metall füllen lassen. Bei Kontaktfenstern, die senkrechte Kanten haben, ist dies nicht möglich (Bild 9.14 a), und deshalb sind stark anisotrope Ätzverfahren für Kontaktfenster nicht geeignet. Nasse isotrope Ätzverfahren wären vom Prinzip her optimal, scheiden aber aufgrund der starken Strukturaufweitung durch Unterätzung aus, sobald der Kontaktlochdurchmesser, wie heute üblich, unter 3 μm liegt (Bild 9.14 b). Wird ein nasser Ätzschritt mit einer anschließenden trockenen Ätzung kombiniert, entstehen Kontaktlochprofile, die sich gut mit Metall bedecken lassen (Bild 9.14 c). Dieses Verfahren ist für Kontakte mit Durchmessern oberhalb von 1,5 μm geeignet.

Bei noch kleineren Durchmessern kann man gut bedeckbare Fenster erzeugen, indem man die Kanten der Kontaktfenster abgeschrägt (abschrägen, engl.: *tapern*). Günstige Neigungswinkel für die Kanten liegen zwischen 60 und 70°. Abgeschrägte Kanten bilden sich, wenn während des Ätzens die Abmessungen der Lackmaske verändert werden [9.4]. Dies kann mit Sauerstoffzugabe zum CF_n-Plasma realisiert werden, die die Selektivität der Oxidätzung zu Fotolack von $S_{Oxid} = \gamma_{Oxid}/\gamma_{Lack} \approx 3 \ldots 7$ auf $S_{Oxid} \approx 1$ reduziert (vgl. Tabelle 9.2). Der Lackabtrag weitet dann die Kontaktfensteröffnung während des Ätzens kontinuierlich auf (Bild 9.14 d). So entstehen die gewünschten schrägen Kanten. Alternativ kann man auch abgestufte Kontaktfensteröffnungen erzeugen (Bild 9.14 e), die sich bei abwechselndem anisotropen Oxidätzen und isotropen Lackätzen bilden [9.4].

9.5.1.2 Spacertechnik

Spacer (Platzhalter, engl.: *spacer*) sind geätzte Oxidstrukturen, die seitlich an der Gate-Elektrode von MOS-Transistoren als selbstjustierende Implantationsmaske benutzt werden (vgl. 3.5.8.3). Mit solchen Strukturen werden LDD-Transistoren (engl.: *lightly-doped-drain*) erzeugt, bei denen der Übergang zwischen dem gering dotierten Kanal und den stark dotierten Drainbereichen graduell erfolgt. Dies reduziert die Feldstärke im Kanal auf der Drainseite und das Auftreten von heißen Ladungsträgern, die die Transistoreigenschaften verschlechtern (vgl. Abschnitt 4.4.2), wird verhindert.

Die Erzeugung der Spacer für die NMOS-Transistoren (Bild 9.15) auf dem Schaltkreis beginnt nach der Implantation einer geringen Dosis von Phosphor (etwa $5 \cdot 10^{13}$ Atome/cm^2, 100 keV): Zuerst werden die Polysiliziumbahnen mit einem LPCVD-Oxid bedeckt, das anschließend ohne Maske komplett anisotrop zurückgeätzt wird. Wie die Teilbilder 9.15 b und 9.15 c zeigen, bleiben an den seitlichen Flanken der Poly-Si-Bahnen Oxidreste stehen, weil hier die zu durchätzende Oxidschicht für senkrecht auftreffende Radikale dicker ist, als über horizontalen Bereichen. Anschließend erfolgt die eigentliche Source-Drain-Implantation mit Arsen ($5 \cdot 10^{15}$ Atome/cm^2, 100 keV), bei der die Spacer die Arsenionen vom Kanal fernhalten. So entsteht die gewünschte graduell zunehmende n-Dotierung zwischen Kanal- und Drainbereich.

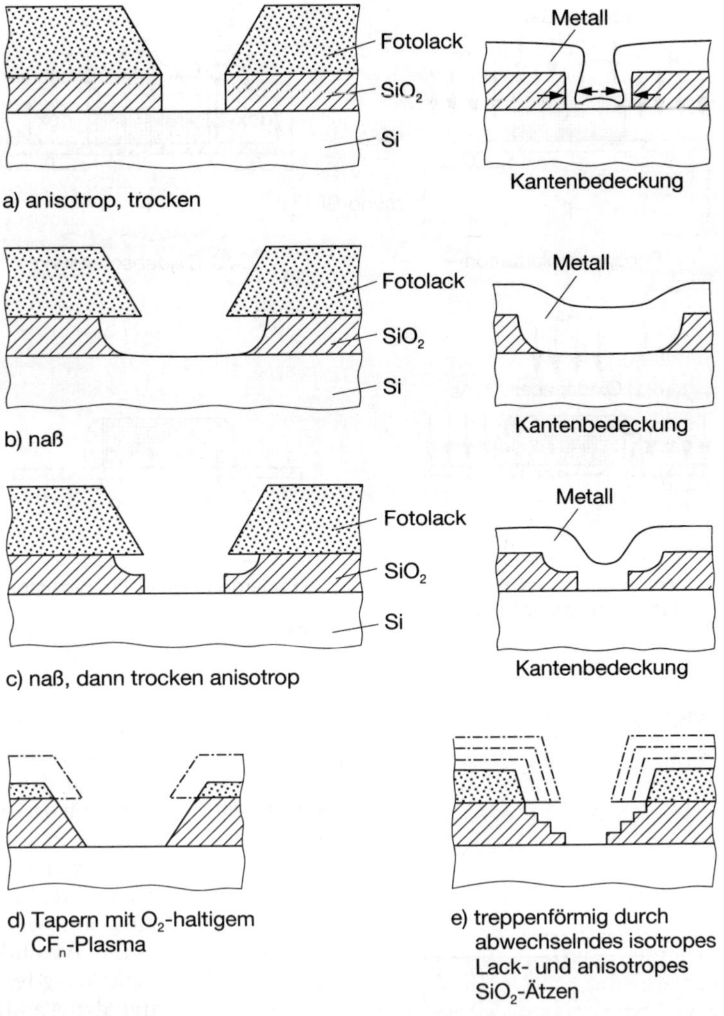

Bild 9.14
Kontaktfensterprofile und Metallbedeckung bei verschiedenen Ätzprozessen: a) anisotropes Ätzen mit Fluorkohlenstoffplasmen, b) isotropes Naßätzen mit einer Amoniumfluorid-Flußsäure-Mischung, c) nasses isotropes Ätzen vor einem anisotropen Ätzschritt, d) Erzeugung von geneigten Kontaktfensterkanten durch *Tapern* mit sauerstoffhaltigem CF_n-Plasma und e) treppenförmiges Profil durch wechselweises anisotropes Oxid- und isotropes Lackätzen (nach [9.4]).

Da der Verlauf des Dotierprofils zwischen Kanal und Drain in die effektive Kanallänge der Transistoren eingeht, dürfen die Abmessungen der Spacer im Prozeß nur geringfügig schwanken. Für den Ätzprozeß bedeutet dies, daß hier nur sehr geringe Inhomogenitäten des Ätzverfahrens erlaubt sind ($I_f \approx 0$) und daß die Endpunktabschaltung möglichst ohne Überätzzeiten erfolgen muß.

9.5.1.3 Planarisierungsverfahren

Ein besonders effektives Planarisierungsverfahren auf der Basis von Oxidschichten (vgl. Abschnitt 6.4.2.4) ist das Rückätzen von Fotolack [9.4] (vgl. Bild 9.16). Dabei wird zuerst eine CVD-Oxidschicht deponiert, die an der Oberfläche durchaus noch alle Kanten der darunterliegenden Topographie zeigen kann. Die Oxidoberfläche wird anschließend mit dikkem Fotolack überzogen. Der dünnflüssige Lack erstarrt mit einer perfekt ebenen Ober-

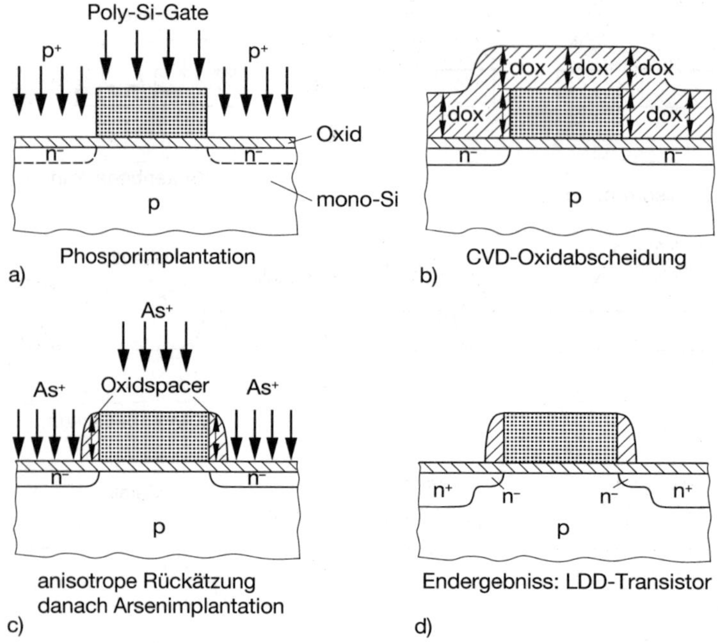

Bild 9.15
Spacertechnik zur Erzeugung von NMOS-LDD-Transistoren: a) Phosphorimplantation mit geringer Dosis, b) Abscheidung von CVD-Oxid: an den Kanten der Gate-Elektrode ist die Oxidschicht von oben betrachtet doppelt so dick, wie sonst, c) anisotroper Abtrag des Oxids (Rückätzen um d_{ox}), dann Arsenimplantation, d) endgültige Struktur nach dem Tempern.

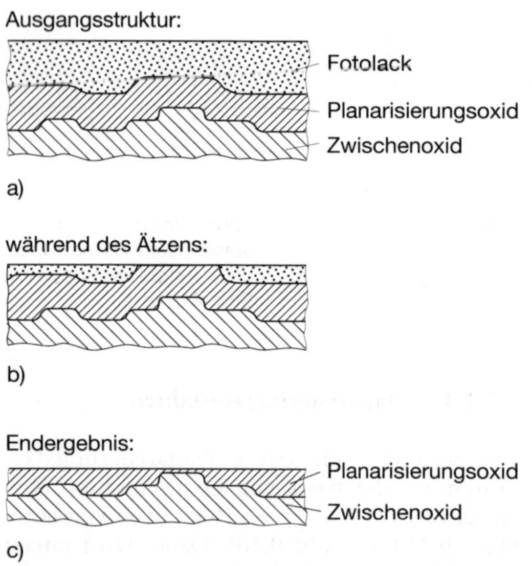

Bild 9.16 Planarisierungsätzen von Fotolack und Planarisierungsoxid mit nichtselektivem Plasma. Die plane Lackoberfläche wird in das Planarisierungsoxid abgebildet.

fläche, die mit einem sauerstoffhaltigen CF_n-Plasma zurückgeätzt wird. Der Sauerstoffanteil wird dabei so gewählt, daß keinerlei Selektivität mehr zwischen Lack und Oxid besteht ($S = 1$). Deshalb erfolgt der Schichtabtrag von der planen Oberfläche gleichmäßig, ohne Unterschied, ob Lack- oder Oxidbereiche geätzt werden.

Als Ätzendpunkt wird der vollständige Lackabtrag festgelegt, und als Ergebnis erhält man das Abbild der ebenen Lackoberfläche im Oxid. Bei diesem Verfahren ist es wichtig, die Lack- und Oxidätzraten konstant zu halten. Deshalb wird der Sauerstoffanteil (und damit die Lackätzrate) am Anfang der Ätzung erhöht, weil hier wenig Oxid freiliegt. Am Ende des Ätzschrittes, wenn fast nur noch Oxid und kaum noch Lack zu ätzen ist, wird der Sauerstoffanteil zugunsten des Fluorkohlenstoffanteils wieder zurückgefahren.

9.5.2 Ätzen von polykristallinem und monokristallinem Silizium

Polykristallines Silizium wird mit CVD-Methoden abgeschieden. Die Schichten sind hochdotiert und in der Regel etwa 0,5 μm dick (vgl. Abschnitt 6.1.1). Haupteinsatzgebiete von Polysilizium sind die Transistorgates in der MOS-Technik und Polyemitterstrukturen bei Bipolarprozessen. Da diese Komponenten zu den Strukturen mit kritischen Abmessungen gehören, liegen die besonderen Anforderungen bei der Strukturierung auf der genauen Übertragung der Maskenmaße. Bei MOS-Schaltkreisen ist außerdem die Selektivität zum dünnen Gate-Oxid wichtig.

Chlorhaltige Gase sind zwar ausreichend selektiv zum Oxid, die notwendige Anisotropie zur maßgenauen Ätzung wird aber nicht erreicht. Hierfür ist ein Zusatz von Freongas nötig. Durch auftreffende ionisierte Fluorkohlenstoffradikale wird Fotolack abgesputtert. Diese Fotolackbestandteile bilden mit den CF_n-Molekülen eine stabile Seitenwandpassivierung durch Polymerniederschlag. Dadurch wird die Ätzung stark anisotrop, die Oxidselektivität geht allerdings zurück. In der Praxis führt man daher die Ätzung 2stufig aus. Zuerst wird der größte Teil des Poly-Si-Filmes anisotrop durchgeätzt. Der verbleibenden Schichtanteil wird mit reinem Chlorgas selektiv zu SiO_2 abgetragen.

Anisotropes Ätzen von monokristallinem Silizium mit Freonplasmen wird bei der modernen DRAM-Herstellung zur Erzeugung der Grabenkondensatoren eingesetzt. Diese Gräben haben typische Durchmesser von 1 μm bei Tiefen von 4...5 μm (Aspektverhältnis von 5!). Auch hier werden zum Erreichen der notwendigen starken Anisotropie Ätzgasmischungen verwendet, bei denen sich eine stabile Seitenwandpassivierung bildet. Aufgrund der hohen Ätztiefe dauern die Ätzschritte sehr lange. Fotolack ist wegen des unvermeidlichen Lackabtrags dafür nicht widerstandsfähig genug. Als Ätzmaske werden deshalb Oxid- oder Nitridschichten eingesetzt, die vor der Grabenätzung mir einem vorgeschalteten Lithografie- und Strukturierungsschritt erzeugt werden.

9.5.3 Metallisierungsätzen

Da die Abmessungen der Metallisierungsschichten ebenfalls zu den kritischen Dimensionen gehören, setzt man auch hier mit zunehmender Strukturverkleinerung anisotrope, strukturtreue Trockenätzprozesse ein [9.6]. Als Ätzgas wird Tetrachlorkohlenstoff verwendet, dem Chlorgas beigemischt ist. Die Aluminiumoberflächen sind vor der Ätzung mit einer dünnen Aluminiumoxidschicht bedeckt, die zunächst durch Chlorradikale abgebaut werden muß, bevor die eigentliche Aluminiumzersetzung unter Bildung von $AlCl_3$ beginnt. Der Ätzabtrag ist nur teilweise anisotrop ($A_f \approx 0{,}5$), so daß um 45° geneigte Kanten entstehen. Vermehrte Chlorgaszugabe erhöht den Anisotropiegrad. Problematisch sind Metallrückstände, die dort stehenbleiben, wo der Metallfilm über Stufen in der Oberflächentopographie der Scheibe liegt. An diesen Stellen hat der Metallfilm eine erhöhte Dicke, und es tritt der gleiche Effekt wie bei der Spacererzeugung auf (vgl. Bild 9.15 b). Diese Metallrückstände können mit einem zusätzlichen Naßätzschritt entfernt werden.

Die üblichen Legierungszusätze des Aluminiums wie Silizium und Kupfer wirken sich unterschiedlich auf den Metallätzprozeß aus. Silizium verbindet sich mit den Radikalen zu leichtflüchtigen Molekülen, während die Kupferanteile Cu-haltige Oberflächenfilme auf der Scheibenoberfläche bilden können, die bei den fertigen ICs später zu Kriechströmen zwischen Leiterbahnen führen. Als Gegenmaßnahme wird am Ende vom Ätzprozeß die Ionenenergie erhöht. Die energiereichen Teilchen tragen den Kupferfilm auf physikalischem Wege durch Sputtern ab.

9.5.4 Nitride

Nitridschichten können aufgrund der inhärenten Spannungszustände nur als relativ dünner Film (< 100 nm) abgeschieden werden (s. Abschnitt 6.4.3). Daher verursachen isotrope Ätzverfahren keine nennenswerten Strukturungenauigkeiten. Zum Nitridätzen verwendet man meist trockene Verfahren in

Barrelreaktoren, weil diese Verfahren schneller ablaufen, als die naßchemische Ätzung. Als Ätzgas dient CF_4 mit 4 % Sauerstoffzusatz. Bei dieser Methode wird allerdings Silizium ebenfalls stark angegriffen. Die Scheiben werden deshalb im Reaktor Rücken an Rücken postiert, um die Anätzung an den Rückseiten zu verhindern. Die Selektivität vom Nitridätzprozeß zu Siliziumoxid hingegen ist gut und liegt bei 3 : 1 bis 10 : 1. Deshalb kann man CF_n-Plasmen auch die Siliziumausscheidungen, die nach dem Metallstrukturierung auf dem Oxid liegenbleiben (Abschnitt 7.2.1), sehr effektiv mit sauerstoffhaltigen Freonplasmen beseitigen [9.6].

9.6 Zusammenfassung und Ausblick

In diesem Kapitel wurden Ätzverfahren zum selektiven Schichtabtrag bei Siliziumscheiben vorgestellt. Während früher ausschließlich naßchemisch geätzt wurde, spielen diese Verfahren heute nur noch bei der Scheibenreinigung eine wichtige Rolle. Bei der Strukturerzeugung wurden die naßchemischen Verfahren durch Trockenätztechniken verdrängt, die auf Niederdruckgasentladungen basieren. Aufgrund ihrer ausgeprägten Anisotropie und zum Teil starken Selektivität sind die trockenen Ätzverfahren prädestiniert, strukturgenau die lithografisch übertragenen Strukturen in den Oberflächenschichten der Siliziumwafer zu erzeugen. Als neuere Anwendung der naßchemischen Verfahren hat sich die anisotrope alkalische Ätzung von monokristallinem Silizium als Basisprozeß der Mikromechanik etabliert.

Bei den Trockenätzverfahren liegt der Entwicklungstrend auf Verfahren, mit denen man die chemischen und physikalischen Teilprozesse bei der Ätzung möglichst unabhängig steuern kann. Die herkömmlichen RIE-Prozesse haben nämlich den Nachteil, daß Änderungen der Plasmaparameter sowohl die Anisotropie als auch die Selektivität beeinflussen. Deshalb können hier die beiden Schlüsselparameter von einem Ätzprozeß nicht getrennt voneinander eingestellt werden, um ein spezifisches Ätzergebnis zu erreichen. Durch Abwandlungen des RIE-Verfahrens, wie etwa bei den beiden diskutierten Methoden *MERIE* und *RIBE*, entstehen Ätzprozesse, die dem Ziel der unabhängigen Variation des chemischen und physikalischen Anteils der Ätzreaktion schon recht nahe kommen. Die zusätzliche Variabilität entsteht, weil zusätzliche Prozeßparameter auftreten, mit denen der physikalische Anteil der Ätzreaktion beeinflußt werden kann. Bei MERIE ist dies die magnetische Feldstärke und bei RIBE die Extraktionsspannung. Daneben gibt es noch weitere Methoden im Entwicklungsstadium, wie das CAIBE-Verfahren (chemisch unterstütztes Ionenstrahlätzen, engl.: *chemical assisted ion beam etching*), das auf einem Sputterätzprozeß beruht.

In der Anlagentechnik setzt man heute beim Trockenätzen verstärkt auf Einzelscheibenprozesse. Die Vorteile sind eine genauere Prozeßkontrolle durch ein OES-Signal, das sich auf eine einzelne Scheibe bezieht sowie die Vermeidung von Einflüssen von Nachbarscheiben, die leichtere Automatisierbarkeit und die Reduktion der Zahl von Ausschußscheiben bei Maschinenversagen (nach [9.4]). Eine typisches Einsatzgebiet für Einzelscheibenätzungen ist die Spacererzeugung bei Submikrometerprozessen. Aufgrund der eng tolerierten Spacerdimensionen muß der Ätzvorgang präzise ohne Überätzzeiten beendet werden. Dies ist im Prinzip nur mit Einzelscheibenätzung möglich, denn ansonsten enthält das OES-Signal, über das die Ätzung gesteuert wird, nur gemittelte Informationen von allen Scheiben im Reaktor.

10 Gesamtprozeß

Dieses Kapitel stellt den kompletten Prozeßdurchlauf für einen Standardbipolarprozeß, sowie für einen einfachen CMOS-Prozeß [10.1, 10.2] vor. Dabei werden die in den vorangegangenen Kapiteln vorgestellten Verfahrensschritte für die IC-Herstellung im Zusammenhang dargestellt. Die gegenseitige Beeinflussung der Einzelprozesse bei der Halbleiterfertigung wird aufgezeigt. Wichtige Zuverlässigkeitsaspekte von CMOS-Schaltkreisen werden diskutiert. Abschnitt 10.3 skizziert Entwicklungstrends bei integrierten Schaltkreisen und stellt die Skalierungskonzepte zur Erhöhung des Integrationsgrads durch ähnliche Strukturverkleinerung vor. Der letzte Abschnitt enthält eine Zusammenfassung und Abschlußdiskussion.

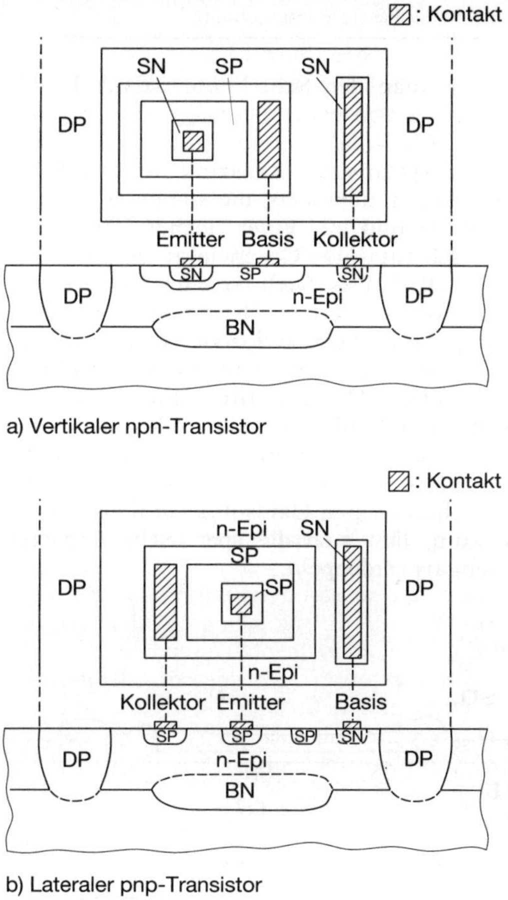

Bild 10.1 Schnittbild und Aufsicht für einen vertikalen npn- und einen lateralen pnp-Transistor im Standard Bipolarprozeß (nach [10.1]).

10.1 Standardbipolarprozeß mit einer Sperrschichtisolation

Der Standardprozeß (nach [10.2]) ist ein einfacher und damit kostengünstiger Bipolarprozeß mit einer Metallisierungsebene. Die minimale Strukturbreite liegt bei 4 µm. Die Maskenfolge des Prozesses ist in Tabelle 10.1 aufgelistet. Neben den in der Bipolartechnik bevorzugten vertikalen npn-Transistoren können auch laterale pnp-Transistoren realisiert

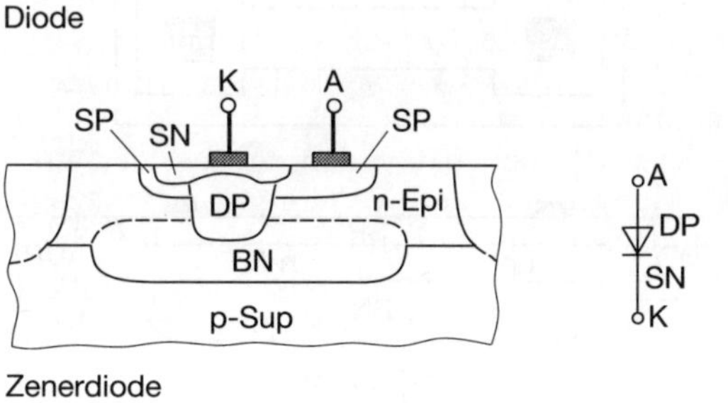

Bild 10.2 Schnittbild für eine Diode und eine Zener-Diode im Standard Bipolarprozeß (nach [10.1]). *A* bezeichnet den Anodenanschluß und *K* den Katodenkontakt.

Tabelle 10.1 Maskenfolge des Standardbipolarprozesses ([10.1])

Maskenbezeichnung	**Anwendung**
BN: Buried N	Vergrabene N-Gebiete (Subkollektorzonen)
DP: Deep P	Tief eindiffundierte P-Zonen: Sperrschichtisolation der einzelnen Transistorgebiete (*Epi-Inseln*)
SP: Shallow P	Flache P-Diffusion: Basis des npn-Transistors, Emitter und Kollektor des pnp-Transistors, Diffusionswiderstände
SN: Shallow N	Flache N-Diffusion: Emitter und Kollektor des npn-Transistors, Basiskontakte des pnp-Transistors
CO: Contact Overall	Kontaktfenster zwischen dem Siliziumsubstrat und der Metallisierung
IN: Interconnect	Metallisierungsmaske zur Definition der Leiterbahnen
CB: Contact Bond	Definition der Bondfenster (*Pads*) in der Passivierungsschicht

werden (Bild 10.1), allerdings mit schwächeren Leistungsdaten (Transitfrequenz npn: 300...500 MHz; pnp: 5...10 MHz, vgl. Band 1 Abschnitt 3.2.6). Die Spannungsfestigkeit der Transistoren wird von der maximal möglichen Kollektor-Emitter-Sperrspannung (s. Band 1 Abschnitt 3.2.3) bestimmt, die bei 18 V liegt.

Weitere aktive Bauelemente, die in diesem Prozeß ohne Zusatzaufwand realisiert werden können, sind Dioden und Zener-Dioden (Bild 10.2). Die Sperrspannung der Dioden liegt bei 12 V, die Zener-Spannung beträgt bei den im Prozeß verwendeten Dotierungskonzentrationen 6,6 V. Außerdem können Widerstände zwischen 100 Ω und 50 kΩ erzeugt werden, indem man den Schichtwiderstand der SP-Diffusion von etwa 200 Ω/□ ausnutzt (Bild 10.3). Als Kondensatoren mit relativ großer flächenspezifischer Kapazität werden MOS-Strukturen eingesetzt, die aus einer Metallelektrode und aus einer hochdotierten Substratschicht als Gegenelektrode bestehen (Bild 10.4). Das Dielektrikum ist Siliziumoxid. Wird die flache N-Diffusion zur Erzeugung der Substratelektrode verwendet, erreicht man mit dem relativ dünnen Oxid (0,38 µm) dieses Dotierschrittes Kapazitätswerte von ca. 100 pF/mm^2 Elektrodenfläche. Mit Zusatzprozeßschritten, wie etwa einer weiteren Maskenebene zur Definition eines dünnen thermischen Oxids (0,15 µm) als Dielektrikum, läßt sich die spezifische Kapazität mehr als verdoppeln.

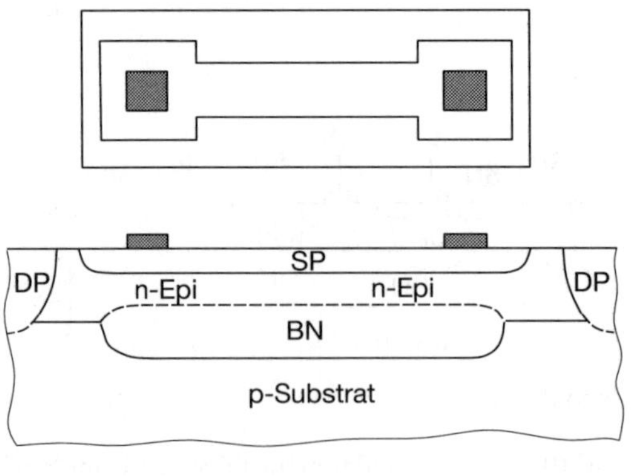

Bild 10.3 Schnittbild und Aufsicht für einen Diffusionswiderstand im Standard Bipolarprozeß (nach [10.1]).

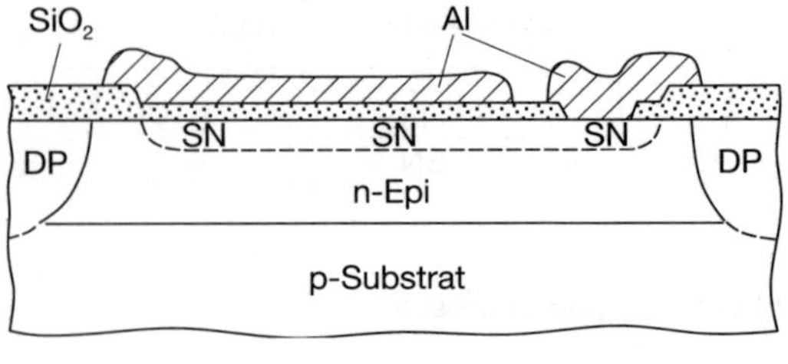

Bild 10.4 Schnittbild für eine MOS-Kapazität im Standard Bipolarprozeß (nach [10.1]).

10.1.1 Prozeßablauf

Die zahlreichen Einzelprozesse bei der Waferfertigung können zu einzelnen Prozeßsegmenten zusammengefaßt werden. Diese Segmente sind mit Ausnahme der Epitaxie jeweils einer der 7 Maskenebenen zugeordnet. Diese Segmente werden im folgenden beschrieben. Sich regelmäßig wiederholende Prozeßschritte, wie Routine-Reinigungsprozeduren oder Teilschritte bei der Lithografie werden nicht detailliert aufgeführt.

10.1.1.1 Erzeugung der Subkollektorgebiete mit der BN-Maske

Dieses Prozeßsegment steht am Anfang der Waferfertigung. Die angelieferten unstrukturierten Siliziumscheiben (Durchmesser z. B. 4 Zoll = 100 mm) werden zunächst thermisch oxidiert. Diese erste Oxidation erfolgt bei 1100 °C. Unter feuchten Bedingungen wächst dabei in 40 min eine 0,65 µm dicke Oxidhaut, die als Implantationsmaske für die selektive Antimondotierung dient. Nach der Oxidation folgt der Fotoprozeß mit der BN-Maske. Die lithografisch definierten BN-Fenster werden naßchemisch mit gepufferter Flußsäure im Ätzbad bei 28 °C freigelegt. Nach der Lackentfernung wird eine Dosis von $3 \cdot 10^{15}$ cm^{-2} Antimonionen mit 80 keV in einem Hochstromimplanter aufgebracht. Bei einem Strahlstrom von 6 mA ist die gewünschte Dosis bei 13 Scheiben auf dem Drehteller in 3,4 min erreicht.

Auf die Implantation folgt ein Langzeitofenprozeß über 8 Stunden bei 1230 °C, der das Ausheilen der Strahlenschäden und die Aktivierung der implantierten Dotieratome bewirkt. Dabei diffundieren die Antimonatome von einer mittleren Eindringtiefe von 0,17 µm weiter in tiefere Kristallschichten. Die Lage des pn-Überganges liegt nach der Temperaturbehandlung bei 7 µm. Der Ofenprozeß beginnt mit einer Stickstoff-/Sauerstoffatmosphäre. Während der letzten 3 Stunden wird reiner Sauerstoff als Prozeßgas verwendet, damit durch das verstärkte Oxidwachstum Oberflächenschichten mit eventuell noch vorhandenen Restschäden in den Subkollektorzonen abgetragen werden. So entstehen defektarme Substratoberflächen, auf denen perfekte epitaktische Schichten wachsen können. Die gebildete SiO_2-Schicht hat eine Dicke von 0,4 µm. An den Rändern der BN-Fenster entsteht durch den Si-Abtrag bei der Oxidation eine Stufe von 0,16 µm, an der die Lage der BN-Strukturen auch noch nach dem Wachsen der Epitaxieschicht zu erkennen ist. Die entstandenen BN-Strukturen sind in Bild 10.5 im Schnitt dargestellt.

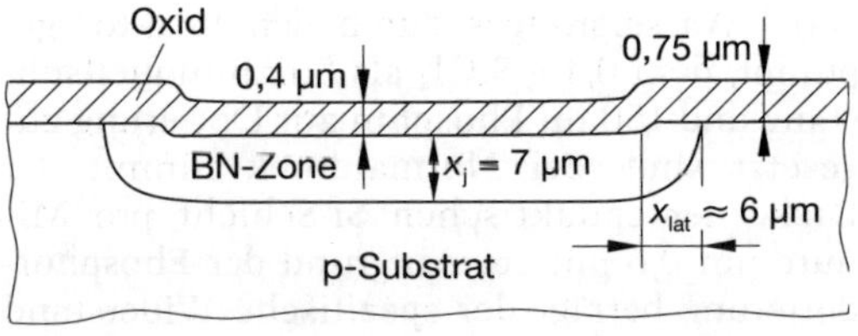

Bild 10.5 Eindiffundierte Subkollektorzonen (nach [10.1]). x_{lat} gibt die laterale Ausdiffusion an, x_j die Eindringtiefe des Dotierstoffes.

10.1.1.2 Epitaxieprozeß

Bei diesem Prozeßschritt wird die gesamte p-leitende Substratscheibe mit einer nominal 10 µm dicken epitaktischen n-leitenden Siliziumschicht überzogen. Die Siliziumabscheidung erfolgt über die Siliziumtetrachloridreaktion.

Zur Vorbereitung des Epitaxieschrittes wird die Oxidschicht abgeätzt, die bei der Erzeugung der Subkollektorstrukturen und bei der ersten Oxidation entstanden ist. Danach werden die Scheiben gereinigt und in den Vertikalepitaxiereaktor verbracht, der insgesamt 21 Scheiben aufnehmen kann. Nachdem die Prozeßtemperatur von 1200 °C erreicht ist, wird dem H_2-Trägergas HCl-Gas zugesetzt, um in 5 min ca. 0,5 µm Silizium von den Substratscheiben abzutragen. Bei dieser Ätzung *in situ* entsteht eine hochreine Substratoberfläche, auf der sich eine qualitativ einwandfreie epitaktische Schicht bilden kann. Nach der Ätzung beginnt das Aufbringen der epitaktischen Siliziumschicht. Pro Minute werden

160 l Wasserstoffgas durch den Reaktor gepumpt, dem 0,4 g $SiCl_4$ als Siliziumquellsubstanz und 150 ml Phosphin zur Dotierung zugesetzt sind. Bei Normaldruck nimmt die Dicke der epitaktischen Si-Schicht pro Minute um 0,6 µm zu. Aufgrund der Phosphordotierung beträgt der spezifische Widerstand der epitaktischen Schicht ca. 1,05 Ωcm. Obwohl die geforderte Schichtdicke in weniger als 20 min erreicht ist, dauert der gesamte Epitaxieprozeß pro Reaktorfahrt, einschließlich Be- und Entladen, sowie Aufheizen und Abkühlen über 1 Stunde.

10.1.1.3 Isolationsprozeß mit der DP-Maske

Nachdem die epitaktische Schicht aufgebracht ist, werden mit diesem Prozeß innerhalb der Epischicht elektrisch isolierte Gebiete abgeteilt. In diese sog. *Epi-Inseln* werden später die einzelnen Bauelemente des Schaltkreises eindiffundiert. Die Isolation erfolgt über in Sperrichtung gepolte pn-Übergänge zwischen p^+-Gebieten und der epitaktischen n-Schicht. Zur vollständigen Isolation müssen die p^+-Zonen bis zum p-leitenden Substrat eingetrieben werden, daher der Name «Tiefe p-Diffusion» (engl.: *Deep P* oder DP-Diffusion).

Der DP-Prozeß beginnt mit der Erzeugung der Diffusionsmaske aus thermischem Siliziumoxid (Dicke 0,65 µm). Nach dem Fotoprozeß mit der DP-Maske werden die beim Entwickeln freigelegten SiO_2-Bereiche mit Flußsäure bis zur Oberfläche der Epitaxieschicht durchgeätzt.

Die Dotierung der freigeätzten Si-Bereiche erfolgt durch Diffusion aus der Gasphase bei 1100 °C. Die Quellsubstanz für Boratome ist Borbromid (BBr_3). Diese Flüssigkeit wird in einer Bubble-Flasche mit N_2 verdampft und in den Diffusionsofen geleitet. Dem chemisch passiven Stickstoff wird im Diffusionsofen Sauerstoff zugemischt, der die Halogenverbindung oxidiert. Das Boroxid schlägt sich auf der Scheibenoberfläche nieder und wird bei Kontakt mit dem freiliegenden Silizium zu elementarem Bor reduziert. Bei dieser Redoxreaktion bildet sich SiO_2 auf den Siliziumoberflächen. Die Boratome dringen zum Teil in das Siliziumgitter ein oder werden in die Oxidschicht eingebaut (*Borsilikatglas*). Die Depositionsphase mit BBr_3-Zufuhr dauert ca. 40 min. Dabei werden etwa 10^{20} Boratome/cm^2 als Dotierstoffdosis aufgebracht. Diese Atome diffundieren bereits während der langen Vorbelegungsphase bis auf etwa 2 µm in die Epitaxieschicht ein.

Damit bei der folgenden Eindiffusionsphase keine weiteren Dotierstoffatome in das Si-Gitter eindringen, werden die dünnen Borsilikatglasfilme von der Scheibenoberfläche entfernt. Danach wird zur Markierung der DP-Bereiche 0,12 µm SiO_2 oxidiert. Durch diese thermische Ätzung entstehen optisch erkennbare Stufen an den Rändern der DP-Zonen. Gleichzeitig absorbiert das gebildete Oxid aufgrund von Segregation einen gewissen Anteil des oberflächennahen Bors (aussaugen, engl.: *soak out*). Die Borkonzentration an der Si-Oberfläche wird herabgesetzt. Während der folgenden langen Eindiffusionsphase entstehen DP-Zonen mit fast einheitlicher Dotierstoffkonzentration, und die laterale Ausdiffusion wird verringert.

Vor der Eindiffusion werden sämtliche (borkontaminierten) Oxidschichten von der Scheibenoberfläche entfernt. Der Eindiffusionsschritt, bei dem die Boratome die 10 µm dicke epitaktische Si-Schicht durchdringen, dauert 210 min. Die Ofentemperatur ist auf 1200 °C eingestellt. Während der ersten 30 min des Ofenprogrammes wird erneut oxidiert, um eine 0,65 µm dicke SiO_2-Schicht zu erzeugen, die als Diffusionsmaske für den nächsten Dotierschritt gebraucht wird. Danach findet reiner Stickstoff als Prozeßgas Verwendung.

Der gesamte Eindiffusionsprozeß ist für eine Eindringtiefe von 10 ... 12 µm ausgelegt. Damit ist eine sichere Durchdringung der maximal 11 µm dicken Epitaxieschicht gewährleistet. Die Eindiffusion dauert mit Aufheiz- und Abkühlphasen etwa 5 Stunden. Der Schichtwiderstand der eindiffundierten DP-Zonen beträgt 8 ... 15 Ω/□. Die Schichtfolge nach dem Epitaxieschritt und dem Isolationsprozeß ist in Bild 10.6 gezeigt.

Bild 10.6
a) Schnitt durch den Kristall nach dem Epitaxie- und Isolationsprozeß. *Shift* ist der Kantenversatz bei der Epitaxie;
b) durch DP-Gräben isolierte Epi-Inseln (nach [10.1]).

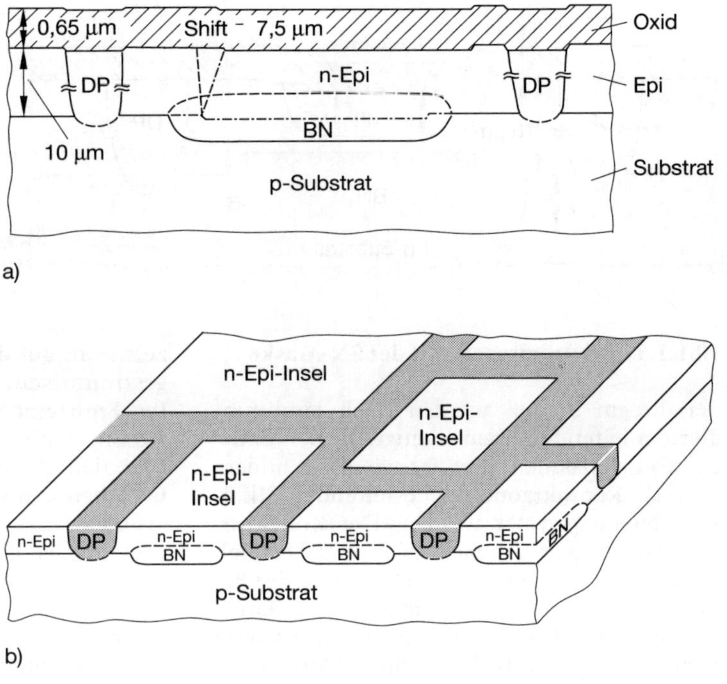

10.1.1.4 Basisprozeß mit der SP-Maske

Bei diesem Prozeß handelt es sich um einen flachen p-Diffusionsschritt (engl.: *shallow p* oder *SP*), mit dem die Basisgebiete der npn-Transistoren, die Kollektor- und Emittergebiete der lateralen pnp-Transistoren sowie Diffusionswiderstände definiert werden. Position und Abmessungen der SP-Zonen sind vom SP-Lithografieschritt abhängig. Mit Flußsäure werden nach der Lithografie Diffusionsfenster im Siliziumoxid geöffnet.

Da die SP-Dotierung stark in die elektrischen Eigenschaften der erzeugten Bauelemente eingeht, sind exakt reproduzierbare Dotierstoffdosen erforderlich. Deshalb wird zur Vorbelegung die Ionenimplantation eingesetzt. Da leichte Borionen implantiert werden, die einen ausgeprägten Channelingeffekt zeigen, wird vor der Implantation 0,15 µm Streuoxid aufgebracht. Diese Oxidschicht schützt zusätzlich die Siliziumoberfläche vor Kontaminationen mit metallischen Sekundärionen während des Implantationsprozesses.

Die SP-Dosis von $4{,}2 \cdot 10^{14}$ Borionen/cm^2 läßt sich mit einem Hochstromimplanter bei einem Strahlstrom von 0,7 mA in ca. 3 min aufbringen. Die Ionenenergie ist dabei auf 65 keV eingestellt.

Auf die Implantation folgt die Ausheil- und Aktivierungsphase bei 1135 °C. Der Ausheilschritt beginnt mit einer Lagerung über 40 min im Ofen unter einer Stickstoffatmosphäre, damit die Rekristallisierung ohne störende Oxidbildung ablaufen kann. Erst danach erfolgt eine trockene und feuchte Oxidation über 10 bzw. 30 min, um die SP-Zonen für Folgeprozesse mit 0,55 µm Oxid zu bedecken. Durch dieses Ofenprogramm wird der pn-Übergang zwischen SP-Zonen und n-leitendem epitaktischem Silizium 2,3 µm unter die Oberfläche getrieben. Der Schichtwiderstand in den SP-Zonen beträgt 210 Ω/□. Die Schichtfolge nach dem SP-Prozeß zeigt Bild 10.7.

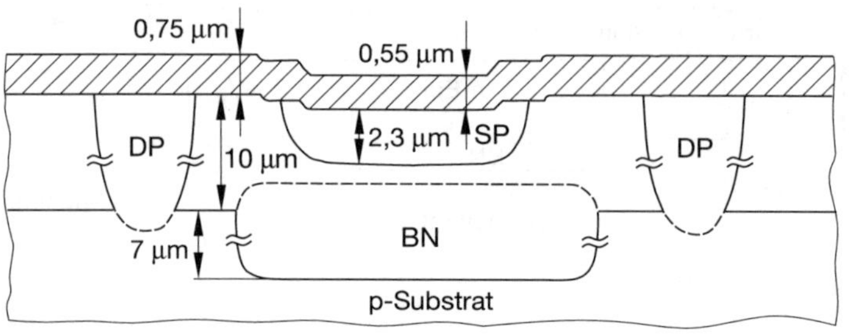

Bild 10.7
Schichtenfolge nach dem SP-Prozeß (nach [10.1])

10.1.1.5 Emitterprozeß mit der SN-Maske

Bei diesem Prozeß werden flach eindiffundierte n-leitende Zonen erzeugt, die den Emitter von vertikalen npn-Transistoren bilden, oder als Kontaktzonen zu n-leitenden Siliziumgebieten benutzt werden. Der Kollektorkontakt des npn-Transistors ist ein Beispiel. Da die SN-Dotierung die p-Dotierung der Basis übertreffen muß, um eine n-leitende Emitterzone im p-Basisgebiet zu erzeugen, wird beim Emitterprozeß die höchste Dotierstoffkonzentration des gesamten Prozesses eindiffundiert ($\approx 6 \cdot 10^{20}$ Dotieratome/cm^3).

Bei der SN-Diffusion wird die Basisweite *W* der vertikalen npn-Transistoren eingestellt. Diese Größe ist durch den Abstand zwischen den pn-Übergängen Emitter-Basis- und Basis-n-Epitaxie festgelegt. Um Schwankungen der Transistoreigenschaften (s. Band 1 Kapitel 3) zu verhindern, sind für die Basisweite enge Toleranzen einzuhalten. Erschwert wird dies durch den Emitter-Dip-Effekt: Aufgrund der hohen Konzentration an Donatoren bei der SN-Dotierung wird die bereits vorhandene Basisdotierung unter dem Emitter verstärkt in tiefere Kristallschichten gedrückt. Die Lage der pn-Übergänge zwischen Basis und n-leitendem epitaktischem Silizium verschiebt sich (vgl. Abschnitt 2.8.3).

Eine weitere Besonderheit bei der SN-Dotierung sind unterschiedlich dicke Oxidschichten (0,55 µm bzw. 0,75 µm), die nach der Lithografie über SP- und n-Epi-Oberflächen zu durchätzen sind (Bild 10.7). Deshalb kommt es bei der naßchemischen Öffnung der Oxidfenster über den SP-Basisgebieten zu starker lateraler Unterätzung, denn die Ätzzeit muß auf die dickeren Oxidschichten abgestimmt sein. An den Rändern der freigeätzten Emitterzonen entstehen durch die starke Ätzung steile Oxidkanten, die bei der späteren Metallabscheidung Bedeckungsprobleme verursachen können.

Das wichtigste Dotierverfahren zur SN-Erzeugung ist die Diffusion aus der Gasphase mit Phosphoroxidtrichlorid ($POCl_3$) als Donatorquellsubstanz. Der Ablauf der chemischen Reaktionen ist prinzipiell der gleiche wie beim BBr_3-Prozeß. Da das freigesetzte elementare Phosphor so reproduzierbar wie möglich in das Siliziumgitter eindringen soll, wird auf einen separaten Eindiffusionsschritt mit zusätzlichen schlecht kontrollierbaren Aufheiz-/Abkühlphasen verzichtet. Deposition und Eindiffusion werden mit einem einzigen Ofenprozeß (*Kombinationsprozeß*) durchgeführt. Die Diffusionstemperatur beträgt 975 °C.

Das Ofenprogramm bei der SN-Erzeugung beginnt mit der 25minütigen Deposotionsphase bei aktivierter ($POCl_3$)-Quelle. Danach wird die Quelle abgeschaltet. Unter Sauerstoff- bzw. Wasserdampfatmosphäre wachsen in 35 min 0,38 µm Oxid in den SN-Fenstern. Gleichzeitig diffundieren die Phosphoratome ein. Um die Eindringtiefe genau auf 1,7 µm zu justieren, verbleiben die Scheiben nach der Oxidation noch während einer variablen Steuerzeit in N_2-Atmosphäre im Ofen. Abkühl- und Ausfahrphase beenden das Kombinationsofenprogramm. Der Schichtwiderstand in den so erzeugten SN-Zonen beträgt 5...7 $\Omega/\square$. Bild 10.8 zeigt des Ergebnis dieses letzten Diffusionsschrittes im Standardbipolarprozeß.

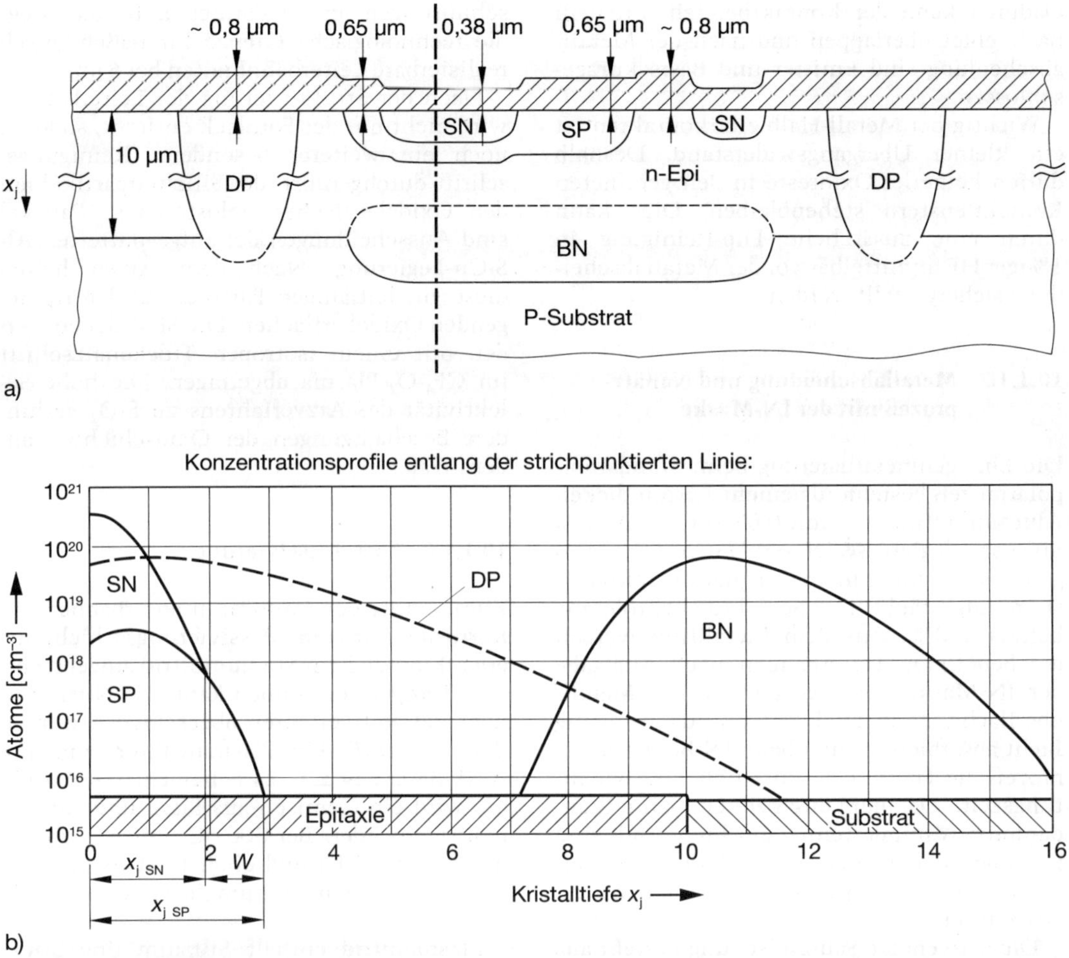

Bild 10.8 a) Schichtenfolge nach dem letzten Diffusionsprozeß (SN). Unterhalb der Emittergebiete ist die Eindringtiefe der Basis durch den Emitter-Dip-Effekt erhöht; b) Konzentrationsprofile der Dotierstoffe in einem npn-Transistor. $x_{j\,SN,SP}$ ist die Lage des vertikalen pn-Überganges der SN- bzw. der SP-Diffusion. *W* bezeichnet die Basisweite (nach [10.1]).

10.1.1.6 Kontaktfensterprozeß

Um die einzelnen Bauelemente innerhalb einer integrierten Schaltung elektrisch zu kontaktieren, werden Kontaktfenster in die geschlossene Oxidoberfläche geätzt. Die Kontaktfenster sind die kleinste Struktur im Standardbipolarprozeß. Diese Strukturen sind 4 µm × 4 µm groß und werden mit der CO-Maske als Lacköffnungen auf die Scheiben übertragen. Auch hier sind (wie beim Emitterprozeß) unterschiedliche Oxiddicken zu durchätzen (0,38 µm bzw. 0,65 µm bei Kontakten zu SN- bzw. SP-Zonen). Die Kontakte zu SN-Gebieten, wie Emitter- und Kollektorstrukturen, werden deshalb überätzt. Bei Emitterkontakten (minimale Emitterfläche 10 µm × 10 µm) kann dies zu Ausbeuteverlusten führen, wenn zusätzlich Maskenversatz und Übermaße bei Lackfenstern auftreten.

Dadurch kann der Kontaktbereich mit dem Basisgebiet überlappen und nach der Metallabscheidung sind Emitter und Basis kurzgeschlossen.

Wichtig bei Metall-Halbleiterkontakten ist ein kleiner Übergangswiderstand. Deshalb dürfen keinerlei Oxidreste in den geöffneten Kontaktfenstern stehenbleiben. Dies kann durch eine zusätzliche Dip-Reinigung in 1%iger HF unmittelbar vor der Metallabscheidung sichergestellt werden.

10.1.1.7 Metallabscheidung und Naßätzprozeß mit der IN-Maske

Die Einlagenmetallisierung beim Standardbipolarprozeß besteht aus einem 1,5 µm dicken Aluminiumfilm, der mit 0,03 % Cu- und 1 % Si-Zusatz legiert ist. Dieser *AlSiCu*-Film wird ganzflächig mit einem Magnetronsputtersystem aufgestäubt. Die Schichtdickentoleranz beträgt ±10 %. Aus dem Metallfilm werden die benötigten Leiterbahnen nach Maßgabe der IN-Maske herausgeätzt. Da die Metalloberfläche stark reflektiert und daher wenig Licht absorbiert, genügt beim IN-Belichtungsprozeß die Hälfte der sonst üblichen Belichtungszeit. Da die Leiterbahnen beim Standardprozeß mindestens 6 µm breit sind, sind isotrope naßchemische Verfahren ausreichend, um die Metallisierungsschicht zu strukturieren.

Die verwendete Säuremischung besteht aus Essig-, Phosphor- und Salpetersäure und ist sehr aggressiv. Deshalb wird der entwickelte Fotolack vor dem Eintauchen ins Ätzbad 30 min lang bei 115 °C hartgebacken. Wird das Ätzbad bei der Metallätzung konstant auf 36 °C gehalten, dann werden pro min 0,2 µm vom Metallfilm abgetragen. Die nominale Unterätzung von 1,5 µm an jeder Leiterbahnkante kann durch entsprechendes Übermaß (engl.: *oversize*) der Maskenstrukturen kompensiert werden. Da aber eine gewisse Überätzzeit eingehalten werden muß, um sicher sämtliche Metallreste in den Lackfenstern aufzulösen, wird die Nominalbreite der Leiterbahnen typischerweise um 0,5 ... 1,0 µm unterschritten. Da zusätzlich weitere Einschnürungen an Oxidstufen auftreten, liegt die technologische Grenze für naßchemisch realisierbare Leiterbahnbreiten bei 6 µm.

Nach der Strukturierung der Leiterbahnen wird nicht nur der Fotolack entfernt, sondern noch ein weiterer besonderer Reinigungsschritt durchgeführt, der Siliziumpartikel auf den Oxidoberflächen ablöst. Diese Partikel sind Ausscheidungen der aufgesputterten AlSiCu-Legierung. Nach dem Ätzen haften diese gut leitfähigen Partikel auf den freiliegenden Oxidoberflächen. Die Si-Teilchen werden mit einem isotropen Trockenätzschritt im CF_4-O_2-Plasma abgetragen. Die hohe Selektivität des Ätzverfahrens zu SiO_2 verhindert Beschädigungen der Oxidschichten auf dem Wafer.

10.1.1.8 Nitridpassivierung

Zum Schutz der Aluminiumleiterbahnen vor Korrosion wird eine Passivierungsschicht aus etwa 1 µm dickem Siliziumnitrid aufgebracht. Aus Temperaturgründen kann das Nitrid nur über PECVD-Verfahren abgeschieden werden (*Plasmanitrid*). Ein Plasmareaktor vom Typ AMP 3300 faßt z. B. 24 Scheiben. Als Prozeßgas wird ein Gemisch aus Silan und Ammoniak verwendet. Bei 300 °C, einem Arbeitsdruck von 27 Pa und einer HF-Leistung von 550 W bildet sich die 1 µm dicke Schicht in 30 min.

Plasmanitrid enthält Silizium und Stickstoff nicht im stöchiometrischen Verhältnis und nimmt einen hohen Anteil an Wasserstoff auf (20 ... 25 Atom-%), der bei der Silan-Ammoniak-Reaktion entsteht. Der Wasserstoffanteil des Nitrids erfüllt eine wichtige Zusatzfunktion:

An der Si-/SiO_2-Grenzfläche bilden sich bei thermischer Oxidation freie Valenzen von Siliziumatomen (*Grenzflächenzustände*), die als Rekombinationszentren für Ladungsträger im Halbleiterkristall wirken. Verstärkte Rekombination verursacht erhöhte Sperrströme an pn-Übergängen und verschlechtert die elektrischen Eigenschaften der Transistoren. Deshalb müssen diese Grenzflächenzustände durch Absättigung mit Wasserstoffatomen deaktiviert werden. Der nötige Wasserstoff kann der Plasmanitridschicht entnommen werden. Durch eine halbstündige Lagerung der Scheiben in trockener Stickstoffatmosphäre bei 400 °C werden die Wasserstoffatome mobilisiert. Die Atome diffundieren in die Oxidschichten, dringen bis zur Si-/SiO_2-Grenzfläche vor und sättigen hier die freien Valenzen der Siliziumatome an der Oberfläche ab.

Diese Temperung bei 400 °C verbessert außerdem die Kontakteigenschaften der Metall-/Halbleitergrenzflächen in den Kontaktfenstern. Bei der erhöhter Temperatur verstärkt sich die Interdiffusion von Aluminium und Silizium. Der Übergangswiderstand eines Kontaktes mit der minimalen Kontaktfläche von $4 \times 4\ \mu m^2$ sinkt dadurch auf 25 Ω.

10.1.1.9 Kontaktbond bzw. Nitridmaskenschritt

Dieser letzte Lithografieschritt definiert im Nitrid ca. 100 µm × 100 µm große Öffnungen über den sog. *Bondpads* (Anschlußflecken, engl.: *bondpads*) in der Metallisierungsebene. Diese freiliegenden Metallbereiche werden später bei der Chipgehäusung mit feinen Metalldrähten (*Bonddrähten*) kontaktiert (s. Kapitel 11), um die elektrische Verbindung zwischen Chip und Gehäuseanschlüssen herzustellen. Da sich Nitrid nur schwer naßchemisch ätzen läßt, wird zur Strukturierung ein CF_4-O_2-Plasmaätzschritt eingesetzt. Die Selektivität dieses Trockenätzverfahrens zu Aluminium ist zwar sehr gut, aber der Fotolack wird stark angegriffen. Deshalb wird die Lackdicke bei der Lithografie verdoppelt, und nach der Entwicklung werden die Lackstrukturen 30 min im Ofen bei 150 °C gehärtet. Während des Ätzens verändert sich durch den Plasmakontakt die Lackstruktur derartig, daß sich der Lack später nur durch aufwendige Reinigungsverfahren rückstandsfrei entfernen läßt.

Mit der Öffnung der Bondfenster ist die Kristallfertigung abgeschlossen. Bild 10.9 zeigt einen Ausschnitt aus einem Schaltkreis nach Abschluß der Scheibenfertigung. Die DP-Isolationsringe liegen auf Massepotential, damit die pn-Übergänge zu den Epi-Inseln in Sperrichtung gepolt sind. Die Epi-Gebiete bei Diffusionswiderständen werden auf die positive Versorgungsspannung $U_0(+)$ gelegt, damit der pn-Übergang zwischen SP und der Epitaxieschicht ebenfalls stets gesperrt ist. Bild 10.10 zeigt eine Mikroskopaufnahme vom Chipausschnitt eines Bipolar-IC.

10.1.1.10 Elektrische Charakterisierung der prozessierten Si-Scheiben

Um den Prozeßverlauf zu überwachen, befinden sich 5 sog. Pozeßkontrollmodule (PCMs) auf jeder Scheibe (Bild 10.11). Jedes Modul enthält einen identischen Satz von Komponenten, mit denen sich prozeßspezifische Größen (Dotierstoffprofile, Eindringtiefen von pn-Übergängen usw.) elektrisch erfassen lassen. Typischerweise bestehen die Module aus Einzeltransistoren, Diffusionswiderständen, Van-der-Pauw-Figuren, Kontaktfensterketten und anderen Strukturen. Am Ende der Scheibenbearbeitung erfolgt die PCM-Endmessung, mit der die Qualität des gesamten Fertigungsprozesses bestimmt und dokumentiert wird.

Zur Messung sind die einzelnen Teststrukturen mit Kontaktnadeln über Kontaktflekken (*Pads*) in der Metallisierungsebene elektrisch zugänglich, die ebenfalls beim Kontaktbondprozeß miterzeugt werden. Kontaktpads der verschiedenen Meßobjekte sind in einem einheitlichen Raster angeordnet. Daher können alle PCM-Strukturen mit einer festen Kontaktnadelanordnung (Prüfkarte, engl.: *probe card*) vermessen werden. Anhand der entsprechenden Kontrollmodule kann außerdem jeder einzelne Prozeßschritt im Laufe der Kristallfertigung überwacht werden, indem man Nadeln direkt auf dotierte Zonen setzt.

Zur Prozeßkontrolle wird eine Stichprobe von 8 Scheiben aus einer normalen Fertigungscharge (100 Scheiben) entnommen. Ein Meßautomat erfaßt die PCM-Daten dieser 8 Wafer und wertet die Daten statistisch aus (*statistische Prozeßkontrolle*). Mittelwerte und Standardabweichungen der einzelnen PCM-Parameter lassen Rückschlüsse auf den

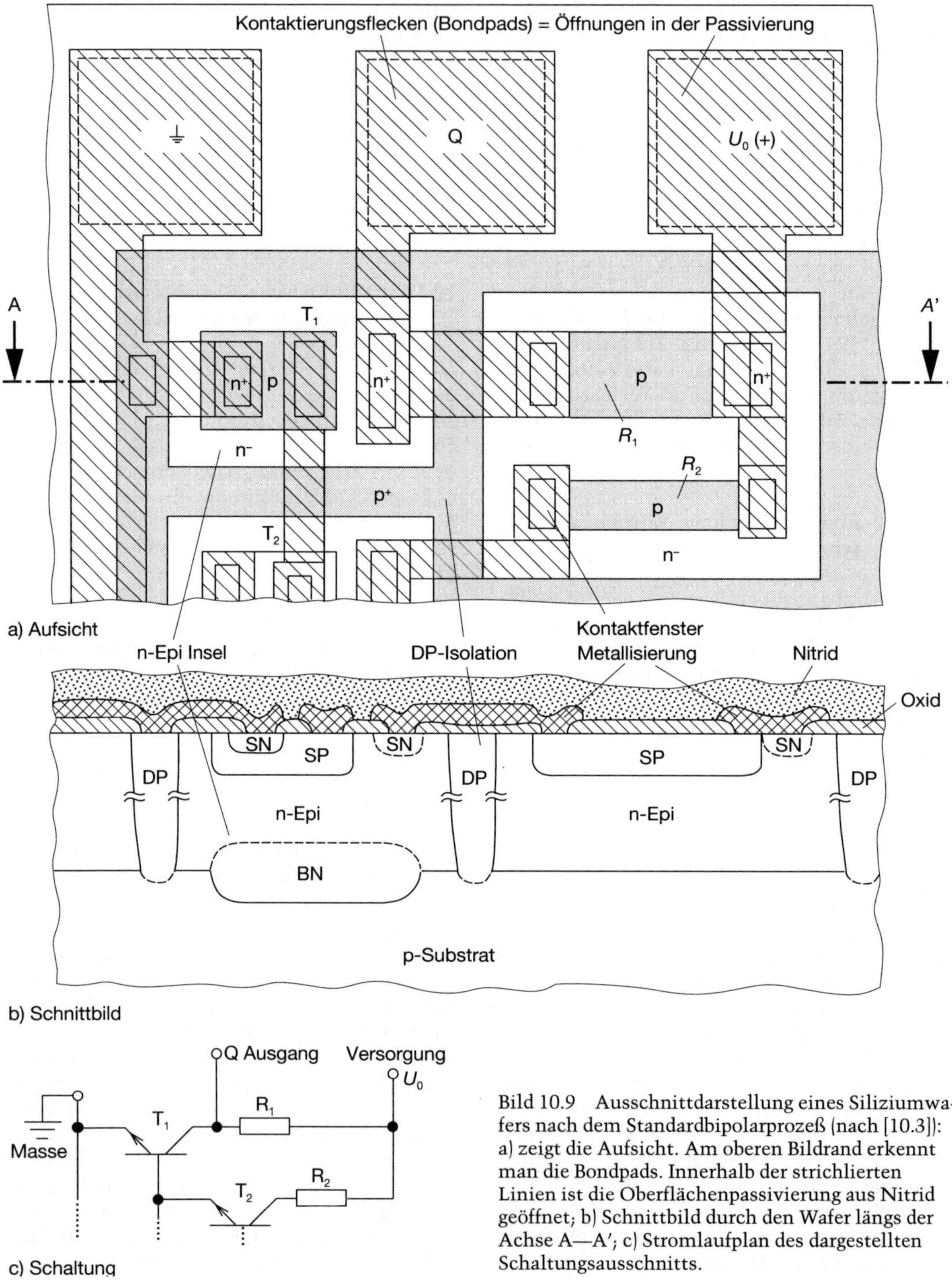

Bild 10.9 Ausschnittdarstellung eines Siliziumwafers nach dem Standardbipolarprozeß (nach [10.3]): a) zeigt die Aufsicht. Am oberen Bildrand erkennt man die Bondpads. Innerhalb der strichlierten Linien ist die Oberflächenpassivierung aus Nitrid geöffnet; b) Schnittbild durch den Wafer längs der Achse A—A'; c) Stromlaufplan des dargestellten Schaltungsausschnitts.

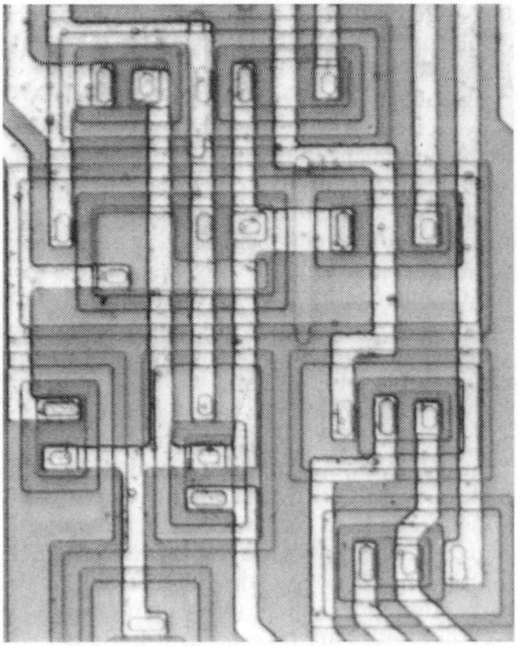

Bild 10.10 Fotografie der Chipoberfläche eines Bipolar-ICs mit 500facher Vergrößerung. Hell erkennt man die Aluminiumbahnen. Im abgebildeten Schaltungsteil sind mehrere vertikale npn-Transistoren und Diffusionswiderstände realisiert.

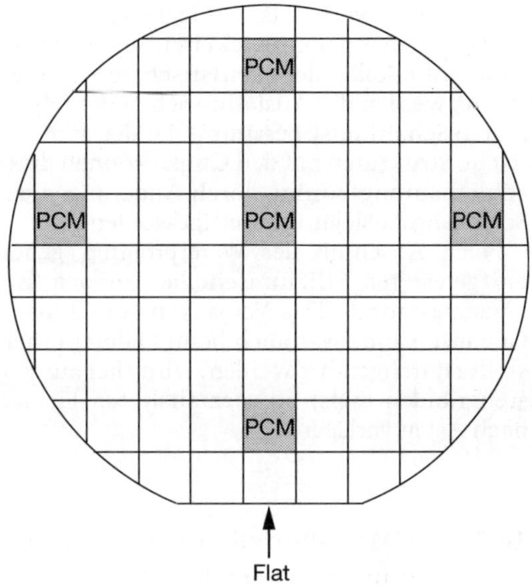

Bild 10.11 Typische Lage der Prozeßkontrollmodule auf dem Wafer (nach [10.1])

Verlauf des Scheibenfertigungsprozesses zu und ermöglichen Prognosen über die zu erwartende Fertigungsausbeute.

Entspricht das PCM-Meßprotokoll den Erwartungen, folgt der detaillierte elektrische Test der einzelnen ICs auf den Siliziumscheiben. Dazu wird im Rahmen der IC-Entwicklung ein schaltungsspezifisches Testprogramm für einen Testautomaten erstellt. Das Testprogramm besteht aus definierten Signalfolgen, die über die IC-Eingänge eingespeist werden und den entsprechenden Ausgangssignalmustern, die nach einer genau definierten Verzögerungszeit an IC-Ausgängen anliegen müssen. Außerdem werden noch verschiedene Parameter, wie Schaltschwellen, Sättigungsspannungen, Stromaufnahme usw., überprüft.

Beim IC-Test werden ebenfalls Nadelkarten eingesetzt, die die Bondpads der ICs mit der Testmaschine verbinden. Passiert ein Chip diesen elektrischen Test, ist sichergestellt, daß dieser Schaltkreis die spezifizierten Funktionen zeigt und einwandfrei produziert wurde.

Dieser erste Funktionstest wird auf Waferebene vor der Verkapselung der Chips durchgeführt. Dies wird als Vormessen oder *Waferprobing* bezeichnet (Messen der ICs auf der Scheibe, engl.: *waferprobing*). Obwohl die verkapselten ICs nach der Gehäusung nochmals einer Warenausgangsprüfung unterzogen werden, hat das Vormessen eine wichtige Funktion. Schaltkreise, die beim Vormessen auf der Scheibe ausfallen, werden farblich markiert (mit Tinte kennzeichnen, engl.: *inking*) und können so bereits vor der Verkapselung ausgesondert werden. Dies senkt Ausschußkosten, denn bei kleineren Schaltkreisen ist die Verkapselung teurer als die Chipherstellung.

Die Vormeßausbeute ist eine wichtige Kenngröße, mit der zum einen die Qualität einer Waferfertigungslinie gemessen werden kann, und mit der sich außerdem die Produzierbarkeit einer bestimmten integrierten

Schaltung bewerten läßt. Liegt die Vormeßausbeute eines neuentwickelten Schaltkreises weit unterhalb der statistisch erwarteten Werte, werden die Ausfallursachen der fehlerhaften Schaltkreise bestimmt. Finden sich kritische Strukturen auf den Chips, können diese Fehlerhäufungspunkte durch Änderungen der Schaltungsauslegung beseitigt werden.

Nach Abschluß des Waferprobings gehen die getesteten Siliziumscheiben in den Gehäusungsprozeß. Das Verpacken der Chips in Gehäuse kann zwar auch beim Halbleiterhersteller durchgeführt werden, wird aber aus Kostengründen meist zu spezialisierten Firmen nach Asien verlagert.

10.2 CMOS-Prozeß mit einer 1,2 µm minimalen Strukturbreite

Während die Bipolartechnik meist für Analogschaltungen und bei höheren Spannungen eingesetzt wird, ist die MOS-Technik auf höchstintegrierte Digitalschaltungen ausgerichtet. Deshalb kommt es entscheidend auf die Größe der MOS-Transistoren an. MOS-Transistoren werden deswegen mit wesentlich kleineren Abmessungen hergestellt, als die oben beschriebenen Bipolartransistoren. Ein kompletter MOS-Transistor in einem 1,2-µm-Prozeß paßt bereits spielend in die Emitterfläche eines npn-Transistors im bipolaren Standardprozeß (10 µm × 20 µm). MOS-Transistoren sind außerdem selbstisolierende Bauelemente und müssen deshalb nicht durch Isolationsgräben voneinander elektrisch abgegrenzt werden. Dies ist ein weiterer flächensparender Vorteil der MOS-Technik.

Mit kleineren Bauelementabmessungen steigt aber auch der technologische Aufwand bei der Herstellung. Die Anforderungen an den Lithografieprozeß werden im Vergleich zum Bipolarprozeß verschärft. Preiswerte Fertigungsverfahren, wie Dotierung durch Diffusion oder naßchemisches Ätzen, liefern zu ungenaue Ergebnisse und müssen durch aufwendigere Techniken, wie Ionenimplantation und Trockenätzverfahren, ersetzt werden. Der höhere Integrationsgrad bei MOS-Schaltkreisen hat außerdem eine drastische Steigerung der Zahl der nötigen Verbindungsleiterbahnen zur Folge. Deshalb sind in der Regel 2 Metallisierungsebenen erforderlich, damit die elektrische Verbindung der Bauelemente des Chips nicht zum flächenbestimmenden Faktor wird.

Die Komponenten, die dem Schaltungsentwickler bei einem typischen CMOS-Prozeß zur Verfügung stehen, sind neben den n- und p-Kanal-Transistoren, Diffusions- oder Polysiliziumwiderstände, MOS-Kondensatoren und Dioden, die insbesondere zum Schutz der ICs gegen Überspannungen an den Schaltungseingängen eingesetzt werden.

MOS-Kondensatoren sind bei CMOS-Prozessen besonders wichtige passive Bauelemente. Das dünne Gate-Oxid wird als Dielektrikum verwendet, während Polysilizium und Substratbereiche die Elektroden bilden. Der Kapazitätswert wird im wesentlichen durch die Fläche der Polysiliziumelektrode definiert. Diese Fläche läßt sich genau einstellen, weil dazu nur ein Maskenschritt nötig ist. Widerstände in integrierten MOS-Schaltungen weisen größere Toleranzen auf, weil hier außer dem Maskenschritt noch Dotierstoffkonzentrationen und Korngrößen (bei Poly-Widerständen) eingehen. In integrierten MOS-Schaltungen finden deshalb Kapazitäten vielfältige Anwendungen, die zum Teil aus der diskreten Halbleiterschaltungstechnik nicht bekannt sind. Ein wichtiges Beispiel ist der Einsatz von getakteten Kondensatoren [10.4] als Ersatz von (ungenauen) ohmschen Widerständen. Der Widerstandswert einer getakteten Kondensatorananordnung ist nur vom Kapazitätswert und der Taktfrequenz abhängig. Mit diesem Verfahren können abstimmbare Widerstände realisiert werden, die in integrierten MOS-Filterschaltungen eingesetzt werden (Schalter-Kondensator-Filter, engl.: *switched capacitor filter*).

10.2.1 Prozeßablauf

Im Vergleich zu NMOS- oder PMOS-Schaltungen, die mit einem Transistortyp mit n- bzw. p-Kanal auskommen, sind bei der CMOS-Technik beide Transistortypen auf ei-

Tabelle 10.2 Maskenfolge des 1,2-µm-CMOS-Prozesse ([10.2])

Maskenbezeichnung	**Anwendung**
NW: N-Well	Definition der N-Wanne-Gebiete
OD: Oxide Definition	Definition der aktiven Gebiete auf der Scheibenoberfläche, die nicht von dickem Feldoxid überdeckt werden sollen.
NWI: N-Well-Inverse	Invertierte N-Wannenmaske zur Abdeckung der Wannenbereiche bei der Nachdotierung der Substratgebiete.
PS: Poly-Silicon	Definition der Poly-Si-Stege (Gate-Elektoden, Leiterbahnen).
SN: Shallow N	Flache N-Dotierung: Alle Gebiete, die hoch mit Donatoren implantiert werden sollen.
SP: Shallow P	Flache P-Dotierung: Alle Gebiete, die hoch mit Akzeptoren implantiert werden sollen.
CO: Contact Overall	Definition der Kontaktfenster zwischen dem Siliziumsubstrat und den Poly-Si-Bahnen zur 1. Metallisierungslage.
IN: Interconnect	Metallisierungsmaske zur Definition der Leiterbahnen in der 1. Metallebene.
INS: Interconnect (Second)	2. Metallisierungsmaske zur Definition der Leiterbahnen in der 2., oberen Metallebene.
COS: Contact Overall (Second)	Definition der Kontaktfenster zwischen der 1. und der 2. Metallisierungslage (engl.: *Via-Holes*).
CB: Contact Bond	Definition der Bondfenster (*Pads*) in der Passivierungsschicht.

nem gemeinsamen Substrat zu realisieren. Die Schwierigkeit liegt darin, daß n-Kanal-Transistoren ein Substrat vom p-Typ benötigen, p-Kanal-Transistoren hingegen n-leitendes Silizium. Da die Wafer einheitlich dotiert sind, werden großflächig gegendotierte Zonen auf den Scheiben erzeugt, die die jeweils komplementären Transistoren aufnehmen (*Wannen*). Diese Wannen sind bei n-Substrat p-leitend und bei p-Substrat vom n-Typ. Keine der beiden Wannen-Substrat-Kombinationen bietet prinzipielle Vorteile. Allerdings läßt sich der Transistortyp, der in der Wanne liegt, durch Variation der Wannendotierung elektrisch optimieren. Deshalb kann es bei bestimmten Schaltungen, die besonders von der Funktion eines der beiden Transistortypen abhängen, günstiger sein, einen Prozeß mit P-Wanne bzw. N-Wanne zu verwenden [10.2].

Der im folgenden dargestellte 1,2-µm-Prozeß (nach [10.2]) ist ein N-Wannenprozeß, mit Polysilizium als Gate-Material, 2 Verdrahtungsebenen und minimalen Strukturbreiten von 1,2 µm . Die 11 Maskenebenen sind in Tabelle 10.2 aufgelistet. Bei diesem CMOS-Prozeß lassen sich wieder bestimmte, in der Regel an Masken gebundene Prozeßsegmente identifizieren. Diese Segmente werden in chronologischer Reihenfolge und ohne Details der Lithografie- und Reinigungsschritte vorgestellt.

10.2.1.1 Erzeugung der N-Wannengebiete mit der NW-Maske

Das Ausgangsmaterial sind Siliziumscheiben vom p-Typ mit (100)-Oberflächen. Die Wafer werden zu Prozeßbeginn mit 0,8 µm feucht gebildetem Oxid überzogen, das später bei der Dotierung der Wannengebiete als Implantationsmaske dient. Die Wannengebiete werden lithografisch mit der NW-Maske im Fotolack definiert. Ein naßchemischer Ätzschritt öffnet das Oxid in den Lackfenstern bis zur Siliziumoberfläche.

Zur Vorbereitung der N-Wannenimplantation wird 50 nm dickes Streuoxid auf den freiliegenden Siliziumflächen erzeugt. Im Hochstromimplanter werden bei 150 keV Ionenenergie Phosphordosen von $5 \cdot 10^{12}$ Atomen/cm^2 aufgebracht. Die Ionen dringen in den Wannenbereichen etwa 1000 nm in das Siliziumgitter ein, während alle anderen Gebiete der Scheibenoberfläche durch die dicke Oxidschicht vor Phosphorionen geschützt sind.

Nach der Belegung mit Phosphoratomen folgt die Ausheil- und Aktivierungsprozedur unter trockener N_2-Atmosphäre im Diffusionsofen bei 1150 °C, bei der die Dotierstoffatome tief eindiffundieren. Die Diffusion dauert etwa 150 min. Der pn-Übergang zwischen Wanne und Substrat liegt danach etwa 2,4 µm unter der Si-Oberfläche. Nach dem Ofenprogramm werden die stark mit Phosphor verunreinigten Oxidschichten von der Scheibenoberfläche entfernt.

10.2.1.2 Definition der aktiven Oberflächengebiete mit der OD-Maske

MOS-Transistoren und andere Bauelemente werden durch dicke Oxidbereiche voneinander isoliert, die durch lokale Oxidation erzeugt werden (LOCOS-Technik, engl.: *local oxidation of silicon*; vgl. Abschnitt 4.3.3). Die Oxidationsmaske ist Siliziumnitrid, das mit einem thermischen CVD-Verfahren aufgebracht wird. Da sich Si_3N_4-Schichten bei der Abscheidung stark verspannen und deshalb mechanisch Kristallfehler an der Siliziumoberfläche erzeugen können, wird die Scheibenoberfläche vor der CVD-Beschichtung mit einer dünnen Pufferschicht aus thermischem Oxid überzogen. Dieses *Padoxid* ist nur 25 nm dick. Auf das Padoxid wird im Niederdruck-CVD-Reaktor 150 nm Nitrid abgeschieden.

Die Bereiche der Scheibenoberfläche, die mit Nitrid vor Oxidation geschützt werden sollen, werden über die intransparenten Bereiche der OD-Maske (OD = Oxiddefinition, engl.: *oxid definition*) festgelegt. Maskenöffnungen der OD-Maske hingegen bestimmen, an welchen Stellen der Scheibenoberfläche das Nitrid vor der Oxidation weggeätzt wird, damit dort dickes Oxid (*Feldoxid*) wachsen kann.

Die OD-Maskenstrukturen definieren also die *aktiven Gebiete* auf der Scheibenoberfläche und damit insbesondere die Weiten und die Lage der zukünftigen Transistoren. Weitere Komponenten deren Lage und Abmessungen durch die OD-Maske festgelegt werden, sind die aktiven Gebiete für Diffusionswiderstände und MOS-Kondensatoren sowie für sog. Wannen- und Substratkontakte. Über diese Kontakte werden im fertigen IC die Wannen- und Substratgebiete auf definierten elektrischen Potentialen gehalten, um Wannen und Substratbereiche durch sperrende pn-Übergänge elektrisch zu isolieren.

Nach dem OD-Fotoprozeß sind alle aktiven Gebiete mit Fotolack abgedeckt, während in den Feldoxidbereichen die Nitridschicht freiliegt. Mit einem isotropen, naßchemischen oder trockenen Ätzprozeß wird die Nitridschicht in den Lackfenstern selektiv bis zum Padoxid abgetragen. Das Ergebnis der ersten beiden Prozeßmodule ist anhand eines Schnittbilds durch einen CMOS-Inverter in Bild 10.12 gezeigt.

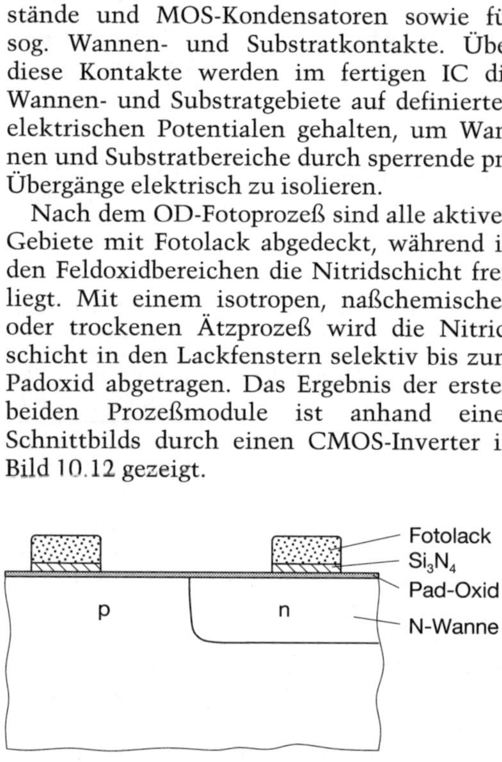

Bild 10.12 Schnitt durch eine CMOS-Inverterstruktur auf dem Wafer nach der Wannenerzeugung und der Nitridätzung nach der OD-Lithografie (nach [10.2]).

10.2.1.3 Nachdotierung der Si-Oberfläche bei 1-Wannen-CMOS-Prozessen

Bei einem CMOS-Prozeß können Substrat- und Wannendotierung nicht unabhängig voneinander eingestellt werden. Die Substratdotierung darf vor allem nicht zu hoch sein, damit die Wannen hinreichend stark gegendotiert werden können. Die p-Siliziumscheiben im betrachteten Prozeß haben deshalb nur eine geringe Oberflächendotierung von etwa $2 \cdot 10^{15}$ Boratomen/cm^3. Bei dieser geringen Dotierung sind die n-Kanal-Transistoren später nicht ausreichend spannungsfest (Punch-Through-Effekt; elektrischer Durchbruch, engl.: *punch through*). Außerdem können bestimmte Strukturen auf der Siliziumscheibe, die *parasitäre* MOS-Transistoren darstellen, aufgesteuert werden. Beide Effekte, die eine Nachdotierung der Substratbereiche notwendig machen, werden im folgenden genauer diskutiert.

Parasitäre MOS-Transistoren

Bei der Herstellung integrierter Schaltkreise werden nicht nur die gewollten *aktiven* MOS-Transistoren erzeugt, sondern auch immer unerwünschte, *parasitäre* Bauelemente. Bild 10.13 zeigt einen parasitären NMOS-Transistor, der im p-leitenden Substrat aus einer Poly-Si-Leiterbahn als Gate und 2 n-leitenden Diffusionsgebieten als Source und Drain gebildet wird.

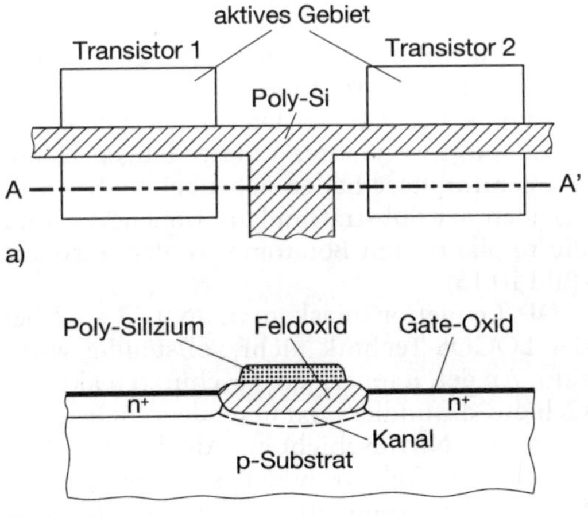

Bild 10.13 Parasitärer NMOS-Transistor im Substratbereich mit Feldoxid als Gate-Dielektrikum (*Feldtransistor*): a) Aufsicht auf 2 über Polysilizium angeschlossene Transistoren; b) Schnittbild entlang der Linie A–A'.

Das Gate-Dielektrikum bei diesem Transistor ist das Feldoxid. Da die Einsatzspannung von MOS-Transistoren mit der Dicke des Dielektrikums zwischen Gate und Kanal zunimmt (s. Band 1 Abschnitt 4.3.4), sollten diese *Feldtransistoren* erst bei Spannungen eingeschaltet werden können, die weit oberhalb der zulässigen Betriebsspannung liegen (typischerweise 5 V). Die Einsatzspannung eines MOS-Transistors hängt aber auch von der Dotierung des Kanalbereiches ab. Je kleiner dort die Störstellenkonzentration ist, desto niedriger liegt die Schwellenspannung. Bei n-Kanal-Feldtransistoren ist deshalb die geringe Substratdotierung problematisch. Dieses Problem wird durch die Feldoxidation noch verstärkt, weil an der Halbleiteroberfläche 95 % des Dotierstoffes Bor durch Segregation in die Oxidschicht wandert. Die *Feldschwellenspannung* der parasitären n-Kanal-Transistoren (bei den gegebenen Oxiddicken und Dotierstoffverhältnissen) ist daher zu niedrig. Deshalb wird eine Borzusatzimplantation erforderlich, die die Einsatzspannung der parasitären Transistoren nach oben schiebt.

Bei parasitären PMOS-Transistoren reicht die gegebene Feldschwellenspannung aus. Die Wannendotierung ist höher, und außerdem bewirkt die Segregation bei der Feldoxiderzeugung an der Halbleiteroberfläche eine Anreicherung und keine Verarmung des Wannendotierstoffes (Phosphor).

Punch-Through-Effekt

Bei geringer Substratdotierung und MOS-Transistoren mit Kanallängen von 1,2 μm dehnen sich die Raumladungszonen der pn-Übergänge zwischen Kanal und Source bzw. Drain weit aus. Im Sperrfall können die Raumladungszonen sogar ineinander übergehen (Bild 10.14). Dann fließen erhebliche Sperrströme zwischen Source und Drain. Dieses Verhalten wird als Punch-Through-Effekt bezeichnet. Da in dotierten Halbleitern die Weite einer Raumladungszone umgekehrt proportional zur Dotierstoffkonzentration ist, kann der Punch-Through-Effekt durch Heraufsetzen der Kanaldotierung verhindert werden (Anti-Punch-Through-Dotierung, oder abgekürzt *ATP-Dotierung*).

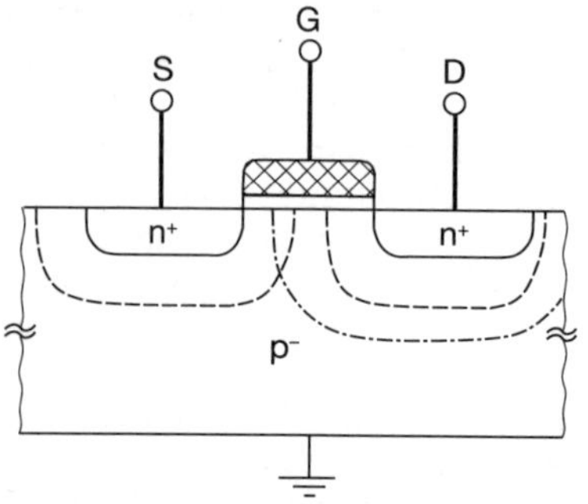

Bild 10.14 Raumladungszonen bei einem Transistor mit kurzer Kanallänge. Strichliert: Grenze der Raumladungszone bei 0 V Gate-Spannung und 0 V Drain-Source-Spannung; strichpunktiert: Grenze der Raumladungszone bei 0 V Gate-Spannung und einer positiven Drain-Source-Spannung.

Feldschwellspannungsjustierung und die ATP-Dotierung mit der NWI-Maske

Um die Feldschwellenspannung im Substratgebiet anzuheben, wird Bor in die nitridfreien Substratbereiche implantiert. Hier befinden sich später die mit Feldoxid bedeckten Kanäle der parasitären NMOS-Transistoren. Diese Implantation erfolgt mit niedriger Ionenenergie, damit das Maximum der Dotierstoffverteilung nach der Feldoxidation durch Siliziumabtrag und Ausdiffusion an der Si-/SiO_2-Grenzfläche zu liegen kommt.

Die Dosis zur Feldschwellenimplantation ist hoch und beträgt $5 \cdot 10^{13}$ Boratome/cm^2. Die Ionenenergie liegt bei nur 16 keV, damit die aktiven Gebiete im Substrat durch den vorhandenen Nitridfilm gegen Dotierstoffe abgeschirmt werden können. Die Nitridschichten haben damit eine Doppelfunktion: Sie definieren nicht nur die aktiven Gebiete, sondern auch die Feldbereiche, in die implantiert werden soll. Die Feldschwellenimplantation erfolgt also ohne zusätzlichen Maskenschritt mit einem *selbstjustierenden* Prozeß. Dies ist ein erstes Beispiel für diese wichtige Form der lithografiefreien Prozeßschritte.

Die ATP-Dotierung zur Verbesserung der Durchbruchsfestigkeit der aktiven Transistoren wird mit einem zweiten Implantationsschritt durchgeführt, bei dem die Ionen mit höherer Energie (180 keV) durch die Nitridschichten hindurch in die Kanalbereiche der zukünftigen Transistoren getrieben werden. Die ATP-Dosis ist relativ niedrig ($8 \cdot 10^{11}$ Boratome/cm^2). Natürlich dotieren diese Borionen auch die Feldbereiche. Der Einfluß dieser Zusatzdosis auf das Verhalten der parasitären Transistoren ist vernachlässigbar, denn die Dosis bei der ATP-Dotierung liegt um 2 Größenordnungen unterhalb der Feldschwellspannungsimplantation.

Diese beiden Implantationsprozesse zielen nur auf die Substratgebiete. Deshalb sind alle Wannenbereiche mit dickem Fotolack als Implantationsmaske abgedeckt. Dies geschieht mit einem Lithografieschritt, bei dem eine Maske verwendet wird, die die gleichen Strukturen wie die NW-Maske enthält, nur sind Chrom- und Transparentbereiche vertauscht. Diese Maske wird deshalb als invertierte N-Wannenmaske bezeichnet (NWI-Maske, engl.: *n-well inverted*, Wanne, engl.: *well*). Nach der ATP- und Feldschwellspannungsdotierungen wird der Fotolack über den Wannenbereichen naßchemisch entfernt.

10.2.1.4 Feldoxidation und Gate-Oxiderzeugung

Das Feldoxid hat eine Dicke von ca. 850 nm und wächst in nitridfreien Zonen in H_2O-Atmosphäre bei 960 °C. Die Oxidation dauert etwa 450 min. Während dieser langen Hochtemperaturphase heilen nebenbei die Kristallschäden der Substratimplantationen aus, und die implantierten Boratome werden aktiviert (Bild 10.15).

Die Oxidationsmasken aus Nitrid sind bei der LOCOS-Technik nicht vollständig wirksam. An den Rändern der geschützten aktiven Gebiete diffundiert oxidierende Feuchtigkeit unter die Nitridschichten. An den Rändern der aktiven Gebiete bilden sich Oxidausläufer, die aufgrund ihrer charakteristischen Form *Vogelschnäbel* genannt werden. Deshalb verläuft der Übergang zwischen dem dicken Feldoxid und dem dünnen Padoxid nicht stufenförmig, sondern kontinuierlich. Die Breite dieses Übergangsbereiches entspricht zunächst etwa der Dicke des Feldoxids (Bild

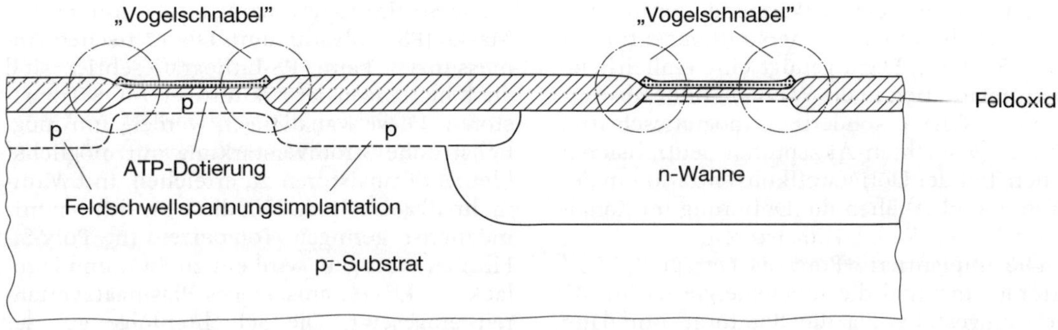

Bild 10.15 Schnitt durch den CMOS-Inverter nach der ATP- und Feldschwellendotierung über eine mit der NWI-Maske gesteuerten Borimplantation. Die thermischen Feldoxidation ist ebenfalls bereits durchgeführt (nach [10.2]).

10.15). Die Ausdehnung und die Form des Vogelschnabels bestimmt wesentlich den Minimalabstand zwischen 2 Transistoren und damit die erreichbare Packungsdichte der Bauelemente. Deshalb wird die Länge des Vogelschnabels mit Zusatzprozeßschritten reduziert.

Ein weiteres Problem, das durch Unterdiffusion von Oxidanten unter die Nitridfilme verursacht wird, ist der *Kooi-Effekt*. Dabei handelt es sich um charakteristische Dünnstellen im später gebildeten Gate-Oxid, die im Randbereich der Transistorgebiete auftreten, und zwar am Ende der Vogelschnabelstruktur. Unter die Nitridfilme wandernde Wassermoleküle oxidieren nicht nur die Siliziumoberfläche, sondern auch (mit kleinerer Rate) die Nitridschichten. Dabei entsteht Ammoniak, der zur Si-/SiO_2-Grenzfläche diffundiert und im Bereich des Randes der aktiven Gebiete einen nitridartigen Film bildet, der später die Gate-Oxidbildung hemmt.

Zur Beseitigung dieser störenden Nitridspuren wird vor der Gate-Oxidation eine Voroxidation durchgeführt (geopferte Oxidation, engl.: *sacrificial oxidation*). Der Nitrid-Padoxid-Film wird in allen aktiven Zonen abgetragen. Auf den freiliegenden Siliziumoberflächen wird thermisch 25 nm dickes *sacrificial oxide* erzeugt und sofort wieder abgeätzt. Der Ätzschritt löst die störenden Nitridreste mit von der Scheibe. Nach der Entfernung des *sacrificial oxide* wird der Vogelschnabel durch eine zweite Oxidätzung gekürzt. Insgesamt wird das Feldoxid bis auf etwa 500 nm Dicke abgetragen. Die Länge der Vogelschnäbel nimmt entsprechend auf etwa 0,3 μm ab.

Nachdem die Scheibenoberfläche mit der LOCOS-Technik in feldoxidierte und aktive Bereiche eingeteilt worden ist, erfolgt eine trockene Oxidation der aktiven Gebiete. Dabei bildet sich das Gate-Oxid, dessen Dicke bei 25 nm liegt.

10.2.1.5 Schwellspannungsanpassung bei aktiven Transistoren

Als Einsatzspannungen der aktiven n- und p-Kanaltransistoren werden aus schaltungstechnischen Gründen symmetrische Werte von 0,8 V bzw. –0,8 V angestrebt. Mit den bisher eingebrachten Dotierstoffdosen liegen die Schwellspannungen unter den gegebenen Prozeßbedingungen (n^+-dotiertem Polysilizium als Gate-Material und einer Gate-Oxiddicke von 25 nm) bei – 1,4 V für den p-Kanal-Transistor und bei – 0,2 V für den n-Kanal-Transistor [10.2]. Beide Spannungswerte müssen deshalb nach oben verschoben werden:

Die Einsatzspannung des PMOS-Transistors wächst mit abnehmender Wannendotierung, und die Schwellspannung des NMOS-Transistors steigt mit zunehmender Substratdotierung (s. Band 1 Tabelle 4.3). Deshalb erreicht man den gewünschten Effekt durch eine Reduktion der N-Wannendotierung und eine Erhöhung der Dotierstoffkonzentration im p-Substrat. Dazu genügt eine einheitliche Borimplantation in die Wannen- und Substratgebiete ohne gesonderte Lithografieschritte. Die eingebrachten Akzeptoren neutralisieren einen Teil der Dotierstoffkonzentration in der Wanne und erhöhen die Dotierung im Kanalbereich der n-Kanal-Transistoren.

Die implantierte Bordosis beträgt $9 \cdot 10^{11}$ Atome/cm^2, und die Ionenenergie ist auf 45 keV eingestellt. Da die Boratome nur dann Schwellenspannungen beeinflussen können, wenn sie an der Oberfläche des Si-Kristalls bleiben, wird eine 100 nm dicke Polysiliziumschicht mit einem thermischen CVD-Verfahren aufgebracht, die als Abbrems- und Streuschicht wirkt. Bei allen nicht aktiven Gebieten auf den Wafern verhindert das dicke Feldoxid das Eindringen der Borionen.

10.2.1.6 Definition der Gate-Elektroden mit der PS-Maske

Nach der Borimplantation wird Polysilizium als Gate-Material abgeschieden. Durch eine hohe Dosis Phosphin im Prozeßgas erreicht man eine hohe n-Leitfähigkeit. Die Dicke des abgeschiedenen n^+-Polysiliziums beträgt 400 nm. Aus diesem Poly-Si-Film werden die Gate-Elektroden und die in Poly-Si geführten Leiterbahnen herausgeätzt.

Die Strukturübertragung erfolgt mit der PS-Maske (PS: Polysilizium). Die kritischen Abmessungen beim PS-Lithografieschritt sind die Kanallängen der zukünftigen MOS-Transistoren. Diese Kanallängen werden, um möglichst hohe Stromverstärkung mit möglichst kleinen Transistoren zu erreichen, mit Minimalmaß gezeichnet. Um diese Strukturen mit möglichst geringen Toleranzen im Poly-Si-Film zu erzeugen, wird ein zu SiO_2 und Fotolack selektives, anisotropes Plasmaätzverfahren eingesetzt. Die Schichtenfolge auf der Scheibe nach der Fotolackentfernung zeigt Bild 10.16.

10.2.1.7 Herstellung von LDD-NMOS-Transistoren mit der SN-Maske

Die Erzeugung der Source- und Draindotierung für die n-Kanal-Transistoren mit LDD-Charakteristik wird über die SN-Maske (SN, engl.: *shallow n*) gesteuert. Die transparenten Strukturen der SN-Maske entsprechen im wesentlichen den OD-Strukturen für die aktiven Gebiete mit n^+-Dotierung (NMOS-Transistoren, n^+-Diffusionswiderstände, Wannenkontakte).

Nach der SN-Lithografie sind alle nicht zu dotierenden Bereiche der Scheibe durch Fotolack und Feldoxid geschützt. Lediglich die Kanalbereiche der n-Kanal-Transistoren, die p-leitend bleiben müssen, liegen frei. Hier wird

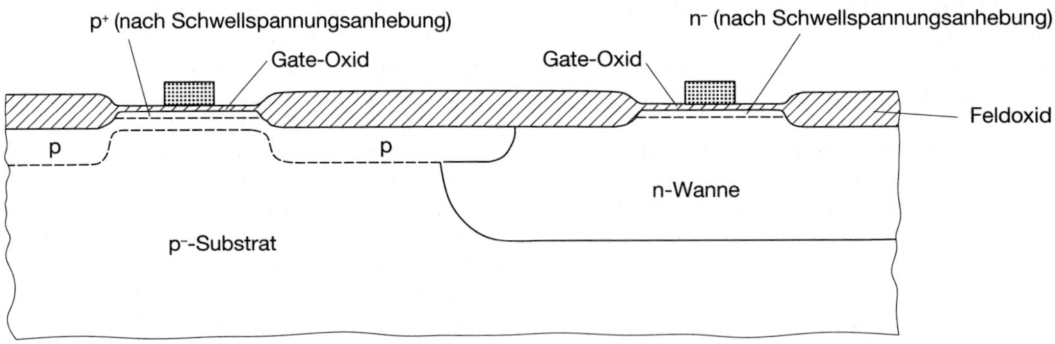

Bild 10.16 Schnitt durch den CMOS-Inverter nach der Feldoxidrückätzung, der Gate-Oxidation, der n^+-Poly-Si-Abscheidung und der Borimplantation zur Schwellspannungsanhebung der aktiven Transistoren. Die Polysiliziumelektroden wurden mit der PS-Maske strukturiert (nach [10.2]).

Implantation durch eine *selbstjustierte* Maske verhindert, die von den Gate-Elektroden aus Poly-Si gebildet wird.

Die LDD-Dotierung erfolgt in 2 Stufen. Der erste der beiden LDD-Implantationsschritte bringt eine geringe Dosis Phosphor ($2 \cdot 10^{13}$ Atome/cm^2) auf. Die Ionenenergie ist relativ hoch (100 keV), um den relativ schweren Phosphoratomen die nötige Eindringtiefe zu geben.

Nach der Phosphorimplantation werden die bei der LDD-Technik wichtigen *Spacer* erzeugt. Dies sind Oxidstrukturen an den Rändern der Gate-Elektroden (vgl. Abschnitte 3.5.8.3 und 9.5.1.2), die bei der zweiten Implantation die kanalnahen Bereiche von Source und Drain gegen Ionen abschirmen. Vor der Spacererzeugung werden die Scheiben vom Fotolack gereinigt. Dann wird mit einem thermischen CVD-Verfahren ganzflächig eine 300 nm dicke TEOS-Schicht aufgebracht, die sofort anisotrop zurückgeätzt wird. An den seitlichen Flanken der Poly-Si-Bahnen bleiben dabei die charakteristischen abgerundeten Oxidstrukturen stehen. Diese Spacer wirken bei der zweiten hochdosierten Source-Drain-Implantation als zusätzliche Implantationsbarriere.

Nach der TEOS-Rückätzung werden zur Vorbereitung der 2. Implantation die freiliegenden Source-Drain-Bereiche mit einer 30 nm dicken, trocken erzeugten Streuoxidschicht überzogen. Unter Sauerstoffatmosphäre oxidieren dabei auch die Poly-Si-Bahnen. Die hohe Phosphordotierung des Polysiliziums fördert die Oxidbildung auf den polykristallinen Strukturen, so daß hier eine dikkere SiO_2-Schicht entsteht.

Nach diesen Vorarbeiten wird die 2. starke Source-Drain-Implantation mit einer hohen Dosis Arsen ($5 \cdot 10^{15}$ Atome/cm^2) vorgenommen. Dieser Prozeßschritt beginnt mit der 2. von der SN-Maske gesteuerten Fotolithografie. Die nicht zu dotierenden Bereiche der Scheiben werden erneut mit dickem Fotolack abgedeckt. Bei der Implantation bleiben die kanalnahen Bereiche der n-Kanal-Transistoren aufgrund der Spacer arsenfrei. Da Arsen bei den folgenden Temperaturschritten im Fertigungsprozeß wesentlich langsamer als die vorher eingebrachte Phosphordotierung ausdiffundiert, bleibt das implantierte Arsenprofil weitgehend erhalten. Die Source-Drain-Dotierung in Kanalnähe ist daher im wesentlichen die ausdiffundierte geringe Phosphordosis. Das gesamte aus Phosphor und Arsen zusammengesetzte SN-Dotierprofil hat den geforderten, graduell zum Kanal hin abnehmenden Verlauf.

10.2.1.8 Flache Bordotierung mit der SP-Maske

Auf die flache n^+-Dotierung folgt die flache p^+-Implantation mit Bor, zur Dotierung der Source-Drain-Gebiete der PMOS-Transistoren, sowie der p^+-Diffusionswiderstände und der p^+-Substratkontaktzonen. Zur Strukturdefinition wird die SP-Maske verwendet (SP, engl.: *shallow p*). Nach dem SP-Fotoprozeß liegen die zu dotierenden Transistorgebiete, Widerstände und Kontaktzonen frei, und dort können implantierte Borionen in das Siliziumgitter eindringen. Die Dosis der Borionen beträgt $3 \cdot 10^{15}$ Atome/cm^2 und die Auftreffenergien liegen bei 30 keV. Die Kanalbereiche der p-Kanal-Transistoren werden, wie bei der SN-Dotierung, durch die Poly-Si-Gates *selbstjustiert* von Dotierstoff freigehalten. Bild 10.17 zeigt die Schichtenfolge nach der SP-Dotierung, die den Aufbau der MOS-Transistoren und der anderen aktiven Kristallbereiche abschließt.

10.2.1.9 Kontaktfensterprozeß mit der CO-Maske

Die folgenden Prozeßschritte dienen zur elektrischen Verbindung der Bauelemente in den integrierten Schaltkreisen mit Metall-Leiterbahnen. Da steile Kanten und Stufen schlecht mit Metallfilmen bedeckt werden können, ist der erste Prozeßschritt bei der Chipverdrahtung ein Planarisierungsprozeß. Zur Einebnung der steilen Poly-Si-Stufen und der Feldoxidkanten wird die Scheibenoberfläche mit einer hochdotierten Bor-Phosphor-Silikatglasschicht (BPSG) überzogen. Damit die Dotieratome aus der BPSG-Schicht nicht zur Kristall- oder Poly-Si-Oberfläche gelangen können, wird zuvor 100 nm undotiertes CVD-Oxid (TEOS) als Diffusionsbarriere abgeschieden. Auf diese Schicht kommt der 800 nm dicke hochdotierte TEOS-Film.

Nach diesen beiden CVD-Abscheidungen erfolgt die Erhitzung der Scheiben in einem Oxidationsofen etwa 15 min auf 900 °C. Die BPSG-Schicht wird dabei viskos und verfließt. Die Stufen an Gate-Elektroden, Poly-Si-Leiterbahnen und Feldoxidstrukturen werden abgerundet. Der Fließschritt im Oxidationsofen wird unter Wasserdampfatmosphäre durchgeführt, weil sich dadurch die Fließfähigkeit des Silikatglases zusätzlich erhöht.

Die Oxidschichten planarisieren nicht nur die Scheibenoberfläche, sondern isolieren auch die Leiterbahnen und Elektroden der Poly-Si-Ebene elektrisch gegen die Strukturen der später abgeschiedenen Metall-Lage (*Zwischenoxid*). Zur Kontaktierung werden in die geschlossene Oxidoberfläche Kontaktfenster zur Kristalloberfläche und zu den Poly-Si-Leiterbahnen eingeätzt. Diese Kontakte werden wie beim Bipolarprozeß über die CO-Maske definiert.

Die Aufätzung der nach dem Lackentwikkeln freiliegenden Oxidbereiche ist ein kritischer Prozeßschritt. Die Fläche der Kontaktfenster beträgt beim dem 1,2-µm-CMOS-Prozeß im Minimalfall nur 1,2 µm × 1,2 µm. Bei einer Zwischenoxiddicke von 900 nm kann damit das Verhältnis von Breite zu Höhe fast den Wert 1 annehmen. Damit bei der Ätzung keine neuen steilen Stufen entstehen, die wieder schlecht mit Metall bedeckbar wären, werden die tiefen Kontaktfenster mit kombinierten isotropen und anisotropen Ätzschritten eingeätzt. Nach der Ätzung wird zusätzlich ein 2. Temperaturschritt im Oxidationsofen bei 900 °C durchgeführt, um die Kontaktlochkanten durch erneutes Verfließen des BPSG-Zwischenoxids (Bild 10.18) abzurun-

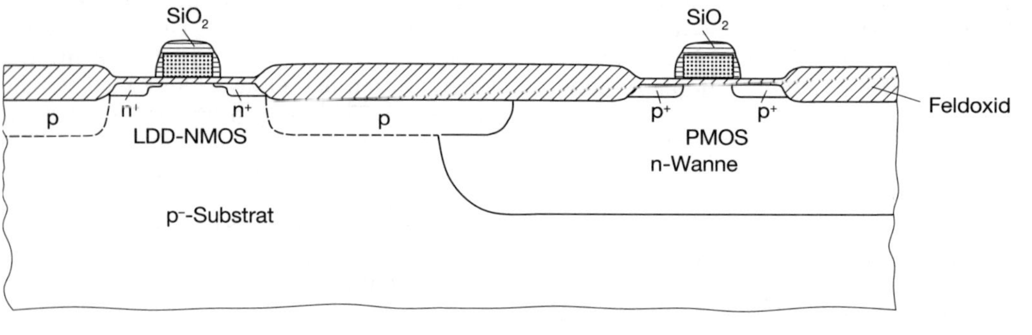

Bild 10.17 Schnitt durch den CMOS-Inverter nach SN- und SP-Prozeß. Die Gate-Elektroden sind mit Oxid überzogen, das aus der Spacer-Erzeugung und einem thermischen Oxidationsschritt stammt (nach [10.2]).

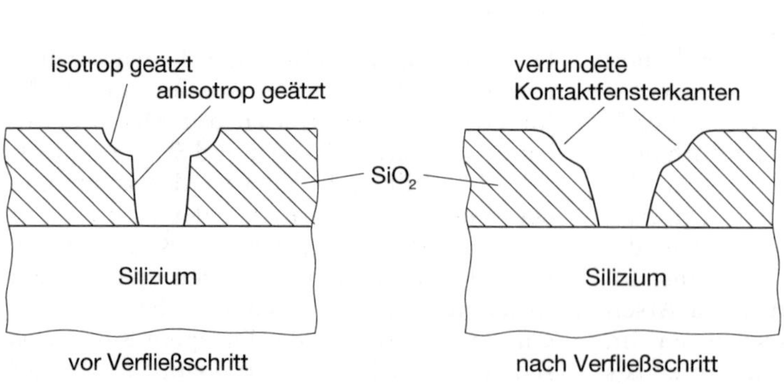

Bild 10.18
Schnitt durch ein Kontaktfenster vor und nach dem 2. BPSG-Fließprozeß, der das Kantenbedekkungsproblem beim Metallaufsputtern entschärft.

den. Bild 10.19 zeigt die Schichtenfolge nach der Kontaktfensterdefinition.

10.2.1.10 Der erste Metallisierungsprozeß mit der IN-Maske

Dieser Prozeß beginnt mit der Aufstäubung einer *Diffusionsstoppschicht* aus Titanwolfram (TiW) mit 100 nm Dicke. Diese Hilfsschicht verhindert die Interdiffusion zwischen der Halbleiteroberfläche und dem anschließend abgeschiedenen Metallfilm aus Aluminium-Silizium-Kupfer (AlSiCu). Die 800 nm dicke AlSiCu-Schicht wird mit einem Target aufgesputtert, das 0,8 % Silizium und 2 % Kupfer enthält.

Die übereinanderliegenden TiW- und AlSiCu-Schichten werden gemeinsam über die IN-Fotomaske strukturiert. Dabei kommen stark anisotrope Plasmaverfahren zum Einsatz, um die nur 1,5 µm breiten Bahnen mit 2 µm Abstand realisieren zu können. In Bild 10.20 ist die Schichtenfolge nach der ersten Metallabscheidung gezeigt.

10.2.1.11 Zwischenkontaktprozeß mit der COS-Maske

Der betrachtete CMOS-Prozeß verfügt über 2 Metallisierungslagen, die gegeneinander isoliert sein müssen. Die Isolationsschicht besteht aus Plasmaoxid, das bei relativ niedrigen Temperaturen von 300 ... 350 °C abgeschieden werden kann. In diese Isolationsschicht werden Zwischenkontaktfenster geätzt, um Leiterbahnen in den beiden Metall-Lagen elektrisch zu verbinden.

Die Plasmaoxidschicht wird zuerst planari-

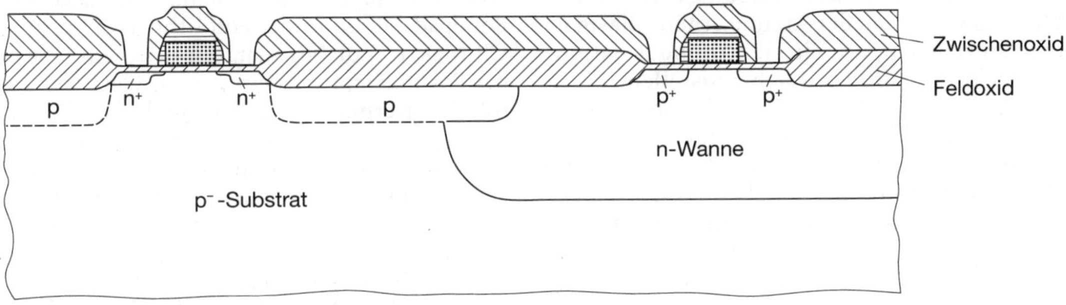

Bild 10.19 Schnitt durch den CMOS-Inverter nach der Zwischenoxidabscheidung und dem CO-Prozeß (nach [10.2]).

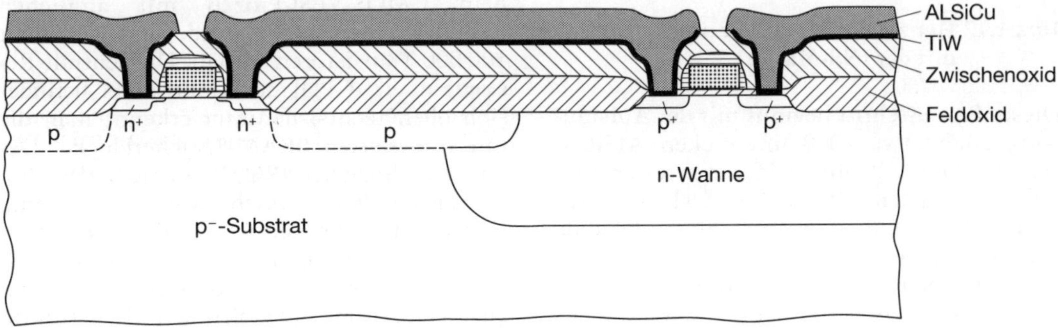

Bild 10.20 Schichtenfolge nach dem ersten Metallisierungsprozeß (nach [10.2]).

siert, denn bei der Abscheidung überträgt sich die unregelmäßige und wellige Oberflächenstruktur der Scheiben, die im wesentlichen von den dicht gepackten Leiterbahnen in der ersten Metallisierungsebene verursacht wird. Da der BPSG-Prozeß durch hohe Prozeßtemperaturen die erste Metall-Lage irreversibel schädigen würde, wird die in Kapitel 9 beschriebene anisotrope Rückätzung von Fotolack und Plasmaoxid durchgeführt.

Für dieses Planarisierungsverfahren ist eine relativ dicke Plasmaoxidschicht (etwa 1,2 µm) erforderlich auf die eine dicke Lackschicht aufgeschleudert wird. Der hochviskose Lack gleicht alle Unebenheiten der Oxidoberfläche aus und schafft eine plane Oberfläche. Sobald der Lack trocken ist, werden Oxid und Lack mit einem anisotropen Plasmaverfahren mit gleicher Rate ohne Selektivität zurückgeätzt. So überträgt sich die plane Lackoberfläche in die Oxidschicht. Über Stufenrändern wird die Plasmaoxidschicht dabei allerdings sehr dünn. Deshalb wird nach der Ätzung erneut Plasmaoxid aufgebracht, um die elektrische Isolation der beiden Metall-Lagen sicherzustellen.

Nach der zweiten CVD-Oxidation werden die Kontaktfenster in die entstandene Isolationsschicht geätzt, die Verbindungen zur ersten Metallisierungsschicht ermöglichen (*Via-Holes*). Die Fotolithografie erfolgt mit der COS-Maske. Damit gut bedeckbare Kontaktfensterkanten entstehen, besteht der Ätzprozeß für die Via-Holes wieder aus einer Kombination von isotropen und anisotropen Ätzschritten.

10.2.1.12 Der zweite Metallisierungsprozeß mit der INS-Maske

Dieser Prozeßschritt beginnt mit der Aufstäubung einer etwa 1000 nm dicken AlSiCu-Schicht. Die Leitbahnen in der zweiten Metallebene werden mit der INS-Maske strukturiert. Die Leiterbahnbreiten und -abstände sind hier etwas größer als in der ersten Verdrahtungsebene (Mindestbreite 2 µm, Mindestabstand zwischen 2 Bahnen 2,5 µm). Zur Strukturübertragung setzt man wieder anisotrope Ätztechniken ein.

Nach der Fotolackentfernung erfolgt eine Lagerung der Scheiben bei 450 °C in wasserstoffhaltiger Stickstoffatmosphäre über 15 min. Durch diese Temperaturbehandlung werden die elektrischen Übergangswiderstände der Si-Metallkontakte verringert. Außerdem vergrößern sich die Körner in den polykristallinen Metallbahnen. Dadurch sinkt deren Widerstand. Der beim Tempern eindiffundierende Wasserstoff sättigt gleichzeitig die Zuständen an der Si-/SiO_2-Grenzfläche ab.

10.2.1.13 Passivierungsprozeß mit der CB-Maske

Das letzte Prozeßsegment ist die Abscheidung der Passivierungsschicht und die Öffnung der Bereiche über den Bondpads. Die Passivierungsschicht besteht aus Plasmanitrid, das bei 300 °C mit einer typischen Dicke von 1000 nm abgeschieden wird. Die Lage der Bondpads definiert die Fotolithografie mit der CB-Maske. Zur Nitridätzung wird ein isotroper Plasmaätzprozeß eingesetzt. Nach der Fotolackentfernung wird nochmals bei 450 °C in H_2-N_2-Atmosphäre getempert, um die Grenzflächenzustände an der Siliziumoberfläche weiter zu reduzieren. Zusätzlich wirkt dieser Temperaturschritt auch gegen Strahlenschäden, die beim langwierigen Plasmaätzen des Nitrids entstanden sind. Bild 10.21 zeigt die Schichtenfolge nach Abschluß des Kristallfertigungsprozesses.

In Bild 10.22 ist das Chipfoto eines 8-Bit-Mikrocontroller-Bausteins gezeigt, der mit einem CMOS-VLSI-Prozeß mit ähnlichen Kenndaten hergestellt wurde und weit über 100 000 Transistoren enthält. Die zentrale Recheneinheit (CPU) des Controllers befindet sich oben rechts, darunter erkennt man die mit integrierten SRAM-Speicherblöcke. Der Nur-Lese-Speicher (ROM), in dem das Programm des Rechners abgelegt werden kann, findet sich links neben den SRAM-Blöcken. Die weiteren kundenspezifischen Schaltungsteile unterstützen den Controller bei der Signalverarbeitung. Die Feinheit der Strukturen, die in aktuellen CMOS-Prozessen erreicht wird, zeigt Bild 10.23. Hier ist ein Fich-

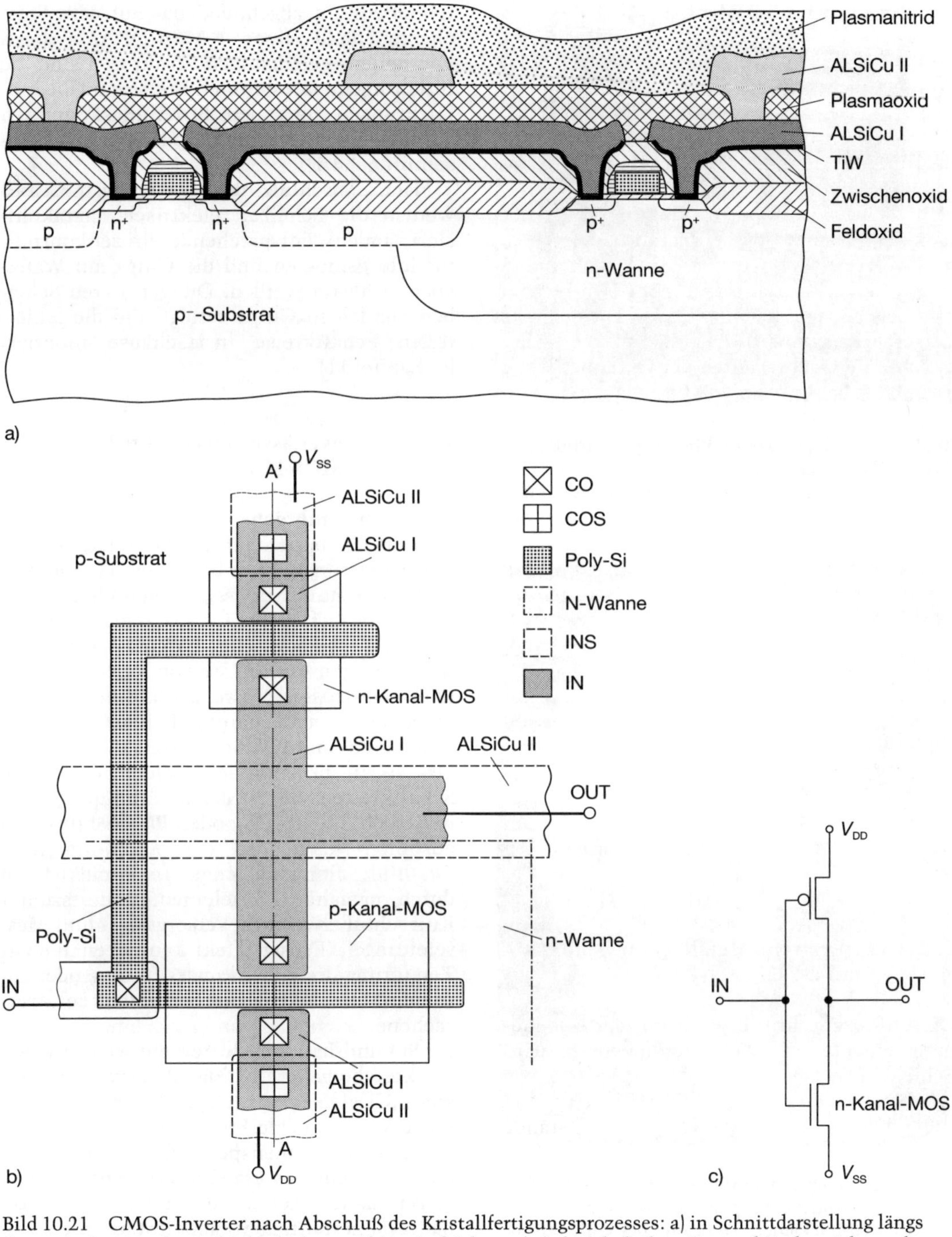

Bild 10.21 CMOS-Inverter nach Abschluß des Kristallfertigungsprozesses: a) in Schnittdarstellung längs der Linie A–A′ in der Aufsichtzeichnung; b) in Aufsicht und c) als Schaltplan. V_{DD} und V_{SS} bezeichnen die Versorgungsspannung bzw. den Masseanschluß.

Bild 10.22 Chipfoto des 8-Bit-Mikrocontrollers SAB 83C517-A5 mit ca. 6 x 5 mm² Chipfläche. Bonddrähte und Bondpads sind an den Rändern gut zu erkennen (Werkfoto: Siemens AG).

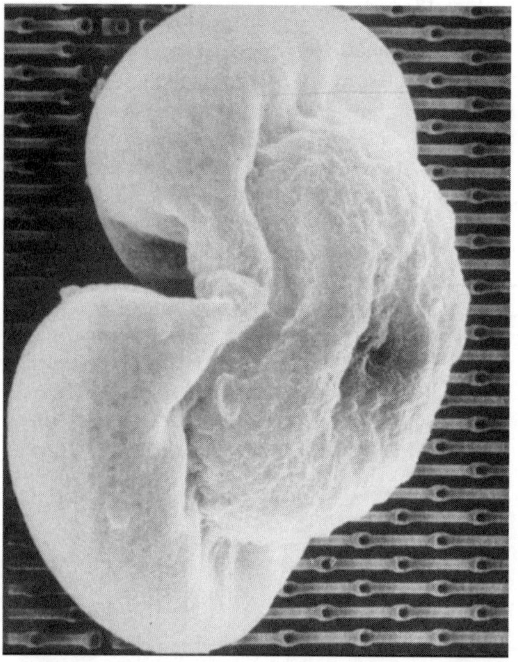

Bild 10.23 Elektronenmikroskopische Aufnahme eines Pollenkorns auf den Bitleitungen eines 4-MBit-DRAM-Speichers. Die Länge des Pollenkorns beträgt 60 µm (Werkfoto: Siemens AG).

tenpollenkorn abgebildet, das auf dem Speicherzellenfeld eines 4-MBit-DRAMs liegt. Die hellen regelmäßigen Strukturen sind die Bitleitungen. Die dunklen Kreise sind die Einbuchtungen über den Bitleitungskontakten zum jeweiligen Speicherkondensator (vgl. Abschnitt 6.4.4.1).

Nach Abschluß des Fertigungsprozesses werden die Scheiben elektrisch charakterisiert, indem entsprechende Prozeßkontrollmodule gemessen und die Chips auf Waferebene getestet werden. Die getesteten Scheiben werden in Chips zerlegt und die fehlerfreien Schaltkreise in Gehäuse montiert (s. Kapitel 11).

10.2.2 Zuverlässigkeitsaspekte bei CMOS-ICs

Trotz der zahlreichen Vorzüge der CMOS-Technik in bezug auf Integrationsgrad und Verlustleistung gibt es bei dieser Technologie zwei typische Zuverlässigkeitsprobleme. Eine besondere Gefahr für CMOS-Schaltkreise ist die Entladung statischer Elektrizität über die hochohmigen Anschlüsse von MOS-ICs (ESD, engl.: *electrostatic discharge*). Solche Entladungen können die empfindlichen Gate-Oxidstrukturen in MOS-Schaltkreisen zerstören. Das zweite prinzipielle Problem bei CMOS-Schaltkreisen, das weder in der Bipolartechnik noch in NMOS- oder PMOS-Prozessen auftreten kann, ist der *Latch-up-Effekt*. *Latch-up* (einrasten, engl.: to *latch*) ist ein durch parasitäre Bauelemente verursachter Kurzschluß zwischen Versorgungs- und Masseleitungen. Dieser Effekt kann ebenfalls zur Zerstörung des Schaltkreises führen, oder zumindest ein elektrisches Fehlverhalten verursachen.

ESD und Latch-up waren die wesentlichen Effekte, die für die geringe Akzeptanz der ersten (C)MOS-Schaltkreise sorgten. Mittlerweile können beide Effekte durch gesonderte Prozeßschritte und bestimmte Schaltungstechniken effektiv kontrolliert werden. Diese Gegenmaßnahmen werden im folgenden genauer dargestellt. Es ist aber festzustellen, daß Bipolarschaltkreise von Grund auf wesentlich robuster und daher für härtere Einsatzbedingungen geeignet sind, als CMOS-ICs.

10.2.2.1 ESD-Schutz

In einer Elektronikfabrik, in der integrierte MOS-Schaltkreise verarbeitet werden, können sich durch elektrostatische Aufladung Potentiale von einigen 1000 V bilden. Werden die entsprechenden elektrostatischen Energien über einen auf tieferem Potential liegenden CMOS-Baustein abgebaut, kann dieses IC beschädigt oder sogar zerstört werden.

Besonders empfindlich gegen ESD sind die extrem hochohmigen Eingangsschaltungen von MOS-Schaltkreisen. Bei elektrostatischen Entladungen entstehen relativ hohe Spannungen an den Gate-Elektroden der betroffenen Transistoren, die die Spannungsfestigkeit der Gate-Dielektrika (je nach Dicke zwischen 20 . . . 40 V) weit überschreiten können. Durch ESD-Belastungen entstehen im Gate-Dielektrikum leitfähige Mikrokanäle. Die Gate-Elektrode bleibt zwar im wesentlichen vom Kanalbereich isoliert, die Spannung zwischen Gate und Kanal nimmt aber durch diese Nebenschlüsse ab. Deshalb sinkt im Kanal die Feldstärke und damit der Inversionsgrad. Die Folge sind reduzierte Sättigungsströme, degradierte Ausgangspegel oder die vollständige zerstörung des Bauelementes.

Vorschädigungen von ICs durch ESD sind ein ernstes Zuverlässigkeitsproblem, weil die betroffenen Leiterplatten meistens die elektrische Warenausgangsprüfung in der Elektronikfabrik passieren. Erst im Betrieb der Schaltung vergrößern sich die Mikrokanäle im Gate-Dielektrikum und das vorgeschädigte IC fällt nach wenigen Betriebsstunden durch Gate-Oxid-Kurzschluß aus. Um den Fertigungsausschuß und die Kundenrückware aufgrund von ESD-Schäden zu reduzieren, werden heute alle MOS-Schaltkreise mit speziellen ESD-Eingangsschutzschaltungen versehen.

Typische Eingangsschutzschaltungen [10.5] sind in Bild 10.24 gezeigt. Die Gate-Spannungen werden mit Klammerdioden und einem Serienwiderstand begrenzt. Sobald die Spannungen am Gate-Knoten über die Betriebsspannung ansteigt oder unter das Massepotential fällt, wird eine der beiden Dioden in Durchlaßrichtung gepolt und die eingeflossene Ladung kann in das Versorgungs- oder Massenetz abfließen. Diese Netze sind komplexe Leitungssysteme und können aufgrund ihrer relativ großen parasitären Kapazität die bei ESD auftretenden Ladungsmengen aufnehmen. Der Serienwiderstand mit Werten von 200 Ω bis 3 kΩ begrenzt dabei den Spitzenstrom, der durch die Dioden fließt.

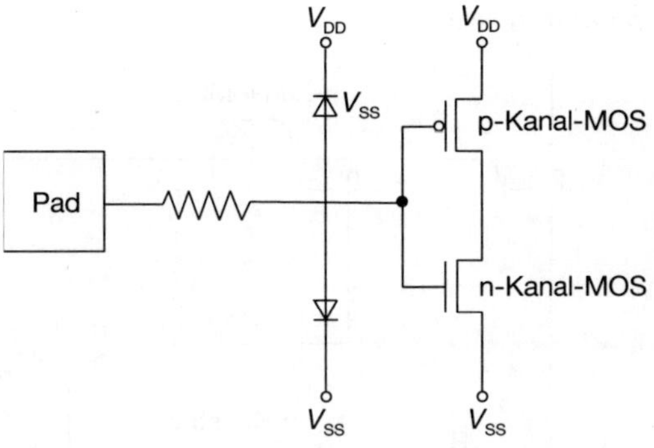

Bild 10.24 Eingangsschutzschaltungen für CMOS-ICs (nach [10.5]). V_{DD} und V_{SS} bezeichnen die Versorgungsspannung und das Massepotential des Schaltkreises.

Bei den üblichen Schutzschaltungen sind die Widerstände als Diffusionswiderstände in einer separaten Wanne ausgeführt (beim betrachteten Prozeß: p^+-Diffusion in einer N-Wanne). Die Klammerdioden sind p^+-Zonen in der N-Wanne bzw. n^+-Zonen im p-leitenden Substrat. Häufig werden auch die Drain-Substrat- bzw. Drain-Wannen-Übergänge von Transistoren als Klammerdioden benutzt. Diese Form des Schutzes ist im übrigen ohne gesonderte Maßnahmen bei allen Ausgangstransistoren wirksam, so daß die Ausgangsschaltungen von MOS-ICs nicht extra gegen ESD gesichert werden müssen.

10.2.2.2 Latch-up-Schutz

Wie Bild 10.25 zeigt, existieren in jeder CMOS-Schaltung parasitäre npn- und pnp-Transistoren, die eine npnp-4-Schicht-Struk-

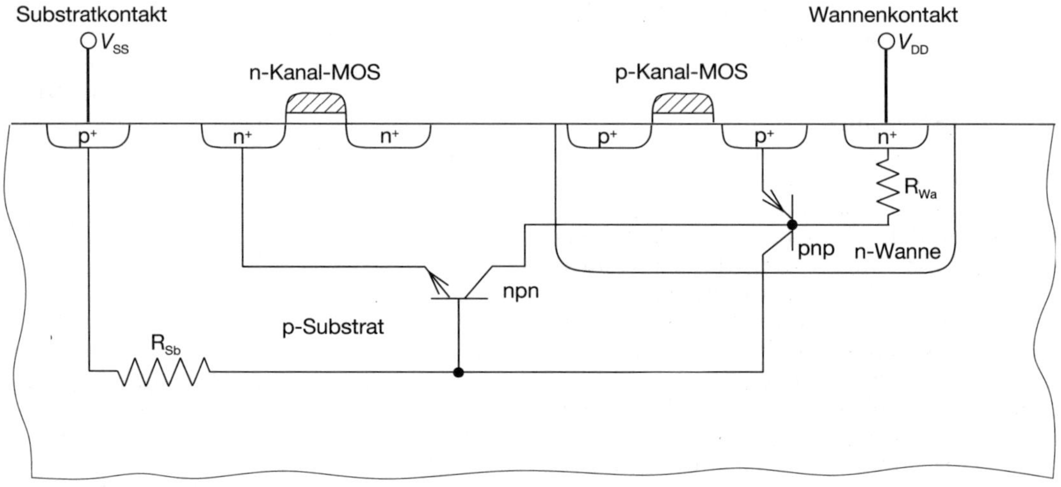

Bild 10.25 Schematische Querschnittsdarstellung durch einen CMOS-Inverter in einem N-Wannen-Prozeß. R_{sb} und R_{wa} bezeichnen die (verteilten) Widerstände des Halbleiters im Substrat- bzw. Wannenbereich. Substrat und Wanne liegen über Kontakte auf V_{SS} bzw. V_{DD}. Source-Drain-Gebiete, Wannenbereiche und Substratgebiete bilden parasitäre pnp- bzw. npn-Transistoren (nach [10.5]).

tur (*Thyristor*) bilden, die unter bestimmten Bedingungen gezündet werden kann. So gerät der Schaltkreis in den Latch-up-Zustand. In diesem Zustand entsteht eine niederohmige Verbindung zwischen Versorgungsspannung und Massepotential. Die Versorgungsspannung des betroffenen IC bricht zusammen und der Schaltkreis fällt aus. Nur durch Ab- und wieder Anklemmen der Spannungsversorgung kann die Fehlfunktion behoben werden. Häufig verursacht der starke Stromfluß irreversible Schädigungen des vom Latch-up betroffenen Bauelementes: Abgeschmolzene Leitbahnen oder Bonddrähte, durchlegierte Diffusionsgebiete und verkohlte Plastikgehäuse sind typisch. Deshalb müssen CMOS-Schaltkreise durch besondere Maßnahmen vor dem Latch-up-Effekt geschützt werden [10.6].

Ursache des Latch-up-Effektes

Die kritische Thyristoranordnung besteht aus einem parasitären lateralen npn- und einem parasitären vertikalen pnp-Transistor und kann bei jedem komplementären MOS-Transistorpaar auftreten. Die Source-Drain-Gebiete der p-Kanal-Transistoren sind der Emitter und die N-Wanne die Basis des pnp-Transistors, während das p-leitende Substrat den Kollektor darstellt. Emitter, Basis und Kollektor des npn-Transistors bilden entsprechend die Source-Drain-Gebiete der n-Kanal-Transistoren, das p-Substrat und die N-Wanne.

Die beiden bipolaren Transistoren sind unter normalen Betriebsbedingungen gesperrt. Fließen aber aufgrund von äußeren Störungen sonst nicht vorhandene laterale Ströme durch Wanne und Substrat, dann treten Spannungsabfälle in der Wanne oder im Substrat auf, die die Basis-Emitter-Diode eines der beiden Transistoren in Flußrichtung polen können. Der resultierende Kollektorstrom erzeugt einen Spannungsabfall im Basisparallelwiderstand des noch sperrenden komplementären Bipolartransistors. Sobald die Basis-Emitter-Spannung u_{be} auch hier etwa 0,6 V überschreitet, wird auch dieser Transistor leitend, und es entsteht die erwähnte niederohmige Verbindung zwischen Versorgungsspannung und Massepotential.

Ist die Stromverstärkung β_{npn} und β_{pnp} der beiden Bipolartransistoren ausreichend hoch, bleibt die Anordnung auch nach Verschwinden der von außen injizierten Lateralströme im aktiven Zustand (*Halte-* oder *Latch-up-*

Zustand). Der Strom, der durch die Anordnung im Latch-up-Zustand fließt, wird nur durch die Bahnwiderstände der Basis-Kollektor-Strecken der beteiligten parasitären Bipolartransistoren begrenzt. Die Metallbahnen, die das betroffene Schaltungsteil versorgen, sind meist nicht ausreichend dimensioniert, um den Latch-up-Strom zu transportieren und werden deshalb in der Regel zerstört.

Auslösemechanismen

Ausgelöst wird der Latch-up-Effekt durch Substrat- oder Wannenströme. Diese Ströme treten unter normalen Betriebsbedingungen nicht auf, sondern werden z. B. durch Signalüberschwingungen an den Eingangs- bzw. Ausgangschaltungen hervorgerufen. Bei ausreichendem Überschwingen werden die Dioden der ESD-Schutzschaltungen in Flußrichtung gepolt, und dann fließen die kritischen lateralen Ströme in Substrat und Wanne. Weitere Ursachen von Substrat- und Wannenströmen können Punch-Through-Effekte bei MOS-Transistoren oder die Aufsteuerung von parasitären Feldtransistoren sein.

Damit nach solchen Störungen der Latch-up-Zustand eintritt, muß der parasitäre npn-pnp-Schaltkreis eingeschaltet und der Haltezustand erreicht werden. Dies ist genau dann der Fall, wenn folgende Ungleichung für β_{npn} und β_{pnp} erfüllt ist [10.5]:

$$\beta_{npn} \cdot \beta_{pnp} > 1 + \frac{(\beta_{npn}+1)\cdot\left(\dfrac{u_{BE}^{npn}}{R_{sb}} + \beta_{pnp}\cdot\dfrac{u_{BE}^{pnp}}{R_{wa}}\right)}{I_{DD} - \dfrac{u_{BE}^{npn}}{R_{sb}}} \quad \text{(Gl. 10.1)}$$

$u_{be}^{npn(pnp)}$ bezeichnet hier die Basis-Emitter-Spannung des npn-(pnp-)Transistors. R_{sb} und R_{wa} sind die Widerstände des Halbleitermaterials in Substrat- bzw. in Wannenbereichen. I_{DD} ist der gesamte Versorgungsstrom, der im vom Latch-up betroffenen IC fließt.

Gegenmaßnahmen

Aus der Analyse der Gleichung 10.1 lassen sich folgende Maßnahmen gegen den Latch-up-Effekt ableiten: Reduktion der Widerstandswerte R_{sb} und R_{wa} und Verkleinerung der Verstärkungsfaktoren β_{npn} und β_{pnp}. Da sich die Verstärkungsfaktoren der parasitären Transistoren kaum beeinflussen lassen, ohne die Prozeßkomplexität stark zu erhöhen, ist die wirkungsvollste Maßnahme gegen Latch-up der Einsatz von niederohmigen und damit hochdotierten Substratscheiben. Dadurch kann R_{sb} sehr klein eingestellt werden. Zusätzlich finden die Kollektorströme des vertikalen pnp-Transistors einen niederohmigen Pfad in tiefere Substratschichten und können keine Spannungsabfälle am lateralen npn-Transistor mehr verursachen.

Auf hochdotierten Substraten lassen sich aber keine niederohmigen Wannenbereiche implantieren. Deshalb werden epitaktisch beschichtete Wafer verwendet, die eine dünne hochohmige, niedrigdotierte Siliziumschicht auf hochdotiertem niederohmigem Substrat tragen. Die Epi-Schicht nimmt Wannen- und Transistorgebiete auf. Das gut leitfähige Substrat sorgt für den Latch-up-Schutz. Beim Einsatz von epitaktisch beschichteten Substraten kann der Latch-up-Effekt unter normalen Bedingungen nicht mehr auftreten. Im vorgestellten 1,2-μm-CMOS-Prozeß [10.2] werden (100)-orientierte p-dotierte Siliziumscheiben verwendet. Diese Scheiben haben einen spezifischen Widerstand von 10 mΩcm und darauf wird eine 12 μm dicke epitaktische Schicht aufgebracht mit 10 Ωcm. Der einzige Nachteil dieses Vorgehens sind die Kosten: Epitaktisch beschichtete Wafer sind teurer als einheitlich dotierte Substratscheiben.

Weitere Gegenmaßnahmen können im Layout von CMOS-Schaltkreisen implementiert werden. Wichtig sind vor allen Dingen dichtliegende Wannen- und Substratkontakte, mit denen die lateralen Ströme an der Halbleiteroberfläche abgesaugt werden können, bevor diese Ströme die parasitären bipolaren Transistoren aufsteuern können. In der Literatur über den CMOS-Schaltkreisentwurf (z. B. [10.5]) finden sich Regeln für die optimale Anordnung der Wannen- und Substratkontakte.

Besonders empfindlich für Latch-up sind die Eingangs- und Ausgangsstrukturen von CMOS-Schaltkreisen. Hier sollte man die parasitären Bipolartransistoren durch sog. *Guard-Ringe* (Sicherheitsring, engl. *guard ring*) entkoppeln. Diese Ringe sind geschlossene p^+-Diffusionsstrecken im p-Substrat bzw. n^+-Diffusionsstrecken in der N-Wanne, die latch-up-gefährdete Bereiche des Chips umschließen. Diese Strukturen sammeln injizierte Ladungsträger auf und entziehen diese so dem Lateralstrom. Guard-Ringe sind zwar sehr platzaufwendig, können aber in der Regel den Latch-up an den kritischen Eingangs- und Ausgangsschaltungen von CMOS-ICs effektiv unterdrücken.

10.3 Entwicklungstrends

Nach der Darstellung von Gesamtprozessen in der CMOS- und Bipolartechnik, werden zum Abschluß die Entwicklungstendenzen in der Herstellungstechnologie integrierter Schaltkreise aufgezeigt. Wichtige technische Kenngrößen von Halbleiterschaltkreisen sind Datendurchsatzraten und die elektrische Verlustleistung. Angestrebt werden hohe Datenraten bei kleiner Leistungsaufnahme.

Ein Maß für die Datendurchsatzrate ist die Signalverzögerung pro logischem Gatter (engl.: *delay time*, t_D). Da zur Signalausbreitung in einer Schaltung Kapazitäten (auch parasitäre) umgeladen werden müssen, können hohe Schaltgeschwindigkeiten nur mit kleinen Kapazitätswerten oder großen Strömen erreicht werden. Da große Ströme aber auch die Verlustleistung in die Höhe treiben, ist die relevante *Kostenfunktion* mit der die Leistungsfähigkeit einer Schaltung bewertet werden kann, das Produkt aus Verlustleistung P und Signalverzögerung t_D, das sog. Power-Delay-Produkt ($P \cdot t_D$). Um dieses Produkt zu minimieren, sind möglichst kleine und dichtgepackte Bauelemente günstig, denn kleine Transistoren liefern kleine Ströme und haben kleine Eingangskapazitäten. In dichtgepackten Schaltungen sind außerdem die Verdrahtungsstrecken kurz und die damit verbundenen parasitären Kapazitäten klein.

Zu den technischen Vorzügen hoher Packungsdichte kommen entscheidende wirtschaftliche Argumente. Je mehr Bauelemente pro Flächeneinheit (zu fast konstanten Kosten) produziert werden können, desto komplexere Systeme sind zu marktgerechten Preisen realisierbar. Deshalb werden weltweit die Grenzen der Miniaturisierung von Halbleiterbauelementen mit großem technologischen und finanziellen Aufwand zu immer kleineren Strukturbreiten verschoben. Dieser Trend ist nicht nur auf CMOS-Schaltkreise beschränkt, sondern auch bei Bipolartechnologien wird versucht, den Integrationsgrad zu steigern.

Flächenkritisch ist bei Bipolarschaltkreisen insbesondere die Bauelementisolation mit Sperrschichten (DP-Gräben). Eine flächensparende Alternative zu diffundierten DP-Strukturen ist die dielektrische laterale Isolation durch schmale Oxidgräben (OXIS-Technik, Oxid Isolation). Die DP-Gräben sind sehr großflächig, denn diese Strukturen fallen durch Unterdiffusion fast ebenso breit wie tief aus. Zusätzlich beanspruchen die Raumladungszonen der isolierenden pn-Übergänge eine Breite von einigen µm, in die keine Transistorkomponenten gelegt werden dürfen. Bei der OXIS-Technik hingegen sind die Isolationszonen schmaler, und aufgrund der fehlenden Raumladungszonen können die Isolationsgräben eng an die aktiven Transistorstrukturen in den Epi-Inseln herangeführt werden.

Zur Herstellung der Oxidisolationsgräben wird die LOCOS-Technik eingesetzt: Zuerst werden die Epi-Inseln mit Nitrid bedeckt, das lithografisch mit einer zur DP-Maske äquivalenten Maske strukturiert wird. Um die einzelnen Bauelemente wird das Nitrid rahmenförmig weggeätzt. Danach kann in den nitridfreien Zonen die epitaktische Schicht selektiv bis etwa zur Hälfte der Epitaxiedicke durchätzt werden. Bei der folgenden thermischen Oxidation wächst die Oxidschicht durch thermisches Ätzen bis zum Substrat. Die Epi-Inseln sind damit lateral dielektrisch und vertikal durch Sperrschichten isoliert. Bild 10.26 zeigt die Prozeßfolge. Tabelle 10.3 präsentiert einen Vergleich zwischen Kenngrößen von Transistoren in Standardbipolar- und OXIS-Technik [10.7].

Während bei der Bipolartechnik einzelne Prozeßmodule, wie die laterale Isolation oder die Emitterstruktur (vgl. Abschnitt 6.4.1.2),

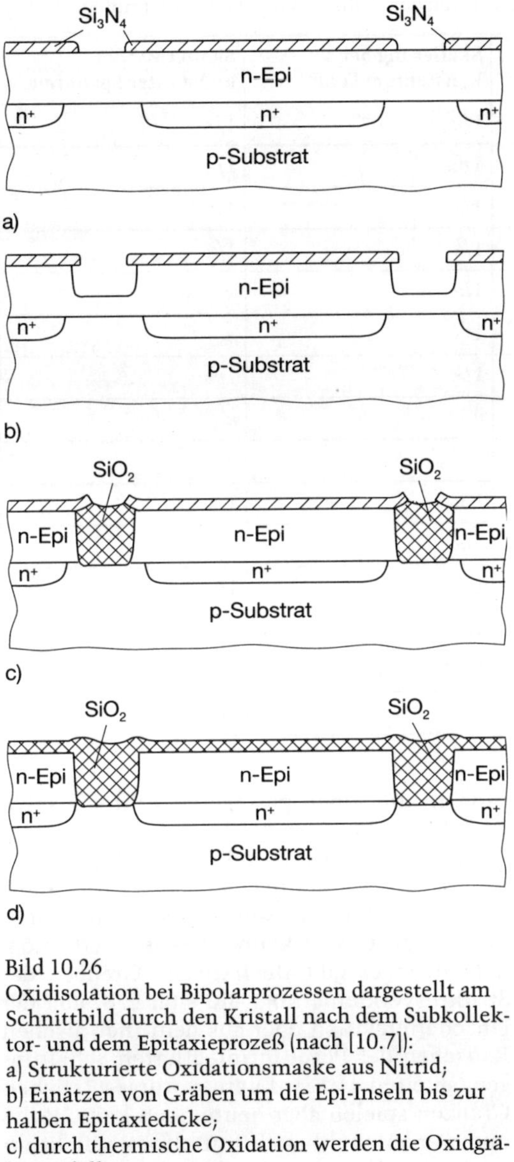

Bild 10.26
Oxidisolation bei Bipolarprozessen dargestellt am Schnittbild durch den Kristall nach dem Subkollektor- und dem Epitaxieprozeß (nach [10.7]):
a) Strukturierte Oxidationsmaske aus Nitrid;
b) Einätzen von Gräben um die Epi-Inseln bis zur halben Epitaxiedicke;
c) durch thermische Oxidation werden die Oxidgräben gefüllt;
d) Entfernung der Nitridschichten und erneute Aufoxidation für die SN-Diffusion

zur Erhöhung des Integrationsgrads optimiert werden, gibt es bei MOS-Technologien einen systematischen Zugang zur Strukturverkleinerung durch *Skalierung* des Längenmaßstabs

Tabelle 10.3 Transistorkenngrößen in Standardbipolar- und OXIS-Technologien nach [10.7]

Kenngröße	**Standard**	**OXIS**
Dicke der Epitaxieschicht	5 ... 15 µm	2 µm
Emitterlänge	20 µm	6 ... 12 µm
Emitterbreite	10 µm	4 µm
Basisweite	>1 µm	<1 µm
Transistorfläche	8000 µm²	1000 µm²
Grenzfrequenz	<1 GHz	>2 GHz

für die Bauelementabmessungen. Wichtige elektrische Eigenschaften von MOS-Transistoren hängen nämlich nicht im einzelnen von Längen und Breiten der lateralen Strukturen ab, sondern vom Quotienten der Transistorweite W und der Kanallänge L.

Setzt man also alle Längen (auch die vertikalen senkrecht zur Scheibenoberfläche) um den gleichen Faktor $\varkappa$ (*Skalenfaktor*) herab, dann ändert dies das $W:L$-Verhältnis nicht und man erhält kleinere Transistoren mit vergleichbaren elektrischen Eigenschaften. Werden neben den Strukturbreiten zusätzlich alle Spannungen und Ströme, die an den Transistoranschlüssen auftreten um den Faktor $\varkappa$, verkleinert und die Dotierstoffkonzentrationen um den gleichen Faktor erhöht, bleiben alle elektrischen Feldstärken im Bauelement erhalten (Skalierung bei fester Feldstärke, engl.: *constant field scaling*). Komplexe nichtlineare Abhängigkeiten innerhalb der Transistoren werden nicht geändert und eine um den Faktor $\varkappa$ verkleinerte Schaltung funktioniert (in erster Näherung) genau wie die Vorlage mit größeren Strukturen.

Während die Skalierung bei konstantem Feld hauptsächlich von akademischem Interesse ist, hat eine Modifikation des Skalierungsverfahrens, bei der die Versorgungsspannung nicht mitskaliert wird, große praktische Bedeutung: Hier bleiben alle Spannungen bei der geometrischer Verkleinerung konstant (engl.: *constant voltage scaling*). Dadurch

Tabelle 10.4 Auswirkungen der Skalierung auf die Transistoreigenschaften in der MOS- Technologie [10.5].

Kenngröße	**Skalierung bei konstantem Feld**	**Skalierung bei konstanter Spannung**
Kanallänge (L)	$1/\varkappa$	$1/\varkappa$
Kanalweite (W)	$1/\varkappa$	$1/\varkappa$
Versorgungsspannung (V)	$1/\varkappa$	1
Gate-Oxiddicke (t_{ox})	$1/\varkappa$	$1/\varkappa$
Drainstrom ($I = (W/L) \cdot (1/t_{ox}) \cdot V^2$)	$1/\varkappa$	$\varkappa$
Transistorleitwert (g_m)	1	$\varkappa$
Eindringtiefe der Dotierungen (x_j)	$1/\varkappa$	$1/\varkappa$
Substratdotierung	$\varkappa$	$\varkappa$
Elektrisches Feld im Gate-Oxid (E)	1	$\varkappa$
Breite der Raumladungszonen (d)	$1/\varkappa$	$1/\varkappa$
Eingangs-(Gate-)Kapazität (C)	$1/\varkappa$	$1/\varkappa$
Delay-Zeit ($t_D = V \cdot C/I$)	$1/\varkappa$	$1/\varkappa^2$
Verlustleistung (P)	$1/\varkappa^2$	$\varkappa$
Power-Delay-Produkt ($P \cdot t_D$)	$1/\varkappa^3$	$1/\varkappa$
Gate-Fläche ($W \cdot L$)	$1/\varkappa^2$	$1/\varkappa^2$

nehmen zwar die Feldstärken in den Bauelementen um den Skalierungsfaktor zu. Bei dieser Skalierungstechnik bleiben aber die Signalpegel und die Betriebsspannungen (typisch: 5 V) bei aufeinanderfolgenden Technologiegenerationen erhalten, was den Systementwurf vereinfacht. Ein zweiter Nachteil des «Constant Field Scalings» wird ebenfalls vermieden: Schaltungen, bei denen die Spannungen mit verkleinert werden, sind sehr störanfällig, denn mit sinkender Betriebsspannung schrumpfen die Störabstände der logischen Signalpegel.

Tabelle 10.4 listet die Effekte beim «Constant Field-» bzw. «Constant Voltage Scaling» auf. Diese Ergebnisse gelten nur näherungsweise, denn die Auswirkungen der Skalierung auf den MOS-Transistor sind nur in 1. Ordnung berücksichtigt. Z. B. bewirkt eine Erhöhung der Substratdotierung um den Faktor $\varkappa$ eine Reduktion der Ladungsträgerbeweglichkeit. Deshalb wird sich die Signalverzögerung t_D um einen geringeren Faktor als $1/\varkappa$ bzw. $1/\varkappa^2$ reduzieren.

Die Skalierungsvorschriften suggerieren, daß die Verkleinerung der Transistorabmessungen bis zu infinitesimalen Strukturbreiten fortgesetzt werden kann. Dies ist nicht möglich, denn es gibt theoretische Grenzen der Strukturverkleinerung, die sich z. B. aus der Unschärferelation oder aus dem thermischen Rauschen der Pegel in integrierten Schaltungen ableiten [10.8]. Diese naturgesetzlichen Grenzen spielen aber heute noch keine Rolle und werden wohl auch mittelfristig nicht erreicht werden. Von wesentlicher Bedeutung für die Technologieentwicklung sind praktische Begrenzungen des Integrationsgrads, die insbesondere von den mit der Skalierung steigenden elektrischen Feldstärken verursacht werden. Weitere begrenzende Faktoren sind dünner werdende Gate-Dielektrika sowie steigende Substratdotierungen, die die Wannendefinition erschweren.

Bei der Steigerung des Integrationsgrads durch Skalierung ist eine Vielzahl von Problemen zu bewältigen [10.9]. Beispiele wurden bereits angesprochen: Der Punch-Through-Effekt und die heißen Ladungsträger, die Zusatzimplantationen und den Einsatz von LDD-Transistoren im 1,2-µm-CMOS-Prozeß nötig machten. Eine weitere Folge der Skalierung sind Veränderungen der Driftbewegung der Ladungsträger bei hohen Feldstärken im MOS-Transistor. Bei starken Feldern wird eine Sättigungsgeschwindigkeit für Elektronen ($\sim 10^5$ m/s) erreicht, die nicht überschritten werden kann (s. Band 1 Abschnitt 4.3.8). Die Proportionalität zwischen Feldstärke und Ladungsträgergeschwindigkeit gilt nicht mehr. Bei kleinen Kanallängen ist daher der Drainstrom bei fester Betriebsspannung nur noch schwach von der Kanallänge abhängig, und die bei der Skalierung erwartete Reduktion von t_D wird nicht erreicht.

Da die Gate-Oxiddicke ebenfalls mitskaliert wird, steigt die Feldstärke zwischen Gate und Inversionskanal bei fester Betriebsspannung. Die Folge sind verstärkte Leck- und Tunnelströme durch das Gate-Oxid, die das Transistorverhalten negativ beeinflussen. Ab einer bestimmten Oxiddicke wird bei einer Versorgungsspannung von 5 V die Durchbruchfeldstärke des Oxids erreicht, und bei weiterer Skalierung ist eine Reduktion der Spannungen (etwa auf 3 V) nicht mehr vermeidbar. Dies hat negative Konsequenzen für die Erhöhung der Schaltgeschwindigkeit der Transistoren (s. Tabelle 10.4).

Neben dielektrischen Strukturen können auch Sperrschichtisolationen durchbrechen. Besonders betroffen ist der pn-Übergang zwischen Drain und Substrat. Mit steigender Substratdotierung wird bei konstanter Betriebsspannung hier die Raumladungszone kleiner, und bei konstanter Spannung wächst die elektrische Feldstärke entsprechend. Deshalb kann es hier zu Lawinen- oder Zener-Durchbrüchen mit Ladungsträgerinjektion in das Substrat oder die Wanne kommen. Solche Ströme sind sehr gefährlich, denn sie können Latch-up-Effekte auslösen.

Mit fortschreitender Skalierung ändert sich nicht nur das Transistorverhalten, sondern auch die Eigenschaften von Schaltungen aus mehreren Transistoren und das Verhalten von mikroelektronischen Systemen aus vielen vernetzten Bauelementen. Mit abnehmender Strukturbreite werden die lateralen Streu- und Koppelkapazitäten innerhalb eines Transistors und zwischen verschiedenen Transistoren größer. Die steigende Substratdotierung erhöht die Drain-Substrat-Kapazität, die wesentlich die parasitäre Ausgangskapazität eines (unbelasteten) MOS-Transistors bestimmt. In der Verdrahtung steigen mit der Strukturverkleinerung die Koppelkapazitäten und die Elektromigrationsanfälligkeit. Migrationsfeste Metallisierungen haben aufgrund der Legierungszusätze höhere spezifische Widerstände. Insgesamt steigt deshalb die RC-Zeitkonstante auf Leitungen, die ein Maß für die Signalverzögerung darstellt. Die resultierenden Signallaufzeiten können die Datendurchsatzraten von höchstintegrierten Schaltungen begrenzen, wenn nicht geeignete schaltungstechnische Maßnahmen getroffen werden, die die effektiven Leitungslängen reduzieren.

Für alle beschriebenen Effekte können Lösungen bei der Prozeßentwicklung gefunden werden. Meist führt allerdings die Lösung eines Problems zu Verschlechterungen in anderen Bereichen. Dies erklärt den hohen Entwicklungsaufwand und die immensen Vorlaufkosten, die vor Einführung einer neuen Technologiegeneration aufgebracht werden müssen. Deshalb gehen sogar konkurrierende Großfirmen Entwicklungskooperationen ein, wie etwa die Siemens AG und IBM zur Entwicklung der Technologie für die 64-MB-DRAM-Generation.

10.4 Zusammenfassung und Ausblick

In diesem Kapitel wurde die Integration der in den vorangegangenen Kapiteln beschriebenen Einzelprozesse zu einem kompletten Bipolar- bzw. CMOS-Prozeß dargestellt. Innerhalb eines Gesamtprozesses bleiben die Einzelprozeßschritte nicht voneinander unabhängig.

Vielmehr kommt es zu Wechselwirkungen und gegenseitigen Beeinflussungen, die bei der Prozeßentwicklung zu beachten sind: So können z. B. im Siliziumkristall durch Dotierung nur höher konzentrierte Gegendotierungen eingestellt werden. Thermische Belastungen bei Oxidationen oder Diffusionen verändern die bereits vorhandenen Dotierstoffprofile. Stufen, die bei der Schichtabscheidung entstehen, müssen zunächst planarisiert werden, bevor weitere Schichten aufgebracht werden können. Die elektrischen Eigenschaften der hergestellten Schaltkreise sowie der erzielte Integrationsgrad, hängen entscheidend davon ab, wie gut sich durch eine optimierte Prozeßführung störende Wechselwirkungen zwischen den Prozeßschritten minimieren lassen.

Die Probleme bei der Zusammenfassung von Einzelprozessen zu einem Gesamtprozeß verschärfen sich mit der fortschreitenden Verkleinerung der Strukturabmessungen, die aus wirtschaftlichen Gründen vorangetrieben wird. Kleinere Transistorabmessungen können nur mit komplexen und damit teuren Fertigungsprozessen hergestellt werden. Gleichzeitig wächst mit steigendem Integrationsgrad auch die Empfindlichkeit der hergestellten Schaltungen gegen äußere Störungen. ESD-Schädigungen und Latch-up-Phänomene sind wichtige Beispiele. Auch die mit wachsender Bauelementdichte ansteigende Schaltgeschwindigkeit der Transistoren hat Nachteile. Die Schaltungen werden gegen eingekoppelte elektromagnetische Störfelder und leitungsgebundene Störungen empfindlicher. Außerdem strahlen hochgetaktete ICs selbst Störfelder ab. Beim Schaltungsentwurf ist deshalb verstärkt auf die *elektromagnetische Verträglichkeit* (EMV) der ICs zu achten. Maßnahmen gegen EMV-Effekte bei Schnellstlogik-Schaltkreisen sind kostenintensiv, da eine ausreichende Filterung der erzeugten oder einwirkenden Hochfrequenzstörungen nur mit hohem Zusatzaufwand möglich ist.

11 Gehäusemontage

Öffnet man ein elektronisches Gerät, so fällt auf, daß die integrierten Schaltkreise auf den Leiterplatten nicht als offenliegende Chips eingebaut werden, sondern in Gehäuse montiert sind. Der Einbau der Siliziumchips in Gehäuse schützt die empfindlichen Halbleiterplättchen vor schädlichen Umwelteinflüssen, wie Feuchte, Lichteinfall oder mechanischer Beanspruchung. Über die Gehäusemontage werden außerdem die Strukturbreiten der Halbleitertechnologie (μm-Bereich) an die gröbere Leiterplattentechnologie (mm-Bereich) angepaßt. Bild 11.1 zeigt eine Auswahl der gebräuchlichsten Gehäusetypen. Wurden früher IC-Gehäuse als passive Behältnisse für integrierte Schaltungen angesehen, so ist heute bekannt, daß die Montage- und Gehäusetechnik entscheidend in Kosten und Leistungsdaten von elektronischen Systemen eingehen: Die physikalischen Eigenschaften der Gehäuse beeinflussen nachhaltig sowohl das elektrische Verhalten integrierter Schaltkreise, als auch die IC-Zuverlässigkeit. Gerade bei kleineren Chips kostet die Verkapselung mehr als die Herstellung der Strukturen auf dem Siliziumsubstrat.

Dieses Kapitel behandelt den Einbau der Chips in Gehäuse. IC-Gehäuse bestehen entweder aus Keramik- oder aus Plastikmaterial. Charakteristisch für einen bestimmten Gehäusetyp ist die Zahl der Anschlußstifte, sowie deren Form und Anordnung am Gehäuse. Diese nach außen führenden Kontakte sind über dünne Metalldrähte mit den Bondpads des Chips im Gehäuse verbunden und ermöglichen den elektrischen Zugang zum integrierten Schaltkreis. Die Anschlußkontakte werden aufgrund ihrer charakteristischen Stiftform als *Pins* (Stecknadel, engl.: *pin*) bezeichnet.

Im folgenden werden die unterschiedlichen Montagetechniken und Gehäusetypen vorgestellt. Abschnitt 11.1 beschreibt die wichtigsten Gehäuseformen für integrierte Schaltkreise. Der nächste Abschnitt stellt die einzelnen Verarbeitungsschritte bei der Chipmontage vor. Der Montageprozeß beginnt mit der Chipvereinzelung, dann folgt das Einkleben der Chips in die Gehäuse. Nach dem Bonden und Verkapseln werden die fertigen Bauelemente einem automatischen, elektrischen Endtest unterzogen. Abschnitt 11.3 behandelt Zuverlässigkeitsaspekte bei den heute dominierenden Kunststoffgehäusen. Im nächsten Abschnitt werden Mikromontagetechniken und Miniaturgehäuse diskutiert. Abschnitt 11.5 gibt eine kurze Zusammenfassung und informiert über Trends bei der Chipmontagetechnik.

11.1 Gehäusetypen: Steckmontierbare und oberflächenmontierbare Gehäuse

IC-Gehäuseformen werden nach der Art der Montage des IC auf der Elektronikleiterplatte eingeteilt:

Es gibt Gehäuse für die Steck- und die Oberflächenmontage. Steckmontierbare Gehäuse oder sog. *bedrahtete* Gehäuse haben relativ lange Pins, und werden wie Einzeltransistoren in metallisierte Kontaktbohrungen der Leiterplatten eingelötet. Die ICs befinden sich nach der Montage auf der nichtmetallbeschichteten Rückseite der Platine. Die Lötverbindungen zwischen den Bauelementen und den Leiterbahnen der Platine werden in einem Lötbad erzeugt. Dazu wird die mit Bauelementen bestückte Platine mit der Leiterbahnseite über die Lotoberfläche des Bads gezogen. Das flüssige Lot dringt dabei in die Kontaktbohrungen und verbindet die Pins mit der metallischen Auskleidung der Bohrlöcher. Zur besseren Benetzung werden im Lotbad Wellen erzeugt, deshalb auch die Bezeichnung *Wellenlöten* (engl.: *well soldering*).

Oberflächenmontierbare Gehäuse (SMD, engl.: *surface mount devices*) können ohne

Lötbad verlötet werden und lassen sich deshalb direkt auf die metallisierte Oberfläche der geätzten Leiterplatte setzen. Die Pins bei SMD-Gehäusen sind wesentlich kürzer als bei steckmontierbaren Bauformen und sind in geringerem Abstand am Gehäuse angeordnet. Dies reduziert die induktive Belastung der IC-Anschlüsse und ermöglicht sehr kleine Gehäuseabmessungen. SMD-Bauformen gibt es nicht nur für integrierte Schaltkreise, sondern

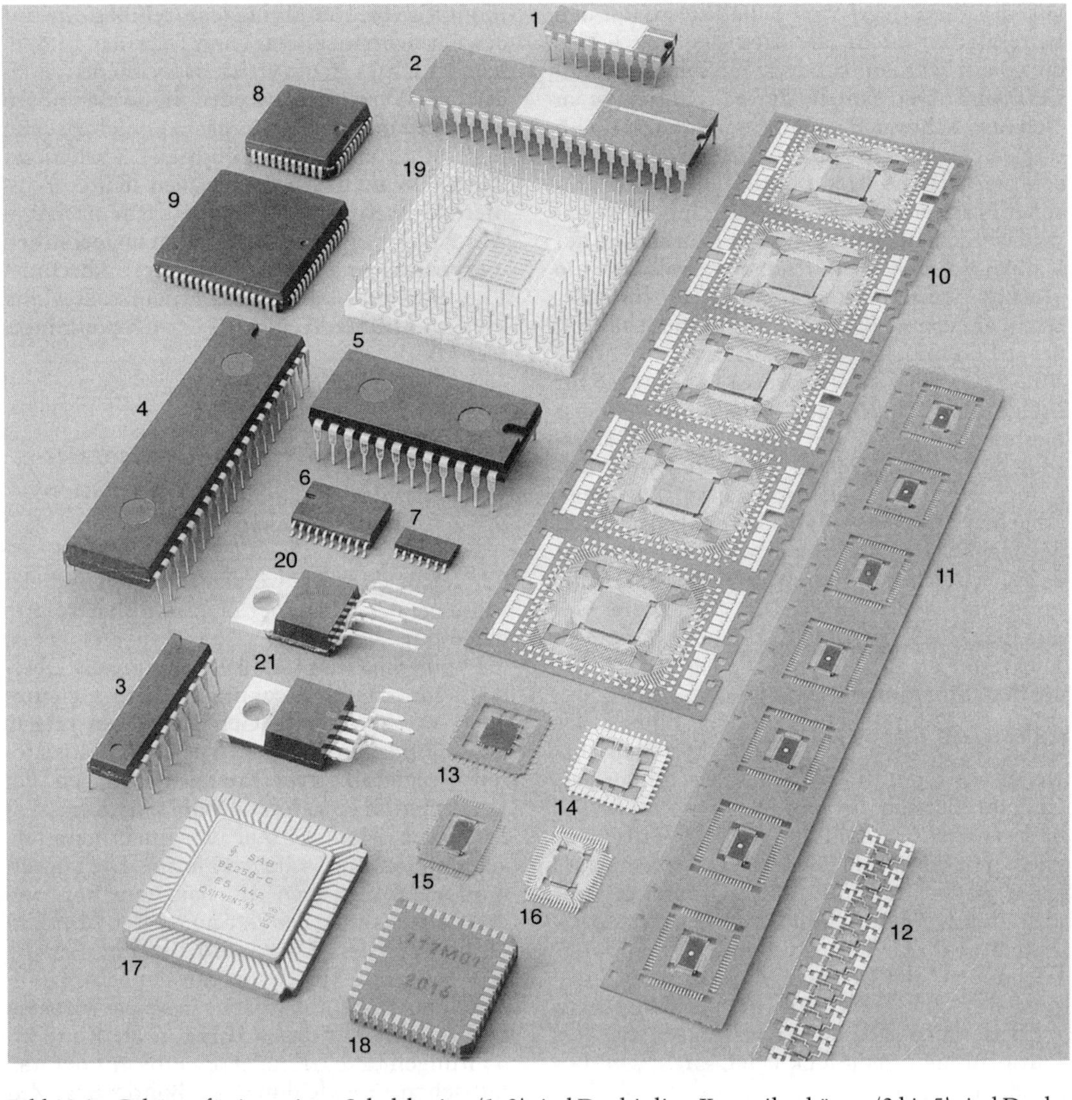

Bild 11.1 Gehäuse für integrierte Schaltkreise: (1, 2) sind Dual-inline-Keramikgehäuse; (3 bis 5) sind Dual-inline-Plastikgehäuse; (6 bis 9) sind sogenannte SMD-Gehäuse vom SO- bzw. PLCC-Typ; (10 bis 12) zeigt TAB-Filmbänder mit unterschiedlicher Breite mit mehreren Chips; (13 bis 16) zeigt ausgestanzte ICs in Mikropackbauform; bei (17 bis 19) handelt es sich um Keramik-Chipträgergehäuse und ein 144 poliges PGA-Gehäuse (19); (20, 21) zeigt Kunststoffgehäuse für ICs mit hoher Verlustleistung, die über die Metallische Kühlfahne abgeführt werden kann (TO-220) mit 7 bzw. 5 Anschlüssen (Werkfoto: Siemens AG).

auch für Einzelbauelemente, wie Widerstände, Kondensatoren usw.

Der Lötprozeß bei SM-Bauelementen basiert auf einem Aufschmelzvorgang (*Reflow-Löten*, aufschmelzen, engl.: *reflow*) bei dem an den Kontaktstellen aufgebrachte Lötpaste thermisch verflüssigt wird. Die SM-Bauteile werden vor dem Reflow-Prozeß auf die Leiterplatte geklebt, und zwar so, daß sich die Pins auf den entsprechenden Leiterbahnenden befinden. Auf diese Verbindungsstellen wurde vor der Bestückung bereits die Lötpaste aufgedruckt. Diese Paste besteht aus Lotpulver und einem Flußmittel aus Harz. Zum Verlöten wird die Leiterplatte mit Infrarotstrahlung oder in einem Dampfkabinett auf hohe Temperaturen gebracht (über 200 °C). Die Lotpaste schmilzt auf und verbindet die Pins mit den Leiterbahnen.

11.1.1 Gehäuse für Steckmontage

Steckmontierbare Gehäuse werden nach der Anordnung der Anschlußstifte in *Dual-In-Line- (DIL-)* und *Pin-Grid-(PGA-)Gehäuse* unterteilt (s. Bild 11.1 (1 bis 6) bzw. (19)). Bei den DIL-Gehäusen sind die Anschlüsse in 2 Pinreihen an gegenüberliegenden Seiten des Gehäuses herausgeführt und zeigen rechtwinklig nach unten. PGA-Gehäuse haben eine rasterförmige Pin-Anordnung in mehreren Reihen im Randbereich des Gehäuses (Raster, engl.: *grid*; Anordnung, engl.: *array*).

DIL-Gehäuse können in Plastik oder Keramik ausgeführt sein (*DIP-* bzw. *CERDIL-Gehäuse*). Die PGA-Gehäuse erfordern allerdings wegen der dichtgepackten Pins ein mechanisch-stabiles Keramikgehäuse. Bei DIL- und PGA-Gehäusen wird ein Raster zwischen den Pins von 1 : 10 Zoll = 2,54 mm eingehalten. Bild 11.2 zeigt als Beispiel eine Gehäusezeichnung für DIL-Gehäuse mit 14 bzw. 24 Pins. Da die Größe von DIL-Gehäusen linear mit der Pin-Zahl ansteigt, ist die Anschlußzahl hier auf max. 64 Pins beschränkt. Die 32 Pins auf jeder Seite benötigen eine Seitenlänge von ~ 84 mm! Bei der PGA-Bauform können wegen der dichteren, mehrreihigen Anordnung der Abschlußstifte trotz gleichem Pin-Raster bis zu 144 Pins realisiert werden. Die Kantenlänge des in Bild 11.1 (19) gezeigten Gehäuses beträgt lediglich ~ 41 mm.

Obwohl sich Keramik- und Plastikgehäuse beispielsweise beim DIL-Typ stark ähneln, ist ihr innerer Aufbau unterschiedlich. Keramikgehäuse bestehen aus einem Keramikträger mit einem Hohlraum (*Kavität*), die den Chip aufnimmt. In Bild 11.1 (19) ist ein PGA-Gehäuse mit geöffneter Kavität zusehen. Die Kavität kann sich, wie hier gezeigt, auf der Stiftseite (Gesicht nach unten, engl.: *face down*) oder aber auf der rückwärtigen Seite des Trägers (Gesicht nach oben, engl.: *face up*) befinden. Die beiden Keramik-DIL-Gehäuse in Bild sind vom Face-up-Typ. Face-down-Gehäuse haben den besonderen Vorteil, daß sich auf der Rückseite des Gehäuses ein Kühlkörper montieren läßt, der zusätzlich die Wärmeabfuhr verbessert.

Die Kavität wird mit einem aufgelöteten Metall- oder Keramikdeckel hermetisch verschlossen, sobald der Chip eingebaut ist und die Bondpads mit den Gehäuseanschlüssen elektrisch verbunden sind. Die Gehäuseanschlußkontakte sind Metallstifte, die bei CERDIL-Gehäusen am Rand des Keramikträgers rechtwinklig nach unten gebogen sind. Bei PGAs stecken die Pins in der Keramik und bilden mehrere Pinreihen.

Plastikgehäuse bestehen aus einem Metallträger mit ausgestanzten Anschlußkontakten, auf den der Chip geklebt wird. Nach dem Kontaktieren der Bondpads wird die Anordnung mit Plastikmasse umpreßt. Danach werden die Kontaktpins rechtwinklig gebogen und die Gehäuseanschlüsse verzinnt. Plastikgehäuse kosten wesentlich weniger als die Keramikverpackungen und sind deshalb die heute dominierende Gehäuseausführung. Nachteile bei Plastikgehäusen sind die Durchlässigkeit für Feuchte und Fremdstoffspuren sowie die im Vergleich zu Keramikmaterial schlechtere Wärmeleitfähigkeit. Dadurch wird die Verlustleistung von Chips in Plastikgehäusen begrenzt.

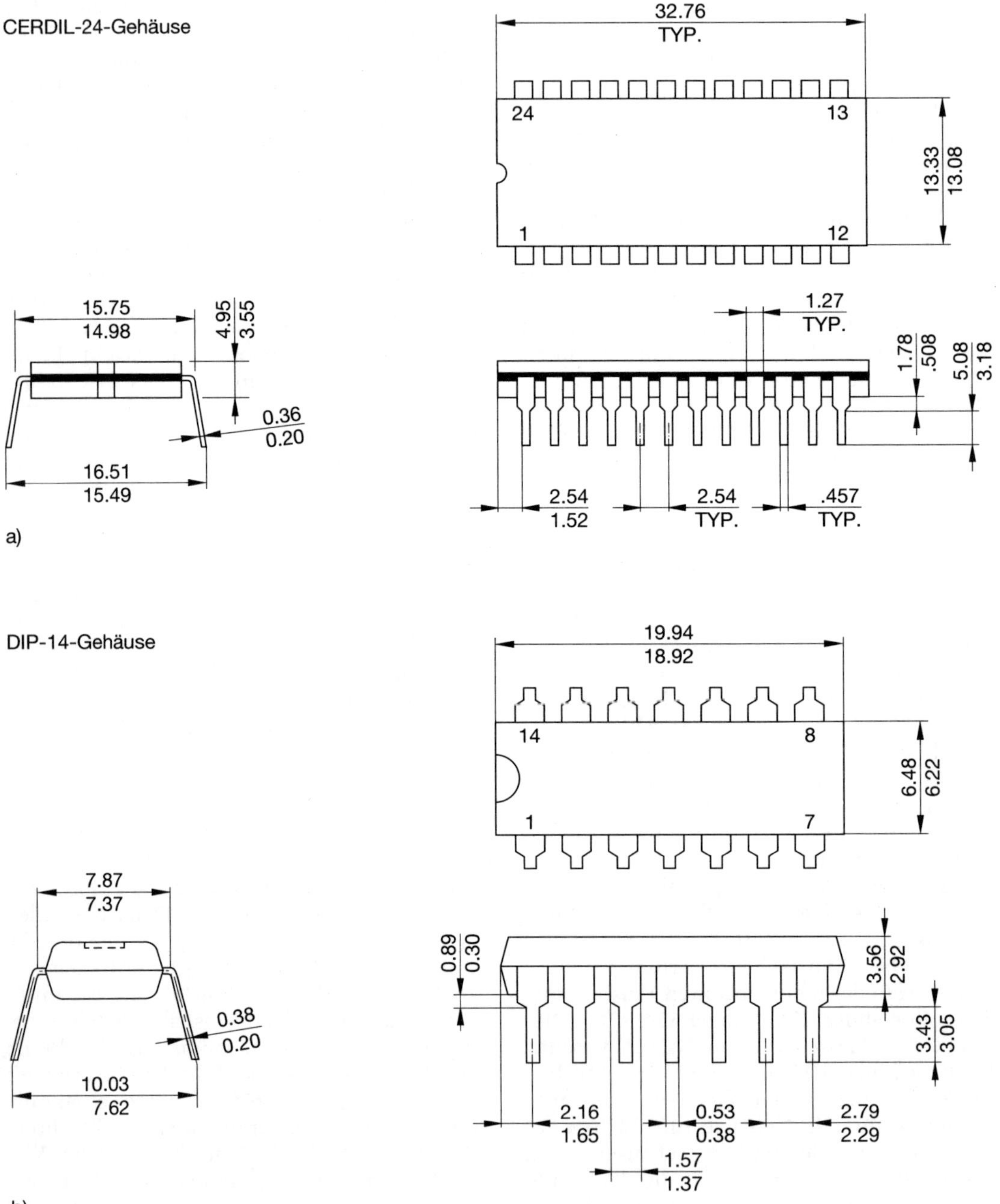

Bild 11.2 Gehäusezeichnung für ein Dual-inline-Gehäuse aus Keramik a) und Plastik b) mit 24 Pins bzw. 14 Pins (CERDIL-24 bzw. DIP-14). Die Abmessungen sind mit min. und max. zulässigen Werten (unter/über dem Strich) angegeben. Typische Werte für Abmessungen, für die keine Toleranzangaben vorliegen, sind mit *TYP.* gekennzeichnet (nach [11.1]).

11.1.2 Gehäuse für Oberflächenmontage

Die wichtigsten SMD-Gehäusetypen sind Flachgehäuse (engl.: *flat packs*) und sog. Chipcarrier (Chipträger, engl.: *chipcarrier*). Das Rastermaß für die Pins ist gegenüber den bedrahteten Gehäusen auf 1,27 mm halbiert. Flachgehäuse bestehen nur aus Plastik und sind sehr flach ausgeführt mit rechteckigem Grundriß (Bild 11.3). Die Pins können an 4 oder an 2 Seiten herausgeführt sein. Die erste Form wird als Quad-Flat-Pack oder QFP-Gehäuse bezeichnet, die 2. Bauform als SO-Gehäuse (feines Anschlußraster, SO, engl.: *small outline*). Die Gehäuseanschlüsse sind bei den QFP-Gehäusen meist L-förmig nach unten und dann nach außen gebogen. Da alle 4 Seiten von QFP-Gehäusen für Pins genutzt werden, gibt es QFP-Gehäuse mit hohen Pin-Zahlen. Selbst 100 Pins können bei relativ kleinen Gehäusedimensionen realisiert werden. Bei den SO-Gehäusen gibt es Varianten, bei denen die Pins in Form des Buchstabens *J* (engl.: *jay bended*) gebogen sind, also am Ende nicht nach außen, sondern nach innen gerichtet sind. Diese Biegeform gestattet bei der Leiterplattenmontage neben dem Auflöten auch den Einsatz von Steckfassungen.

Chipcarrier-Gehäuse sind sowohl in Kunststoff als auch Keramik erhältlich. Hier liegen die Anschlüsse an allen 4 Gehäuseseiten, wobei die Anschlüsse als gebogene Kontaktstifte (Anschlußdrähte, engl.: *leaded*) ausgeführt sein können oder als vergoldete Kontaktflächen vorliegen (ohne Anschlußdrähte, engl.: *leadless*). Bei der Form mit Kontaktflächen besteht das Gehäuse aus Keramik (CCC, engl.: *ceramic chip carrier*). Die Chipcarrier mit Anschlußpins gibt es in Keramik- und Plastikausführung (CLCC- bzw. PLCC-Gehäuse, engl.: *ceramic (plastic) leaded chip carrier*). Typische Pin-Zahlen bei den Chipcarrier-Gehäusen sind 28, 44 oder 68 Pins. Bild 11.3 c zeigt ein 28poliges PLCC-Gehäuse.

Der Einsatz von Bauelementen in oberflächenmontierbaren Gehäusen hat viele Vorteile. Bei SMD-Gehäusen können beide Seiten einer Platine mit Bauelementen bestückt werden. Da keine komplette Durchkontaktierung für einen IC-Anschluß nötig ist, vereinfacht sich der Entwurf von Mehrlagenplatinen. Durch die kleinen Gehäuse bei der Oberflächenmontage wird die Packungsdichte auf der Platine erhöht. Kompakte Geräte aus der Unterhaltungselektronik und der Telekommunikation, wie Camcorder und Mobiltelefon, wären ohne SMD-Technik nicht zu realisieren. Insgesamt sinken durch den Einsatz von SMD-Komponenten die Herstellkosten für Platinen, denn Bauteilbestückung und Lötprozeß können weitgehend automatisiert werden. Aufgrund dieser Vorzüge haben SMD-Bauformen die herkömmlichen bedrahteten Gehäusevarianten stark zurückgedrängt.

11.2 Chipmontage

Wesentliche Arbeitsschritte beim Einbau der Chips in Gehäuse sind: Vereinzelung der Chips durch Teilung der Wafer, Aufkleben der Chips auf Chipträger bzw. Keramiksubstrat, Kontaktierung und elektrische Verbindung der Bondpads mit den Pins des Gehäuses und schließlich Umpressung des montierten Chips mit Plastikvergußmasse bzw. Verlötung des Gehäusedeckels. Diese einzelnen Verfahrensschritte werden im folgenden detailliert dargestellt.

11.2.1 Chipvereinzelung

Nach Abschluß des Scheibenfertigungsprozesses befinden sich Dutzende bis Hunderte von integrierten Schaltkreisen auf einem Wafer. Aus diesem Verband müssen die einzelnen Chips vor der Verpackung herausgelöst werden. Dazu gibt es zwei verschiedene Methoden: die Ritz- und die Sägetechnik.

Die ältere Technik ist das Ritzverfahren [11.2]. Nach dem Test auf Waferebene wird die Kristalloberfläche längs der *Ritzgräben* (s. Abschnitt 8.4.3.1) zwischen den matrixförmig angeordneten Chips mit einer Diamantspitze angeritzt. Durch die Ausrichtung der Kanten der Schaltkreise senkrecht und parallel zum Flat, liegen die Ritzgräben entlang von hoch symmetrischen kristallographischen Richtungen, die die Bruchkanten definieren.

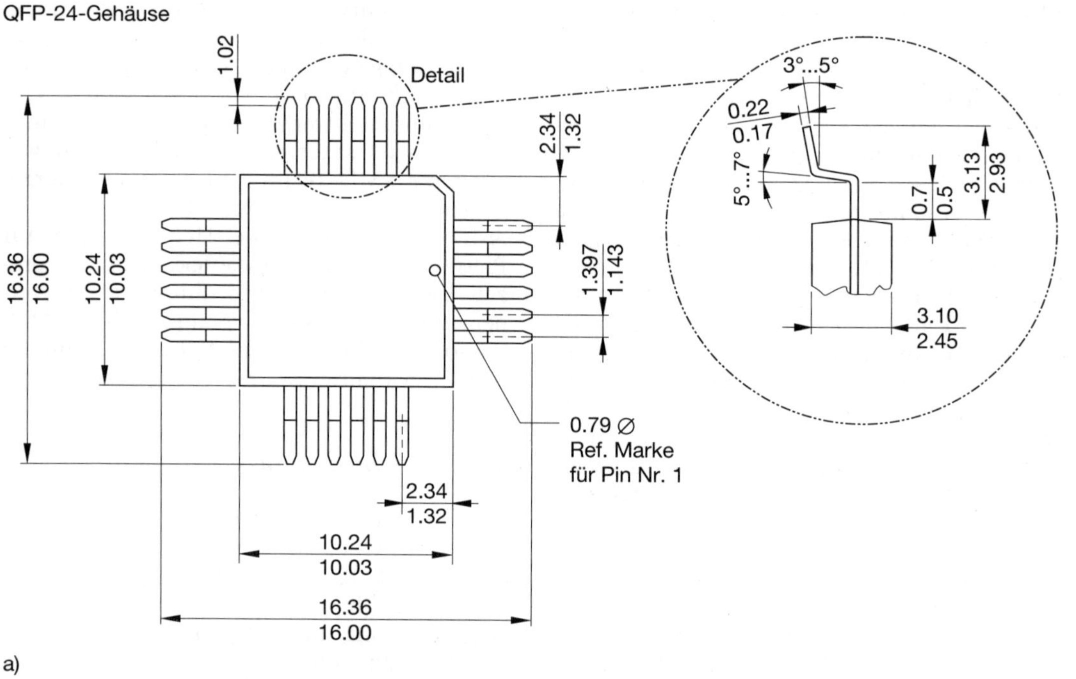

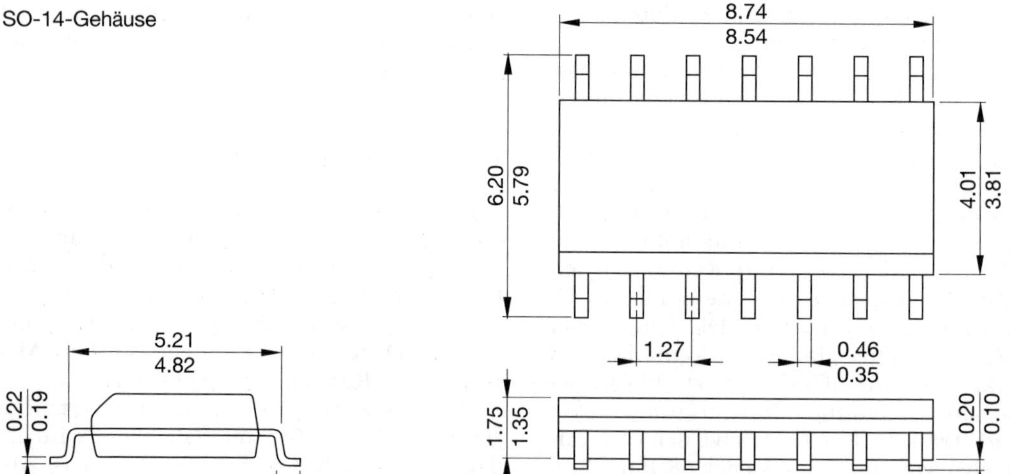

Bild 11.3 SMD-Gehäuse aus Plastik: a) Quad-Flatpack-Gehäuse mit 24 Pins (QFP-24); b) Small-Outline-Gehäuse mit 14 Pins (SO-14).

PLCC-28-Gehäuse

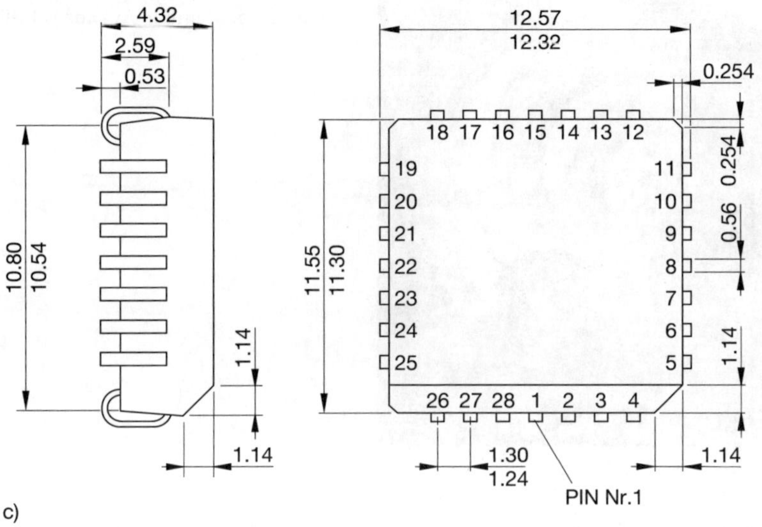

c)

Bild 11.3 SMD-Gehäuse aus Plastik: c) Chipcarriergehäuse aus Plastik mit 28 Kontaktstiften in J-Form (PLCC-28); (nach [11.1]).

Bild 11.4 zeigt diese Bruchrichtungen für Wafer mit (100)-Oberfläche. Biegt man die Scheiben nach dem Anritzen durch, zerfällt die Scheibe längs der Bruchkanten in einzelne kleine Siliziumplättchen, was zur englischen Bezeichnung *Chip* oder *Die* (Plättchen oder Würfel) führte. Damit die Chips nach dem Trennen nicht auseinanderfallen, wird der Wafer vor dem Ritzen auf eine Folie geklebt, die über einen automatengerechten Plastikrahmen gespannt ist. Bei einer Variante des Ritzverfahrens werden Laserstrahlen statt der Diamantspitze benutzt, um die Vertiefungen in den Ritzgräben zu erzeugen.

Der Nachteil des Ritz- oder Laserverfahrens liegt im unregelmäßigen Verlauf der Bruchlinien. Wenn die Bruchkanten ausbrechen und Teilbereiche der integrierten Schaltkreise erfassen, entstehen Ausbeuteverluste. Deshalb werden die Scheiben heute nicht mehr geritzt und gebrochen, sondern zersägt.

Zum Sägen der Scheiben werden Außensägen verwendet, mit einer dünnen (~ 25 µm) diamantbeklebten Stahlscheibe als Sägeblatt (Bild 11.5). Die Drehzahl der Säge ist sehr hoch, damit das Sägeblatt durch Fliehkräfte

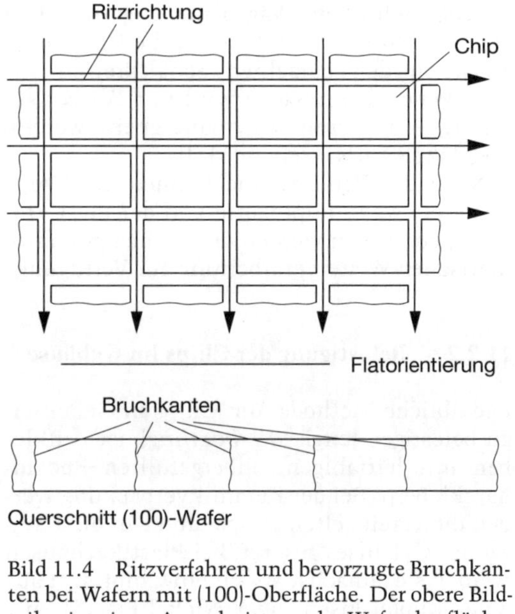

Bild 11.4 Ritzverfahren und bevorzugte Bruchkanten bei Wafern mit (100)-Oberfläche. Der obere Bildteil zeigt einen Ausschnitt aus der Waferoberfläche mit Ritzgräben und Ritzrichtungen senkrecht bzw. parallel zur Flatorientierung. Unten: ein Schnitt durch den Wafer mit den kristallographisch festgelegten Bruchkanten.

Bild 11.5 Sägen eines Wafers mit schnell rotierender Außensäge (Werkfoto: Siemens AG aus [11.3])

ausreichend steif wird (bis 30 000 min^{-1}). Die Scheiben werden, wie bei der Ritztechnik, aufgeklebt, damit die ausgesägten Chips nicht weggeschleudert werden. Die tragende Plastikfolie wird beim Sägen nur angeritzt. Die Schnittrichtungen sind wieder die Ritzgräben zwischen den einzelnen Schaltkreisen auf dem Wafer. Beim Sägen wird mit Wasser gekühlt. Als Schnittgeschwindigkeit werden ungefähr 8 cm/s erreicht [11.3].

Nach der Vereinzelung können die Chips mit einer Vakuumpinzette von der Plastikfolie abgenommen werden und stehen zur automatischen Weiterverarbeitung zur Verfügung.

11.2.2 Befestigung der Chips im Gehäuse

Die übliche Methode, um Chips in Gehäusen zu befestigen (engl.: *die-bonding*), ist Aufkleben mit leitfähigen, silbergefüllten Epoxidharzklebern. Bei der Keramikverpackung werden die vereinzelten Chips direkt in die Kavität des Gehäuses gesetzt. Bei Plastikgehäusen werden sie zunächst auf einem Chipträger aus einer Kupfer-Eisen- oder Nickel-Eisen-Legierung befestigt, die später mit Kunststoff umpreßt wird [11.4, 11.5]. Die Träger für die einzelnen Chips hängen aus verfahrenstechnischen Gründen in Metallbändern zusammen. In jedem Segment sind die späteren Anschlußpins für einen Schaltkreis (*Anschlußkamm*, engl.: *lead frame*) und die sog. *Plattform* eingestanzt (Bild 11.6). Die einzelnen Segmente werden erst gegen Ende vom Gehäusungsprozeß nach der Kunststoffverkapselung durch Stanzen getrennt.

Der Einklebevorgang verläuft bei Keramik- und Plastikgehäusen sehr ähnlich. Der Kleber wird mit einem Siebdruckverfahren oder mit einem Metallstempel aufgetragen. Die Vakuumpinzette nimmt automatisch nur die fehlerfreien Chips ohne Tintenfleck von der Klebefolie und setzt sie auf die kleberbedeckten Stellen der Plattform oder in die Kavität des Keramikgehäuses ein. Der aufgesetzte Chip wird nur schwach angedrückt, damit möglichst wenig Kleber (leitfähig!) unter den Chipkanten herausquillt. Bei etwa 300 °C härtet der Kleber innerhalb 1 Stunde aus.

Reicht die elektrische und thermische Leitfähigkeit von Epoxidharzklebern nicht aus (etwa 10^4 S/cm), dann können kleinere Chips durch Legieren statt mit Kleben fixiert werden. Der spezifische Widerstand der Gehäuseverbindung für Wärme und elektrischen Strom verbessert sich dadurch um etwa 2 Größenordnungen [11.4]. Die Legierungskomponenten sind Silizium, das aus der Chiprückseite stammt, und Gold oder Silber, mit dem

Bild 11.6
Chipträger für ein DIP-14-Gehäuse, bestehend aus Plattform (hier wird der Chip aufgeklebt) und Anschlußkontakten, aus denen die Anschlußpins gebogen werden. Die Chipträger hängen zunächst in Bändern zusammen. Stanzlinien für die spätere Vereinzelung der Chipträger sind ebenfalls eingezeichnet (nach [11.2]).

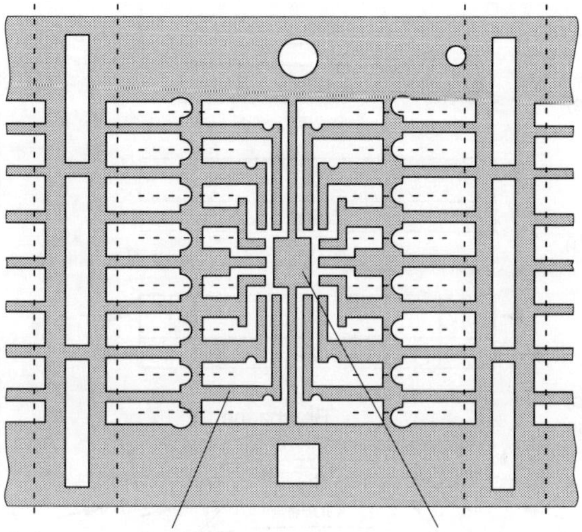

der Boden der Kavität bzw. die Oberfläche der Plattform überzogen wird. Die Gold- bzw. Silberschicht auf dem Chipträger oder in der Kavität enthält je nach Leitungstyp des aufzulegierenden Si-Substrats einige Prozent Bor oder Antimon. Die hohe Akzeptor- bzw. Donatorkonzentration sorgt für eine niederohmige Verbindung zwischen Halbleiter und Metall (vgl. Band 1 Abschnitt 6.3.2).

Die Legierungstemperatur, bei der sich die haftende Metall-Silizium-Verbindungsschicht bildet, liegt zwischen 400 und 480 °C. Der Chip liegt dabei auf dem Träger und wird unter leichtem Druck kreisförmig bewegt, um die Vermischung der Legierungsbestandteile zu beschleunigen. Die relativ hohe Temperatur darf nur kurzzeitig einwirken, damit die Strukturen auf den Chips nicht geschädigt werden. Die starke thermische Belastung der Chips beim Legieren ist ein besonderer Nachteil dieser Fixiertechnik. Dafür kann die metallische Verbindung zwischen Chip und Gehäuse später stärker thermisch und mechanisch beansprucht werden. Die Begrenzung der Chipfläche bei der Legierungstechnik liegt bei etwa 40 mm^2. Bei größeren Chips bilden sich inhomogene und damit schlecht haftende Legierungszonen. Große Chips müssen daher stets geklebt werden. Die Klebetechnik hat außer der beliebigen Chipgröße noch weitere Vorteile: Die Prozeßtemperatur (< 300 °C) ist wesentlich niedriger als beim Legieren, und das unkomplizierte Verfahren ist gut automatisierbar und damit billiger. Aus diesen Gründen hat sich das Kleben als die bevorzugte *Die-Bond-Technik* etabliert.

Das Schlüsselproblem bei beiden Chipbefestigungsverfahren ist die unterschiedliche thermische Ausdehnung von Chipträger und Siliziumsubstrat. Bei Keramik liegt der lineare thermische Ausdehnungskoeffizient a, der die relative Längenänderung in Abhängigkeit von der Temperaturänderung beschreibt, bei $a_{\text{Keramik}} = 0{,}6 \cdot 10^{-5}/°\text{C}$. Silizium hingegen ändert seine relativen Abmessungen nur um $a_{\text{Si}} = 0{,}23 \cdot 10^{-5}/°\text{C}$. Noch schlechter als Keramik sind die Chipträgermetalle an die thermischen Eigenschaften von Silizium angepaßt. Bei Kupfer liegt der lineare thermische Ausdehnungskoeffizient sogar bei $1{,}66 \cdot 10^{-5}/°\text{C}$ [11.4] und damit etwa 8mal so hoch wie der von Silizium!

Unterschiedliche thermische Längenänderungen führen zu starken Verspannungen im Gehäuse. Die Verbindung zwischen Chip und Kavität bzw. der Metallplattform kommt

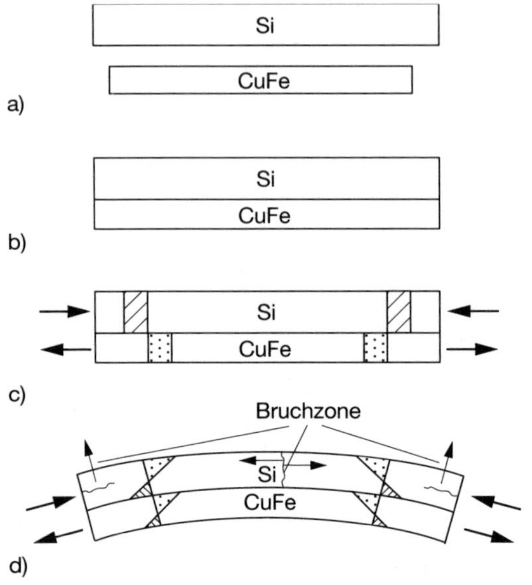

Bild 11.7 Schnitt durch Chip und Chipträger: a) Längenverhältnisse vor der Verklebung bei Raumtemperatur und b) nach der Verklebung bei hohen Temperaturen (kräftefreies System); c) Kräfte nach Abkühlung, schraffiert (punktiert) sind Zonen mit kompressiver (duktiler) Verspannung; d) Durchbiegung mit potentiellen Bruchzonen im Chip; nach [11.4].

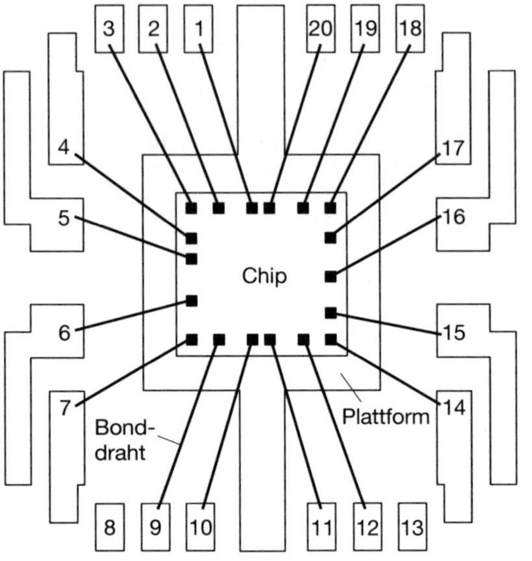

Bild 11.8 Drahtbonden: Gezeigt ist der innere Bereich des Leadframes mit Plattform für ein DIP-20-Gehäuse. Die Bondpads des Chip auf der Plattform werden durch Bonddrähte mit den Gehäuseanschlüssen verbunden.

zwar bei erhöhter Temperatur kräftefrei zustande. Beim Abkühlen auf Raumtemperatur jedoch schrumpft der Chipträger bzw. die Keramik viel stärker als das Siliziumsubstrat des IC (Bild 11.7). Dadurch bauen sich Druckkräfte im Silizium und Zugkräfte in der Unterlage auf. Bei der verformbaren metallischen Plattform in einem Plastikgehäuse kann sich die Anordnung aus Chip und Metall konvex verbiegen und so den mechanischen Streß teilweise abbauen. Durch solche Verbiegungen wird der Siliziumchip mechanisch stark belastet und kann brechen, was zum Ausfall des IC führt. Bei geklebten Chips ist die Belastung geringer, weil der relativ elastische Kleber einen größeren Teil der mechanischen Spannungen aufnehmen kann, als die starre Legierungsverbindung.

11.2.3 Elektrische Verbindung zwischen Chip und Gehäusepins

Nach der Befestigung des Chips im Gehäuse werden die Bondpads auf der Chipvorderseite elektrisch mit den Gehäusepins verbunden. Die wichtigste Verbindungstechnik ist dabei das *Drahtbonden*. Hier werden dünne Golddrähte (*Bonddrähte*, Durchmesser 25 µm) benutzt, um die Bondpads an die entsprechenden Pins anzuschließen. Die Zuordnung von Pads und Gehäuseanschlüssen trifft der IC-Entwickler, indem er einen Bondplan erstellt. Bild 11.8 zeigt schematisch die Drahtverbindungen für einen Chip in einem DIP-20-Gehäuse.

Der elektrische Kontakt zwischen Bonddrähten und Pads bzw. Pins entsteht durch Legieren. Dazu werden die Golddrähte an die Kontaktstellen am Gehäuseanschluß bzw. den Bondflecken aufgedrückt. Unter Druck schmelzen die beteiligten Metalle bereits bei einer Temperatur von etwa 350 °C. Sie vermischen sich in der Kontaktzone und bilden beim Abkühlen durch fortschreitende Interdiffusion eine mechanisch stabile, gut leitfähige elektrische Verbindung aus $AuAl_2$. Statt Golddrähten können auch Drähte aus Aluminium zum Bonden benutzt werden. Aufgrund der höheren Härte von Aluminium ist aber ein größerer Anpreßdruck als bei Gold erforderlich. Deshalb werden Aluminiumbonddrähte (trotz Preisvorteil) meist nur in mechanisch stabilen Keramikgehäusen also selten eingesetzt.

11.2.3.1 Bondtechniken

Zur Kontaktierung der Pads und Gehäusepins mit Bonddrähten gibt es 2 Verfahren: das *Nailhead-* und das *Wedge-Bonden* (Nagelkopf, engl.: *nail head*; Keil, engl.: *wedge*).

Beim Nailhead-Bonden (Bild 11.9) wird ein Golddraht verwendet, der durch eine Wolframkapillare geführt ist [11.6]. Vor Beginn eines Bondschrittes wird der Draht mit einer Wasserstoffflamme getrennt. Dabei bleibt ein Schmelzkügelchen mit etwa dem 3fachen Drahtdurchmesser zurück. Dieses Kügelchen kann nun, da es dicker als die Kapillare ist, auf die Kontaktstelle gedrückt werden. Die Kapillare und der Chip werden dabei erwärmt, und es bildet sich die Legierungsverbindung zwischen Draht und Pad (*Thermokompressionsbonden*). Die Kontaktierzeit liegt unterhalb 1 Sekunde. Nach der Kontaktbildung wird die Kapillare abgehoben und im Bogen zum Pin bzw. zum entsprechenden Anschluß im Leadframe geführt. Hier wiederholt sich der Anpreßvorgang. Durch Schrägstellen der Kapillare wird der Golddraht auf der vom Chip abgewandten Seite der Drahts abgequetscht. Nach Abschluß der Kontaktierung wird der Bonddraht wieder mit der Knallgasflamme angeschmolzen. Dabei bildet sich ein neues Schmelzkügelchen, und ein neuer Bondzyklus kann beginnen.

Das zweite Thermokompressionsverfahren ist das Wedge-Bonden (Bild 11.10). Hier wird der Draht mit einem Werkzeug geführt, bei dem Kapillare und Aufdrückvorrichtung von-

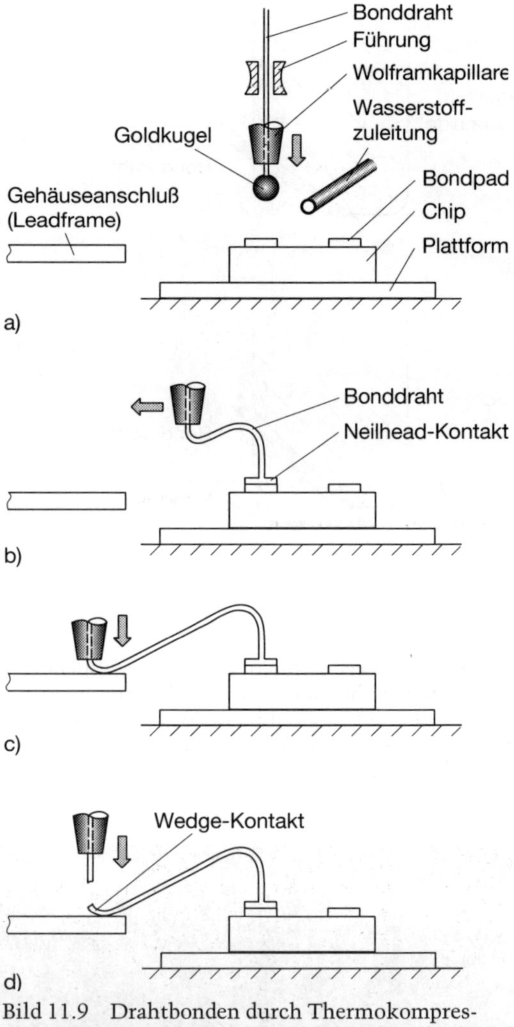

Bild 11.9 Drahtbonden durch Thermokompression: a) Der Bonddraht an der Wolframkapillare wird durch die Wasserstoffflamme zu einer Kugel geschmolzen; b) Aufdrücken der Kugel auf einen Bondflecken des erwärmten Chip; c) Der Bonddraht wird im Bogen zu einem Gehäuseanschluß geführt und d) dort durch Aufdrücken und Abquetschen befestigt.

einander getrennt sind. Die Kapillare zieht den Draht flach über die zu kontaktierende Metallfläche, und die keilförmige Aufdrückvorrichtung quetscht den Draht nach der Thermokompression ab. Bei diesem Verfahren treten größere Kräfte auf, als beim Nail-

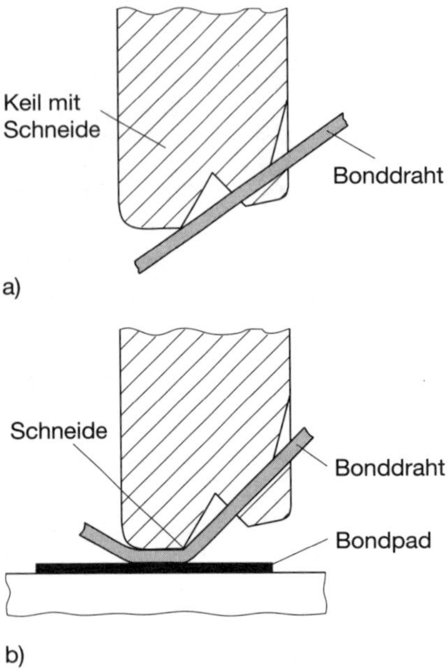

Bild 11.10 Wedge-Kontakt: a) Werkzeug und Draht vor der Kontaktbildung; b) der Bonddraht wird mit der Schneide auf die Kontaktstelle gedrückt, durch Thermokompression verbunden und danach abgequetscht (nach [11.4]).

head-Bonden. Deshalb wird das Wedge-Bonden seltener angewendet, obwohl mit diesem Verfahren sehr kleinflächige Kontaktzonen realisiert werden können. Die vorher beschriebene Bondtechnik ist eine Mischform aus Nailhead- und Wedge-Bonden: Die Bondpads auf dem Chip werden mit einem Nailhead-Kontakt gebondet, während für die belastbareren Gehäuseanschlüsse ein Wedge-Kontakt erzeugt wird.

Das Thermokompressionsverfahren beansprucht den Chip erheblich: Der Anpreßdruck ist hier relativ hoch (1 $\mu N/\mu m^2$) und Chip und Draht sind auf weit über 300 °C zu erwärmen. Diese Prozeßbedingungen können zu mechanischen und thermischen Schädigungen des Chips führen. Eine Alternative zur Thermokompression ohne thermische Belastung ist das Ultraschall-Bonden. Bei dieser Technik wird die Legierzone statt durch Druck und Wärme durch die Energie von Ultraschallvibrationen aufgeschmolzen. Die Kapillare (oder die Aufdrückvorrichtung beim Wedge-Bonden) schwingt lateral mit Frequenzen von 60 kHz. Die eingekoppelte Ultraschalleistung kann aber ebenfalls den Chip schädigen. Thermokompression und Ultraschalltechnik werden deshalb zum heute üblichen *Thermoso-*

Bild 11.11 Hochgeschwindigkeits-Bondautomat: Gezeigt ist die Drahtzuführung mit Wolframspitze, die Chips auf den Leadframe eines DIP-40-Gehäuses bondet. Die noch zusammenhängenden Chipträger werden unter der Bondvorrichtung vorbeigeführt (Werkfoto: ITT-Intermetall).

a)

Bild 11.12 Drahtbonden bei Chipcarriergehäusen: a) gebondeter Chip auf einem Chipträger für ein PLCC-68-Gehäuse (Werkfoto: ITT-Intermetall); b) Leadless-CCC-68-Gehäuse mit geöffneter Kavität mit gebondetem Chip (Werkfoto: Siemens AG).

nic-Verfahren kombiniert, das mit typischen Temperaturen von 250...300 °C, geringen Anpreßdrücken von 0,1 $\mu N/\mu m^2$ und einer sehr kurzen Kontaktierzeit von 10 ms auskommt [11.4]. Die Belastung für das Siliziumbauelement wird bei diesem Verfahren erheblich reduziert, und die elektrische Kontaktbildung bleibt trotzdem zuverlässig.

Durch die kurze Anpreßzeit beim Thermosonic-Verfahren dauert der Bondvorgang pro Verbindung nur Sekundenbruchteile. Bondautomaten (Bild 11.11) kontaktieren die Chip- und Gehäuseanschlüsse eines IC (Pin für Pin) in wenigen Sekunden. Typische Abmessungen eines Nailhead-Kontakts sind 80...100 µm Nailhead-Durchmesser, 20 µm Nailhead-Höhe. Die Legierzone hat am Kontaktfuß eine Dicke von 0,1...1,3 µm. Der Kontaktwiderstand eines einwandfreien Nailhead-Bonds liegt bei 50 mΩ [11.4]. Bild 11.12 zeigt die Bonddrahtverbindungen in 68poligen Chipcarriergehäusen aus Keramik und Plastik.

b)

11.2.3.2 Qualität der Bondverbindung

Die Qualität der Legierungsverbindung wird mit Abreißtests oder Schertests geprüft, bei denen die Bonddrähte mechanisch vom Bondpad gelöst werden. Diese zerstörenden Tests werden an stichprobenartig entnommenen noch nicht verkapselten ICs durchgeführt. Nur wenn Kräfte, die zur Abtrennung des Bonddrahtes nötig sind, oberhalb einer Schwelle im Bereich 20...40 cN [11.4, 11.7] liegen, ist der Bondkontakt einwandfrei.

Gründe für eine unzureichende Bondhaftung sind fehlerhafte Maschineneinstellungen oder Fremdstoffe auf den Bondpads. Bei diesen Fremdstoffen kann es sich um anorganische oder organische Substanzen handeln. Beispiele sind Siliziumsägeschlamm sowie Nitrid- oder Oxidreste, die bei einer unvollständigen Passivierungsätzung im Pad-Bereich stehengeblieben sind. Organische Ablagerungen auf den Bondpads können noch aus der Waferfertigung stammen (wie etwa Fotolackreste) oder erst bei der Chipmontage entstehen. Ein Beispiel sind Ausgasungen des Chipklebers, die sich auf die Bondpads niederschlagen und dort kondensieren.

Weniger störend für die Kontaktbildung ist die natürliche Oxidhaut des Aluminiums. Das Oxid kann aufgrund seiner spröden Struktur bis zu einer Dicke von etwa 5 nm leicht durch die Vibration beim Thermosonic-Bonden aufgerissen werden. Dickere Schichten können erst durch Erhöhen des Kontaktierdruckes oder der Ultraschalleistung beseitigt werden. Allerdings treten bei zu aggressiven Bondbedingungen unter den Aluminiumpads Oxidrisse auf, die sich bis in das Substrat fortsetzen (*Muschelbrüche*) und durch Folgeeffekte zum Ausfall des Schaltkreises führen können [11.4].

11.2.3.3 Zuverlässigkeit der Bondverbindung

Der Bondkontakt gehört zu den empfindlichsten Komponenten im Chipgehäuse und ist deshalb eine relativ häufige Ausfallursache bei integrierten Schaltkreisen. Bild 11.13 zeigt die potentiellen Schwachstellen eines Nailhead-Bonddrahtes. Beim Bonden wird der Bonddraht in einem Bogen zum Gehäuseanschluß geführt. An der Außenseite des Drahtes treten beim Biegen starke Zugspannungen auf, die das Gefüge im Draht stark dehnen und damit die elastischen Eigenschaften des Materials verschlechtern. Besonders kritisch sind die aufgeschmolzenen Bereiche am Nagelkopf und am Wedge-Kontakt. Durch Rekristallisation nach dem Aufschmelzen reduzieren sich die Gitterfehlstellen im polykristallinen Gefüge des Drahtes. Der Golddraht wird dadurch im Bereich der Nagelkopfes und Wedge-Kontaktes weicher und zeigt hier die geringste Festigkeit (*Neck-* bzw. *Heel-Weak-Point*; Genick, engl.: *neck*; Ferse, engl.: *heel*).

Sind die Bonddrahtbögen zu fest gespannt, dann werden diese Schwachstellen mechanisch stark beansprucht. Deshalb können Bonddrähte bereits bei der Kontaktierung abreißen oder brechen. Problematischer sind Vorschädigungen des Drahtes an den kritischen Stellen, die erst nach Auslieferung des IC zu Bondabrissen führen. Der Auslöser für

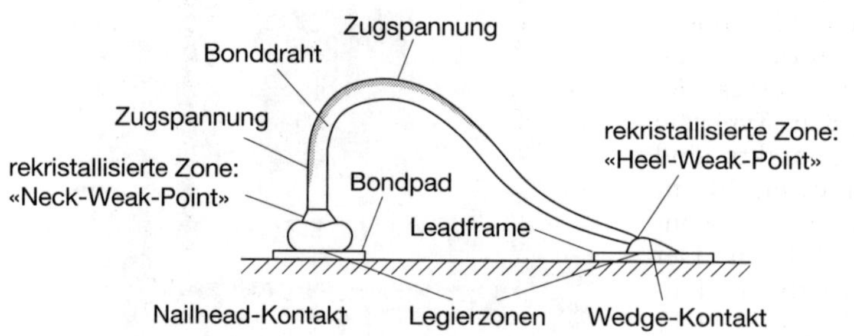

Bild 11.13
Bonddraht mit charakteristischen Schwachstellen: a) Legierungszone unter dem Nailhead-Kontakt; b) rekristallisierte weiche Zone durch Anschmelzen (*Neck-Weak-Point*); c) Bonddrahtbogen: starke Zugspannung im Draht an der Außenseite; d) Einschnürung an der rekristallisierten weichen Zone am Wedge-Kontakt (*Heel-Weak-Point*, nach [11.7]).

diese Folgeschäden sind die thermomechanischen Verspannungen im Gehäuse, die durch die unterschiedlichen Ausdehnungskoeffizienten der verschiedenen Materialien bei einem Temperaturwechsel entstehen.

Lockere Bonddrähte sind keine Lösung dieser Probleme: Ist dieser Bogen zu groß, können sich benachbarte Bonddrähte berühren und Kurzschlüsse verursachen. Es gibt also ein Optimum für Bondlänge und Biegung, das möglichst genau eingehalten werden muß. Deshalb geben die Gehäusehersteller bestimmte Bondregeln vor, die beim Erstellen des Bondplans beachtet werden sollten. So sind etwa Bonddrahtkreuzungen und Bonddrähte quer über den Chip verboten. Der Winkel zwischen Bonddraht und Chipkante darf 30° nicht unterschreiten, und Mindestabstände zwischen 2 Bonddrähten von 100 µm sind gefordert. Bild 11.14 zeigt einen einwandfreien und einen fehlerhaften Bondplan.

Ein weiteres Zuverlässigkeitsproblem sind Alterungsprozesse bei der Legierungsverbindung zwischen Gold und Aluminium [11.4], durch die sich der Kontaktwiderstand des Nailheads im Laufe der Zeit erhöht. Ursache sind Diffusionsprozesse der Legierungskomponenten, die sich auch nach der Kontaktierung verlangsamt fortsetzen. Da die Diffusionskonstante von Gold in Aluminium wesentlich größer ist, als die Diffusionskonstante des umgekehrten Prozesses (Al in Au), erhöht sich im Laufe der Zeit der Goldgehalt in der dünnen Aluminiumschicht unter dem Nailhead-Kontakt. Dabei bilden sich goldreiche intermetallische Phasen wie Au_4Al und Au_2Al_5, und das Aluminium des Bondpads unter dem Nailhead wird fast vollständig in Gold-Aluminium-Verbindungen umgewandelt. Zusätzlich entstehen Hohlräume am Kontaktfuß des Nailheads, weil sich bei der Interdiffusion der Legierungskomponenten Leerstellenkomplexe bilden, die sich zu makroskopischen Hohlräumen zusammenlagern (*Kirkendall-Voids*; Hohlraum, engl.: *void*).

Die Aluminiumumwandlung unter dem Nailhead verursacht einen steilen Anstieg des elektrischen Widerstands des Bondkontaktes, da die goldreichen Legierungsphasen eine geringere spezifische Leitfähigkeit aufweisen als die Ausgangslegierung $AuAl_2$. Die Hohlraum-

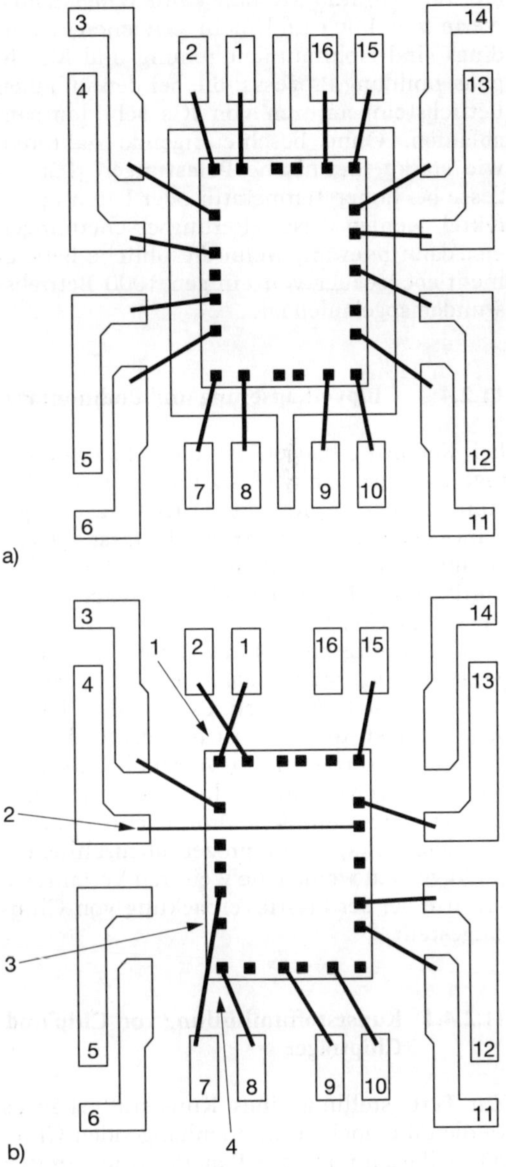

Bild 11.14 a) Fehlerfreier Bondplan; b) Bondplan mit Regelverletzungen: (1) Bonddrahtkreuzung; (2) Bonddraht quer über den Chip; (3) Winkel zwischen Bonddraht und Chipkante zu klein; (4) Abstände zwischen 2 Bonddrähten zu klein (nach [11.1]).

bildung durch Kirkendall-Voids reduziert die effektive Kontaktfläche und erhöht den Kontaktwiderstand des Nailheads weiter. Ein gealterter Nailhead-Kontakt kann Widerstandswerte von 1 kΩ und mehr erreichen! Allerdings sind Hohlraumentstehung und Mischphasenbildung Prozesse, die bei den üblichen Betriebstemperaturen von ICs sehr langsam ablaufen. Ohne beschleunigende Faktoren, wie starke thermische Belastungen (Lötprozesse bei hoher Temperatur oder Latch-up-Effekte), werden diese Alterungserscheinungen erst dann relevant, wenn die übliche Bauelementlebensdauer von einigen 1000 Betriebsstunden abgelaufen ist.

11.2.4 Chipverkapselung und Endmontage

Bei Keramikgehäusen ist die Gehäusemontage nach der Chipbefestigung und der Herstellung der Bondverbindungen fast abgeschlossen. Der letzte Prozeßschritt ist der Verschluß der Kavität mit einem Metall- oder Keramikdeckel. Metalldeckel werden aufgelötet. Keramikdeckel werden bei hoher Temperatur (≈ 460 °C) aufgepreßt. Ein Glaslot (Glasversiegelung, engl.: *sealing glas*) verbindet Deckel und Gehäuse hermetisch. Es folgt der elektrische Endtest, die Beschriftung des Gehäuses und die Einsortierung in Versandbehältnisse. Bei Plastikgehäusen sind hingegen nach dem Bonden noch zahlreiche Prozeßschritte nötig, um den Verkapselungsprozeß abzuschließen. Im folgenden werden die weiteren Verfahrensschritte bei der Plastikverpackung von Chips dargestellt.

11.2.4.1 Kunststoffumhüllung von Chip und Chipträger

Zur Fertigstellung eines Kunststoffgehäuses werden die noch zusammenhängenden Chipträger (Leadframes mit Plattform) in Streifen mit bis zu 100 Schaltkreisen mit mineralisch gefülltem Epoxidharz bei etwa 175 °C umpreßt. Dazu liegen die Chipträger in geheizten Preßformen, und das Epoxidharz wird in die Hohlräume der Form gepreßt. Die Preßmasse härtet anschließend je nach Preßmaterial in 4 ... 8 Stunden bei 175 ... 180 °C aus.

Die verwendeten Epoxidharze sind Duroplaste auf Novolak-Basis mit hoher mechanischer Festigkeit. Diese Festigkeit wird durch Zugabe von Härtersubstanzen (Dicarbonsäureanhydride oder Amine) erreicht, die beim Aushärten die Kettenmoleküle des Epoxids dreidimensional vernetzen. Durch die Kettenvernetzung schrumpft das Kunststoffvolumen beim Aushärten um 0,1 ... 0,15 %. Weitere Zusätze zur Preßmasse sind mineralische Stoffe (Quarzmehl, 60 ... 80 %), Pigmente und Fließmittel. Die mineralischen Bestandteile senken den hohen thermischen Ausdehnungskoeffizienten des Kunststoffs um eine Größenordnung, etwa auf den Wert von Kupfer ($1{,}66 \cdot 10^{-5}$/°C). Außerdem verringern die mineralischen Zusätze die Schrumpfung beim Aushärten. Pigmente (< 1 %) geben dem Kunststoff seine charakteristische schwarze Färbung und verhindern Lichteinfall auf die IC-Oberfläche.

Um die Fließfähigkeit des Kunststoffs beim Verspritzen zu erhöhen, werden Wachse (0,5 ... 2 %) zugegeben. Diese Zusätze verhindern auch ein Festbacken der Spritzmasse an Preßformen und sonstigen Werkzeugen, reduzieren aber gleichzeitig die Haftung der Preßmasse auf der Chipoberfläche und damit die Integrität der Plastikummantelung.

Ausgehärtete Duroplaste dürfen nicht wieder über eine Grenztemperatur, die sog. Glasivierungstemperatur, erwärmt werden. Bei den heute zur Bauteilverkapselung eingesetzten Duroplasten liegt diese Temperatur allerdings bei etwa 150 ... 170 °C, also jenseits der Betriebstemperaturen von integrierten Halbleiterschaltkreisen und wird in der Praxis nicht erreicht. Wesentlich problematischer sind zwei andere Eigenschaften von Kunststoffen.

Diese Materialien nehmen Feuchte auf und sind schlecht an die thermische Ausdehnung von Silizium angepaßt: Chipgehäuse aus Plastik nehmen, je nach umgebenden atmosphärischen Bedingungen, bis zu 0,45 Gew.-% Wasser auf, können die Feuchtigkeit aber auch reversibel wieder abgeben. Das aufgenommene Wasser ist meist mit Ionen kontaminiert, was zu Korrosionsproblemen führen kann (vgl. Abschnitt 7.3.3). Des weiteren bleibt das System aus Kunststoffhüllc, Chipträger und Chip nach dem Umpressen mit flüssigem Epoxidharz nicht kräftefrei. Bereits beim Heißhärten verkleinert der Kunststoff sein Volumen, und beim Abkühlen kontrahiert sich die Preßmasse weiter. Insgesamt schrumpft die Kunststoffumhüllung nach dem Preßvorgang um 0,4 ... 0,6 %. Durch diesen Prozeß entsteht mechanischer Druck, der die Chipoberfläche stark belasten kann. Sowohl die Feuchtigkeitsaufnahme als auch die Schrumpfung des Plastiks führen zu verschiedenen Zuverlässigkeitsproblemen von ICs in Plastikgehäusen. Diese Probleme werden in Abschnitt 11.3 genauer diskutiert.

11.2.4.2 Verfahrensprobleme beim Kunststoffumpressen

Bereits geringe Schwankungen der Einspritzbedingungen oder der Kunststoffzusammensetzung können Fehler in der Verkapselung verursachen. Die wichtigsten Faktoren, die die Zuverlässigkeit der verkapselten ICs beeinflussen, sind [11.8]

- □ Hohlräume im Gehäuse und Ablösungen an Grenzflächen,
- □ Verschiebungen der Bonddrähte,
- □ Austretender Kunststoff auf den Gehäuseanschlüssen,
- □ unvollständige oder fehlerhafte Aushärtung.

Hohlräume und Ablösungen

Die Kunststoffmasse soll Chip und Chipträger gegen schädliche Einflüsse von außen schützen. Dazu ist ein homogenes Gefüge und eine gute Haftung auf den umpreßten Materialien erforderlich. Diese Materialeigenschaften werden entscheidend von den Verarbeitungsbedingungen und der chemischen Zusammensetzung der Kunststoffmasse beeinflußt:

Der Preßvorgang ist ein komplexer thermodynamischer Prozeß. Vor dem Spritzprozeß wird die Harzmischung eingeschmolzen und verflüssigt. Die Viskosität der Masse hängt empfindlich von der Prozeßtemperatur (175 ... 180 °C) ab. Gleichzeitig setzt mit dem Erwärmen die Vernetzung ein, und das Material wird wieder zäher. Der optimale Zeitpunkt für das Einspritzen der Preßmasse ist auf die kurze Zeit hoher Fließfähigkeit beschränkt. Bei zu später Füllung der Preßformen ist das Harz bereits vorgehärtet. Beim Umpressen entstehen dann Risse im Gehäuse, oder es bilden sich makroskopische Poren (*Lunker*) in der Plastikmasse. Je weiter die Vorhärtung fortgeschritten ist, desto schlechter haftet der Kunststoff an Chipträger und Chip.

Damit die Plastikmasse den Chipträger hohlraumfrei umschließt, sind nicht nur die Werkzeugtemperatur und der Einspritzzeitpunkt genau einzuhalten, sondern auch der Einspritzdruck. Wird die Preßmasse nicht gleichmäßig an Ober- und Unterseite des Chipträgers in die Kammern der Preßform gedrückt, können sich ebenfalls Hohlräume bilden (*Jetting-Effekt* [11.8]). Sind die Belüftungskanäle in den Preßformen verstopft oder unterdimensioniert, dann können im aushärtenden Kunststoff Luftblasen zurückbleiben. Nur bei ausreichender Belüftung lassen sich diese Blasen durch Druckerhöhung am Ende des Spritzpreßprozesses vollständig aus der Kavität drücken [11.8].

Ablösungen innerhalb des Gehäuses treten an Grenzschichten zwischen verschiedenen Materialien auf, wie beispielsweise zwischen Chip und Preßmesse, oder zwischen Chipträger und Plastik. Verantwortlich sind mechanische Kräfte, die durch die Kontraktion der Preßmasse bei Härtung und Auskühlung entstehen, und die das haftende Epoxidharz von der Unterlage abheben können. Dieser Prozeß wird *Delamination* genannt. Je geringer die Haftfähigkeit des Epoxidharzes ist, desto leichter kommt es zu Ablösungserscheinungen. Das Harz haftet besonders schlecht bei zu hohen Konzentrationen von Trenn- und Fließmitteln in der Preßmasse oder bei zu langer Vorhärtung.

Die Quarzpartikel, die als mineralische Füllstoffe im Harz enthalten sind, reduzieren ebenfalls die Haftung der Kunststoffmasse, da sie die wirksame Kontaktfläche zwischen Harz und Unterlage verringern. Der Quarzanteil reduziert außerdem den inneren Zusammenhalt im Kunststoff (*Kohäsion*).

Sobald Risse im Kunststoff oder Ablösungen an Grenzflächen auftreten, entstehen mikroskopische Hohlräume, die von thermomechanischen Kräften bei einem Temperaturwechsel erweitert werden. Bei einem Temperaturwechsel lockert sich das Gefüge weiter und Spalten und Risse werden größer. Besonders gefährdete Zonen sind die Metalldurchführungen zu den Pins am Gehäuserand. Hier werden die Metall-Epoxid-Grenzflächen noch zusätzlich durch das spätere Biegen der Anschlußstifte mechanisch belastet. Bei nicht einwandfreier Prozeßführung entstehen Spalte zwischen Metall und Plastik, durch die schädliche Feuchtigkeit und Fremdionen bis in die Nähe des Chips vordringen. Korrosionsschäden an den Metallanschlüssen oder auf der Chipoberfläche können die Folge sein.

Um Delaminationen und Rißbildungen zu vermeiden, ist darauf zu achten, daß die vorgeschriebene Konzentration des Trennmittels im Preßharz nicht überschritten wird. Außerdem werden die eingelagerten Quarzkörner mit speziellen Organosilanverbindungen behandelt, um die Kohäsion zu verbessern. Diese Verbindungen lagern sich an den Oberflächen der Quarzkörner an und gehen eine feste Bindung mit dem Epoxidharz ein. Die Quarzkörner werden durch Einsatz solcher *Coupling Agents* (Haftvermittler, engl.: *coupling agents*) besser in die Harzstruktur eingebettet und können sogar eine haftende Verbindungen zu den Oberflächen von Chip und Chipträger herstellen.

Abschließend läßt sich feststellen, daß das Auftreten von Delaminationen und Gehäusehohlräumen stark von der Arbeitssorgfalt beim Umpressen abhängt. Sind die Spritzwerkzeuge einwandfrei konstruiert, sorgfältig gewartet und werden die Vorgaben für Prozeßparameter und Kunststoffzusammensetzung genau eingehalten, dann können diese Gehäusefehler fast vollständig vermieden werden.

Bonddrahtverschiebungen

Beim Einspritzen des Kunststoffs in die Preßform werden die Bonddrähte am Chip durch die eindringende Preßmasse mechanisch stark belastet und *verweht*. Im ungünstigsten Fall können Bonddrähte aneinandergedrückt werden. Dies kann zu hohen Leckströmen oder sogar zu Kurzschlüssen führen. Das Ausmaß der Bonddrahtverwehungen hängt empfindlich von der Viskosität der eindringenden Kunststoffmasse, der Einspritzgeschwindigkeit und dem Preßdruck ab. Keiner dieser Parameter darf außerhalb des zulässigen Arbeitsbereiches liegen, ansonsten werden die Bonddrähte zu stark verformt. Zusätzlich sind die Bondregeln bezüglich Drahtabstand und Bondwinkel genau einzuhalten. Die Belastung der Bonddrähte beim Umpressen hat aber auch einen positiven Aspekt: Schlecht haftende Nailhead-Bonds werden abgeschert. Die betroffenen ICs fallen bei der Warenausgangsprüfung aus und stellen kein Zuverlässigkeitsproblem mehr dar.

Bonddrahtverwehungen sind ein besonders kritischer Faktor, der bei der Entwicklung von neuen kompakten Gehäusen mit möglichst hoher Pin-Zahl eine wichtige Rolle spielt. Bei miniaturisierten Shrink-QFP-Gehäusen (schrumpfen, engl.: *shrink*) z. B. beträgt der Abstand zwischen 2 Bonddrähten nur noch 50...70 µm. Dies entspricht etwa dem doppelten Drahtdurchmesser. Nur bei hoch viskoser Preßmasse, optimalen Prozeßbedingungen und günstigen Gehäuseabmessungen läßt sich hier eine befriedigende Verpackungsausbeute erzielen.

Austretender Kunststoff

Beim Verpressen des Kunststoffs kann Preßmasse aus der Preßform herausquellen und als dünner Belag auf den Anschlußpins aushärten. Der englische Ausdruck für dieses Phänomen ist *flash*, das bedeutet übersetzt *lodernde Flamme* und charakterisiert die Form dieser Auspressungen. Ursachen für das Auftreten von einem *Kunststoff-Flash* können zu starker Preßdruck beim Einspritzen sein oder Werkzeugunebenheiten sowie Dickenschwankungen des Chipträgermaterials [11.4, 11.8]. Die ausgetretenen Kunststoffspuren werden nach dem Umpressen mit einem *Deflash*-Prozeß chemisch oder mechanisch durch Bürsten entfernt. Allerdings können

Reste stehenbleiben, die bei der späteren Verzinnung der Gehäuseanschlüsse und beim Verlöten der verpackten ICs stören.

Fehler bei der Aushärtung
Härtet der Kunststoff nach dem Verspritzen nicht einwandfrei aus, etwa weil die vorgeschriebene Härtezeit oder -temperatur nicht eingehalten wurde, dann zeigt das Duroplast nicht die erwarteten chemischen und physikalischen Eigenschaften. Die Folgen sind verringerte Elastizität, erhöhte Wasseraufnahme, geringere Glassivierungstemperatur sowie erhöhte thermische Ausdehnung, die zu stärkeren Delaminationseffekten führt. Im Zuge der allgemeinen Bestrebungen, die Prozeßzeiten in der Halbleiterindustrie zu verkürzen, werden derzeit Aushärtezyklen mit halbiertem Zeitbedarf getestet. Die Ofentemperatur liegt dabei oberhalb von 180 °C. Abschließende Bewertungen der Qualität und Zuverlässigkeit von Gehäusen, die mit verkürztem Härteschritt hergestellt wurden, stehen allerdings noch aus [11.8].

11.2.4.3 Verzinnen der Gehäuseanschlüsse

Nach der Kunststoffumhüllung und der Deflash-Reinigung werden die Gehäusekontakte der Schaltkreise galvanisch verzinnt, um die Lötbarkeit der Bauelemente zu verbessern und die Gehäuseanschlüsse vor schädlicher Korrosion zu schützen. Die ICs, jetzt in Streifen mit 6 oder 20 ICs, werden dazu in einem Galvanisierbad mit einer 10 µm dicken Zinnschicht überzogen. Da Verunreinigungen des Grundmetalls durch Kunststoff- und Fließmittelrückstände, die gleichmäßige Verzinnung der Gehäuseanschlüsse verhindern, werden die ICs vor der eigentlichen Galvanisierung mit speziellen Chemikalien gereinigt und vorbehandelt. In der Galvanisierstation passieren die ICs deshalb bis zu 15 unterschiedliche Bäder.

Probleme bei der galvanischen Metallbeschichtung sind uneinheitliche Zinndicken sowie Fremdkörper und Poren in der Zinnschicht. Die Ursachen können Fehler bei der chemischen Zusammensetzung der Bäder oder bei der Prozeßführung sein. Bei unzureichender Vorreinigung des Grundmetalls oder bei fehlerhafter Galvanisierung wird der Zinnbelag sehr spröde und kann bei späteren Verbiegungen der Gehäuseanschlüsse (etwa bei der Leiterplattenbestückung) einreißen und abplatzen. An Schadstellen und Defekten des Zinnbelags liegt das Grundmetall ungeschützt frei. Hier setzen Lochfraßkorrosion, interkristalline Korrosion oder andere Zersetzungserscheinungen ein, durch die die Gehäuseanschlüsse unbrauchbar werden können [11.4].

Ein besonderes Problem bei dünnen, galvanisch erzeugten Zinnschichten ist die sog. *Whiskerbildung* (Katzenschnurrbarthaar, engl.: *whisker*). Whisker sind dünne nadelförmige Kristalle mit $1 \sim 2$ µm Durchmesser und 0,1 ... 5 mm Länge, die aus der Zinnoberfläche senkrecht herauswachsen und im ungünstigsten Falle benachbarte Gehäusepins kurzschließen können. Das Whiskerwachstum hat eine Latenzzeit von Monaten bis Jahren, setzt dann spontan ein und kommt nach einigen Stunden bis Wochen spontan wieder zum Stillstand [11.6]. Die Folge dieses interessanten kristallographischen Phänomens sind schwer prognostizierbare Spätausfälle bei integrierten Schaltkreisen.

Der Wachstumsmechanismus bei der Whiskerbildung ist zwar noch nicht vollständig erforscht [11.6], aber es gibt recht effektive Gegenmaßnahmen, dabei ist die Zusammensetzung des Galvanisierbads sehr wichtig. Bei alkalischen Bädern kommt es im Gegensatz zu sauren Medien nur selten zur Whiskerbildung. Die Zinnschichtdicke spielt ebenfalls eine zentrale Rolle. Oberhalb von 8 µm treten kaum Whisker auf. Da Verspannungen an der Grundmetall-Zinn-Grenzfläche die Whiskerbildung auslösen können, helfen Wärmebehandlungen nach dem Verzinnen (etwa 3 Stunden bei 150 °C). Bei der hohen Temperatur bauen sich die kritischen Verspannungen ab, und das Whiskerwachstum wird weitgehend unterdrückt.

Die Whiskerbildung ist ein spezifisches Problem von Zinnschichten, insbesondere wenn Glanzbildner zugesetzt werden, die das Kristallgitter stark stören. Als weitgehend whiskerfrei gelten hingegen Blei-Zinn-Auflagen [11.4]. Diese Legierung hat aber verglichen mit reinem Zinn zahlreiche Nachteile (geringerer Korrosionsschutz, schlechtere Lötbarkeit, Entsorgungsprobleme von Prozeßmittelrückständen usw. [11.6]). Deshalb ist Zinn nach wie vor das am häufigsten eingesetzte Oberflächenmetall in der Halbleitertechnik.

11.2.4.4 Trennen, Biegen, Endtest und IC-Beschriftung

Nach der Galvanisierung kommen die Bauteile in eine Stanzmaschine, die die einzelnen ICs aus den immer noch zusammenhängenden Chipträgern ausstanzt. Die Gehäuseanschlüsse werden in die für den Gehäusetyp vorgeschriebene Form gebogen. Stangenmagazine nehmen die fertigen ICs auf.

Die verpackten ICs werden vor der Auslieferung einer erneuten elektrischen Prüfung unterzogen. Rechnergesteuerte automatische Testsysteme überprüfen die Einhaltung aller in den Datenblättern spezifizierten Kenngrößen, wie Signalpegel, Leckströme, Stromaufnahme, Datendurchsatz usw. Bei diesem Endtest findet man fehlerhaft gebondete Schaltkreise und alle ICs, die bei anderen Verkapselungsprozessen beschädigt wurden. Da das elektrische Verhalten von Halbleiterbauelementen von der Umgebungstemperatur abhängt, werden die ICs an den Ecktemperaturen des festgelegten Temperaturbereichs (beispielsweise – 40 ... 90 °C) getestet. Automatische Zuführsysteme bringen die Schaltkreise vor dem Test auf die geforderte Temperatur, transportieren sie zu einem Kontaktsockel und sortieren die fehlerhaften Schaltkreise aus.

Nach dem Endtest werden die fehlerfreien Schaltkreise beschriftet. Nur dieser Aufdruck (engl.: *chipmarking*) ermöglicht die optische Unterscheidung von verschiedenen ICs im gleichen Gehäuse. Aufgedruckt werden die Bezeichnung des IC und weitere Informationen: Herstellungsdatum, Herstellungsort, Logo des Halbleiterherstellers und technische Daten, aus denen Rückschlüsse auf den verwendeten Maskensatz gezogen werden können. Über die IC-Beschriftung wird die Leiterplattenbestückung in der Elektronikfertigung gesteuert, und bei späteren Reklamationen kann Herkunft und Variante eines ausgefallenen IC rekonstruiert werden. Eine einwandfreie und dauerhafte Beschriftung ist daher für den Anwender mikroelektronischer Schaltkreise extrem wichtig.

Die üblichen Beschriftungsverfahren sind Lasertechniken und Siebdruck. Insbesondere beim Drucken haftet die Druckfarbe schlecht, wenn sich beim Umpressen Fließ- und Trennmittelrückstände auf der Gehäuseoberfläche ablagern. Organische Substanzen können auch bei Aushärtung oder Verlötung von ICs aufgrund der hohen Temperaturen aus der Kunststoffmasse freigesetzt werden. Diese Stoffe wandern an die Gehäuseoberfläche und lösen dort die Druckfarbe ab. Um eine einwandfreie Kennzeichnung der ICs zu gewährleisten, müssen die Gehäuse nach dem Verkapseln gründlich gereinigt werden. Die angesprochenen Farbablösungen bei Hochtemperaturschritten lassen sich durch geeignete Kunststoffrezepturen verhindern.

11.3 Qualität und Zuverlässigkeit von plastikverpackten Bauteilen

Auch bei einwandfreier Verkapselung bleiben bei Plastikgehäusen noch Zuverlässigkeitsrisiken bestehen, die, wie bereits erwähnt, im wesentlichen durch die unterschiedliche thermische Ausdehnung der im Gehäuse befindlichen Materialien sowie dem Zusammenspiel von Feuchtigkeit im Plastik und den thermomechanischen Kräften entstehen.

11.3.1 Thermisch induzierte mechanische Kräfte in Plastikgehäusen

Von allen im Gehäuse verwendeten Materialien ändern sich die Abmessungen des Kunststoffs bei Temperaturwechseln am stärksten. Selbst bei optimierten sog. *Low-stress*-Preßmassen ist die thermische Ausdehnung immer noch etwa 6mal so groß, wie die von Silizium. Bei Härtung und Abkühlung nach dem Umpressen entstehen deshalb im Gehäuse starke Schub-, Zug- und Druckkräfte, die auf die Chipkanten und die Chipoberfläche wirken (Bild 11.15 a).

Besonders kritisch sind die gegen die Chipkante gerichteten Schubkräfte, und Kräfte die von der fest auf der Passivierung haftenden Plastikmasse auf die Chipoberfläche übertragen werden (Bild 11.15 b). Diese Kräfte sind zur Chipmitte hin gerichtet, nehmen aber durch gegenseitige Kompensation mit wachsendem Abstand vom Chiprand ab. Die Chipmitte bleibt nahezu kräftefrei. Die am Rand liegenden Oberflächenstrukturen des Chip (insbesondere die Aluminiumbahnen) sind diesen Schubkräften am stärksten ausgesetzt, und diese Aluminiumleiterbahnen können schichtweise abgeschert, komprimiert oder als Ganzes verschoben werden. Durch Zusammenspiel mit den Druckkräften, die auf die Chipoberfläche wirken, pflanzen sich die lateralen Oberflächenkräfte in tieferen Schichten des Chip fort. Beck, Nguyen und Mitarbeiter [11.4, 11.8] berichten über abgesprengte Polysiliziumbahnen, Risse im Zwischenoxid und sogar Schädigungen des Siliziumsubstrats.

Die Nailhead-Bonds am besonders beanspruchten Chiprand sind ebenfalls starken thermomechanischen Lateralkräften ausgesetzt. Durch Verschiebungen zwischen Vergußmasse und Chip können die Bonddrähte leicht an den charakteristischen Schwachstellen brechen (s. Bild 11.13) oder sogar samt den Bondpads aus dem Substrat herausgerissen werden.

Zur Vermeidung von Chipschäden durch thermische Ausdehnungskräfte gibt es verschiedene Möglichkeiten. Da mittlerweile Planarisierungsschichten üblich sind, haben sich (im Vergleich zu älteren ICs) die Stufenhöhen in der Passivierungsschicht und damit die Angriffsfläche für Schubkräfte reduziert. Durch Layoutmaßnahmen in den Randbereichen des Chip kann die Haftung der Passivierung an der Chipoberfläche erhöht werden. Damit nehmen die Kräfte auf die *weichen* Aluminiumbahnen ab. Zur Verankerung der Passivierung werden beispielsweise breite Aluminiumleiterbahnen am Chiprand in mehrere parallel verlaufende Leitbahnen unterteilt. Die Passivierung haftet dann in den

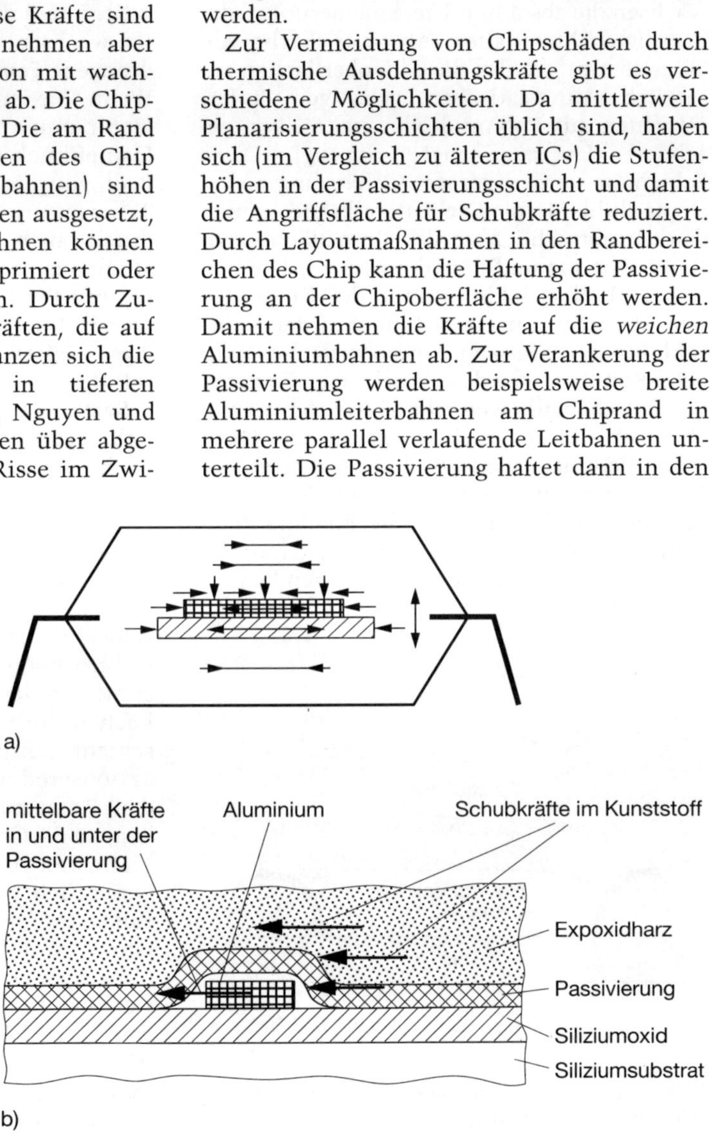

Bild 11.15
a) Mechanische Spannungen im Kunststoffgehäuse: <—> Zugspannungen, >—< Druckspannungen, –> Druck- und Schubspannungen an Grenzflächen; b) durch die Passivierung übertragene Schubwirkung auf Aluminiumschichten (nach [11.4])

Zwischenräumen fest, an tieferliegenden harten dielektrischen Schichten und wird nicht mehr verschoben. Da die Lateralkräfte zur Chipmitte hin abnehmen, ist es außerdem günstig, Busleitungen und breite Versorgungsbahnen möglichst weit vom Chiprand weg nach innen zu verlegen.

Die thermomechanischen Kräfte an der Chipoberfläche nehmen mit der Fläche des Chip zu, denn mit den Chipabmessungen wachsen die absoluten Längenänderungen der beteiligten Materialien. Ab einer Fläche von 30 ... 40 mm^2 werden die Chipoberflächen zusätzlich mit elastischen, gelartigen Pufferschichten aus Polyimid oder aus Silikon geschützt (Überzug, engl.: *coating*). Diese Schichten werden vor der Gehäusung aufgetropft (Bild 11.16). Die Lateralkräfte greifen dann hauptsächlich an der Grenzfläche zwischen Coating und Plastikmasse an. Die elastische Pufferschicht nimmt die Kräfte auf und überträgt nur einen Bruchteil der Kraftwirkung an die Passivierungsoberfläche. Nailhead-Kontakte werden durch die Coating-Schicht ebenfalls weitgehend vor thermomechanischer Beanspruchung geschützt. Dazu muß allerdings, wie in Bild 11.16 gezeigt, der Neck-Weak-Point vollständig von der Pufferschicht bedeckt sein, und die Bonddrahtbiegung ist in weitem Bogen zu führen, damit der Draht der Kraftwirkung federnd folgen kann.

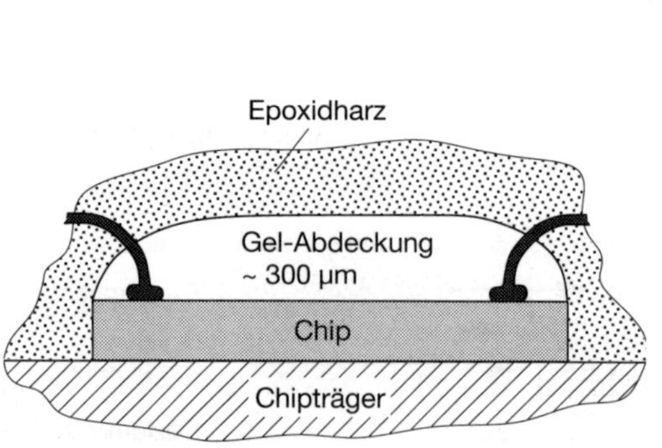

Bild 11.16 Coating von großen Chips mit elastischen Pufferschichten

11.3.2 Spaltbildung und Feuchteeinwirkung

Die beschriebenen thermomechanischen Kräfte belasten auch die Grenzschichten zwischen verschiedenen Materialien im Gehäuse. Durch das Kräftespiel kann es zu Delaminationen mit Mikrospaltbildung kommen. Bei weiteren Temperaturwechseln lockern sich die Bindungen an den Grenzschichten weiter, und die Abmessungen der Mikrospalten wachsen. Dieser Prozeß wird durch eingedrungene Feuchtigkeit im Gehäuse verstärkt. Wenn Wasserdampf in den mikroskopischen Hohlräumen kondensiert, steigt dort der Dampfdruck. Bei ungünstigen klimatischen Bedingungen (hohe Luftfeuchte und hohe Temperatur) reicht der gestiegene Dampfdruck auch ohne Temperaturwechselbelastung aus, um die Mikrohohlräume zu Spalten mit Breiten von 5 ... 10 µm zu erweitern. Durch Kondensation der Feuchtigkeit sind diese Spalten mit Wasser gefüllt (*Feuchteseen*) [11.4].

Solche Feuchteseen sind besonders gefährlich, wenn sie an der Chip-Kunststoff-Grenzfläche liegen. Bei defekter Passivierung beginnt dann die Korrosion der Aluminiumleiterbahnen (vgl. Abschnitt 7.3.3). Ungünstigerweise ist die Wahrscheinlichkeit für Delaminationen an der Passivierungsoberfläche besonders hoch, weil hier der Kunststoff häufig schlecht haftet. Die Geschwindigkeit des elektrochemischen Aluminiumabbaus hängt stark von der Wassermenge ab, die als Oberflächenfilm vorhanden ist, denn die Wasserschicht transportiert bei der Korrosion die Reaktionsprodukte ab und bringt die Ionen, die den Zersetzungsprozeß katalytisch verstärken, an die Chipoberfläche.

Die Korrosionsanfälligkeit eines IC hängt wesentlich von der Zusammensetzung der Kunststoffpreßmasse ab. Die Korrosionsgefahr wird durch Zusatz der erwähnten Coupling Agents zum Harzgemisch gesenkt, weil sich bei besserer Haftung des Plastiks nur wenige und kleine Spalten an der Chipoberfläche bilden können. Die mineralische Füllung des Epoxidharzes senkt zusätzlich die Wasseraufnahme des Gehäuses. Die heutigen

Preßmassen enthalten deshalb die maximal mögliche Füllstoffkonzentration von 80 %. Da die Korrosionsgeschwindigkeit von der Konzentration der katalytisch wirkenden Fremdionen abhängt, kann man durch den Einsatz hoch reiner Harze und Chemikalien den potentiellen Metallzersetzungsprozeß verlangsamen.

Sehr wirkungsvoll gegen die Wasseransammlungen an der Chipoberfläche sind Abdeckschichten aus Silikongel oder aus Polyimid, die bereits als Puffer gegen thermomechanischen Kräfte im Gehäuse eingesetzt wurden. Diese elastischen Schichten haften sehr gut auf der Passivierungsschicht und verhindern so den direkten Kontakt zwischen Chip und kondensierter Feuchtigkeit. Ohne Wasserfilme an der Chipoberfläche gibt es keine beweglichen Ionen und deshalb keine Korrosion. Die zentrale und wichtigste Maßnahme gegen Korrosion ist jedoch die Abdekkung der Metallisierungsebenen des Chip mit defektarmen Passivierungsschichten (Abschnitt 7.3.3.1), die zuverlässig das Vordringen von Feuchtigkeit zu den empfindlichen Aluminiumstrukturen unterbinden.

11.3.3 Prozeßkontrolle und Freigabeuntersuchungen

Um die vielfältigen Zuverlässigkeitsrisiken bei IC-Gehäusen bewerten zu können, gibt es standardisierte Testverfahren, mit denen der Verpackungsprozeß und die Gehäusequalität überwacht werden kann. Bei diesen Tests handelt es sich meist um beschleunigende Prüfverfahren, die die Belastungen der Bauteile im Betrieb auf einer gerafften Zeitskala simulieren und gehäusebedingte IC-Ausfälle aufgrund von Korrosion oder thermomechanischer Belastung provozieren. Durch diese gezielte Belastung der ICs können Prozeßschwächen im Herstellungs- und Verkapselungsverfahren aufgedeckt werden. Diese Tests sind genormt und werden nach dem US-Military-Standard (MIL-883) durchgeführt. Für jeden Test sind die Größe der Stichprobe und die Zahl der zulässigen Ausfälle festgelegt. Wird diese Zahl überschritten, sind Zusatzmaßnahmen nötig, bevor das untersuchte Bauelement in Serie produziert und verkauft werden kann.

Als Test für die Korrosionsanfälligkeit hat sich z. B. der THB-Test etabliert, bei dem eine Stichprobe von mehreren ICs über 1000 ... 2000 Stunden bei hoher Umgebungstemperatur (85 °C) und 85 % relativer Luftfeuchtigkeit unter angelegter Betriebsspannung gelagert wird. Hier sind alle 3 wesentlichen korrosionsfördernden Bedingungen gegeben: Temperatur, Feuchte, Spannung (engl.: THB = *temperature humidity bias*). Ausfälle bei diesem Test weisen auf potentielle Schwachstellen in der Passivierung hin oder sind ein Indiz für hohe Wasseraufnahme und schlechte Haftung des Kunststoffs auf der Chipoberfläche.

Der kritische Test für die thermomechanische Belastbarkeit sind Temperaturwechselbelastungen (engl.: *thermal cycling*, TMCL). Hier werden Stichproben von ICs zyklisch auf 150 °C aufgeheizt und dann auf – 65 °C abgekühlt. Jede Endtemperatur wird etwa für 10 min angefahren. Das umgebende Medium ist Luft. Die Zyklenzahl liegt je nach Halbleiterhersteller zwischen 500 ... 1000. Besonders kritisch beim TMCL-Test ist die Abkühlphase. Hier entstehen starke Verspannungen im Gehäuse, die sich bei Prozeßschwächen in abgescherten Bonddrähten, Brüchen im Silizium, verschobenen Aluminiumleiterbahnen oder abgelösten Chips äußern.

Um die Belastung der Bauelemente bei Temperaturwechsel zu verstärken, führen Halbleiterhersteller auch sog. *thermische Schocktests* durch, bei denen die ICs für jeweils 10 s in Bäder aus inerten Flüssigkeiten mit – 65 °C bzw. 125 °C Temperatur getaucht werden. In Flüssigkeiten erfolgt die Temperaturangleichung aufgrund der höheren Wärmekapazität praktisch ohne Verzögerung. Die Kräfte zwischen Plastikmasse, Chipträger und Chip können sich nicht langsam im Gehäuse aufbauen, sondern wirken unmittelbar mit voller Stärke. Dieser extrem harte Test deckt sogar Mängel in der Haftung der Passivierung auf der Chipoberfläche auf und wirkt ansonsten wie eine verschärfte TMCL-Prüfung [11.7].

Bei Überschreiten der zulässigen Ausfallzahlen bei THB- und TMCL-Test ist davon auszugehen, daß bei dem getesteten IC die Integrität der Chipverkapselung nicht ausreicht und deshalb Qualitäts- und Zuverlässigkeitsmängel während der Serienproduktion zu erwarten sind. Die Möglichkeiten, die Zuverlässigkeit des Gehäuses zu optimieren, wurden oben bereits dargestellt. So kann beispielsweise, falls nicht schon geschehen, ein Chip-Coating mit Silikon eingeführt werden, die Bonddrahtspannung kann geändert oder die Kunststoffzusammensetzung variiert werden usw. Der Erfolg solcher Maßnahmen ist mit erneuten TMCL- und THB-Prüfungen zu verifizieren.

11.3.4 Gehäuseschäden beim Reflow-Löten von SMD-Bauelementen

Eine Besonderheit der Oberflächenmontage von ICs auf Leiterplatten ist die hohe Löttemperatur von 215 ... 260 °C. Um den Hitzestreß für die Bauteile auf der Leiterplatte klein zu halten, ist die Lötzeit sehr kurz. Bild 11.17 zeigt ein typisches Löttemperaturprofil, das Halbleiterhersteller für SMD-Bauteile empfehlen [11.8]. Obwohl die hohe Temperatur nur wenige Sekunden anliegt, können irreversible thermische Schäden an den Bauelementen auftreten. Das größte Problem ist aber der

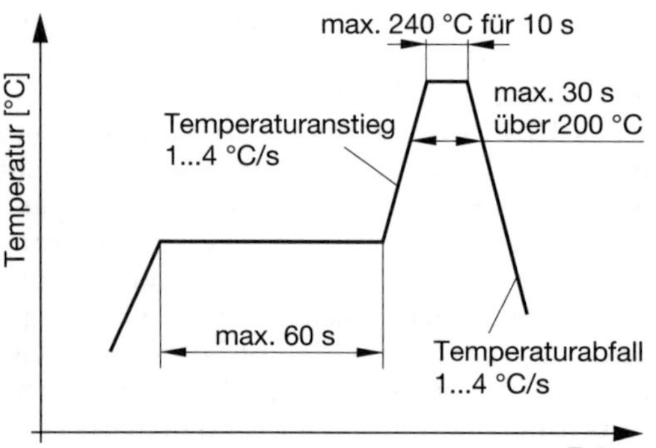

Bild 11.17 Temperaturprofil beim Infrarot-reflow-Löten [11.6]

Gehäusebruch durch explosionsartige Dampfbildung in wassergefüllten Hohlräumen an der Chipoberfläche oder unter der Plattform des Chipträgers.

Die schlagartig einsetzende Dampfbildung bei Reflow-Bedingungen bewirkt die totale Ablösung des Gehäuses von der Rückseite des Chipträgers. Die Chipoberseite ist weniger gefährdet, da hier die elastische Coating-Schicht einen Teil der mechanischen Kräfte aufnimmt. Durch zunehmende Dampfbildung wölbt sich die Delaminationszone auf. Wird dabei die Festigkeitsgrenze des Kunststoffs erreicht, bricht das Gehäuse auf und der Überdruck entweicht entweder nach unten oder seitlich entlang der Gehäuseanschlüsse. Danach nimmt das Gehäuse wieder seine ursprüngliche Form an. Der Chip ist aber nicht mehr gegen äußere Einwirkungen geschützt, denn die Integrität des Gehäuses ist gestört und die Haftung des Harzes auf Chip und Leadframe ist vermindert. Bild 11.18 zeigt diesen Vorgang schematisch. Da das Aufplatzen der Plastikmasse der Herstellung von Puffmais ähnelt, hat sich der Ausdruck *Popcorn-Effekt* eingebürgert.

Popcorn-Effekte wurden erstmals nach Einführung der SMD-Technik Mitte der 80er Jahre beobachtet und waren bei den traditionellen DIL-Plastik-Gehäusen unbekannt, weil steckmontierbare Bauelemente beim Wellenlöten wesentlich niedrigeren Temperaturen ausgesetzt sind und diese Gehäuse aus deutlich dickeren Plastikschichten bestehen, die dem Dampfdruck beim Löten problemlos widerstehen können. In SMD-Gehäusen sind die Kunststoffschichten wesentlich dünner. Außerdem haben SMD-Gehäuse wesentlich größere Chipplattformen und sind deshalb anfälliger für Delaminationen und Feuchteansammlungen.

Zur Unterdrückung des Popcorn-Effekts wurden die Materialeigenschaften des Epoxidharzes durch Zugabe von Coupling Agents verbessert. Die Festigkeit und Elastizität des Kunststoffs erhöht sich, wenn der Härtergehalt in der Preßmasse auf die Körnergröße und den Füllanteil der Quarzpartikel abgestimmt wird [11.8]. Bei einer Aufrauhung der Plattformrückseite durch eingeätzte Vertie-

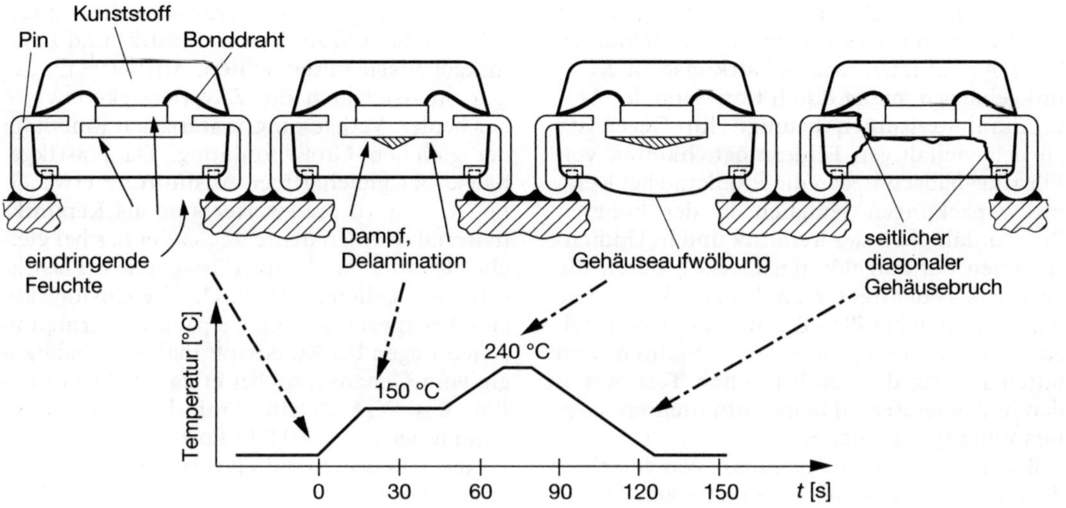

Bild 11.18 Schematische Darstellung eines feuchteinduzierten Gehäusebruchs durch Reflow-Löthitze mit Zeitprofil des Lötvorganges

fungen haftet das Epoxidharz besser, und die Spaltbildung auf der Rückseite wird unterdrückt.

Da erst mit Gehäusebrüchen zu rechnen ist, wenn im Kunststoff eine Mindestkonzentration von etwa 0,2 % Feuchte erreicht ist, kann man mit Aufheizprozessen vor der Verlötung die Gehäusefeuchte auf unkritische Werte unter 0,1 % absenken. Dies ist eine sehr wirksame aber zeitaufwendige Maßnahme. Die ICs werden bei diesem *Prebake-Prozeß* (Vorbacken, engl.: *prebake*) 20 . . . 24 Stunden bei 125 °C gelagert und danach sofort eingelötet. Manche Halbleiterhersteller versenden ihre SMD-ICs auch in feuchtebeständigen Verpackungen (engl.: *moisture proof (MP) packs*). So wird verhindert, daß während des Transports und der Lagerung der Bauteile Feuchte in die Kunststoffgehäuse dringen kann (Bild 11.19).

Für die Bewertung der Reflow-Lötbarkeit eines bestimmten Bauelementes gibt es ebenfalls standardisierte Belastungstests. Bei diesen sog. *Preconditioned Tests* (Prüfung nach Vorbehandlung, engl.: *preconditioned test*), werden die ICs zuerst in einer feuchten und warmen Atmosphäre gelagert, dann dem Temperaturprofil des Reflow-Lötens ausgesetzt und abschließend auf Gehäusebrüche untersucht.

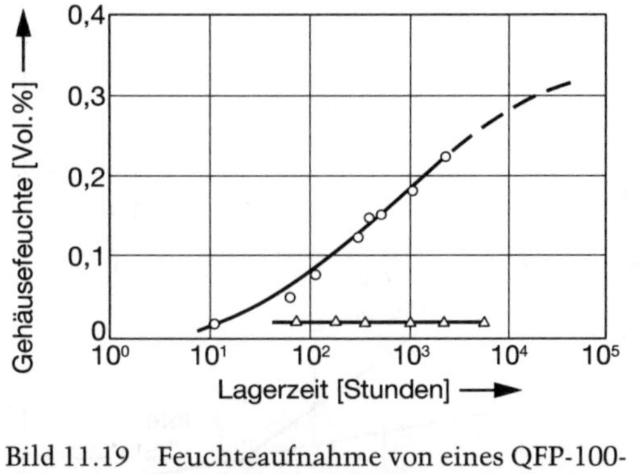

Bild 11.19 Feuchteaufnahme von eines QFP-100-Gehäuses bei 25 °C und 60 % relativer Luftfeuchtigkeit in normalen (o) Versandbehältnissen und in feuchtebeständigen, mit Silicagel imprägnierten MP-Packs (▵); (nach [11.8]).

11.3.5 Vergleich von Keramik- und Plastikgehäusen

Die hermetisch verschlossenen Keramikgehäuse wurden früher für zuverlässiger und stabiler gehalten. Die ersten ICs in Plastikgehäusen, die im Zeitraum vor 1972 gefertigt wurden, hatten tatsächlich bis zu 100mal so hohe Ausfallraten wie Schaltkreise in Keramikgehäusen, meist durch Korrosion der Aluminiumleiterbahnen bedingt. Im Gegensatz zu den vielfältigen Fehlermöglichkeiten von Plastikgehäusen liegen die Probleme bei Keramikverpackungen lediglich in der höheren Bruchanfälligkeit der Keramik und in Undichtigkeiten der aufgelöteten Deckel, durch die ebenfalls Feuchtigkeit eindringen kann. Die Ausfallzahlen bei Plastikgehäusen haben sich aber durch die optimierten Verfahren und durch Einsatz der beschriebenen Testmethoden in den letzten 20 Jahren um mehrere Größenordnungen reduziert.

Bild 11.20 zeigt die Ergebnisse von verschiedenen Studien über IC-Zuverlässigkeit, in denen verschiedene Halbleiterhersteller unterschiedliche IC-Familien in Plastik- und Keramikgehäusen untersuchten. Mittlerweile liegen offensichtlich die Zuverlässigkeitswerte der beiden Verpackungsmaterialien innerhalb der gleichen Größenordnung. Da Plastikgehäuse bei gleichartiger Ausführung etwa einen Faktor 10 preiswerter sind als Keramikmaterial, werden heute 97 % aller ICs bei gleicher Qualität und Zuverlässigkeit in Plastikgehäusen geliefert [11.9]. Die Gehäusungskosten bei spezialisierten Verpackungsfirmen in Asien liegen bei Kunststoff (nahezu unabhängig vom Gehäusetyp) bei etwa 1 US Cent pro Pin. Ein PGA-Gehäuse mit hoher Pin-Zahl kann hingegen ~100 DM kosten!

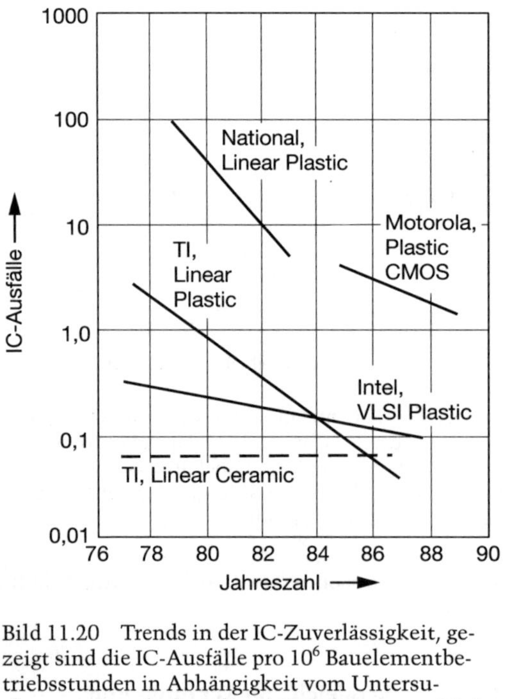

Bild 11.20 Trends in der IC-Zuverlässigkeit, gezeigt sind die IC-Ausfälle pro 10^6 Bauelementbetriebsstunden in Abhängigkeit vom Untersuchungszeitpunkt (in Jahren). Durchgezogene Linien beziehen sich auf Plastikgehäuse, strichliert sind die Daten für ICs in Keramik aufgetragen. *Linear ICs* sind Analogbausteine. Herstellerabkürzungen: TI = Texas Instruments, National = National Semiconductor (nach [11.9])

Neben deutlichen Preisvorteilen bieten Plastikgehäuse noch weitere Vorzüge: Plastikgehäuse sind kleiner und leichter. Der geringere Pin-Abstand bei SMD-Bauformen ermöglicht höhere Packungsdichten auf den Platinen. Dies reduziert die Signalverzögerungen auf der Leiterplatte und steigert die Leistungsfähigkeit der Elektronik. Kunststoffe können außerdem mechanisch stärker belastet werden als die brüchige und empfindliche Keramik. Plastikgehäuse eignen sich deshalb besonders für automatische Bestückungsanlagen für Leiterplatten. So können die Herstellkosten von elektronischen Schaltungen drastisch gesenkt werden.

Plastikverpackungen sind aus den genannten Gründen heute die dominierende Verpackungsform von integrierten Schaltungen. Lediglich im Bereich der Militärelektronik werden Keramikverpackungen nach wie vor bevorzugt. Wie obige Ausführungen gezeigt haben, gibt es dafür aber kaum sachliche Gründe. Aufgrund der geringen Stückzahlen gehören ICs in Keramikgehäusen heute fast schon zu den Sonderanfertigungen. Gibt es bei einem IC Gehäusevarianten in Plastik und Keramik, dann sind die plastikverpackten Bauelemente in der Regel meist schneller verfügbar und leichter zu beschaffen, als ICs in Keramikgehäusen.

11.4 Miniaturisierte Chipgehäuse und Mikromontagetechniken

Das Volumen eines gehäusten integrierten Schaltkreises ist gemessen an den enthaltenen Transistorfunktionen bereits sehr klein. Der Vergleich der Gehäuseabmessungen mit den Dimensionen des elektrisch aktiven Chips zeigt, daß Gehäuse noch weiter miniaturisiert werden können: Die Dicke eines Chips beträgt nur etwa 500 µm und der Flächenbedarf liegt selbst bei 1 MBit DRAM unterhalb von 14 × 14 μm^2. Ein PLCC-24-Gehäuse ist 10mal so dick und hat die 100fache Grundfläche!

Einsatzgebiete für Kleinstgehäuse sind beispielsweise Armbanduhren, Chipkarten oder portable Geräte aus Unterhaltungselektronik, Telekommunikation oder Datenverarbeitung. Diese Geräte sind heute bereits so klein und handlich, daß sie im angelsächsischen Sprachraum als *Hand-held-* oder sogar *Palm-top-Electronics* bezeichnet werden (in der Hand halten, engl.: *hand-held*; Fingerspitze, engl.: *palm-top*). Aber selbst wenn genügend Platz im Gehäuse eines Gerätes zur Verfügung steht, reduziert der Einsatz von Mikrogehäusen Größe und den Preis der (teuren) Platine. Da kleine Bauelemente dichter auf die Platine gesetzt werden können, sinken außerdem die Leitungslängen und damit die parasitären Induktivitäten und Kapazitäten, die Datenraten und andere elektrische Leistungsdaten von Schaltungen begrenzen.

Der naheliegende Ansatz zur Gehäuseminiaturisierung besteht darin, den Chip nicht erst in ein Plastik- oder Keramikgehäuse zu bringen und dann auf die Leiterplatte zu löten, sondern den Chip direkt auf die Platine zu bonden. Diese Technik wird als *COB-* oder *Chip on Board* (Leiterplatte, engl.: *board*) bezeichnet. Bei diesem Verfahren liefert der IC-Hersteller keine verkapselten ICs, sondern nur getestete und gesägte Wafer (noch auf der Klebefolie). Die Chips werden in der Elektronikfertigung unter moderaten Reinraumbedingungen auf die Platine geklebt und mit dem Thermosonic-Verfahren wie üblich gebondet. Die Bonddrähte werden von den Pads direkt auf die relevanten Leiterbahnen geführt und dort mit einem Wedge-Kontakt befestigt. Nach der Kontaktierung bedeckt ein Epoxidharztropfen mit ähnlicher chemischer Zusammensetzung wie die Gehäusepreßmasse den Siliziumchip und die umgebende Peripherie aus Bonddrähten und kontaktierten Leiterbahnen.

Beim COB-Verfahren benötigt der integrierte Schaltkreis kaum mehr Platinenfläche als der Chip selbst. Das spart Gehäusekosten, und man ist zudem nicht an die festen Gehäuseformen mit einer eingeschränkten Auswahlmöglichkeit an Pin-Zahlen gebunden. Der apparative Aufwand in der Elektronikfertigung steigt aber, und die Schnittstelle zwischen IC-Hersteller und Mikroelektronikanwender ist beim COB-Verfahren weniger gut definiert, da die Chips außerhalb des Verantwortungsbereiches des Herstellers ungeschützt verarbeitet und gebondet werden. Die Ausbeute bei der COB-Technik hängt entscheidend von der Beschaffenheit der verwendeten Leiterplatte ab: Ebenheit, elastische Eigenschaften und Resonanzverhalten bei Ultraschall spielen eine wichtige Rolle, wenn fehlerfrei gebondet werden soll. Ausschuß beim COB-Bonden ist teuer, da hier bei einem Fehler nicht nur das IC, sondern die gesamte Platine verschrottet werden muß.

Die Flächenersparnis bei der COB-Technik resultiert aus der Einsparung von Leadframe und Gehäuseanschlüssen. Eine logische Weiterentwicklung ist die *TAB-Technik*, bei der zusätzlich der flächenaufwendige Nailhead-Kontakt ersetzt wird. Bei dieser Montagetechnik werden die Chips automatisch auf kupferkaschierten Kunststoffilmen gebondet (TAB, *Tape Automated Bonding*; Streifen oder Film, engl.: *tape*). Hier werden die elektrischen Verbindungen zwischen Chip und den Leiterbahnen der Platine nicht mit Bonddrähten sondern durch 35 µm dicke und etwa 60 µm breite Kupferleiterbahnen realisiert, die mit feinem Raster (Zwischenräume 60 ... 100 µm) in den Kupferfilm des *Tapes* geätzt werden. Dadurch reduziert sich im Vergleich zu Drahtbondtechniken der Flächenbedarf für die Chipanschlüsse. Metallbeschichtete Kunststoffbänder für die TAB-Montage gibt es mit 8, 16 und 32 mm Filmbreite. In der Mitte

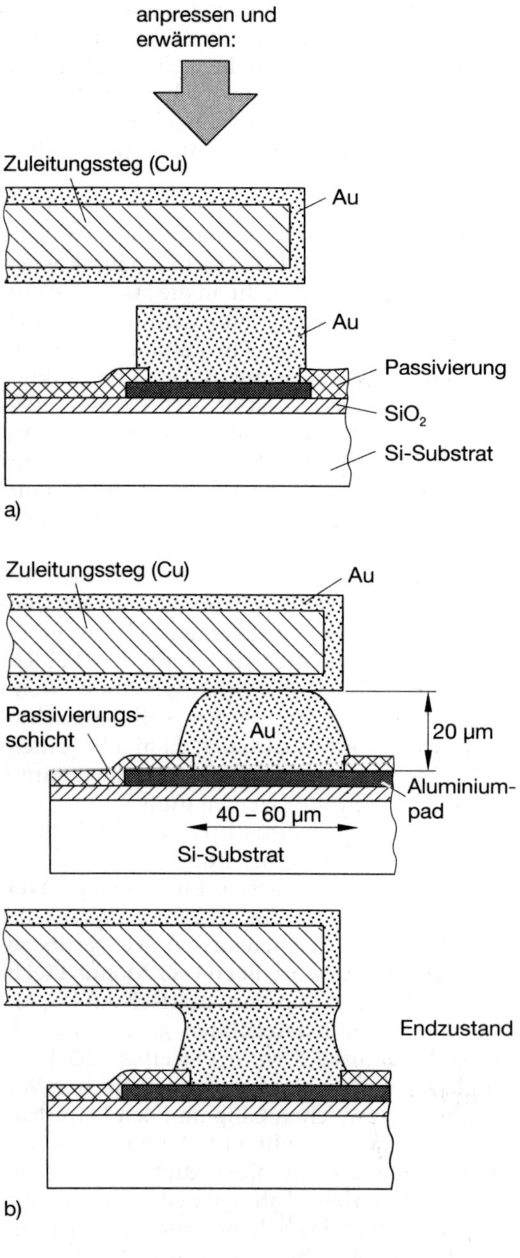

Bild 11.21
Bumps und Inner Lead Bonding: Querschnitt durch einen Bumpkontakt a) unmittelbar vor und b) während und nach der Verbindung. Eine Aufnahme mit 80facher Vergrößerung von Polyamidfolie, Metallstegen, Bumps und dem Chip nach erfolgreichen Inner Lead Bonding ist in c) gezeigt. Die unkontaktierten Bumps in *Straight-Wall-Technik* [11.10] sind in 200facher Vergrößerung auf den nach nicht vereinzelten Chips in d) abgebildet (Werkfotos: EM-Microlectronic SA).

der Folie ist eine Aussparung, in die der Chip gesetzt wird (Bild 11.1 (10...12)).

Der Bondprozeß bei der TAB-Technik geschieht in 2 Arbeitsschritten: Zuerst erfolgt die Verbindung der Kupferbahnen mit den Bondpads auf dem Chip (innere Kontaktierung, engl.: *inner lead bonding*). Danach werden die Schaltkreise aus dem Kunststoffband ausgestanzt und können auf den Leadframe eines normalen Plastikgehäuses oder direkt auf die Leiterplatte aufgesetzt werden. Die elektrische Verbindung mit den dortigen Anschlüssen wird als *Outer Lead Bonding* bezeichnet (äußere Kontaktierung, engl.: *outer lead bonding*).

Beim *Inner Lead Bonding* werden die schmalen Zuleitungsstege aus Kupfer über den Pads des IC positioniert und mit einem passenden Werkzeug in einem Arbeitsgang angedrückt und durch Erwärmung verbunden. Um den elektrischen Kontakt zwischen den Kupferzuleitungsstegen und den Aluminiumpads herzustellen, werden auf den Bondpads des Chips erhöht ausgebildete Goldkontakte auf den Bondpads abgeschieden (Höhe $\sim$ 20 µm, Breite $<$ 60 µm). Dazu ist allerdings ein zusätzlicher Lithografieschritt nötig. Diese Goldkontakte, die sog. *Bumps* (Höcker, engl.: *bump*), schmelzen bei der Erwärmung auf und bilden eine haftfähige, gut leitende Legierung sowohl mit dem Kupfersteg als auch mit dem Aluminiumpad (Bild 11.21). Dieser Kontakt ist sehr robust, die Abreißkräfte liegen um eine Größenordnung oberhalb der Werte für Nailhead-Kontakte.

Mit der TAB-Technik ist man in der Lage, wesentlich kleinere Bondpads auf dem Chip zuverlässig zu kontaktieren. Da keine Vibrationsbewegungen zur Legierungsbildung nötig sind, können die Aluminiumpads außerdem viel enger aneinander gesetzt werden, als beim Drahtbonden. Das führt zu deutlich verkleinerten Rastermaßen für die Bondpads des

c)

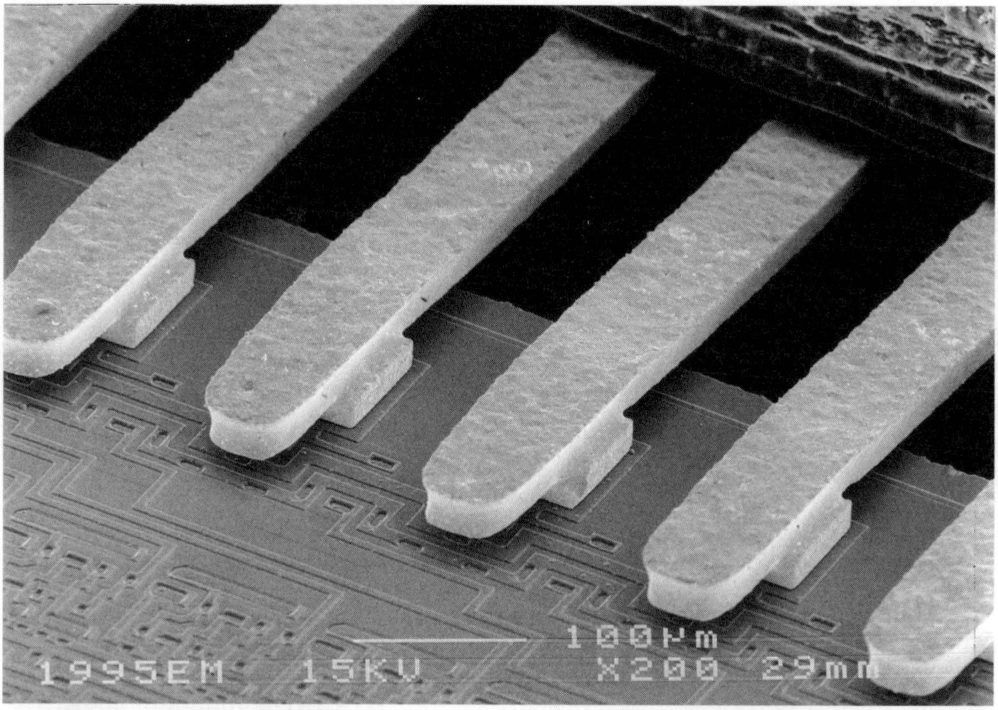

d)

Chips. Diese Maße geben die Summe aus Breite eines Kontakts und dem notwendigen Zwischenabstand an. Das Rastermaß bei Drahtbondtechniken und TAB-Verfahren ergibt sich wie folgt:

Nailhead-Kontakte erfordern für eine sichere Kontaktierung eine Auflagefläche von mindestens 100 × 100 μm². Zwischen 2 Bondpads sind Sicherheitsabstände von ca. 100 μm einzuhalten, damit bei der automatischen Kontaktierung benachbarte Bonds nicht beschädigt werden. Das Rastermaß für die Bondpads am Chiprand bei der Drahtbondung liegt deshalb bei etwa 200 μm. Die Bumps beim TAB-Verfahren sind hingegen weniger als 60 μm breit und können mit Abständen von ~ 40 μm gesetzt und kontaktiert werden. Das erforderliche Rastermaß für die Aluminiumbondpads auf dem Chip liegt damit nur etwa bei 100 μm und damit bei der Hälfte des Maßes für die Drahtbondtechniken.

Das kleine Rastermaß für die Bondpads am Chiprand ist einer der zentralen Vorteile des TAB-Verfahrens, denn dieses Raster ist ein wichtiger Kostenfaktor. Wenn ICs viele Anschlußpins benötigen, kann es bei VLSI-Technologien mit kleinen Strukturbreiten heute durchaus passieren, daß die Chipfläche des Schaltkreises nicht mehr durch den Platzbedarf der Transistoren und Verbindungen bestimmt wird, sondern von der Kantenlänge, die zum Unterbringen der zahlreichen Bondpads benötigt wird. Die englische Bezeichnung *Pad limited ICs* beschreibt diesen Sachverhalt (Beschränkung, engl.: *limit*). Das Pad-Raster bestimmt in diesem Fall die Chipfläche und damit die Herstellkosten des Schaltkreises (Bild 11.22).

Ein pad-limitiertes IC mit 64 Anschlüssen hat z. B. bei konventioneller Drahtbondung (Pad-Raster: 200 μm) eine Chipfläche von 16,0 mm². Beim Einsatz des TAB-Verfahrens (Raster: 100 μm) reduziert sich die Chipfläche auf nur noch 5,8 mm²! Die Chipkosten beim TAB-Verfahren liegen damit etwa bei $^1/_3$ der Herstellkosten für die drahtgebondete Variante. Allerdings stehen diesem Kostenvorteil der Aufwand für die Goldkontaktierung (*Bumping*) und die höheren Kosten für Bestückungs- und Bondwerkzeuge entgegen. Daher sind die üblichen IC-Gehäuse bei ausreichendem Platz auf der Platine meist die preiswertere Lösung. Bei Anwendungen mit geringem Platzangebot für die Elektronik hat die TAB-Technik aber entscheidende Vorteile: Die ausgestanzten, inner-lead-gebondeten ICs

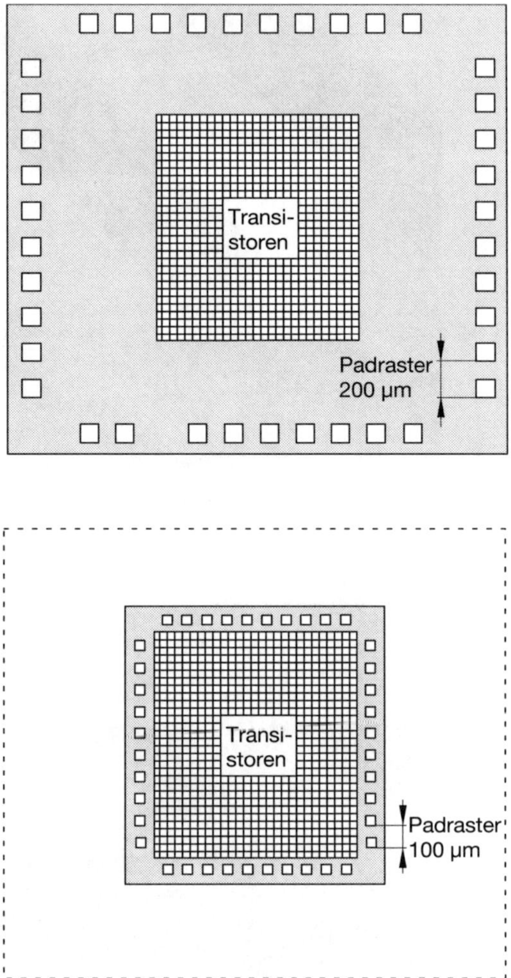

Bild 11.22 Chipfläche eines pad-limitierten ICs bei einem Pad-Raster von 200 μm und mit reduziertem Bondpad-Raster von 100 μm durch TAB-Technik. Der schraffierte Bereich ist der Teil der Chipfläche, der für elektronische Komponenten wie Transistoren, Widerstände usw. aufgewendet werden muß (nach [11.11]).

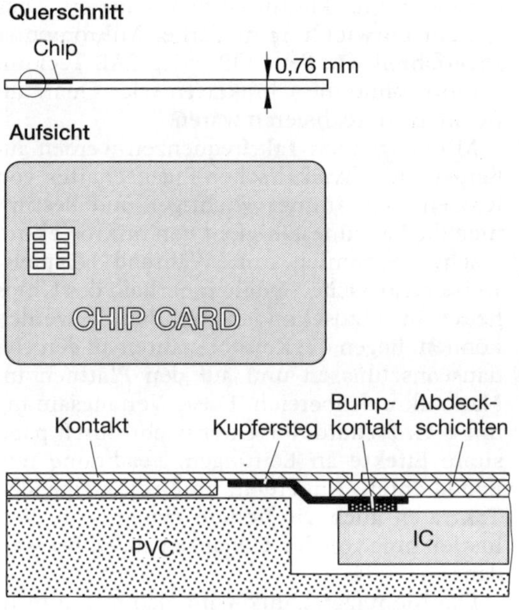

Bild 11.23 Outer Lead Bonding eines TAB-montierten Chips in einer Chipkarte. Der eingekreiste Bereich des oben gezeigten Querschnitts ist unten vergrößert zu sehen (nach [11.11]).

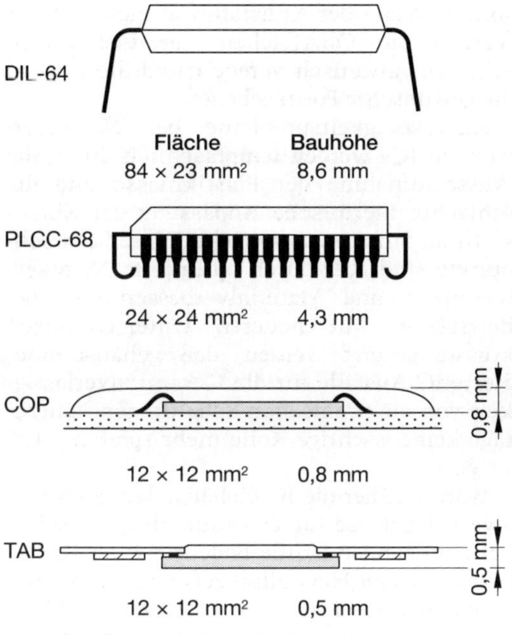

Bild 11.24 Platzbedarf auf der Leiterplatte für ein IC mit 25 mm^2 Chipfläche und 64 Pins bei verschiedenen Gehäusevarianten (nach [11.11]).

können ohne weitere Sonderprozesse direkt auf Leiterplatten gelötet oder sogar ohne spezielle Leiterplatte direkt in elektronische Systeme montiert werden. Bild 11.23 zeigt die Montage von TAB-Chips in einer Chipkarte. Manche Halbleiterhersteller nutzen das TAB-Verfahren sogar in konventionellen SMD-Gehäusen [11.5]. Wenn pad-limitierte ICs mit vielen Pins zu verpacken sind, kann dies aufgrund des günstigeren Rastermaßes durchaus die preiswerteste Lösung sein.

In Bild 11.24 sind abschließend die Platinenflächen und Bauhöhen der verschiedenen Montagetechniken für integrierte Schaltkreise zusammengestellt. Die Standardgehäuse aus Plastik sind zwar extrem preiswert, die Verpackungstechnologie ist ausgereift und zuverlässig, jedoch können bei Einbeziehung weiterer Kriterien (wie Gehäusegröße und Leiterplattenkosten) Mikroverpackungstechniken (wie COB oder TAB) erhebliche Kostenvorteile bieten. In jedem Fall verbessert die kompaktere Anordnung von mikromontierten Bauelementen auf der Platine die elektrische Leistungsfähigkeit der Elektroniken.

11.5 Zusammenfassung

In diesem Kapitel wurden die IC-Gehäusetypen und die unterschiedlichen Verpackungsverfahren für Chips vorgestellt. Das am meisten verwendete Gehäusematerial ist Kunststoff, und die am häufigsten eingesetzten Gehäusetypen sind SMD-Gehäuse, wie Flatpacks und Chipcarrier. Die Chipumhüllung mit Kunststoff ist ein aufwendiger Prozeß, der entscheidend in die Herstellungskosten und Herstellungszeiten von integrierten Schaltkreisen eingeht: Zunächst müssen die Chips auf den Wafern durch Sägen vereinzelt werden, danach erfolgt die Montage der Chips auf gestanzte Metallbänder. Nach der elektrischen Verbindung der Bondpads auf dem Chip mit den späteren Gehäuseanschlüssen werden die Chips mit Plastikpreßmasse umspritzt. Wenn der Kunststoff ausgehärtet ist, werden die Oberflächen der Gehäuseanschlüsse galvanisch veredelt und die Pins in die gewünschte Form gebogen.

Zuverlässigkeitsprobleme bei plastikverpackten ICs werden hauptsächlich durch die Wasseraufnahme der Plastikmasse und die schlechte thermische Anpassung der Kunststoffe an Silizium verursacht. Diese Schwachpunkte sind aber durch optimierte Montagetechniken und Materialverbesserungen beherrschbar. Mit neueren Untersuchungen konnte gezeigt werden, daß gehäuse-induzierte IC-Ausfälle für die Gesamtzuverlässigkeit von elektronischen Schaltungen heutzutage keine wichtige Rolle mehr spielen [11.8, 11.9].

Waren früher die IC-Gehäuse lediglich passive Behältnisse für die mikroelektronischen Schaltungen, so ist die Bedeutung der IC-Gehäuse für den Herstellprozeß von Halbleiterbauelementen durch den Übergang zu VLSI- und ULSI-Technologien drastisch gestiegen. Die Größe der Siliziumchips wächst, und die Zahl der zu kontaktierenden Bondpads steigt. Die Abmessungen der Gehäuse werden aber im Trend der allgemeinen Miniaturisierung in der Elektronik kontinuierlich reduziert. Dies hat zur Entwicklung moderner Mikromontageverfahren wie der COB- oder TAB-Technik geführt, ohne die Chipkarten oder Quarzuhren nicht zu realisieren wären.

Mit steigenden Taktfrequenzen werden außerdem die physikalischen Eigenschaften von IC-Gehäusen immer wichtiger und bestimmen die Leistungsfähigkeit von mikroelektronischen Systemen mit: Während beispielsweise elektrische Signale innerhalb des Chips heute in Pikosekunden verarbeitet werden können, liegen die Zeitkonstanten an den Gehäuseanschlüssen und auf den Platinen im Nanosekundenbereich. Diese Verlangsamung um 3 Größenordnungen entsteht durch parasitäre Effekte an Leitungen, Leadframe und Bonddrähten. Außerdem muß mit steigenden Taktraten auch die höhere dynamische Verlustleistung von den Gehäusen abgeführt werden.

Die Montagetechnik wird also mit zum limitierenden Faktor bei jeder komplexeren Anwendung der Mikroelektronik. Die Auswahl der optimalen Chipverkapselung ist deshalb eine zentrale Aufgabe bei der IC-Entwicklung.

Formelzeichen

α	linearer Ausdehnungskoeffizient
$\beta_{npn,\,pnp}$	Verstärkungsfaktor von npn- bzw. pnp- Transistoren
ϑ	Beobachtungswinkel
Λ	Ausrichtgenauigkeit
$\Delta\eta$	Spaltbreitenparameter bei der Fresnelschen Beugung von Licht
γ	Ätzrate
γ	Lackkontrast
ε_o	Dielektrizitätskonstante des Vakuums
ε_r	relative Dielektrizitätskonstante
η	Viskosität
η	Korrekturfaktor für die Diffusionkonstante
η	Massentransferkonstante
λ	mittlere freie Weglänge von Gasteilchen
λ	Lichtwellenlänge
φ_p	Plasmapotential
Ω	Ohm
$\Omega/\square$	Ohm pro Quadrat, Einheit des Schichtwiderstandes
ϱ	spezifische Leitfähigkeit
ϱ	Raumladungsdichte
θ	Kantenwinkel an Lackstegen
θ	Austrittswinkel von abgestäubten Teilchen beim Sputtern
ν'	theoretisch in den Lack übertragbare räumliche Frequenz von Maskenstrukturen
ν''	praktisch in den Lack übertragbare räumliche Frequenz von Maskenstrukturen
ν	räumliche Frequenz eines Beugungsgitters $1/\tau$
σ	Standardabweichung
τ	räumliche Periode eines Beugungsgitters
μ_e	Elektronenbeweglichkeit
A	Lichtamplitude
A_f	Anisotropieparameter
B	magnetische Flußdichte
B	Breite einer Maskenöffnung bei der Lithografie
c_{ox}	flächenspezifische Oxidkapazität
D	Diffusionskonstante bei verschiedenen Diffusionsmechanismen
d	Abstand zwischen Maske und Fotolackoberfläche bei der Proximitybelichtung
$d(x)$	Dicke der Grenzschicht mit reduzierter Strömungsgeschwindigkeit über den Scheiben bei CVD-Prozessen an der Position x im Reaktor
D'	Luftspaltdicke unter der Maske bei der Kontaktbelichtung
d_f	Filmmaß beim Ätzen
D_k	kritische Dosis
d_m	Maskenmaß beim Ätzen
DOF	Fokustiefe

E	elektrische Feldstärke
e^-	Elektron
E_1, E_2, E_a, E_A	Aktivierungsenergien
E_B	Barrierenhöhe
E_F	Fermienergie
E_{kin}	kinetische Energie
E_m	Mindestbelichtungsenergie zur Durchentwicklung einer Lackschicht
E_{ox}	elektrische Feldstärke im Oxid
erfc(z)	komplementäre Fehlerfunktion
f	Brennweite der Projektionslinse
h_f	Filmdicke
i	Ionenstromdichte
I	Lichtintensität
I_{DD}	Versorgungsstrom im Schaltkreis
$I_i(x)$	Intensitätsverteilung in der Bildebene (Lack)
$I_m(x)$	Intensitätsverteilung in der Objektebene (Maske)
j_G	Stromdichte von Oxidanten
j_G	Quellsubstanzstromdichte im CVD-Reaktor
j_r	Quellsubstanzstromdichte an der Scheibenoberfläche bei der CVD-Beschichtung
k_1	freier Faktor in der Formel für das Auflösungsvermögen für die Optik einer lithografischen Anlage
k_B	Boltzmannkonstante
L	charakteristische Länge bei der Oxidbildung
L	Kanallänge des MOS-Transistors
l_m	minimal auflösbarer Abstand zwischen zwei Bildpunkten in der Objektebene (Maske)
l'_m	minimal auflösbarer Abstand zwischen zwei Bildpunkten in der Bildebene (Fotolack)
m	Segregationskoeffizient
M	Intensitätsmodulation
$M_{i,m}$	Modulation der Lichtintensität im Lack bzw. an der Maske
$n(x)$	Elektronenkonzentration in der Schichttiefe x
$N(x,t)$	Dotierstoffkonzentration bei der Dotierung durch Diffusion zur Zeit t in der Schichttiefe x
n^*	Brechungsindex des Fotolackes
NA	numerische Apertur
N_G	Grunddotierung
n_i	intrinsische Ladungsträgerdichte
N_o	Oberflächenkonzentration
p	Druck
P	Verlustleistung
P'	Beobachtungspunkt in der Bildebene
Q	Dotierstoffdosis
Q_{BD}	Durchbruchsladung nach dem Modell von Wolter
Q_f	ortsfeste Oxidladung
Q_{it}	Grenzflächenladung an der Si/SiO_2-Grenzfläche

Q_m	bewegliche Oxidladung
Q_{ot}	im Oxid gebundene Ladung
R_S	Schichtwiderstand
R_{Sb}, R_{Wa}	Substrat- und Wannenwiderstände
s	Kohärenzparameter beim Köhlerschen Beleuchtungsschema
S	Selektivitätsparameter bei Ätzprozessen
Sh	Sherwoodzahl
T	absolute Temperatur
t_{50}	50%-Ausfallzeit bei Lebensdaueruntersuchungen
t_D	Signallaufzeit
t_i	Implantationszeit
t_{Si}	durchätzte Schichttiefe beim anisotropen naßchemischen Ätzen von Silizium
U_A	Absaugspannung bei Ionenquelle
u_{BE}	Basis-Emitterspannung
u_{FB}	Flachbandspannung
V_D	geschädigtes Volumen bei der Ionenimplantation
V_{DD}	Versorgungspotenial eines IC
V_i	Ionisierungspotential
V_{SS}	Massepotential eines IC
v_{th}	thermische Geschwindigkeit
W	Basisweite
W	Kanalweite des MOS-Transistors
x_j	Eindringtiefe
x_l	Diffusionslänge
Y	Yield (Ausbeute bei der IC-Herstellung)
z, z_0	Dicke von thermischen Oxidschichten
Z_i	Zahl der oxidierenden Moleküle bei der thermischen Oxidation

Literaturverzeichnis

Kapitel 2

2.1 Bronstein I. N., K. A. Semendjajew: *Taschenbuch der Mathematik*. Frankfurt: Verlag Harri Deutsch, 1974.

2.2 Butkov, E.: *Mathematical Physics*. Reading MA: Addison-Wesley-Publishing, 1968.

2.3 Grove, A. S.: *Physics and Technology of Semiconductor Devices*. New York, Chichester, Brisbane, Toronto, Singapore: John Wiley & Sons Inc., 1967.

2.4 Raasch, D.: *Technologie bipolarer integrierter Schaltungen*. Heidelberg: Dr. Alfred Hüthig Verlag, 1991.

2.5 Kato, T., Y. Nishi: Redistribution of Diffused Boron in Silicon by Thermal Oxidation. *Japanese Journal of Applied Physics* 3 (1964), S. 377 ff.

2.6 Ruge I.: *Halbleiter-Technologie*. Berlin, Heidelberg, New York: Springer-Verlag, 1975.

2.7 Schumicki, G., P. Seegebrecht: *Prozeßtechnologie*. Berlin, Heidelberg, New York: Springer Verlag, 1991.

Kapitel 3

3.1 Carter, G., W. A. Grant: *Ionenimplantation in der Halbleitertechnik*. München: Carl Hanser Verlag, 1981.

3.2 Gerthsen, C., H. O. Kneser, H. Vogel: *Physik*. Berlin: Springer Verlag, 1974.

3.3 Lindhard, J., M. Scharff, H. E. Schiott: Range Concepts and Heavy Ion Ranges. *Matematisk-fysiske Meddelser udgivet af Det Kongelige Danske Videnskabernes Selskab* (33), Kopenhagen: S. 1 – 42, 1963.

3.4 Sautter, D., H. Weinerth (Hrsg.): *Lexikon der Elektronik und Mikroelektronik*. Düsseldorf: VDI Verlag, 1990.

3.5 Brodie, I., J. J. Muray: *The Physics of Microfabrication*. New York und London: Plenum Press, 1982.

3.6 Ruge, I.: *Halbleiter-Technologie*. Berlin, Heidelberg, New York: Springer Verlag, 1975.

3.7 Schumicki, G., P. Seegebrecht: *Prozeßtechnologie*. Berlin, Heidelberg, New York: Springer Verlag, 1991.

3.8 Gibbons, J. F.: Ion Implantation in Semiconductors Part I: Range Distribution Theory and Experiments. *Proceedings of IEEE* 56 (1968), S. 295 ff., und Ion Implantation in Semiconductors Part II: Damage Production and Annealing. *Proceedings of IEEE* 60 (1972), S. 1062 ff.

3.9 Apte, P. C., K. C. Saraswat: Rapid Thermal Processing Uniformity Using Multivaraible Control of a Circularly Symmetric 3 Zone Lamp. *IEEE Transactions on Semiconductor Manufacturing* 5 (1992), S. 180–188.

3.10 Csepregi, L., J. W. Mayer, T. W. Simon: Regrowth behaviour of ion-implanted amorphous layers on <111>silicon. *Applied Physics Letters* 29 (1976), S. 92–93.

3.11 Sato, Y., K. Anzei, F. Tadokoro: Dose Pertubation by Wafer Charging During Ion Implantation. *IEEE Transactions on Semiconductor Manufacturing* 5 (1992), S. 329–336.

3.12 Okada, K., T. Higuchi, T. Shiraishi, M. Sato, T. Tamai: The NV-10SD High-Current Ion Implantation System. *Nuclear Instruments and Methods* B37/38 (1989), S. 640–643.

3.13 Ryding, G., F. Farley: A New Dose Control Technique For Ion Implantation. *Nuclear Instruments and Methods* 189 (1981), S. 295–303.

3.14 Gan, J. N., D. S. Perloff: Post-Implant Methods for Characterizing the Doping Uniformity and Dose Accuracy of Ion Implantation Equipment. *Nuclear Instruments and Methods* 189 (1981), S. 265–274.

3.15 Raasch, D.: *Technologie bipolarer integrierter Schaltungen.* Heidelberg: Dr. Alfred Hüthig Verlag, 1991.

3.16 Shohet, J. L.: The Engineering Research Center for Plasma-Aided Manufacturing. *Proceedings of the IEEE* 81 (1993), S. 60–78.

3.17 Current, M. I., A. Bhattacharyya, M. Khid: Control of Surfache Charging During High Current Ion Implantation. *Nuclear Instruments and Methods* B37/38 (1989), S. 555–558.

3.18 Lenk, R., W. Gellert (Hrsg.): *Brockhaus ABC Physik.* Leipzig, VEB F. A. Brockhaus Verlag, 1973.

3.19 Doherty, B. J., D. J. McCarron: Ion Beam Induced Wafer Charging. *Nuclear Instruments and Methods* B37/38 (1989), S. 559–562.

3.20 Stack, A. P.: Pressure Compensation for High Current Ion Implanters. *Nuclear Instruments and Methods* B74 (1993), S. 248–251.

Kapitel 4

4.1 Ruge, I.: *Halbleiter-Technologie.* Berlin, Heidelberg, New York: Springer Verlag, 1975.

4.2 Grove, A.: *Physics and Technology of Semiconductor Devices.* New York: John Wiley and Sons, 1967.

4.3 Schumicki, G., P. Seegebrecht: *Prozeßtechnologie.* Berlin, Heidelberg, New York: Springer Verlag, 1991.

4.4 Revesz, A. G., B. J. Mrstik, H. L. Hughes, D. McCarthy: Structure of SiO_2 Films on Silicon as revealed by Oxygen Transport. *Journal of the Electrochemical Society* 133 (1986), S. 586–592.

4.5 Massoud, H. Z., J. D. Plummer, E. A. Irene: Thermal Oxidation of Silicon in dry oxygen growth rate enhancement in the thin regime II. *Journal of the Electrochemical Society* 132 (1985), S. 2693–2700.

4.6 Brodie I., J. J. Muray: *The Physics of Microfabrication.* New York und London: Plenum Press, 1982.

4.7 Massoud, H. Z., J. D. Plummer, E. A. Irene: Thermal Oxidation of Silicon in dry oxygen growth rate enhancement in the thin regime: I. experimental results. *Journal of the Electrochemical Society* 132 (1985), S. 2685–2693.

4.8 Doremus, R. H.: Oxidation of Silicon: strain and linear kinetics. *Thin Solid Films* 122 (1984), S. 191–196.

4.9 Lewis, E. A., E. A. Irene: The effect of surface orientation on silicon oxidation kinetics. *Journal of the Electrochemical Society* 134 (1987), S. 2332–2339.

4.10 Lie, L. N., R. R. Razouk, B. E. Deal: High presssure oxidation of Silicon in dry oxygen. *Journal of the Electrochemical Society* 129 (1982), S. 2328–2834.

4.11 Henley, W. B., L. Jastrzebski, N. F. Haddad: Effects of iron contamination on thin oxide breakdown and reliability characteristics. 31st annual Proceedings of the 1993 International Reliability Physics Symposium, S. 22–27.

4.12 Rajagopalan, S., U. Mitra, S. Pan, K. Gupta, C. M. Lin, S. Gery, S. Mittal, K. Hasserjian, W. J. Lo, G. Neubauer: Reaction of DI water and Silicon and its effect on gate oxide integrity. 31st annual Proceedings of the 1993 International Reliability Physics Symposium, S. 28–32.

4.13 Beck, F.: *Integrierte Halbleiterschaltungen.* Weinheim: VCH Verlagsgesellschaft, 1993.

4.14 Deal, B. E.: Standardized terminology for oxide charges associated with thermally oxidized silicon. *IEEE Transactions on Electron Devices* 27 (1980), S. 606–608.

4.15 Fang, S., J. P. McVittie: Thin oxide damage from gate charging during plasma processing. *IEEE Electron Device Letters* 13 (1992), S. 288–290.

4.16 Schiff, L. I. : *Quantum Mechanics.* Tokyo: McGraw-Hill Kogakhusha, 1968.

4.17 Wolters, D. R., J. J. van der Schoot: Dielectric Breakdown in MOS-Devices Part I–III. *Philips Journal of Research* 40 (1985), S. 115–192.

4.18 Takeda, E., K. Ikuzaki, H. Katto, Y. Ohji, K. Hinode, A. Hamada, T. Sakuta, T. Funabiki, T. Sasaki: VLSI Reliability Challenges: From Device Physics to Wafer Scale Systems. *Proceedings of the IEEE* 81 (1993), S. 653–674.

4.19 Stein, K. U.: Noise Induced Error Rate as Limiting Factor for Energy per Operation in Digital ICs. *IEEE Journal of Solid State Circuits* SC12 (1977), S. 527–529.

4.20 Deaton, R. S., H. Z. Massoud: Manufacturability of Rapid-Thermal Oxidation of Silicon: Oxide Thickness, Oxide Thickness Variation, and System Dependency. *IEEE Transactions on Semiconductor Manufacturing* 5 (1992), S. 347–358.

Kapitel 5

5.1 Schneider, H. G., L. Ickert: *Halbleiterepitaxie*. Heidelberg: Dr. Alfred Hüthig Verlag, 1984.

5.2 Brodie, I., J. J. Muray: *The Physics of Microfabrication*. New York und London: Plenum Press, 1982.

5.3 Sautter, D., H. Weinerth (Hrsg.): *Lexikon der Elektronik und Mikroelektronik*. Düsseldorf: VDI Verlag, 1990.

5.4 Schumicki, G., P. Seegebrecht: *Prozeßtechnologie*. Berlin, Heidelberg, New York: Springer Verlag, 1991.

5.5 von Münch: *Werkstoffkunde für Elektrotechniker*. Stuttgart: Teubner Verlag, 1992.

5.6 Raasch, D.: *Technologie bipolarer integrierter Schaltungen*. Heidelberg: Dr. Alfred Hüthig Verlag, 1991.

5.7 Ruge, I.: *Halbleiter-Technologie*. Berlin, Heidelberg, New York: Springer Verlag, 1975.

5.8 Lau, S. S., S. Matteson, J. W. Mayer, P. Revesz, J. Gyulai, J. Roth, T. W. Sigmon, T. Cass: *Applied Physics Letters* 34 (1979), S. 76–78.

5.9 ABB-HAFO ASIC-Unterlagen: Firmenschrift der ABB Prozeßautomations GmbH, 1992.

5.10 Theuerer, H. C.: Epitaxial Silicon Films by the Hydrogen Reduction of SiCl4. *Journal of The Electrochemical Society* 108 (1961), S. 649 ff.

5.11 Amerasekara, E. A., D. S. Campell: *Failure Mechanisms in Semiconductor Devices*. Chichester, New York, Brisbane, Toronto, Singapur: John Wiley & Sons, 1987.

5.12 Gonzales, A. J.: On the electron beam induced current analysis of semiconductor devices. *Scanning Electron Microscopy* 1974/I (1974), S. 941–948.

5.13 Beck, F. : *Integrierte Halbleiterschaltungen*. Weinheim: VCH Verlagsgesellschaft, 1993.

5.14 Ohmi, T.: ULSI Reliability Through Ultraclean Processing. *Proceedings of the IEEE* 81 (1993), S. 716–729.

5.15 Geppert, L.: Technology 1994/ Solid State. *IEEE Spectrum* 31 (1994), S. 50–53.

Kapitel 6

6.1 Greene, J., E. Hamdy, S. Beal: Antifuse Field Programmable Gate Arrays. *Proceedings of the IEEE* 81 (1993), S. 1042–1056.

6.2 Beneking, H.: Halbleiter-Technologie, Stuttgart: B. G. Teubner Verlag, 1991.

6.3 Schumicki, G., P. Seegebrecht: Prozeßtechnologie, Berlin, Heidelberg, New York: Springer Verlag, 1991.

6.4 DePinto, G.: A Methodology for Optimizing a Constant Temperature Polysilicon Deposition Process. *IEEE Transactions on Semiconductor Manufacturing* 6 (1993), S. 332–342.

6.5 Lin, K. K., C. J. Spanos: Statistical Equipment Modeling for VLSI Manufacturing: An Application to LPCVD. *IEEE Transactions on Semiconductor Manufacturing* 3 (1990), S. 216–229.

6.6 Sachs, E., G. Prüger, R. Guerrieri: An Equipment Model for Polysilicon LPCVD. *IEEE Transactions on Semiconductor Manufacturing* 5 (1992), S. 3–13.

6.7 Raasch, D.: Technologie bipolarer integrierter Schaltungen. Heidelberg: Dr. Alfred Hüthig Verlag, 1991.

6.8 Wieder, A.: Self-aligned bipolar technology. *Siemens Forschungs- und Entwicklungsberichte* 13 (1988), S. 246–256.

6.9 Li, S. S.: *Semiconductor Physical Electronics*. New York und London: Plenum Press, 1993.

6.10 Liou, J. J.: *Advanced Semiconductor Device Physics and Modeling*. Boston und London: Artech House, 1994.

6.11 Hirose, T., H. Kuriyama, S. Murakami, K. Yuzuriha, T. Mukai, K. Tsutsumi, Y. Nishimura, Y. Kohno, K. Anami: A 20-ns 4-Mb CMOS SRAM with Hierarchical Word Decoding Architecture. *IEEE Journal of Solid-State Circuits* 25 (1990), S. 1068–1074.

6.12 Beck, F.: Integrierte Halbleiterschaltungen. Weinheim: VCH Verlagsgesellschaft, 1993.

6.13 Klar, H.: *Integrierte Digitale Schaltungen MOS/BICMOS*. Berlin, Heidelberg, New York: Springer Verlag, 1993.

6.14 Risch, L., W. Müller, R. Tielert: Probleme der Bauelemententwicklung im 4-Megabit-Speicher. *Nachrichtentechnische Zeitung* 40 (1987), S. 192–197.

6.15 Rose, J., A. El Gamal, A. Sangiovanni-Vincentelli: Architecture of Field Programmable Gate Arrays. *Proceedings of the IEEE* 81 (1993), S. 1013–1029.

6.16 Matsui, M., T. Ohtani, J. Tsujimoto, H. Iwai, A. Suzuki, K. Sato, M. Isobe, K. Hashimoto, M. Saitoh, H. Shibata, H. Sasaki, T. Matsuno, J. Matsunaga, T. Lizuka: A 25-ns 1-Mbit CMOS SRAM with Loading-Free Bit-Lines. *IEEE Journal of Solid-State Circuits* 22 (1987), S. 733–740.

Kapitel 7

7.1 Brodie, I., J. J. Muray: *The Physics of Microfabrication*. New York und London: Plenum Press, 1982.

7.2 Schumicki, G., P. Seegebrecht: *Prozeßtechnologie*. Berlin, Heidelberg, New York: Springer Verlag, 1991.

7.3 Münch, W. v.: *Werkstoffe der Elektrotechnik*. Stuttgart: B. G. Teubner, 1993.

7.4 F. Beck: Integrierte Halbleiterschaltungen, Weinheim: VCH Verlagsgesellschaft. 1993.

7.5 Sherman, A.: *Chemical Vapour Deposition for Microelectronics*. Park Ridge, New Jersey: U. S. A. 1987.

7.6 Riley, P. E., T. E. Clark, E. F. Gleason, M. M. Garver: Implementation of Tungsten Metallization in Multilevel Interconnection Technologies. *IEEE Transactions on Semiconductor Manufacturing* 4 (1990), S. 150–157.

7.7 Veendrick, H. J. M.: *MOS ICs From Basics to Asics*. Weinheim: VCH Verlagsgesellschaft, 1992.

7.8 Tao, J., K. Young, N. W. Cheung, C. Hu: Electromigration Reliability of Tungsten and Aluminium Vias and Improvements under AC Current Stress. *IEEE Transactions on Electron Devices* 40 (1993), S. 1398–1405.

7.9 *Mitsubishi Semiconductors Reliability Hand Book*. Tokio: Mitsubishi Electric Corporation, 1992.

7.10 Amerasekara, E. A., D. S. Campell: *Failure Mechanisms in Semiconductor Devices*. Chichester, New York, Brisbane, Toronto, Singapur: John Wiley & Sons, 1987.

7.11 Dryer, M. L., K. Y. Fu, C. J. Varker: The Effects of Temperature and Microstructure on the Components of Electromigration Mass Transport. *31st Annual Proceedings Reliability Physics* (1993), S. 304–310.

7.12 Black, J. R.: Mass transport of Aluminium momentum exchange with conducting electrons. *6th Annual Proceedings Reliability Physics* (1967), S. 148–158.

7.13 Christen, H. R.: *Grundlagen der allgemeinen und anorganischen Chemie*. Aarau, Frankfurt am Main: Verlag Sauerländer-Diesterweg-Salle, 4. Auflage, 1973.

7.14 Nguyen, L., R. Lo, A. Chen, J. Belani: Molding Compound Trends in a denser Packaging World: Qualification Tests and Reliability Concerns. *IEEE Transactions on Reliability* 42 (1993), S. 518–535.

7.15 Pecht, M., R. Agarwal, D. Quearry: Plastic Packaged Microcircuits: Quality, Reliability, Cost Issues. *IEEE Transactions on Reliability* 42 (1993), S. 513–517.

7.16 Farahani, M. M., J. F. Buller, B. T. Moore, S. Garg: Conventional Contact Interconnect Technology as an Alternative to Contact plug (W) Technology for 0.85 μm CMOS EPROM IC Devices. *IEEE Transactions on Semiconductor Manufacturing* 7 (1994), S. 79–86.

7.17 Kohl, M.: Prinzipien der Verkleinerung von Submikron CMOS- Schaltungen: Eine Untersuchung zu den durch Verbindungsleitungen hervorgerufenen Begrenzungen höchstintegrierter Schaltungen, Dissertation an der Technischen Universität München, 1988.

Kapitel 8

8.1 Raasch, D.: *Technologie bipolarer integrierter Schaltungen*. Heidelberg: Dr. Alfred Hüthig Verlag, 1991.

8.2 Klein, M. V., T. E. Furtak: *Optik*. Berlin, Heidelberg, New York: Springer Verlag, 1988.

8.3 Born, M.: *Optik, Ein Lehrbuch der elektromagnetischen Lichttheorie.* Berlin, Heidelberg, New York: Springer Verlag, 3. Auflage, 2. Nachdruck, 1985.

8.4 Brodie, I., J. J. Muray: *The Physics of Microfabrication.* New York und London: Plenum Press, 1982.

8.5 Schumicki, G., P. Seegebrecht: *Prozeßtechnologie.* Berlin, Heidelberg, New York: Springer Verlag, 1991.

8.6 Hering, E., R. Martin, M. Stoher: *Physik für Ingenieure.* Düsseldorf: VDI Verlag, 1988.

8.7 Martienssen, W.: *Einführung in die Physik IV (Schwingungen, Wellen, Quanten).* Wiesbaden: Akademische Verlagsgesellschaft, 1976.

8.8 Bowden, M. J.: The Physics and Chemistry of the Lithographic Process. *Journal of the Electrochemical Society* 128 (1981), S. 195C–214C.

8.9 Bronstein, I. N., K. N. Semendjajew: *Taschenbuch der Mathematik.* Zürich und Frankfurt: Verlag Harri Deutsch, 1974.

8.10 Beneking, H.: *Halbleiter-Technologie.* Stuttgart: B. G. Teubner Verlag, 1991.

8.11 Klar, H.: *Integrierte Digitale Schaltungen MOS/BICMOS.* Berlin, Heidelberg, New York: Springer Verlag, 1993.

8.12 Lenk, R., W. Gellert (Hrsg.): *Brockhaus ABC Physik.* Leipzig, VEB F. A. Brockhaus Verlag, 1973.

8.13 Peurrung, L. M., D. B. Graves: Spin Coating over Topographie. *IEEE Transactions on Semiconductor Manufacturing* 6 (1993), S. 72–76.

8.14 Danielmeyer, H. G.: Silizium-Mikroelektronik: Stand und Trends in der Prozeßtechnik, in Werner, J., J. Weber, W. Rühle (Hrsg.): *Halbleiter in Forschung und Technik.* Ehningen bei Böblingen: expert verlag, 1991.

8.15 Shacham-Diamand, Y.: Modeling of Novolak-Based Positive Photoresist exposed to KrF Excimer Laser UV-Radiation at 248 nm. *IEEE Transactions on Semiconductor Manufacturing* 3 (1990), S. 37–44.

8.16 Levenson, M. D., N. S. Vishwanatan, R. A. Simpson: Improving Resolution in Photolithography with a Phase- Shifting Mask. *IEEE Transactions on Electron Devices* ED-29 (1982), S. 1828–1836.

8.17 Liu, Y., A. Zakhor: Binary and Phase Shifting Mask Design for Optical Lithography. *IEEE Transactions on Semiconductor Manufacturing* 5 (1992), S. 138–152.

Kapitel 9

9.1 Langheinrich, W., H. Schuster, J. Vollrath: Technologie der Integrierten Schaltungen. Darmstadt: Berichte aus dem Institut für Halbleitertechnik der Technischen Hochschule Darmstadt, 1992.

9.2 Marek, J., F. Bantien, H. P. Trah: Sensoren und Aktoren in Siliziummikromechanik, in Werner, J., J. Weber, W. Rühle (Hrsg.): *Halbleiter in Forschung und Technik.* Ehningen bei Böblingen: expert verlag, 1991.

9.3 Bryzek, J., K. Petersen, W. McCulley: Micromachines made of Silicon. *IEEE Spectrum* 31 (1994), S. 20–31.

9.4 Schumicki, G., P. Seegebrecht: *Prozeßtechnologie.* Berlin, Heidelberg, New York: Springer Verlag, 1991.

9.5 Brodie, I., J. J. Muray: *The Physics of Microfabrication.* New York und London: Plenum Press, 1982.

9.6 Raasch, D.: *Technologie bipolarer integrierter Schaltungen.* Heidelberg: Dr. Alfred Hüthig Verlag, 1991.

9.7 Beneking, H.: *Halbleiter-Technologie.* Stuttgart: B. G. Teubner Verlag, 1991.

9.8 Goto, H. H., T. Ohmi, H. D. Löwe, K. Y. Fung, S. Newberry: A Proposed Magnetically Enhanced Reactive Ion Etcher for ULSI. *IEEE Transactions on Semiconductor Manufacturing* 5 (1992), S. 337–346.

9.9 Mozumder, P. K., G. G. Barna: Statistical Feedback Control of a Plasma Etch Process. *IEEE Transactions on Semiconductor Manufacturing* 7 (1994), S. 1–11.

9.10 Yamashita, T., S. Hasaka, I. Natori, H. Fukui, T. Ohmi: Minimizing Damage and Contamination in RIE Processes by Extracted-Plasma-Parameter Analysis. *IEEE Transactions on Semiconductor Manufacturing* 5 (1992), S. 223–233.

Kapitel 10

10.1 Raasch, D.: *Technologie bipolarer integrierter Schaltungen*. Heidelberg: Dr. Alfred Hüthig Verlag, 1991.
10.2 Schumicki, G., P. Seegebrecht: *Prozeßtechnologie*. Berlin, Heidelberg, New York: Springer Verlag, 1991.
10.3 Rein, H. M., R. Ranft: *Integrierte Bipolarschaltungen*. Berlin, Heidelberg, New York: Springer Verlag, 1987.
10.4 Weiss, H., K. Horninger: *Integrierte MOS-Schaltungen*. Berlin, Heidelberg, New York: Springer Verlag, 1986.
10.5 Weste, N. H. E., K. Eshraghian: *Principles of CMOS VLSI Design*. 2nd Edition, Reading MA: Addison-Wesley Publishing Company, 1993.
10.6 Troutman, R. R.: *Latch-up in CMOS-Technology*: The problem and its cure. Boston MA: Kluwer Academic Publishers, 1986.
10.7 Kästner, P.: *Halbleiter-Technologie*. Würzburg: Vogel Buchverlag, 1980.
10.8 Brodie, I., J. J. Muray: *The Physics of Microfabrication*. New York und London: Plenum Press, 1982.
10.9 Kiehl, O.: Schaltverhalten und Störsicherheit von höchstintegrierten Submikrometer-CMOS-Schaltungen. Dissertation an der Technischen Universität München, 1989.

Kapitel 11

11.1 Cherry Semiconductor: Genesis Semicustom Design Manual, East Greenwich (USA): Cherry Semiconductor Corporation, 1991.
11.2 Kästner, P.: *Halbleiter-Technologie*. Würzburg: Vogel Buchverlag, 1980.
11.3 Siemens AG: *Integrierte Schaltungen, Bausteine der Mikrolelektronik*. Berlin und München: Siemens AG, 1986.
11.4 Beck, F.: *Integrierte Halbleiterschaltungen*. Weinheim: VCH Verlagsgesellschaft, 1993.
11.5 Veendrick, H. J. M.: *MOS ICs From Basics to Asics*. Weinheim: VCH Verlagsgesellschaft, 1992.
11.6 Mitsubishi Electric Corporation: *Mitsubishi Semiconductors Reliability Handbook*. Tokio (1992).
11.7 Amerasekara, E. A., D. S. Campell: *Failure Mechanisms in Semiconductor Devices*. Chichester, New York, Brisbane, Toronto, Singapur: John Wiley & Sons, 1987.
11.8 Nguyen, L., R. Lo, A. Chen, J. Belani: Molding Compound Trends in a denser Packaging World: Qualification Tests and Reliability Concerns. *IEEE Transactions on Reliability* 42 (1993), S. 518–535.
11.9 Pecht, M., R. Agarwal, D. Quearry: Plastic Packaged Microcircuits: Quality, Reliability, Cost Issues. *IEEE Transactions on Reliability* 42 (1993), S. 513–517.
11.10 Milosevic, I., A. Perret, E. Losert, P. Schlenkirch: Polyimide Enables High Lead Count TAB. Semiconductor International (Oktober 1988).
11.11 EM Microelectronic-Marin SA: Asic-Seminar '91 Neu-Ulm, Seminarunterlagen, unveröffentlicht (1991).

Stichwortverzeichnis